国家职业教育建筑材料工程技术专业教学资源库建设项目

高等职业教育建筑材料工程技术专业复合型系列教材

U0298634

水泥生料制备技术

Cement Raw Material Preparation Technology

主　编　高建荣

副主编　李文宇　芋艳梅　刘　成　刘良富

主　审　贾华平　王新频

武汉理工大学出版社

·武　汉·

内 容 提 要

本书是国家职业教育建筑材料工程技术专业教学资源库建设项目——高等职业教育新形态一体化复合型系列教材,是校企"双元"合作开发的教材,突出了职业教育类型的特点,教材开发过程遵循"产教融合、校企合作、行业指导"原则,遵循教育教学规律和人才培养规律,教材选文内容先进科学、积极向上、针对性强、导向性强,项目任务排序符合受教育学生的认知特点,教材贯彻先进教育理念,将知识、能力、价值观的培养有机融合,体现在项目任务完成中,有效实现"理实一体、课岗融合"的工学结合模式,教材体现德技并修的教学改革先进理念,适应专业及课程建设改革创新的需要,满足项目教学需要,有效激发学生学习兴趣和创新潜能。

项目任务主要围绕新型干法水泥生料制备技术和生料粉磨中控操作而展开,同时也涉及生料粉磨的设备构造、工作原理、技术参数、操作维护等内容。全书包括8个项目,每个项目由项目描述、项目导学、项目实施、项目实训、项目评价等5部分组成。项目任务来源于新型干法水泥生产过程的典型工作任务,项目内容由经过提炼、加工、序化出的有教育价值的知识点和技能点组成,书中大量的任务训练题和实训项目,是经过企业技术骨干和教材编写人员遵照实际工作要求和关注培养人的迁移发展能力而精心编写的,同时为学习者考试、考证提供极好的训练资料。本书将重要实训项目融入相关的项目任务中,构建了基于工作过程和职业工作领域、以工作项目任务为框架的课程内容体系。

本书是高等职业教育材料类专业的新形态、一体化教材,信息手段、数字技术贯彻全书各个部分。全书配有数字化教学资源,包括教学录像、三维动画、微课视频、仿真模拟等二维码,为落实"做中学"和"做中教"的先进教学理念,书中配有生产例会、生产视频、现场作业、中控操作等真实生产场景案例库。

本书作为高等职业教育学历教育教材,是建材类专业核心课程教学用书,可以作为国家职业技能等级证书(水泥生产工)的培训教材,也可作为建材行业工程系列专门课程教科书。

图书在版编目(CIP)数据

水泥生料制备技术/高建荣主编. —武汉:武汉理工大学出版社,2021.08
高等职业教育建筑材料工程技术专业复合型系列教材
ISBN 978-7-5629-6264-9

Ⅰ.①水… Ⅱ.①高… Ⅲ.①水泥-原料-制备-高等职业教育-教材 Ⅳ.①TQ172.4

中国版本图书馆 CIP 数据核字(2021)第 150476 号

项目负责人:田道全　　　　　　　　　　责任编辑:田道全
责任校对:张　晨　　　　　　　　　　　版面设计:正风图文
出版发行:武汉理工大学出版社
地　　　址:武汉市洪山区珞狮路 122 号　　邮　　编:430070
网　　　址:http://www.wutp.com.cn
经 销 者:各地新华书店
印 刷 者:武汉乐生印刷有限公司
开　　本:880mm×1230mm　1/16
印　　张:28
字　　数:1472 千字(纸质教材 840 千字,数字资源 632 千字)
版　　次:2021 年 08 月第 1 版　　　　　印　　次:2021 年 08 月第 1 次印刷
印　　数:1—1500 册　　　　　　　　　定　　价:85.00 元

凡购本书,如有缺页、倒页、脱页等印装质量问题,请向出版社发行部调换。

本社购书热线电话:027-87515778　87515848　87785758　87165708(传真)

前 言 Preface

本书的编写全面贯彻"劳动光荣、技能宝贵、创造伟大的时代风尚"精神,遵循国家职业资格标准指引,依据新型干法水泥生产工艺员职责、工作任务和要求,参照"水泥生料磨机中央控制作业指导书"等文件,将相关知识点、技能点优化整合,序化排列,突出重点,分散难点,充分体现了工学结合的教学理念和能力本位的教育思想。

本书中的项目任务,围绕新型干法水泥生料制备工艺技术和中央控制操作展开,同时也包括水泥生料粉磨的设备构造、工作原理、性能参数、操作维护等内容;项目内容,来源于水泥生料制备过程的真实工作任务,经过提炼、加工和序化的有教育价值的知识点和技能点;知识测试题、能力训练题和项目实训,是遵照实际工作要求、围绕培养人的迁移发展能力而精心编写的,是达成课程教学目标的重要作业。本书将典型工作任务融入相关的项目任务中,落实了基于工作过程系统化的课程体系要求,践行了课程内容与职业标准的对接。

以新型干法水泥生产过程中的生料制备工艺为中心,以中央控制操作为重点,以工作过程为主线,根据国家职业标准中"水泥生产工"(生料制备工、水泥中央控制室操作员)岗位所需知识、能力、素质要求,同时重点结合当前水泥熟料生产规模 $M=5000$ t/d 及以上的生产线水泥生料制备岗位所需要的知识、技能、职业素质等任职要求和优秀员工需具备的发展潜能选取内容,设计教学项目、学习任务、实训项目等内容。

本书内容包括 8 个项目,每个项目由项目描述(包括学习目标)、项目导学、项目实施、项目实训、项目评价等 5 部分组成,每个学习任务由任务描述、知识目标、能力目标、任务内容、知识测试题、能力训练题组成。全书着力体现课程服务岗位、突出能力训练、关注迁移发展的高职教育特点。内容打破了传统的工艺、设备、操作"分家"的模式,打破了以知识传授为主要特征的传统学科模式,力求每个项目、任务目的明确、内容充实、实施有据、考核规范,融知识和技能于一体。在编排上图文并茂,尽量采用立体图,力求逼真展现生料制备各个环节,打破章节框架结构,以工作过程设计项目,体现了项目引领、任务驱动的项目化教学。

本书由山西职业技术学院高建荣担任主编,山西职业技术学院李文宇、芋艳梅,绵阳职业技术学院刘成,安徽职业技术学院刘良富担任副主编。高建荣拟定了"编写大纲"并统稿,优选了全书的编写内容,编写了项目 5、项目 6、项目 8,设计了全书的知识测试题、能力训练题、项目实训、项目评价等;李文宇编写了项目 1、项目 4;芋艳梅编写了项目 2、项目 3;刘良富编写了任务 7.1;周红编写了任务 7.2,刘成编写任务 7.3。

本书由贾华平、王新频担任主审。我国水泥行业知名专家贾华平高级工程师对书稿的学科严谨性进行了审校把关,《水泥》编辑部主任王新频主编对书稿的文字、插图、表格等进行了审校把关。山西职业技术学院雷承锋、秦华伟、苏小林、尤陶江、罗贵隆、李彦岗、刘永明,安徽职业技术学院黄永珍、刘春英、丁筛霞,绵阳职业技术学院左明扬、贾陆军、胡加林,宁夏建设职业技术学院解美玲、孙姝,黑龙江建设职业技术学院隋良志、田文富、纪明香,昆明冶金高等专科学校韩长菊等同志提出了宝贵建议。有关企业人员蒋和国、张旭(威顿公司),薛波(中联公司),王奎(卓越公司),张榆、杨天雷(智海公司),冯华玮、金俊孔、魏丹、马百军(金隅公司),焦敏、张向波、马东东、韩晓伟、苏永海(山水公司),马保、李国杰、李永伟、范希军、王增寿、冀玮、韩永峰(冀东公司),孔庆亮(中条山公司)等同志,为本书编写提供企业生产资料、提出了宝贵建议。本书的编写工作得到了山西职业技术学院许多同事的鼎力相助。编者在此一并表示感谢!

在本书的编写过程中,编者参考了大量的书籍、论文和网络资料,在此向所有相关内容的提供者表示衷心的感谢!

由于编者水平有限、编写时间紧张,书中难免仍有不妥之处,敬请读者批评指正,以便再版时予以修订。

编　者

2020 年 12 月

目　录　Contents

《水泥生料制备技术》数字化教学资源(二维码)目录

0 学习导论

0001《水泥生料制备技术》课程标准(文本)   0002 水泥生产工国家职业技能标准(文本)

1 水泥生产工艺的认知

1001 项目任务书(文本)   1003 水泥的起源与发明(微课)

1002 项目考核单(文本)   1004 水泥的分类(微课)

1.1 水泥及水泥工业的认知

1101 教学设计(文本)   1105 世界水泥工业的发展(微课)

1102 教学课件(ppt)   1106 我国水泥工业现状(视频)

1103 水泥起源与发明(微课)   1107 新型干法水泥生产概况介绍(视频)

1104 水泥的分类(微课)   1108 作业答案(文本)

1.2 通用硅酸盐水泥标准的解读

1201 教学设计(文本)   1206 凝结时间指标(视频)

1202 教学课件(ppt)   1207 水泥的安定性(视频)

1203 混合材料(视频)   1208 水泥的强度(视频)

1204 石膏的品种(视频)   1209 通用硅酸盐水泥强度等级的判定(微课)

1205 细度指标(视频)   1210 作业答案(文本)

1.3 水泥生产工艺流程图的识读

1301 教学设计(文本)   1306 新型干法水泥生产技术(微课)

1302 教学课件(ppt)   1307 新型干法水泥生产工序(视频)

1303 硅酸盐水泥生产过程(视频)   1308 作业答案(文本)

1304 新型干法水泥生产工艺流程(1)(视频)   1309 新型干法水泥生产工艺流程(动画)

1305 新型干法水泥生产工艺流程(2)(视频)   1310 新型干法水泥生产虚拟工厂(动画)

2 水泥原料的选择与质量控制

2001 项目任务书(文本)   2003 新型干法水泥生产的质量控制(视频)

2002 项目考核单(文本)

2.1 石灰质原料的选择与质量控制

2101 教学设计(文本)   2103 天然石灰质原料(视频)

2102 教学课件(ppt)   2104 含钙的工业废渣(视频)

2105 石灰石原料的品质与质量要求(视频)　　2107 石灰石的质量控制(视频)

2106 石灰石原料的选择(视频)　　2108 作业答案(文本)

2.2　黏土质原料的选择与质量控制

2201 教学设计(文本)　　2205 黏土质原料的选择(视频)

2202 教学课件(ppt)　　2206 黏土质原料的质量控制(视频)

2203 天然黏土质原料(视频)　　2207 作业答案(文本)

2204 黏土质原料的品质要求与性能测试方法(视频)

2.3　校正原料的选择与质量控制

2301 教学设计(文本)　　2305 铝质校正原料的选择(视频)

2302 教学课件(ppt)　　2306 含铝硅质工业废渣和尾矿(视频)

2303 铁质校正原料(视频)　　2307 校正原料的选择与质量控制(微课)

2304 硅质校正原料(视频)　　2308 作业答案(文本)

3　水泥原料的粉碎作业

3001 项目任务书(文本)　　3003 石灰石开采破碎运输过程介绍(视频)

3002 项目考核单(文本)

3.1　物料粉碎的基本概念与物料粒径的认知

3101 教学设计(文本)　　3106 物料粉碎方式与粉碎流程(视频)

3102 教学课件(ppt)　　3107 粉碎产品粒度特性(视频)

3103 粉碎与粉碎比(视频)　　3108 物料的粉碎性能(视频)

3104 物料粉碎方式(视频)　　3109 作业答案(文本)

3105 粉碎流程(视频)

3.2　物料粉碎工艺及设备的选择

3201 教学设计(文本)　　3206 物料的粉碎性能(视频)

3202 教学课件(ppt)　　3207 原料破碎工艺及设备(视频)

3203 石灰石破碎工艺(视频)　　3208 胶带式输送机(微课)

3204 重型板式给料机设备结构(动画)　　3209 袋式收尘器(微课)

3205 重型板式给料机工作原理(动画)　　3210 作业答案(文本)

3.3　物料粉碎系统的设备操作与维护

3301 教学设计(文本)　　3306 锤式破碎机主机架体的结构(动画)

3302 教学课件(ppt)　　3307 锤式破碎机转子机构的结构(动画)

3303 锤式破碎机工作原理(动画)　　3308 锤式破碎机算板机构的结构(动画)

3304 锤式破碎机设备结构(动画)　　3309 单段锤式破碎机开机前的检查(视频)

3305 锤式破碎机轴承的结构(动画)　　3310 单段锤式破碎机运行时的巡检(视频)

3.4 物料粉碎系统的节能与高产分析

4 水泥原料的预均化操作

4.1 水泥原料预均化原理的认知

4.2 水泥原料预均化工艺的选择

4.3 水泥原料预均化设备的操作

5 水泥生料配方的设计与计算

5001 项目任务书（文本）   5002 项目考核单（文本）

5.1 水泥熟料组成的认知

5101 教学设计（文本）

5102 教学课件（ppt）

5103 硅酸盐水泥熟料的化学组成（视频）

5104 硅酸盐水泥熟料的矿物组成（视频）

5105 水泥熟料 C_3S 的矿物结构（视频）

5106 C_3S 的矿物水化特性（视频）

5107 C_3S 的水化过程（视频）

5108 C_3S 的水化产物（视频）

5109 C_2S 的矿物结构（视频）

5110 C_2S 的水化特性（视频）

5111 C_3A 的矿物结构（视频）

5112 C_3A 的矿物水化特性（视频）

5113 C_3A 的水化反应（视频）

5114 C_4AF 的矿物水化特性（视频）

5115 C_4AF 的矿物水化反应（视频）

5116 硅酸盐水泥熟料——玻璃体的特性（视频）

5117 硅酸盐水泥熟料——f-CaO 的特性（视频）

5118 硅酸盐水泥熟料——f-MgO 的特性（视频）

5119 硅酸盐水泥熟料主要氧化物的作用（视频）

5120 氧化钙（微课）

5121 硅酸盐水泥熟料其他氧化物及微量元素的影响（1）（视频）

5122 硅酸盐水泥熟料其他氧化物及微量元素的影响（2）（视频）

5123 硅酸盐水泥熟料的组成（微课）

5124 作业答案（文本）

5.2 水泥熟料率值的认知

5201 教学设计（文本）

5202 教学课件（ppt）

5203 硅率与熟料矿物及煅烧之间的关系（视频）

5204 铝率与熟料矿物及煅烧的关系（视频）

5205 熟料率值石灰饱和系数的物理意义（视频）

5206 石灰饱和系数 KH 与熟料矿物组成之间的关系

5207 石灰饱和率 LSF（视频）

5208 石灰饱和系数 KH 的校正（视频）

5209 熟料矿物组成的计算与换算：石灰饱和系数法（视频）

5210 熟料矿物组成的计算与换算：鲍格法（视频）

5211 熟料矿物组成、化学成分与率值之间的换算（视频）

5212 熟料的率值（微课）

5213 作业答案（文本）

5.3 水泥生料配方的设计

5301 教学设计（文本）

5302 教学课件（ppt）

5303 生料的配料——原料的选择（视频）

5304 生料的易烧性（微课）

5305 生料的易烧性试验评价（视频）

5306 影响生料易烧性的主要因素（视频）

5307 生料的配料理念（视频）

5308 熟料率值的选择（视频）

5309 配料方案设计（微课）

5310 作业答案（文本）

5.4 水泥生料的配方计算

5401 教学设计（文本）

5402 教学课件（ppt）

5403 生料配料的基本原则（视频）

5404 物料平衡方程（视频）

5405 生料配料基准及换算（视频）

5406 配料计算——物料各基准之间的换算（视频）

6.3　水泥生料辊压机粉磨系统的工艺选择

6301 教学设计（文本）

6302 教学课件（ppt）

6303 生料辊压机终粉磨系统的工艺流程（视频）

6304 辊压机的工作原理（视频）

6305 辊压机的结构（微课）

6306 辊压机的粉磨结构（视频）

6307 辊压机的传动机构（视频）

6308 辊压机的加压机构（视频）

6309 辊压机的喂料装置（视频）

6310 辊压机的机架（视频）

6311 辊压机的技术参数：辊径与辊宽（视频）

6312 辊压机的技术参数：最小辊缝隙（视频）

6313 辊压机的技术参数：辊压强（视频）

6314 辊压机的技术参数：辊速（视频）

6315 辊压机稳定工作的条件（视频）

6316 V 形选粉机结构组成与工作原理（视频）

6317 辊压机水泥生料终粉磨技术（微课）

6318 作业答案（文本）

7　水泥生料均化系统的操作与控制

7001 项目任务书（文本）

7002 项目考核单（文本）

7003 水泥生料均化的意义（视频）

7004 水泥生料均化的概念（视频）

7.1　水泥生料均化参数的确定

7101 教学设计（文本）

7102 教学课件（ppt）

7103 水泥生料均化的基本原理及发展历程（视频）

7104 均化度（视频）

7105 均化效率（视频）

7106 水泥生料均化过程的基本参数（微课）

7107 作业答案（文本）

7.2　水泥生料均化工艺的选择

7201 教学设计（文本）

7202 教学课件（ppt）

7203 水泥生料均化库（1）（视频）

7204 TP 型均化库的结构组成（动画）

7205 TP 型均化库的工作原理（动画）

7206 水泥生料均化库（2）（视频）

7207 水泥生料均化库的结构组成（1）（微课）

7208 水泥生料均化库的结构组成（2）（视频）

7209 水泥生料均化库的结构组成（3）（视频）

7210 水泥生料均化库的结构组成（4）（视频）

7211 生料均化库底计量系统（1）（视频）

7212 生料均化库底计量系统（2）（视频）

7213 生料均化库底出料计量工作流程（动画）

7214 生料均化库顶入库分配器（动画）

7215 作业答案（文本）

7.3　水泥生料均化设备的操作与控制

7301 教学设计（文本）

7302 教学课件（ppt）

7303 水泥生料均化库的开机与停机操作（视频）

7304 水泥生料均化库的工艺操作（微课）

7305 水泥生料均化库工艺操作要点（视频）

7306 水泥生料均化库的故障与处理（视频）

7307 罗茨风机的三维拆装（动画）

7308 双叶罗茨风机泵体的检修（动画）

7309 双叶罗茨风机叶片的检修（动画）

7310 水泥生料均化库的操作与维护（视频）

7311 作业答案（文本）

8　水泥生料粉磨系统的中央控制操作

8001 项目任务书（文本）

8002 项目考核单（文本）

8003 水泥厂中央控制室介绍（视频）

8004 生料磨中央控制操作员岗位职责（视频）

8.1　测量仪表及控制系统的认知

8101 教学设计（文本）

8102 教学课件（ppt）

8103 热电偶的类型及工作原理（视频）

8104 热电偶的应用（1）（视频）

8105 热电偶的应用（2）（视频）

8106 溜槽式流量计、电磁除铁器（视频）

8107 冲板式流量计结构、工作原理及应用（视频）

8108 转子流量计（视频）

8109 孔板流量计（视频）

8110 压强计的类型（视频）

8111 数字显示压强计的应用（视频）

8112 玻璃管温度计的原理及应用（视频）

8113 温度与温标（微课）

8114 中央控制操作 DCS 系统（视频）

8115 作业答案（文本）

8.2　水泥生料中卸磨机粉磨系统的正常操作

8201 教学设计（文本）

8202 教学课件（ppt）

8203 中卸磨机粉磨系统开车前的准备（视频）

8204 中卸磨机粉磨系统的开车操作（视频）

8205 中卸磨机粉磨系统的停车操作（视频）

8206 中卸磨机粉磨系统的操作原则（视频）

8207 中卸磨机粉磨系统的正常操作（1）（视频）

8208 中卸磨机粉磨系统的正常操作（2）（视频）

8209 作业答案（文本）

8.3　水泥生料中卸磨机粉磨系统的常见故障与处理

8301 教学设计（文本）

8302 教学课件（ppt）

8303 饱磨的故障与处理（视频）

8304 包球和糊球的故障与处理（视频）

8305 磨头吐料的故障与处理（视频）

8306 磨音异常的故障与处理（视频）

8307 研磨体窜仓的故障与处理（视频）

8308 磨机跳停的故障与处理（视频）

8309 压强与温度异常的故障与处理（视频）

8310 中卸磨系统选粉机的常见故障与处理（视频）

8311 中卸磨系统提升机的常见故障与处理（视频）

8312 作业答案（文本）

8.4　水泥生料中卸磨机粉磨系统的实践训练

8401 教学设计（文本）

8402 教学课件（ppt）

8403 作业答案（文本）

8.5　水泥生料立式磨机粉磨系统的正常操作

8501 教学设计（文本）

8502 教学课件（ppt）

8503 立式磨机粉磨系统开车前的准备（视频）

8504 立式磨机使用热风炉开磨的操作（视频）

8505 立式磨机使用窑尾废气开磨的操作（视频）

8506 立式磨机粉磨系统的停车操作（视频）

8507 MPS 型立式磨机的开车操作要点（视频）

8508 RM 型立式磨机的开车操作要点（视频）

8509 立式磨机的止料及停磨操作要点（视频）

8510 立式磨机粉磨系统的正常操作要点（视频）

8511 立式磨机粉磨系统的主要控制参数（视频）

8512 立式磨机粉磨系统正常操作与控制（视频）

8513 立式磨机粉磨系统的安全操作（视频）

8514 立式磨机粉磨系统的优化操作（1）（视频）

8515 立式磨机粉磨系统的优化操作（2）（视频）

8516 作业答案（文本）

8.6 水泥生料立式磨机粉磨系统的故障与处理

8601 教学设计（文本）

8602 教学课件（ppt）

8603 生料立磨系统磨机振动异常（1）（视频）

8604 生料立磨系统磨机振动异常（2）（视频）

8605 生料立磨系统磨机堵料异常（视频）

8606 生料立磨系统磨机压力异常（视频）

8607 生料立磨系统磨机粉磨异常（视频）

8608 生料立磨磨辊张紧压强与密封压强的故障（视频）

8609 立磨磨辊漏油和轴承损坏（视频）

8610 立磨液压张紧系统的故障（视频）

8611 立磨运行时生料细度跑粗（视频）

8612 生料立磨运行时锁风阀堵塞（视频）

8613 作业答案（文本）

8.7 水泥生料立式磨机粉磨系统的实践训练

8701 教学设计（文本）

8702 教学课件（ppt）

8703 作业答案（文本）

8.8 水泥生料辊压机终粉磨系统的正常操作

8801 教学设计（文本）

8802 教学课件（ppt）

8803 生料辊压机终粉磨系统开车前的准备（视频）

8804 生料辊压机终粉磨系统的开车操作（视频）

8805 生料辊压机终粉磨系统的停车操作（视频）

8806 生料辊压机终粉磨系统的操作与控制（视频）

8807 生料辊压机终粉磨系统运行中的调整（视频）

8808 生料辊压机终粉磨系统的操作要点（视频）

8809 生料辊压机终粉磨系统的安全操作（视频）

8810 作业答案（文本）

8.9 水泥生料辊压机终粉磨系统的故障与处理

8901 教学设计（文本）

8902 教学课件（ppt）

8903 辊压机的辊缝隙异常（视频）

8904 辊压机的进料及出料异常与振动较大（视频）

8905 辊压机运行时的跳停故障（视频）

8906 辊压机的挤压效果较差（视频）

8907 辊压机侧挡板及辊面的磨损严重（视频）

8908 辊压机工作压强较低和运行电流较低（视频）

8909 辊压机 V 形选粉机的分选效果差（视频）

8910 辊压机喂料量异常（视频）

8911 辊压机运行时减速机的故障（视频）

8912 辊压机运行时液压系统的故障（视频）

8913 辅机设备的常见故障判断与处理方法（视频）

8914 作业答案（文本）

8.10 水泥生料辊压机终粉磨系统的实践训练

81001 教学设计（文本）

81002 教学课件（ppt）

81003 作业答案（文本）

0　学习导论

通过阅读"学习导论",了解本专业的人才培养目标、本课程的学习达成目标和本教材的学习参考资源;了解本专业所对接的职业岗位和职业技能。所以,本部分内容既是课程学习的导读,又是就业岗位的指引。

0.1　学 习 目 标

0001-文本

0.1.1　专业人才培养目标

本专业所培养的专业人才,应具有坚定的理想信念,"德、智、体、美、劳"全面发展,是具有一定的科学文化水平,良好的人文素养、职业道德和创新意识,精益求精的工匠精神,较强的就业能力和可持续发展能力的高素质技术技能人才;应掌握本专业的知识和技能,面向非金属矿物制品行业的建材工程技术人员职业群,能够从事生产技术管理、生产巡检、中央控制操作、质量检验与控制、市场营销及售后服务等工作。

0.1.2　课程学习达成目标

本课程学习,以水泥生料制备工艺技术为中心,以生料粉磨中控操作技能为重点,以生料制备工序为主线,掌握水泥生料制备岗位所必需的理论知识(例如,生产工艺的基本知识、技术参数和控制指标,生产设备的原理、结构、参数和性能,工艺过程的平衡计算等)和操作技能(例如,原料分析选择、配料方案设计、生料粉磨操作控制、简单故障判断及处理、出磨及入窑的生料质量控制与检验等),具有水泥生料制备方面的工艺知识和操作技能,达到"生料制备工艺员"和"生料磨机中央控制操作员"的任职要求,为获得国家职业技能等级证书(水泥生产工)、国家职业资格证书(水泥中央控制室操作员)和发展各专门化方向的职业能力打下坚实基础。

本课程学习的达成目标,是所培养的人才具有良好的思想品德、职业素养、实践能力、迁徙发展和创新能力,能够胜任生料制备的生产工艺、生产巡检、中央控制操作等工作的高素质技术技能人才。

0.1.2.1　能力目标

(1) 能读懂新型干法水泥生产工艺流程图,能正确绘制生料制备工艺流程图;

(2) 能合理选择与控制水泥原材料;

(3) 能对水泥生料进行配料方案的设计(或调整)和配料计算;

(4) 能操作运行原料破碎、预均化、生料粉磨、生料均化、生料运输等设备,能读懂生产过程安全操作规程(或作业指导书);

（5）能在中控室（或仿真）操作生料磨机的开机、停机和正常运行，能根据生产中常见的故障现象分析其产生的原因，会正确排除故障，实现生料粉磨系统精细化操作；

（6）能根据生产情况进行调整（或确定）生料制备过程的工艺控制指标。

0.1.2.2　知识目标

（1）掌握水泥的定义、分类及发展概况，新型干法水泥工艺流程及技术特点等知识；

（2）掌握生料制备系统设备的构造原理、工作过程和操作维护要点；

（3）掌握生产硅酸盐水泥所用原料的组成、性能和质量要求；

（4）掌握硅酸盐水泥生料配料方案设计理论、配料计算方法；

（5）掌握中央控制室生料制备系统的操作过程、控制原理和控制流程图，熟悉各控制参数与生产实际的内在关系；

（6）掌握生料制备系统中央控制的正常运行知识、排除故障知识、实现精细化操作等理论知识。

0.1.2.3　素质目标

（1）具有诚信品质、敬业精神、责任意识、遵纪守法意识；

（2）具有分工协作、互相支持的团队精神；

（3）具有科学严谨、认真负责的职业素养和求真务实的工作作风；

（4）具有安全、节约、环保的思想意识；

（5）养成客观公正、实事求是的职业习惯；

（6）养成爱岗敬业、忠于职守的工作作风。

0.2　学 习 资 源

0.2.1　专业图书

（1）贾华平.水泥生产技术与实践［M］.北京：中国建材工业出版社，2018，03.

（2）于兴敏，等.新型干法水泥实用技术全书［M］.北京：中国建材工业出版社，2006，08.

（3）LOCHER F W.水泥的制造与使用［M］.汪澜，崔源声，杨久俊，等译.北京：中国建材工业出版社，2017，01.

（4）彭宝利，朱晓丽，王仲军，等.现代水泥制造技术［M］.北京：中国建材工业出版社，2015，08.

（5）王君伟.新型干法水泥生产工艺读本［M］.3 版.北京：化学工业出版社，2017，09.

（6）谢克平.水泥新型干法生产精细操作与管理［M］.2 版.北京：化学工业出版社，2015，01.

（7）谢克平.水泥新型干法中控室操作手册［M］.北京：化学工业出版社，2012，05.

（8）彭宝利，孙素贞，等.水泥生料制备与水泥制成［M］.北京：化学工业出版社，2012，09.

0.2.2　专业期刊

0.2.2.1　中文期刊

（1）《建材技术与应用》，ISSN 1009-9441。

（2）《水泥》，ISSN 1002-9877。

（3）《水泥工程》，ISSN 1007-0389。

（4）《水泥技术》，ISSN 1001-6171。

(5)《新世纪水泥导报》,ISSN 1008-0473。

(6)《中国水泥》,ISSN 1671-8321。

(7)《混凝土与水泥制品》,ISSN 1000-4637。

(8)《四川水泥》,ISSN 1007-6344。

(9)《硅酸盐学报》,ISSN 0454-5648。

(10)《硅酸盐通报》,ISSN 1001-1625。

(11)《建筑材料学报》,ISSN 1007-9629。

0.2.2.2 外文期刊

(1)《Acta Materialia》(材料学报)

英国,ISSN 1359-6454,1953 年创刊,全年 20 期,Elsevier Science 出版社。

(2)《Annales de Chimie Science des Matériaux》(化学纪事;材料科学)

法国,ISSN 0151-9107,1789 年创刊,全年 8 期,Elsevier Science 出版社。

(3)《Cement and Concrete Composites》(水泥与混凝土复合材料)

英国,ISSN 0958-9465,1980 年创刊,全年 6 期,Elsevier Science 出版社。

(4)《Cement and Concrete Research》(水泥与混凝土研究)

英国,ISSN 0008-8846,1971 年创刊,全年 12 期,Elsevier Science 出版社。

(5)《Construction and Building Materials》(建筑与建筑材料)

英国,ISSN 0950-0618,1987 年创刊,全年 8 期,Elsevier Science 出版社。

0.2.3 专业网站

(1)专业教学资源库:http://wzk.36ve.com/LearningCenter/learning-content。

(2)中国水泥网:http://www.ccement.com。

(3)数字水泥:http://www.dcement.com。

(4)水泥工艺网:http://www.sngyw.com。

(5)水泥人:http://www.cementren.com。

(6)水泥商讯网:http://www.c-m.com.cn。

0.3 职业岗位

本专业服务的岗位分析,如表 0.1 所示。

本课程服务岗位的能力、知识和素质需求,如表 0.2 所示。

表 0.1 本专业服务的岗位分析

岗位分析	初次就业	二次晋升	未来发展
岗位工作	材料的化验与检验	材料化验与检验的组织	材料化验与检验的创新
	生产(或岗位)设备操作	生产(或岗位)设备管理	生产(或岗位)设备技术改造
	工艺(或质量)统计与落实	工艺(或质量)调整与优化	新产品开发,新工艺、新技术方案设计与落实
	中央控制一般操作	中央控制精细操作	中央控制创新操作

续表 0.1

岗位分析	初次就业	二次晋升	未来发展
岗位名称	化验员（化学分析、物理检验、质量控制）	化验组长（化学分析、物理检验、质量控制）	化验室主任
	岗位工	班长（或组长）	生产部长（或车间主任）
	工艺员（或质量员）（生料、熟料、水泥）	工艺主管（或质量主管）	工艺（或质量）部长
	中央控制操作员（生料磨机、煤磨机、回转窑、水泥磨机）	中央控制操作班长	中央控制室主任

表 0.2 本课程服务岗位的能力、知识和素质需求

主要岗位	能力需求	知识需求	素质需求
生料磨机中央控制操作员	① 能与现场巡检工密切配合而操作生料磨机运行,粉磨出符合工艺指标要求的合格生料; ② 能提前发现系统可能出现的故障,及时处理,稳定生料磨机正常生产; ③ 能实现精细化操作,节能降耗,追求最高效益	① 掌握生料制备工段的生产工艺流程; ② 掌握生料制备工段生产的设备构造、工作过程和操作步骤; ③ 掌握中央控制岗位职责; ④ 掌握生料制备自动控制系统的设备构造、工作过程和操作步骤; ⑤ 掌握生料磨机中央控制操作规程、作业指导书; ⑥ 掌握优化参数、实现效益最大化的知识理论	① 遵守公司规章制度,服从工作安排; ② 遵守安全操作规程,遵守中央控制作业命令; ③ 及时与工艺员、化验员及现场巡检员沟通和汇报,了解工艺及设备参数,准确掌握生产情况; ④ 实事求是地记录产量、质量等参数的过程和结果数据,不虚报、不篡改数据,具有良好的职业素养和坚韧、诚信的品德; ⑤ 精细操作以提高生产效率,实现企业效益最大化,维护企业整体利益
生料制备工艺员（或质量员）	① 能合理选择生产硅酸盐水泥所用的石灰质原料、黏土质原料、校正原料和燃料 ② 能进行硅酸盐水泥生料配方设计,满足煅烧水泥熟料对其组成的要求	① 掌握通用水泥的国家标准; ② 掌握生产硅酸盐水泥所用石灰质原料、黏土质原料、校正原料和燃料的组成与性能,以及配制硅酸盐水泥生料对原料和燃料的质量要求; ③ 掌握原料的加工工艺; ④ 掌握硅酸盐水泥熟料的组成、水泥生料的配方设计原理	① 遵守公司规章制度,服从工作安排; ② 深入车间岗位各个部位,准确了解生产实际情况,及时发现生产问题并提出解决办法; ③ 坚持实地考察,坚持以数据说话,不主观武断下结论,不违章指挥作业; ④ 实事求是地记录和分析生产数据和填写报表,不篡改数据指标,公正客观,具有尊重生产实际、尊重客观事实的职业道德; ⑤ 永不满足既有业绩,只有更好而没有最好,具有精益求精、积极进取的精神; ⑥ 不断设计开发新的技术方案,具有大胆假设、小心求证的科学探索精神

续表 0.2

主要岗位	能力需求	知识需求	素质需求
生料制备岗位工	① 能对硅酸盐水泥原料进行加工（或破碎），达到粉磨制备水泥生料对粒度的要求； ② 能对硅酸盐水泥原料进行预均化，达到配料对原料成分均匀程度的要求； ③ 能进行水泥生料粉磨系统操作、巡检维护，配合中央控制而制备出符合质量要求的水泥生料； ④ 能进行水泥生料均化系统操作，达到煅烧水泥熟料对入窑生料均匀性的要求	① 掌握水泥生料制备系统的设备构造、工作过程及操作性能，熟知原料的加工工艺； ② 掌握水泥生料制备系统的设备操作规程和相关安全及环保知识	① 遵守公司规章制度，服从工作安排； ② 遵守安全操作规程，遵守岗位作业命令； ③ 具有忍受寂寞、噪声、粉尘和高温等环境的耐力； ④ 具有强烈的爱护设备的责任心； ⑤ 具有吃苦耐劳的优秀品格； ⑥ 勤于思考，动手动脑挖掘，实现生产效益最大化

0.4　职业技能与职业资格

本专业所对应的职业技能与职业资格，如表 0.3 所示。

表 0.3　本专业所对应的职业技能与职业资格

类　别	名　称	等　级	备　注
职业技能	水泥生产工	高级	
职业资格	建材物理检验工	高级工、技师、高级技师	高级工（可以在校考取）； 技师、高级技师（未来考取）
	建材化学分析工		
	建材质量控制工（本课程对应）		
	水泥中央控制室操作员（本课程对应）		
	生料制备工（本课程对应）		
	熟料煅烧工		
	水泥制成工		
	水泥生产巡检工（本课程对应）		

本课程所对应职业资格的参考资源：

(1) 国家职业技能标准（水泥生产工）；

(2) 水泥生料制备工（初级、中级、高级、技师、高级技师）工作要求；

(3) 水泥中央控制操作工（知识、技能）要求；

(4) 水泥生料制备工国家职业标准与技能操作规范达标手册；

(5) 水泥企业质量管理规程。

0002-文本

1　水泥生产工艺的认知

【项目描述】

（1）项目内容

本项目的学习内容包括3个任务：

① 水泥及水泥工业的认知；

② 通用硅酸盐水泥标准的解读；

③ 水泥生产工艺流程图的识读。

学习重点：

① 掌握水泥的定义、分类和技术指标；

② 掌握新型干法水泥生产的工艺流程及其技术特征。

学习难点：

① 解读技术指标内涵；

② 识读与绘制新型干法水泥生产的工艺流程图。

（2）知识目标

① 掌握水泥的相关概念；

② 了解新型干法水泥生产技术的主要内容；

③ 掌握水泥生产的主要过程和工序。

（3）能力目标

① 能够绘制新型干法水泥生产的工艺流程图；

② 学会标示物料与气流的走向；

③ 学会判断不同生产工艺流程的技术性能和设备作用；

④ 学会布置主要设备的位置。

（4）素质目标

① 培养严谨的学习态度，所绘制的生产工艺流程图符合工程图纸规范的一般要求；

② 工艺流程图没有增加（或遗漏）相关工艺过程，箭头指示绘制正确，虚线（或实线）绘制清晰，设备布置的位置正确。

1001-文本

1002-文本

【项目导学】

1.0.1　水泥的产生和形成

1.0.1.1　水泥的起源

水泥是一种人造胶凝材料，其发展史要追溯到人类史前期。人类为了生存，要在地面上居住，于是学会了用胶凝材料进行砌筑,最早使用的是黏土。黏土是天然的胶凝材料,和水后有塑性,干硬后有一定强度。有时在黏土浆中伴以稻草,可以提高强度,起到加强筋的作用。但是,黏土的强度很低,遇水解体,不能抵抗雨水的侵蚀。后来,人们将黏土进行高温煅烧而制成砖瓦,解决了其强度低的问题。但是,砌砖要用砂浆,人类在发现了取火的方法后就发明了用石灰石和石膏作砌筑砂浆。

石灰虽也是一种胶凝材料,但石灰遇水硬化后强度逐渐消失,不能在水中硬化。1756 年,英国人 J.Smenton 发现掺有黏土的石灰石经过煅烧后获得的石灰具有水硬性,因而发现了黏土的重要作用。他制成的石灰,称为"水硬石灰"。之后,人们开始使用天然的含土石灰石(泥灰石)来烧制"水硬石灰",它无须在烧制后进行粉磨,经过消解即可使用。

后来,人们又发现,将不能消解的石灰硬块进行粉磨之后,可获得水硬性更好、强度更高的产品。这种胶凝材料,可称为"天然水泥"。"天然水泥"与"水硬石灰"的主要区别,在于其煅烧温度的不同,"天然水泥"要求的煅烧温度较"水硬石灰"的高。"天然水泥"由于石灰石和黏土成分含量的不固定,其性能也不稳定。

欧洲的"罗马水泥"、美国的"罗森达尔水泥",都是这种"天然水泥"。

应用胶凝材料最古老的建筑物,是采用石膏与石灰石混合物的埃及金字塔。由此推算,该材料至少在 5000 年前就有应用。

1003-微课

水泥,广义的是指一切能够硬化的无机胶凝材料;狭义的是指具有水硬性的无机胶凝材料,并且其既可在水中硬化又可在空气中硬化。

1.0.1.2 罗马水泥的发明

1756 年,英国人 Eddystone 与土木专家 John Smeaton 发现,含有一定量黏土的石灰石,经过煅烧可以得到优质的水硬性石灰。

1882 年,英国人 James Frost 将黏土与白垩混合煅烧,然后将烧块(熟料)粉碎成水硬性物质,称之为"罗马水泥"。"罗马水泥"从此就诞生了,之后盛行了约 30 年。

1.0.1.3 波特兰水泥的发明

1824 年,英国泥瓦匠 Joseph Aspdin(1779—1855 年)获得了"人造石的改良制造法"专利。因为这种水泥的硬度及颜色与英国波特兰岛产的石灰石类似,所以将之命名为"波特兰水泥"。

经过 20 多年之后,这种水泥才被人们认可。Aspdin 制造法由英国转让给德国,1856 年正式设立工厂生产。从此,在欧洲普及了水泥制造,"天然水泥"类的水泥从市场消失,进入了波特兰水泥时代。

1871 年,美国亚利桑那(Arizona)州建立了水泥厂;1875 年(明治 8 年),日本建造了水泥厂;1889年,中国建立了第一个水泥厂。

1.0.1.4 水泥的定义

根据国家标准《水泥的命名原则和术语》(GB/T 4131—2014)的相关规定,水泥和波特兰水泥的定义如下:

水泥(Cement):是指经加水拌和而形成塑性胶体、能够胶结砂或石等颗粒散料(或纤维材料)、能够在空气或水中硬化的粉状水硬性胶凝材料。

波特兰水泥(Portland Cement):是指由硅酸盐水泥熟料、含量为 0~5% 的石灰石(或粒化高炉矿渣)、适量石膏等经磨细而制成的水硬性胶凝材料。

水泥的外文名称为:Cement(英文)、Zement(德文)、Ciment(法文)等。

硅酸盐水泥,即波特兰水泥,英文名称为:Portland Cement。我国一般将"波特兰水泥"称为"硅酸盐水泥",简称:水泥。

1.0.2 水泥的应用和分类

1.0.2.1 水泥的应用

水泥,不是人们所需要的最终产品,不能直接服务于人类,而必须通过混凝土或其他水泥制品的形式才能被人们所应用。水泥,虽然在混凝土与水泥制品中所占的比例并不是很高,但却能够将石子与砂子胶凝在一起而起到胶结作用,所形成的"人造石"能在空气或水中硬化,长期保持较高的强度。水泥由于具有这种特殊的性能而成为国民经济中极其重要的建筑材料。

（1）浇筑混凝土

水泥,一般通过浇筑混凝土的形式应用于工程中。

浇筑混凝土(Poured Concrete),是指直接浇筑到建筑结构中的混凝土。施工技术规范不仅要求浇筑混凝土的质量均匀、无孔洞并具有持续性,而且还要充分养护。混凝土的配合比是影响其施工性、强度和耐久性的关键因素。此外,配料、搅拌、运输和浇筑等操作,也有重要影响。

硬化混凝土的强度和耐久性,是混凝土的重要技术指标,混凝土的强度取决于水泥的化学成分、细度和水灰比(w/c)。在水泥的矿物成分中,若 C_3S 的含量较高,则混凝土的强度增长就快,而 C_2S 的含量对混凝土的后期强度有很大的作用。在水泥的细度方面,粒径 $d = 3 \sim 30\ \mu m$ 的颗粒,对水化时间 $\tau = 28\ d$ 的强度有影响;$d > 60\ \mu m$ 的颗粒,对强度几乎没有影响;$d < 3\ \mu m$ 的颗粒,只对水化时间 $\tau = 1\ d$ 的强度有影响。

浇筑混凝土,通常采用水泥、水、砂和石子等 4 种材料按一定的配合比进行制备。

水灰比(w/c),是指水与水泥的质量之比值。在实际操作中,通过规定水灰比(w/c)以保证密实的混凝土在规定水化时间(τ)的强度。

耐久性,是混凝土的一项综合技术性能。例如,抗冻性、抗腐蚀性、长期使用性能等。由于使用环境和使用条件不同,为提高混凝土的耐久性所采取的措施也不同。若混凝土的密实度大,大气和水分就不容易进入混凝土的内部,则混凝土的抗冻性与抗腐蚀性都会提高。在一定工艺条件下,水灰比(w/c)则是主要影响因素。混凝土是耐久性特别好的材料,在一般情况下,即使不涂保护层也可以几十年不需维修。

（2）混凝土与水泥制品

混凝土与水泥制品(Concrete and Cement Products),是以水泥、砂、石和水等材料按一定的配合比进行拌和而形成混合料后再经过成型和养护而制成的产品。它具有可专业化生成定型产品的特性。

混凝土与水泥制品的种类很多,有配筋与不配筋的,还有预应力和无预应力的。例如,建筑构件、管道、电杆、铁路轨枕、建筑砌块和装饰塑品等数百个品种。

1.0.2.2 水泥的分类

从国际上看,波特兰水泥为水泥的主要产品,一般占水泥总产量的 $90\% \sim 95\%$,而特种水泥占水泥总产量的 $5\% \sim 10\%$。从能源消耗、资源消耗及环境保护的角度出发,发达国家都在致力于研究和开发具有特殊功能及特殊性能的水泥,故特种水泥占水泥总产量的比例还在增加。各个国家都对本国的水泥产品有自己的工业标准。例如,日本标准(JIS)中有波特兰水泥、早强水泥、高炉水泥和地热水泥等;欧洲标准(EN197)中有 CEM Ⅰ、CEM Ⅱ 和 CEM Ⅲ 等。

我国将水泥分为两大部分:通用硅酸盐水泥和特种水泥。通用硅酸盐水泥又分为 6 种,都有相应的国家标准;特种水泥依据使用性能分类,也有相应的国家标准。

（1）波特兰水泥

在低钙水泥体系方面,早期出现的有:矿渣硅酸盐水泥(粒化高炉矿渣的掺加量为 20%～70%)、火山灰质硅酸盐水泥(火山灰质混合材料的掺加量为 20%～50%)、粉煤灰硅酸盐水泥(粉煤灰的掺加量为 20%～40%)。以后,又出现了复合硅酸盐水泥,即掺入两种以上混合材料的水泥。为了满足高性能混凝土的要求,人们又采用掺加大量超细矿渣(比表面积 $S_m=600\sim800\ m^2/kg$)和高质量粉煤灰等混合材料的技术,C_2S 及 C_4AF 含量较高的水泥熟料以及活化方法也正在研究,以使开发出新品种水泥。此外,高贝利特水泥$[w(C_2S)>50\%$、$w(C_3S)\leqslant30\%]$的性能也在进一步研究之中。

（2）非硅酸盐水泥

在非硅酸盐水泥体系方面,特种水泥有:硫铝酸盐水泥、氟铝酸盐水泥、铝酸盐水泥和阿利尼特水泥等。其中,硫铝酸盐水泥,其原料为低品位矾土、石灰石和石膏,由于石灰石的配合量较低,所以其烧成温度较低,CO_2 的排放量也较少;氟铝酸盐水泥,可用于抢修、堵漏等特殊工程;铝酸盐水泥,主要应用在耐火材料方面;阿利尼特水泥,虽然是一种节能型水泥,但因为其对设备和钢筋有腐蚀作用,所以其开发前景受到了影响。

（3）新型水泥基材料

在新型水泥基材料体系方面,目前已出现和正在研究开发的品种有:无宏观缺陷胶凝材料(Macro Detect Free Cement),含均匀分布超细颗粒的致密材料体系(Densified System Containing Homogenously Arranged Utafin Partices)、活性粉末混凝土(Reactive Powder Concrete)、化学结合陶瓷材料(Chemically Bonded Ceranie)等。

人们期望在这一领域的新材料能对隔声、保温、核废料储存、遮挡核辐射以及特殊要求的应用方面做出贡献。

1.0.2.3 新型干法水泥技术的发展趋势

进入 21 世纪后,水泥生产规模大型化已被市场效益所验证,形成了投资热点。各水泥企业通过对水泥生产工艺技术以及成套设备不断地进行优化和改进,从而使生产线的可靠性和先进性得到根本性的改变。

现在,水泥生产控制系统发展到了第 4 代,它将在水泥厂的机电设备控制方面发挥不可忽视的作用。其系统结构主要分为 4 层:现场仪表层、控制装置单元层、工厂车间层和企业管理层。一般系统只有除企业管理层之外的 3 层功能,而企业管理层则通过提供开放的数据库接口,来连接第 3 方的管理软件平台。第 4 代水泥生产控制系统,包容了过程控制、逻辑控制和批处理控制,从而实现混合控制。这是因为在水泥行业里,既有部分的连续调节控制,还有部分的逻辑联锁控制。

随着计算机、通信网络等信息技术的飞速发展,水泥工业的自动控制系统正向着智能化、数字化和网络化方向迈进。传统的集散控制系统和计算机分层控制系统,也开始向智能终端与网络结合的现场总线控制系统(Fieldbus Control System,FCS)方向发展。对于未来的水泥工业而言,控制系统将不仅是对水泥机电设备的监控,还要对水泥生产过程状态的信息、各种能源消耗成本信息与各种设备的状态诊断和检修信息进行监控。只有充分吸收新技术和新理念,才能使水泥行业不断提高产品质量、降低生产成本。

1004-微课

【项目实施】

1.1 水泥及水泥工业的认知

（1）任务描述

本任务的学习内容包括3个方面：

① 水泥的基本概念；

② 水泥工业的发展概况；

③ 水泥工业的环境保护和可持续发展。

学习重点：水泥定义和分类。

学习难点：水泥工业的发展。

1101-文本

（2）知识目标

① 掌握胶凝材料的定义、水泥的定义、水泥的发明过程；

② 了解当今水泥工业的发展概况。

（3）能力目标

① 能够区分胶凝材料的类型；

② 能够阐述水泥的发明过程、水泥的定义等相关概念、水泥的类型；

③ 学会查找水泥有关方面的信息。

1102-ppt

1.1.1 水泥的基本概念

1.1.1.1 胶凝材料的定义和分类

胶凝材料（Cementious Material），又称胶结材料，是在物理和化学作用下，能够从浆体变成坚固的石状体，并能胶结其他物料而制成具有一定机械强度的复合固体的物质。

胶凝材料可分为两大类：有机胶凝材料和无机胶凝材料。

（1）有机胶凝材料

有机胶凝材料，是指以天然或人工合成高分子化合物为基本组成的一类胶凝材料，最常用的有沥青、树脂、橡胶等。

（2）无机胶凝材料

无机胶凝材料，按其凝结硬化的条件不同可分为两大类：气硬性胶凝材料和水硬性胶凝材料。

① 气硬性胶凝材料

1103-微课

气硬性胶凝材料，是指只能在空气中凝结硬化并保持和发展其强度的胶凝材料。它一般只适用于地上或干燥环境，不宜用于潮湿环境及水中。常用的气硬性胶凝材料，主要有石膏、石灰、水玻璃等。

② 水硬性胶凝材料

水硬性胶凝材料，是指不仅能够在空气中凝结硬化，而且还能够在水中硬化并保持和发展其强度的胶凝材料。它可用于地上、干燥环境、潮湿环境及水中。例如，水泥。

1.1.1.2 水泥的定义和分类

（1）水泥的发明

19 世纪初期（1810—1825 年），人们已经开始使用以人工配合的石灰石和黏土为原料，再经煅烧、磨细而制成的水硬性胶凝材料。1824 年，英国人阿斯普丁（J.Aspdin）将石灰石和黏土配合烧制成块，再经磨细而制成水硬性胶凝材料。在将其加水拌和后，经硬化而制成的人工石块具有较高的强度。因为这种胶凝材料的外观颜色与当时建筑工程上常用的英国波特兰岛上出产的岩石的颜色相似，故称之为"波特兰水泥"（我国称之为硅酸盐水泥）。阿斯普丁于 1824 年 10 月首先取得了该项产品的专利权。例如，1825—1843 年修建的泰晤士河隧道工程，就大量使用了波特兰水泥。

这个阶段，可称为硅酸盐水泥时期，也可称为水泥的发明期。

（2）水泥的相关概念

① 水泥

水泥（Cement），是指经磨细成粉末状，在加入一定量水后成为塑性浆体，既能在水中硬化又能在空气中硬化，能够将砂或石等颗粒散料（或纤维材料）牢固地胶结在一起且具有一定强度的水硬性无机胶凝材料。

② 硅酸盐水泥

硅酸盐水泥（Portland Cement），国际上通称为波特兰水泥，是指由硅酸盐水泥熟料、含量为 0～5% 的石灰石（或粒化高炉矿渣）、适量石膏等经磨细而制成的水硬性胶凝材料。

硅酸盐水泥可分为两种类型：

Ⅰ 型硅酸盐水泥：不掺加混合材料的硅酸盐水泥，代号为 P.Ⅰ。

Ⅱ 型硅酸盐水泥：在硅酸盐水泥粉磨时掺加不超过水泥质量 5% 的石灰石（或粒化高炉矿渣）混合材料，代号为 P.Ⅱ。

其中，P 为波特兰"Portland"的英文字首。

③ 硅酸盐水泥熟料

硅酸盐水泥熟料（Portland Cement Clinker），国际上通称为波特兰水泥熟料，简称水泥熟料，是指一种由主要含 CaO、SiO_2、Al_2O_3、Fe_2O_3 的原料按适当比例配合、经磨成细粉（生料）后煅烧至部分熔融而制得的以硅酸钙（Calcium Silicate）为主要成分的水硬性胶凝物质。

④ 混合材料

混合材料（Mixed Material），是指在粉磨水泥时与熟料、石膏一起加入磨机内以改善水泥性能、调节水泥标号、提高水泥产量的矿物质材料。例如，粒化高炉矿渣、石灰石等。

⑤ 石膏

石膏（Gypsum），是指一种以 $CaSO_4$ 为主要化学成分的水合物。石膏用于水泥缓凝剂，是作为调节水泥凝结时间的组分。适量的石膏可以延缓水泥的凝结时间，使建筑施工中的搅拌、运输、振捣和砌筑等工序得以顺利进行；与此同时，适量的石膏也可提高水泥的强度。可供使用的主要是天然石膏，也可以用工业副产石膏。

（3）水泥的分类

① 按水泥的用途及性能分类

通用水泥：是指一般土木建筑工程通常所采用的水泥。它主要是国家标准《通用硅酸盐水泥》（GB 175—2007）所规定的六大类水泥，即：硅酸盐水泥、普通硅酸盐水泥、矿渣硅酸盐水泥、火山灰质硅酸盐水泥、粉煤灰硅酸盐水泥和复合硅酸盐水泥。

专用水泥：是指具有专门用途的水泥。例如，G 级油井水泥、道路硅酸盐水泥。

特性水泥：是指具有某种比较突出性能的水泥。例如，快硬硅酸盐水泥、低热矿渣硅酸盐水泥、膨胀硫铝酸盐水泥、磷铝酸盐水泥和磷酸盐水泥。

② 按水泥的主要水硬性物质名称分类

硅酸盐水泥(国际上通称波特兰水泥);

铝酸盐水泥;

硫铝酸盐水泥;

铁铝酸盐水泥;

氟铝酸盐水泥;

磷酸盐水泥;

少熟料或无熟料水泥。

③ 按水泥的主要技术特性分类

快硬性(水硬性):分为快硬水泥和特快硬水泥两类;

水化热:分为中热水泥和低热水泥两类;

抗硫酸盐性:分中抗硫酸盐腐蚀水泥和高抗硫酸盐腐蚀水泥两类;

膨胀性:分为膨胀水泥和自应力水泥两类;

耐高温性:铝酸盐水泥的耐高温性按水泥中氧化铝的含量分级。

水泥的命名,可按不同类别分别以水泥的主要水硬性矿物、混合材料、用途和主要特性进行,应力求简明准确。

1104-微课

1.1.2 水泥工业的发展概况

1.1.2.1 世界水泥工业的发展概况

当今,世界水泥工业发展的主流,是新型干法水泥生产技术。其特征如下:

(1) 水泥生产线产能的大型化

世界水泥生产线产能(水泥熟料的日产量)的建设规模,20 世纪 70 年代为 1000~3000 t/d,80 年代为 3000~5000 t/d,90 年代为 4000~10000 t/d。目前,已达到 5000 t/d、7000 t/d、9000 t/d、10000 t/d 等规模的生产线已超过 100 条,正在兴建的世界最大规模生产线的产能为 12000 t/d。随着水泥生产线产能的大型化,形成了年产数百万吨乃至千万吨的水泥厂,特大型水泥集团公司的生产能力可达到千万吨甚至亿吨以上。

(2) 水泥工业生产的生态化

从 20 世纪 70 年代开始,欧洲一些水泥公司就已经开展以废弃物替代自然资源的研究。随着科学技术的发展和人们环保意识的增强,可持续发展的问题越来越得到重视。从 20 世纪 90 年代中叶开始,出现了 Eco-Cement(生态水泥),欧洲和日本对生态水泥进行了大量的研究。目前,世界上已有超过 100 多家水泥厂使用了可燃废弃物替代燃料。例如,瑞士 HOLCIM 水泥公司的替代率已达 80% 以上;法国 LAFARGE 水泥公司的替代率达到 50% 以上;美国大部分水泥厂利用可燃废弃物煅烧水泥;日本有一半水泥厂可处理各种废弃物;欧洲的水泥公司每年要焚烧处理 100 多万吨有害废弃物。世界上水泥企业一般的替代率为 10%~20%。

为实现可持续发展,与生态环境和谐共存,世界水泥工业的发展动态如下:

① 最大限度地减少粉尘、NO_x、SO_2、重金属等对环境的污染;

② 实现高效余热回收,最大程度减少水泥的电耗;

③ 不断提高燃料的替代率,最大程度减少水泥的热耗;

④ 努力提高窑系统的运转率,提高劳动生产率;

⑤ 开发生产生态水泥,减少自然资源的使用量;

⑥ 利用计算机网络系统,实现高智能型的生产自动控制和管理现代化。

（3）水泥生产管理的信息化

在水泥生产和管理过程中,运用信息技术创新各种工艺过程的专家系统和数字神经网络系统、实现远程诊断和操作、保证水泥生产稳定和质量优良、进行科学管理和商务活动,是近几年来世界水泥工业在信息化、自动化、网络化和智能化领域中所进行的主要工作。

水泥企业生产管理信息化的主要内容如下:

① 水泥生产过程的自动化和智能化,例如,计算机集散控制系统(DCS)、计算机集成制造系统(CIMS)、计算机辅助制造系统(CAM);

② 生产管理决策的科学化、网络化和信息化,例如,管理信息化系统(MIS)、办公自动化(OA)、企业资源计划(ERP)、人才需求计划(HRP)等;

1105-微课

③ 企业商务活动电子化、网络化、信息化,例如,客户关系管理系统(CRM)、电子商务(EC)、电子支付系统(EPS)、电子订货(EOS)等。

1.1.2.2 中国水泥工业的发展概况

（1）大力发展新型干法水泥生产技术

目前,由国家支持的水泥熟料产能为 10000 t/d 的开发项目已经完成,其主要经济指标达到了世界先进水平,对于增强我国水泥工业技术装备水平在国际市场的竞争力,促进我国水泥工业的结构调整,推动我国水泥工业的环保化、生态化和持续化发展具有十分重要的意义和深远的影响。

水泥熟料产能为 10000 t/d 的开发项目所研制的许多先进生产技术和设备,都可以用于水泥熟料产能为 5000 t/d 及以下规模的生产线中,可以推动我国整个新型干法水泥生产技术的进步。该项目的布局基本上都在东部沿海和长江中下游地区,地区资源丰富,交通方便,对于发展大型水泥企业集团极为有利。

（2）充分利用水泥窑焚烧垃圾技术

在水泥生产过程中,用水泥回转窑焚烧各种废弃物以替代部分天然燃料、采用各种再生资源作为水泥原料以减少石灰石用量、采用各种细掺合料替代部分熟料而磨制水泥、研究开发生态水泥技术与设备等,已成为国际水泥工业研究的热点,也是我国水泥工业的发展方向。

在利用水泥窑焚烧垃圾技术的研究开发方面,我国还处在初级阶段,与发达国家相比还有较大差距。但是,我国水泥工业已进入节能型、环保型和资源型的运行轨道,大型新型干法水泥生产线的开发是朝着环境共存型水泥的方向发展。

目前,我国水泥工业已采用的主要环保和清洁生产技术如下:

① 水泥厂中低温余热发电技术;

② 高温高浓度大型袋收尘器和电收尘器技术;

③ 使用低品位石灰石[$w(CaO)<45\%$]和用页岩、砂岩、铝矾土、粉煤灰、煤矸石等替代黏土的配料技术;

④ 无烟煤和低挥发分煤在新型干法水泥烧成系统中的应用技术;

⑤ 使用细掺合料(例如,高炉矿渣、钢渣、粉煤灰等)生产环境共存型水泥的技术。

（3）研究开发与生产高性能水泥

随着经济和社会的发展,超高层建筑物、大深度地下建筑物、跨海大桥、海上机场等大型建筑物越来越多,对水泥和混凝土的性能提出了更高的要求,这使研究开发高性能水泥成为市场所需;采用少量高性能水泥可以达到大量低质水泥的使用效果,可以减少生产水泥的资源和能源消耗,减轻环境负荷,这使研究开发高性能水泥成为效益所需。

高性能水泥研究开发的主要内容,是水泥熟料矿物体系与水泥颗粒形状、颗粒级配等问题。高性能水泥与普通水泥相比,水泥生产能耗可以降低 20％以上,CO_2 排放量可以减少 20％以上,强度可以达到 100 MPa 以上,综合性能可以提高 30％～50％,因此,水泥用量可以减少 20％～30％。研究开发高性能水泥,有利于我国环境保护和水泥工业的可持续发展。

（4）沿着绿色水泥工业的道路发展

人类进入 21 世纪以后,发展绿色工业成为人类在创造物质文明时所希望实现的目标。当水泥企业不对人类社会和环境造成负面影响而又做出贡献时,水泥工业就成为绿色工业。目前,我国还存在几千家技术装备落后、资源浪费严重、能源消耗过度和环境污染较大的小型水泥企业。这就使水泥工业要实现绿色工业的目标遇到了严重的挑战。我国水泥工业要实现可持续性,必须朝绿色水泥工业的道路发展。其主要途径如下:

① 大力发展大型新型干法水泥生产技术和设备,加快水泥工业结构调整的步伐;

1106-视频

② 坚决淘汰落后的水泥生产技术和设备,关闭严重浪费资源、过度消耗能源和大量污染环境的小型水泥企业;

③ 从国家制订发展规划开始,使水泥企业进入节能型、环保型和资源型的运行轨道;

④ 坚持发展绿色水泥工业,水泥生产要进入生态化阶段,并积极参与国际交流、合作和竞争。

1.1.3 水泥工业的环境保护和可持续发展

人类每时每刻都生活在环境之中,并不断地受着各种环境因素的影响。人类自诞生以来,就开始从周围环境中获得生活资料和生产资料,改造环境的工作也就随之开始。随着生产力的迅速发展,环境所受的影响越来越大,人类如不注意对环境的保护,大自然必然报复人类。

（1）水泥工业的环境污染与治理

水泥工业虽然在国民经济中占有非常重要的地位,但是在快速发展的同时,其对环境的影响也越来越大。其影响因素如下:

在水泥生产过程中,原料的开采和破碎、生料的粉磨和均化、熟料的破碎和输送、水泥的粉磨和包装等,都要产生大量的粉尘和噪声。这些粉尘的大多数,是属于活性 SiO_2 的含量 $w(SiO_2)>10\%$ 的矿物性粉尘。若人长期与之接触,则会对身体健康造成一定的影响。它还会使土壤板结、植物枯萎。水泥熟料在煅烧过程中所需采用的煤、天然气、重油等燃料,在燃烧过程中会释放大量的烟气和废热,而烟气中所含有的 CO_2、SO_2、CO 等有害物质将会造成对动物、植物的危害和对建筑物、文物古迹的侵蚀。

随着经济和社会的发展,水泥工业越来越兴旺,但在发展水泥工业的同时,必须加强对环境的保护工作。目前,我国的大中型水泥企业对环境的保护工作比较重视,采用新型干法水泥生产技术,加强粉尘治理和余热利用,对环境保护产生了较好的效果。但是,一些小型水泥企业和一些老企业,对环境的保护工作还存在不少问题(例如,工艺落后、设备陈旧、资金困难、人才缺乏、劳动力素质不高和对环境保护的认识不够等),将对环境保护造成不利的影响。

（2）水泥工业的可持续发展

水泥工业可持续发展的理念:

依靠科技进步,合理利用资源,大力节省能源;在水泥的生产和使用过程中,尽量减少或杜绝废气、废渣、废水和有害有毒物质的排放对环境的污染,维护生态平衡;大力发展绿色环保水泥;大量消纳本行业和其他工业难以处理的废弃物和城市垃圾;满足经济和社会发展对水泥的需求,并保持满足后代需求的潜力;支持我国经济和社会的可持续发展。

水泥工业可持续发展的内容:

① 节约资源

水泥工业应提高能源和资源利用率,少用或不用天然资源,鼓励使用再生资源,提高低品质原料和燃料在水泥工业中的可利用性,鼓励企业使用大量工业和农业废渣、废料及生活废弃物等作为原料生产建材产品。

　　② 节约土地

水泥工业应坚决贯彻少用或不用毁地取土作原料的可持续发展政策,以保护土地资源。

　　③ 节约能源

水泥工业应大量利用工业废料、生活废弃物作燃料,节约生产能源,降低建筑物的使用能耗。

　　④ 节约水源

水泥工业应节约生产用水,将废水回收处理再利用。

　　水泥工业可持续发展,就是要建立良性的水泥循环系统,要尽可能地减少对原料、能源的使用,尽可能地减少废水、废料的排放,即尽可能提高废物利用的比例,尽可能考虑再循环和回收利用水泥及混凝土产品,尽量实现水泥系统的内循环。如果水泥系统内循环能够真正实现,水泥工业的可持续发展也就可以实现了。

1107-视频

［知识测试题］

一、填空题

　　1. 按用途和性能,水泥可分为_____、_____、_____。

　　2. 世界水泥工业发展的总体趋势是向_____生产技术发展。

　　3. 我国第一个水泥厂是_____,它于_____年建立,_____年投产。

　　4. 水泥生产过程中对环境产生影响的因素有_____、_____、_____。

　　5. 水泥厂所产生烟气中的有害成分主要有_____、_____、_____等。

　　6. 凡经磨细成粉末状、加入适量水后成为塑性浆体、既能在空气中硬化又能在_____硬化并能将砂和石等颗粒散料(或纤维材料)牢固地胶结在一起的水硬性胶凝材料,通称为_____。

二、选择题

　　1. 油井水泥属于(　　　)

　　A. 通用水泥　　　　　　　　B. 专用水泥　　　　　　　　C. 特性水泥

　　2. (　　　)年,英国人阿斯普丁首先取得了硅酸盐水泥的专利权。

　　A. 1824　　　　　　　　B. 1825　　　　　　　　C. 1826

　　3. 目前我国水泥品种已达到(　　　)。

　　A. 80 多个　　　　　　　B. 70 多个　　　　　　　C. 100 多个

　　4. 我国水泥总产量居世界(　　　)。

　　A. 第一　　　　　　　　B. 第二　　　　　　　　C. 第三

　　5. 我国第一家水泥厂,1876 年在(　　　)建成。

　　A. 上海　　　　　　B. 天津　　　　　　　C. 唐山　　　　　　　D. 澳门

　　6. 新型干法水泥厂规模通常用(　　　)来表示。

　　A. 日产水泥量　　　　　　　　　　　B. 年产水泥量

　　C. 日产水泥熟料量　　　　　　　　　D. 年产水泥熟料量

　　7. 最早的水泥立窑出现在(　　　)年。

　　A. 1812　　　　　　　B. 1824　　　　　　　C. 1836　　　　　　　D. 1848

三、判断题

　　1. 水泥是一种气硬性胶凝材料。　　　　　　　　　　　　　　　　　　　　(　　　)

2.硅酸盐水泥也称波特兰水泥。   （   ）

3.水泥是在物理和化学作用下,能从浆体变成坚固的石状体,并能胶结其他物料制成具有一定机械强度的复合固体的物质。   （   ）

4.水泥按技术特性分为快硬性、抗硫酸盐性、膨胀性、耐高温性……   （   ）

5.石膏用来调节水泥的凝结时间,被称为速凝剂。   （   ）

6.混合材料是可用来改善水泥性能、调节水泥标号、提高水泥产量的矿物质材料。（   ）

7.水泥按用途可分为通用水泥、专用水泥、特性水泥。   （   ）

8.世界水泥工业发展的趋向是新型干法水泥生产工艺。   （   ）

四、简答题

1.什么叫水泥? 什么叫水硬性胶凝材料和非水硬性胶凝材料?

2.胶凝材料的类型有哪些?

3.何为绿色水泥? 何为高性能水泥?

4.何为水泥工业的生态化?

5.2019年中国水泥的总产量是多少? 世界水泥的总产量是多少?

1108-文本   ［能力训练题］

1.查阅资料,撰写关于水泥工业发展概况的综述报告。

2.查阅资料,获取关于水泥发明的过程及其专利主要内容。

1.2 通用硅酸盐水泥标准的解读

1201-文本

（1）任务描述

本任务的学习内容包括3方面：通用硅酸盐水泥的品种、组成和主要技术要求。

学习重点与难点:通用硅酸盐水泥技术指标的条文理解。

（2）知识目标

掌握国家标准《通用硅酸盐水泥》(GB 175—2007)的条文。

1202-ppt

（3）能力目标

① 能够准确解读国家标准《通用硅酸盐水泥》(GB 175—2007)的条文;

② 能够根据相关检测技术标准所要求的物理和化学指标,评判水泥的质量等级;

③ 能够查找水泥的相关标准和规范。

1.2.1 通用硅酸盐水泥的品种

通用硅酸盐水泥(Common portland cement),是指以硅酸盐水泥熟料和适量的石膏以及规定的混合材料制成的水硬性胶凝材料。

通用硅酸盐水泥,按混合材料的品种及其掺加量可分为:硅酸盐水泥、普通硅酸盐水泥、矿渣硅酸盐水泥、火山灰质硅酸盐水泥、粉煤灰硅酸盐水泥和复合硅酸盐水泥。

通用硅酸盐水泥各品种的代号和定义,如表1.2.1所示。

表 1.2.1　通用硅酸盐水泥各品种的代号和定义

品种	代号	定义
硅酸盐水泥	P.Ⅰ P.Ⅱ	凡由硅酸盐水泥熟料、含量为 0～5％的石灰石（或粒化高炉矿渣）、适量石膏等经磨细而制成的水硬性胶凝材料，称为硅酸盐水泥（国际上通称：波特兰水泥）。 硅酸盐水泥分两种类型：不掺加混合材料的硅酸盐水泥，称为Ⅰ型硅酸盐水泥；在硅酸盐水泥熟料粉磨时掺加不超过水泥质量 5％的石灰石（或粒化高炉矿渣）混合材料的硅酸盐水泥，称为Ⅱ型硅酸盐水泥
普通硅酸盐水泥	P.O	凡由硅酸盐水泥熟料、含量为 5％～20％的混合材料、适量石膏等经磨细而制成的水硬性胶凝材料，称为普通硅酸盐水泥，简称：普通水泥。 混合材料，是指由符合标准规定的粒化高炉矿渣、粉煤灰、火山灰质等所混合组成的材料；混合材料中的替代组分，是指含量为 0～5％的符合标准规定的石灰石、砂岩、窑灰中的一种材料
矿渣硅酸盐水泥	P.S.A P.S.B	凡由硅酸盐水泥熟料、粒化高炉矿渣、适量石膏等经磨细而制成的水硬性胶凝材料，称为矿渣硅酸盐水泥，简称：矿渣水泥。 水泥中粒化高炉矿渣的掺加量（质量分数，％）为 20％～70％，并分为 A 型和 B 型。A 型粒化高炉矿渣的掺加量为 20％～50％；B 型粒化高炉矿渣的掺加量为 50％～70％。 粒化高炉矿渣的替代组分，可以为 0～8％的符合标准规定的粉煤灰、火山灰、石灰石、砂岩、窑灰中的一种材料
火山灰质硅酸盐水泥	P.P	凡由硅酸盐水泥熟料、火山灰质混合材料、适量石膏等经磨细而制成的水硬性胶凝材料，称为火山灰质硅酸盐水泥，简称：火山灰水泥。 水泥中火山灰质混合材料的掺加量（质量分数，％）应为 20％～40％
粉煤灰硅酸盐水泥	P.F	凡由硅酸盐水泥熟料、粉煤灰、适量石膏等经磨细而制成的水硬性胶凝材料，称为粉煤灰硅酸盐水泥，简称：粉煤灰水泥。 水泥中粉煤灰的掺加量（质量分数，％）为 20％～40％
复合硅酸盐水泥	P.C	凡由（硅酸盐水泥熟料＋适量石膏）为 50％～80％、混合材料为 20％～50％，经磨细而制成的水硬性胶凝材料，称为复合硅酸盐水泥，简称：复合水泥。 水泥中混合材料的总掺加量（质量分数，％）为 20％～50％。 混合材料，由符合标准的粒化高炉矿渣、粉煤灰、火山灰质混合材料、石灰石、砂岩中的三种（含）以上材料所组成。其中，石灰石和砂岩的总量小于水泥质量的 20％以及 0～8％的替代组分（符合标准规定的窑灰）

1.2.2　通用硅酸盐水泥的组成

通用硅酸盐水泥的主要组成材料为：硅酸盐水泥熟料、混合材料和石膏。

（1）硅酸盐水泥熟料

硅酸盐水泥熟料（国际上称为波特兰水泥熟料，简称：水泥熟料），是指一种由主要含 CaO、SiO_2、Al_2O_3、Fe_2O_3 的原料按适当比例配合经磨成细粉（生料）后煅烧至部分熔融时所得到的以硅酸钙为主要成分的烧结物，其中硅酸钙矿物含量（质量分数）≥66％，CaO 与 SiO_2 的质量比≥2.0。

水泥熟料是各种硅酸盐水泥的主要组分材料，其质量的好坏直接影响到水泥产品的性能与质量优劣。在硅酸盐水泥生产中，水泥熟料属于半成品。

（2）混合材料

混合材料，是指在粉磨水泥时与水泥熟料、石膏一起加入磨机内用以提高水泥产量、降低水泥生产成本、增加水泥品种、改善水泥性能的矿物质材料。例如，粒化高炉矿渣或粒化高炉矿渣粉、粉煤灰、火山灰质混合材料、石灰石、砂岩、窑灰等。

① 粒化高炉矿渣或粒化高炉矿渣粉

粒化高炉矿渣的质量系数、二氧化钛质量分数、氧化亚锰质量分数、氟化物质量分数、硫化物质量分数、玻璃体含量，应符合 GB/T 203 或 GB/T 18046 的规定。

② 粉煤灰

粉煤灰的灼烧减量、含水量、三氧化硫的质量分数、游离氧化钙的质量分数、安定性、半水亚硫酸钙的含量，以及二氧化硅、三氧化二铝和三氧化二铁的总质量分数，应符合 GB/T 1596 的规定。

粉煤灰中铵离子含量的限量，应符合国家标准《粉煤灰中铵离子含量的限量及检验方法》（GB/T 39701—2020）的规定。

1203-视频

③ 火山灰质混合材料

火山灰质混合材料的种类、火山灰性试验、灼烧减量、三氧化硫含量应符合 GB/T 2847 的规定。

④ 石灰石、砂岩

石灰石、砂岩的亚甲基蓝值不大于 1.4 g/kg。亚甲基蓝值按 GB/T 35164—2017 附录 A 的规定进行检验。

⑤ 窑灰

应符合 JC/T 742 的规定。

（3）石膏

石膏，是指一种以 $CaSO_4$ 为主要化学成分的水合物。石膏用于水泥缓凝剂，是作为调节水泥凝结时间的组分。适量的石膏，可以延缓水泥的凝结时间，使建筑施工中的搅拌、运输、振捣、砌筑等工序得以顺利进行；与此同时，适量的石膏也可以提高水泥的强度。可供使用的主要是天然石膏，也可以用工业副产石膏。

① 天然石膏

自然界产出的天然石膏（Natural Gypsum），可分为石膏、硬石膏和混合石膏。

a. 石膏

石膏，是指主要以 $CaSO_4 \cdot 2H_2O$ 形式存在且 $CaSO_4 \cdot 2H_2O$ 含量与 $CaSO_4 \cdot 2H_2O$ 和 $CaSO_4$ 含量之和的比值不小于 75% 的天然石膏矿产品。即：

$$w(CaSO_4 \cdot 2H_2O)/[w(CaSO_4 \cdot 2H_2O)+w(CaSO_4)] \geqslant 75\%$$

b. 硬石膏

硬石膏，是指主要以 $CaSO_4$ 形式存在且 $CaSO_4$ 含量与 $CaSO_4 \cdot 2H_2O$ 和 $CaSO_4$ 含量之和的比值不小于 80% 的天然石膏矿产品。即：

$$w(CaSO_4)/[w(CaSO_4 \cdot 2H_2O)+w(CaSO_4)] \geqslant 80\%$$

c. 混合石膏

混合石膏，是指主要以 $CaSO_4 \cdot 2H_2O$ 和 $CaSO_4$ 形式存在且 $CaSO_4$ 含量与 $CaSO_4 \cdot 2H_2O$ 和 $CaSO_4$ 含量之和的比值小于 80% 的天然石膏矿产品。即：

$$w(CaSO_4)/[w(CaSO_4 \cdot 2H_2O)+w(CaSO_4)] < 80\%$$

采用天然石膏时，应符合国家标准《天然石膏》（GB/T 5483—2008）规定的技术要求。

② 工业副产石膏

1204-视频

工业副产石膏（By-product Gypsum），是指工业生产中以硅酸钙为主要成分的副产品。采用工业副产石膏时,应符合国家标准《用于水泥中的工业副产石膏》(GB/T 21371—2019)规定的技术要求。

（4）水泥助磨剂

水泥粉磨时允许加入助磨剂,其加入量应不超过水泥质量的 0.5%,助磨剂应符合 GB/T 26748 的规定。

1.2.3　通用硅酸盐水泥的主要技术要求

技术要求(即品质指标),是衡量水泥品质及保证水泥质量的重要依据。水泥质量可以通过化学指标和物理指标加以控制和评定。化学指标,主要是控制水泥中有害物质的化学成分不超过一定限量,若超过了最大允许限量,即意味着对水泥性能和质量可能产生有害或潜在有害的影响。物理指标,主要是保证水泥具有一定的物理力学性能,满足水泥使用要求,保证工程质量。

根据国家标准《通用硅酸盐水泥》(GB 175—2007)的规定,通用硅酸盐水泥的技术指标主要有:化学要求(不溶物、灼烧减量、三氧化硫、氧化镁、氯离子)、碱含量、水泥中水溶性铬(Ⅵ)、物理要求(凝结时间、体积安定性、强度、细度)、放射性等。

1.2.3.1　通用硅酸盐水泥的化学指标

通用硅酸盐水泥的化学成分应符合表 1.2.2 规定。

表 1.2.2　通用硅酸盐水泥的化学成分要求（质量分数,%）

水泥品种	代号	不溶物	灼烧减量	三氧化硫	氧化镁	氯离子
硅酸盐水泥	P.Ⅰ	≤0.75	≤3.0	≤3.5	≤6.0	≤0.10ª
	P.Ⅱ	≤1.50	≤3.5			
普通硅酸盐水泥	P.O	—	≤5.0			
矿渣硅酸盐水泥	P.S.A	—	—	≤4.0	≤6.0	
	P.S.B	—	—		—	
火山灰质硅酸盐水泥	P.P	—	—	≤3.5	≤6.0	
粉煤灰硅酸盐水泥	P.F	—	—			
复合硅酸盐水泥	P.C	—	—			

a. 当有更低要求时,买卖双方协商确定

（1）不溶物

不溶物含量(Insoluble Matter Content,缩写 IMC),是指水泥经酸和碱处理后不能被溶解的残留物的含量(质量分数,%)。不溶物的组成成分,主要是结晶 SiO_2,其次是 R_2O_3(R 指铁和铝),属于水泥中非活性组分之一。

（2）灼烧减量

灼烧减量(Loss on Ignition,缩写 LOI),是指水泥在 950~1000 ℃时的灼烧过程中,挥发除去物质的含量(质量分数,%)。

水泥中的不溶物含量和灼烧减量指标,主要是为了控制水泥制造过程中水泥熟料的煅烧质量以及限制某些组分材料的掺加量。

（3）氧化镁

水泥中氧化镁含量过高时,其缓慢的水化和体积膨胀效应可使水泥硬化体结构遭到破坏。但是,经总结国内水泥生产实践经验,并经大量科研和调查证明,当水泥中 $w(MgO) \leqslant 6.0\%$ 时,对水泥混凝土工程的质量有保证。因此 GB 175—2007 规定,水泥中 $w(MgO) \leqslant 6.0\%$。如果水泥中 $w(MgO) > 6.0\%$,可能出现 $w(f\text{-}MgO)$ 过高和方镁石(结晶 MgO)晶体颗粒过大而导致后期膨胀的潜在危害性,且 f-MgO 比 f-CaO 更难水化,采用沸煮法不能检定。因此,必须采用压蒸安定性试验进行检验。

(4)三氧化硫

水泥中的三氧化硫,主要是在生产水泥时为了调节凝结时间而掺加石膏所带入的。此外,水泥中掺加窑灰、采用石膏矿化剂、使用高硫燃煤等,都会将 SO_3 带入水泥熟料中。通过对不同 SO_3 含量的各种水泥的物理性能试验表明,当硅酸盐水泥中 $w(SO_3) > 3.5\%$ 以后,其强度下降、膨胀率上升,在硬化后水泥发生体积膨胀,甚至其结构会遭到破坏。因此 GB 175—2007 规定,水泥中 $w(SO_3) \leqslant 3.5\%$。

(5)氯离子

在水泥不含氯离子(或氯离子含量极低)的情况下,水泥混凝土的强碱性(pH 值较高)保护着钢筋表面的钝化膜而使锈蚀难以深入。氯离子(Cl^-)在钢筋混凝土中的有害作用,在于它能够破坏钢筋表面的钝化膜而加速锈蚀反应。因此,GB 175—2007 规定,水泥中氯离子含量为任选要求。

当用户要求提供低氯水泥时,水泥的氯离子含量应为:$w(Cl^-) \leqslant 0.10\%$。有更低要求时,买卖双方协商确定。

1.2.3.2　碱含量

根据 GB 175—2007 的相关规定,水泥中碱含量采用钠碱当量计算值 $[w(Na_2O) + 0.658w(K_2O)]$ 来表示,当用户要求提供低碱水泥时,由买卖双方协商确定。

水泥混凝土中的碱集料反应与混凝土中拌合物的总碱量、集料的活性程度及混凝土的使用环境有关,为防止发生碱集料反应,不同的混凝土配合比和不同使用环境对水泥中碱含量的要求也有所不同。因此,GB 175—2007 将碱含量规定为任选要求。

1.2.3.3　水泥中水溶性铬(Ⅵ)

水泥中水溶性铬(Ⅵ)的含量,应符合 GB 31893 的要求。水泥中水溶性铬(Ⅵ)含量 $\leqslant 10.00$ mg/kg。

1.2.3.4　通用硅酸盐水泥的物理指标

(1)细度

细度(Fineness),是指水泥行业中表征水泥颗粒粒径的粗细程度的指标。

水泥一般由几微米到几十微米的大小不同的颗粒所组成。水泥的细度直接影响水泥的凝结硬化速率、强度、需水性、析水性、干缩性、水化热等一系列物理性能。

1205-视频

水泥的细度,通常采用筛余值(质量分数,%)和比表面积两种方式来表示。

① 筛余值

筛余(又称筛上),是指物料经过筛析后留在筛面上的物料。筛下,是指物料经过筛析后通过筛孔的物料。

筛余值(Residual Value of Sieve),是指某一粉状物料的试样在经过一定的孔径(x)的筛网进行筛析后其筛余的质量在物料筛析总质量中的含量(质量分数,%),采用符号 R_x 表示(下标 x 为筛孔尺寸)。

若水泥的筛余值愈小,则水泥愈细。

水泥细度的具体测量方法,按国家标准《水泥细度检验方法(筛析法)》(GB/T 1345—2005)的规定进行。

② 比表面积

比表面积(Specfic Surface Area),是指单位质量水泥颗粒所具有的表面积,用符号 A_s 表示,单位是 m^2/kg。

若水泥愈细,则其比表面积愈大。

水泥比表面积的具体测量方法,按国家标准《水泥比表面积测定方法(勃氏法)》(GB/T 8074—

2008)的规定进行。

硅酸盐水泥的细度,以比表面积表示,300 m²/kg≤A_s≤400 m²/kg。普通硅酸盐水泥、矿渣硅酸盐水泥、粉煤灰硅酸盐水泥、火山灰质硅酸盐水泥、复合硅酸盐水泥的细度,以 45 μm 方孔筛的筛余值表示,R_{45}≥5%。当有特殊要求时,由买卖双方协商确定。

从水泥生产来说,水泥的粉磨细度直接影响水泥的能耗、质量、产量和成本。所以,在实际生产中必须权衡利弊,做出适当的控制。水泥细度的调节,通过粉磨工艺过程的控制来实现。

（2）凝结时间

凝结时间,是指水泥从加水拌和开始到失去流动性(即从可塑性状态发展到固体状态)为止所需要的时间。凝结时间,可分为初凝时间和终凝时间。

1206-视频

初凝时间,是指从水泥加水拌和开始到标准稠度净浆开始失去塑性为止的时间。

终凝时间,是指从水泥加水拌和开始到标准稠度净浆完全失去塑性为止的时间。

为了保证水泥使用时砂浆或混凝土有充分时间进行搅拌、运输和砌筑,必须要求水泥有一定的初凝时间;当施工完毕又希望混凝土能较快硬化、较快脱模时,又要求水泥有不太长的终凝时间。

国家标准规定:

硅酸盐水泥和普通硅酸盐水泥的初凝时间 $\tau_{初}$≥45 min,终凝时间 $\tau_{终}$≤390 min;

普通硅酸盐水泥、矿渣硅酸盐水泥、火山灰质硅酸盐水泥、粉煤灰硅酸盐水泥和复合硅酸盐水泥,初凝时间 $\tau_{初}$≥45 min,终凝时间 $\tau_{终}$≤600 min。

凝结时间的调节,可以通过加入适量的石膏来实现,并使其达到国家标准的要求。

凝结时间的测量方法,按照国家标准《水泥标准稠度用水量、凝结时间、安定性检验方法》(GB/T 1346—2011)进行测量。

（3）体积安定性

体积安定性,是指表示水泥浆硬化后体积变化是否均匀的性质。如果水泥硬化时产生膨胀裂缝或翘曲等不均匀的体积变化,即为体积安定性不良。

1207-视频

体积安定性直接反映了水泥质量的好坏,是国家标准规定的水泥品质指标中的一项重要指标。水泥的体积安定性合格,是保证砂浆和混凝土工程质量的必要条件;水泥的体积安定性不合格,将使砂浆、混凝土工程等产生形变,出现弯曲、裂纹甚至崩溃,造成严重的工程事故。

引起水泥的体积安定性不良的因素主要有如下 3 种:水泥熟料中的游离氧化钙(f-CaO)、方镁石(f-MgO)及生产水泥时石膏的掺加量过多。

水泥体积安定性的测量方法,有沸煮法检验法和压蒸安定性试验法。《通用硅酸盐水泥》(GB 175—2007)规定这两种检验都要求合格。

沸煮法检验法,根据《水泥标准稠度用水量、凝结时间、安定性检验方法》(GB/T 1346—2011)进行检测,有雷氏法和试饼法两种。雷氏法,是指通过测量沸煮后雷氏夹中两个试针的相对位移(即水泥标准稠度净浆的体积膨胀程度)来评定水泥浆硬化后的体积安定性。试饼法,是指通过观测沸煮后水泥标准稠度净浆试饼外形的变化来评定水泥浆硬化后的体积安定性。在水泥的体积安定性测量中,当采用雷氏法与采用试饼法的测量结果发生争议时,以采用雷氏法的测量结果为准。

压蒸安定性试验法,根据《水泥压蒸安定性试验法》(GB/T 750—1992)进行检测。

对于 MgO 含量的要求:对于 P.Ⅰ型、P.Ⅱ型、P.O型、P.S.A型、P.P型、P.F型、P.C型水泥,MgO 含量为:$w(MgO)$≤6%;对于 P.S.B型水泥,则不做要求。

对于 SO₃ 含量的要求:水泥中 SO₃ 的含量,按照国家标准《水泥化学分析方法》(GB/T 176—2017)进行测量;对于 P.S.A型和 P.S.B型水泥,SO₃ 含量为:$w(SO_3)$≤4.0%;对于其他水泥品种,$w(SO_3)$≤3.5%。

对于体积安定性不合格的水泥,严禁用于工程中。

1208-视频

1209-微课

（4）强度与强度等级

强度，是评定水泥质量的重要指标，又是设计混凝土配合比的重要依据。我国水泥强度的检验方法，按照国家标准《水泥胶砂强度检验方法（ISO 法）》（GB/T 17671—1999）进行检验。其中规定，水泥与标准砂的质量比为 $m_c/m_s=1/3$、水灰比为 $w/c=0.5$（质量比），采用标准制作方法制成 40 mm×40 mm×160 mm 的标准试件，在标准养护条件下［温度为 $t=(20\pm1)$ ℃、相对湿度为 $\varphi>90\%$ 带模养护；1 d 以后拆模，放入温度为 $t=(20\pm1)$ ℃的水中养护］，测量其达到规定水化时间（$\tau=3$ d、28 d）时的抗压强度（R_c）和抗折强度（R_f），即为水泥的胶砂强度。

强度等级，是按照规定的水泥水化时间的抗压强度和抗折强度来划分的。其中，R 型为早强型，主要是 $\tau=3$ d 的强度，较同强度等级水泥的高。

硅酸盐水泥、普通硅酸盐水泥，分为 6 个等级：42.5、42.5R、52.5、52.5R、62.5、62.5R。

矿渣硅酸盐水泥、粉煤灰硅酸盐水泥、火山灰质硅酸盐水泥，分为 6 个等级：32.5、32.5R、42.5、42.5R、52.5、52.5R。

复合硅酸盐水泥，分为 4 个等级：42.5、42.5R、52.5、52.5R。

通用硅酸盐水泥不同水化时间的强度要求，应符合如表 1.2.3 所示的规定。

表 1.2.3　通用硅酸盐水泥不同水化时间的强度要求

强度等级	抗压强度 R_c/MPa		抗折强度 R_f/MPa	
	3 d	28 d	3 d	28 d
32.5	≥12.0	≥32.5	≥3.0	≥5.5
32.5 R	≥17.0		≥4.0	
42.5	≥17.0	≥42.5	≥4.0	≥6.5
42.5 R	≥22.0		≥4.5	
52.5	≥22.0	≥52.5	≥4.5	≥7.0
52.5 R	≥27.0		≥5.0	
62.5	≥27.0	≥62.5	≥5.0	≥8.0
62.5 R	≥32.0		≥5.5	

凡符合某一标号的水泥，必须同时满足表 1.2.3 所规定的各水化时间（τ）的抗压强度（R_c）、抗折强度（R_f）的相应指标。若其中任一水化时间（τ）的抗压强度（R_c）、抗折强度（R_f）指标达不到所要求标号的规定，则以其中最低的某一个强度指标计算该水泥的强度等级。

1.2.3.5　放射性

放射性比活度（Specific Activity），是指固体放射性物质单位质量（或单位体积）中的放射性活度（Radioactivity）。

通用硅酸盐水泥的放射性比活度应同时满足：内照射指数 $I_{Ra}\leqslant1.0$，外照射指数 $I_r\leqslant1.0$。

1.2.4　通用硅酸水泥的检验规则

（1）编号与取样

水泥出厂前，应按同强度等级进行编号和取样。袋装水泥和散装水泥，应分别进行编号和取样。每一编号为一取样单位。水泥出厂编号，按年生产能力规定为：

若年生产能力 $M>200\times10^4$ t，则不超过 4000 t 为一编号；

若年生产能力 $M=(120\sim200)\times10^4$ t，则不超过 2400 t 为一编号；

若年生产能力 $M=(60\sim120)\times10^4$ t，则不超过 1000 t 为一编号；

若年生产能力 $M=(30\sim60)\times10^4$ t，则不超过 600 t 为一编号；

若年生产能力 $M\leqslant30\times10^4$ t，则不超过 400 t 为一编号。

取样方法，按 GB/T 12573 的规定进行。可连续取，亦可从 20 个以上不同部位取等量样品，样品的总量至少为 12 kg。当散装水泥运输工具的容量超过该厂规定出厂编号吨数时，允许该编号的数量超过取样规定的吨数。

（2）水泥检验

① 出厂检验

出厂检验项目为：水泥化学成分、化学要求、凝结时间、安定性（沸煮法检验）、强度、细度。

② 型式检验

型式检验，是指通用硅酸盐水泥的化学成分应符合规定要求（表 1.2.2）及技术要求[化学要求（不溶物、灼烧减量、三氧化硫、氧化镁、氯离子）、碱含量、水泥中水溶性铬（Ⅵ）、物理要求（凝结时间、体积安定性、强度、细度）、放射性]全部内容。

有下列情况之一者，应进行型式检验：

——新投产时；

——原料与燃料有改变时；

——生产工艺有较大改变时；

——产品长期停产后，恢复生产时；

——正常生产时，每年至少进行一次型式检验。其中：

（a）水泥中水溶性铬（Ⅵ）、放射性，至少每半年进行一次型式检验。

（b）对于硅酸盐水泥和普通硅酸盐水泥的压蒸安定性，当 $w(MgO)\leqslant5\%$ 时，至少每半年进行一次型式检验；当 $w(MgO)>5\%$ 时，至少每季度进行一次型式检验。

（c）对于矿渣硅酸盐水泥 P.S.A 型、粉煤灰硅酸盐水泥、火山灰质硅酸盐水泥和复合硅酸盐水泥的压蒸安定性，当 $w(MgO)>5\%$ 时，至少每半年进行一次型式检验。

（3）判定规则

① 出厂检验

当水泥化学成分、化学要求、凝结时间、体积安定性（沸煮法检验）、强度、细度的技术要求符合标准规定时，水泥为合格品。

当水泥化学成分、化学要求、凝结时间、体积安定性（沸煮法检验）、强度、细度的技术要求任何一项不符合标准规定时，水泥为不合格品。

② 型式检验

当水泥化学成分、化学要求、水泥中水溶性铬（Ⅵ）、凝结时间、体积安定性、强度、细度、放射性的技术要求符合型式检验结果标准时，水泥为合格品。

当水泥化学成分、化学要求、水泥中水溶性铬（Ⅵ）、凝结时间、体积安定性、强度、细度、放射性的技术要求任何一项不符合型式检验结果标准时，水泥为不合格品。

（4）水泥出厂

经确认水泥各项技术指标及包装质量符合要求时，方可出厂。

水泥出厂时，生产者应向用户提供产品质量证明材料。质量证明材料的内容，应包括水溶性铬（Ⅵ）、放射性、压蒸安定性等技术指标的型式检验结果，混合材料的掺加量及种类等出厂技术指标的检验结果或确认结果。

（5）检验报告

检验报告的内容，应包括执行标准、水泥品种、代号、出厂编号、混合材料的种类及掺加量等出厂检验项目以及密度(仅限硅酸盐水泥)、标准稠度用水量、石膏和助磨剂的品种及掺加量,以及合同约定的其他技术要求等。当买方有要求时,生产者应在水泥发出之日起 10 d 以内,寄发除 28 d 强度以外的各项检验结果;在 35 d 以内,补报 28 d 强度的检验结果。

(6)交货与验收

① 在交货时,水泥的质量验收,可抽取实物试样以其检验结果为依据,也可以生产者同编号水泥的检验报告为依据。采取何种方法验收,由买卖双方商定,并在合同或协议中注明。若无书面合同(或协议)或未在合同(或协议)中注明验收方法,则卖方应在发货前书面告知并经买方认可后在发货单上注明"以生产者同编号水泥的检验报告为验收依据"。

② 当以抽取实物试样的检验结果为验收依据时,买卖双方应在发货前(或交货地)共同取样和签封。取样方法按 GB/T 12573 进行,取样数量为 24 kg,缩分为两等份。其中,一份由卖方保存 40 d,另一份由买方按本标准规定的项目和方法进行检验。在 40 d 以内,若买方检验认为产品质量不符合该标准要求而卖方又有异议时,则双方应将卖方保存的另一份试样送双方认可的第三方水泥质量监督检验机构进行仲裁检验。水泥安定性的仲裁检验,应在取样之日起 10 d 以内完成。

③ 以生产者同编号水泥的检验报告为验收依据时,在发货前或交货时买方在同编号水泥中取样,双方共同签封后由卖方保存 90 d,或认可卖方自行取样、签封并保存 90 d 的同编号水泥的封存样。在 90 d 以内,若买方对水泥质量有疑问,则双方应将共同认可的封存试样送双方认可的第三方水泥质量监督检验机构进行仲裁检验。

1.2.5 通用硅酸水泥的包装、标志、运输与储存

(1)包装

水泥可以散装或袋装。袋装水泥,每袋净含量为 50 kg,且应不少于标志质量的 99%;随机抽取 20 袋的总质量(含包装袋)应不少于 1000 kg。其他包装形式,由买卖双方协商确定,但有关袋装质量要求,应符合上述规定。水泥包装袋,应符合 GB/T 9774 的规定。

(2)标志

水泥包装袋上应清楚标明:执行标准、水泥品种、代号、强度等级、生产者名称、生产许可证标志(QS)及编号、出厂编号、包装日期、净含量。硅酸盐水泥和普通硅酸盐水泥的包装袋,其两侧应采用红色印刷(或喷涂)水泥名称和强度等级。矿渣硅酸盐水泥、粉煤灰硅酸盐水泥、火山灰质硅酸盐水泥和复合硅酸盐水泥的包装袋,其两侧应采用黑色(或蓝色)印刷(或喷涂)水泥名称和强度等级。

水泥在散装发运时,应提交与袋装标志相同内容的卡片。

(3)运输与储存

水泥在运输与储存时,不应受潮和混入杂物。不同品种和强度等级的水泥,在运输与储存中应避免混杂。

[知识测试题]

一、填空题

1.通用硅酸盐水泥的组成材料有:_____、_____、_____。

2.按水泥质量管理规定,出厂的通用硅酸盐水泥 28 d 的抗压强度富余值在_____以上,合格率_____。

3.通用水泥有_____、_____、_____、_____、_____和_____六大品种。

4.国家标准规定:硅酸盐水泥的比表面积应大于_____。矿渣水泥中 SO_3 的含量不得超过

_____,凝结时间为初凝不早于_____,终凝不迟于_____。

5. 国家标准规定:_____,称为硅酸盐水泥;_____,称为普通硅酸盐水泥。

6. 通用水泥包括_____、_____、_____、_____、_____、_____、_____七种。

7. 硅酸盐水泥的细度的国家标准要求为_____。

8. P.Ⅰ的组成材料有_____。

9. GB 175—2007 规定:_____试验合格,P.O 中的 MgO 含量可放宽到_____。

10. 袋装水泥的存放日期为_____。

11. GB 175—2007 规定:_____水泥中 $w(SO_3)$≤4%。

12. 出厂袋装水泥,每袋净质量为_____,且不少于标志质量的99%,袋装水泥20包的总质量不少于_____,合格率100%。

二、选择题

1. 用沸煮法检验水泥的体积安定性,只能检查出(　　)的影响。

A. f-CaO　　　　　　B. f-MgO　　　　　　C. 石膏　　　　　　D. SO_3

2. 下列材料中不属于活性混合材料的是(　　)。

A. 粒化高炉矿渣　　　　　　　　　　B. 火山灰

C. 块状高炉矿渣　　　　　　　　　　D. 粉煤灰

3. 国家标准规定:矿渣硅酸盐水泥的初凝时间不得早于(　　)。

A. 45 min　　　　　B. 55 min　　　　　C. 60 min

4. 硅酸盐水泥中 MgO 的含量不得超过(　　)。

A. 6.0%　　　　　B. 5.5%　　　　　C. 5.0%

5. P.Ⅰ水泥的组成材料有(　　)。

A. 水泥熟料、石灰石或矿渣　　　　　B. 水泥熟料、石膏、石灰石或矿渣

C. 水泥熟料、石膏　　　　　　　　　D. 石膏、石灰石或矿渣

6. GB 175—2007 规定:(　　)试验合格,P.O 水泥中的 MgO 含量可放宽到6%。

A. 体积安定性　　　B. 物理性能　　　C. 压蒸安定性　　　D. 抗压强度

7. GB 175—2007 规定:普通硅酸盐水泥中混合材料的掺加量为(　　)。

A. >5%且≤20%　　B. <5%　　　　　C. ≤15%　　　　　D. ≤20%

8. 某厂生产一批 P.O 水泥,经检测水泥的初凝时间为 2 h,其他指标均符合国家标准要求,这批水泥是(　　)。

A. 不合格品　　　　B. 废品　　　　　C. 合格品　　　　　D. 次品

9. 国家标准规定:矿渣硅酸盐水泥的初凝时间不得早于(　　)。

A. 45 min　　　　　B. 55 min　　　　　C. 60 min　　　　　D. 65 min

10. 42.5矿渣水泥与42.5硅酸盐水泥相比,其早期强度(　　)。

A. 高　　　　　　　B. 相同　　　　　C. 低　　　　　　　D. 无法确定高低

11. 矿渣硅酸盐水泥的代号是(　　)。

A. P.S　　　　　　B. P.O　　　　　　C. P.F　　　　　　D. P.P

12. 普通硅酸盐水泥的代号是(　　)。

A. P.S　　　　　　B. P.O　　　　　　C. P.F　　　　　　D. P.P

13. 通用水泥的国家标准规定,MgO 含量为5%～6%时,混合材料的掺加量为(　　),可不做压蒸安定性试验。

A. <40%　　　　　B. >30%　　　　　C. >40%　　　　　D. 45%

14. P.Ⅰ的组成材料有（   ）。

A. 熟料、石灰石或矿渣　　　　　B. 熟料、混合材料、石膏　　　　　C. 熟料、石膏

15. 国家标准规定：矿渣硅酸盐水泥的初凝时间不得早于（   ）。

A. 45 min　　　　　　　B. 55 min　　　　　　C. 60 min

16. 矿渣水泥的 SO_3 允许含量比硅酸盐水泥（   ）。

A. 相同　　　　　　　　B. 低　　　　　　　　C. 高

17. 矿渣硅酸盐水泥的代号是（   ）。

A. P.S　　　　　　　B. P.O　　　　　　　C. P.F　　　　　　D. P.P

18. 国家标准规定：普通硅酸盐水泥中掺加非活性混合材料时，其掺加量不得超过（   ）。

A. 5%　　　　　　　　B. 10%　　　　　　　C. 15%

19. 袋装水泥的存放期为（   ）。

A. 不超过 2 个月　　　B. 不超过 3 个月　　　C. 小于 4 个月

20. P.Ⅱ的组成材料有（   ）。

A. 熟料、石灰石或矿渣、石膏　　　B. 熟料、混合材料、石膏　　　C. 熟料、石膏

21. 硅酸盐水泥和普通硅酸盐水泥出厂后，（   ）不符合国家标准规定的为废品。

A. 细度　　　　　　　　B. 安定性　　　　　　C. 终凝时间

22. 国家标准规定：普通硅酸盐水泥中掺加非活性混合材料时，其掺加量不得超过（   ）。

A. 5%　　　　　　　　B. 10%　　　　　　　C. 15%

23. 检测 P 型水泥细度常用的方法是（   ）。

A. 筛析法　　　　　　　B. 比表面积法　　　　C. 水筛法

24. 普通硅酸盐水泥的最低强度等级是（   ）。

A. 32.5　　　　　　　B. 42.5　　　　　　　C. 52.5

25. 普通硅酸盐水泥的代号是（   ）。

A. P.Ⅰ　　　　　　　B. P.Ⅱ　　　　　　　C. P.O

26. 袋装水泥的存放出期为（   ）。

A. 2 个月　　　　　　B. 小于 3 个月　　　　C. 等于 3 个月　　　　D. 小于 4 个月

27. 通用水泥的强度等级是表示（   ）。

A. 水泥质量的等级　　　　　　　　B. 28 d 的抗压强度

C. 混凝土 28 d 所能承受的抗压极限　　　D. 28 d 所能承受的抗折极限

28. 国家标准规定：普通硅酸盐水泥的灼烧减量控制为（   ）。

A. ≤4.5%　　　　B. ≤5.0%　　　　C. ≤4.0%　　　　D. ≤3.5%

三、判断题

1. 国家标准规定：矿渣硅酸盐水泥中 MgO 的含量不得超过 5.0%。 （　　）

2. 石膏是缓凝剂，石膏的掺加量越多，水泥的凝结时间越长。 （　　）

3. 初凝时间不合格的水泥为不合格品。 （　　）

4. 强度等级为 32.5 的水泥，表示其 28 d 抗折强度的最小值为 32.5 MPa。 （　　）

5. P.Ⅰ水泥的组成材料包括熟料和石灰石或矿渣和石膏。 （　　）

6. GB 175—2007 规定：水泥的体积安定性试验合格，P.O 中的 MgO 含量可放宽到 6%。 （　　）

7. 通用水泥中掺加石膏的作用是改善性能，调节强度等级，提高产量。 （　　）

8. 国家标准规定：通用水泥的初凝时间都相同。 （　　）

9. 国家标准规定：硅酸盐水泥的初凝时间不迟于 45 min。 （　　）

四、简答题

    1. 普通硅酸盐水泥的定义是什么？

    2. 通用硅酸盐水泥的组成是什么？

    3. 通用硅酸盐水泥的化学指标主要有哪些？

    4. 简述活性混合材料和非活性混合材料的区别。

1210-文本

［能力训练题］

    1. 查找 2 份关于水泥的国家标准，下载全文并精致地排版和打印。（建议：GB 175，GB 21372）

    2. 解读通用硅酸盐水泥技术指标的含义。

1.3　水泥生产工艺流程图的识读

（1）任务描述

本任务的学习内容包括 4 个方面：

① 新型干法水泥生产技术；

② 新型干法水泥生产流程；

③ 新型干法水泥生产特点；

④ 新型干法水泥生产工序。

学习重点与难点：绘制新型干法水泥生产工艺流程图。

（2）知识目标

① 掌握新型干法水泥生产的核心技术、工艺流程、技术特点和生产工序；

② 掌握新型干法水泥生产主要设备的名称。

（3）能力目标

1301-文本

① 能描述新型干法生产核心技术内涵、生产工艺流程、新型干法特点、新型干法生产工序；

② 能根据新型干法水泥生产流程实物模型、动画、生产录像等教具，绘制工艺流程图；

③ 能根据生产规模对生产设备进行初步选型计算。

1302-ppt

1.3.1　新型干法水泥生产技术

    新型干法水泥生产技术，是指以悬浮预热和预分解技术为核心并采用计算机及其网络化信息技术进行水泥工业生产的综合技术。其主要内容包括：

① 原料矿山石灰石破碎；

② 原料粉磨；

③ 原料、燃料和材料的预均化；

④ 生料预均化；

⑤ 新型节能粉磨；

⑥ 高效预热器和分解炉；

⑦ 新型箅式冷却机；

⑧ 高耐热耐磨及隔热材料；

1303-视频

⑨ 计算机及其网络化信息技术。

新型干法水泥生产技术的优点：高效、优质、节能、节约资源、符合环保和可持续发展的要求。其特点为：生产大型化，完全自动化，能实现废弃物的再利用，是发展循环经济的切入点。

1.3.2 新型干法水泥生产工艺流程

新型干法水泥生产工艺流程，主要包括 3 个阶段：生料制备、熟料煅烧和水泥制成及出厂。

① 生料制备

石灰石原料、黏土质原料与少量校正原料，经破碎后按一定比例配合、磨细并调配为成分合适、质地均匀的水泥生料。

② 熟料煅烧

生料在水泥窑内煅烧至部分熔融，从而获得以硅酸钙为主要成分的水泥熟料。

③ 水泥制成及出厂

水泥熟料在掺加适量石膏、混合材料后经共同磨细成粉状的水泥，并包装或散装出厂。

生料制备的主要工序是生料粉磨，水泥制成及出厂的主要工序是水泥粉磨。因此，亦可将水泥生产过程（即生料制备、熟料煅烧、水泥制成及出厂的 3 个阶段）概括为"两磨一烧"。实际上，水泥的生产过程还有许多工序，所谓"两磨一烧"，不过是将水泥生产中的主要工序高度浓缩而已。不同的生产方法、不同的装备技术，其水泥生产的具体过程还有差异。

现以某企业水泥熟料生产规模 $M = 5000$ t/d 的新型干法水泥生产线为例。其工艺流程如图 1.3.1 所示，其主要设备（或设施）如表 1.3.1 所示。

表 1.3.1　某企业水泥熟料生产规模为 5000 t/d 的新型干法水泥生产线的主要设备或设施

序号	设备（设施）名称	规格型号	数量	电机功率	生产能力
1	单段锤式破碎机	PCF2022	1	800 kW	800 t/h
2	预均化堆场	ϕ80 m（轨径）	1		37100 t
3	水泥生料立式磨机	ATOX50	1	3800 kW	430 t/h（干基）
4	水泥生料均化库	ϕ22.5 m×57 m	1		20000 t
5	分解炉	ϕ7.5 m×32 m	1	17～23 t/h（煤粉）	5000～5700 t/d（熟料）
6	回转窑	ϕ4.8 m×74m	1	5～16 t/h（煤粉）	5000～5700 t/d（熟料）
7	煤立式磨机	MPF2116	1	560 kW	40～45 t/h（原煤）
8	箅式冷却机	NC39325	1	2300 kW（总功率）	5000～5500 t/d（熟料）
9	水泥熟料库	ϕ45 m×19 m＋ϕ10 m×34 m	1		50000 t
10	1#、2# 打散机	SF500/100 mm	2	2×75 kW	140～200 t/h
11	1#、2# 辊压机	ϕ1200 mm×450 mm	2	2×220 kW	120～170 t/h
12	1#、2# 水泥磨	ϕ3.2 m×13 m	2	2×1600 kW	55～75 t/h
13	水泥库（1#～8#）	ϕ12 m×24 m	8		3200 t
14	1#、2# 水泥包装机	八嘴回转式	2	2×42.25 kW	80～120 t/h

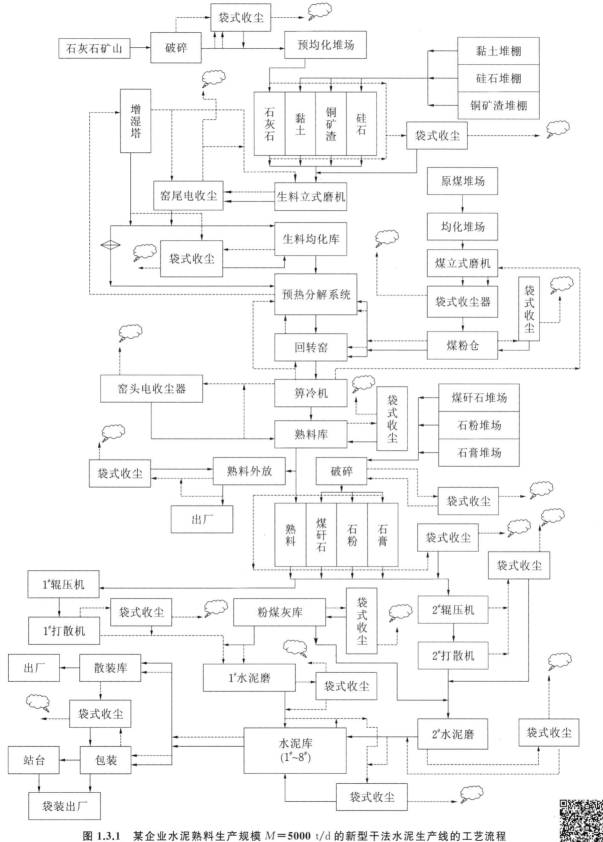

图 1.3.1 某企业水泥熟料生产规模 $M = 5000$ t/d 的新型干法水泥生产线的工艺流程

1304-视频

（1）水泥生料制备

水泥生料粉磨的目的，是为了使水泥生料的细度适合于将其煅烧成水泥熟料。

水泥生料粉磨的具体工作过程为：将配合好的原料（石灰石、页岩、粉砂岩等黏土质原料和铁质原料等按照一定比例配合），经过磨细而制备出合格的水泥生料粉末，输入均化库储存，以供水泥窑煅烧水泥熟料之用。

从水泥生产整个流程上看，水泥生料粉磨是指原料在入窑前对其进行的一系列加工过程。即：

原料破碎（板式喂料机、破碎机）→原料预均化（矩形或圆形预均化堆场）→

原料入磨前配料（喂料机计量）→原料粉磨（烘干兼粉磨的球磨机或立式磨机）→

分级（选粉机）→合格的水泥生料→均化库（储存、均化）

各道工序，采用输送设备连接起来。收尘器承担着粉尘处理、净化环境的任务。

（2）水泥熟料煅烧

燃料，是指水泥熟料煅烧所用的固态燃料（主要为烟煤）。烟煤由汽车运输进厂并储存于原煤预均化堆棚中，经均化后由皮带运输机送至原煤仓缓存，然后经电子皮带秤计量后进入立式辊磨机粉磨系统进行煤粉制备，成品煤粉储存于窑头、分解炉煤粉仓中以备用；烘干介质，采用窑头算式冷却机的废气。成品煤粉分别经各自的计量秤计量后，由气力输送设备送至回转窑和分解炉作燃料。

水泥熟料，是指将合格的水泥生料在预分解系统、回转窑系统中进行加热煅烧（温度需达到一定的要求，约为 1450 ℃），经过一系列复杂的物理化学反应后变成高温熟料，再对高温熟料进行冷却后所形成的产品。

水泥生料进入带喷旋管道式分解炉的五级旋风预热系统，经悬浮预热后进入分解炉；由煤粉制备系统而来的煤粉喷入分解炉内进行燃烧以提供热量。在分解炉内水泥生料中的碳酸盐受热分解（其分解率一般可达 90%～95%）后从回转窑的窑尾入窑；通过窑头的喷煤管喷入的煤粉在窑内燃烧。随着回转窑的转动，水泥生料向窑头移动，在烧成带经 1450 ℃ 煅烧后形成熟料。已经烧成的水泥熟料，经算式冷却机冷却后被输送至水泥熟料库存储。

（3）水泥粉磨

水泥粉磨，是水泥制造的最后一道主要工序。其主要功能是将水泥熟料、缓凝剂（即石膏）及性能调节材料（即各种混合材料）等粉磨到一定的细度而形成一定的颗粒级配，以满足水泥混凝土浆体的施工、凝结和硬化等指标要求。

来自配料站的各种材料（例如，熟料、石膏、矿渣、矸石和石粉等），经电子皮带秤计量后被送入辊压机中挤压、粉碎，再经斗式提升机输送入打散机，经打散和分选后符合一定粒度要求的物料被送入磨机，与来自粉煤灰库的粉煤灰一起在开流、高细、高产水泥磨机中进行粉磨，自磨机输出的水泥经提升机和空气输送斜槽被送入水泥库储存（依不同水泥品种进入不同的成品库）；由水泥库底部卸出的水泥，经斜槽、提升机、斜槽和中间小仓被送入包装机。包装好的水泥，经皮带运输机被送至成品库或直接装车出厂；散装水泥，依不同品种分别进入各自小仓，然后被密封输送至水泥散装车，经地磅计量后出厂。

带低温余热发电的新型干法水泥生产工艺流程，如图 1.3.2 所示。

1.3.3 新型干法水泥生产特点

（1）产品质量较高

水泥生料制备全过程，广泛采用现代均化技术。其中，矿山开采、原料预均化、原料配料及粉磨、水泥生料空气搅拌均化 4 个关键环节互相衔接，紧密配合，形成水泥生料制备全过程的均化控制保证体系（即"均化链"），从而满足了悬浮预热预分解窑新技术以及大型化对生料质量提出的严格要求，产品质量可以与湿法生产媲美，使干法生产的水泥熟料质量得到了保证。

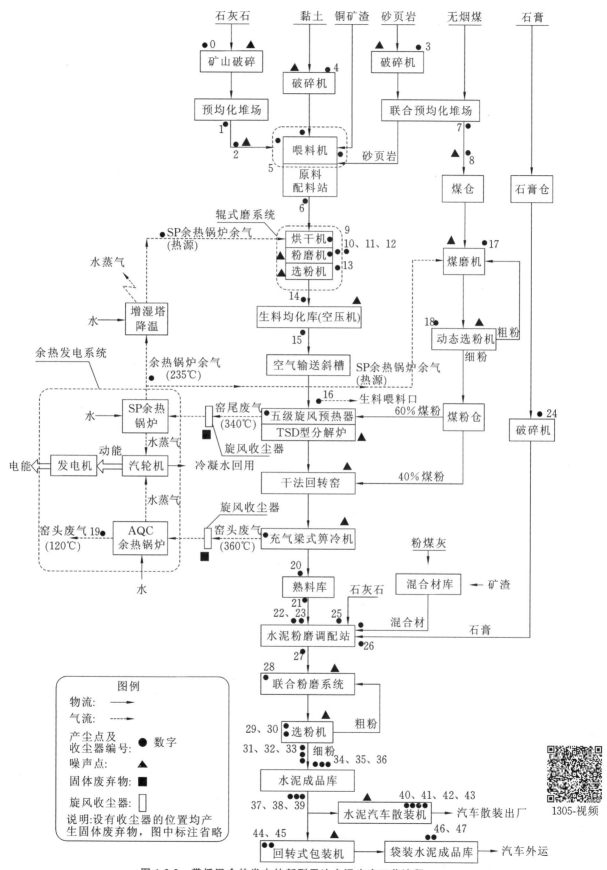

图 1.3.2　带低温余热发电的新型干法水泥生产工艺流程

1305-视频

（2）生产能耗较低

采用高效多功能挤压粉磨机、新型粉体输送装置，大大节约了粉磨和输送的能耗；悬浮预热及预分解技术，改变了传统回转窑内物料堆积态的预热和分解方法，熟料煅烧所需要的能耗下降。就其总体而言，熟料的热耗较低。单位质量水泥熟料的烧成热耗，可降到 2900 kJ/kg 以下；单位质量水泥的电耗，降低到了 85～90 kW·h/t。

（3）生产效率较高

悬浮预热、预分解窑技术，从根本上改变了物料预热、分解过程的传热状态，其传热、传质迅速，大幅度提高了热效率和生产效率。其操作基本自动化，单位容积产量达 110～270 kg/m³，劳动生产率可高达 1000～4000 t/（年·人）。

（4）环境负荷较低

由于采用"均化链"技术，可以有效地利用在传统开采方式下不得不丢弃的石灰石资源；悬浮预热、预分解窑技术及新型多通道燃烧器的应用，有利于低品质燃料及再生燃料的利用，与此同时，可降低系统的废气排放量、排放温度和还原窑气中所产生的 NO_x 的含量，减少了对环境的污染，为"清洁生产"和广泛利用废渣、废料、再生燃料及降解有害危险废弃物创造了有利条件。

（5）装备大型化

装备大型化、单机生产能力较大，使水泥工业向集约化方向发展。水泥熟料烧成系统的单机生产能力最高可达 12000 t/d，从而有可能建成年产水泥熟料数百万吨规模的大型水泥企业，进一步提高水泥生产效率。

（6）生产控制自动化

利用各种检测仪表、控制装置、计算机及执行机构等，对生产过程自动测量、检验、计算、控制和监测，以保证生产的"均衡稳定"与设备的安全运行，使生产过程经常处于最优状态，达到优质、高效、低耗的目的。

（7）管理科学化

应用 IT 技术进行有效管理，信息获取、分析和处理的方法科学化、现代化。

（8）投资和风险较大

技术含量高，资源、地质、交通运输等条件要求较高，耐火材料的消耗亦较大，故整体投资大。对于水泥熟料生产规模为 5000 t/d 的生产线，其投资大约为 8 亿元人民币。

1.3.4　新型干法水泥生产工序

1306-微课

1307-视频

现以水泥熟料生产规模 $M = 5000$ t/d 的生产线为例。新型干法水泥生产的主要工序如下：

① 原料、燃料和材料的选择及入厂；

② 原料、燃料和材料的加工处理与预均化；

③ 原材料的配合；

④ 生料的粉磨；

⑤ 生料的调配、均化与储存；

⑥ 熟料的煅烧；

⑦ 熟料、石膏和混合材料的储存与准备；

⑧ 熟料、石膏和混合材料的配合及粉磨（即水泥的粉磨）；

⑨ 水泥的储存、包装及发运。

［知识测试题］

一、填空题

1. 新型干法水泥生产，就是以_____和_____技术为核心，使水泥生产具有高效、优质、节能和清洁生产的现代化水泥生产方法。

2. 水泥生产工艺可简述为_____。水泥生产过程的3个阶段：_____、_____、_____。

3. 水泥粉磨技术的主机设备，有_____、_____、_____、_____。

4. 预分解窑的关键技术装备，有_____、_____、_____、_____、_____。这些设备承担着水泥熟料的煅烧过程：_____、_____、_____、_____。

5. 窑外分解技术，通常是指在悬浮预热器与回转窑之间增设一个_____，在其中加入_____的燃料，使水泥生料粉末基本上_____以后入窑，使窑的生产效率大幅度提高。

6. 生料中的_____主要来源于石灰石，_____主要来黏土。

7. 将原料先烘干后粉磨或同时烘干与粉磨而制成水泥生料粉末，然后喂入干法窑内煅烧成水泥熟料，称为_____。

8. 新型干法窑系统由_____、_____、_____、_____4个子系统组成。

9. 水泥生料制备，就是将_____、_____、_____经过破碎后，按一定的比例配合后磨细。

10. 水泥生料粉磨的目的，是使水泥生料的_____适合于将其烧成水泥熟料。

二、选择题

1. 新型干法水泥的生产规模通常用（　　　）来表示。

A. 年产水泥量　　　　　　　　　　B. 日产熟料量

C. 年产熟料量　　　　　　　　　　D. 日产水泥量

2. 在粉磨水泥时掺加石膏，主要是（　　　）。

A. 调节凝结时间　　　　　　　　　B. 使水泥安定性合格

C. 提高水泥的强度

3. 在新型干法水泥生产中，生料磨机最常采用（　　　）以便节能。

A. 球磨机　　　　　　　　　　　　B. 立式磨机

C. 挤压联合粉磨机

4. 预分解窑与其他类型的水泥窑在结构上的区别，主要是增加了一个（　　　）以承担分解碳酸盐的任务。

A. 旋风筒　　　　　　B. 换热管道　　　　　　C. 分解炉　　　　　　D. 冷却机

5. 新型干法水泥生产工艺的核心是（　　　）技术。

A. 悬浮预热和窑外分解　　　　　　B. 冷却技术

C. 均化技术　　　　　　　　　　　D. 预均化技术

三、判断题

1. 在回转窑内物料与高温气流按逆流原理传热。　　　　　　　　　　　　　　　　（　　　）

2. 预热器内气体与物料的传热主要是在旋风筒内进行的。　　　　　　　　　　　　（　　　）

3. 启动喂料机组时,应事先将各种喂料量的调节仪表调整到最低喂料量。　　　（　）

4. 新型干法水泥生产工艺,主要包括水泥生料制备、水泥熟料煅烧和水泥制成。　（　）

5. 水泥制成,是将熟料掺加适量石膏、混合材料,经共同粉磨而成为细粉状的水泥。　（　）

6. 水泥生料制备过程可分为两磨一烧。　　　（　）

7. 水泥生料粉磨的目的,是使水泥生料的细度适合于将其烧成水泥熟料。　　　（　）

8. 水泥生料制备的主要设备,有立式磨机、回转窑和旋风机。　　　（　）

四、简答题

1308-文本

1. 新型干法水泥生产的特点有哪些?

2. 简述水泥生产的主要工序名称。

3. 什么是水泥生料制备? 其目的是什么?

［能力训练题］

1. 试采用计算机绘图软件绘制新型干法水泥企业的鸟瞰图,标出物料与气流走向,标出主要设备名称。

2. 查阅资料,试选择某一个方向撰写综述报告。

(1) 国外新型干法水泥生产技术的现状及发展趋势;

(2) 我国新型干法水泥生产的现状及发展趋势。

3. 查阅资料,试绘制某水泥企业的水泥生产流程方框图,并说明各工序段的主要设备及功能。

【项目实训】

实训 1　绘制新型干法水泥生产的工艺流程图

描述:通过本实训项目的训练,会让你深刻了解水泥生产的全过程。

要求:

1309-动画

(1) 采用计算机绘图软件绘制工艺流程图;

(2) 初步选择编写配套的生产设备表。

实训 2　绘制新型干法水泥生产的总平面布置图

描述:通过本实训项目的训练,会让你深刻了解水泥生产设备的位置关系、全厂布局关系。

要求:

(1) 采用计算机绘图软件绘制新型干法水泥生产全厂总平面图;

(2) 打印图纸,进行展览和评比。

实训 3　制作新型干法水泥生产线的实物模型（沙盘）

1310-动画

描述:小组（或全班）同学团结协作做出水泥熟料生产规模为 5000 t/d（或 10000 t/d）的新型干法水泥生产线的实物模型,若能安装不同色彩的指示灯而让该运转的设备运转起来,则将会更好。

实训 4　组织以"关于当代水泥工业技术概况"为主题的展示汇报比赛。

描述:将全班或全专业同学划分为若干小组,认真准备资料,做汇报材料,进行展示汇报比赛。

【项目评价】

评价项目	评价内容	评价分值
任务 1.1　水泥及水泥工业的认知	能正确描述水泥的基本概念,能撰写关于水泥工业发展概况的综述报告	20
任务 1.2　通用硅酸盐水泥标准的解读	能正确理解通用硅酸盐水泥的国家标准各条文的含义,能查阅水泥的国家标准;能看懂国家标准各条文	20
任务 1.3　水泥生产工艺流程图的识读	能阐述新型干法水泥生产的工艺过程,能正确绘制新型干法水泥生产的流程图	20
实训 1　绘制新型干法水泥生产的工艺流程图	能正确绘制新型干法水泥生产的工艺流程图,物料与气流走向正确,没有遗漏或错误,图面干净、美观;能解释生产过程	10
实训 2　绘制新型干法水泥生产的总平面布置图	能正确绘制全厂总平面图,布置合理、美观	10
实训 3　制作新型干法水泥生产线的实物模型(沙盘)	能制作新型干法水泥生产线的实物模型(沙盘)	10
实训 4　组织以"关于当代水泥工业技术概况"为主题的展示汇报比赛	能做汇报的 PPT,能解说明白	10

2　水泥原料的选择与质量控制

【项目描述】

（1）项目内容

本项目的学习内容包括3个任务：

① 石灰质原料的选择与质量控制；

② 黏土质原料的选择与质量控制；

③ 校正原料的选择与质量控制。

学习重点：原料种类的选择。

学习难点：原料的质量控制。

2001-文本

2002-文本

（2）知识目标

掌握石灰质原料、黏土质原料和校正原料的种类、化学成分、选择依据和质量控制要求。

（3）能力目标

① 能根据所生产水泥品种的要求，结合现有原料具体实际和效益因素，合理选择和搭配使用生料制备所需的各种原材料；

② 能对各选择原料提出质量控制指标要求。

（4）素质目标

在选择原料时，做到就地取材、优劣搭配，尽量使用工业固体废弃物，注重生产成本、环境保护、资源节约和企业效益。

【项目导学】

2.0.1　水泥原料的选择依据

众所周知，水泥工业对原料自然资源的依赖性很大，原料的优劣是决定水泥产品质量好坏的重要因素。预分解窑系统对原料和燃料中的有害成分（例如，碱、Cl^-、SO_3 等）很敏感，因此，在新型干法水泥生产线筹建初期，除了需获得原料矿山的地质勘探报告并查明储量以外，对其中有害成分的含量也应有所了解。在使用工业固体废弃物时，还需调查其中有无放射性物质和微量元素的情况。在水泥生产线的建设中，必须重视对原料和燃料的研究，根据其质量和物理性能情况，来选择或设计相应的悬浮预热预分解和粉磨生产系统。在工厂投产后，也要经常对进厂原料进行检验，掌握其质量，以制备出优质的水泥熟料和满足用户要求的水泥产品。

硅酸盐水泥熟料的基本化学成分，是钙、硅、铁和铝的氧化物，主要原料是石灰质原料和黏土质原料（或硅铝质原料）。石灰质原料主要提供 CaO 成分，黏土质原料主要提供 SiO_2 和 Al_2O_3 成分。当黏土质原料中的 SiO_2 含量偏低时，需补充硅质原料。在生料的配制中常掺加少量的铁质原料，以补足所需 Fe_2O_3 成分。

我国的回转窑和分解炉普遍采用煤粉作为燃料,所以在配料中需考虑煤灰的掺加量和成分。在制成水泥时,除了水泥熟料以外,还需掺加缓凝剂,有的还掺加混合材料和外加剂等。

从环境保护和资源利用出发,水泥生产所采用的原料和燃料的结构,已从传统型向品位化、岩矿化、废渣化和当地化发展,尽最大可能降低对自然资源和能源的消耗,将水泥工业建设成为"环境材料型"产业,走可持续发展之路。

国家鼓励企业开展资源综合利用,水泥企业在原料中掺加不少于30%(质量分数,%)的煤矸石、石煤、粉煤灰、烧煤锅炉的炉底渣(但不包括高炉矿渣)及其他工业固体废弃物,实行"增值税即征即退"的优惠政策。

水泥的主要组分是水泥熟料,煅烧优质水泥熟料必须制备适当成分的水泥生料,而水泥生料的化学成分是由水泥原料提供的。但是,自然界中很难找到一种单一原料能完全满足水泥生产的要求。因此,需要采用几种不同的原料,根据所生产水泥的种类和性能进行合理搭配。不同的水泥熟料品种所采用的原料却并不完全相同。

各体系水泥熟料的主要原料,如表2.0.1所示。

表 2.0.1 各体系水泥熟料的主要原料

序号	水泥熟料种类	主要原料
01	硅酸盐水泥熟料	石灰质原料、硅铝质原料、校正原料
02	铝酸盐水泥熟料	石灰质原料、铝质原料[铝矾土,$w(Fe_2O_3)<5\%$]
03	硫铝酸盐水泥熟料	石灰质原料、铝质原料(铝矾土)、硫质原料(石膏)
04	铁铝酸盐水泥熟料	石灰质原料、铝质原料[铁矾土,$w(Fe_2O_3)>5\%$]、硫质原料(石膏)
05	氟铝酸盐水泥熟料	石灰质原料、铝质原料(铝矾土)、萤石(或掺加石膏)
06	抗硫酸盐水泥熟料	石灰质原料、铁质原料、高硅质原料
07	防辐射水泥熟料	钡(或锶)的碳酸盐(或硫酸盐)、硅铝质原料
08	道路水泥熟料	石灰质原料、硅铝质原料、铁质原料(或少量矿化剂)
09	白水泥熟料	石灰质原料、硅铝质原料(高岭土)、少量矿化剂(或增白剂)
10	彩色水泥熟料	石灰质原料、硅铝质原料、金属氧化物着色原料、校正原料及矿化剂
11	土聚水泥熟料	高岭土、碱性激发剂、促硬剂
12	生态水泥熟料	工业固体废弃物(城市垃圾焚烧灰或下水道污泥或工业废渣)、石灰石、黏土

2.0.2 硅酸盐水泥的原料及质量要求

硅酸盐水泥,是以硅酸钙为主要成分的水泥熟料所制成的水泥的总称。当掺加一定量的混合材料(例如,高炉炼铁时所排出的固体废弃物、天然火山灰、煤矸石、火力发电厂所排出的粉煤灰等)时,则在"硅酸盐水泥"的名称前冠以混合材料的名称,例如,矿渣硅酸盐水泥、火山灰质硅酸盐水泥、粉煤灰硅酸盐水泥、复合硅酸盐水泥等,与"硅酸盐水泥"和"普通硅酸盐水泥"一起,统称为"通用硅酸盐水泥"(简称:通用水泥)。这是生产量最大、适用范围最广的水泥品种。不仅如此,在一些专用水泥和特性水泥(例如,道路水泥、快硬早强水泥、抗硫酸盐水泥、膨胀水泥和自应力水泥及白水泥和彩色水泥等)中,其主要组分也是硅酸盐水泥熟料。

硅酸盐水泥生产的主要原料,是石灰石质原料(主要提供CaO成分)和黏土质原料(主要提供SiO_2、Al_2O_3和少量Fe_2O_3成分),有时还要根据原料、燃料的品质和水泥品种的不同,掺加硅质、铝质、铁质校正原料来补充某些成分(例如,SiO_2、Al_2O_3和Fe_2O_3)的不足。

硅酸盐水泥生产的主要原料,如表2.0.2所示。

表 2.0.2　硅酸盐水泥生产的主要原料

类别		名称	备注
主要原料	石灰质原料	石灰石、泥灰岩、白垩、贝壳、电石渣、糖滤泥等	用于煅烧水泥熟料
	黏土质原料	黏土、黄土、页岩、粉砂岩、河泥、粉煤灰等	
校正原料	铁质校正原料	硫铁矿渣、铁矿石、钢渣、转炉渣、赤泥等	
	硅质校正原料	河砂、砂岩、粉砂岩、硅藻土、铁选矿碎屑等	
	铝质校正原料	炉渣、煤矸石、铝矾土、铁矾土、粉煤灰等	

2.0.3　新型干法水泥生产的质量控制

2003-视频

　　水泥生产，是连续性很强的过程，无论哪一道工序若保证不了质量，都会对水泥的质量产生影响。在生产过程中，原材料的成分及生产情况也是经常变动的。因此，必须经常地、系统地、科学地对各生产工序按照工艺要求一环扣一环地进行质量控制，合理选择质量控制点、采用正确的质量控制方法，将质量控制工作贯穿于生产的全过程以预防缺陷产品的产生，从而生产出满足用户要求的具有市场竞争力的优质水泥产品。

　　质量控制点，是指从矿山到水泥成品出厂过程中对于某些影响质量的主要环节需要加以控制的点。对于质量控制点的确定，要做到能及时、准确地反映生产中真实的质量状况，并能够体现"事先控制，把关堵口"的原则。

　　若要检查某工序的工艺规程是否符合要求，则质量控制点应确定在某工序的终止点（或设备的出口处），即当工艺流程转换衔接时能及时和准确地反映产品状况和质量的关键部位（例如，物料的粉磨细度，出窑熟料的体积密度、产量和质量等）。

　　若要提供某工序过程的操作依据，则应在物料进入设备前取样（例如，测量入磨物料的粒度，测量入窑生料 $CaCO_3$ 滴定值及 Fe_2O_3 含量等）。

　　由于水泥生产有其共同的特性，因此，各工厂的质量控制点也大体上相同。但是，由于各个工厂的工艺流程有繁有简，因此，各个工厂的质量控制点又有所不同。在确定质量控制点时，可根据工艺流程平面图的生产流程顺序，首先在图上标出所需要设置的质量控制点，然后根据每一个质量控制点确定其控制项目。合理的生产工序质量控制的内容，一般应包括控制点、控制项目、取样地点、取样次数、取样方法、控制指标和合格率等。

　　新型干法水泥生产流程的质量控制网点示意，如图 2.0.1 所示。

　　新型干法水泥生产流程的质量控制内容，如表 2.0.3 所示。

表 2.0.3　新型干法水泥生产流程的质量控制内容

物料名称		取样地点	检测次数	取样方法	检测项目	技术指标	合格率	备注
石灰石	1	矿山或堆场	每批 1 次	平均	全分析	$w(CaO) \geqslant 49\%$，$w(MgO) < 3.0\%$	100%	储存量的使用时间 >15 d
	2	破碎机出口	每日 1 次	瞬时	粒度	$d < 25$ mm	90%	
黏土	3	黏土堆场	每批 1 次	平均	全分析 水分含量	符合配料要求 $w(H_2O) < 15\%$	100%	储存量的使用时间 >10 d
	4	烘干机出口	每日 1 次	瞬时	水分含量	$w(H_2O) < 1.5\%$	90%	

物料名称		取样地点	检测次数	取样方法	检测项目	技术指标	合格率	备注
铁粉	5	铁粉堆场	每批 1 次	平均	全分析	$w(\text{Fe}_2\text{O}_3) > 45\%$		储存量的使用时间 > 10 d
煤	6	煤堆场	每批 1 次	平均	工业分析 煤灰全分析 水分含量	$w(\text{A}_{ad}) < 25\%$； $w(\text{V}_{ad}) < 10\%$； $Q_{net,ad} > 22000\ \text{kJ/kg}$； $w(\text{H}_2\text{O}) < 10\%$		储存量的使用时间 > 20 d
矿渣	7	矿渣堆场	每批 1 次	平均	全分析 质量系数	$K \geqslant 1.2$		储存量的使用时间 > 20 d
	8	烘干机出口	每 1 h 1 次	瞬时	水分含量	$w(\text{H}_2\text{O}) < 1.5\%$	90%	
石膏	9	石膏堆场	每批 1 次	平均	全分析	$w(\text{SO}_3) > 30\%$		储存量的使用时间 > 20 d
	10	破碎机出口	每日 1 次	瞬时	粒度	$d < 30\ \text{mm}$	90%	
出磨生料	11	选粉机出口	每 1 h 1 次	瞬时	细度	$(1 \pm 2.0\%)f_{目标}$ 过 0.080 mm 方孔筛	90%	储存量的使用时间 > 7 d
			每 1 h 1 次	瞬时	全分析 X 荧光分析	3 个率值 4 种化学成分	70%	
入旋风筒生料	12	均化库底	每 1 h 1 次	瞬时	细度	$(1 \pm 2.0\%)f_{目标}$ 过 0.080 mm 方孔筛	90%	
			每 1 h 1 次	瞬时	全分析 X 荧光分析	3 个率值 4 种化学成分	80%	
入窑生料	13	旋风筒出口	每 4 h 1 次	瞬时	分解率	$e > 90\%$		
煤粉	14	入煤粉仓前	每 4 h 1 次	瞬时	细度 水分含量	$(1 \pm 2.0\%)f_{目标}$ 过 0.080 mm 方孔筛 $w(\text{H}_2\text{O}) < 1.0\%$	70%	储存量的使用时间 4 h
熟料	15	冷却机出口	每 1 h 1 次	平均	体积密度	$\rho_v > 1300\ \text{g/L}$	90%	储存量的使用时间 > 5 d
			每 2 h 1 次	平均	f-CaO 含量	$w(\text{f-CaO}) < 1.0\%$	100%	
			每天合并一综合样		全套物检 全分析	强度 $R > 58\ \text{MPa}$ 体积安定性 1 次合格率 3 个率值	100%	
出磨水泥	16	选粉机出口	每 1 h 1 次	瞬时	细度	$(1 \pm 2.0\%)f_{目标}$ 过 0.080 mm 方孔筛	90%	
			每 1 h 1 次	瞬时	比表面积	$A_{s,目标} \pm 10\ (\text{m}^2/\text{kg})$	90%	
			每班 1 次	平均	矿渣掺加量	$(1 \pm 2.0\%)w_{目标}(\text{SL})$	80%	
			每 2 h 1 次	瞬时	SO$_3$ 含量	$(1 \pm 0.3\%)w_{目标}(\text{SO}_3)$	70%	
			每日 1 次	平均	全套物检	达到国家标准	100%	

续表 2.0.3

物料名称		取样地点	检测次数	取样方法	检测项目	技术指标	合格率	备注
散装水泥	17	散装库出口	每编号1次	连续	全套物检 灼烧减量 f-CaO含量 SO₃含量 MgO含量	达到国家标准 符合工艺要求	100%	
包装水泥	18	包装机下	每班1次	连续20包 袋重	$m(20\ 包)>1000\ kg$ $m(1\ 包)\geqslant50\ kg$		100%	包装标志齐全
成品水泥	19	成品库	每编号1次	平均 全套物检	达到国家标准	100%	编号吨位符合规定
				20包 均匀性试验 袋重	变异系数 $C_v\leqslant3.0\%$ $m(20\ 包)>1000\ kg$, $m(1\ 包)\geqslant50kg$	100%	

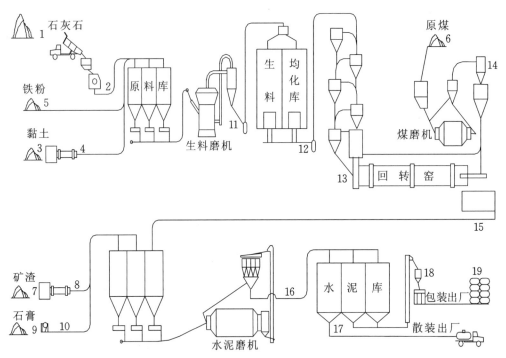

图 2.0.1 新型干法水泥生产流程的质量控制网点示意

1—石灰石矿山；2—入库石灰石；3—黏土堆场；4—入库黏土；5—铁粉堆场；6—原煤堆场；7—矿渣堆场；
8—入库矿渣；9—石膏堆场；10—入库石膏；11—出磨机生料；12—入旋风筒生料；13—入窑生料；14—煤粉；
15—出窑熟料；16—出磨机水泥；17—散装水泥；18—包装水泥；19—成品库

原材料的质量，是制备成分合适、均匀稳定的水泥生料的必要条件；燃料的质量，直接关系到水泥熟料煅烧的好坏。因此，加强对矿山开采、进厂原燃料的质量控制和管理工作，具有十分重意义。只有制备出优质水泥生料，才能煅烧出优质水泥熟料，从而生产出优质水泥。

水泥厂应做到：石灰石质料定区开采、黏土质原料定点采掘、校正原料和燃煤定点供应，并使进厂的原料、燃料和材料分批堆放、分批检验、合理搭配使用。

【项目实施】

2.1 石灰质原料的选择与质量控制

（1）任务描述

本任务的学习内容包括 3 个方面：

① 石灰质原料的种类；

② 石灰质原料的选择；

③ 石灰质原料的质量控制。

学习重点：根据工艺要求选择合适的石灰质原料。

学习难点：结合生产实际提出石灰质原料的质量控制指标。

（2）知识目标

掌握水泥生产所用各种石灰质原料的种类、化学成分、选择依据、质量控制要求。

（3）能力目标

① 能合理选择天然类石灰质原料；

② 能优化选择工业固体废弃物类石灰质原料；

③ 能提出所选石灰质原料的质量控制指标。

2101-文本

2102-ppt

石灰质原料，是指以 $CaCO_3$、CaO 或 $Ca(OH)_2$ 为主要成分的原料。

石灰质原料，可分为天然类和工业固体废弃物类，其主要成分为 CaO、$Ca(OH)_2$ 或 $CaCO_3$。

据有关预测，我国石灰岩资源储量达 $(3\sim4)\times10^{12}$ t。目前已探明的可用于水泥生产的石灰石矿石储量约为 4.5×10^{10} t，可开采利用的约为 2.5×10^{10} t。按照目前每 1 年所生产水泥的产量与每 1 t 水泥所消耗的石灰石量计算，现已查明的石灰石储量估计满足不了 40 年的用量。

需指出的是，我国石灰石资源的开采利用率较低（一般为 80%～90%），个别企业使用"民采石灰石"，则其利用率更低（仅达 30%～40%），对资源造成极大浪费。

石灰石资源是水泥工业之本，矿产资源不可再生，企业既要为社会提供水泥产品，又要为可持续发展考虑，所以水泥生产在原料方面应考虑如下问题：

① 尽可能多利用工业固体废渣和低品位岩石和尾矿，以节约天然石灰石资源；

② 加大对石灰石矿山的勘探力度，增加提供可采矿量和布点，以便于资源规划；

③ 加强管理，避免乱开采所造成的资源浪费；

④ 采用先进开采技术，提高资源的开采利用率。

2.1.1 石灰质原料的种类

石灰质原料，主要包括天然石灰质原料和含钙的工业固体废弃物。

2.1.1.1 天然石灰质原料

常用的天然石灰质原料，有石灰岩、泥灰岩、白垩和贝壳等，我国大部分水泥企业使用石灰岩和泥灰岩，它们均属于不可再生资源，应当珍惜。

2103-视频

（1）石灰岩

石灰岩，是由 $CaCO_3$ 所组成的化学与生物化学沉积岩。纯石灰石，在理论上 CaO 的含量（质量分数，%）为 56%、CO_2 的含量为 44%，白色，性脆。但实际上，自然界中的石灰石常因杂质的含量不同而呈青灰、灰白、灰黑、淡黄及红褐色等不同颜色，其主要化学成分为 CaO、MgO 和 CO_2。

按主要化学成分（质量分数，%）划分的石灰岩的种类，如表 2.1.1 所示。

表 2.1.1　按主要化学成分含量划分的石灰岩的种类

石灰岩种类 分析项目	石灰岩	含云石灰岩	白云石灰岩	含泥石灰岩	泥灰岩	含泥含云石灰岩	含云泥石灰岩	含泥云石灰岩
$w(CaO)$（%）	53.4～56.6	49.6～53.3	43.2～49.6	49.6～53.4	43.2～49.6	43.2～49.6	43.2～49.6	43.2～49.6
$w(MgO)$（%）	0～2.17	2.17～5.43	5.43～10.83			2.17～5.43	2.17～5.43	5.43～10.85
$w(Al_2O_3)$（%）				3.05～9.88	9.88～19.75	3.95～9.88	9.88～19.75	3.95～9.88

石灰岩由主要矿物为方解石（$CaCO_3$）的微粒所组成，并常含有白云石（$CaCO_3 \cdot MgCO_3$）、石英（结晶 SiO_2）、燧石（又称玻璃质石英或火石，主要成分为 SiO_2，属结晶 SiO_2）、黏土质及铁质等杂质。由于所含杂质不同，按矿物组成又可分为白云质石灰岩、硅质石灰岩、黏土质石灰岩等。它是一种具有微晶（或潜晶）结构的致密岩石，其矿床的结构多为层状、块状及条带状，其结构致密，性脆，莫氏硬度为 3～4（普氏硬度为 8～10），密度为 2.6～2.8 g/cm^3，耐压强度随结构和孔隙率而异，单向抗压强度为 30～170 MPa（一般为 80～140 MPa），石灰石的水分含量一般不大于 1.0%，水分含量随气候而异，但夹杂有较多黏土杂质的石灰石的水分含量往往较高。采用"盐酸法"可鉴别石灰石与白云石。即：用 5% 盐酸滴在岩石上，能迅速激烈发生气泡的是石灰石，无气泡的是白云石（当用 10% 盐酸时，白云石有少量气泡）。

硬度，是指矿物抵抗外力机械作用（例如，压入、刻划和研磨等）的能力。

1821 年，莫氏（德语：Friedrich Mohs）将矿物质的硬度相对分为 10 个等级组，其中每一等级组的矿物在被后一等级组的矿物刻划时，将得到一条不会被手指轻轻擦去的划痕，莫氏硬度分为 1～10，等级越大者硬度越大。

莫氏硬度的等级划分如下：

1—滑石；　2—石膏；3—方解石；4—萤石；5—磷灰石；

6—正长石；7—石英；8—黄玉；　9—刚玉；10—金刚石

方解石晶体的大小对于生料的易烧性的影响：

若 $CaCO_3$ 晶体愈小，分解出的 CaO 颗粒也愈小，分散度愈大，在相等量熔体条件下，CaO 颗粒与熔体的接触面面积愈大，故 CaO 熔解及参与烧成反应的数量愈多，则生料的易烧性愈好；若 $CaCO_3$ 晶体愈大，其分解温度愈高，则生料的易烧性愈差。

石英、燧石（以石英为主要矿物）对于生料的易磨性、易烧性的影响：

石英、燧石的化学成分均为 SiO_2，呈稳定的结晶状态；石英、燧石的莫氏硬度为 7，质地坚硬，难磨；在煅烧时，SiO_2 与原料中的 CaO 等起反应而生成矿物，首先必须破坏 SiO_2 原来的结构（使它活化；破坏结晶 SiO_2 的结构所需要的能量较大）。若生料中石英、燧石的含量愈大，则其愈难烧。

（2）泥灰岩

泥灰岩，是一种由石灰岩向黏土过渡的岩石，由 $CaCO_3$ 和黏土物质同时沉积的沉积岩，常以夹层或厚层出现，白色疏松土状，性软，易采掘和粉磨。其矿物主要由方解石和黏土矿物组成。泥灰岩分为高钙泥灰岩 $[w(CaO) \geqslant 45\%]$ 和低钙泥灰岩 $[w(CaO) < 45\%]$。泥灰岩的颜色取决于黏土物质，从

青灰色、黄土色到灰黑色,颜色多样。泥灰岩质软,易采掘和粉碎。其硬度低于石灰岩,若其黏土矿物含量愈高,则其硬度愈低。泥灰岩的耐压强度小于 100 MPa,其水分含量随黏土含量和气候而变化。泥灰岩的矿物的粒径小,易磨性较石灰石好。我国泥灰岩主要分布在河南新乡一带。

有些地方产的泥灰岩其成分接近制造水泥的原料,其 CaO 含量为 43.5%～45%,可直接用来烧制水泥熟料,这种泥灰岩称为天然水泥岩,但其矿床很少。泥灰岩是一种极好的水泥原料,因它含有的石灰岩和黏土混合均匀,易于煅烧,有利于提高回转窑的产量,降低燃料的消耗量。

（3）低品位石灰质原料

在现代水泥生产过程中,对于破碎后的石灰石采用了预均化、生料均化等措施,为低品位石灰石的利用提供了保证。这就使得 CaO 含量约为 42%、MgO 含量约为 3%～5% 的低品位石灰石也能达到生产要求,有效地利用了资源。例如,浙江诸暨、河南七里港等地所用的石灰石 CaO 含量为 40%～46%,SiO$_2$ 含量为 10%～12%。

低品位石灰质原料的化学成分(质量分数,%),如表 2.1.2 所示。

表 2.1.2　低品位石灰质原料的化学成分(质量分数,%)

分析项目 试样编号	CaO	SiO$_2$	Fe$_2$O$_3$	Al$_2$O$_3$	MgO	LOI*	合计
A	46.49	6.37	0.39	0.85	4.08	40.81	98.99
B	44.59	11.57	1.35	2.76	1.58	36.17	98.02

注:LOI——灼烧减量(Loss on Ignition)。

（4）质量要求与评价

石灰石的质量评价指标,主要是 CaCO$_3$ 含量和燧石、石英含量。由于燧石和石英难以粉磨,且对水泥熟料的煅烧质量也有影响,故应限制其在石灰石中的含量。若石灰石中 CaCO$_3$ 含量愈高,则需分解的温度就愈高。而低品位石灰石的含钙量低,需要分解的温度就低,具有易烧、易磨、节能的特点。由于低品位石灰石含有杂质,成分波动较大,碱含量较高,所以会影响预热器窑的正常生产。管理人员可从原料均化、配料方案选择、操作参数确定以及进厂原料质量控制等方面进行调整,使低品位石灰石能在预分解窑上应用。

2.1.1.2　含钙的工业固体废弃物

含钙的工业固体废弃物,其主要成分为 CaCO$_3$、CaO 或 Ca(OH)$_2$,均可作为石灰质原料以生产硅酸盐水泥熟料。

2104-视频

电石渣,是化工厂的乙炔发生车间消解石灰所排放的水分含量约为 85%～90% 的工业固体废弃物。其反应式如下:

$$CaC_2 + 2H_2O \rightarrow C_2H_2 \uparrow + Ca(OH)_2 \downarrow$$

部分电石渣的化学成分(质量分数,%),如表 2.1.3 所示。

表 2.1.3　部分电石渣的化学成分(质量分数,%)

分析项目 试样产地	SiO$_2$	Al$_2$O$_3$	Fe$_2$O$_3$	CaO	MgO	LOI	硅率(SM)
吉林	3.5～5.0	1.5～3.5	0.2～0.3	65.0～69.0	0.22～1.32	23.0～26.0	1.03～1.78
吴松	2.0～5.0	2.0～4.0	0.3～0.6	66.0～71.0	0.30～0.50	22.0～24.0	0.95～1.25

从表 2.1.3 中可看出,电石渣的主要成分为 $Ca(OH)_2$,所以可替代部分石灰质原料生产水泥。但是,由于其水分含量较高,因此,必须进行脱水烘干处理(对于湿法生产水泥比较适宜)。

镁渣,是镁及镁合金行业生产过程中所排放的固体废弃物。每生产金属镁 1 t,排放镁渣约 9 t。我国目前大部分企业对于镁渣的处理方法是:将未经处理的镁渣被直接倾倒在荒地或用于填埋山洼。但是,金属镁渣中的细粉含量很高,其颗粒直径 $d < 100\ \mu m$ 的超过 60%,容易悬浮在大气中,造成粉尘污染。镁渣具有很强的吸湿性,容易导致土壤板结、盐碱化而造成土壤污染,既占用了大量土地,又污染环境。人们只看到了镁渣作为工业固体废弃物的一面,却忽视了它的应用价值。镁渣中 CaO 含量为 40%~50%、SiO_2 含量为 20%~30%、Al_2O_3 含量为 2%~5%,此外还含有少量的 Fe_2O_3,这些化学成分都是水泥生产所必需的。因此,利用镁渣作为水泥生产原料,将其变害为利,具有良好的经济效益和环境效益。

此外,碳酸法制糖厂所排放的糖滤泥、氯碱法制碱厂所排放的碱渣及造纸厂所排放的白泥,其主要成分都是 $CaCO_3$,均可用作石灰质原料(但应注意其中杂质的影响)。小氮肥厂的石灰碳化煤球、煤球灰渣、金矿尾砂、增钙渣等,均可代替部分黏土进行配料。

2.1.2 石灰质原料的选择

2.1.2.1 石灰质原料的质量要求

石灰质原料使用最广泛的是石灰石,其主要成分是 $CaCO_3$,纯石灰石的 CaO 最高含量(约为 56%),其品位由 CaO 含量确定。石灰质原料中的有害成分为:MgO、$R_2O(Na_2O,K_2O)$ 和 $f-SiO_2$。

水泥生产用石灰质原料(矿石)的化学成分要求(质量分数,%),如表 2.1.4 所示。

[引自《矿产地质勘查规范 石灰岩、水泥配料类》(DZ/T 0213—2020)]

表 2.1.4 水泥生产用石灰质原料(矿石)的化学成分要求(质量分数,%)

类别	分析项目				
	CaO	MgO	$R_2O(Na_2O,K_2O)$	SO_3	$f-SiO_2$
Ⅰ级品	≥48.00%	≤3.00%	≤1.60%	≤1.00%	≤6.00%(石英质)或≤4.00%(燧石质)
Ⅱ级品	≤45.00%	≤3.50%	≤0.80%	≤1.00%	≤6.00%(石英质)或≤4.00%(燧石质)

新型干法水泥生产用石灰质原料(矿石)化学成分要求(质量分数,%),如表 2.1.5 所示。

[引自《水泥工厂设计规范》(GB 50295—2016)]

表 2.1.5 新型干法水泥生产用石灰质原料(矿石)化学成分要求(质量分数,%)

分析项目	CaO	MgO	$f-SiO_2$(燧石或石英)	SO_3	$R_2O(Na_2O,K_2O)$	Cl^-	P_2O_5
含量(%)	≥48	≤3	石英≤8 或燧石≤4	≤0.5	≤0.6	≤0.030	≤0.80

2105-视频

在新型干法水泥生产过程中,采用了石灰石预均化、生料均化等措施,为低品位石灰石的利用提供了保证。这就使得 CaO 含量约为 42%、MgO 含量约为 3%~5% 的低品位石灰石也能达到生产要求,延长了矿山的服务年限,有效利用了自然资源。

低品位石灰石具有易烧、易磨、共熔温度低、晶格有缺陷和 $CaCO_3$ 分解温度低等优点,但低品位石灰石的成分波动较大、R_2O 等有害成分含量较高,对配料和煅烧有一定影响。

2.1.2.2 石灰质原料的选择

根据配料要求,石灰石中的 CaO 含量不能低于 48%。但是,为了矿山的开发、原料的综合利用,低品位的石灰石也应利用起来,这就需要与一级品原料搭配使用。但是,在原料搭配使用以后,石灰石中 CaO 含量仍需大于 48％。

石灰石中的 MgO 含量若太高,则会影响水泥的体积安定性。白云石($CaCO_3 \cdot MgCO_3$)是石灰石中 MgO 的主要来源。为了使水泥熟料中 MgO 含量小于 5.0％,则石灰石中的 MgO 含量应小于 3.0％。

石灰石中的碱含量若过高,则会影响水泥熟料的煅烧和水泥熟料的质量。

燧石结核,是指石灰石中夹杂的呈结核状(或透镜状)的燧石(结晶 SiO_2)。它以石英为主要矿物,难磨且难烧,从而影响回转窑和磨机的产量及水泥熟料的质量。

重结晶的大理石与方解石,其结构致密,结晶粗大、完整,虽化学成分较纯、$CaCO_3$ 含量较高,但不易磨细与煅烧。

石灰质原料的选择原则:

① 搭配使用;

2106-视频

② 限制 MgO 含量(白云石是 MgO 的主要来源;含有白云石的石灰石,在其新敲开的断面上,可以看到粉粒状的闪光);

③ 限制燧石含量[燧石含量高的石灰岩,其表面常有褐色的凸状(或呈结核状)的夹杂物];

④ 新型干法水泥生产,还应限制 R_2O、SO_3、Cl^- 等微量组分。

2.1.2.3　常见石灰质原料的化学成分

石灰质原料在水泥生产中的作用,主要提供 CaO 成分,其次提供 SiO_2、Al_2O_3 和 Fe_2O_3 成分,与此同时,还带入少量杂质(例如,MgO、SO_3 和 R_2O 等)。

我国部分水泥厂所用石灰石和泥灰岩的化学成分(质量分数,％),如表 2.1.6 所示。

表 2.1.6　我国部分水泥厂所用石灰石和泥灰岩的化学成分(质量分数,％)

名称	产地	SiO_2	Al_2O_3	Fe_2O_3	CaO	MgO	LOI	合计
石灰石	浙江	0.57	0.09	0.19	55.45	0.33	43.40	99.99
	广西	0.12	0.21	0.04	55.39	0.59	43.41	99.41
	湖北	3.94	0.99	0.35	51.58	0.98	41.08	98.92
	辽宁	3.04	1.02	0.64	49.61	3.19	41.84	99.34
泥灰岩	贵州	4.86	2.08	0.80	50.69	0.91	40.24	99.58

2.1.2.4　石灰质原料的性能测试方法

石灰质原料的性能虽然有很多方面,但是本书主要研究对易烧性影响较大的相关性能。

随着现代化测试技术的进步,已经可以对石灰质原料的化学成分、矿物组成、微观结构等进行定量研究,从而揭示原料性能对易烧性影响的作用机理。

① 石灰质原料中各种元素(或氧化物)含量,可用化学分析方法定量确定。

② 石灰质原料的分解温度,可用差热分析方法确定其中碳酸盐的分解温度。

③ 石灰质原料的主要矿物组成,可用 X 射线衍射方法进行物相定性分析。

④ 石灰质原料的微观结构,可用透射电子显微镜研究方解石的晶粒形态、晶粒大小以及晶体中杂质组分的存在形式;可用电子探针测试研究杂质组分的形态、含量、颗粒大小、分布均匀程度等。

2.1.3　石灰质原料的质量控制

石灰石在生料中的用量约占 80％,其质量好坏直接关系到生料质量的优劣,所以石灰石的质量控制尤为关键。石灰石的质量控制,主要包括石灰石矿山的质量勘查与质量管理、外购石灰石的质量控制及进厂石灰石的质量控制。

2.1.3.1　石灰石矿山的质量勘查与质量管理

（1）石灰石矿山的质量勘查

石灰石矿山须经过详细地质勘查,应编制矿山网在矿山开采的掌子面上,根据实际开采的使用情况,定期按照一定的间距在纵向和横向布置测量点,测量石灰石的主要化学成分。如果矿山成分稳定均匀,可1～2年测量1次,测量点的间距也可适当放大;如果矿山构造复杂,成分波动大,应每半年甚至一季度测量1次。通过全面制定矿山网,工厂可以全面掌握石灰石矿山质量变化规律,预测开采和进厂石灰石的质量情况,能更主动地充分利用矿山资源。

（2）实行有计划开采和选择性开采

根据所掌握的矿山分布规律,编制出季度和年度开采计划,按计划开采。根据就地取材、物尽其用的原则,对质量波动很大、品位低的石灰石矿床也应考虑将其充分利用,从而有利于延长矿山使用年限,降低生产成本,提高经济效益。

（3）做好矿山的剥离和开采准备工作

在矿山开采中,要坚决实行"采剥并举,剥离先行"的原则。石灰石矿山一般都有表层土和夹层杂质,要严格控制其掺入石灰石的数量,以免影响配料成分的准确性及运输、破碎、粉磨等工序的正常进行。因此,对新建矿山或新采区,应提前做好剥离采准工作。

（4）做好不同质量石灰石的搭配

石灰石矿山,应及时掌握各开采区的质量情况,开展取样(爆破前在钻孔中取样,爆破后在爆破石灰石堆上取样)和检验,从而便于与矿山车间共同研究,以确定适当的搭配比例和调整采矿计划。取样也可以在矿车上进行(即每车取几点,多个车合成一个样品检验)。

2.1.3.2　外购石灰石原料的质量控制

外购石灰石的企业,在签订供货合同时,其化验室应先了解该矿山的质量情况,同时按不同的外观特征取样检验,制成不同质量品位的矿石标本。与此同时,化验室应根据配料要求,制订质量指标及验收规则,以保证进厂石灰石的质量。

2.1.3.3　进厂石灰石的质量控制

进厂石灰石的质量控制,可分为如下两种情况:

① 当外购大块石灰石时,石灰石进厂后要按指定地点分批分堆存放,检验后搭配使用,最好进行预均化。

② 有矿山的企业,石灰石在矿山破碎后进厂(或进厂后直接进破碎机破碎)后储入碎石堆场,进行预均化。

进厂石灰石的质量要求如下:

$w(CaO) \geqslant 48\%$;

$w(MgO) \leqslant 3.0\%$;

$w(SiO_2)$(燧石或石英)$\leqslant 4.0\%$;

碱当量:$[w(Na_2O) + 0.658\,w(K_2O)] \leqslant (0.6\% \sim 1.0\%)$;

$w(SO_3) \leqslant 1.0\%$。

为了保证生产的连续性,石灰石应有一定的储存量。对于有矿山的厂,一般应有至少5 d的储存量;对于无矿山的厂,一般应有10 d以上的储存量。

[知识测试题]

一、填空题

1. 常用的天然石灰质原料有 _____ 、_____ 、_____ 和 _____ 等。我国北方常用 _____ 。

2. 石灰质原料在水泥生产中的作用，主要提供 _____ ，其次提供 _____ ，并同时带入少许杂质 _____ 、_____ 、_____ 等。

3. 泥灰岩按含钙量可分为 _____ 和 _____ 。

4. 低品位原料，是指 _____ 、_____ 与物理性能等不符合一般水泥生产要求的原料。

5. 石灰石的质量控制，包括 _____ 、_____ 和 _____ 。

6. 水泥生产的主要原料，有 _____ 原料和 _____ 原料。

7. 石灰质原料主要提供的成分是 _____ ，黏土质原料主要提供的成分是 _____ 和 _____ 。

8. 石灰石中应主要限制的成分是 _____ ，黏土质原料应主要限制的成分是 _____ 。

9. 用于水泥生产的石灰质原料中 CaO 的含量大于 _____ 。

10. 水泥石由 _____ 、_____ 、_____ 组成。

11. 凡以 _____ 的原料，称为石灰质原料。

12. 石灰质原料中的有害杂质是 _____ 、_____ 、_____ 。

二、选择题

1. 新型干法水泥生产用石灰质原料（矿石），要求 MgO 含量不得（　　）。

A. ≤3% 　　　　　　　B. ≤4% 　　　　　　　C. ≤5%

2. 石灰质原料用（　　）方法可确定其中碳酸盐的分解温度。

A. 化学分析方法　　　B. 差热分析方法　　　C. 透射电子显微镜　　　D. X 射线衍射

3. 石灰石矿山应及时掌握各开采区的质量情况，目的是（　　）。

A. 只用高钙区　　　　B. 低钙不做处理　　　C. 高钙与低钙合理搭配

4. 常用的石灰质原料有（　　）

A. 石灰石　　　　　　B. 泥灰岩　　　　　　C. 白垩　　　　　　　D. 大理石

5. 外购石灰石的企业，（　　）应根据配料要求，制订出质量指标及验收规则。

A. 化验室　　　　　　B. 中控室　　　　　　C. 材料调度员

6. 凡以（　　）为主要成分的原料，统称石灰质原料。

A. CaO 和 SiO_2 　　　B. $CaCO_3$ 　　　　　C. SiO_2 和 Al_2O_3 　　　D. $CaSO_4$

7. 石灰质原料中的有害杂质，包括（　　）。

A. 石灰石、方解石　　　　　　　　　　　　B. 石英、夹杂的黏土

C. 石英、方解石　　　　　　　　　　　　　D. 白云石、燧石

三、判断题

1. 用于水泥生产的石灰石的 CaO 含量越高越好。　　　　　　　　　　　　　（　　）

2. 石灰质原料的主要矿物组成，可用 X 射线衍射方法进行物相定性分析。　　（　　）

3. 泥灰岩是由 $CaCO_3$ 和黏土物质同时沉积所形成的均匀混合的沉积岩。　　（　　）

4. 当选用白云石做原料时，只需要考虑 CaO 的含量。　　　　　　　　　　　（　　）

5. 我国水泥工业生产中应用最普遍的是石灰岩（俗称:石灰石）。　　　　　　（　　）

6. 石灰质原料中 $w(SO_3) \leqslant 3.0\%$ 。　　　　　　　　　　　　　　　　　（　　）

7. 生产水泥时石灰质原料中 MgO 含量不得大于 5.0%。 （ ）

8. 在我国水泥生产中,石灰质原料使用最为广泛的是石灰石。 （ ）

四、简答题

1. 常用的天然石灰质原料有哪些? 各有何特点?

2. 在生产硅酸盐水泥熟料时,对石灰质原料的质量有哪些要求?

3. 水泥工艺员在选择石灰质原料时,应考虑哪些问题?

4. 为什么要限制石灰质原料中 MgO 含量小于 3.0%?

5. 评价石灰石质量的指标有哪些? 分析各指标对工艺有何影响。

［能力训练题］

某水泥企业的石灰石选择及搭配比例(质量分数,%),如表 2.1.7 所示。

表 2.1.7　某水泥企业的石灰石选择及搭配比例(质量分数,%)

来料单位	数量(t)	SiO$_2$	Al$_2$O$_3$	Fe$_2$O$_3$	CaO	MgO	含泥量	搭配比例
矿业 1	32862.80	9.17	2.3	0.85	46.04	1.26	19.9	71.2
矿业 2	11485.38	7.12	0.98	0.35	48.97	0.46	18.4	24.9
矿业 3	1784.08	3.75	1.11	0.47	50.71	1.38	17.2	3.9
堆场	46132.26					1.07	18.5	100

2108-文本

(1) 根据搭配比例完成表格中的数据计算。

(2) 根据化学成分数据分析不同来源单位石灰质原料、搭配后的石灰质原料的品位。

(3) 通过哪个工段可实现石灰质原料的搭配? 试绘制工艺流程图。

(4) 假设来料单位的运输工具不同,试设计不同的取样方法。

2.2　黏土质原料的选择与质量控制

(1) 任务描述

本任务的学习内容包括 3 个方面:

① 黏土质原料的种类;

② 黏土质原料的品质要求及选择;

③ 黏土质原料的质量控制。

学习重点:根据工艺要求选择合适的黏土质原料。

学习难点:结合生产实际提出黏土质原料的质量控制指标。

(2) 知识目标

掌握水泥生产所用各种黏土质原料的种类、化学成分、选择依据和质量控制要求。

(3) 能力目标

① 能合理选择天然类黏土质原料;

② 能优化选择工业固体废弃物类黏土质原料;

2201-文本

2202-ppt

③ 能提出所选黏土质原料的质量控制指标。

黏土质原料的主要成分为 SiO_2、次要成分为 Al_2O_3，是生产硅酸盐水泥熟料的第二大原料。一般地，生产水泥熟料 1.0 t 约需黏土质原料 0.3～0.4 t。黏土质原料，可分为天然黏土质原料和含硅铝质工业固体废弃物。衡量黏土质原料质量的主要因素，有黏土的化学成分（包括硅率、铝率和氯离子含量）、砂含量、碱含量及热稳定性等工艺性能。

近年来，为了提高硅率（SM），多采用砂岩配料。故本节对硅质原料多加介绍。

2.2.1 黏土质原料的种类

水泥生产所用黏土质原料，主要包括天然黏土质原料、含硅铝质工业固体废弃物和尾矿。

2.2.1.1 天然黏土质原料

天然黏土质原料，是指由沉积物经过压固、脱水、胶结及结晶作用而形成的岩石或风化物。例如，黄土、黏土、页岩、泥质岩、硅石、粉砂岩及河泥等。其中，黏土（包括黄土等）、页岩、粉砂岩用得最多。

黏土质原料的质量受母岩影响，其矿物组成比较复杂，大致包括黏土矿物和碎屑及伴生矿物两部分。黏土矿物，主要有 3 种类型：高岭石类、蒙脱石类、水云母类。黏土矿物的共同特点，是晶体一般都很细小。由于沉积环境和形成条件不同，黏土矿物的化学成分中 SiO_2、Al_2O_3 和碱的含量变化较大。

硅铝质原料的分类，如表 2.2.1 所示。

表 2.2.1   硅铝质原料的分类

名称	成因	含量，% ($d<5$ mm)	SM	IM	$w(R_2O)$ (%)	主要黏土矿物
黄土	风积		3.0～4.0	2.3～2.8	3.5～4.5	伊利石、水云母
黄土类亚黏土	冲积	20～30	3.5～4.0	2.3～2.8	3.5～4.5	伊利石、水云母
黏土	冲积	30～40	2.7～3.1	2.6～2.8	3.0～5.0	蒙脱石、水云母
红（黄）壤	冲积	40～55	2.5～3.3	2.0～3.0	<3.5	高岭石
页岩	冲积	40～60	2.1～3.1	2.4～3.0	2.0～4.0	蒙脱石、水云母
粉砂岩	冲积		2.5～3.0	2.4～3.0	2.0～4.0	石英、长石

对于抗压强度（R_c），黏土的最低，易开采；粉砂岩和页岩的中等，开采较困难；砂岩的最高，开采困难。对于硅率（SM），黏土和页岩类的较低；粉砂岩的中等；砂岩的最高。

我国水泥工业采用的天然黏土质原料，有黏土、黄土、页岩、泥岩、粉砂岩及河泥等，其中使用最多的是黏土和黄土。随着国民经济的发展以及水泥企业大型化的趋势，为了保护耕地（或林地）而不占用农田，近年来多采用页岩和粉砂岩等黏土质原料。

2203-视频

（1）黄土类

黄土，主要分布在华北和西北地区，由花岗岩、玄武岩等经风化分解后，再经搬运、沉积而成。其"原生"以风积成因为主，"次生"以冲积成因为主。其黏土矿物以伊利石为主，其次为蒙脱石、石英、长石、方解石和石膏等。其微粒（又称黏粒）含量少，可塑性较差。此外，由于常年干旱，风化和淋溶作用较浅，碱含量较高。

黄土的化学成分，以 SiO_2 和 Al_2O_3 为主，其次为 Fe_2O_3、MgO、CaO 和碱金属氧化物 R_2O[其含

量较高，$w(R_2O) = 3.5\% \sim 4.5\%$]。

黄土的硅率为 $SM = 3.5 \sim 4.0$，铝率为 $IM = 2.3 \sim 2.8$。

黄土的矿物组成比较复杂。其中，黏土矿物以伊利石为主，蒙脱石次之；非黏土矿物有石英、长石和少量白云母、方解石和石膏等矿物。黄土中含有细粒状、斑点状、薄膜状和结核状的 $CaCO_3$，一般黄土中 CaO 含量达 $5\% \sim 10\%$，碱主要由白云母和长石带入。

黄土以黄褐色为主，密度为 $\rho = 2.6 \sim 2.7$ g/cm^3，水分含量随地区降雨量而异[华北和西北地区的黄土，水分含量一般为 $w(H_2O) = 10\%$]。黄土中粗粒砂级（0.05 mm）颗粒含量一般为 $20\% \sim 25\%$、黏粒级（<0.005 mm）颗粒含量一般为 $20\% \sim 40\%$。

（2）黏土类

黏土类矿物，是由钾长石、钠长石或云母等矿物经风化及化学转化，再经搬运、沉积而形成的，是多种微细的呈疏松或胶状密实的含水铝硅酸盐矿物的混合体。

黏土具有可塑性。细粒状的岩石，其主要矿物为石英和黏土矿物。因分布地区不同，矿物组成也有差异。例如，西北、华北地区的红土（其主要矿物为伊利石和高岭石）、东北地区的黑土与棕壤（其主要矿物为蒙脱石和水云母）和南方地区的红壤和黄壤（其主要矿物为高岭石，其次要矿物为伊利石）。

纯黏土的矿物组成近似于高岭石（$Al_2O_3 \cdot 2SiO_2 \cdot 2H_2O$）。但是，水泥生产所采用的黏土，由于其形成和产地的差别，常含有各种不同的矿物，因此不能用一个固定的化学式来表示。

根据主导矿物不同，可将黏土分为高岭石类、蒙脱石类（$Al_2O_3 \cdot 4SiO_2 \cdot nH_2O$）和水云母类等。

不同黏土矿物的工艺性能，如表 2.2.2 所示。

表 2.2.2 不同黏土矿物的工艺性能

黏土类型	主导矿物	黏粒含量	可塑性	热稳定性	结构水脱水的温度 /℃	矿物分解达最高活性的温度 /℃
高岭石类	$Al_2O_3 \cdot 2SiO_2 \cdot 2H_2O$	很高	较好	良好	$480 \sim 600$	$600 \sim 800$
蒙脱石类	$Al_2O_3 \cdot 4SiO_2 \cdot nH_2O$	较高	很好	优良	$550 \sim 750$	$500 \sim 700$
水云母类	水云母、伊利石等	较低	较差	较差	$550 \sim 650$	$400 \sim 700$

黏土广泛分布于我国的华北、西北、东北和南方地区。黏土中常常含有石英砂、方解石、黄铁矿（FeS_2）、$MgCO_3$、碱及有机物质等杂质。因其所含杂质不同，颜色不一，而多呈红色、黑色、棕色与黄色等。其化学成分差别较大，但主要是含 SiO_2 和 Al_2O_3，以及少量 Fe_2O_3、CaO 和 MgO、R_2O、SO_3 等。

若使用黏土和黄土，则要占用大量农田。因此，在水泥生产和设计中，应尽量考虑岩矿化和利用工业固体废弃物。黏土质原料中一般均含有碱，它是由云母、长石等经风化、伴生、夹杂而带入的，若风化程度较高、淋溶作用较好，则一般碱含量较低。当采用窑外分解窑生产硅酸盐水泥时，则要求黏土中碱含量小于 4.0%。

（3）页岩类

页岩，是指黏土因受地壳压力而胶结所形成的黏土岩，一般形成于海相或陆相沉积，或海相与陆相交互沉积。其层理分明，颜色不定。其成分与黏土相似，均以硅、铝为主，其硅率（SM）较低。其主导矿物是石英、长石类云母石、方解石及其他岩石碎屑。根据其所含胶结物不同，可分为硅质、铝质、碳质、砂质和钙质页岩等，结构致密，易磨性差。

页岩的主要化学成分是 SiO_2 和 Al_2O_3，还有少量的 Fe_2O_3 和 R_2O 等。其化学成分类似于黏土，可作为黏土使用，但其硅率较低，一般为 $SM = 2.1 \sim 2.8$，通常在配料时需要掺加硅质校正原料。若采用细粒砂质页岩或砂岩、页岩互相重叠间层的矿床,可以不再另外掺加硅质校正原料,但应注意生料中粗砂粒含量和硅率(SM)的均匀性。

页岩的颜色不定,一般为灰黄、灰绿、黑色及紫红等,结构致密坚实,层理发育,通常呈页状或薄片状,抗压强度为 $10 \sim 60$ MPa,碱含量约为 $2\% \sim 4\%$。

（4）砂岩类

砂岩（作为硅质原料）,是指由海相或陆相沉积而成的以 SiO_2 为主要化学成分的矿石,其硅率为 $SM > 3.0$。

① 硅质矿石的种类和矿物

硅质矿石,按其种类可分为石英砂（或硅砂）和石英石（或硅石）;按其砂石类别可分为岩类（例如,石英岩、硅质岩、脉英石、石英砂岩）和砂类（例如,石英砂、泥质石英砂）。

石英砂,是指符合工业标准的天然生成的石英砂以及由石英石经粉碎加工的各种粒度的矿砂（人造硅砂）,其矿物含量的变化较大。其主要矿物成分为粉砂状石英（含量为 $50\% \sim 60\%$）,黏土矿物（含量为 $35\% \sim 45\%$）和少量云母、重矿物。其易磨性较砂岩好。

石英石,是指符合工业标准的天然生成的石英砂岩、石英岩和脉石英。其中,岩类、固结的碎屑岩和石英的碎屑的含量为 95% 以上。其主要矿物为石英、长石、方解石、云母及碎屑。

硅质砂石都是以石英为主要矿物,其化学成分为 SiO_2,结晶型,莫氏硬度为 7,是一种坚硬、较难粉碎的硅酸盐矿物,化学性质稳定,耐高温,不溶于酸（氢氟酸除外）,微溶于 KOH 溶液中。

② 硅质矿石的性能

随着煅烧、粉磨技术和设备的不断优化,水泥企业采用砂岩类硅质原料替代（或部分替代）黏土质原料的情况日益增多。

为了进一步了解砂岩结构对矿石工艺性能（破碎性、磨蚀性和易磨性）的影响,天津水泥设计研究院的倪详平等对石英砂岩试样的研究结论是:

"决定砂岩工艺性能的内在因素是石英颗粒大小、含量（主要影响砂岩的磨蚀性和易磨性）和胶结状态（主要决定砂岩的破碎性和磨蚀性）;石英颗粒较大、含量较高的砂岩的易磨性较差,磨蚀性较大;砂岩的破碎性与 SiO_2 含量没有关系。砂粒细小的砂岩的破碎性较差,磨蚀性大;燃烧可以使砂岩的易磨性得到不同程度的改善,而改善破碎性和磨蚀性程度则取决于其晶体结构。除石英晶体过小（隐晶）、结构疏松或泥质含量较高的砂岩通过燃烧改善效果不明显外,其他砂岩通过燃烧其破碎性都能得到明显改善。"

（5）河泥和湖泥类

河泥和湖泥,是由于河流的搬运作用和泥沙淤积而形成的。其成分稳定,颗粒级配均匀且不占用农田。因其水分含量较高,我国上海水泥厂的湿法生产线采用黄浦江的泥沙作为硅铝质原料。

2.2.1.2　含硅铝质工业固体废弃物和尾矿

（1）煤矸石和石煤

煤矸石,是指煤矿中夹在煤层的脉石。它是含碳岩石（炭质灰岩及少量煤）和其他岩石（页岩、砂岩）的混合物,作为废弃物在开采和选煤中被分离出来。随着煤层地质年代、成矿状态、开采方法的不同,煤矸石的组成也不相同。其主要化学成分为 SiO_2 和 Al_2O_3,其次是 Fe_2O_3、CaO 和 MgO。其低位发热量为 $Q_{net} = 4100 \sim 9360$ kJ/kg。

石煤,是指一种含碳量较少、低位发热量（Q_{net}）较低、品位（矿石中有用组分的单位含量）较低的多金属共生矿。它是由 4 亿至 5 亿年前地质时期的菌藻类等生物遗体在浅海环境下经腐泥化作用和煤化作用转变而形成的。其主要化学成分为 SiO_2。其低位发热量约为 $Q_{net} = 3000$kJ/kg。

煤矸石和石煤的化学成分（质量分数,%）,如表 2.2.3 所示。

表 2.2.3　煤矸石和石煤的化学成分(质量分数,%)

分析项目 产地及名称	SiO_2	Al_2O_3	Fe_2O_3	CaO	MgO
河北南栗赵家屯煤矸石	48.60	42.00	3.81	2.42	0.33
山东湖田矿煤矸石	60.28	28.37	4.94	0.92	1.26
邯郸峰峰煤矸石	58.88	22.37	5.20	6.27	2.07
浙江常山石煤	64.66	10.82	8.68	1.71	4.05

　　煤矸石和石煤,可作为黏土质原料代替部分黏土组分生产普通水泥。采用中、高铝含量的煤矸石代替黏土和矾土,可以提供足够的 Al_2O_3 成分而制成一系列不同凝结时间的快硬性能的特种水泥;自燃或人工燃烧过的煤矸石具有一定活性,可作为水泥的活性混合材料。

　　(2) 粉煤灰

　　粉煤灰,是指火力发电厂的煤粉燃烧后残余的粉状灰烬。它由结晶体、玻璃体及少量未燃碳所组成。其主要化学成分为: SiO_2 、 Al_2O_3 、FeO、 Fe_2O_3 、CaO 和 TiO_2 等以及没有完全燃烧的碳(C)。可以采用它替代部分黏土以配制水泥生料。但是,由于 SiO_2 和 Al_2O_3 的相对含量波动较大,所以大部分水泥企业采用它作为校正黏土中硅含量较高、铝含量较低而添加的校正原料。

　　我国部分火力发电厂的粉煤灰的化学成分(质量分数,%),如表 2.2.4 所示。

表 2.2.4　我国部分火力发电厂的粉煤灰的化学成分(质量分数,%)

分析项目 试样编号	SiO_2	Al_2O_3	FeO	Fe_2O_3	CaO	MgO	Na_2O	K_2O	LOI
01	46.20	33.80	2.2	7.78	3.07	0.85	0.85	0.30	4.94
02	51.10	33.30	1.8	5.94	2.93	1.20	0.31	1.30	2.42
03	54.90	29.20	1.0	1.48	1.95	0.90	0.37	0.80	7.53
04	46.90	31.10	4.3	11.5	3.42	0.75	0.28	1.40	3.17
05	53.10	24.20	1.8	7.46	2.93	1.30	0.43	1.90	7.06
06	50.70	30.00	2.3	4.65	2.09	1.30	0.51	1.30	7.34

　　我国电力工业以燃煤为主,粉煤灰每年的排放量超过 1 亿 t。粉煤灰在加水拌和后并不发生硬化,但其与气硬性石膏混合而再加水拌和后,不但能在空气中硬化,而且还能在水中硬化。因此,它还可以作水泥的混合材料使用而制造粉煤灰硅酸盐水泥。这既增加了水泥产量,又减少了环境污染。

　　(3) 玄武岩

　　玄武岩,是指一种分布比较广泛的火成岩。其颜色因异质矿物的含量而异,由灰色到黑色。风化后的玄武岩,其表面呈红褐色。其密度一般为 $\rho = 2.5 \sim 3.1$ g/cm^3,性硬且脆,通常具有较固定的化学组成和较低的熔融温度。除了 Fe_2O_3 和 R_2O 含量偏高以外,其化学成分类似于一般黏土。

　　玄武岩的助熔氧化物含量较多,可作水泥生料的硅铝酸盐组分,以强化水泥熟料的煅烧过程。此时所制得的水泥熟料含有大量的铁铝酸钙,使水泥煅烧及水泥具有一系列的特点。水泥熟料的煅烧时间较短,煅烧温度可降低 $70 \sim 100$ ℃,节约燃料约 10%,回转窑的台时产量可提高 10%~12%;水泥的抗硫酸盐侵蚀性能较好,水化的放热量较低,抗折强度较高。

　　玄武岩的可塑性和易磨性都较差。因此,在生产中要强化粉磨过程,同时使入磨粒度减小,并使其成为片状(瓜子片的粒度),以抵消由于易磨性较差所带来的影响。

(4)珍珠岩

珍珠岩,是指一种主要以玻璃态存在的火成非晶类物质,属富含 SiO_2 的酸性岩石,亦是一种天然玻璃,其化学成分因产地不同而有差异,但一般$[w(SiO_2)+w(Al_2O_3)]>80\%$,可用作黏土质原料的配料组分。

(5)赤泥

赤泥,是指采用烧结法从矾土中提取 Al_2O_3 时所排放的赤色废弃物。其化学成分与水泥熟料的化学成分相比较,Al_2O_3 和 Fe_2O_3 含量较高,CaO 含量较低。所以,赤泥在与石灰质原料搭配使用时,可配制成水泥生料。赤泥中 Na_2O 含量较高,对水泥熟料的煅烧和质量有一定的影响,故应采取必要措施。自氧化铝企业所排放的赤泥浆含有大量的游离水,同时还含有化合水等,可作为湿法生产水泥的黏土质原料。但是,其化学成分不仅随矾土的化学成分不同而异,而且波动较大,因此在水泥生产中应及时调整配料并保证水泥生料的均化。

(6)尾矿

尾矿,是指由选矿场所排放的尾矿浆经自然脱水后所形成的固体废弃物(包括与矿石一道开采出的废石料)。在水泥行业中,主要利用尾矿的硅、铝、铁和钙的化学组分以及尾矿中所含的金属元素和硫化物、氟化物等具有矿化剂作用的成分。

硅酸盐型尾矿,按尾矿中主要组成矿物的组合情况而采用次要成分命名的有:

① 镁铁型:无石英,碱含量较低(例如,橄榄石);

② 钙铝型:石英含量较少,碱含量较高(例如,辉石);

③ 长英岩型:含石英,碱含量较高(例如,石英);

④ 碱性型:无石英,碱含量较高(例如,长石);

⑤ 高铝型:碱含量较高(例如,叶蜡石);

⑥ 高钙型:碱含量较高(例如,硅灰石);

⑦ 硅质岩:硅含量较高,碱含量较低(例如,石英岩、石英砂等)。

化学成分以 SiO_2 为主的金属尾矿,均可作为硅质替代原料。一般,高钙硅酸盐型和钙铝硅酸盐型尾矿,适合用于制造硅酸盐水泥熟料的原料;高铝硅酸盐型尾矿,适合生产铝酸盐水泥熟料;硅质岩型尾矿和磷酸盐型尾矿,可作为配料组分和校正原料。对于镁铁型、长英岩型和碱性型尾矿,不适合用于生产水泥。

2.2.2 黏土质原料的品质要求及选择

2.2.2.1 黏土质原料的品质要求

衡量黏土质量的主要指标,是黏土的化学成分(SM 和 IM)、砂含量和碱含量等。

黏土质原料的一般质量要求,如表 2.2.5 所示。

部分硅铝质原料的化学成分(质量分数,%),如表 2.2.6 所示。

2204-视频

表 2.2.5　黏土质原料的一般质量要求

品质级别	SM	IM	MgO	R_2O	SO_3	Cl^-
一级	2.7~3.5	1.5~3.5	<3.0%	<4.0%	<2.0%	<0.015%
二级	2.0~2.7 2.0~2.7	不限	<3.0%	<4.0%	<2.0%	<0.015%

表 2.2.6　部分硅铝质原料的化学成分（质量分数，%）

产地	种类	SiO$_2$	Al$_2$O$_3$	Fe$_2$O$_3$	CaO	MgO	R$_2$O	SO$_3$	LOI	合计	SM
北京	黄土	68.42%	13.85%	4.85%	2.52%	2.90%			4.38%	96.02%	3.66
青海	黄土	56.97%	11.90%	4.54%	7.87%	3.25%	4.09%	0.7%	9.32%	100.04%	3.46
大同	黏土	58.35%	17.14%	5.85%	3.08%	2.94%			8.66%	96.02%	2.54
吉林	棕壤	63.67%	17.68%	5.51%	1.29%	1.44%	4.0%~4.5%		6.29%	95.88%	2.74
新疆	页岩	59.65%	15.62%	6.69%	3.83%	3.04%	2.68%		7.71%	96.54%	2.68
杭州	页岩	62.80%	17.56%	7.06%	1.46%	2.07%	3.0%~4.0%		5.04%	95.99%	2.55
福建	粉砂岩	68.56%	16.67%	4.03%	0.26%	0.64%			5.61%	95.77%	3.31

原料化学成分的化学分析数据总和，往往不等于 100%。这是由于对某些物质没有进行化学分析测量，因而化学分析数据总和通常小于 100%。但是，在进行数据处理时不必将之换算为 100%，可加上其他一些项目将之补足为 100%。有时化学分析数据总和大于 100%，除了对某些物质没有进行分析测量以外，大都是由于该种原料（特别是一些工业固体废弃物）含有一些低价态的氧化物（例如，FeO 甚至 Fe 等），在经化学分析灼烧以后被氧化为 Fe$_2$O$_3$ 等而增加了其质量所致。这与水泥熟料的煅烧过程相一致，因此，在进行数据处理时对此也不必进行换算。

2.2.2.2　选择黏土质原料时的注意事项

为了便于配料又不掺加硅质校正原料，最好要求黏土原料的硅率为 $SM = 2.7 \sim 3.1$、铝率为 $IM = 1.5 \sim 3.0$。此时，黏土质原料中 SiO$_2$ 含量为 $w(SiO_2) = 55\% \sim 72\%$。对于黏土质原料，若其硅率过高（$SM > 3.5$），则可能是含粗砂粒（$d > 0.1$ mm）过多的砂质土；若其硅率过小（$SM_{max} = 2.3 \sim 2.5$），则是以高岭石为主导矿物的黏土，在配料时除非石灰质原料中 SiO$_2$ 含量较高，否则要添加难磨、难烧的硅质校正原料。所选黏土质原料，应尽量不含碎石和卵石，粗砂含量应小于 5.0%。这是因为粗砂为结晶状态的 f-SiO$_2$，结晶 SiO$_2$ 含量较高的黏土对粉磨不利，未磨细的结晶 SiO$_2$ 会严重劣化水泥生料的易烧性。当结晶 SiO$_2$ 含量每增加 1% 时，在 1400 ℃ 煅烧的水泥熟料中 f-CaO 含量将提高近 0.5%。

当黏土质原料的硅率为 $SM = 2.0 \sim 2.7$ 时，一般需掺加硅质原料来提高硅含量；当 $SM = 3.5 \sim 4.0$ 时，一般需要与一级品黏土质原料（或硅含量较低的二级品黏土质原料）搭配使用，或掺加铝质校正原料。

2205-视频

2.2.2.3　黏土质原料性能的测试方法

黏土质原料的矿物颗粒比较细小，大部分颗粒的粒径为 $d = 0.1 \sim 1$ μm。对于黏土质原料性能的研究测试相对比较困难，一般采用化学分析方法测量其化学组成，采用 X 射线衍射和透射电子显微镜观察其矿物组成和矿物形态，采用差热分析方法确定黏土矿物的脱水温度。对黏土质原料中的粗粒石英的含量、晶粒大小和形态要予以足够的重视。因为当石英含量为 70.5%、粒径超过 0.5 mm 时，就会显著影响水泥生料的易烧性。

2.2.3　黏土质原料的质量控制

黏土质原料在水泥生料中的含量（质量分数，%）约为 15%~20%，其含量波动较大，因此，其质量控制也非常重要。

（1）黏土质原料进厂前的质量控制

由于黏土质原料经过地质变化和迁移，其成分的稳定性相对较差。因此，对于黏土质原料矿床应分层取样，定期编制矿山网，按不同品位分区、分层开采。若地表植物和杂质较多，则应先剥去表土、除去杂物后再进行开采。对于有黏土原料矿的工厂，最好在黏土质原料进厂前先搭配开采和装运。对于无黏土质原料矿的工厂，对进厂后的黏土质原料应分堆存放，先化验后使用。在存放时应平铺直取，以提高预均化效果。

（2）进厂黏土质原料的质量要求

对于进厂的黏土质原料，必须按时取样，每批做1次全分析，主要控制其硅率（SM）和铝率（IM）。其 SM 与 IM 值，最好控制在以下范围：

一等品：$SM=2.7\sim3.5$，$IM=1.5\sim3.5$；

二等品：$SM=2.0\sim2.7$（或 $SM=3.5\sim4.0$），IM 不限。

黏土质原料的质量要求：

① $w(MgO)\leqslant3\%$；

② $w(SO_3)\leqslant2\%$；

③ 碱含量$\leqslant4\%$；

④ 石英砂的筛余值为：$R_{0.2}\leqslant5\%$（0.2 mm 方孔筛），$R_{0.08}\leqslant10\%$（0.08 mm 方孔筛）。

为了保证生产的连续性和有利于质量控制，应保证黏土储存量的使用时间 $\tau>10$ d。

2206-视频

［知识测试题］

一、填空题

1. 黏土质原料的主要成分为_____，其次为_____、_____，是生产硅酸盐水泥熟料的第二大原料。

2. 衡量黏土质量的主要指标，是黏土的_____、_____和_____等。

3. 我国水泥工业通常采用的天然黏土质原料，有_____、_____、_____、_____及_____等。

4. 现代水泥企业常用_____和_____代替部分乃至全部_____配料。

5. 黏土质原料的化学成分一般采用_____方法测量，采用_____和_____方法观察其矿物组成和矿物形态，采用_____方法确定黏土矿物的脱水温度。

二、选择题

1. 黏土质原料所提供的 SiO_2、Al_2O_3、Fe_2O_3 属于（　　）。

A. 酸性氧化物　　　　　　　　　　　　　　B. 碱性氧化物

2. 当黏土的硅率 $SM=3.5\sim4.0$ 时，应当（　　）来保证配料要求。

A. 一般需要掺加硅质原料来提高硅含量

B. 掺加铝质校正原料

C. 一般需要与一级品（或硅含量较低的二级品）黏土质原料搭配使用

3. 根据主导矿物不同，可将黏土分成（　　）。

A. 高岭石类　　　　　　　B. 蒙脱石类（$Al_2O_3\cdot4SiO_2\cdot nH_2O$）　　　　　　C. 水云母类

4. 粉砂岩的硅率一般为 $SM>3.0$，铝率为 $IM=2.4\sim3.0$，碱含量为 $2\%\sim4\%$，可作为水泥生产用的（　　）原料。

    A. 硅铝质　　　　　　　　B. 硅质　　　　　　　　C. 铝质

    5. 黄土是（　　）。

    A. 没有层理的黏土与微粒矿物的天然混合物

    B. 黏土经长期胶结而成的黏土岩

    C. 多种微细的呈疏松或胶状密实的含水铝硅酸盐矿物的混合体

    6. 生产水泥熟料，当黏土质原料的硅率 $SM<2.7$ 时，一般需要掺加（　　）。

    A. 铝质原料　　　　　　B. 含铁较高的黏土　　C. 硅质校正原料

三、判断题

    1. 若黏土的硅率(SM)过低，则其可能是含粗砂粒($d>0.1$ mm)过多的砂质土。（　　）

    2. 当黏土质原料的硅率为 $SM=2.0\sim2.7$ 时，一般需要掺加硅质原料来提高硅含量。（　　）

    3. 结晶 SiO_2 含量较高的黏土对粉磨不利，未磨细的结晶 SiO_2 会严重劣化生料的易烧性。
    （　　）

    4. 当采用回转窑生产水泥时，要求黏土的可塑性达标。（　　）

    5. 对于黏土质原料中的粗粒石英含量，当石英含量为 70.5%、粒径超过 0.5 mm 时，就会显著影响生料的易烧性。（　　）

    6. 黏土质原料中 $w(R_2O)\leqslant1.0\%$。（　　）

    7. 页岩、黏土经煅烧后可用作活性混合材料。（　　）

    8. 生产水泥的黏土质原料，主要为水泥熟料提供 SiO_2，其次提供 Al_2O_3 和少量 Fe_2O_3。（　　）

四、简答题

    1. 生产硅酸盐水泥熟料时，黏土质原料的作用是什么？

    2. 衡量黏土质原料质量的主要指标有哪些？

    3. 选择黏土质原料时应注意的问题有哪些？

    4. 我国天然黏土质原料有哪些种类？

    5. 生产硅酸盐水泥熟料对黏土质原料的质量有何要求？

    6. 玄武岩能否代替黏土？为什么？

2207-文本

［能力训练题］

    山西某水泥企业黏土质原料的化学成分，如表 2.2.7 所示。

表 2.2.7　山西某水泥企业黏土质原料的化学成分（质量分数，%）

序号	LOI	SiO_2	Al_2O_3	Fe_2O_3	CaO	MgO	SM	IM
1	5.50%	70.26%	15.70%	4.04%	0.67%	0.45%		
2	4.83%	76.42%	12.53%	2.74%	0.74%	0.62%		
3	2.82%	81.36%	9.12%	1.19%	0.45%	0.46%		
4	2.00%	87.25%	7.18%	1.21%	0.30%	0.28%		

    （1）查阅资料，利用公式计算黏土质原料的 SM 和 IM 值，将数据填入表 2.2.7 中。

    （2）根据黏土质原料化学成分资料，试分析黏土质种类及品质。

（3）黏土质原料的 SM 太高（$SM>3.5$）对生产有何影响？在生产中如何搭配？

（4）查阅资料，结合某一水泥企业分析生产高强度水泥熟料对黏土质原料的技术要求。

2.3　校正原料的选择与质量控制

（1）任务描述

本任务的学习内容包括 4 个方面：

① 铁质校正原料的选择；

② 硅质校正原料的选择；

③ 铝质校正原料的选择；

④ 校正原料的质量控制。

学习重点：根据工艺要求选择合适的校正原料。

学习难点：结合生产实际提出校正原料的质量控制指标。

（2）知识目标

掌握水泥生产所用各种校正原料的种类、化学成分、选择依据和质量控制要求。

（3）能力目标

① 能合理选择天然类校正原料；

② 能优化选择工业固体废弃物类校正原料；

③ 能提出所选择的校正原料的质量控制指标。

2301-文本

2302-ppt

校正原料，是指当采用石灰质原料与黏土质原料配合所得的水泥生料的化学成分不符合配料方案的要求时所掺加的以补充某些组分不足为主的原料。

校正原料，通常可分为铁质校正原料、硅质校正原料和铝质校正原料。

2.3.1　铁质校正原料的选择

当采用石灰质和黏土质原料配料而 Fe_2O_3 含量不足时，需要掺加 Fe_2O_3 含量较大的铁质校正原料。

常用的铁质校正原料，有硫铁矿渣、钢渣、铅矿渣、铜矿渣以及低品位的铁矿石。

硫铁矿渣（即铁粉），是指硫酸厂所排放的固体废弃物。硫铁矿渣呈红褐色粉末状，水分含量较大，Fe_2O_3 含量为 $w(Fe_2O_3)>50\%$。硫铁矿渣的应用较为普遍。

钢渣，是指炼钢过程中所排放的以 CaO 为主的固体废弃物。钢渣依炼钢的炉型可分为 3 大类：转炉渣、平炉渣和电炉渣。其主要化学成分为 CaO，其次为 FeO 和 Fe_2O_3、SiO_2 和 MgO。

铅矿渣，是指提炼铅后所排放的固体废弃物。

铜矿渣，是指冶炼铜后所排放的固体废弃物。

以上工业固体废弃物，都含有较高的 Fe_2O_3，可以代替铁粉补充配料组分的 Fe_2O_3 含量。由于在铅矿渣和铜矿渣中还含有 FeO 成分，因此，它不仅可以做校正原料，而且还能够降低水泥熟料的烧成温度和液相黏度，促进水泥熟料的烧成速率。

2303-视频

几种铁质校正原料的化学成分（质量分数，%），如表 2.3.1 所示。

表 2.3.1　几种铁质校正原料的化学成分(质量分数,%)

分析项目 原料种类	SiO$_2$	Al$_2$O$_3$	Fe$_2$O$_3$	CaO	MgO	FeO	LOI	合计
硫铁矿渣	26.45%	4.45%	60.30%	2.34%	2.22%		3.18%	98.94%
钢渣	13.54%	5.07%	25.45%	38.50%	10.96%		1.14%	95.14%
铅矿渣	30.56%	6.94%	12.93%	24.20%	0.60%	27.30%	3.10%	105.63%
铜矿渣	38.40%	4.69%	10.29%	8.45%	5.27%	30.90%		98.00%
低品位铁矿石	46.09%	10.37%	42.70%	0.73%	0.14%			100.03%

2.3.2　硅质校正原料的选择

2304-视频

　　由于现代化水泥生产采用窑外分解技术,在将水泥生料煅烧成水泥熟料的过程中,CaCO$_3$ 的分解过程的 80% 以上是在窑外的分解炉中进行的。这就使窑体本身的煅烧能力得到很大的提高,因此采用较高的硅率(SM)来进行操作控制可以提高水泥熟料的质量,与此同时,还需要降低 Al$_2$O$_3$ 含量以便于分解炉的操作控制。因此,需要掺加一部分 SiO$_2$ 含量较高的硅质校正原料(例如,粉砂岩、砂岩、河砂等)。但应注意,砂岩中的矿物主要是石英,其次是长石。石英是结晶 SiO$_2$,对粉磨和煅烧都有不利的影响,因此应尽可能少采用;河砂的石英结晶更为粗大完整,也应尽量少采用。风化砂岩和粉砂岩,易于水泥生料粉磨,对水泥熟料煅烧影响较小,可尽量采用。

　　几种硅质校正原料的化学成分(质量分数,%),如表 2.3.2 所示。

表 2.3.2　几种硅质校正原料的化学成分(质量分数,%)

分析项目 原料种类	Al$_2$O$_3$	Fe$_2$O$_3$	CaO	MgO	LOI	合计	硅率(SM)
粉砂岩	12.33%	5.14%	2.80%	2.33%	5.63%	95.51%	3.85
砂岩	12.74%	5.22%	4.34%	1.35%	8.46%	95.03%	3.50
河砂	6.22%	1.34%	1.18%	0.75%	0.53%	99.70%	11.85

2.3.3　铝质校正原料的选择

　　铝质原料,是指 Al$_2$O$_3$ 含量较高的矿石(主要是铝矾土,又称铝土矿)或工业固体废弃物(例如,粉煤灰、煤矸石等)。按 Fe$_2$O$_3$ 含量的不同,铝质原料又可分为铝矾土[w(Fe$_2$O$_3$)$<$5%]和铁矾土 [w(Fe$_2$O$_3$)$>$5%]。在水泥行业中,铝矾土是生产铝酸盐、硫铝酸盐、氟铝酸盐水泥熟料的主要原料; 铁矾土则是生产铁铝酸盐水泥熟料的原料。

　　铝矾土的化学成分,主要为 Al$_2$O$_3$、Fe$_2$O$_3$、SiO$_2$ 和 TiO$_2$,少量的 CaO、MgO 和硫化物,以及微量的镓、锗、磷和铬等元素的化合物。

　　在铝土矿中,SiO$_2$ 主要以高岭石、伊利石和叶蜡石等硅酸盐矿物形式存在,有的还含石英、蛋白石以及其他黏土矿物。

　　铝土矿中的矿物,主要为一水硬铝石(Al$_2$O$_3$·H$_2$O)、一水软铝石(Al$_2$O$_3$·H$_2$O)、三水硬铝石

（$Al_2O_3 \cdot 3H_2O$），同时常含有高岭石、赤铁矿、水云母和石英等的混合物。

我国铝矾土资源丰富，其主要特点是：矿石类型以一水硬水铝石为主，主要产地集中（例如，河南、山东、山西、广西一带）；矿物种类多，组成复杂，与国外相比，具有"高铝、高硅、低铁"的特点。铝矾土主要用于冶炼金属铝，其次用于生产耐火材料、化学制品、研磨材料和铝酸盐水泥。

对于铝土矿的质量评价，可采用铝与硅的含量之比（即，铝硅比）来衡量。铝土矿按铝硅比分 7 个等级，其中Ⅰ级、Ⅱ级铝土矿可用于生产铝酸盐水泥熟料。其成分组成为：

Ⅰ级，$w(Al_2O_3)/w(SiO_2) \geqslant 12$，$w(Al_2O_3) \geqslant 73\%$；

Ⅱ级，$w(Al_2O_3)/w(SiO_2) \geqslant 9$，$w(Al_2O_3) \geqslant 71\%$。

矾土的质量等级，也可按铝硅比进行划分。

矾土质量等级的划分，如表 2.3.3 所示。

表 2.3.3 矾土质量等级的划分

质量等级 含量指标	特等	一等	二等（甲）	二等（乙）	三等
Al_2O_3	＞76％	68％～76％	60％～68％	52％～60％	42％～52％
$w(Al_2O_3)/w(SiO_2)$	＞20	5.5～20	2.8～5.5	1.8～2.8	1.0～1.8

铝矾土矿的特点：硬度较高，比石灰石难磨；化学成分波动较大，同一矿区、同一矿层，甚至同一开采面的化学成分各异。因此，当利用铝矾土作为原料时，在生产上必须均化。

当水泥生料中 Al_2O_3 含量不足时，必须掺加铝质校正原料。

常用的铝质校正原料，有炉渣、煤矸石、铝矾土等。

几种常用铝质校正原料的化学成分（质量分数，％），如表 2.3.4 所示。

2305-视频

2306-视频

表 2.3.4 几种常用铝质校正原料的化学成分（质量分数，％）

分析项目 原料种类	SiO_2	Al_2O_3	Fe_2O_3	CaO	MgO	LOI	合计
炉渣	55.68％	29.32％	7.54％	5.02％	0.93％		98.49％
铝矾土	39.78％	35.36％	0.93％	1.60％		22.11％	99.78％
煤渣灰	52.40％	27.64％	5.08％	2.34％	1.56％	9.54％	98.56％

2.3.4 校正原料的质量控制

校正原料的质量指标，如表 2.3.5 所示。

校正原料的常用品种及质量要求，如表 2.3.6 所示。

2307-微课

表 2.3.5 校正原料的质量指标

校正原料	SM	SiO_2	R_2O
硅质	＞4.0	70％～90％	＜4.0％
铝质		$w(Al_2O_3)＞30\%$	
铁质		$w(Fe_2O_3)＞40\%$	

表 2.3.6　校正原料的常用品种及质量要求

校正原料	常用品种	质量要求	储存期(d)
铁质校正原料	低品位的铁矿石、炼铁厂尾矿、硫酸厂固体废弃物(硫铁矿渣,俗称铁粉)、铅矿渣、铜矿渣(兼作矿化剂)	$w(Fe_2O_3) \geqslant 40\%$	$\geqslant 20$
硅质校正原料	硅藻土,硅藻石,SiO_2 含量较高的河沙、砂岩、粉砂岩	$SM > 4.0$; $w(SiO_2) = 70\% \sim 90\%$ $w(R_2O) < 4.0\%$	$\geqslant 10$
铝质校正原料	炉渣、煤矸石、铝矾土	$w(Al_2O_3) > 30\%$	$\geqslant 10$

［知 识 测 试 题］

一、填空题

1. 校正原料,是指当_____和_____配合所得的水泥生料不能符合配料方案的要求时所掺加的以补充某些成分不足为主的原料。

2. 常用的铁质校正原料,有_____、_____及_____等。

3. 常用的铝质校正原料,有_____、_____及_____等。

4. SiO_2 含量较高的硅质校正原料,有_____、_____及_____等。

5. 要求铁质校正原料中的 Fe_2O_3 含量要大于_____。

6. 水泥生产用石灰质原料中的 CaO 含量应大于_____。水泥生产用铁质校正原料中的 Fe_2O_3 含量应大于_____。铝质校正原料中的 Al_2O_3 含量应大于_____。

7. 水泥生产用铁质校正原料中的 Fe_2O_3 含量应大于_____。

8. 铝质校正原料中 Al_2O_3 含量应大于_____。

二、选择题

1. 下面的常用校正原料对应不正确的是(　　)。

A. 钙质校正原料——贝壳　　　　　　　　B. 硅质校正原料——砂岩

C. 铝质校正原料——煤矸石　　　　　　　D. 铁质校正原料——硫铁矿渣

2. 北方水泥企业常用的硅质校正原料为(　　)。

A. 硅藻土　　　　　　B. 硅藻石　　　　　　C. 风化砂岩

3. 硅质校正原料的 SiO_2 含量要求在(　　)以上。

A. 60%　　　　　　B. 70%～90%　　　　　　C. 80%

4. 铅矿渣和铜矿渣可用作(　　)。

A. 铁质校正原料　　　　B. 硅质校正原料　　　　C. 铝质校正原料

5. 既可用作铝质校正原料又可作为劣质燃料的原料为(　　)。

A. 煤矸石　　　　　　B. 炉渣　　　　　　C. 铝矾土

三、判断题

1. 一般要求铝质校正原料中的 Al_2O_3 含量不低于 30%。　　　　　　　　　　　　(　　)

2. 只要硅质校正原料中的 SiO_2 含量达到 70%～90%,对其他组分可不做要求。　　(　　)

3. 铝矾土的主要成分为 Al_2O_3。　　　　　　　　　　　　　　　　　　　（　　）

4. FeO 能降低烧成温度和液相黏度,可对水泥熟料的煅烧起到矿化剂的作用。　（　　）

5. 砂岩和风化砂岩的矿物组成近似,都可作为硅质原料的最佳选择。　　　　　（　　）

6. 校正原料就是补充水泥生料配料中某些成分不足的原料。　　　　　　　　　（　　）

四、简答题

1. 何为铁质校正原料?天然矿物有哪些?工业固体废弃物有哪些?有何质量要求?

2. 何为硅质校正原料?天然矿物有哪些?工业固体废弃物有哪些?有何质量要求?

3. 何为铝质校正原料?天然矿物有哪些?工业固体废弃物有哪些?有何质量要求?

4. 在生产硅酸盐水泥时一般用哪几类原料?各类原料主要提供什么成分?

2308-文本

〔能力训练题〕

1. 某新型干法水泥企业的校正原料的化学成分(质量分数,%)如表 2.3.7 所示,试分析其种类及品质。

表 2.3.7　某新型干法水泥企业的校正原料的化学成分(质量分数,%)

序号	SiO_2	Al_2O_3	Fe_2O_3	CaO	MgO	LOI	种类	品质
1	29.71%	21.58%	25.36%	4.50%	1.30%	8.81%		
2	26.70%	19.79%	32.50%	5.28%	1.46%	7.23%		
3	13.56%	6.93%	22.30%	41.60%	7.67%	3.00%		
4	13.72%	7.83%	22.92%	38.11%	10.92%	1.29%		

2. 查阅资料,撰写有关工业固体废弃物在水泥生产中作为原料的综述报告。

【项目实训】

实训 1　辨别水泥原料品质的优劣

描述:通过本实训项目的训练,会让你认识各种天然类、工业固体废弃物类的石灰质原料、黏土质原料、校正原料和各类原煤,初步能辨别其品质的优劣。

要求:

(1) 观看粉体实训中心原料仓库中各种原料和燃料,辨别其类型和品种;

(2) 学会从外观和借助一定仪器分析手段区分原料和燃料质量的优劣。

实训 2　检测水泥原料的矿物组成

描述:通过本实训项目的训练,会让你学会 X 射线衍射仪和扫描电子显微镜的使用。

要求:

(1) 通过 X 射线衍射仪检测水泥原料,并分析结果;

(2) 通过扫描电子显微镜检测水泥原料,并分析结果。

实训 3　原材料展示比赛

描述:通过采集天然矿物类原料、收集工业固体废弃物类原料,或者去水泥企业收集各种原料、燃料和材料,进行小组展示比赛。

实训 4　原材料化学成分分析比赛

描述:制定比赛规则,在小组之间、班级之间进行原材料化学成分分析比赛。

【项目评价】

评价项目	评价内容	评价分值
任务 2.1　石灰质原料的选择与质量控制	能合理选择石灰质原料,进行品质评价,提出质量控制指标	20
任务 2.2　黏土质原料的选择与质量控制	能合理选择黏土质原料,进行品质评价,提出质量控制指标	20
任务 2.3　校正原料的选择与质量控制	能合理选择校正原料,进行品质评价,提出质量控制指标	20
实训 1　辨别水泥原料品质的优劣	能正确认识各类水泥原料,初步鉴别品质高低	10
实训 2　检测水泥原料的矿物组成	能正确检测各类水泥原料,写出检测报告	10
实训 3　原材料展示比赛	能收集生产水泥的各种原材料	10
实训 4　原材料化学成分分析比赛	能对指定原料进行化学分析并得出化学成分	10

3　水泥原料的粉碎作业

【项目描述】

（1）项目内容

本项目的学习内容包括 4 个任务：

① 粉碎的基本概念及物料粒径的认知；

② 物料粉碎工艺及设备的选择；

③ 物料粉碎系统的设备操作与维护；

④ 物料粉碎系统的节能与高产分析。

学习重点：粉碎概念、粉碎工艺、粉碎设备。

学习难点：粉碎设备的操作维护。

（2）知识目标

① 掌握粉碎设备的结构、工作原理、性能参数、维护要领；

② 掌握粉碎系统作业指导过程；

③ 掌握粉碎设备选型计算方法。

（3）能力目标

① 能根据生产规模对石灰石粉碎机进行模拟选型；

② 能初步编写（或修改）粉碎系统作业指导书；

③ 能操作实验室破碎机并破碎出符合工艺要求的原料和燃料。

（4）素质目标

① 遵守规章的安全意识——设备操作能够严格遵守操作规程和作业指导书要求；

② 遵守各项规章制度，保护自我、他人和设备。

3001-文本

3002-文本

【项目导学】

水泥生产用原料、燃料及材料，大多要经过一定处理后才便于运输、计量及水泥生料粉磨等。

原料的加工与准备，是指在水泥生料粉磨之前对原料的处理过程。它主要包括物料的矿山开采、物料加工（破碎、烘干）、原料的预均化、物料输送及物料储存等工序。

3.0.1　矿山开采

3.0.1.1　矿山开采工艺流程

矿山，是水泥企业进行正常生产和发展的物质基础。水泥生产的主要原料（石灰石和黏土）资源靠近工厂，一般自行开采。按照长期建设规划，资源地质单位要提前进行找矿或初步勘探，在此基础上提出推荐矿点并进一步勘探矿点。

水泥企业厂在进行原料开采之前,必须完成如下工作:

首先,开展详细的勘探工作。即:有用矿的储量、矿层的分布情况、有用矿的化学成分的波动情况及矿石的物理性质(例如,自然休止角、硬度、吸收性、透水性、耐压强度等);对于松散的黏土质原料还应加做颗粒分析试验;原料的开采条件及矿区的地质环境等。

其次,开展必要的原料工业性试验。即:根据原料和燃料的特殊程度,进行相应的原料加工试验以解决特殊问题;根据试验(或经验)向工艺人员提供部分设计参数;负责具体的配料方案设计,以便工艺人员编制物料平衡表;与矿山专业人员配合,提出矿山质量搭配要求。

矿山开采工作必须执行《水泥原料矿山管理规程》(国家建筑材料工业局颁布,1991 年 06 月 22 日)。在矿山生产过程中,企业应根据矿体特点和生产需要,在地质勘探基础上进行生产地质勘探工作,提高矿床的控制程度,为编制采掘计划提供可靠的地质依据;在制订矿石进厂质量指标时,在满足水泥原料配料要求的基础上对不同品位级别的矿石实行均化开采,经济合理地充分利用矿产资源;为了均衡、持续地开采矿石,必须有计划地进行采矿准备工作,认真贯彻"采剥并举、剥离先行"的原则,先剥离、采准而后采矿的原则,必须保持一定的开拓矿量(24 个月矿石产量)、准备矿量(12 个月矿石产量)和可采矿量(6 个月矿石产量)。

3003-视频

矿山开采的工艺流程如下:

(采矿工作面潜孔钻机)钻孔→(中深孔)爆破→(液压挖掘机/轮式装载机)装载→
(矿用自卸汽车运输到破碎站)粉碎→(皮带输送机)输送→工厂预均化堆场。

3.0.1.2 矿山开采先进技术

水泥企业的原料均采用露天开采。露天开采,又分为机械开采和人力开采,我国主要采用机械开采。国内外露天采矿技术发展的总趋势,是开采规模大型化、生产连续化、装备现代化。智能矿山的研究与开发,是露天矿科技进步的发展方向,采矿技术正向液压化、联动化、自动化发展。

(1)水泥原料矿山开采规模大型化

开采大型矿山可以采用大型设备,以提高劳动生产和降低矿石开采成本。

随着预分解窑水泥熟料生产规模 $M = 5000 \sim 10000$ t/d 的生产线投产,涌现出一批矿石开采规模为 $(1 \sim 5) \times 10^6$ t/a 的大型矿山,而矿石开采规模为 $(1 \sim 5) \times 10^5$ t/a 的矿山已属中型矿山。目前,矿石开采规模大于 5×10^6 t/a 的超大型矿山已开始显现。

(2)选用大型、高效、耐用的采矿工艺设备

水泥矿山设备,在大型化基础上向节能型、自动化、标准化方向发展。黑色和有色金属矿山,为提高开采强度、提高设备利用效率,一般采用连续工作制。

① 钻孔设备

水泥矿山应淘汰钻速低、排渣难的低风压潜孔钻机;淘汰送风管道长、耗能高、效率低的低风压固定式空压机。

中风压、高风压潜孔钻机和全液压露天钻机,将是水泥矿山未来的主力钻机。固定式低风压(0.5~0.7 MPa)空压机正被逐步淘汰,仅适应中硬以下岩石穿孔的切削回转钻机和穿凿坚硬、极坚硬的牙轮钻机,也将逐步淡化出水泥矿山市场。

② 装载设备

液压挖掘机在水泥矿山进一步得到推广使用,并将在铲装设备中占据主导位置。与机械挖掘机比较,液压挖掘机自重轻,三维自由度赋予液压挖掘机机动灵活的特点,可在陡坡上挖掘,便于分别开采。水泥矿山装载设备,宜选用 4~8 m³ 的液压挖掘机和 30~60 t 的矿用汽车。

（3）走生态环境协调发展的绿色矿业道路

矿山开采,应走矿产资源开发利用与地质生态环境协调发展的绿色矿业道路,建立低生态危害的采矿工艺系统,做到无废少废、零排放。

国外一些矿山注重自然景观的保有度,在矿山开采中坚持低能耗、短流程、高效率、无废、少污的原则,保持矿区周围景观的和谐度。我国嘉新京阳水泥有限公司的石灰石矿山,对开采裸露地带填覆客土,因地制宜种植原生植物,引进耐干旱、耐贫瘠的白喜草草籽和当地水土保持功效好的野生蚂蚁草,达到了草木并举、立体绿化的效果。

（4）矿山生产不断融入新科技

优化矿山生产,提高采矿工艺环节中的高科技含量。矿山开采,应用自动控制技术、电子信息技术、网络技术,从整体上提高设备技术效能,提高生产过程中综合自动化水平,提高生产信息化程度,实现控制智能化、连续生产过程自动化、管理信息化和系统化。

智能数字矿山,是信息技术在矿山开采中应用的集中表现。以计算机及其网络为手段,将矿山三维空间和有属性数据实现数字化存储、传输、表达和加工,建立全方位生产管理系统,随着"数字化矿山"的发展,矿山开采开始进入智能化控制时代。

（5）开拓方式和采矿工艺多样化

矿山的开采顺序,由单一的纵向布置向横向布置方式发展,施行强化开采,提高工作线推进速度,为矿石均化搭配创造条件。采用组合台阶、分期开采、陡帮开采,以便均衡生产剥采比。

（6）运用汽车-带式半连续运输系统

汽车-带式半连续运输系统,是近年来发展的高效运输技术。该系统充分发挥汽车运输适应性强、机动灵活、短途运输经济的优势,有利于强化开采,同时又显现带式运输机运力大、爬坡能力强、运营成本低的长处,汽车、胶带两种运输优势互补。首钢水厂铁矿在1998—2003年间汽车-带式运输成本为0.65元/(t·km),仅为单一汽车运输成本1.35元/(t·km)的48%。

部分水泥矿山正在(或即将)进入露天凹陷开采,采用半移动式破碎机的"汽车-半移动破碎机-胶带运输机"的半连续开采工艺,是一种行之有效的采矿工艺系统。

（7）矿山辅助作业机械机化

目前,矿山辅助作业不配套、机械化程度低,是矿山生产的薄弱环节。随着开采规模的扩大,为保证主机正常作业,提高设备效率,必须提高矿山辅助作业水平。在清理工作平台、矿体内夹石分采分运、铲装工作面的准备、运输道路的维护、边坡整理、大块矿山二次破碎、炮孔装药和炮孔填塞工作中,配备必要的前端式装载机、推土机、平道机、压路机、洒水车、装载车、炮孔填塞机等辅助矿山机械,从整体上提高矿山的装备效能。

（8）铣刨机采矿

铣刨机(又称机械犁)采矿,是一种有发展前途的采矿方法。铣刨机采矿方法具有以下优点:

① 无爆破地震、空气冲击波、飞石等危害;

② 扩大开采境界,不受爆破安全境界的限制;

③ 连续作业,不受爆破干扰;

④ 要求作业场地相对较小;

⑤ 可根据矿层和矿石的不同品位级别,分采分运,可有效剔除有害夹层,可选别回采;

⑥ 采矿成本可降低20%～50%;

⑦ 不需粗碎,可调整开采粒度,有利于带式输送机长距离运输。

铣刨机采矿,集采、装、碎为一体,有效简化生产流程,作业工作平台、采场道路平整,减少轮胎消耗,刨铣矿石的粒径可控为 30～80 mm。可根据需要,生产粒径小于 30 mm 的矿石,为振动放矿、竖井溜矿石、缓冲矿仓磨损创造条件。

铣刨采矿法,可从根本上保证矿山边坡的安全,从而增大边坡的安全角度,增加可采矿量,减少边坡的工程量和维护量。

在前南斯拉夫 Serbia 石灰石矿上,应用德国维特根(Wirtgen)表采机 SM-2600,切削(铣刨)、破碎装料一次完成,矿石平均单轴抗压强度为 25 MPa,产量为 600 t/h,约 90% 粒径小于 16 mm,最大粒径为 150 mm。法国纽来宁根石灰石矿以及美国、印度、巴西、墨西哥等国家的石灰石矿,应用表采机开采石灰石取得一定效果。维特根表采机在切削矿石中同时将矿石破碎。可据粒径要求,选用不同切削刀具及切削转子,平整稳定作业表面,给装载机平稳行驶创造最佳条件。

3.0.2　物料粉碎

水泥生产所用的大部分物料(例如,石灰石、砂岩、煤、水泥熟料、混合材料和石膏等),都需要粉碎,将进厂大块物料粉碎成小块后,便于粉磨、烘干、输送、均化和储存。由于粉碎机的能量利用率较高,降低物料粒度可提高后续磨机和烘干机的效率,降低系统生产能耗。"多碎少磨"的观点在实践中已被广泛认可。常用的粉碎机械,有颚式粉碎机、锤式粉碎机、反击式粉碎机等。

在水泥生产过程中,有大量的物料(例如,原材料、燃料、半成品等)需要粉碎。

物料粉碎的主要目的如下:

① 提高物料的流动性,便于输送和贮存;

② 提高物料的均匀性,便于物料的均化;

③ 降低入磨机物料的粒度,以提高磨机的产量,降低粉磨电耗;

④ 增加物料的比表面积,以提高烘干效率。

一般来说,每生产 1 t 水泥,大约需要粉磨的各种原料、燃材和材料达 3～4 t。在粉碎作业中所消耗的电量,约占整个水泥生产总电耗的 60%～70%;所消耗的钢材量,约占全厂钢材消耗量的 50%。粉碎成本,约占水泥生产总成本的 35% 以上。其中,粉碎物料的电耗,约占 10%～12%。

每生产 1 t 水泥的电力消耗量分配情况,如表 3.0.1 所示。

表 3.0.1　每生产 1 t 水泥的电力消耗量分配情况

作业项目	电能消耗(kW·h/t)	电耗量比例(%)	作业项目	电能消耗(kW·h/t)	电耗量比例(%)
原料开采	4.0	3.5	水泥磨制	38.0	34.0
原料粉碎	12.0	10.5	混合材料烘干	6.0	5.0
生料磨制	18.0	15.5	辅助生产车间	8.0	7.0
燃料粉碎	14.0	12.0	其他消耗	6.0	5.0
熟料煅烧	9.0	7.5	总计	115.0	100.0

从表 3.0.1 可知,降低粉碎的电能消耗、提高粉磨效率,对降低水泥的生产成本、提高经济效益具有十分重要的意义。

由于球磨机的功能利用率很低,而粉碎机的功能利用率相对较高,所以,粉碎在整个水泥生产中是一个不可忽视的重要工艺环节。

【项目实施】

3.1　物料粉碎的基本概念与物料粒径的认知

（1）任务描述

本任务的学习内容包括 5 个方面：

① 物料粉碎的基本概念；

② 物料粒径的表示方法；

③ 粉碎产品的粒度特征；

④ 物料的破碎性能；

⑤ 粉碎机械的分类。

学习重点：物料粉碎的基本概念、粉碎机械的分类。

学习难点：物料粒径的表示方法、粉碎产品的粒度特征。

（2）知识目标

① 掌握物料粉碎的基本概念；

② 掌握物料粉碎比的计算方法和物料粒度的评价方法。

（3）能力目标

① 能计算物料的粉碎比；

② 能描述物料粉碎的工艺流程；

③ 能利用平均粒径法、筛析法、比表面积法和颗粒组成法对物料的粒径进行表示。

3101-文本

3102-ppt

3.1.1　物料粉碎的基本概念

3.1.1.1　粉碎与粉碎比

（1）粉碎

粉碎，是指依靠外力（爆破力、机械力、人力、电力等）克服固体物料分子之间的内部凝聚力，使固体物料经破坏和分裂，由大块变为小块、由粗颗粒变为细粉的过程。

在无机非金属材料行业中，人们习惯于将固体物料由大块变为小块的过程称为"破碎"，将固体物料由粗颗粒变为细粉的过程称为"粉磨"，而将"破碎"与"粉磨"的过程统称为"粉碎"。

若按粉碎后产品的颗粒尺寸（d）的大小进行分类，则有如下分类方法：

固体物料经粉碎后，其内部晶体结构发生变化，其表面能增大，其比表面积（单位质量的表面积）也增加，可以提高其物理化学反应的速率，容易混合均匀并提高均化效果，可为固体物料的烘干、储存

和输送创造有利条件。

以水泥生产为例,其主要原料——石灰石,从矿山开采出来时的颗粒尺寸,小则 300~500 mm,大则 1000~2000 mm。固体物料在通过生产加工过程后,其颗粒尺寸要变为 $d<0.08$ mm,其间相差 10000 多倍。这必须经过粉碎机械粉碎后再经过粉磨机械粉磨,才能达到工艺要求。每生产 1 t 水泥,大约需要粉碎各种物料 3~4 t。粉碎工艺过程的电耗,约占全厂生产总电耗的 60%~70%。因此,选择先进的粉碎机械、优化全厂粉碎流程、改善传统粉碎作业、提高粉碎岗位操作水平等,对水泥生产线整体运营实现优质、高产、低消耗、安全清洁生产,具有重要意义。

(2) 粉碎比

粉碎比,是指固体物料粉碎前的颗粒尺寸(D)与粉碎后的颗粒尺寸(d)之比,以符号 i 表示。其数学表达式,如式(3.1.1)所示。

$$i = D/d \tag{3.1.1}$$

式中　i——粉碎比;

　　　D——粉碎前固体物料的颗粒尺寸,m;

　　　d——粉碎后固体物料的颗粒尺寸,m。

平均粉碎比,是指固体物料粉碎前的颗粒平均尺寸($\bar{D}$)与粉碎后的颗粒平均尺寸($\bar{d}$)之比,以符号 $\bar{i}$ 表示。其数学表达式,如式(3.1.2)所示。

$$\bar{i} = \bar{D}/\bar{d} \tag{3.1.2}$$

式中　$\bar{i}$——平均粉碎比;

　　　$\bar{D}$——粉碎前固体物料的颗粒平均尺寸,m;

　　　$\bar{d}$——粉碎后固体物料的颗粒平均尺寸,m。

(3) 公称粉碎比

公称粉碎比,是指在粉碎机还没有工作时为表示粉碎机的工作性能而以其进料口的宽度(D_{in})与出料口的宽度(d_{out})之比,以符号 i_n 表示。其数学表达式,如式(3.1.3)所示。

$$i_n = D_{in}/d_{out} \tag{3.1.3}$$

式中　i_n——粉碎机的公称粉碎比;

　　　D_{in}——粉碎机的进料口宽度,m;

　　　d_{out}——粉碎机的出料口宽度,m。

由于进入粉碎机的固体物料的颗粒尺寸(D)一般要小于粉碎机的进料口宽度(即 $D<D_{in}$),所以,一般有如下经验公式:

$$i = 0.85\, i_n \tag{3.1.4}$$

(4) 多级粉碎的总粉碎比

多级粉碎,是指当进厂物料的颗粒尺寸较大时经常需要将几台粉碎机串联使用以达到进入磨机物料的颗粒尺寸较小要求的粉碎过程。

几级粉碎系统(又称几级粉碎),是指在生产工艺流程中几台粉碎机串联使用的粉碎系统。

多级粉碎系统的总粉碎比(i_t),等于各级粉碎比(i_i)之乘积。其数学表达式,如式(3.1.5)所示。

$$i_t = i_1 \cdot i_2 \cdots \cdot i_n \tag{3.1.5}$$

式中　i_t——多级粉碎系统的总粉碎比;

　　　$i_1, i_2, \cdots, i_n$——各级粉碎的粉碎比。

3103-视频

3.1.1.2　粉碎方法

固体物料的粉碎,主要是借助于机械力的作用来达到粉碎的目的。

固体物料常用的粉碎方法,如图 3.1.1 所示。

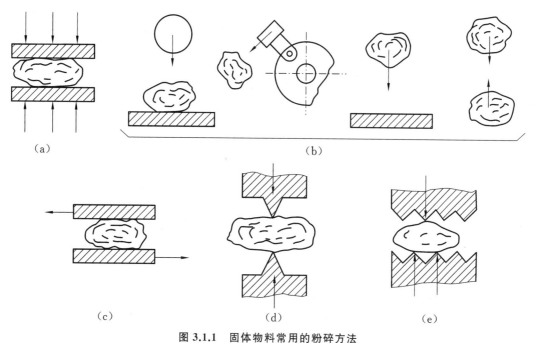

图 3.1.1　固体物料常用的粉碎方法
(a)压碎;(b)击碎;(c)磨碎;(d)劈碎;(e)折断

（1）压碎

压碎,是指将固体物料置于两个粉碎表面之间并施加压力而使其达到其抗压强度极限时被粉碎。如图 3.1.1(a)所示。

（2）击碎

击碎,是指使固体物料在瞬间受到外来的冲击力作用而被粉碎,如图 3.1.1(b)所示。这种方法可采用多种不同的方式来完成。例如,被置于钢板表面上的固体物料受到外来冲击的打击;高速回转的零件(例如,板锤)冲击固体物料块;高速运动的固体物料冲击到固定的钢板上;固体物料之间的互相冲击等。这种冲击粉碎方法的粉碎效率较高、粉碎比较大、能量消耗较少。

（3）磨碎

磨碎,是指固体物料被置于两个相对滑动的粉碎表面或各种形状的研磨体(又称介质)之间时其受到一定的压力和剪切力作用而当剪切力达到剪切强度极限时被粉碎,如图 3.1.1(c)所示。固体物料被磨碎时的效率较低、能量消耗较大。

（4）劈碎

劈碎,是指采用两个带尖齿的工作面挤压固体物料时其内部所产生拉应力达到拉伸强度极限时固体物料被粉碎,如图 3.1.1(d)所示。固体物料的抗拉强度极限,远远低于抗压强度极限。

（5）折断

折断,是指固体物料受弯曲作用而被粉碎,如图 3.1.1(e)所示。固体物料在粉碎工作面之间若同时受到集中载荷的两支点或多支点的作用,当物料内的弯曲应力达到其弯曲强度时即被折断。

目前采用的粉碎机,一般都是以上述两种或两种以上的方法联合起来进行粉碎。例如,挤压和折断,冲击和磨碎等。粉碎方法的选择,主要取决于固体物料的物理性质,被粉碎固体物料块的尺寸和所要求的粉碎比。对于固体硬物料,宜采用挤压、劈碎和折断方法进行粉碎;对黏性固体物料,宜采用挤压和磨碎的方法进行粉碎;对于脆性和软性固体物料,宜采用劈碎和冲击方法进行粉碎。

3104-视频

3.1.1.3 粉碎流程

物料粉碎作业的工艺流程,可分为如下两种:

① 开流式粉碎工艺流程(又称开路粉碎);

② 圈流式粉碎工艺流程(又称闭路粉碎)。

粉碎作业的工艺流程,如图3.1.2所示。

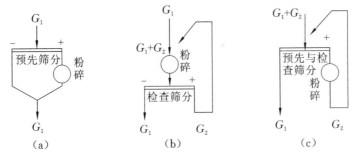

图 3.1.2　粉碎作业的工艺流程

在开流式粉碎工艺流程中,物料只通过粉碎机1次即达到要求的粒度,全部作为产品卸出。如图3.1.2(a)所示。

3105-视频

在圈流式粉碎工艺流程中,物料经粉碎机粉碎后,需要通过分级设备将其中符合要求的细粒物料进行分离以作为产品,而将其中粗粒部分重新送回粉碎机与后来加入的物料一起再进行粉碎。如图3.1.2(b)和图3.1.2(c)所示。

显然,开流式粉碎工艺流程比较简单,但要使只经过1次粉碎后的物料粒度完全达到要求,其中必然有一部分物料会发生"过度粉碎"。圈流式粉碎工艺流程则没有这个缺点,但是,物料经过的路线复杂,需要使用较多的附属设备,同时在操作控制上也比较麻烦和困难。

3106-视频

3.1.2　物料粒径的表示方法

粒径,是指当被测固体颗粒的某种物理特性(或物理行为)与某一直径的同质球体(或组合)最相近时而将该球体的直径(或组合)作为被测颗粒的等效粒径(或粒度分布)。

粒径一般可分为两种:单一粒径(即指表示单个固体颗粒大小的几何尺寸的一种尺度)、平均粒径(即指表示一个由大小和形状不相同的颗粒组成的粒子群的几何尺寸的一种尺度)。

在水泥生产过程中,无论是原料、燃料、生料、熟料和水泥等,都是由大小不同的块状、粒状和粉状颗粒所组成的。在表示固体物料的外形尺寸时,经常使用"粒度"或"细度"等名词。人们习惯对于块状和粒状物料使用"粒度",而对于粉状物料则使用"细度"。

对于固体物料几何尺寸的具体表示方法,常见的有4种:平均粒径法、筛析法、比表面积法和颗粒组成法。

3.1.2.1 平均粒径法

平均粒径,是表示分散固体颗粒群的几何尺寸的一种尺度。即:将一个由大小和形状不相同的粒子组成的实际粒子群与一个由均一的球形粒子组成的假想粒子群相比较,若两者的粒径全长相同,则称此球形粒子的直径为实际粒子群的平均粒径。

　　在水泥生产过程中,对于一块石头、一粒水泥熟料等,称其为单颗粒物料;对于一堆碎石、一袋水泥等,则称其为颗粒群物料。若利用各种仪器、量具进行多方位测量,再将测量结果进行数学处理,则就可以得到各种表达形式的平均粒径。例如,算术平均粒径、几何平均粒径、调和平均粒径等。水泥企业最常用的是算术平均粒径。

　　对于单颗粒物料,若能够利用量具在三维方向(长度、宽度和高度)进行测量,将测量结果按式(3.1.6)计算,则可得到其算术平均粒径(d_m)。

$$d_m = \frac{L+B+H}{3} \tag{3.1.6}$$

式中　d_m——单颗粒物料的算术平均粒径,m(或 mm 或 μm);

　　　　L——单颗粒物料的长度,m(或 mm 或 μm);

　　　　B——单颗粒物料的宽度,m(或 mm 或 μm);

　　　　H——单颗粒物料的高度,m(或 mm 或 μm)。

　　对于微小的单颗粒物料(例如,水泥熟料中的矿物组成:A 矿颗粒、B 矿颗粒等),只能在显微镜下测量而只是得到固体颗粒二维方向的尺寸(长度、宽度)的测量结果,将测量结果按式(3.1.7)计算,则可得到其算术平均粒径(d_m)。

$$d_m = \frac{L+B}{2} \tag{3.1.7}$$

式中　d_m——单颗粒物料的算术平均粒径,m(或 mm 或 μm);

　　　　L——单颗粒物料的长度,m(或 mm 或 μm);

　　　　B——单颗粒物料的宽度,m(或 mm 或 μm)。

　　对于一些粒度适中的单颗粒物料,也可以采用筛析法进行测量。在筛析法中,上下两个方孔筛的筛孔尺寸的大小应尽量接近,同时物料能通过上面的筛孔却无法通过下面的筛孔,将测量结果按式(3.1.8)计算,则可得到其算术平均粒径(d_m)。

$$d_m = \frac{b_1+b_2}{2} \tag{3.1.8}$$

式中　d_m——单颗粒物料的算术平均粒径,m(或 mm 或 μm);

　　　　b_1——上方孔筛的筛孔尺寸,m(或 mm 或 μm);

　　　　b_2——下方孔筛的筛孔尺寸,m(或 mm 或 μm)。

　　在测量一堆物料或颗粒群(例如,碎石、煤块、矿渣和粉体等)的算术平均粒径(d_m)时,常采用一套筛子进行筛析。首先对物料进行缩分取样,应注意试样的代表性,试样必须能够全部通过套筛中最大孔径的方孔筛;套筛按"上大下小"依次排列,套筛中相邻方孔筛的筛孔尺寸之差应小于筛孔尺寸的1.4倍;最下面的方孔筛(筛底)的筛孔尺寸为0。试样在套筛中一起过筛,在筛析完毕后,对每一个方孔筛筛面上的物料进行称量并做数据记录。

　　对测量结果做如下处理:

　　① 筛孔尺寸:$b_1, b_2, b_3, \cdots, b_m, 0$;

　　② 筛面上物料的算术平均粒径:$d_1, d_2, \cdots, d_m$,其中:

$$d_1 = \frac{b_1+b_2}{2}, \quad d_2 = \frac{b_2+b_3}{2}, \quad \cdots, \quad d_m = \frac{b_m}{2}$$

　　③ 筛面上物料的质量:$m_1, m_2, \cdots, m_n$;

　　④ 颗粒的算术平均粒径:

$$d_m = \frac{m_1 d_1 + m d_2 + \cdots + m_n d_n}{m_1 + m_2 + \cdots + m_n}$$

【例 3.1.1】 某水泥厂购进铁矿石作铁质原料,要求进厂矿石的算术平均粒径小于 20 mm,经取样筛析,测量结果如表 3.1.1 所示。试问该原料的粒度是否合格?

表 3.1.1 某水泥厂购进铁矿石的粒度筛析测量结果

筛孔尺寸 b/mm	30	25	20	15	12	8	5	3	0
筛面上物料的质量 m/g	0	10	12	8	8	5	4	2	1

【解】① 计算各方孔筛筛面上的算术平均粒径(d/mm):

d_1	d_2	d_3	d_4	d_5	d_6	d_7	d_8
27.5	22.5	17.5	13.5	10.0	6.5	4.0	1.5

② 筛面上物料的质量(m/g):

10	12	8	8	5	4	2	1

③ 铁矿石的算术平均粒径(d_m/mm):

$$d_m = \frac{m_1 d_1 + m_2 d_2 + \cdots + m_n d_n}{m_1 + m_2 + \cdots + m_n}$$

$$= \frac{27.5 \times 10 + 22.5 \times 12 + 17.5 \times 8 + 13.5 \times 8 + 10 \times 5 + 6.5 \times 4 + 4 \times 2 + 1.5 \times 1}{10 + 12 + 8 + 8 + 5 + 4 + 2 + 1}$$

$$= 17.57 \text{ mm} < 20 \text{ mm}$$

④ 结论:该原料的粒度合格。

3.1.2.2 筛析法

在水泥生产中,粉状和粒状物料较多,采用筛网控制物料的粒度大小(或细度)指标十分方便。

筛析法,是指采用某一尺寸孔径的筛网进行分析物料颗粒大小的方法。

(1) 筛余与筛下

筛余(又称筛上),是指物料经过筛析后留在筛面上的物料。筛下,是指物料经过筛析后通过筛孔的物料。

在生产实践中,一般采用取 50 g 具有代表性试样的方法进行检验和控制。对于筛网,既可以用水筛,也可以用干筛。

(2) 当量直径与筛余值

当采用筛析法的测试结果表达物料颗粒大小时,有如下两种方式:当量直径和筛余值(质量分数,%)。

① 当量直径

当量直径,是指当某一堆物料(颗粒群)中有 80% 的物料能够通过某一孔径的筛网时以该筛网的筛孔尺寸来代表这堆物料的算术平均粒径,以符号 d_{80} 表示。例如,入磨物料粒度 $d_{80} = 20$ mm。

在水泥生产过程中,对于粉状物料常采用筛余含量(质量分数,%)作为控制指标,以此代表这些粉状物料颗粒的大小。

② 筛余值

筛余值,是指某一粉状物料的试样在经过一定的孔径(x)的筛网进行筛析后其筛余的质量在物料筛析总质量中的含量(质量分数,%),采用符号 R_x 表示(下标 x 为筛孔尺寸)。

例如,水泥生料的细度等于 10%,其含义是采用 0.08 mm 方孔筛对水泥生料筛析后的筛余含量为 $R_{0.08} = 10\%$。若筛余含量的数值越大,则物料越粗;若筛余含量的数值越小,则物料越细。

（3）筛孔尺寸的表示方法

回顾历史和对外交流,水泥行业遇到的筛网孔径大小的表示方法有 4 种:筛号、筛孔数、网目和筛孔尺寸。

① 筛号

筛号,是指筛网每 1 cm 长度上的筛孔数。当有多少个孔时,就称之为多少号筛。

② 筛孔数

筛孔数,是指筛网每 1 cm² 面积上的筛孔数。当有多少个孔时,就称之为多少孔筛。

③ 网目

网目,是指筛网每 1 in(1 in＝2.54 cm)长度上的筛孔数。当有多少个孔,就称之为多少目筛。

④ 筛孔尺寸

筛孔尺寸,是指筛网的孔径尺寸的大小。正方形孔,以边长表示;圆形孔,以直径表示。

由于各国所规定的筛网编制材料的粗细不同,所以筛孔的真实尺寸并不完全一样,因此,在使用和换算时应仔细查阅有关资料。我国水泥国家标准在 20 世纪已经将水泥行业使用的筛网孔径大小统一采用筛孔尺寸(mm)表示。

常用筛网相近孔径不同的表示方法,如表 3.1.2 所示。

表 3.1.2　常用筛网相近孔径不同的表示方法

筛号	筛孔数	网目	筛孔尺寸
70 号	4900 孔	170 目	0.08 mm
100 号	10000 孔	250 目	0.06 mm

3.1.2.3　比表面积法

比表面积,是指单位质量物料的表面积,用符号 A_s 表示,单位是 m²/kg。

比表面积法,是指根据一定量的空气通过具有一定空隙率和固定厚度的水泥层时所受阻力不同而引起流速的变化来测量水泥的比表面积的方法。

比表面积法主要用于成品水泥的细度检验。国家标准《水泥比表面积测定方法(勃氏法)》(GB/T 8074—2008)规定,采用透气仪(勃氏法)测定比表面积。例如,国家标准所规定的水泥细度,要求硅酸盐水泥的比表面积 A_s＞300 m²/kg。若比表面积的数值越大,则表示颗粒群(物料)越细;若比表面积的数值越小,则颗粒群(物料)越粗。

对于筛析法,由于设备简单、操作容易,所以被水泥行业广泛使用。但是,由于该方法只能表示粒径 d＞0.08 mm 颗粒的含量,而对于粒径 d＜0.08 mm 的颗粒的组成情况未能反映出来,这些细颗粒恰恰是影响水泥质量的主要组分。对于同一质量的水泥,若颗粒越细,颗粒数量越多,则比表面积也越大。所以,比表面积法可以在一定程度上反映细颗粒含量的多少,与筛析法相比能更好地控制生产过程和出厂水泥的质量。

3.1.2.4　颗粒组成法

颗粒组成法,又称颗粒级配法或颗粒分布法,是指对于颗粒群(物料)采用连续和分区间的尺寸范围来表示各种大小不同的颗粒的含量(质量分数,%)的方法。

颗粒组成,常采用沉降天平或激光颗粒分析仪进行测量。在水泥生产中,目前还没有相关国家标准规范这项测试设备和技术,只是科研部门、高等院校或有条件的水泥企业,根据自己的需要进行取样测试、对比分析等应用研究,相互之间还不具备结果对比或单位换算的条件。经粉碎后的物料,是一群由大小不同的颗粒所组成的混合物。随着科学研究和生产控制技术的发展,人们发现不同尺寸范围的颗粒的含量,对其物理化学性质有着至关重要的影响(例如,水泥的水化活性、早期强度、后期强度等)。

经粉碎后的物料,其颗粒大小的分布一般具有一定的规律性。在水泥行业中常用列表法、数学方程式和坐标图线等3种形式对其进行表达。

某水泥企业的32.5级普通硅酸盐水泥产品的颗粒组成,如表3.1.3所示。

表3.1.3 某水泥企业的32.5级普通硅酸盐水泥的颗粒组成

粒径范围 d /μm	0~5	5~10	10~20	20~30	30~50	50~80	>80
颗粒含量 w(%)	9.98	11.56	21.51	11.46	19.98	21.50	4.01

粒体的颗粒组成的数学模型,常用罗辛-拉姆勒-本尼特(Rosin-Rammler-Bennet)公式(简称:RRB方程)进行表示,如式(3.1.9)所示。

$$R_x = 100 \exp\left[-\left(\frac{x}{\overline{X}}\right)^n\right] \qquad (3.1.9)$$

式中　R_x——粉碎产品中的某一孔径 x(μm)的筛余值,%;

　　　$\overline{X}$——特征粒径,筛余值 R_x=36.8%时颗粒的粒径,对一种粉体 $\overline{X}$ 为常量,μm;

　　　n——均匀性系数,对一种粉体 n 为常量。

对RRB方程进行两次对数处理,可得到其重对数表达式,如式(3.1.10)所示。

$$\lg\left(\lg\frac{100}{R}\right) = n\lg x - n\lg\overline{X} + \lg(\lg e) \qquad (3.1.10)$$

式(3.1.10)是变量为 R 和 x 的一次线性方程,其图像在 $\lg\left(\lg\frac{100}{R}\right) \sim n\lg x$ 坐标系中为一条直线,被称之为RRB图。

在RRB图中,n 是直线的斜率。若 n 值越大,直线越陡,物料的颗粒组成越窄,则粒度越均匀;若 n 值越小,颗粒的组成越宽,则粒度越不均匀。若 $\overline{X}$ 值越大,则粉体的颗粒越粗;若 $\overline{X}$ 值越小,则粉体的颗粒越细。

3.1.3　粉碎产品的粒度特征

3107-视频

在水泥生产过程中,对于粉碎产品的颗粒组成,也可以采用筛析法进行测试和处理。可简单地将颗粒群分成几个不同的级别,然后绘制其坐标图像,即粉碎产品的粒度特征曲线(简称筛析曲线)。可以利用筛析曲线,对粉碎过程进行产品分析和生产控制。

3.1.3.1　物料的累计筛余值

在采用套筛筛析物料时,由于大孔筛的筛余值是小孔筛的筛余值的一部分,因此,在计算小孔筛的筛余值时,应将其累计计算才是小孔筛的真实筛余值(又称:累计筛余值)。在水泥行业中也常常将其简称为"筛余"。

例如:将50 g物料用套筛筛析的结果如下:

筛孔尺寸(mm):	30	20	10	0
筛余质量(g):	0	9	16	25
累计筛余质量(g):	0	9	25	50
累计筛余值(%):	0	18	45	100

3.1.3.2　物料粒度组成的特征曲线

粉碎产品是由各种粒级的颗粒所组成的,为了研究其粒度分布情况,通常采用筛析法将它们按一定的粒度范围分成若干粒级。筛析所得数据被整理在"筛析记录表"中,用以说明物料的颗粒组成特征。为了更直观地比较物料的粒度组成情况,可根据筛析所得数据绘制出物料的筛析组成曲线(或称筛析曲线)。

筛析组成曲线的绘制方法:在直角坐标系中绘制曲线,以左纵坐标轴表示粗粒级颗粒的累计筛余值(%),以右纵坐标轴表示细粒级颗粒的累计筛余值(%),以横坐标轴表示均匀物料尺寸(或筛孔尺寸)。

物料粒度组成的特征曲线,如图3.1.3所示。

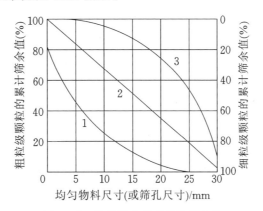

图 3.1.3　物料粒度组成的特征曲线

根据筛析组成曲线,可以清楚地判断物料的粒度分布情况。在图3.1.3中,直线2表明粉碎产品中的大小颗粒是均匀分布的;凹形曲线1表明粉碎产品中生成了较多的细小颗粒;凸形曲线3表明粉碎产品中粗粒级物料占多数。

绘制筛析组成曲线,不仅可以求得"筛析记录表"中没有给出的任意中间粒级颗粒的累计筛余值(%),而且还可以检查和判断粉碎机械的工作情况。为了比较在同一粉碎机械中粉碎各种物料的特性,或比较在不同粉碎机械中粉碎同一物料的粒度特性,可将多条筛析曲线绘制在同一坐标系中,以便于研究。

在绘制筛析组成曲线时,若以筛孔尺寸与排料口尺寸之比作为横坐标,则可以很容易地从曲线上看出粉碎产品中大于排料口尺寸的过大颗粒的含量。

采用直角坐标系绘制筛析组成曲线的缺点:表示细粒级颗粒的累计筛余值(%)的一段曲线不易绘出,因为粒径为1 mm以下的颗粒的间隔非常小。为了绘制得更精确,必须采用较大的比例或采用对数坐标系进行绘制。

3.1.3.3　筛析组成曲线的应用

(1)计算某一粒径范围内颗粒群的含量

在筛析组成曲线绘制完成后,可从横坐标上任取一点的均匀物料尺寸(或筛孔尺寸),其累计筛余值的求解方法就是从这一点出发,向上垂直引线与曲线相交,从交点再水平引线与纵坐标相交,交点数值就是该筛孔尺寸的累计筛余值。采用该方法求出两个筛孔尺寸的累计筛余值后再进行相减,其差值就是这个区间尺寸范围内颗粒群的含量(%)。

(2)判断粉碎设备的工作性能

当一台粉碎机粉碎几种物料时,它们的筛析曲线可能出现3种形状(参见图3.1.3),即凹形、凸形或直线形。凹形曲线,表示粉碎产品中细颗粒含量较多,粗颗粒含量较少;凸形曲线,表示粉碎产品中粗颗粒含量较多,细颗粒含量较少;直线形曲线,表示粉碎产品中粗、细颗粒的含量相差无几。

当几台粉碎机粉碎一种物料时,粉碎产品的粒度特征曲线也会出现凹形、凸形或直线形3种情况。出现凹形曲线的粉碎机,表示其粉碎产品中细颗粒含量较多,粗颗粒含量较少;出现凸形曲线的粉碎机,表示其粉碎产品中粗颗粒含量较多,细颗粒含量较少;出现直线形曲线的粉碎机,表示其粉碎产品中粗、细颗粒的含量相接近。

3.1.4　物料的粉碎性能

3108-视频

水泥原料性质与粉碎过程有关的物料性质,包括晶体结构、强度、硬度、脆性、含水率、易碎性和易磨性等。

（1）晶体结构

在水泥生产过程中所使用的物料,大部分是各种矿物晶体(或质点)的结合体。按理想晶体结构进行分类,有离子结构、分子结构和原子结构。其中,以离子结构的矿物最多,属中硬性物料。构成晶体的基本质点——离子、原子或分子,在空间为有几何规则的周期性排列。每个周期就构成了一个晶胞,这是构成了晶体的基本单元。构成晶体的质点相互之间具有吸引力和排斥力。这两种力的综合效果就是质点间的相互作用力,并在晶体内部形成平衡,产生了晶体的结合能。当晶体受到外力作用时,如果是压缩,则斥力的增大超过引力的增大,剩余的斥力支撑外力的压迫;如果是拉伸,则引力的减少少于斥力的减少,多余的引力抵御着外力的拆散作用。质点间的平衡力是有限的,当外力再增加时,晶体结构将发生破坏(或断裂),产生永久性形变。这与物理学中材料在外力作用下从弹性形变到塑性形变是一致的。形变导致晶体内部能量的增加,这种增加主要是晶体在外力作用下,使其破坏(或断裂),部分内能转化为新断裂面的表面能。

（2）强度、硬度与脆性

① 强度

强度,是指物料抗破坏的能力,一般用破坏应力表示。按物料被破坏时外力的作用方式,强度可分为抗压强度、抗折强度、抗弯强度、抗剪强度和抗拉强度等。在水泥生产过程中,所使用物料的抗拉强度都很小,抗压强度一般为 $R_c = 1/30 \sim 1/20$。行业内习惯用抗压强度将物料分类为硬质物料($R_c \geqslant 160$ MPa)、中硬物料($R_c = 80 \sim 160$ MPa)和软质物料($R_c \leqslant 80$ MPa)。

② 硬度

硬度,是指物料抵抗形变的能力。无机非金属材料的硬度,一般用莫氏硬度表示,可分为10个等级,采用刻痕法测量。金刚石的莫氏硬度为10,最硬;滑石的莫氏硬度为1,最软。

无机非金属材料的莫氏硬度,如表3.1.4所示。

表 3.1.4　无机非金属材料的莫氏硬度

物料	滑石	石膏	方解石	萤石	磷灰石	长石、玻璃	石英	黄晶	刚玉	金刚石
等级	1	2	3	4	5	6	7	8	9	10

硬度采用单位数值表示法,一般用于金属材料。例如,布氏硬度(HB)、洛氏硬度(HRC)、维氏硬度(HV)、肖氏硬度(HS)等。对于强度高、硬度大的物料,都难以粉碎。

③ 脆性

脆性,是指物料发生断裂的性能。与其相对应的物理性质,被称为韧性。韧性,是指物料抗断裂的能力。脆性高的物料,其韧性小,容易发生断裂和粉碎;脆性低的物料,其韧性大,不易发生断裂,难以粉碎。

（3）含水率

物料中的水分有 3 种存在形式：化学结合水、物理化学结合水和机械结合水。

① 化学结合水

化学结合水，主要包括结晶水，其结合强度大，故难以去除。脱去结晶水的过程，不属于干燥过程。

② 物理化学结合水

物理化学结合水，包括吸附水、渗透水和结构水。吸附水，既可被物料的外表面吸附，也可吸附于物料的内部表面。当吸附水与物料结合时，有热量放出；当吸附水脱去时，则需吸收热量。渗透水与物料的结合，是由于物料组织壁的内外溶解物的浓度有差异而产生的渗透压所导致的，其结合强度相对弱小。结构水存在于物料组织内部，在胶体形成时将水结合在内。此类水分的离解，可由蒸发、外压或组织的破坏所导致。

③ 机械结合水

机械结合水，包括毛细管水等。毛细管水，存在于纤维或微小颗粒成团的湿物料中，与物料的结合强度较弱。

通常所称的"含水率"，是指后两项内容，又称其为"物料水分含量"（质量分数，%）。

在物料被粉碎的过程中，物理化学结合水和机械结合水，对水泥生产的产量和质量有着直接的影响（例如，在干法破碎、储存、粉磨、输送过程中产生堵塞）。只有增设烘干过程而除去这些水分，才能进行正常的粉碎作业。在"水泥生产规程"中经常有这方面的规定（例如，进入破碎机的物料，其水分含量不得超过 3%；干法球磨机的入磨物料的平均水分含量不得大于 1.5% 等）。

（4）易碎性与易磨性

① 易碎性

易碎性，是指物料被粉碎的难易程度。

易碎性与物料本身的强度、硬度、密度、晶体结构、裂纹、含水量和脆性等有关。物料的易碎性常用相对易碎性系数表示。相对易碎性系数，是以标准物料单位产量的电耗为基准做相对比较而得出的，其数学表达式如式（3.1.11）所示。

$$k_m = E_b / E_c \tag{3.1.11}$$

式中　k_m——物料的相对易碎性系数；

E_b——标准物料单位产量的电耗，$kW \cdot h/t$；

E_c——被测物料与标准物料在粉碎条件相同时单位产量的电耗，$kW \cdot h/t$。

相对易碎性系数的测定方法，因为目前国家还没有做出明确规定，所以各企业可以自行选定标准物料来测定物料的相对易碎性系数，科学地进行粉碎工艺过程的生产控制。但值得注意的是，被测物料与标准物料的粉碎条件一定要相同，主要是指要使用同一台粉碎机进行试验，进入粉碎机的物料的粒度一定要尽量接近。这样，所测得的单位产量的电耗才可以代入式（3.1.11）进行计算。

标准物料的相对易碎性系数为 1，若被测物料的相对易碎性系数 $k_m > 1$，则表明其易碎性较好，比标准物料容易破碎；若被测物料的相对易碎性系数 $k_m < 1$，则表明其易碎性较差，比标准物料难于破碎。

② 易磨性

易磨性，是指物料被粉磨的难易程度。影响易磨性的因素，与易碎性相同，但二者没有明显的规律关系。一般情况下，易碎性较好的物料的易磨性也较好。但是，在水泥生产中经常出现一些易碎性较好的物料,其易磨性却并不好。

物料的易磨性,采用易磨性系数表示。其测量方法,按照国家标准《水泥原料易磨性试验方法(邦德法)》(GB/T 26567—2011)的规定进行。

对于易磨性系数,通常采用粉磨功指数来表示。

粉磨功指数,是指被测物料从理论入磨粒度粉磨至成品尺寸(颗粒含量80%通过试验筛时的筛孔尺寸)时所需要消耗的能量,用符号 W_i 表示,单位为 kW·h/t。

粉磨功指数是评价物料易磨性大小的方法。若其数值越大,则表明物料越难粉磨;若其数值越小,则表明物料越易粉磨。这恰好与相对易碎性系数相反,在应用时要加以注意。

粉磨功指数的试验和测量过程如下:

取代表性试样约 10 kg,用颚式破碎机将其全部粉碎为 $d<3.15$ mm,然后将其在温度为 105 ℃下烘干,将烘干后的试样缩分出 50 g,采用筛析法作出试样的颗粒粒径分布曲线,以确定具有粒度分布的成品试样粒径 $d<80$ μm(试验用成品筛的筛孔尺寸 $P=80$ μm)颗粒的含量80%(质量分数,%)通过时的筛孔尺寸 P_{80}、入磨试样颗粒含量80%(质量分数,%)通过时的筛孔尺寸 F_{80}。

将制好的试样在松散状态下取 700 mL 称量,然后将其置于规格为 $\phi305$ mm×305 mm 的球磨机中,进行试验和测量。

在第 1 次试验时,磨机的转动数量取 100～300 转(好磨的试样取低值,难磨的试样取高值)。完成预定转数后,将磨机内的物料全部卸出,用 0.08 mm 方孔筛进行筛析,筛余(筛上料)返回磨机,筛下料为成品而不再返回磨机。取与筛下料相等数量的新鲜试样补充到磨机中,保持磨内物料的总量不变。

按第 1 次试验的结果,求得磨机每转一圈时平均产生的成品量(G),以及要求达到平衡时(循环负荷率250%)所需的成品量(磨机内物料的总量÷3.5),计算出第 2 次试验时磨机转动的转数(磨内物料的总量÷3.5G)。

继续试验,重复上述步骤,直到每次试验结果所求得的 G 值非常接近。

采用最后 2～3 次试验的 G 值求其算术平均值,代入式(3.1.12)计算粉磨功指数(W_i)。

$$W_i = \frac{44.5 \times 1.10}{P^{0.23} G^{0.82}(10/\sqrt{P_{80}} - 10/\sqrt{F_{80}})} \tag{3.1.12}$$

式中　W_i——粉磨功指数(即被测物料的易磨性系数),kW·h/t;

　　　P——试验用成品筛的筛孔尺寸,$P=80$ μm;

　　　G——试验磨机每转一圈所产生的成品量,g/r;

　　　P_{80}——成品试样颗粒含量80%通过时的筛孔尺寸,μm;

　　　F_{80}——入磨试样颗粒含量80%通过时的筛孔尺寸,μm。

对于粉磨功指数的试验和测量结果的表示方法,在书写时应注明成品筛的筛孔尺寸。例如:$W_i = 12.5$ kW·h/t($P=80$ μm)。

3.1.5　粉碎机械的分类

(1) 按所处理物料尺寸的不同分类

粉碎机械,按所处理物料尺寸的不同可以分为两大类:破碎机械和粉磨机械。破碎机械又可分为 3 类:粗碎机、中碎机和细碎机;粉磨机械也可分为 3 类:粗磨机、细磨机和超细磨机。

粉碎机械按所处理物料尺寸不同的分类,如表 3.1.5 所示。

表 3.1.5 粉碎机械按所处理物料尺寸不同的分类

类别		进料尺寸 /mm	出料尺寸 /mm	粉碎比 i	水泥行业常用的粉碎机械
破碎机械	粗碎机	300～900	100～350	<6	颚式破碎机、颚旋式破碎机、辊式破碎机
	中碎机	100～350	20～100	3～20	反击式破碎机、锤式破碎机、圆锥式破碎机
	细碎机	50～100	3～15	6～30	
粉磨机械	粗磨机	2～60	0.1～0.3	>600	球磨机、管磨机、轮碾机
	细磨机	2～30	<0.1	>800	球磨机、管磨机、环辊磨机
	超细磨机	<1～2	0.02～0.004	1000	振动磨机

以上分类方法并不十分严密,目前有许多粉碎机械介于各粉碎阶段之间。例如,大型锤式破碎机和双转子反击式破碎机,在同一个机械中可同时完成粗碎、中碎和细碎作业。

（2）按结构和工作原理分类

按结构和工作原理,粉碎机械一般可分为 6 种类型。

粉碎机械的类型,如图 3.1.4 所示。

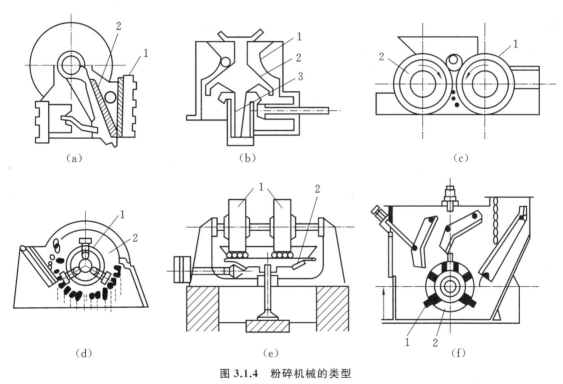

图 3.1.4 粉碎机械的类型
(a)颚式破碎机;(b)圆锥式破碎机;(c)辊式破碎机;(d)锤式破碎机;(e)轮碾机;(f)反击式破碎机

① 颚式破碎机:如图 3.1.4(a)所示,活动颚板(2)对固定颚板(1)做周期性的往复运动,物料在两颚板之间被挤压而破碎。

② 圆锥式破碎机:如图 3.1.4(b)所示,外锥体(1)是固定的,内锥体(2)被安装在偏心轴套里的立轴(3)带动作偏心回转,物料在两锥体之间受到压力和弯曲力的作用而破碎。

③ 辊式破碎机:如图 3.1.4(c)所示,物料在两个做相对旋转的辊筒之间被压碎。若两个辊筒的转速不同时,还会起到部分磨碎作用。

④ 锤式破碎机:如图 3.1.4(d)所示,物料受到快速回转部件的冲击作用而被破碎。

⑤ 轮碾机:如图 3.1.4(e)所示,物料在旋转的碾盘(2)上被圆柱形碾轮(1)压碎和磨碎。

⑥ 反击式破碎机:如图 3.1.4(f)所示,物料被高速旋转的板锤(1)打击,物料被弹向反击板撞击以及物料与物料之间相互撞击而破碎。

[知识测试题]

一、填空题

1. 破碎机械可分_____、_____、_____三类。水泥行业常用的粉碎机械有_____、_____、_____。

2. 粉碎方法有:_____、_____、_____、_____、_____。任何一种机械设备,都是由_____种或_____以上的方法协调动作来完成对物料的破碎。

3. 粉碎比表示_____和_____的比值。

4. _____和_____是粉碎机械的重要指标。

5. 粉碎物料粒径的表示方法有_____、_____、_____、_____。

6. 筛析组成曲线,是指在水泥生产过程中对粉碎产品的颗粒组成用筛析法进行测试处理,简单地将颗粒群分成几个不同的级别,然后绘出它们的坐标图形,这种图形称为粉碎产品的_____。

7. 在水泥生产过程中,对于粉状物料常用_____作为控制指标。

8. 破碎机力度大可能是出料算子_____、锤头或算条_____严重,均需要更换。

9. 根据固体物料被粉碎后的尺寸不同,可将粉碎分为_____和_____。物料粉碎前尺寸与粉碎后尺寸之比称为_____。

10. 大型水泥厂的石灰石的开采粒度一般大于 800 mm,而允许进入球磨机的粒度不超过 25 mm,所以应经_____再进入磨机。

二、选择题

1. 脆性料最适合的粉碎方式是(　　)。
   A. 击碎　　　　　　　B. 磨碎　　　　　　　C. 压碎　　　　　　　D. 劈碎

2. 对于粉碎系统来说,总粉碎比和各级设备粉碎比的关系是(　　)。
   A. $i = i_1 + i_2 + \cdots i_n$　　　B. $i = i_1 \cdot i_2 \cdots \cdot i_n$　　　C. $i = i_1 / i_n$

3. 物料被劈碎时,所受的机械力为(　　)。
   A. 冲击力　　　　　　B. 摩擦力　　　　　　C. 压力　　　　　　　D. 剪切力

4. 在矿石加工中,通常采用(　　)硬度系数来评价矿石的硬度。
   A. 布氏　　　　　　　B. 莫氏　　　　　　　C. 洛氏

5. 矿石的(　　)是决定矿石粉碎难易的主要因素。
   A. 密度　　　　　　　B. 块度　　　　　　　C. 硬度

三、判断题

1. 粉碎比表示物料在粉碎之前和粉碎之后粒径的变化情况。　　　　　　　　　　(　　)

2. 料块经过粉碎后,利于输送和物理化学反应的进行。　　　　　　　　　　　　(　　)

3. 物料平均粒径的计算方法一般选用加权平均法。　　　　　　　　　　　　　　(　　)

4. 设备选型时,应以设备平均粉碎比为准。　　　　　　　　　　　　　　　　　　(　　)

5. 筛余值越大,颗粒越粗。　　　　　　　　　　　　　　　　　　　　　　　　　　(　　)

四、简答题

1. 结合生料制备工艺,说明粉碎的重要性。

2. 常用的粉碎机械有哪些?
3. 描述物料的易碎性的含义。
4. 描述粒度特性曲线的绘制过程。
5. 目前水泥生产中提倡"多破少磨",请解释原因。
6. 水泥原料性质与粉碎过程有关的物料性质包括哪些?
7. 粉碎物料粒径的表示方法有哪些?
8. 水泥生产过程中物料粉碎的目的是什么?
9. 简要说明粉碎的分类。

3109-文本

［能力训练题］

1. 对实训室石灰石、砂岩样品进行筛分试验,并进行粒度分析。
2. 设计方案以判断石灰石、砂岩样品两种物料的粉碎比及易碎性。
3. 对实训室粉碎机的出料口宽度进行调节以使石灰石的粒度达到粉碎要求。

3.2　物料粉碎工艺及设备的选择

（1）任务描述

本任务的学习内容包括 2 个方面:

① 石灰石粉碎工艺及设备的选择;

② 石灰石粉碎系统的设备选型。

学习重点:石灰石的粉碎工艺。

学习难点:物料粉碎系统的设备选型。

3201-文本

（2）知识目标

掌握石灰石等原料的粉碎工艺流程和粉碎设备的选择方法。

（3）能力目标

① 绘制物料粉碎系统的工艺流程图,编制设备表;

② 能读懂物料粉碎系统的操作规程。

3202-ppt

在水泥生产过程中石灰石的粉碎占有较大比例,本任务将重点学习粒径较大、硬度较高且用量最多的石灰石的粉碎工艺及设备的选择。

3.2.1　石灰石粉碎工艺及设备的选择

（1）石灰石的粉碎工艺流程

石灰石的粉碎,是水泥企业的水泥生产线上的第 1 道生产工序。粉碎系统的运行是否正常,直接影响整个生产线的生产。应根据石灰石的物理性质、不同的进料粒度、原料磨机所要求的入磨粒度和生产能力以及所选用的粉碎设备来确定粉碎系统的工艺流程。

粉碎系统的工艺流程,一般分为单段粉碎和多段粉碎。目前,国内大部分水泥企业采用单段粉碎的工艺流程,其运行效果良好。因此,石灰石的粉碎系统,在原料符合单段粉碎的条件

3203-视频

下应首先选用单段粉碎工艺流程。单段粉碎工艺的进料粒度大、系统投资少、工艺流程简单。

石灰石粉碎系统的单段粉碎工艺流程,如图 3.2.1 和图 3.2.2 所示。

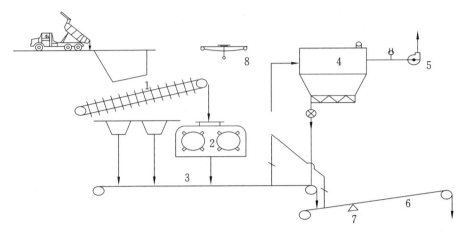

图 3.2.1　石灰石粉碎系统的单段粉碎工艺流程(1)

1—板式给料机;2—锤式破碎机;3—出料胶带机;4—立式收尘器;5—排风机;6—胶带输送机;7—通过式皮带秤;8—检修吊车

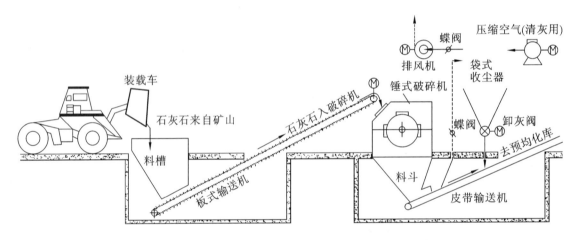

图 3.2.2　石灰石粉碎系统的单段粉碎工艺流程(2)

石灰石粉碎工段的中央控制操作界面,如图 3.2.3 所示。

(2)石灰石粉碎站的主要设备

现以某水泥企业水泥熟料生产规模为 5000 t/d 的生产线为例。

石灰石粉碎站的主要设备及性能,如表 3.2.1 所示。

表 3.2.1　石灰石粉碎站的主要设备及性能

设备名称	主要性能
板式输送机	规格:B2400 mm×10000 mm 安装的角度:20° 入料的最大粒度:≤1800 mm 给料的能力:≤1000 t/h 给料的速率:0.01～0.076 m/s

续表 3.2.1

设备名称	主要性能
单段锤式破碎机	规格:PCF2022 入料的最大粒度:1000 mm×1000 mm×1500 mm 出料的粒度:≤75 mm(90%) 电机的转速:985 r/min
胶带输送机	规格:DTII 槽型:B1400 mm×16500 mm 倾角:0° 输送量:800 t/h 带速:1.6 m/s
气箱脉冲袋式收尘器	规格:PPFS6-2×6 处理风量:22320 m³/h 总过滤面积:372 m² 净过滤面积:310 m² 滤袋总数:384 个 设备阻力:1200～1600 Pa 进口气体的允许含尘浓度:<1000 g/m³ 出口气体的含尘浓度:<0.1 g/m³ 清灰压缩空气的气耗量:1.8 m³/min 清灰气源的压强:(5～7)×10⁵ Pa 设备承受的负压强:-5000 Pa

3.2.2　石灰石粉碎系统的设备选型

石灰石粉碎站有 3 种形式:固定式、移动式和半移动式。大型水泥企业生产中使用的粉碎机械,大多为固定安装的单段锤式破碎机,并与给料斗、喂料设备、产品输送设备和收尘设备构成完整的粉碎系统。

不同规模的新型干法水泥生产线石灰石粉碎的主机及配套设备,如表 3.2.2 所示。

表 3.2.2　不同规模的新型干法水泥生产线石灰石粉碎的主机及配套设备

生产规模 项目名称	单位	2500 t/d		4000 t/d		5000 t/d	
时产水泥熟料	t/h	104.2		166.7		208.3	
年产水泥熟料	t/a	775625		1241000		1551250	
主要设备配套	方案	(1)	(2)	(1)	(2)	(1)	(2)
(1)石灰石粉碎机		单段锤式 破碎机	单段锤式 破碎机	单段锤式 破碎机	单段锤式 破碎机	双锤式 破碎机	单段锤式 破碎机

续表 3.2.2

生产规模 项目名称	单位	2500 t/d		4000 t/d		5000 t/d	
型号规格		PCF2022	MB52/75	TKLPC2022F	MB70/90	TKPC800.2LY	MB84/135
生产能力	t/h	400~500	400~500	700	700~800	800~900	800~1000
进料的粒度	mm	<1500	<1500	<1500	<1800	<1500	<1900
出料的粒度	mm	<25	<25	<25	<25	<25	<25
电机功率	kW	630~800	750	800	1200	2×630	1500
(2)板式给料机							
型号规格	mm	B1800×12000	PB1750×9700	B2200×12000	PB2500×11500	B2500×12000	PB2500×11500
生产能力	t/h	25~760	675	38~945	1500	250~1080	1500
给料的粒度	mm	<800	<800	<1000	<1200	<1150	<1200
倾角	(°)	10.2	22	15	20	20	20
电机的功率	kW	11~37	30	15~55	2×30	18.5~75	2×37.3

3204-动画

　　国内水泥企业所用的石灰石大多数属于中等硬度,新型干法水泥生产线一般采用单段锤式破碎机。锤式破碎机,是利用机壳内高速旋转的锤头由上而下打击物料以实现以动能冲击粉碎物料的目的。它具有生产能力大、粉碎比高、产品粒度均齐、功率消耗低、结构简单、维修方便等特点。对于高硬度的石灰石,可选用低速运转的颚式破碎机、旋回式破碎机。

3205-动画

　　石灰石粉碎机的生产能力,应根据水泥企业的生产规模、年运转天数、工作班制等因素来确定。根据粉碎机的生产能力计算公式所计算的产量和粉碎机设备的额定产量综合考虑,以确定粉碎机的台时产量。

　　(1)粉碎系统产量的计算

　　石灰石粉碎系统产量的计算公式,如式(3.2.1)所示。

$$G = \frac{K_1 G_0 + G_1}{K_2 K_3 K_4 K_5} \tag{3.2.1}$$

3206-视频

式中　G——粉碎系统的每小时产量,t/h;

　　　　G_0——水泥企业水泥熟料的每年产量,t/a;

　　　　G_1——其他需要的每年产量,t/a;

　　　　K_1——水泥熟料每单位质量的石灰石消耗量,t/t;

　　　　K_2——石灰石粉碎系统全年工作天数,d/a;

　　　　K_3——石灰石粉碎车间每天工作班数,班/d;

3207-视频

　　　　K_4——石灰石粉碎车间每班工作时数,h/班;

　　　　K_5——矿山运输不均匀系数;汽车运输取 $K_5=0.9$。

　　(2)辅助设备的选型

　　① 喂料设备的选型

　　喂料斗,其有效容积按破碎机生产能力的 15~20 min 的储量或 3~5 车的料来量选取。喂料斗的几何形状,应注意其长度、宽度和深度尺寸的比例合适,以能够保持比较厚的料层。喂料斗的宽度,不宜太大,一般为 6~7 m 即可。喂料斗的侧壁倾角,取决于物料的性质,一般大于 55°,对于夹有土(或水分较大)的石灰石,喂料斗的角度应大于 60°。下部出料口的宽度,应为(2 倍的最大粒度+200 mm)。

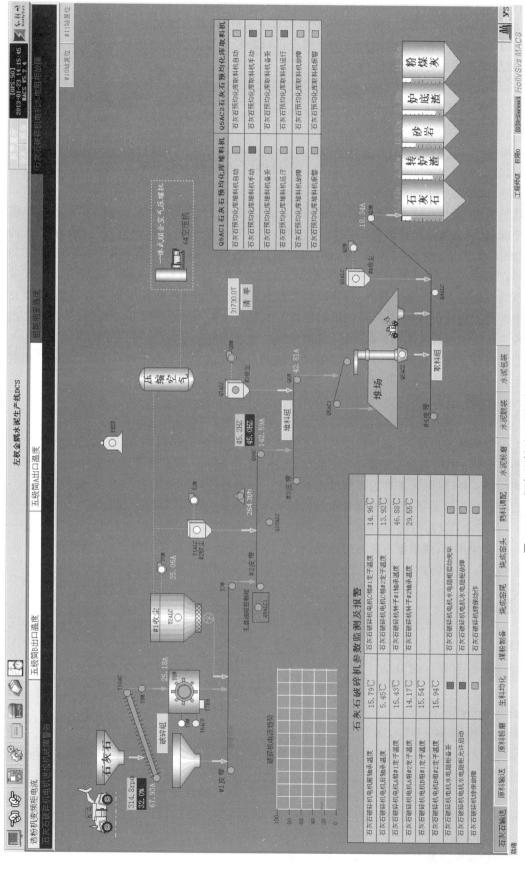

图 3.2.3　石灰石粉碎工段的中央控制操作界面

喂料斗的斗壁应铺设内衬(内衬可选用20～25 mm厚的钢板或钢轨)。从现场使用情况来看,用钢板做衬板比用钢轨保护得更好。在料仓下方安装板式输送机,通过它将矿石喂入破碎机中,料仓出口的长度和出口的高度,与板喂机的结构有关。料仓出口的长度要大于3倍的矿石最大粒径。料仓出口的高度,要高于堆积矿石的高度。即:

$$H \geqslant (2\sim2.5)d_{\max} \tag{3.2.2}$$

式中　H——料仓出口的高度,mm;

　　　$d_{\max}$——矿石的最大粒径,mm。

一般取 $H=2500$ mm。

一般,料仓出口的宽度 $b=2000$ mm。料仓出口平行带的高度取 $h_1=100$ mm,导料溜子的高度取 $h_2=300$ mm,故平行带的总高度约为400 mm。

板式给料机,其生产能力按破碎机产量的1.3～1.5倍选取。为降低板式给料机的长度和破碎机所在的平面高度,板式给料机的安装角度,可选用20°～23°。板式给料机的宽度,一般为(2倍的最大粒度+200 mm),还应考虑与破碎机进料口的宽度相衔接的问题。板式给料机,应在正面方向喂料,尽量不要在侧面喂料,保持喂料斗内始终有部分存料,避免大块物料直接砸在链板上而造成设备损坏。当石灰石里含有夹土或细料时,部分细料会散落在板式给料机下面的平面上。因此,需要在板式给料机下面设置刮板机,以收集从板式给料机落下的细料而卸入出料胶带机上。另一种处理方法,是将出料胶带机延长至板式给料机的下部,这部分细料将直接落在出料胶带机上。

一般物料的最大粒度为1000 mm,所选破碎机的进料口尺寸为1800 mm×1850 mm,一般需要喂料机的生产能力有30%的富余。

3208-微课

② 输送设备的选型

对于石灰石粉碎车间,输送的大多为块粒状物料,一般选用胶带机。

破碎机的产量,与来料粒度、物料的易碎性等因素有关,实际产量有一定的波动。因此,出料胶带机的生产能力,按破碎机产量的1.3～1.5倍选取。带宽按胶带机富余能力计算选取并再提高一档,以防止来料过多而散落到地上。出料胶带机应低速运行,带速为0.8～1 m/s。出料胶带机不需要很长,能够满足收尘风管吸风罩的布置要求即可。

3209-微课

③ 收尘设备的选型

收尘风量,应根据石灰石的性质(粒度、水分、夹土)、破碎机的型式、系统流程等因素,经综合考虑而确定。根据锤式破碎机的排出风量、含尘浓度,选用袋式收尘器。

[知识测试题]

一、填空题

1.粉碎系统流程一般分为_____和_____。国内大部分水泥企业采用_____的工艺流程。

2.石灰石粉碎站有_____、_____和_____ 3种形式。

3.石灰石粉碎站的主要设备有_____、_____、_____、_____。

4.石灰石粉碎机的能力要根据水泥企业的_____、_____、_____等因素来确定。

5.收尘设备的选型依据是_____、_____和_____。

6.目前最著名的3种粉碎理论:_____原理、_____原理和_____原理。

7.根据固体物料被粉碎后的尺寸不同,可将粉碎分为_____和_____。_____和_____称为粉碎比。

8.常用的破碎设备有_____、_____和_____。

二、选择题

1. 粉碎系统工艺一般分为（　　）。

A. 单段粉碎和多段粉碎　　　　　B. 粉碎比　　　　　　　C. 粉碎粒径大小

2. 石灰石粉碎的设备有（　　）。

A. 板式输送机　　　　　　　　　B. 回转窑　　　　　　　C. 冷却机

3. 石灰石粉碎站有（　　）。

A. 固定式　　　　　　　　　　　B. 移动式　　　　　　　C. 半移动式

4. 石灰石粉碎机的生产能力用（　　）表示。

A. t/h　　　　　　　　　　　　　B. t/d　　　　　　　　　C. d/min

三、判断题

1. 喂料机是粉碎工段的设备。（　　）

2. 石灰石粉碎站有 3 种形式。（　　）

3. 石灰石粉碎机生产能力应根据水泥企业生产规模、年运转天数、工作班制等因素来确定。（　　）

4. 输送设备有链式输送机、皮带输送机、破碎机。（　　）

5. 收尘风量应根据石灰石的性质、破碎机的型式、工艺流程等因素综合考虑确定。（　　）

四、简答题

1. 石灰石粉碎系统的主要设备有哪些？请说明各设备的作用。

2. 石灰石粉碎系统主机、辅机设备的选型依据是什么？

3. 石灰石粉碎机的生产能力主要由哪些因素决定？

3210-文本

［能力训练题］

1. 某水泥企业石灰石粉碎及输送的控制流程，如图 3.2.4 所示。

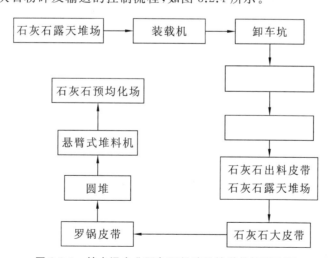

图 3.2.4　某水泥企业石灰石粉碎及输送的控制流程

（1）请补全图 3.2.4 中相关过程和环节。

（2）结合图 3.2.4，绘制石灰石粉碎工艺流程图。

（3）结合图 3.2.4，查阅资料，对水泥熟料生产规模 $M=5000$ t/d 的生产线的石灰石粉碎系统配套的喂料设备、粉碎设备和输送设备进行选型，并编制设备表。

3.3 物料粉碎系统的设备操作与维护

（1）任务描述

本任务的学习内容包括6个方面：

① 单段锤式破碎机；

② 反击式破碎机；

③ 板式输送机；

④ 胶带式输送机；

⑤ 袋式收尘器；

⑥ 物料粉碎系统的操作。

学习重点：锤式破碎机与反击式破碎机的构造、原理和性能。

学习难点：物料粉碎系统的设备操作、维护与故障处理。

（2）知识目标

掌握物料粉碎系统的主要设备——锤式破碎机、反击式破碎机、板式输送机、胶带式输送机、袋式收尘器的结构和工作过程。

（3）能力目标

① 能根据"设备操作规程"正确、规范、安全操作物料粉碎系统的相关设备；

② 能根据运行中出现的现象判读故障、提出排除故障的措施。

3301-文本

3302-ppt

3.3.1 单段锤式破碎机

石灰石是生产水泥用量最大的原料，其开采后的粒度较大、硬度较高。因此，石灰石的粉碎在水泥企业的物料粉碎中占有比较重要的地位。其破碎过程要比粉磨过程经济而方便，合理选择破碎设备和粉磨设备非常重要。在物料进行粉磨之前，应尽可能将大块物料破碎至细小、均匀的粒度，以减轻粉磨设备的负荷、提高磨机的产量。物料经破碎后，可减少在运输和储存过程中不同粒度物料的分离现象，有利于制备化学成分均匀的水泥生料，提高配料的准确性。目前，新型干法水泥生产的石灰石粉碎，多采用单段锤式破碎机。

单段锤式破碎机，用于破碎一般的脆性矿石（例如，石灰石、泥质粉砂岩、页岩、石膏和煤等），也适合破碎石灰石和黏土的混合料。它具有入料粒度大、粉碎比大的特点，可将大块原矿石破碎至符合入磨粒度的要求而使生产系统简化。与传统的两段粉碎系统相比，它可节省一次性投资45％，粉碎成本降低约40％。它操作简单，维修方便，可降低工人的劳动强度。只要矿石的物理性质适合，大型矿山选用该破碎设备是比较经济和可靠的。

该机适应于多雨、料潮、含土量大的工作条件，由于它具有特殊的结构，使得在破碎较黏物料时消除了堵塞黏附之患。其双重过铁保护装置，可将混入机内的铲齿、钻头、铁锤等金属异物自动反弹回给料辊或排除机外，不必为此停机，工作安全可靠。它的两个同向异速给料辊向破碎机转子进行全宽度喂料，减轻了不必要的负荷和冲击，可使转子的运转更为平稳，降低电耗，锤头和算子等易损件的使用寿命延长。

3.3.1.1　国外单段锤式破碎机简介

国外的机械制造公司,早在 20 世纪 60 年代就已开始生产各具特色的破碎设备。

德国 O&K 公司生产的 MAMMUT 单转子锤式破碎机,如图 3.3.1 所示。

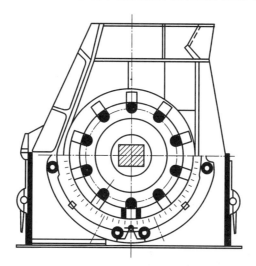

图 3.3.1　MAMMUT 单转子锤式破碎机

瑞士 BUHLER-MIAG 公司生产的 TITAN 双转子锤式破碎机,如图 3.3.2 所示。

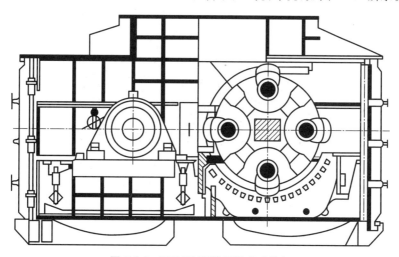

图 3.3.2　TITAN 双转子锤式破碎机

MAMMUT 单转子锤式破碎机,共有 12 种规格,其生产能力为 50～2300 t/h,最大入料粒度为 700～2500 mm。

TITAN 双转子锤式破碎机,共有 11 种规格,其生产能力为 220～2000 t/h,最大入料粒度为 1400～3000 mm。

德国 KRUPP 公司生产的单转子锤式破碎机,有 16 种规格,生产能力为 290～1800 t/h;双转子锤式破碎机,有 21 种规格,其生产能力为 160～1730 t/h。该公司发明的阶梯排列锤头的转子,具有更好的破碎效果。

德国 POLYSIUS 公司生产的 POLYPACT 型单转子锤式破碎机,共有 9 种规格,其生产能力为 15～600 t/h,进料粒度为 350～1700 mm;DWB 型双转子锤式破碎机,共有 12 种规格,其生产能力为 60～1550 t/h,进料粒度为 750～2000 mm。

捷克斯洛伐克 PREROVSKE 公司的 OKD 单转子锤式破碎机,共有 12 种规格,其生产能力为 20～850 t/h。

法国 FCB 公司生产的破碎机有 3 个系列:CMP 系列为单转子型,共有 4 种规格,其生产能力为 200～750 t/h;DUO 系列为双转子型,共有 4 种规格,其生产能力为 350～1300 t/h;VIF 系列为带转动破碎板的单转子型,共有 3 种规格,其生产能力为 55～250 t/h。它适用于破碎潮湿性大的原料。

德国 KHD 公司生产的单转子(HES 型)锤式破碎机,共有 6 种规格,其生产能力为 160～700 t/h,入料粒度为 1100～2600 mm;双转子(HDS 型)锤式破碎机,共有 13 种规格,其生产能力为 260～1800 t/h,入料粒度为 1500～2600 mm。

丹麦 FLS 公司生产的 EV 型单转子锤式破碎机,如图 3.3.3 所示。

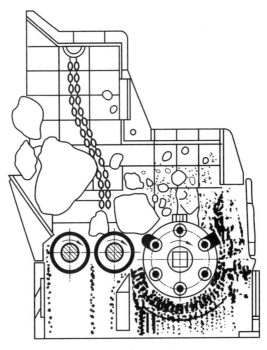

图 3.3.3　EV 型单转子锤式破碎机

EV 型单转子锤式破碎机,带有两个给料辊。给料辊中有减振胶块,可以减轻大块矿石进机时的冲击载荷。该型号的破碎机共有 3 种规格,其生产能力为 600～1500 t/h,进料粒度为 1500～2000 mm。

1994 年后,该公司对 EV 破碎机进行了改型设计,除了直径为 2000 mm、2500 mm 以外,还增添了直径为 1500 mm 的转子。在腔形设计上扩展为不带给料辊、带一个给料辊、带两个给料辊的 3 种机型。不带给料辊的属小型、中型机,带一个给料辊的小型、中型、大型 3 种均有,带两个给料辊的为中型、大型机。这样,该组合的结果有 14 种规格,其生产能力为 300～1400 t/h,进料粒度为 1000～2000 mm。

目前,FLS 公司主要推荐使用带一个给料辊的破碎机。两个给料辊的破碎机,宜于振动筛分给料机喂料时使用。由于来料粒度的不均匀性,经筛分后将造成进机料流的不均匀,这时两个给料辊的给料腔较大,可以起到调剂给料的作用。

3.3.1.2　国产单段锤式破碎机

国产单段锤式破碎机,是 20 世纪 90 年代才出现的新机型。其粉碎比较大,能将大块矿石一次性破碎成磨机所需要的粒度,使过去需要多段粉碎的生产系统简化为一段粉碎。单段锤式破碎机的工作原理,是物料进入破碎机后受到锤头的高速打击,大块物料被锤头多次打击成小块,小块物料飞向反击板受到反击破碎而落到箅条上,又受到反复打击,直到符合产品要求的粒度而最后被排出。该破碎机除了具有一般锤式破碎机的基本结构以外,为了能破碎大块的矿石,其结构还具有如下特点:

①　能承受大块矿石进机时的冲击力的转子;

②　能全回转的锤头;

③　适中的回转速度和全封闭可调节的排料箅子;

④　机腔后壁有保险门,进入的铁件可从此门排出。

目前,国产单段锤式破碎机,有北京重型机械厂生产的 MB 型锤式破碎机(单段)、天津水泥工业设计研究院研制的新型单段锤式破碎机[单转子型(带料辊型、不带料辊型)、双转子型]等。

单段锤式破碎机的结构简图,如图 3.3.4 所示。

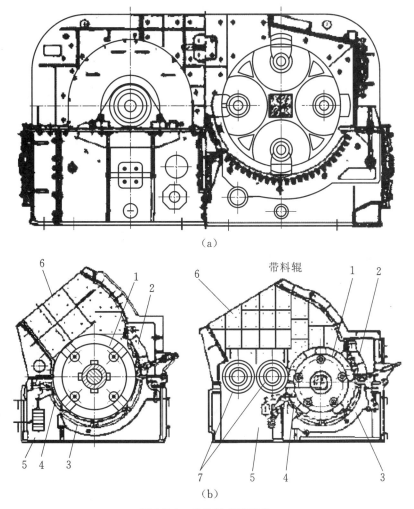

图 3.3.4　单段锤式破碎机

(a)单转子型;(b)双转子型

1—转子;2—破碎板;3—排料箅子;4—排铁门;5—壳体;6—进料口;7—给料辊

TKPC 和 TKLPC(带有料辊机型)锤式破碎机(单段),具有入料粒度大(最大 1100 mm)、粉碎比高、排料块度小(排料中 $d<25$ mm 的颗粒含量$>90\%$)、易损件(锤头、箅条等)使用寿命长、机内设有排铁装置、两个转子均可从外端取出的特点。

对于大转子直径的锤式破碎机设计了带一对料辊机型.以承受大块料的冲击负荷。当石灰石不含土(或土含量<6%)时,可采用单转子型;当土含量较高,水分含量的下限为5%~8%时,采用双转子型。因双转子破碎机的进料口居中,进机物料两面受击,可以破碎更大的料块,且不致棚料堵塞,对于破碎湿料和含泥料的适应能力优于单转子型。单段破碎机,可以破碎抗压强度 R_c <200 MPa 的石灰石及其他脆性物料(例如,泥灰岩、粉砂岩、页岩、石膏和煤等)。对于硬质、磨蚀性大的石灰岩或其他物料,宜采用两级破粉,一级选用颚式破碎机等,二级选用锤式破碎机(或反击式破碎机)。

几种破碎机的结构性能对比,如表3.3.1所示。

表 3.3.1　几种破碎机的结构性能相对比

项目	TKPC18D18	KHD 公司 HDS1800×2070	BUHLER-MIAG 公司 TITAN72D100
转子规格	ϕ1800 mm×1800 mm	ϕ1800 mm×2070 mm	ϕ1800 mm×2030 mm
最大进料尺寸	1.5 m×1.2 m×1.0 m	最大边长 1.9 m (或最大质量 4900 kg)	
生产能力	1200 t/h(出料 d<40 mm)	800 t/h(出料 d<25 mm)	600 t/h(出料 d<30 mm) 850 t/h(出料 d<90 mm)
电机功率	2×630 kW	2×600 kW 或 2×630 kW	2×450 kW 或 2×500 kW
总质量 主体部分质量	120 t	120.8 t	116.3 t 83 t
结构特点	两个转子分别从两端取出,算子可调节,具有铁件分离室	两个转子分别从两端取出,算子可调节	两个转子均从外端取出,算子不可调节

3.3.1.3　单段锤式破碎机的结构组成与工作原理

(1) 单转子锤式破碎机

① 工作原理

单转子锤式破碎机,是一种仰击型锤式破碎机,主要靠锤头在上腔中对矿石进行强烈的打击、矿石对反击板的撞击和矿石之间的碰撞而使矿石破碎。

3303-动画

主电机通过 V 形带带动装有大带轮的转子,采用重型给料设备将矿石喂入破碎机的进料口,矿石落至带有减震装置的给料辊上,两个同向回转的给料辊将矿石送入旋转的转子上,锤头以较高的线速度打击矿石,同时击碎或抛起料块。被抛起的料块撞击到反击板上或自相碰撞而再次破碎,然后被锤头带入破碎板和算子工作区继续受到打击和粉碎,直至小于算缝尺寸时被从机腔下部排出。

② 结构组成

3304-动画

单转子锤式破碎机的主要结构,由转子、破碎板、排料算子、保险门、给料辊、壳体和驱动部分等部件所组成。

单转子锤式破碎机的结构组成示意,如图3.3.5所示。

转子和轴承部:转子和轴承部是转子式破碎机的核心,由锤盘、端盘、锤头、链轴、主轴、大带轮等所组成。轴承部由轴承座和轴承组成。锤盘和端盘通过平键固定在主轴上。主轴采用优质合金钢材料并采用了圆形端面,以适应破碎大块矿石和传递大扭矩的需要。所选用的中宽系列双列向心球面滚子轴承,可以承受很大的冲击载荷。转子锤头,采用了全回转型结构,即使大块矿石不能一击即碎,也能完全退避到锤盘中,以保持转子的正常运转。锤头由高锰钢制成,具有较高的抗磨损和

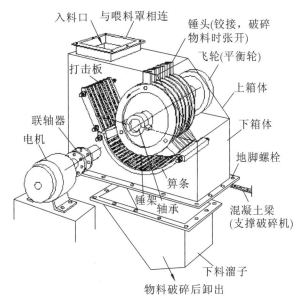

图 3.3.5　单转子锤式破碎机的结构组成示意

耐冲击性能。当锤头一边磨损之后,可以更换另一边使用。

破碎板:破碎板位于转子的正前方水平中心线上,由破碎板体上安装若干齿板而构成;齿板与转子外延形成夹角,增加了对矿石的冲击和剪切作用。它的上端铰接在壳体上部,下端用两个调整装置调节破碎板与转子工作圆之间的间隙,以保证进入排料带的物料粒度。通常,此间隙 25~35 mm。当齿板磨损后应及时调整,齿板由耐磨合金材料制成。

排料箅子:排料箅子由若干箅子板组成。箅子板由耐磨合金浇铸制成,被安装在破碎机转子的下部,其包角约为 130°,它与转子的间距可以调节。随着锤头磨损,转子的工作圆径缩小,除及时调节破碎板外,还应该及时提起排料箅子,用液压千斤顶顶起托梁,同时向上调节吊挂螺栓及活节螺栓,以达到调整间隙的目的。若不及时调整排料箅子,间隙过大,其中的积料将加剧锤头的磨损。

箅子的结构组成示意,如图 3.3.6 所示。

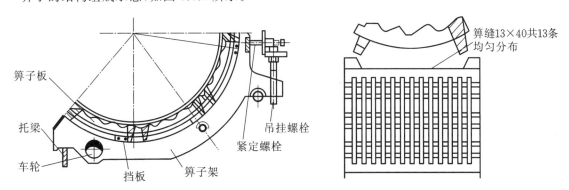

图 3.3.6　箅子的结构组成示意

保险门:保险门被铰接在排料箅子后部的下壳体上。在平衡块的作用下,它既能阻止未被破碎的矿石溢出,又能将误入机内的铁件和金属等在离心力的作用下,迅速推开保险门顺利排出。随后自动闭合,不必为此专门停机。保险门为可调机构,当调节排料箅子时,保险门也需相应调整。当允许的排料粒度较大(或用户对排料粒度没有严格要求)时,可不装保险门。

保险门的结构组成示意,如图 3.3.7 所示。

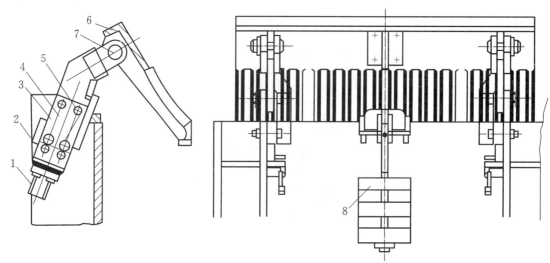

图 3.3.7　保险门的结构组成示意

1—紧定螺栓;2—支座;3—铁丝;4—垫片;5—螺栓;6—栅门;7—销轴;8—重锤

给料辊:给料辊由主动给料辊和从动给料辊两部分组成,位于进料口与转子之间,其水平中心线高出转子中心线 200 mm,靠近转子端为主动给料辊,两个给料辊的间隙为 15 mm。当辊体磨损间隙增大时,应及时调整从动给料辊位置。

3305-动画

主动给料辊和从动给料辊,主要由滚体轴及两者之间缓冲橡胶块组成,两个给料辊间的缝隙有利于排除碎料及泥土。缓冲胶块用以吸收矿石下落时的冲击能量。

给料辊驱动装置:硬齿面行星减速器悬挂在主动给料辊的轴头上,电动机经三角带带动减速器而使主动给料辊转动,减速器自带外循环润滑站。主动给料辊的另一轴承装有链轮,以链条带动从动给料辊。

3306-动画

壳体:壳体由上壳体(包括上端板、前侧板、中侧板、顶壳板)、下壳体和半圆侧壁组成,全部采用钢板焊接,与矿石接触的内表面均装有耐磨衬板。

上壳体与下壳体之间相铰接,当更换衬板、锤头或其他易损件时,只需拆卸上、下壳体的结合螺栓。利用液压缸将上壳体绕铰轴旋转而开启,以达到更换的目的。半圆形侧壁上开有锤轴抽取孔。下壳体的两端各开一道门,供抽取排料箅子和维修人员进入机内检修之用。

3307-动画

(2)双转子单段锤式破碎机

双转子单段锤式破碎机,有两个相向转动的转子和一个位于两个转子之间的承击砧。它除了具有其他单段破碎机的主要特点以外,由于破碎主要发生在两个转子之间,使黏湿性物料黏附在固定腔壁的机会减少,因而对黏湿性物料的适应性增强。与相同生产能力的单转子锤式破碎机相比,设备的质量较轻。由于两个转子可以悬挂更多的锤头,可供使用的磨损金属量更大,锤头的使用寿命更长。由于转子的尺寸较小、机身较矮,使配套设备(例如,吊车、板喂机)的选型规格降低,整个系统的设备投资和基建投资较低。

3308-动画

①工作原理

矿石由重型板式给料机喂入双转子单段锤式破碎机的进料口,落入两个高速相向旋转的转子之间的破碎腔内,受到锤头的打击而被初步破碎。初碎后的物料在向下运动的过程中,在转子的承击砧之间被进一步破碎,然后被承击砧分流而分别进入两个相互对称的排料区,在箅子和转子形成的下破碎腔进行最后破碎,直至颗粒尺寸小于箅缝尺寸而被从机腔下部排出。

②结构特点

双转子单段锤式破碎机的主体,主要由转子、壳体、承击砧、排料箅子及其调节装置等组成。

双转子锤式破碎机的结构组成示意,如图 3.3.8 所示。

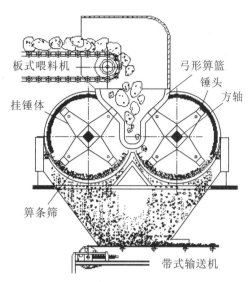

图 3.3.8　双转子锤式破碎机的结构组成示意

转子:转子式破碎机的核心部件,由锤盘、端盘、锤头、锤轴、主轴、飞轮、轴承盒、轴承箱组成。锤盘和端盘通过平键固定在主轴上,两端用卡箍夹紧。锤盘外缘堆焊耐磨合金。锤头悬挂在贯穿锤盘的锤轴上并在转子的周向和轴向呈均匀分布,以确保转子的整体平衡。锤头采用了全回转结构设计,在破碎大块矿石时即使不能一击即碎,也能完全退避到锤盘中,以保证转子的正常运转。锤头在一边磨损之后可以换边使用。主轴以优质合金钢为材料,可以满足传递大扭矩的需要。支撑转子的双列球面滚子轴承,可以承受很大的载荷,轴承采用脂润滑,废脂可通过排脂阀自动排出。

壳体:壳体由上壳体和下壳体组成,通过螺栓连接成一体,全部采用钢板焊接。在与矿石接触的内表面,均装有耐磨衬板。上壳体开有锤轴抽出孔。下壳体的两端均设有检修门,供更换算子和人员进入机内检修之用。

排料算子:两套排料算子被对称安装在承击砧的两侧。其断面呈等边梯形的算条穿插在算子架上,两端由压条固定,一边磨损后可以换边使用。在算子架的弧状纵梁的上表面连续堆焊耐磨合金,以延长其使用寿命。

承击砧:承击砧采用优质的合金钢铸造而成,承担相当大的破碎作用,并阻止大块物料进入下破碎腔,保护算条免受矿石的猛烈冲击,同时使物料分流,均匀地进入两个排料区。

算子调节装置:当破碎机的锤头与算条磨损后,需要通过调节装置对算条与转子的工作圆之间的间隙进行调节,以保证正常的出料粒度和生产能力,并提高锤头的利用率。算子的位置通过千斤顶调整完毕后进行机械锁定。机械锁定部分,主要由托梁、斜块、调节螺杆组成。

驱动部分:驱动部分是破碎机的动力来源,由小带轮、飞轮、联轴器、轴承座、电机底座、滑轨、拉杆和主电机组成。

小带轮通过窄 V 带与转子的大带轮相连来传递功率,其传动比使转子达到需要的转速以产生理想的破碎效果。主电机和小带轮和飞轮被固定在机底座上,通过拉杆可以调节窄 V 带的松紧程度。

(3)附属设备

锤轴抽出装置:锤轴抽出装置的两只平行安装的液压缸杆头,通过螺栓与横梁刚性连接以保证油缸同步运动。液压缸的另一端通过销轴被固定在滑道梁的端部。当液压缸动作时,横梁在水平的滑道梁上滑动。滑道梁由螺栓固定在可在轨道上移动的带有操作平台的小车上,当完成一个转子的锤头的拆(装)工作后,移动小车位置可拆(装)另一个转子的锤头。该装置在使用时,应采用楔形道木将移动小车的车轮楔住,以防止工作时错位。该装置在不用时,可以放在车间内其他地方。

液压站:可以手推移动的液压站,为抽锤轴液压缸。当抽锤轴液压缸需要工作时,将液压站移至合适位置,通过快换接头将液压站的高压软管与液压缸连接。液压站平时可以放置在一边。

3.3.1.4 单段锤式破碎机的主要工作参数

(1) 单段锤式破碎机的生产能力

单段锤式破碎机的生产能力,可按式(3.3.1)进行计算。

$$Q = 60\ ZLBKdn\mu\gamma \tag{3.3.1}$$

式中 Q——单段锤式破碎机的生产能力,t/h;

       Z——出料算子的个数,个;

       L——出料算子的长度,m;

       B——出料算子的宽度,m;

       K——位于转子圆周方向的锤子排数,一般 $K=3\sim6$;

       d——出料的粒度,mm;

       n——转子的转数,r/min,一般 $n=250\sim400$ r/min;

       μ——物料的松散与不均匀系数,一般 $\mu=0.015\sim0.07$(对于小型破碎机取小值,对于大型破碎机取大值);

       γ——产品的堆积密度,t/m³。

单段锤式破碎机的生产能力,也可按如式(3.3.2)所示的经验公式进行计算。

$$Q = (30\sim45)DL\gamma \tag{3.3.2}$$

式中 Q——单段锤式破碎机的生产能力,t/h;

       D——锤子旋转时的外圆直径,m;

       L——转子的有效长度,m;

       γ——产品的堆积密度,t/m³。

(2) 单段锤式破碎机的电机功率

单段锤式破碎机的电机功率,可按式(3.3.3)进行计算。

$$P = \frac{m \cdot v^2 \cdot Z \cdot K}{2\times60\times75\times g\times\eta\times1.36} = \frac{m \cdot v^2 \cdot n \cdot Z \cdot K}{12000\eta} \tag{3.3.3}$$

式中 P——单段锤式破碎机的电机功率,kW;

       m——单个锤头的质量,kg/个;

       v——锤头做圆周运动时的线速度,m/s;

       n——转子的转速,r/min;

       Z——锤头的总个数,个;

       η——单段锤式破碎机的有效利用系数,$\eta=0.86\sim0.88$;

       g——重力加速度,$g=9.81$ m/s²;

       K——修正系数,与锤头做圆周运动时的线速度(v)有关的系数(参见表3.3.2)。

当锤头做圆周运动时,线速度(v)与修正系数 K 和 f 的对应关系,如表3.3.2所示。

表 3.3.2   锤头做圆周运动时 v 与 K、f 的对应关系

线速度 v /(m·s⁻¹)	17	23	26	30	40
修正系数 K	0.22	0.10	0.08	0.03	0.015
修正系数 f	0.022	0.016	0.010	0.003	0.0015

单段锤式破碎机的电机功率,还可按式(3.3.4)进行计算。

$$P=\frac{9.2\times10^{-7}\times m\cdot R^2\cdot n^3\cdot e\cdot f}{\eta}\tag{3.3.4}$$

式中　P——单段锤式破碎机的电机功率,kW;

　　　m——单个锤头的质量,kg/个;

　　　R——转子的半径,m;

　　　n——转子的转速,r/min;

　　　e——锤头的总个数,个;

　　　f——修正系数,与锤头做圆周运动时的线速度(v)有关的系数(参见表3.3.2);

　　　η——单段锤式破碎机的传输系数,取0.8~0.9。

(3) 单段锤式破碎机的转子的线速度

转子回转时的线速度与锤头打击物料的机会有关。通常,当转子回转时的线速度较高时,可以将物料打击得更碎一些。但是,大块料是支托在转子上受锤头打击的,料块与传动的锤盘之间发生较大摩擦阻力,而磨损又与摩擦速度的2次方成正比,从这点看来,线速度不宜过高。

目前,KRUPP公司、KUD公司等许多厂家采用的线速度均为30~33 m/s,F.L.S公司的EV型破碎机所采用的线速度为40 m/s。

3.3.1.5　单段锤式破碎机的操作及故障处理

(1) 单段锤式破碎机试运转

单段锤式破碎机在第1次试运转之前,必须严格按以下程序做检查。

① 检查主轴轴承、传动轴轴承的润滑脂注入情况。

② 检查破碎腔内(包括算子上)是否有外来异物。

③ 检查破碎机转子盘车,消除不应有的金属碰撞声。

④ 检查各部件螺栓以及地脚螺栓是否拧紧。

⑤ 检查电动机的转动方向是否正确。

⑥ 检查机体上所有的门是否关闭牢固。

(2) 单段锤式破碎机无负荷试车

在空载试车前,应首先根据电气专业有关规范对主电动机进行测试,然后对主电机进行空载试验,若无异常则进行8 h的无负荷试车。

3309-视频

单段锤式破碎机无负荷试车应符合下列要求:

① 主电动机启动时间不得超过35 s。

② 运转中无金属的撞击声音。

③ 转子运转平稳。

④ 主轴的轴承温度一般不超过78 ℃.

⑤ 主电动机的电流平稳。

⑥ 在停机后检查运转中各部分螺栓和销,并拧紧松动的螺栓。

停车时间(从主电动机断电到转子完全停止),一般不少于20 min。

(3) 单段锤式破碎机负荷试车

3310-视频

单段锤式破碎机,在无负荷试车合格后方能进行负荷试车。负荷试车的运转时间一般少于6 h,应按下列要求进行。

① 单段锤式破碎机在运转前,应复查所有连接螺栓和地脚螺栓的紧固情况。

② 单段锤式破碎机必须空负荷启动。

单段锤式破碎机的启动顺序应为:首先开动单段锤式破碎机下面的胶带运输机,然后启动单段锤式破碎机。当单段锤式破碎机达到正常转速后,方可启动板式给料机和加入矿石。单段锤式破碎机的停车程序与之相反。转子与喂料机的停车间隙时间,以机内各部残存矿石被排尽为准。

③ 单段锤式破碎机负荷试车的步骤与形式:半负荷(小块料)、半负荷(中等料)、满负荷(正常料)。

单段锤式破碎机负荷试车的操作要求,如表 3.3.3 所示。

表 3.3.3　单段锤式破碎机负荷试车的操作要求

试车步骤	试车形式	进料粒度的最大尺寸长度×宽度×高度(mm)	连续运转时间 τ /h	检查方式
1	半负荷(小块料)	<600×600×800	<3	机外检查
2	半负荷(中等料)	<800×800×1000	<6	进机检查
3	满负荷(正常料)	<1000×1000×1500	<8	拧紧螺栓

(4)注意事项

① 由于单段锤式破碎机的排料算子为全封闭式,因此,在生产中应力求避免铁件等不易破碎的异物被带入机内,以免对算条等机件造成损害。机器启动达正常状态 2 min 后,当确认无异常情况后再鸣笛给矿。单段锤式破碎机必须在停止给矿后,待破碎腔内确认无残存矿石时方可停机。

② 单段锤式破碎机内不得喂入过大的矿石。

③ 注意监听机器的声音,若发现异常声音,则应立即停机检查,待查明原因并处理完故障后,才能继续工作。

④ 主轴承(转子的轴承)和高速轴轴承(小带轮的轴承)采用脂润滑并使用优质的锂基脂,且润滑脂应定期更换。

⑤ 主轴承和高速轴轴承座装有测量范围为 -100～100 ℃ 的 WZPM—201BA2 型热电阻,作为轴承温度的变送器并配有报警装置。当温度超过 85 ℃ 时(报警温度上限可以在报警装置上调整)将发出报警信号,当温度到 90 ℃ 时将自动停机。轴承能够承受 100 ℃ 的温度而不致损坏。

(5)维护特殊说明

① 锤头在使用过程中逐渐被磨损,当其质量减少到约 80% 后必须更换,否则产量和粒度均难以保证。当新锤头的前部棱边被磨损到其宽度的 3/5 时,可将锤头换边使用。

② 锤轴在使用较长一段时间后,通常在挂锤头处和锤盘支撑锤轴处被磨成凹槽而产生棱边,在重新安装这样的锤轴之前,可通过打磨或碾平而消除这些棱边,以改善锤轴的受力条件。

③ 在正常工况下,当单段锤式破碎机的产量减少、电耗增加或出料粒度变粗时,应该检查锤头、算子和其他部件的磨损情况,并进行调整和维修。

④ 在本机正式投入使用后,当主轴轴承跑合一段时间时,应清洗轴承并更换润滑脂一次,以确保轴承正常工作和使用寿命。

3311-视频

⑤ 单段锤式破碎机在运转中,采用了过负荷和短路保护,给矿机的喂料量随单段锤式破碎机的负荷变化而自动调节,整个破碎系统实行电器联锁。

(6)常见故障分析与处理

单段锤式破碎机常见故障的分析与处理,如表 3.3.4 所示。

表 3.3.4　单段锤式破碎机常见故障的分析与处理

故障表现	产生原因	排除方法
出料粒度过大	① 锤头磨损过大 ② 箅条断裂	① 更换锤头 ② 更换箅条
轴承过热	① 润滑脂不足 ② 润滑脂过多 ③ 润滑脂污秽变质 ④ 轴承损坏	① 加注适量润滑脂 ② 轴承内润滑脂应为其空间容积的 50% ③ 清洗轴承,更换润滑脂 ④ 更换轴承
弹性联轴器产生敲击声	① 销轴松动 ② 弹性圈磨损	① 停车并拧紧销轴螺母 ② 更换弹性圈
机器内部产生敲击声	① 非破碎物进入机器内部 ② 衬板紧固件松弛,锤撞击在衬板上 ③ 锤或其他零件断裂	① 停车,清理破碎腔 ② 检查衬板紧固情况及锤、箅条间的间隙 ③ 更换断裂零件
产量减少	① 箅条缝隙被堵塞 ② 加料不均匀	① 停车清理箅条缝隙中的堵塞物 ② 调整加料机构
振动量骤增	① 更换锤头时或因锤头磨损使转子静平衡不合要求 ② 锤头折断,转子失衡 ③ 销轴变曲,折断 ④ 三角盘或圆盘裂缝	① 按质量选择锤头,使每支锤轴上锤的总质量与其相对锤轴上锤的总质量相等,达到静平衡要求 ② 更换锤头 ③ 更换销轴 ④ 电焊缝补或更换 ⑤ 紧固地脚螺栓

3312-视频

3313-视频

3314-视频

3315-视频

3316-视频

3317-微课

3.3.2　反击式破碎机

3.3.2.1　反击式破碎机的构造及主要部件

（1）反击式破碎机的构造及破碎过程

反击式破碎机与锤式破碎机有很多相似之处。例如,粉碎比较大（可达 50～60）,产品粒度均匀等。其工作部件由带有打击板的做高速旋转的转子及悬挂在机体上的反击板所组成。

以单转子型反击式破碎机为例,其构造示意如图 3.3.9 所示。

由图 3.3.9 可知,物料在进入单转子型反击式破碎机后,在转子的回转区域内受到打击板的冲击,并被高速抛向反击板再次受到冲击,然后又从反击板被反弹到打击板上,继续重复上述过程。物料不仅受到打击板、反击板的巨大冲击而被破碎,而且还受到物料之间的相互撞击而被破碎。当物料的粒度小于反击板与打击板之间的间隙时,即可被卸出。

（2）反击式破碎机的主要类型

反击式破碎机有两种类型:单转子型和双转子型。

双转子型反击式破碎机的构造示意,如图 3.3.10 所示。

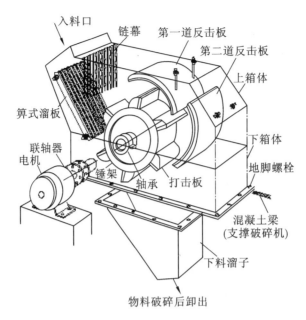

图 3.3.9　单转子型反击式破碎机的构造示意

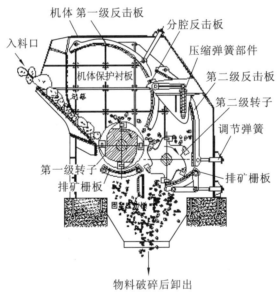

图 3.3.10　双转子型反击式破碎机的构造示意

组合型反击式破碎机的构造示意,如图 3.3.11 所示。

反击式破碎机都装有 2 个平行排列的转子。第 1 道转子的中心线高于第 2 道转子的中心线,两者之间形成了一定的高度差。第 1 道转子为重型转子,其转速较低,用于粗碎;第 2 道转子的转速较高,用于细碎。这 2 个转子分别由 2 台电动机经液压联轴器、弹性联轴器和三角皮带所组成的传动装置驱动而做同方向旋转。其两道反击板的固定方式与单转子型反击式破碎机相同。分腔反击板通过支挂轴、连杆和压力弹簧等悬挂在 2 个转子之间,将机体分为 2 个破碎腔;调节分腔反击板的拉杆螺母可以控制进入第 2 个破碎腔的物料的粒度;调节第 2 道反击板的拉杆螺母可控制破碎机的最终产品的粒度。

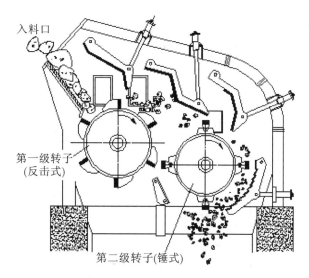

入料口

第一级转子
(反击式)

第二级转子(锤式)

图 3.3.11 组合型反击式破碎机的构造示意

（3）反击式破碎机的规格表示方法

双转子型反击式破碎机的规格，采用"直径×长度"然后在前面加"2"来表示。例如，2PFϕ500×400，表示转子的直径为 500 mm，长度为 400 mm 的双转子型反击式破碎机。

（4）反击式破碎机的主要部件

反击式破碎机，主要由转子、打击板（又称板锤）、反击板和机体等部件所组成。机体分为上下两部分，均由钢板焊接而成。机体的内壁装有衬板，前后左右均设有检修门。打击板与转子为刚性连接；反击板是一衬有锰钢衬板的钢板焊接件，有折线形和弧线形两种。其一端采用铰接方式固定在机体上，另一端采用拉杆方式自由悬吊在机体上。可以通过调节拉杆的螺母而改变反击板与打击板之间的间隙，以控制物料的破碎粒度和产量。当有不能被破碎的物料进入时，反击板会因受到较大的压力而使拉杆后移，并能靠自身重力返回原位，从而起到保险的作用。在机体入口处有链幕，既可防止石块飞出，又能减小料块的冲击力，达到均匀喂料的目的。

3.3.2.2 EV 型反击-锤式破碎机

将锤式破碎机与反击式破碎机的部分部件组合在一起，就成了反击-锤式破碎机。

EV 型反击-锤式破碎机的结构组成示意，如图 3.3.12 所示。

EV 型反击-锤式破碎机的破碎过程如下：

石灰石在进入破碎机后，首先落到 2 个具有吸震作用的慢速回转的辊筒上（以保护转子免受大块物料的猛烈冲击），辊筒将石灰石均匀地送向锤头而被其击碎，并将其抛到锤碎机上部的衬板上进一步破碎，然后撞击到可调整的破碎板和出口算条，最后被冲击破碎并通过算缝漏下，再由皮带输送机送至预均化库储存均化。这两个辊筒中有一个辊筒的表面是平滑的，而另一个则是有凸起的，两个辊筒的中心距可调且转速不同，这样可防止矿石被卡住。部分细料在这里通过两个辊筒间的间隙漏下。其外侧有一个大皮带轮被安装在转子轴的衬套上，用剪力销子与衬套相连。当万一出现严重过载而卡住锤碎机时，受剪销子将被切断，皮带轮在其衬套上空转，与此同时，断开电动机供电。出料算条被安装在下壳体内，其中包括一套弧形算条架和算条。算条间距决定了算缝的大小，这样也决定了产品粒度的大小。出料算条可以作为一个整体部件被卸下。破碎板和出料算条相对于转子的距离是可调整的，这样可补偿锤头的磨损。当 EV 型反击-锤式破碎机的电动机负荷超过一定的预设值时，自动安全装置将停止向破碎机喂料，直到电动机的功率降到正常为止而又自动重新喂料。当 EV 型反

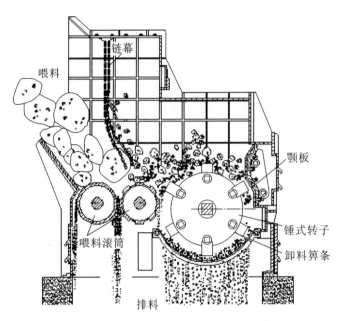

图 3.3.12　EV 型反击-锤式破碎机的结构组成示意

击-锤式破碎机被不能破碎的杂物卡住时,自动安全装置将停止向破碎机和喂料机供电。

3.3.2.3　反击式破碎机的工作参数

（1）转子的直径与长度

当转子的质量一定时,反击式破碎机的冲击力的大小与转子的线速度成正比,即与转子的直径有关。这就表明,若要获得足够大的冲击能量,则必须要有较大的转子直径以及与之相适应的转子结构强度和合理的破碎腔。此外,喂料尺寸的大小与转子直径的比值,对反击式破碎机的生产能力也有影响。据统计资料表明,若该比值越小,则粉碎比越小,生产能力越高,电动机负荷趋于均匀,机械效率也越高;反之则相反。喂料的粒度与转子的直径的关系可用经验公式表示,如式（3.3.5）所示。

$$d = 0.54D - 60 \qquad (3.3.5)$$

式中　d——喂料的粒度的最大值,mm;

　　　D——转子的直径,mm。

当式（3.3.5）应用于单转子型反击式破碎机时,其计算结果还需乘以 2/3。

破碎机的转子的长度,主要根据生产能力的大小及转子的受力情况而定,一般转子的直径与长度的比值取 $D/L = 0.5 \sim 1.2$。

（2）转子的转速

根据动量与冲量原理,当转子的质量一定时,转子的圆周速度是反击式破碎机的重要工艺参数,对于破碎机的生产能力、产品的粒度和粉碎比有着直接的影响。

转子的圆周速度,与破碎机的结构、物料的性质和粉碎比等因素有关。通常,当粗碎时取 $v = 15 \sim 40$ m/s,当细碎时取 $v = 40 \sim 80$ m/s;当破碎煤时取 $v = 50 \sim 60$ m/s;当破碎石灰石时取 $v = 30 \sim 40$ m/s。对于双转子型反击式破碎机,一般一级转子取 $v = 30 \sim 35$ m/s,二级转子取 $v = 35 \sim 45$ m/s。

（3）打击板的排数

可安装的打击板的排数（z）与转子的直径（D）有关。通常,当转子的直径 $D < 1$ m 时,可安装的打击板的排数 $z = 3$;当转子的直径 $D = 1 \sim 1.5$ m 时,可安装的打击板的排数 $z = 4 \sim 6$;当转子的直径 $D = 1.5 \sim 2.0$ m 时,可安装的打击板的排数 $z = 6 \sim 10$。对于硬质物料（或要求产品的粒度较细时）,可

安装的打击板的排数可适当增加。

（4）生产能力

影响反击式破碎机的生产能力的因素很多。转子的尺寸、转子的圆周速度、物料的性质、粉碎比等，都对其生产能力有较大影响。

目前，一般采用近似公式计算其生产能力，如式（3.3.6）所示。

$$Q = 60kz(h+e)Ldn\rho \tag{3.3.6}$$

式中　Q——反击式破碎机的生产能力，t/h；

　　　z——打击板的排数；

　　　h——打击板的高度，m，一般取 $h=65\sim75$ mm；

　　　e——打击板与反击板之间的间隙，m，一般取 $e=15\sim30$ mm；

　　　L——打击板的长度，m；

　　　d——产品平均粒径，m；

　　　n——转子的转速，r/min；

　　　ρ——物料的堆积密度，t/m³；

　　　k——修正系数，一般取 $k=0.1$。

（5）电动机的功率

反击式破碎机的电动机的功率，与设备的结构、转子的转速、物料的性质、粉碎比及生产能力等因素有关。目前，在理论上还没有比较完善的计算公式。

通常，电动机的功率（P）可采用经验公式进行计算，如式（3.3.7）和式（3.3.8）所示。

$$P = 7.5DLn/60 \tag{3.3.7}$$

式中　P——电动机的功率，kW；

　　　D——转子的直径，m；

　　　L——转子的长度，m；

　　　n——转子的转速，r/min。

$$P = 0.0102(Q/g)v^2 \tag{3.3.8}$$

式中　P——电动机的功率，kW；

　　　Q——破碎机的生产能力，t/h；

　　　g——重力加速度，$g=9.81$ m/s²；

　　　v——转子的圆周速度，m/s。

3.3.2.4　反击式破碎机的操作与维护

（1）开车前的巡查

① 地脚螺栓和各部位连接螺栓是否紧固，检修门的密封是否良好。

② 主轴承或其他润滑部位的润滑油量是否足够。

③ 溜槽是否畅通、闸板是否灵活、机内是否有障碍物。

④ 手动转动转子是否灵活，有无摩擦或卡住现象。

⑤ 板锤、打击板有无磨损情况。

⑥ 三角皮带松紧度是否适当，有无断裂或起层现象。

（2）运转中的巡检

① 地脚螺栓及各部位连接螺栓是否有松动或断裂。

② 各部位的响声、温度和振动情况。

③ 润滑系统的润滑是否定期添加润滑油（脂）或更换新润滑油（脂）。

④ 各部位有无漏灰或漏油现象,轴封是否完好。

3.3.2.5 反击式破碎机的常见故障分析及处理

反击式破碎机,因运转速度快、打击物料猛烈,常常会出现振动量骤然增加、内部产生敲击声过大、轴承温度过高、出料粒度过大等故障现象,需要及时采取相应措施进行处理。

反击式破碎机的常见故障分析及处理,如表 3.3.5 所示。

表 3.3.5　反击式破碎机的常见故障分析与处理

序号	故障现象	产生原因	排除措施
01	轴承温度过高	① 破碎机的润滑脂过多或不足; ② 破碎机的润滑脂被污染; ③ 破碎机的轴承被损坏	① 检查润滑脂是否适量,润滑脂应充满轴承座容积的 50%; ② 清洗轴承、更换润滑脂; ③ 更换轴承
02	机器内部产生的敲击声过大	① 不能被破碎的物料进入破碎机内部; ② 破碎机的衬板的紧固件松弛,锤撞击在衬板上; ③ 破碎机的锤或其他零件断裂	① 停车并清理破碎腔; ② 检查衬板的紧固情况及锤与衬板之间的间隙; ③ 更换断裂件
03	振动量骤然增加	① 破碎机的转子不平衡; ② 破碎机的地脚螺栓或轴承座螺栓松弛	① 重新安装板锤,对转子进行平衡校正; ② 紧固地脚螺栓及轴承座螺栓
04	出料粒度过大	① 由于破碎机的衬板与板锤的磨损过大而引起间隙过大; ② 破碎机的反击架两侧被石料卡住,导致反击架下不来	① 通过调整破碎机的前后反击架的间隙或更换衬板和板锤; ② 调整破碎机的反击架的位置,使其两侧与机架衬板间的间隙均匀,更换机架上被磨损的衬板

3.3.3　板式输送机

3.3.3.1　板式输送机的功用

3318-视频

板式输送机,可分为 3 种类型:重型、中型和轻型。

重型板式输送机的喂料粒度为 500～1500 mm。

中型板式输送机的喂料粒度为 200～500 mm。

轻型板式输送机的喂料粒度为 100～200 mm。

板式输送机的主要技术参数:板宽为 500～2500 mm,喂料能力为 60～1500 t/h,布置方式为水平式或倾斜式。

在破碎站里,板式输送机主要作为破碎机的喂料设备被安装在下料斗的下面。其作用是将从下料斗落下的散状石灰石料块沿水平或倾斜方向缓慢移动。板式输送机与破碎机联动,在调速电动机的控制下依靠破碎机的电动机的功率对电源频率的变化来调节其运行速度,使破碎机的破碎与喂料机的喂料作业的配合达到最佳效果。

3.3.3.2　板式输送机的工作原理

板式输送机由料仓进入导料槽后落在承载板上,驱动装置带动链条及承载板运行,物料随着承载板运动从前段下料罩落入破碎机中,通过变频器改变电动机的转速,从而改变其运行速度以调节喂料量的大小。

3.3.3.3　板式输送机的结构组成

板式输送机,利用固接在牵引链上的一系列板条在水平或倾斜方向输送物料。它由驱动机构、张紧装置、牵引链、板条、驱动及改向链轮、机架等部分所组成。

板式输送机的结构组成示意,如图 3.3.13 所示。

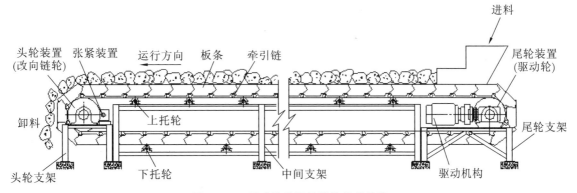

图 3.3.13　板式输送机的结构组成示意

导料槽,由适当厚度的钢板经焊接成为封闭式罩子。其尾部与下料仓的法兰用螺栓连接在一起。其前部为下料罩,起约束物料以防止其外溢的作用。与此同时,它也是收尘器的吸入口位置,起到防止粉尘飞扬的目的。

承载板,采用 5~15 mm 厚的钢板制造,主要用来承受并输送物料。其形状有 4 种:平板形、浅槽形、波浪形和圆弧形等。它适用于水平和倾角 $\alpha \leqslant 35°$ 的物料输送。

驱动装置,主要由电动机、减速装置、变频器等所组成。

链轮装置,主要包括头部和尾部的链轮、输送链条、头部和尾部轮的支撑装置及托辊等。承载板,由连接螺栓与链条的链环紧固在一起。支架,起固定支撑其他所有零部件的作用,经与地脚螺栓连接而固定在基础上。

3.3.3.4　板式输送机的常见故障分析和处理

板式输送机的常见故障分析与处理,如表 3.3.6 所示。

表 3.3.6　板式输送机的常见故障分析与处理

故障现象	产生原因	排出方法
板喂机空料	分析:板式输送机在工作时可带载启动,因此下料斗应备足 2/3 的物料,不允许物料直接冲击板式输送机的底板。 板喂机空料,主要是由于料斗未及时充填物料或大块物料被卡住	停止喂料,将料斗充填物料到合适的厚度或将被卡住料块清除
电流超过允许值	分析:正常时工作电流应在一定范围内。 电流超过允许值,主要是板式输送机超载运行和摩擦阻力增大	① 若超载,则应立即通知控制室恢复正常状态; ② 若阻力过大,则应检查引起摩擦阻力的位置,查明原因并排除

续表 3.3.6

故障现象	产生原因	排出方法
轴承温度过高	分析:板式输送机工作时,前后轴承的温度应低于 65 ℃。 若超出其范围,则主要是由于润滑不良或轴承内部零件被损坏所导致	检查润滑装置,查明原因并排除,应及时加足油和换油。若轴承被损坏,则应及时更换
轴承座产生振动	分析:在工作时,轴承座的振动应在一定范围以内。 轴承座产生振动,主要是由于牵引链条受力不均、链条伸长或轴承内部零件被损坏所导致	通过调整装置调整牵引链条的受力或更换轴承
托辊表面产生裂纹	分析:托辊表面产生裂纹,主要是由于含油轴套被损坏造成支撑轮受力不均所导致;另外,若安装有滚动轴承,则其被损坏也是原因之一	停车,更换托辊
托辊转动不灵活	分析:托辊转动不灵活,主要是由于密封不严所导致。 ① 由于托辊轴内产生污垢而被卡死; ② 未及时添加润滑脂而导致缺油等	更换托辊后清洁润滑部位和换油备用
减速器壳体温度过高	分析:减速器在工作时油温不得超过 45 ℃。 ① 温度超出允许范围,主要是由于润滑油的黏度选择过高而导致润滑不良; ② 减速器轴承被损坏而增加摩擦阻力生热、出气孔被堵塞而排气不畅或排气孔设计不合理等导致油温上升	① 选择相同品种但黏度较低的润滑油,改善润滑情况; ② 更换轴承、疏通通气孔
减速器异常振动和声响	分析:减速器在工作时不允许有振动。 ① 减速器振动,主要是由于地脚螺栓产生了松动所导致; ② 减速器振动,主要是由于板式输送机所受力通过联轴器传递给减速器所导致; ③ 减速器振动,主要是由于减速器内零件被损坏等所导致; ④ 减速器异常声响,主要是由于轴承间隙过大及零件被损坏所导致; ⑤ 减速器异常声响,主要是由于联轴器柱销连接松动等所导致	紧固地脚螺栓、消除工作机的影响、更换零部件、调整轴承间隙、调整联轴器和紧固柱销螺栓
链条跑偏或松弛	分析:链条跑偏,主要是由于尾轮轴一个轴承座产生偏移所导致。链条松弛,主要是由于链条受拉伸长或张紧装置产生松动所导致	调整尾轮轴承座而使其与前轮轴平行。调整张紧装置到合适位置

3.3.4　胶带式输送机

胶带式输送机,又称带式输送机,是指一种有牵引构件的典型的连续运输机械。在水泥生产中,它主要用于石灰石、粉砂岩、钢渣、湿粉煤灰、碎煤、水泥熟料、石膏、各种混合材料和袋装水泥的输送。

3319-视频

3.3.4.1　带式输送机的结构组成及工作原理

带式输送机,主要由两个端点滚筒和紧套其上的闭合输送带所组成。

胶带式输送机的构造示意,如图 3.3.14 所示。

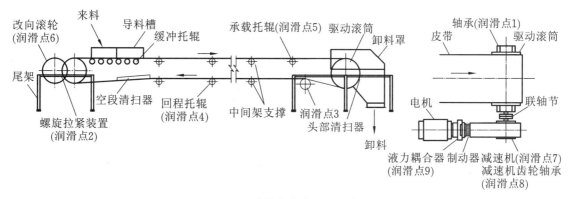

图 3.3.14　胶带式输送机的构造示意

驱动滚筒,是指起牵引作用的主动转动的滚筒。

改向滚筒,是指用于改变输送带的运动方向的滚筒。

驱动滚筒由电动机通过减速器驱动。输送带依靠驱动滚筒与输送带之间的摩擦力而被拖动。

一般情况下,驱动滚筒被安装在卸料端以增大牵引力而有利于拖动。

为了避免输送带在驱动滚筒上"打滑",需用拉紧装置将输送带拉紧。物料由喂料端喂入,落在转动的输送带上,依靠输送带运送到卸料端卸出。为了防止输送带因负重而下垂,将输送带支在托辊上。输送带分为上下两支。上支输送带为载重边,其托辊的设置要密一些;下支输送带为回程边,其托辊的设置要稀一些。

3.3.4.2　带式输送机的主要工作部件

由图 3.3.14 可知,带式输送机的主要工作部件,有输送带、托辊、滚筒、传动装置、拉紧装置、装料装置、卸料装置等,每个工作部件都有其职责,互相配合,共同完成物料的输送任务。

3.3.4.3　带式输送机的工艺布置及要求

带式输送机,其运送量大、动力消耗低,受地形和路线等条件限制较小,应用范围广。除了水泥生料、水泥等粉状物料不宜输送以外,从原料预均化库到袋装水泥出厂都有其应用。

3320-视频

常用的带式输送机有 3 种:通用带式输送机、钢绳芯带式输送机、钢绳牵引胶带输送机。

① 通用带式输送机(即 TD 型带式输送机),所用输送带的带芯材料为棉帆布或化纤织物,其外包橡胶或塑料。

② 钢绳芯带式输送机(即 DX 型带式输送机),所用输送带的带芯为高强度的钢丝绳,其输送量较大,输送距离较远。

③ 钢绳牵引胶带输送机(即 GD 型胶带输送机),其输送带只作承载构件,采用钢丝绳作牵引构件,多用于矿山上大输送量和长距离输送。

根据输送路线的不同,带式输送机的工艺布置有 5 种基本布置形式,如图 3.3.15 所示。对于长距离的复杂路线的输送,可由这 5 种基本形式组合而成。

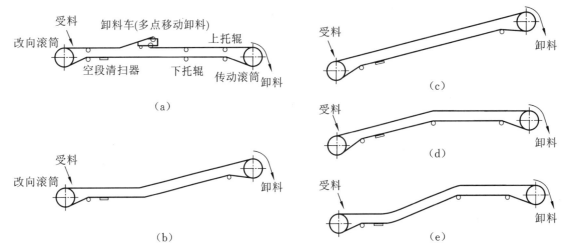

图 3.3.15 带式输送机的工艺布置示意

(a)水平布置;(b)带有凹弧线段布置;(c)倾斜布置;(d)带有凸弧线段布置;(e)带有凹弧和凸弧线段布置

对于倾斜向上输送物料的带式输送机,为了防止物料下滑,对于不同的物料规定了不同的允许最大倾角($\alpha_{\max}$)。

当倾斜向上输送物料时,其允许最大倾角,如表 3.3.7 所示。

表 3.3.7 向上输送不同物料时的允许最大倾角

物料名称	允许最大倾角($\alpha_{\max}$)	物料名称	允许最大倾角($\alpha_{\max}$)	物料名称	允许最大倾角($\alpha_{\max}$)
0～350 mm 矿石	16°	块状干黏土	15°～18°	原煤	20°
0～120 mm 矿石	18°	粉状干黏土	22°	块煤	18°
0～60 mm 矿石	20°	粉砂岩	15°	水泥熟料	14°
筛分后的石灰石	12°	湿粉煤	21°	袋装水泥	20°

当倾斜向下输送物料时,其允许最大倾角,为表 3.3.7 中规定值的 80%。

3.3.4.4 带式输送机的操作及维护

(1) 开机操作

在启动带式输送机前,要检查轴瓦和辊轮是否松动、胶带上是否有工具等杂物、安全防护设备是否牢固、各润滑部位是否有足够的油量以及能否保证安全运行。在确保无误后,在空载的条件下启动带式输送机。

(2) 运行中的检查

在带式输送机的运行中,要随时观察其工作情况,定期检查每一个部件。若发现异常情况,则应会同有关专业人员及时处理。

① 检查电动机、减速机、头部滚筒(传动滚筒)和尾部滚筒(改向滚筒)、轴承、逆止器等,是否有振动、异音(耳听)、发热(手摸)现象。

② 检查各润滑部位是否有足够的油量、减速机油位是否正常。

③ 检查减速机箱体上的油面指示器,判断润滑油是否达到油标要求;若缺油则要及时补加,以保证减速机齿轮轴承良好润滑。

④ 检查皮带接口是否发生开裂,带面是否有破损、划伤或严重磨损,皮带密封罩或防雨罩是否完好。

⑤ 检查缓冲托辊、上托辊、下托辊是否转动,磨损是否严重,确认是否更换。

⑥ 检查入料溜子是否漏料,挡板是否完好;导料槽是否歪斜,下料是否畅通;皮带运行中是否打滑及是否有滑料。

⑦ 检查张紧装置的工作状态是否合适,其配重是否上下滑动。

⑧ 检查滚筒是否黏有异物,弹性刮料器是否正常刮料。

⑨ 检查机架是否产生开焊现象,各联结点的联结是否牢靠,各地脚螺栓是否松动。

3.3.4.5　带式输送机的常见故障分析与处理

若带式输送机出现下料不畅、输送带破裂或接头脱胶,则可在物料卸空后停车处理。

若带式输送机的轴承、减速机的温度超过 75 ℃,则应立即采取降温措施。

若带式输送机的输送带跑偏、松紧不当、各联结螺栓松动、滚筒机托辊损坏;电动机及减速机运行不正常(电流过大、温度过高、声音异常、振动过大)、电动机开关不灵或停机不灵或急停不到位;卸料溜筒内结大物料无法清通;卸料溜筒破裂;皮带划破;接头脱胶严重;输送带负荷大而造成皮带压死;减速机严重漏油等,则应协助专业人员及时处理。

带式输送机的常见故障分析与处理,如表 3.3.8 所示。

表 3.3.8　带式输送机的常见故障分析与处理

序号	故障现象	产生原因	排除方法
01	输送带打滑	① 带的张力小; ② 带的包角小; ③ 胶带、滚筒表面有水、结冰	① 适当增大拉紧力; ② 用改向辊增大包角; ③ 清除水、冰
02	输送带在端部滚筒跑偏	① 滚筒安装不良; ② 托辊表面黏料	① 调整滚筒; ② 清除滚筒表面的物料
03	输送带在中部跑偏	① 托辊安装不良; ② 托辊表面黏料; ③ 带接头处不直	① 调整托辊; ② 清除托辊表面的物料; ③ 重新按要求接头
04	输送带有载运行一段时间后跑偏	① 输送机的托辊、滚筒因紧固不良而松动; ② 输送带质量差,伸长率不均; ③ 物料在带上偏载,或有偏移力	① 调整、紧固松动件; ② 尽快解决输送带的质量问题; ③ 调整装载装置,清扫卸料、消除偏移力
05	输送带接头易开裂	① 接头的质量差; ② 拉紧力过大; ③ 滚筒的直径过小,反复弯曲次数过多	① 提高接头的质量; ② 适当减小拉紧力; ③ 增大滚筒的直径,改进布置形式,减少反复弯曲次数
06	输送带纵向撕裂	① 机件损伤脱落而被夹入带与滚筒(或托辊)之间; ② 带严重跑偏,被机身等物碰刮; ③ 托辊的辊子发生断裂而不转动	① 修复或更换带子,处理好损伤的机件; ② 解决带的跑偏问题; ③ 更换损坏的辊子

续表 3.3.8

序号	故障现象	产生原因	排除方法
07	输送带龟裂	① 带反复弯曲次数过多而疲劳损伤； ② 输送带的质量差	① 改进布置形式,减少反复弯曲次数； ② 尽快解决输送带的质量问题
08	滚筒、托辊黏料	清扫器被损坏或工作不良	修理、调整清扫器
09	托辊的辊子转动不灵或不转	积垢太多,润滑不良,或轴承损坏	清洗或更换轴承的密封件
10	输送机不运行或运行速度低	① 电气设备有故障； ② 物料过载,超负荷； ③ 驱动力不足,输送带打滑； ④ 驱动装置发生故障	① 检查、排除电气设备故障； ② 卸除物料后启动,控制加料量； ③ 解决输送带打滑问题； ④ 检查、排除驱动装置的故障
11	轴承发热	① 轴承密封不良或密封件与轴接触； ② 轴承缺油； ③ 轴承损坏	① 清洗、调整轴承和密封件； ② 按润滑制度加油； ③ 更换轴承
12	机件振动	① 安装、找正不良； ② 地脚和联接螺栓松动； ③ 轴承损坏； ④ 基础不实或下沉量不均	① 检查安装质量,重新安装找正； ② 检查各部分联接螺栓的紧固情况,保证紧固程度； ③ 更换被损坏的轴承； ④ 设法解决基础问题

3.3.5 袋式收尘器

3.3.5.1 袋式收尘器的结构组成及工作原理

袋式收尘器,由滤袋(透气但不透过尘粒的纤维织物)、清灰机构(对于被阻留在滤袋上的粉尘进行定时清理)、过滤室(箱体)、进出口风管、集灰斗及卸料器(回转卸料器、翻板阀锁风等)所组成。

袋式收尘器利用过滤方法收尘:当含尘气体通过滤袋时,尘粒被阻留在纤维滤袋上而使气体得到净化而被排出;当滤袋上的积尘被定期清理后,可继续截留含尘气体中的粉尘。

3321-视频

滤袋能够将粒径 $d > 0.001$ mm 的微小颗粒阻留下来。若将袋式收尘器与旋风收尘器或粗粉分离器串联起来作为第 2 级收尘,其收尘效率可稳定在 98% 以上,则完全能够达到相关国家标准的环保要求。

3.3.5.2 袋式收尘器的产品代号

3322-视频

袋式收尘器的品种较多,其代号表示也较复杂。现举例如下:

(1) 单机袋式收尘器

（2）气箱脉冲袋式收尘器

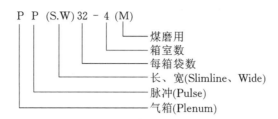

（3）反吹风袋式收尘器

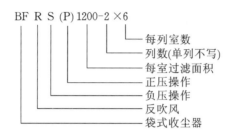

3.3.5.3　常用的袋式收尘器

（1）气环反吹袋式收尘器

当含尘气体由进入口被引入机体后进入滤袋的内部,粉尘被阻留在滤袋的内表面上,被净化的气体则透过滤袋经气体出口被排出机体。滤袋清灰,是依靠紧套在滤袋外部的反吹装置上下往复运动进行的,在气环箱内侧紧贴滤布处开有一条环形细缝,从细缝中喷射出从高压吹风机送来的气流,进而吹掉黏附在滤袋内侧的粉尘。每个滤袋只有一小段在清灰,其余部分照常进行收尘。因此,收尘器是连续工作的。

（2）气箱脉冲袋式收尘器

气箱脉冲袋式收尘器,其制造技术从美国富勒公司引进的,具有分室反吹和喷吹式脉冲清灰特点。它由上箱体、中箱体、下箱体(灰斗)、梯子、平台、储气罐、脉冲阀、龙架、螺旋输送机、卸灰阀、电器控制柜、空压机等所组成。

气箱脉冲袋式收尘器的本体被分隔成若干个箱区。当收尘器的滤袋工作一个周期后,清灰控制器就发出信号,第1个箱室的提升阀开始关闭而切断过滤气体,箱室的脉冲阀开启,以其压强为 $p > 0.4$ MPa 的压缩空气冲入净气室而清除滤袋上的粉尘。当这个动作完成后,提升阀将重新打开,箱体重新进行过滤工作,并逐一按上述程序完成全部清灰动作。

（3）回转反吹袋式收尘器

回转反吹袋式收尘器,其清灰机构由小型高压离心风机、反吹管路、回转臂和传动装置(转速 $n = 1.2$ r/min)所组成。在过滤过程中,随着粉尘的不断增厚,其通风的阻力也在增大。当阻力达到一定值时,反吹风机和回转装置同时启动,高压气流依次由滤袋上口向滤袋内喷出,使原来被吸瘪的滤袋瞬时膨胀,粉尘被抖落下来;随即高压气流离开,滤袋正常过滤。

（4）袋式收尘器的操作维护

① 运转前的检查

（a）检查安全防护装置是否齐全和完整;若存在问题,则一定要向有关人员报告。

（b）检查地脚螺栓是否松动;若已松动,则要拧紧。

（c）清除收尘器和灰斗下的螺旋输送机内的杂物、集灰。

（d）检查各润滑部位的润滑油或润滑脂是否足量；若不足量，则应立刻补充。

（e）打开检修门用手触摸每一条滤袋，检查是否牢固、松紧是否适中；若不符合要求，则要拧紧或调整，但滤袋也不能太紧了。

（f）检查各种阀门、仪表是否都在自己的位置上，动作是否灵敏可靠；若存在问题，则必须调整好。

② 开机与停机操作

袋式收尘器一般都与主机联锁在一个系统中，所以，在开机时要随主机按顺序自动启动。例如，岗位开车，经检查各项指标符合规定后，待通知一到则按下列顺序开机：

（a）启动灰斗下的螺旋输送机和卸灰阀的电动机；

（b）启动清灰装置的电动机（振打清灰、脉冲清灰、气环反吹清灰）；

（c）启动排风机或鼓风机的电动机。

袋式收尘器在停机时要随主机自动关停，其先后顺序与开机相反。但要注意的是，滤袋不能残留粉尘，要等排风机或鼓风机停转5～10 min后再停止清灰装置的运行。此时，滤袋中的粉尘基本上已被"抖落"干净。

③ 运行中的操作

袋式收尘器在运行中，有些条件可能会发生改变（或者出现某种故障），都会影响其运转状况。所以，对于袋式收尘器要做经常性检查。当其运转状况发生变化时要做适当的调节，用最低的运转成本使设备保持最佳的运行状态。

（a）关注压强差的变化

对于收尘设备的运行状态，可以通过控制柜上的各种监测仪表所显示的压强差、入口气体的温度、电动机的电压和电流等数值的变化而做出判断。若进口处与出口处的压强差变大了，表明含尘气体通过滤袋时的阻力变大了，则应考虑滤袋是否发生了堵塞现象；若压强差降低了，则有可能是滤袋破损了（或某个分室漏气了）。

（b）关注流量的变化

当流量增加时过滤风速增大，则可能会导致滤袋发生破损；若破损严重，则就起不到过滤作用了。当流量降低时流速减慢，则管道内（特别是水平管段）容易产生积灰。

事实上，袋式收尘器在运行时，其进口处与出口处的压强差、含尘气体的浓度和流量、过滤风速和阻力等都是相关联的，若有一项指标发生了变化，则其他几项指标都会连锁反应。这时应将变化的数值随时记录下来，与相关技术操作人员一起分析对比，采取有效的措施加以解决。

（5）常见故障的分析与处理

袋式收尘器的常见故障分析与处理，如表3.3.9所示。

表 3.3.9　袋式收尘器的常见故障分析与处理

序号	故障现象	产生原因	排除方法
01	排气含尘量超标	① 滤袋使用时间过长； ② 滤袋有破损现象； ③ 所处理的风量大或含尘量大	① 定期更换滤袋； ② 更换破损的滤袋； ③ 控制风量及含尘量
02	粉尘积压在灰斗里	① 粉尘因水分含量大而凝结成块； ② 输送设备工作不正常	① 停机清灰，控制粉尘的水分含量，袋式收尘器壳体需要保温； ② 保证输送物料畅通

序号	故障现象	产生原因	排除方法
03	运行阻力小	① 有许多滤袋发生损坏; ② 测压装置不灵	① 停机更换滤袋; ② 更换或修理测压装置
04	运行阻力异常上升	① 换向阀门或反吹阀门动作不良及漏风量大; ② 反吹风量调节阀门发生故障及调节不良; ③ 换向阀门与反吹阀门的计时不准确; ④ 反吹管道被粉尘堵塞; ⑤ 换向阀密封不良; ⑥ 因粉尘温度高而发生堵塞或清灰不良; ⑦ 气缸用压缩空气的压强降低; ⑧ 灰斗内积存大量积灰; ⑨ 风量过大; ⑩ 滤袋堵塞; ⑪ 因漏水而使滤袋潮湿	① 调整换向阀门的动作、减少漏风量; ② 排除故障、重新调整; ③ 调整计时时间; ④ 调整疏通; ⑤ 修复或更换; ⑥ 控制粉尘湿度、清理、疏通; ⑦ 检查、提高压缩空气的压强; ⑧ 清扫积灰; ⑨ 减少风量; ⑩ 检查原因、清理堵塞; ⑪ 修补堵漏
05	滤袋堵塞	① 所处理气体的水分含量过高; ② 滤袋使用时间过长; ③ 滤袋因过滤风速过高或含尘量过大而引起堵塞; ④ 反吹振打失败	① 控制气体湿度; ② 定期更换滤袋; ③ 适当调整风量和含尘量; ④ 检查反吹风的压强、反吹时间及振打是否正常
06	滤袋破损	① 清灰周期过短或过长; ② 滤袋的张力不足或过于松弛; ③ 滤袋安装不良; ④ 滤袋老化或因热硬化或烧毁; ⑤ 泄漏粉尘; ⑥ 滤速过高; ⑦ 相邻滤袋间摩擦、与箱体摩擦、粉尘的腐蚀使滤袋下部滤料变薄、相邻滤袋破坏	① 加长或缩短时间; ② 重新调整紧张程度; ③ 检查、调整、固定; ④ 查明原因,清理积灰、降温; ⑤ 查明具体原因并消除; ⑥ 研究原因,更换滤料材质; ⑦ 调整滤袋间隙、张力及结构;修补或更换已破损的滤袋
07	脉冲阀不动作	① 电源断电或清灰控制器失灵; ② 脉冲阀内有杂物或膜片被损坏; ③ 电磁阀线圈烧坏或接线损坏。	① 恢复供电,修理清灰控制器; ② 拆开清理或更换膜片; ③ 检查维修电磁阀电路
08	提升阀不工作	① 电磁阀故障; ② 气缸内密封圈损坏	① 检查电磁阀,恢复或更换; ② 更换密封圈

3.3.6 物料粉碎系统的操作

粉碎系统内各设备,采用中央控制室进行局域控制,各设备也可现场启停。当设备处于程序控制状态时,下游设备跳停,上游设备联锁跳停,现场启停设备按钮闭锁。现场进行单机操作时,开单机设备不参与设备联锁控制,但停单机设备受联锁控制,主要是避免设备因堆积物料过多而导致故障,达到顺利生产的目的。

3.3.6.1　开机准备

① 开机前应按顺序检查破碎站内设备各部位的紧固螺栓有无松动,各主要受力部位有无裂变,各传动部位有无障碍。若存在上述问题,则应及时通知有关人员进行处理。

② 检查各传动部的润滑情况。若润滑剂的量不足,则应及时补充。

③ 打开作业电视的操作系统,检查操作系统是否正常。若发现异常,则应迅速通知相关人员查明原因,并做相应处理。

④ 检查破碎站的配电柜、电源显示是否正常,各电流指针是否处于"0"位。若有异常,则应通知电工查明原因,并做相应处理。

⑤ 认真阅读前一个班的操作记录,检查是否正常。若有故障,则应迅速通知相关人员进行处理。

⑥ 确认操作系统上各设备是否处于"备妥"的正常状态,若有不"备妥"状态,则应及时现场查看,查明原因,并酌情处理。

⑦ 操作员与调度员应保持联系,掌握开机和配料的生产情况。

3.3.6.2　开机操作

① 确认各设备处于"备妥"正常状态,在接到当班值班长的指令后,方可启动操作系统而开机生产。

② 按正常开机顺序,启动各相应设备。待破碎机运行平稳后,方可对重型板式给料机喂料。

③ 在设备运行中,应注意操作系统的电流变化情况。

④ 在设备在运行时,若发现故障,则应停止喂料并查明原因,并做相应处理。待处理完毕后,按"复位"按钮而报警显示消失,则证明故障已被排除,方可喂料生产。

⑤ 应与中央控制室保持联系,根据物料情况进行科学变频喂料,避免跳机情况发生。

⑥ 破碎机在遇到铁件掉入破碎腔等紧急情况下,应按急停开关,以防事态扩大。通知值班班长做好停电挂牌工作,待机停稳后,对破碎系统的设备做认真检查,并将检查结果向值班班长和相关部门反映。

⑦ 不得使设备处于超载运行。

3.3.6.3　停机操作

① 下班前在接到调度员和计量员通知后,停机给料,待各设备的电流为正常空载时,方可停机。

② 先按停机按钮,再按确认按钮,按"从前往后"的顺序停机。

③ 认真填写当班操作记录,做好交班准备工作。

④ 待各设备停稳后,切断破碎机等各设备的电源,使破碎机等各设备处于不"备妥"状态。

［知 识 测 试 题］

一、填空题

1. 袋式收尘器中气源三联体的作用_____、_____、_____。

2. 袋式收尘器按清灰装置的工作原理及结构特点,可分为_____式和_____式两类。

3. 收尘器按其工作原理,可分为_____、_____、_____、_____、_____、_____、_____ 7种。

4. 袋式收尘器的滤布材料,要求_____、_____、_____和一定的_____,良好的_____。

5. 皮带跑偏,可以调整_____、重新胶接或者更换、调整_____、调整_____。

6. 颚式破碎机,按动颚的运动特征不同,可分为_____、_____和_____三大类,其规格采用_____乘以_____表示。

7. 反击式破碎机击碎物料的三种方式,分别是①_____;②_____;③_____。其规格用_____乘以_____表示。

8. 袋式收尘器,是用_____的方法收尘的。电收尘器收集粉尘是靠正、负极间的_____电场实现的。

9. 斗式提升机,是靠驱动链轮与环链间的_____带动_____旋转的。

10. 空气输送斜槽,是利用固体颗粒在_____状态下沿斜槽向下流动_____设备。

二、选择题

1. 袋式收尘器的供气压强一般控制为( )。
A. 0.3～0.5 MPa   B. 0.4～0.5 MPa   C. 0.5～0.7 MPa   D. ＞0.7 MPa

2. 破碎机的电动机功率为( )。
A. 95 kW   B. 110 kW   C. 150 kW   D. 250 kW

3. 6721 皮带机的型号为( )。
A. B800 mm   B. B1000 mm   C. 1200 mm   D. B1400 mm

4. 进磨头仓的水泥熟料的输送皮带的型号为( )。
A. B800mm   B. B1000mm   C. B1200mm   D. B1400mm

5. 如下粉碎机械,其粉碎比最大的是( )。
A. 颚式破碎机   B. 锤式破碎机   C. 反击式破碎机

6. 为了保证锤式破碎机运行过程中的转子平衡,要求锤头的安装位置要( ),形状要求可以( )。
A. 对称,调换   B. 平衡,任意设计

7. 板式输送机适用于水平和倾角( )的物料的输送。
A. ≤15°   B. ≤35°   C. ≤45°

8. 带式输送机向上输送 40 mm 石灰石时允许的最大倾角是( )。
A. 16°   B. 18°   C. 20°

9. 袋式收尘器"糊袋"的原因主要是( )。
A. 所处理气体的水分含量过高   B. 反吹振打失败   C. 滤袋的含尘量过大

10. 如下粉碎机械,其粉碎比最大的是( )。
A. 颚式破碎机   B. 锤式破碎机   C. 反击式破碎机   D. 球磨机

三、判断题

1. 若离心风机出口处的阻力越大,则风机的电流越低。 ( )
2. 若颚式破碎机偏心轴的转速越快,则其产量越高。 ( )
3. 根据叶片的旋转方向,离心式风机可分为前向式、后向式、径向式三种型式。 ( )

四、简答题

1. 简述单锤式破碎机的特点。
2. 简述反击式破碎机如何调节产品的细度。
3. 胶带输送机在使用中,若输送带在传动滚筒上打滑,则可采用哪些措施进行调整?
4. 简述皮带秤中央控制累计量产生故障的原因及处理方法。

3323-文本

5. 简述皮带秤不"备妥"故障的原因及处理方法。

6. 简述皮带秤的工作原理。

7. 简述皮带秤的调试方法。

8. 简述袋式收尘器的工作过程。

9. 简述水泥建材企业常用收尘设备的分类。

［能力训练题］

1. 结合某水泥企业石灰石粉碎系统的工艺流程,分析其系统的开车与停车顺序。

2. 结合实训室已有的粉碎设备,说明粉碎机械的维护与保养要求。

3. 查阅资料,说明粉碎系统停机例检的内部检查项目。

4. 查阅资料,结合某水泥企业石灰石粉碎系统,分析破碎机、板式输送机、胶带输送机、袋式收尘器等常见故障的产生原因及排除方法。

3.4 物料粉碎系统的节能与高产分析

（1）任务描述

本任务的学习内容包括3个方面:

① 物料粉碎系统节能与高产的工艺因素;

② 物料粉碎系统节能与高产的设备因素;

③ 物料粉碎系统节能与高产的管理因素。

3401-文本

学习重点:分析影响物料粉碎系统节能与高产的因素。

学习难点:针对物料粉碎系统的节能与高产提出应对方案、解决具体问题。

（2）知识目标

掌握影响物料粉碎系统设备运行电耗量的工艺、设备和管理等因素。

（3）能力目标

能根据水泥生产工艺要求提出物料粉碎系统或某一环节的节能降耗措施。

3402-ppt

在水泥生产过程中,粉碎系统主要是为粉磨系统提供合格粒度的入磨物料。该系统的节能与高产,是水泥生产过程"优质、高产、低耗"的重要组成部分。一般来说,影响节能与高产的因素,可分为3个方面:工艺因素、设备因素和管理因素。

3.4.1 物料粉碎系统节能与高产的工艺因素

3.4.1.1 物料性质

与粉碎过程有关的物料性质有:物料的晶体结构、强度、硬度、温度、脆性、含水量、易碎性及料块尺寸等。

物料抵抗外力的能力,是它的一种物理力学性质。一些晶格排列紧密和规则的矿物体(例如,火成岩和变质岩),其质地坚硬、强度较大而不易破碎。沉积岩的晶格和形状大小不一,它们之间有各种胶结物质。其中,硅质和钙质的胶结性较强,而泥质的胶结性则较弱。矿物体的非均质性,直接影响其被粉碎的难易程度。矿物体的非均质性,表现于其结构单元、胶结度、晶间质、空隙率及其形状大小、分布与排列。矿物体的单层状态，有块状、巨厚层、厚层、中厚层和薄层之分。层理结构，是矿物体的薄弱面。层理结构的疏密程度，与其被粉碎的难易程度有关。矿物体存在于自然界，因受到地壳变动影响而产生断裂、褶皱和破坏所带来的各种裂纹，与其被粉碎的难易程度有关。矿物体的粉碎性能，还与其黏性和韧性等有关，因此，常用实验方法测量其粉碎性能。目前主要是通过取样而对其粉磨功指数（W_i）进行测量。

① 当 $W_i < 8$ kW·h/t 时，属于易碎性矿石；

② 当 $W = 8 \sim 12$ kW·h/t 时，属于中等易碎性矿石；

③ 当 $W_i > 12$ kW·h/t 时，属于难碎性矿石。

评价矿石粉碎性的另一个重要指标，是其对金属的磨蚀性（即粉碎时的金属消耗量）。目前，还没有统一的磨蚀性实验方法，只是设备厂家（或用户）根据自己的使用情况所累计的粉碎机械易磨件的使用寿命进行评价。例如，一副锤头能破碎多少吨什么物料等。从另一个角度而言，这也是选择和考核粉碎机对物料适应性的重要质量指标。

物料在自然条件下的含水量和黏附性，也是需要了解的重要因素。石灰石很少能吸收过多的水分，但细颗粒非固结性原料（例如，黏土、泥灰岩、白垩）则能吸收过多的水分。一般来说，水分含量的上限值为 $6\% \leqslant w_{max}(H_2O) \leqslant 8\%$ 的物料，在一般条件下不会对粉碎机造成多大的麻烦。对于超过这个指标的物料，就应该考虑采用烘干兼粉碎的工艺流程，或晾晒、烘干后再进行粉碎。

3.4.1.2 矿山开采粒度

石灰石矿山，是水泥企业的主要原料基地。在选择石灰石矿山时，就应该注意石灰石的品位、储量、结构和易碎性。在开采石灰石时，要合理布点、降低剥采比，保证石灰石品位的相对稳定和均匀。有关国家规范要求矿山的服务年限一般按 30 年计算，即矿山的可采矿量应满足水泥企业 30 年的需求量。由于矿山采用机械化开采，矿体中夹有地表层、夹层、裂隙土、熔岩填充等，使采出的石灰石不仅品位下降，而且影响粉碎机的产量和质量的提高。因此，在生产过程中，应通过计划开采、配铲装车、配车运输、粉碎储存等多种手段进行有目的的预均化。在开矿爆破中，改变传统的硐室爆破而采用较先进的小抵抗线组合微差爆破技术，降低大块率和根底，降低爆破震动和飞石危害。

矿山开采粒度，是影响粉碎机产量的重要因素。在矿山开采中，应尽可能地降低大块率。根据各水泥企业粉碎系统的设备配置，制定合理的矿山开采粒度要求，既要保证矿山生产能力的发挥，又要兼顾粉碎系统的产量与质量的提高。没有自有矿山的中、小型水泥企业，应相对固定收购合格矿石的来源，并在收购矿石时严格控制进厂料块的粒度，以保证粉碎系统的进料粒度要求。

例如，某水泥企业的石灰石矿山，将抵抗线由原来的 $13 \sim 18$ mm 减少到 $8 \sim 12$ mm，增加了药室的层数和排数，并实现微差起爆，同时合理地选择抛松比、爆破作用指数、间距系数等工艺参数，采用了深孔－硐室组合微差爆破技术，从而改善了爆能分布，提高了爆破质量，综合大块率由 $20\% \sim 30\%$ 下降到 $3\% \sim 8\%$，仅为原来的 1/4，爆破效果明显改善，为石灰石粉碎系统的节能降耗和优质高产，打下了良好的基础。

3.4.1.3 物料粉碎的工艺流程及设备

物料粉碎系统，包括粉碎级数（粉碎机数量）和工艺流程（粉碎生产线）两大部分。粉碎级数，主要取决于要求粉碎物料的粉碎比和粉碎设备的性能。若粉碎级数越多（即粉碎机的数量越多），则粉碎系统越复杂，不仅设备投资和基建投资大，而且维护工作量大、费用高、劳动率低、扬尘点增加。因此，对于有条件的水泥企业，应尽量减少粉碎系统的级数。

单段锤式破碎机，是目前较为理想的石灰石粉碎设备。它能将粒度约为 $d = 1$ m 的料块一次性粉碎成粉磨设备所需要的入料粒度（$d \leqslant 25$ mm）。该机的国产化是以我国矿山的具体条件为出发点，着力解决了对混有黏湿性泥土矿石的适应能力和铁器等异物进机的安全性等问题。

单段锤式破碎机,是从老式慢速锤式破碎机和快速锤式破碎机演变而来的,集两机之长于一体,从而具有入料粒度大、出料粒度小和电耗低的特点,达到了节能、高效的目的。

物料在单段锤式破碎机内的粉碎过程,也分为两级粉碎(即粗碎和中碎)。其中,粗碎与慢速锤式破碎机相似,进入机体内的大块矿石由给料辊来支托,最大进料粒度可达转子直径的 70%(宽度),来料中较小的物料从给料辊之间卸出。中碎是在锤头与反击板、齿板和箅条之间进行的。中碎的粒度取决于锤头的密集度、线速度、反击板和齿板的形状、中碎带工作弧度的大小、锤头与它们的间隙以及箅缝的宽度。由于该机没有弧形上箅条的限制,可以密集排锤,因而中碎效果远优于慢速锤式破碎机。所以,该机具有集粗碎、中碎于一体的优点。

采用单段锤式破碎机的一级粉碎系统,与普通二级粉碎系统相比,具有以下优点:

(1)提高了进料的粒度及粉碎比

机内的粉碎空间大,重型锤头粉碎作用强,可省二次爆破,有利于矿山开采和粉碎系统生产效率的提高。

(2)改善了石灰石的适应性

排料箅子为顺向齿面结构,不易发生堵塞;对料块中的水分和黏性物质含量的适应性增大。

(3)降低了单位质量产品的电耗量

与相同生产能力的二级粉碎系统相比较,其装机容量降低了 30%,单位质量产品的电耗至少可降低 25%。

(4)节省了基建和设备的投资

因不需要第 2 级粉碎厂房而降低了费用,减少了相应的输送、收尘设施及检修设备等,设备数量降低了 62%,质量降低了 32%,总投资降低了 44%,生产费用降低了 41%。

(5)提高了工作可靠性

由于机后有异物排出门,可防止混入料块中的铁件、钻头、铲齿等损坏机件;具有双重除铁保护装置,故障率低;简化了生产工艺流程,既减少岗位人员又便于设备维修。

(6)有利于环境保护

扬尘点减少,便于管理和提高清洁生产水平。

(7)降低了金属的消耗量

该机破碎工作角度大,料块对转子的冲击力小,机件使用寿命长,可大量节省锰钢铸件,降低石灰石的生产成本。

3.4.1.4 稳定加料过程

确保加料过程的连续性与均齐性,是实现粉碎系统节能与高产的重要工业环节。过去这一点在许多水泥企业(尤其是中小型水泥企业)不被重视,仅靠拖拉机给企业供料或用铲车直接向破碎机喂料,粉碎系统基本上属于间歇式加料过程。每年工作总结都会发现"台时产量不低,月平均产量不高",不知原因何在。实际上都是加料不稳定、不连续、不均匀所带来的后果。

从能量利用率方面而言,若一台设备不能达到一定的负荷量,其运转率越高,则浪费越大、单产电耗越高,尤其是"等料空转"是一个得不偿失的事,在生产中一定要尽量避免。

从设备安全操作规程方面而言,若加料过多或过猛,则会造成设备的进料口发生堵塞,有时料块所产生的过大的冲击力还会损坏破碎机内的机件;对于以冲击粉碎为主的破碎机,若加料量过大或不均匀,则会引起传动部件的运转失调、电动机的电流过大或电动机产生振动。这些都是产生事故的隐患,一旦发生,将会直接造成粉碎系统的产量与质量下降和单位质量产品的电耗增加。

对于大型粉碎机,一定要配置一定规格的加料溜槽和重型板式输送机,采用变频调速器控制喂料速度,实现电动机软启动,进行稳定的加料;对于中小型粉碎机,也应该配置必要的加料仓及中、轻型加料机,保证均匀、连续加料。在此基础上,若再提高设备的运转率,则才有可能获得节能与高产的效果。

3.4.2 物料粉碎系统节能与高产的设备因素

3.4.2.1 物料粉碎设备的合理选型

(1) 充分了解各类粉碎设备的性能特点

不同类型的粉碎机具有不同的工作方式,适应物料性质的能力各有不同。

当粉碎强度和硬度较大、易碎性较差的物料时,应采用以冲击、挤压为主的粉碎机(例如,单段锤式破碎机、反击式破碎机、颚式破碎机、圆锥式破碎机等)。

当粉碎磨蚀性强的水泥熟料时,应选择转速较慢的粉碎设备(例如,慢速锤式破碎机、细碎颚式破碎机等)。

当粉碎湿黏土或冻土时,应采用机内有清除黏附物装置、易于排料的粉碎机(例如,齿辊破碎机、冲击式湿黏土破碎机、配刀式黏土破碎机、反击式烘干破碎机等);

当粉碎石膏、混合材料等中硬、低硬物料时,可选用各种细碎粉碎机(例如,锤式破碎机、反击式破碎机、颚式破碎机等)。

(2) 物料粉碎系统中破碎与粉磨环节生产能力的适应性要求

在粉碎系统中,由于工作条件和对外业务的需要,破碎与粉磨环节工作制度的差别较大,一般采用一日一班制,最多一日两班制。从生产工艺流程的连续性而言,破碎环节必须满足粉磨环节生产能力的要求。经综合考虑矿山供应、运输条件、天气变化、设备故障等多种因素的影响,在破碎环节的设备选型时,只有其生产能力取粉磨环节设备生产能力的 2~3 倍,才能保证粉磨环节的连续运转。与此同时,破碎环节的产品粒度大小,必须符合粉磨设备的入磨粒度的要求,力求破碎环节的产品粒度稳定、均齐,以有利于磨机工艺参数的确定和产量的提高。

(3) 优选结构性能先进的粉碎设备

近年来,随着机械设备的技术进步,许多结构与性能优良的新型粉碎机不断出现,其粉碎比大、单位质量产品的电耗低、环保性能好、物料适应性强。例如,单段锤式破碎机、反击式破碎机、烘干破碎机等。此外,还有不少产品粒径 $d < 5$ mm 的细碎破碎机,对于粉碎流程的简化、物料的品质均化、入磨粒度的优化等,都具有较大的积极作用。因此,在选择粉碎设备时,应认真进行调查研究,减少盲目或照搬的不良作风,使自己的粉碎系统能够达到适应本企业具体条件的最佳效果。

(4) 物料粉碎系统应便于设备安装检修和维护管理

粉碎系统的劳动强度较大,操作工人的技术素质有限,故在工艺设计中应力求系统紧凑、运行可靠、操作方便、维护简单;若能够以一级破碎环节完成粉磨环节供料要求时,则不设二级(或多级)破碎环节。随着粉碎设备工艺技术的飞速发展,以及设备日趋大型化,设备维护管理越来越多地为人们所重视。在破碎与粉磨环节正常的运行过程中,因更换易损件而被迫停车的时间,在水泥行业约占总停车时间的 $50\% \sim 55\%$,占因磨损而增加设备维修工作量的 $60\% \sim 65\%$。因此,在设计和建设粉碎系统时,就应该创造一个良好的维修工作条件和便于操作的维护基础,以提高设备的运转率和延长设备的检修周期。

水泥生产过程具有连续性强的特点,若生产工艺线上某一台设备因故障停机,则其影响可能很大(甚至全厂设备被迫停机)。水泥机械属重型设备,设备自重及零件尺寸均比较大,会给故障处理工作带来一定的难度;工作环境恶劣,润滑保养工作经常不能得到保证,会造成设备故障率高、机械事故频繁。因此,水泥机械设备是否"好修"的问题,就显得非常突出。所以,机械设备的"易修性",对于设备维修工作者来说非常重要。在进行设备选型时,不仅要考虑机械的性能、零件的强度等问题,还必须考虑机械的合理结构,以使设备维修时方便快捷。

目前,在水泥生产技术改造中,涌现出了许多设备的新结构、新改进、新设计,研究与吸收那些好的和成熟的结构改进,应用到本单位的设备及修理之中,是发挥设备潜能、节能与高产的极好办法。另外,加强水泥机械"易修性"问题的研究工作,剖析各种机械设备在"易修性"方面存在的缺陷,研究与开发容易修理的好结构、新部件,对于提高设备的安全运转率和达到每台生产设备既"好用"又"好修"的要求将更为有利。

3.4.2.2 物料粉碎设备的构造与材质的优化

(1) 复合粉碎机理的应用

从晶体学理论计算得到的固体物料的强度,常常比实际物料的强度大得多。其主要原因是工业生产中需要粉碎的原材料,大部分来源于矿山开采或热工过程,在这些物料内部存在着不同程度的晶格缺陷和微裂纹。因此,粉碎某一物料实际需要的能量比理论计算的要小得多。在外力作用下,物料的内聚力不断发生变化,颗粒内部产生向四面传播的应力波,并在内部缺陷、裂纹、晶格界面等处产生应力集中,使物料首先沿着这些脆弱面破坏而粉碎。所以,粉碎设备或工具传递给物料颗粒的动能转变为物料的形变能做功而产生较大的应力集中,是导致物料被粉碎的主要原因。

粉碎设备或工具,由于机械结构形式和工作原理的不同,其施力的方式有多种多样(例如,冲击、挤压、弯曲、折断、劈裂、研磨等)。如果在一台粉碎机内利用物料有限的停留时间,将机械能以多种形式转变为物料的形变能做功,使物料充分利用能量而被粉碎。此过程被称为复合粉碎。

一般来说,机械粉碎都应该是复合粉碎,只是其复合的程度和种类的多少不同,存在一个能量利用率的差值,导致各种粉碎设备的节能与高产的效果不同。在选择和改进粉碎设备时,应尽量要求物料在机内有一个合理的运动轨迹和停留时间,并受到多种方式的粉碎作用,以实现粉碎系统节能与高产的目标。

(2) 抗磨蚀技术的应用

影响粉碎设备的工作部件磨损的因素,可以分为两大部分:外部因素和内部因素。

外部因素,是指如前所述的强度、硬度、韧性、粒度和磨蚀性等物料性质及各种不同工艺流程和加料方式等所造成的影响。

内部因素,是指金属材料的化学成分、金相组织、加工质量和机械结构及性能。粉碎设备的主要工作部件中的易损件是否耐用,取决于材料的抗冲击磨损能力、抗疲劳磨损能力、抗显微切削和犁削的能力。

颚式破碎机齿板的磨损,属于凿削式磨损。齿板磨损的主要原因,是磨料相对齿板短程滑动、切削金属造成磨屑和磨料反复挤压而引起齿板材料多次产生形变,从而导致金属材料因疲劳而脱落。

磨损失效过程可分为如下 3 步:

① 物料多次反复挤压凿削齿板,在齿板区表层或在挤压金属的突出部分根部形成微裂纹。此微裂纹不断扩展和相连,造成表面金属材料脱落而形成磨屑;

② 物料反复挤压,造成齿板金属材料被局部压裂或翻起,其碎裂或翻起部分又随着挤压撞击的物料一起脱落而形成磨屑;

③ 物料相对于齿板做短程滑动,切削齿板而形成磨屑。

因此,从耐磨材料上控制齿板磨损,主要是硬度和韧性。若材料较硬,则物料挤压的深度较浅,材料的形变就小,物料对材料做短程滑动的切削量也就小。若材料的韧性较好,则其抵抗断裂的能力较强,可消除挤压撞击过程中的脆性断裂,提高抗疲劳形变与开裂的能力。

颚式破碎机的大小规格不同,其进料粒度和锐度不同,对齿板的挤压力或撞击力不同。大型和中型颚式破碎机的挤压力较大,除了考虑材料的抗挤压能力和抗滑动切削能力以外,还应考虑受撞击时的冲击力及弯曲应力。因此,对于大型齿板的选材,应选用韧性高、综合性能好的材质。

从上述磨损失效分析可知,对于齿板材料,应选择硬度高的材质以抵抗挤压力、显微切削失效;选择足够韧性的材质以抵抗凿削撞击疲劳失效。与此同时,从齿板结构上进行改进,以减少物料与齿板的相对滑动。这不仅对提高材料的使用寿命有益,而且对颚式破碎机的节能与高产也十分有利。

锤式破碎机的锤头磨损,以冲击凿削为主,伴随有冲刷显微切削磨损。其磨损形貌为冲击坑和切削犁沟。由于锤头的主要磨损方式为冲击,所以人们习惯选择高锰钢做锤头材质。不同规格的锤式破碎机,其锤头的形状大小也各不相同,一般认为 $90\sim125$ kg 的锤头为大型锤头,25 kg 以下为小型锤头,其余为中型锤头。对于大型、中型水泥企业,一般使用 $25\sim50$ kg 的锤头。由于锤头大小不同、使用工况条件不同,其磨损失效也各不相同。

对于大型锤头,由于粉碎机的进料粒度大、粉碎比大、转速高,所以其锤头所受的撞击力大。这是以撞击为主的磨损机制,在选材应以冲击韧性为主导,兼顾硬度、强度等综合性能。超高锰钢锤头的锰钢含量高达 $17\%\sim18\%$,主要是为了使其锤头厚大,其中心部位也为全奥氏体组织,保持了其优良的韧性,因此,其使用可靠。由于增加 Cr、Mo 等元素,所以提高了其屈服强度和初始硬度等综合性能,满足了生产需要。总之,以冲击磨损为主的易损件,必须选择高韧性材料并辅以其他综合性能。

对于中型锤头,由于其冲击力大,采用高韧性的高锰钢材质,其加工硬化性能得到一定发挥。锤头的磨损以冲击、凿削为主,伴随冲刷显微切削磨损。在以切削为主的情况下,铸件的硬度对耐磨性起主导作用。为解决这一问题,可采用一种超越高锰钢、高韧性材质,且大幅度提高其屈服强度(450 MPa),提高初始硬度到 HB260$\sim$300,同时提高其加工硬化速率。这样,可以使锤头的使用寿命大幅度提高。

对于小型锤头,其磨损过程为:

一方面,物料冲击锤头的能量较小,金属表面产生塑性形变和微裂纹,在反复多次产生塑性形变的情况下裂纹扩展,金属因受挤压而形成碎片脱落,导致冲击磨损;另一方面,物料刺入材料表面,在一定法向力与切向力的作用下,对材料表层金属产生显微切削和冲刷而使金属表面磨损,但由于冲击力不大,高锰钢不会被加工硬化。所以,对于小型锤头,应选择有一定韧性、以硬度高为主导的材料,可以大幅度提高其使用寿命。

目前,国内外各类粉碎机(例如,旋回式破碎机的动锥与定锥、辊式破碎机的辊筒套、大型颚式破碎机的动颚板与定颚板的侧板、大型锤式破碎机的锤头、反击式破碎机的板锤和反击板等),一般仍以奥氏体高锰钢为主。近年来发展了一些掺加合金的改进型高锰钢、超高锰钢、超强高锰钢等。

标准高锰钢经水韧处理后为全奥氏体组织,具有良好的加工硬化性能,金属主体仍保持优良韧性,因此使用可靠,故一直在高冲击设备中广泛应用。但是,由于高锰钢屈服强度较低而在使用中易产生塑性流变,因此,西欧、美国等国家多采用掺加 2% Cr、0.5%$\sim$1.0% Mo 的合金高锰钢,使其屈服强度从 350 MPa 提高到 440 MPa 以上,并相应提高了其初始硬度,使耐磨性也有了一定的提高。我国冶金和建材行业在高锰钢标准中,也增加了 Mn13Cr2 这一钢种。

综上所述,粉碎设备的易损件近几年来的发展趋向是:对于大型受冲击力较大的易损件,采用掺加 Cr 的改进型高锰合金钢;对于中型和小型受冲击力较小的易损件,有条件就采用高铬铸钢及采用中碳合金钢,从而改变了完全用普通高锰钢材质的传统局面。

(3)设备诊断技术应用

为保持较高的设备的运转率和实现生产设备的可持续节能与高产,水泥企业要加速设备诊断技术的应用,以尽早发现事故隐患,及时维护与修理,用最少的设备成本获得最大的生产能力和经济效益,适应水泥工业机械设备向大型化、智能化、自动化发展的需要,并满足水泥生产线连续工作、设备正常运转和维修的要求。

设备诊断技术,包括设备状态的检测、故障诊断、预测及维修决策等,贯穿于工业企业生产的全过程。根据现代化水泥设备大型化、智能化和自动化的特点及当代设备诊断技术的发展趋势,我国水泥企业设备诊断技术的模式,应该是"在线"检测与"离线"检测相结合、简易诊断与精密诊断相结合、振动诊断与油液分析等相结合的多形式、多方法、多参数的综合诊断模式。它是应用振动诊断、油液分析、热像诊断等几种使用方法,按照班组、车间和厂级配置诊断系统,形成一个综合的设备诊断系统。

振动诊断,是指通过检测、分析来自设备的振动信号而掌握其运行状态、判定其故障部位及原因的方法。它是设备诊断技术中使用最多、效果比较显著的方法。

油液分析,是指通过对设备润滑油液的质量(理化性能、污染程度等)和不溶性磨粒的检测,在不停机的情况下分析诊断设备异常磨损的部位、原因及趋势的方法。

热像诊断,是指根据机械设备因在工作过程中会产生和释放热量而当发生异常时机件和润滑油的温度就会上升的原理,检测机件和润滑油的温度、温差、温度场和热图像等就可以及时发现设备运转中的异常现象的方法。它是故障诊断的重要方法之一。

除此之外,还有声发射诊断、自诊断、电气诊断等技术,通过对机械结构本身的声波变化或电流、磁通等参数的变化,做出及时的监测和报警。

必须指出的是,当日检测超过参数量判断标准值时,这并不意味着设备需要马上停机检修,而是要马上缩短检测周期、增加检测频次,视情况而进行精密诊断,从而对故障进行定性和定位,再做出维修决策。

3.4.3　物料粉碎系统节能与高产的管理因素

设备管理,是现代企业管理的重要组成部分。设备管理的核心内容是:以人为本的全员管理和以计划检修为主的技术管理;采用设备维护及其运行指标分解承包经济责任制,增强员工主人翁意识,充分调动员工的主观能动性,建立健全各项规章制度、管理规程,使设备管理科学化、制度化和正规化,为实现本系统的优质、高产、低消耗、安全、清洁生产提供最基本的保证。其具体工作,应从以下几方面做起。

3.4.3.1　强化员工技能培训

对岗位操作工和设备维修工进行技能培训,提高其专业水平和操作技能,坚持"持证上岗",绝不迁就。这是设备管理的重要内容。"三好四会"(即管好、用好、修好和会使用、会保养、会检查、会排除故障),是每一个岗位操作工上岗前必须达到的基本技能。在此基础上,创造机会让他们将学到的理论知识和交流得到的成熟经验运用到生产实践中去,充分发挥他们的聪明才智,同时鼓励员工勤奋工作、认真管理,做到环境清洁、节能高产,通过指标考核、群众监督,依据"公平、公正、公开"的原则,定期或不定期地评选"先进设备"和"岗位能手",并与个人经济利益挂钩,奖惩分明,真正做到全员管理、以人为本。

3.4.3.2　健全设备技术档案

健全和完善设备技术档案,是设备管理工作的重要基础。生产车间各种设备的技术资料、设备制造厂家及其联系方式、备品与备件的来源及更换要求等,是维护保养设备的主要信息资源。认真做好平时的运行记录、生产控制指标、检修经过、损坏原因、解决办法、技改内容和革新效果等档案工作,是制定操作规程、规章制度、计划检修方案和周期的重要依据。有了设备技术档案,不仅使设备维护保养走上正轨,即使遇到紧急情况和突发事件,也可以做到临危不乱、沉着应对,有利于迅速决策并及时解决。对于进口设备的技术资料,应提前翻译为中文版本,以便工作中快速查阅。

3.4.3.3 实施计划检修

随着社会发展和技术进步,对工艺生产线的产量和质量的要求越来越高,设备因故障检修的时间逐步缩短。因此,应根据实际情况制定合理的检修计划,并根据生产情况保证检修计划的逐一实施。工程技术人员是实施检修计划的直接负责人,要经常深入车间对设备运行情况进行检查和了解,认真分析研究并提出检修方案而将检修任务落实到检修班组。工程技术人员在检修时要亲临现场、严格把关,与检修人员同心协力,保证检修质量和实施进度。最后由工程技术人员和岗位操作工共同验收并签字,相互监督,相互制约,把事故消灭在萌芽状态。这样,可以减少停机时间,降低劳动强度和检修成本,提高运转率,实现本车间的节能与高产。

3.4.3.4 完善备品与备件管理

备品与备件管理,是设备管理工作的一个重要组成部分,是保证设备维修的重要物质条件,对于保证生产的持续进行,提高设备的可靠性、维修性和经济效益等,都有极其重要的作用。应根据设备档案的详细记录,逐步总结易损件的名称、规格、使用周期等,与供应部门密切合作,提前做好适当储备。

备品与备件管理工作的主要内容如下:

① 备品与备件管理工作,要与生产计划和设备维修计划密切配合。在安排生产计划和设备维修计划的同时,必须提前安排好各种生产工具、模具和设备维修所需用的零件、部件及其准备工作。

② 备品与备件管理工作的重点,是抓好"三管"和"四定"。"三管"即计划管理、定额管理、仓库管理;"四定"即定消耗定额、定库存周期、定备件资金、定生产分工。此外,还必须健全各种经济责任制,加强各车间、班、组及个人的经济考核工作,尽量降低备品与备件的消耗量,避免过多备件的积压与浪费。

③ 在保证备品与备件质量的前提下,做好备品与备件的"三化"工作,即标准化、通用化、系列化,为设备的维护与检修提供优质条件。

④ 积极采用先进的修理工艺和先进技术,延长备品与备件的使用寿命,加快进口机械设备的备品与备件国产化的工作,降低生产成本,保证及时供应。

⑤ 做好生产维修备件、大修备件、事故备件的划分和分类发放记录,以配合车间岗位经济责任制的考核与评比工作。

3.4.3.5 落实维护保养责任制

维护保养好每一台设备,是保证生产线能够满负荷运转的前提条件。维护保养工作必须由专人负责,即谁使用、谁管理、谁负责。各班组自查、自检、自修的规定,一定要切实可行,便于操作。若发现问题后,则要及时向有关领导或部门汇报,采取必要措施及时处理。交接班记录要做到不隐瞒、不回避、翔实客观、实事求是,交接过程中还必须对设备进行认真检查,观看相关仪表运行参数是否正常,分清责任,防止设备带病作业。根据水泥生产线较长的特点,应该将设备维护保养工作分解到每一个岗位操作工,车间领导要加大监管力度,并将检查和考核结果与员工的经济利益挂钩,增强操作工的责任心,调动他们的工作热情。只有把设备维护保养工作切切实实地落实到位,才能避免设备事故的突然发生和带来不必要的经济损失。

3.4.3.6 考核安全生产与成本分解

水泥生产线是由机械设备所构成的。机械设备的正常运转,是顺利完成生产任务的基本保证。由于设备运转处于一个动态交变的工况之中,时时刻刻都存在一些不安全的因素,因此,每一个岗位操作工都必须牢记"安全第一",一刻也不能放松。若没有安全,则设备运转就是事故的祸根,就更谈不上完成任务、创造财富和经济效益。对于无视安全的员工要进行说服教育,甚至给予处罚。对于每一台设备、完成任何一项工作,首先要确定第一安全责任人,由其对全过程的安全负责。要严格执行安全规章制度和操作规程,杜绝违章事件的发生。若安全出现意外,则一切成绩"一票否决",不讲情面,不徇私情。设备运转必须服从安全要求。减少设备事故隐患,是设备管理体系中不可缺少的一环。

另一个重要环节,就是厉行节约、降低成本。车间、班组都要制定设备管理的成本目标,建立成本预算及成本效益分析,以及设备管理中的经济核算和成本评估机制。根据企业总的经营成本目标,采用倒推反算的方法层层分解,对设备管理成本进行控制。通过月产量及其成本的计算,将其分解到备品、备件及材料使用,修理费用,工资,劳保等项目中去,以促使员工用好资金、修旧利废、适量更换,在保证设备安全运转的前提下,将设备管理成本降低到最小限度。

总之,设备管理是一项系统工程,需要全体员工认真参与。要更新观念,制定适合本企业生产发展实际的管理体系,使设备管理激发员工的主人翁意识,提升企业管理水平,促进生产设备及其流程的节能与高产,获得更大的经济效益,并对企业发展和技术进步做出应有的贡献。

[知识测试题]

一、填空题

1. 在水泥生产过程中,影响节能与高产的因素分为 3 个部分:_____、_____ 和 _____。
2. 设备诊断技术,包括设备状态的 _____、_____、_____ 等。
3. 物料粉碎系统,包括 _____ 和 _____ 两大部分。
4. 确保加料过程的 _____ 与 _____,是实现物料粉碎系统节能与高产的重要工业环节。
5. "三好四会"是指 _____。

二、判断题

1. 稳定加料过程有利于物料粉碎系统的节能增产。 （   ）
2. 石灰石的粉碎过程是两级粉碎。 （   ）
3. 若矿物的冲击功指数越大,则矿物越易碎。 （   ）
4. 粉碎级数主要取决于要求物料粉碎的粉碎比和粉碎设备的性能。 （   ）
5. 工程技术人员是实施检修计划的间接负责人。 （   ）

三、简答题

3403-文本

1. 从工艺角度分析影响物料粉碎系统节能与高产的因素。
2. 粉碎机降低能耗的方法有哪些?
3. 设备诊断技术主要有哪些?

[能力训练题]

1. 结合某水泥企业的技术改造,从物料粉碎系统工艺因素方面进行分析,具体说明水泥生产过程中物料粉碎系统节能与高产的途径。
2. 结合某水泥企业的技术改造,从物料粉碎系统设备因素方面进行分析,具体说明水泥生产过程中物料粉碎系统节能与高产的途径。
3. 结合某水泥企业的技术改造,从物料粉碎系统管理因素方面进行分析,具体说明水泥生产过程中物料粉碎系统节能与高产的途径。
4. 查阅资料,撰写水泥生产过程节能与高产的相关技术报告。

【项目实训】

实训1　评价物料粉碎的粒径分布

描述:操作颚式破碎机并进行出口粒度的调节,用套筛对粉碎产品进行筛析并进行相应的分析计算,对粒度累计分布情况进行评价。

要求:

(1)颚式破碎机的安全操作;

(2)用套筛对粉碎产品做筛余分析并对结果进行分析处理。

实训2　实训室粉碎机(颚式破碎机、锤式破碎机、圆盘破碎机等)的操作

描述:拆解各类粉碎机,了解其结构与零部件;安全操作设备。

要求:

(1)认识各粉碎机的结构与部件;

(2)操作破碎机粉碎物料。

实训3　原料的易磨性检测

描述:根据水泥原料易磨性国家标准检测一种原料的易磨性并写出报告。

要求:

(1)学会操作实验室球磨机;

(2)学会写检测报告。

【项目评价】

评价项目	评价内容	评价分值
任务1　粉碎的基本概念及物料粒径的认知	能进行物料粒径的相关计算和分析	20
任务2　物料粉碎工艺及设备的选择	能阐述物料粉碎系统工艺流程、使用设备,能初步选型	20
任务3　物料粉碎系统的设备操作与维护	能阐述物料粉碎系统主要设备的构造、工作原理,会计算相关参数,能阐述操作与维护要点,能编写操作规程	20
任务4　物料粉碎系统的节能与高产分析	能根据工艺要求,对给定的新型干法水泥生产物料粉碎系统进行分析,提出节能与高产的具体方案	10
实训1　评价物料粉碎的粒径分布	能进行物料粒径分布的评价计算,写出报告	10
实训2　实训室粉碎机(颚式破碎机、锤式破碎机、圆盘破碎机等)的操作	熟悉粉碎机的结构,掌握粉碎机的基本操作要领,能操作粉碎机粉碎物料	10
实训3　原料的易磨性检测	师生共同评价	10

4 水泥原料的预均化操作

【项目描述】

(1) 项目内容

本项目的学习内容包括等3个任务：

① 水泥原料预均化原理的认知；

② 水泥原料预均化工艺的选择；

③ 水泥原料预均化设备的操作。

学习重点：掌握水泥原料预均化的工艺和作业。

学习难点：水泥原料预均化的效果评价、作业指导书的编写以及操作与维护。

(2) 知识目标

① 掌握水泥原料预均化的基本概念、工艺原理和工作过程；

② 掌握水泥原料预均化效果评价的计算方法。

(3) 能力目标

4001-文本

① 能根据水泥原料预均化生产规模、水泥原料情况布置预均化工艺,选择堆料机和取料机；

② 能根据水泥原料预均化操作规程在现场或中央控制室操作堆取料机进行水泥原料预均化；

③ 能根据水泥原料预均化生产的具体情况编写(或修改)操作规程、作业指导书；

④ 能根据进料与出料的化学成分的变化评价水泥原料预均化的效果。

(4) 素质目标

4002-文本

① 具有吃苦耐劳的精神；

② 具有团队合作的精神；

③ 具有热爱天然资源的情怀；

④ 具有环保、利废的意识。

【项目导学】

原料(或燃料)的预均化技术,1905年首先应用于美国钢铁工业,1959年又被应用于水泥工业。1965年法国拉法基水泥集团将该技术应用于石灰石及黏土的预配料中。

水泥生产,除了对水泥原料和水泥生料的品位有一定要求以外,更重要的是要求水泥原料化学成分的均匀性。随着水泥工业的大型化发展,很难找到储存量大、品种单一的水泥原料矿源,很难有化学成分很均齐的水泥原料矿山,因而利用预均化技术可使采用低品位的和化学成分波动的矿石资源成为可能。因此,对水泥原料进行预均化处理、对水泥生料进行均化处理,将有利于扩大资源的利用范围和使用年限,有利于稳定入窑水泥生料的化学成分和率值,也是新型干法水泥预分解窑生产技术获得保证的前提。

众所周知,水泥生产力求水泥生料化学成分的均匀性,以保证在煅烧水泥熟料时热工制度的稳定性,从而获得高质量的水泥熟料。但是,水泥企业所购进的水泥原料(主要为石灰石)及燃料(主要为煤)的化学成分并非都那么均匀,有时其波动性还很大。这将会给制备合格的水泥生料、煅烧优质的水泥熟料造成困难。因此,必须对它们进行预均化(或均化)处理。

水泥原料的预均化,是指对石灰石以及其他辅助原料(例如,砂岩、粉煤灰、钢渣等)在破碎后与入磨前在预均化库内所做的均化处理过程。

水泥生料的均化,是指将水泥原料磨制成水泥生料,于入窑煅烧之前在水泥生料均化库(即储库)内对水泥生料所做的进一步均化处理过程。

这里介绍"水泥原料的预均化",而"水泥生料的均化"将放在"粉磨"之后再介绍。

【项目实施】

4.1 水泥原料预均化原理的认知

(1)任务描述

本任务的学习内容包括2个方面:

① 水泥原料预均化的基本概念;

② 水泥原料预均化的基本原理。

学习重点:水泥原料预均化的概念、原理、作用和条件。

学习难点:水泥原料预均化的效果评价。

4101-文本

(2)知识目标

掌握水泥原料预均化的概念、原理、作用、条件及其效果评价。

(3)能力目标

① 能根据水泥原料的具体情况和生产规模判断是否需要进行预均化处理;

② 能根据进料与出料的化学成分评价预均化效果,分析主要影响因素并提出改善建议。

4102-ppt

4.1.1 物料预均化(或均化)的相关概念

4.1.1.1 预均化

预均化,是指水泥原料在经过粉碎后的储存—取出过程中,经采用不同方法而使其化学成分的波动幅度(即变化量)在储存时比较大而在取出时比较小(即均匀化)的过程。

4.1.1.2 均化

均化,是指通过采用一定的工艺措施以降低物料化学成分的波动幅度(即变化量)而使物料的化学成分均匀化的过程。

在水泥生产过程中各主要环节的均化,是保证水泥熟料的质量与产量及降低能耗量和各种消耗量的基本措施和前提条件,也是稳定水泥质量的重要途径。

应该指出,水泥生产的整个过程就是一个不断均化的过程,每经过一个过程都会使原料(或半成品)进一步得到均化。

4.1.1.3　均化链

对于"水泥生料制备"而言,其中的 4 个环节"水泥原料矿山的搭配开采与搭配使用(1)、水泥原料预均化(2)、水泥原料配合及水泥生料粉磨(3)和水泥生料均化(4)"等,组成了一个与"水泥生料制备系统"并存的"水泥生料均化系统",即水泥生料的均化链。在水泥生料的均化链中,最重要的环节(即均化效果最好的环节)是其中第(2)与第(4)环节,这两个环节大约承担了水泥生料均化链全部工作量的 80%。当然,其中第(1)与第(3)两个环节也不能被忽视。

水泥生料均化链中各个环节的均化工作量分布,如表 4.1.1 所示。

表 4.1.1　水泥生料均化链中各个环节的均化工作量分布

水泥生料的制备环节	均化工作量的分布(%)
水泥原料矿山的搭配开采与搭配使用	10~20
水泥原料预均化	30~40
水泥原料配合及水泥生料粉磨	0~10
水泥生料均化	30~40

4.1.2　物料预均化(或均化)的效果评价

4.1.2.1　试样合格率法

4103-微课

试样合格率(Sample Qualification Rate),是指若干试样在所规定质量标准的上限值与下限值之间的比例(质量分数,%),可用符号 R_s 表示。

目前,我国不少水泥企业采用计算若干试样合格率的方法来评价物料的均匀性。

试样合格率的评价方法,虽然可以反映物料化学成分的均匀性,但是并不能反映全部试样的化学成分的波动幅度及其化学成分的分布特性。

现举例说明如下。

假设:有两组石灰石试样,其 $CaCO_3$ 含量为 $90\% \leqslant w(CaCO_3) \leqslant 94\%$ 的试样合格率均为 $R_s = 60\%$,每组有 10 个试样,其 $w(CaCO_3)$ 的测量结果如下:

第 1 组(%):99.5、93.8、94.0、90.2、93.5、86.2、94.0、90.3、98.9、85.4

第 2 组(%):94.1、93.9、92.5、93.5、90.2、94.8、90.5、89.5、91.5、89.9

对于第 1 组与第 2 组试样,不仅其 $w(CaCO_3)$ 的平均值分别为 92.58% 与 92.03%,两者比较接近,而且其试样合格率 R_s 也都为 60%。

这两组试样的均匀性似乎差别不大,但是,实际上其化学成分的波动幅度相差很大。在第 1 组中,有两个试样的化学成分的波动幅度都在平均值 7% 上下,即使是合格的试样,其化学成分不是偏近于上限值就是偏近于下限值;在第 2 组中,试样的化学成分的波动幅度就小得多。经过计算,第 1 组与第 2 组试样的样本标准差则分别为 $S_1 = 4.68\%$ 与 $S_2 = 1.96\%$。

显然,采用试样合格率(R_s)来评价物料的化学成分的均匀性的方法是有较大缺陷的。

4.1.2.2　样本标准差法

(1) 标准差

标准差(Standard Deviation),又称均方差(Mean Square Error)、实验标准差、标准偏差或标准离差,被定义为方差(Variance)的算术平方根。它是一种量度一组数据集的离散程度的标准,用以衡量数据值偏离算术平均值的程度,在概率论和统计学中常用于统计分布程度(Statistical Dispersion)的测量。若标准偏差越小，则这些数值偏离平均值就越小；反之亦然。标准差的大小，可通过标准差与平均值的倍率关系来衡量。

（2）总体标准差与样本标准差

在真实世界中，除非在某些特殊情况下，要找到一个总体的真实的标准差是不现实的。因此，在大多数情况下"总体标准差"是通过随机抽取一定量的样本并计算"样本标准差"估计的。所以"样本方差"是对"总体方差"的无偏估计。

总体方差，以符号 σ^2 表示；总体标准差，以符号 σ 表示；总体平均值，以符号 μ 表示。

样本方差，以符号 S^2 表示；样本标准差，以符号 S 表示；样本平均值，以符号 $\bar{x}$ 表示。

（3）样本标准差在水泥工业中的应用

当将"样本标准差（S）"应用于水泥工业时，可做如下理解：

① 样本标准差（S），是表示物料化学成分（例如，$CaCO_3$ 和 SiO_2 等）均匀性的一项指标。若其值越小，则其化学成分越均匀；

② 物料化学成分的波动幅度（即变化量）在其样本标准差（S）范围内的，大约为在物料总量的 70%；还有大约为 30% 的物料的化学成分的波动幅度，则比其样本标准差（S）的范围要大。

假设：对于物料中某项化学成分的各次（n 次）测量结果的样本为：

$$x_1, x_2, \cdots, x_i \quad (1 \leqslant i \leqslant n)$$

各次测量值（x_i）的算术平均值（$\bar{x}$）的数学表达式，如式（4.1.1）所示。

$$\bar{x} = \frac{1}{n} \sum_{i=1}^{n} x_i \tag{4.1.1}$$

样本标准差（S）的数学表达式，如式（4.1.2）所示。

$$S = \sqrt{\frac{1}{n-1} \sum_{i=1}^{n} (x_i - \bar{x})} \tag{4.1.2}$$

式中　S——样本标准差；

　　　　n——样本总数（或测量次数），一般其下限值为 $20 \leqslant n_{min} \leqslant 30$；

　　　　（n-1）——样本方差（S^2）的自由度；

　　　　x_i——物料中某项化学成分的各次测量值（$1 \leqslant i \leqslant n$）；

　　　　$\bar{x}$——各次测量值（x_i）的算术平均值。

4.1.2.3　变异系数法

变异系数（Coefficient of Variation），是指样本标准差（S）与各次测量值算术平均值（$\bar{x}$）的比值，用符号 C_v 表示。其数学表达式，如式（4.1.3）所示。

$$C_v = \frac{S}{\bar{x}} \times 100\% \tag{4.1.3}$$

变异系数是一个衡量数据资料中各观测值变异程度（或离散程度）的量纲为 1 的统计量，可以表征物料化学成分的相对波动情况。若变异系数越小，则物料化学成分的均匀性越好。因此，变异系数又被称为"波动范围"。

变异系数（C_v）的大小，不仅受变量值离散程度的影响，而且还受变量值平均水平大小的影响。因而，在利用变异系数来表示数据资料的变异程度时，最好将样本标准差（S）和变量平均值（$\bar{x}$）这两个统计量一并列出。

在进行数据统计分析时，若变异系数 $C_v > 15\%$，则要考虑该数据可能不正常，应该剔除。

4.1.2.4　均化效应法

均化效应（Homogenizing Effect），又称均化倍数或均化系数，是指物料在被输入均化设施前的样本标准差(S_{in})与物料在被输出均化设施后的样本标准差(S_{out})之比值,用符号 H 表示。其数学表达式,如式(4.1.4)所示。

$$H = S_{in}/S_{out} \tag{4.1.4}$$

式中　　H——均化效应(或均化倍数、均化系数);

　　　　S_{in}——物料在被输入均化设施前的样本标准差;

　　　　S_{out}——物料在被输出均化设施后的样本标准差。

若均化效应(H)的值越大,则表示物料的均化效果越好。

4.1.3　物料预均化(或均化)效果的影响因素及其解决措施

4104-微课

4.1.3.1　水泥原料化学成分波动的影响

如果水泥原料矿山在开采时夹带其他废石,或者水泥矿山原料本身化学成分波动剧烈,开采后进入预均化堆场的水泥原料化学成分的波动就会呈非正态分布。水泥原料的低品位部分会远离正态分布曲线,甚至呈现一定的周期性剧烈波动,使水泥原料的化学成分在沿纵向布料时产生长周期性波动现象,即"长滞后"影响。这种影响在输出水泥原料时将会有所反映,从而增加所输出水泥原料化学成分的样本标准差。

当水泥原料料堆的铺料层数一定时,所输入水泥原料化学成分的波动频率与所输出水泥原料化学成分的样本标准差近似于呈反比例关系。若所输入水泥原料化学成分的波动频率越高,则所输出水泥原料化学成分的样本标准差越小。若所输入水泥原料化学成分时波动频率随机变动(即变化周期很短),则所输出水泥原料化学成分的样本标准差也会显著降低。这可以解释为:当水泥原料化学成分的波动频率很大时,各层都有可能铺上化学成分极高(或极低)的水泥原料,水泥原料的化学成分将沿料堆纵向波动的现象(即"长滞后"现象)就会减弱。

因此,水泥原料在矿山开采时要注意搭配,特别在利用夹石和品位低的矿石时,不仅要合理搭配开采时的台段和采区,而且要合理地规定各区的采掘量和运输方式。

在使用多种产地不同及品质各异的煤炭时,也应注意使其经过搭配后进入预均化堆场,以保证取得较好的均化效果。

4.1.3.2　水泥原料的离析作用的影响

水泥原料的颗粒总是有差别的,堆料时水泥原料从料堆顶部沿着自然休止角滚落(采用人字形、波浪形、横向倾斜层和纵向倾斜层的堆料法都可能出现这种现象),较大的颗粒总是滚到料堆底部的两边,而细料则留在上半部。水泥原料大颗粒与小颗粒的化学成分往往不同(特别是石灰石),一般大颗粒石灰石的 $CaCO_3$ 含量较高,将会引起水泥原料的化学成分沿料堆横截面上的波动现象,即"短滞后"现象,或称横向化学成分波动。

减少水泥原料离析作用影响的措施,有如下 3 个方面:

(1)减小通过破碎机物料的颗粒级差

由于管理上的原因,常常会出现同一台设备其粉碎比有很大差异的情况。例如,锤式破碎机的锤头、箅条磨损过大没有及时更换;检修时的修理质量没有严格要求等。为了减少水泥原料离析作用的影响,提高粉磨效率,应该尽量减少水泥原料颗粒级差,不允许超过规定尺寸的颗粒进入堆场。

(2)加强堆料管理工作

受水泥原料离析作用影响最小的是水平层堆料,其次是波浪形堆料。这两种堆料方式都需要比较复杂的设备。当堆料机的形式已经确定后,堆料方式是很难改变的。水泥企业采用较多的堆料方式还是"人"字形堆料。为了防止水泥原料发生离析,在堆料时减小落差是一项重要措施。随着料堆的升高,堆料机卸料端要相应提高。因此,在堆料机端部常常安设触点式探针以探测自身与料堆的距离,使卸料端自动与料堆保持一定的距离。一般可以使落差保持为大约 500 mm。

（3）加强取料管理工作

在取料时,应努力设法在料堆端面切取端面所有各层物料。显然,这同取料机工作方式和能力有关。例如,耙式取料机就无法做到,但对某些设备来说,管理工作将起很大作用。目前取料机用得最普遍的是桥式刮板取料机,其钢绳松料装置就是用来松动物料的。因此,在生产中要注意检查松料钢绳是否按设计要求掠过全部断面以使松动物料均匀滚落,包括钢绳的松紧程度、配重适合与否、耙齿工作情况、钢绳扫掠截面所滚落的物料是否与刮板的运输能力相适应、各部件的磨损情况是否已影响工作等。此外,在旱季和雨季,物料的水分含量会有较大差别,物料被松动的难易程度和休止角都将发生变化,要及时调整松料装置的角度、耙齿的扫掠速度,甚至增减耙齿的数量或深度等以保证作业正常。

4.1.3.3　料堆端部锥体的影响

原料的料堆有端部,特别是矩形料堆,每个料堆都有两个成半圆锥形的端部(有的资料称之为端锥)。在采用人字形堆料、端面取料的情况下,开始从料堆端部取料时,端锥部位的料层方向正好与取料机切面方向平行而不是垂直,因此,取料机就不可能同时切取所有料层以达到预期的均化效果。此外,端锥部分的物料的离析现象更为突出,降低了均化效果。

为了减少端锥的影响,必须研究端锥部分在布料时的特点。以直线布置的矩形堆场为例,两个矩形的人字形料堆,取料机位于其中间。当取料机向任意一个料堆取料而取到接近终点时,料堆的高度已经大大下降,到不足 1/2 高度时一般取料机就停止取料了。因此,每个料堆都有一小堆"死料"。这堆"死料"虽然量不多,但是在重新布料时要给予考虑。堆料机在矩形堆场上往复布料时,有两个终点,到了终点就要回程。为了使布料合理,一方面堆料机的卸料端要随着料堆的升高而升高;另一方面在到达终点时要及时回程,否则端锥部分的料层增厚,会加大端锥的不良影响。

4.1.3.4　堆料机布料不均的影响

理论上要求堆场每层物料纵向单位长度内的质量应相等,但实际上却不易做到。从较小的影响来说,当布料时因为布料机是沿料堆纵向输送水泥原料的,因此当布料方向和布料机上水泥原料的运动方向一致时,水泥原料的相对速度较高;当布料方向和布料机上水泥原料的运动方向相反时,水泥原料的相对速度就会较低。但从实践得知,这种影响并不大。影响比较大的因素是水泥原料进入预均化堆场时进料量的不均匀性。在工艺设计方面,有些预均化堆场是从粉碎机出口处直接进料的,也有少量的是从中间小库底部出口处进料的。为了求得预均化效果的提高,应该采取一定的措施,例如,规定粉碎机的喂料制度、增添粉碎机和喂料机的控制系统、定期检测预均化堆场进料量、规定水泥原料的小库出库制度等,以保证布料均匀。

4.1.3.5　堆料总层数的影响

由于水泥原料在料堆横截面上化学成分的样本标准差与料堆的布料层数的平方根成反比例,因此,若布料层数越多则样本标准差越小。但是,由于水泥原料的颗粒粒径相对较大以及水泥原料的自然休止角的作用等影响,越到较高层,布料面积越小,料层越薄,均化效果相对较差。均化效果并不总是随布料层数的增加而增加,一般堆料层数为 400～600 层时,其均化效果则较为合适。

水泥原料在入窑前,还需要做进一步均化(即水泥生料均化)。水泥生料均化过程,在水泥生料均化库(即储库)内进行。

4.1.4 水泥原料预均化的基市原理、作用和条件

4.1.4.1 水泥原料预均化的基本原理

水泥原料(或燃料)在储存和取用过程中,通过采用特殊的堆料和取料方式及设施,使水泥原料化学成分的波动幅度缩小,为入窑前水泥生料的化学成分趋于均匀而做必要的准备过程,通常被称为"水泥原料预均化"。简而言之,水泥原料预均化就是水泥原料在粉磨之前所进行的均化过程。

若预均化的对象是石灰质原料(或黏土质原料),则被称为"水泥原料的预均化"。预均化的对象是原煤(进厂的煤),则被称为"燃料(或煤)的预均化"。

水泥原料预均化的基本原理,可简单概括为"平铺直取"。即经粉碎后的水泥原料,在堆放时,尽可能以相互平行、上下重叠的相同厚度的料层构成料堆;在取料时,按垂直于料层的界面对所有料层切取一定厚度的物料,循序渐进,依次切取,直到整个料堆的水泥原料被取尽为止。这样取出的水泥原料中包含了所有各料层的水泥原料,即同一时间内取出了不同时间所堆放的不均匀的水泥原料。即,在取料的同时完成了水泥原料的混合与均化。若堆放的料层越多,则其混合的均匀性就越好,所输出水泥原料的化学成分就越均匀。

4105-微课

4.1.4.2 水泥原料预均化的作用

由于水泥企业所购进的水泥原料(或燃料)的均匀性是相对的,其化学成分、灰分含量以及低位发热量常常在一定的范围内波动,有时其波动幅度(即变化量)还比较大。若不采用必要的均化措施,尤其是当水泥原料化学成分的波动幅度较大时,势必影响水泥原料的准确配合,则不利于制备化学成分高度均齐的水泥生料;若煤质的灰分含量和低位发热量的波动幅度较大时,则必然影响到水泥熟料煅烧时热工制度的稳定。当上述两方面的情况同时存在时,一方面无法保证水泥熟料的质量及维持正常生产和设备长期安全运行。另一方面,某些品质略差的水泥原料(或燃料)因受到限制而无法采用,不利于资源的综合利用。因此,当水泥原料(或燃料)化学成分的波动幅度较大时,应考虑采取预均化措施。

在水泥生产过程中,对水泥原料(或燃料)进行预均化具有如下作用:

① 消除所购进的水泥原料(或燃料)化学成分的长周期波动,使其波动周期缩短,为准确配料、配热和水泥生料的粉磨喂料提供良好的条件。

② 显著降低水泥原料化学成分的波动幅度,减小其样本标准差,从而有利于提高水泥生料的化学成分的均匀性,稳定水泥熟料煅烧时的热工制度。

③ 有利于扩大水泥原料资源,降低其生产消耗量,增强企业对市场的适应能力。采用水泥原料预均化措施后,可以充分利用那些低品位的水泥原料,包括有害成分在规定极限边缘的水泥原料、非均质水泥原料。这是由于低品位的水泥原料可以与高品位的相互搭配并经预均化后可以达到所规定的要求。这将有助于充分利用矿山资源,尽量利用夹层废石,延长现有矿山的使用年限,减少废石弃土而保护环境,最大限度地利用地方煤质资源。

4.1.4.3 水泥原料预均化的条件

对于水泥原料(或燃料)是否需要采取预均化措施,则取决于其化学成分的波动性。一般可采用水泥原料(或燃料)的变异系数(C_v)来进行判断。

① 当 $C_v < 5\%$ 时,水泥原料的均匀性良好,不需要进行预均化。

② 当 $5\% \leqslant C_v \leqslant 10\%$ 时,水泥原料的化学成分具有一定的波动性。若其他水泥原料的质量稳定,水泥生料的配料准确及水泥生料均化设施的均化效果较好,则可以不考虑水泥原料的预均化。若其

他水泥原料的质量不稳定、水泥生料均化链中后两个环节的均化效果不好、矿石中的夹石及夹土多，则应考虑将水泥原料进行预均化。

③ 当 $C_v > 10\%$ 时，水泥原料的均匀性较差、化学成分的波动性较大，则必须将水泥原料进行预均化。

4106-视频

对于校正原料，一般不考虑单独进行预均化。对于黏土质原料，既可以单独进行预均化，也可以在将其与石灰石预先配合后再一起进行预均化。

当水泥企业所购进的煤的灰分含量的波动幅度大于 5% 时，应考虑煤的预均化。当水泥企业所使用的煤种较多、煤的灰分含量和低位发热量各异、灰分的化学成分各异时，它们对水泥熟料的化学成分及生产过程控制将会造成一定的影响，严重时还会对水泥熟料的产量与质量产生较大影响，因此应考虑进行煤的预均化。

［知识测试题］

一、填空题

1. 通过采用一定的达到降低水泥原料的_____，使其化学成分_____的过程，称为水泥原料预均化。

2. 均化效应是指均化前水泥原料的_____与均化后水泥原料的_____之比。

3. 水泥原料（或燃料）预均化的基本原理，可简单概括为_____。即经粉碎后的水泥原料（或原煤）在堆放时尽可能以_____、_____的相同厚度的料层构成料堆。而在取料时，按_____料层的界面对_____切取一定厚度的物料，循序渐进，依次切取，直到整个料堆的物料被取尽为止。

4. 目前新型干法线生产中，水泥生料制备过程中均化过程由_____、_____、_____、_____组成。将 4 个工序组成的均化过程，称为_____。

5. 水泥原料预均化的主要目的是_____，水泥生料均化的主要目的是_____。

二、选择题

1. 对于水泥熟料的规模为 1500 t/d 以上的水泥企业，水泥原料（或燃料）预均化的优选方案是采用（　　　）

A. 预均化堆场　　　　　　　　B. 预均化库

2. 当水泥企业所购进的煤的灰分含量的波动幅度大于（　　　）时，应考虑煤的预均化。

A. 5 %　　　　　　　　B. 2%　　　　　　　　C. 10%

三、判断题

1. 若样本标准差越小，则表明物料的预均化效果越好。　　　　　　　　　　（　　　）

2. 当变异系数为 $5\% \leqslant C_v \leqslant 10\%$ 时，水泥原料的均匀性良好，不需要进行预均化。　（　　　）

3. 预均化堆场是一种机械化、自动化程度较高的预均化设施。　　　　　　　（　　　）

4107-文本

四、简答题

1. 试简述水泥生产过程中构成水泥生料均化链的 4 个环节。

2. 在水泥生产过程中，对水泥原料（或燃料）进行预均化有什么意义？

［能力训练题］

1. 在某水泥企业的石灰石堆场取试样 20 个并检测出试样中 $CaCO_3$ 含量（质量分数，%），如表 4.1.2 所示。

表 4.1.2　某水泥企业石灰石试样的 $CaCO_3$ 含量（质量分数，%）

编号	1	2	3	4	5	6	7	8	9	10
含量（%）	99.5	93.8	94.0	90.2	93.5	86.2	94.0	90.3	98.9	85.4
编号	11	12	13	14	15	16	17	18	19	20
含量（%）	94.1	93.9	92.5	93.5	90.2	94.8	90.5	89.5	91.5	89.9

2. 根据表 4.1.2 中数据判断是否需要对该堆场的石灰石进行预均化并撰写出分析报告。

4.2　水泥原料预均化工艺的选择

（1）任务描述

本任务的学习内容包括 3 个方面：

① 水泥原料预均化的工作过程；

② 水泥原料预均化的工艺选择；

③ 水泥原料预均化的设备选择。

学习重点：水泥原料预均化的工艺选择。

4201-文本

　　学习难点：水泥原料预均化的设备选择。

　　（2）知识目标

　　掌握水泥原料预均化工作过程、预均化堆场工艺布置、预均化堆取料机设备构造与工作原理等。

（3）能力目标

4202-ppt

　　能根据水泥原料的具体情况和生产规模选择预均化的堆取料工艺（堆料方式、取料方式）、预均化的设备（堆料机、取料机）。

4.2.1　水泥原料预均化的工作过程

在水泥原料（或燃料）的储存和取用过程中，可利用不同的存取方法使在入库时化学成分波动幅度较大的物料经取用后其波动性变小，从而使物料在入磨之前得到预均化。

水泥原料（或燃料）预均化的具体操作如下：

尽可能以相互平行和上下重叠的相同厚度的料层进行堆放或储存，在取用时要垂直于料层方向同时切取不同的料层，取尽为止。

在水泥原料（或燃料）预均化方式中最常见的方法，是人字形堆料和端面取料。此外，预均化方法还有波浪形堆料、端面取料和倾斜堆料、侧面取料等。不管采用哪一种预均化方法，若堆料时堆放的层数越多，取料时同时切取的层数越多，则其预均化效果就越好。原料在堆放时，其短期内化学成分的波动被均摊到较长的时间里而使波动减小了，继而使得所取物料的化学成分达到了比较均匀的效果。

水泥原料（或燃料）的预均化过程，如图 4.2.1 所示。

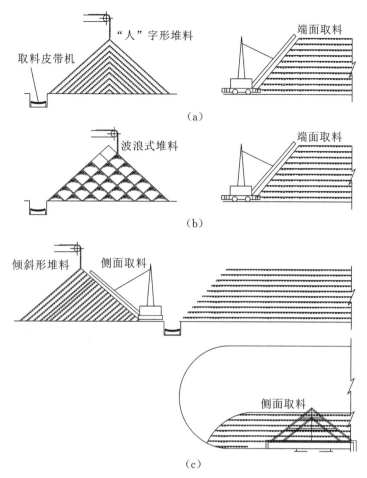

图 4.2.1　水泥原料(或燃料)的预均化过程

(a)"人"字形堆料-端面取料；(b)波浪式堆料-端面取料；(c)倾斜形堆料-侧面取料

4.2.2　水泥原料预均化的工艺选择

4.2.2.1　水泥原料预均化库的选择

无论是用量最大的石灰石,还是用量较小的辅助原料(例如,粉砂岩、钢渣和粉煤灰等),其预均化过程都是在有遮盖的矩形(或圆形)预均化堆场完成的。在水泥原料预均化库内,有进料皮带机、堆料机、料堆、取料机、出料皮带机和取样装置。

4203-视频

下面将介绍这两种水泥原料预均化库。

(1)水泥原料矩形预均化库

在矩形预均化库内,水泥原料堆场的工艺布置,如图 4.2.2 所示。

矩形预均化库内的堆场,一般设有两个料堆。当一个料堆堆料时另一个料堆取料,相互交

4204-视频

替进行。当采用悬臂式堆料机堆料(或在库顶有皮带布料)时,取料设备一般采用桥式刮板取料机。在取料机桥架的一侧(或两侧)安装有松料装置,可按物料的休止角调整松料耙齿使之贴近料面,平行往复耙松物料。在桥架底部安装有一水平(或稍倾斜)的由链板和横向刮板组成的链耙,当被耙松的物料从端面斜坡上滚落下来时,被前进中的桥底链耙连续送到桥底皮带机上。

预均化库内堆场的布置,根据厂区地形和总体布置要求,两个料堆可以平行排列,也可以直线布

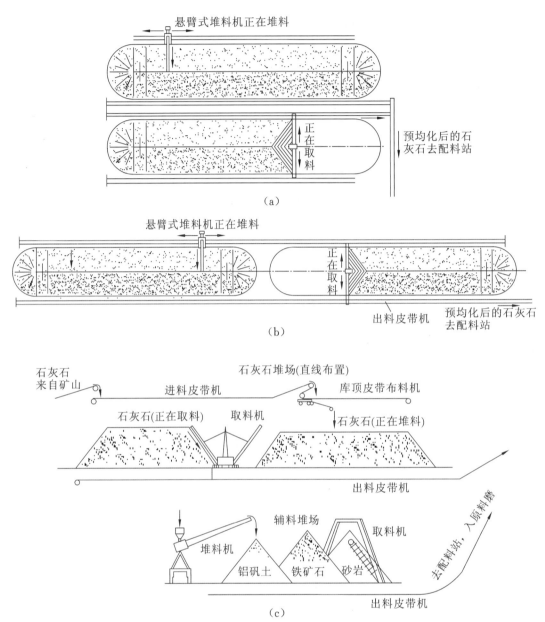

图 4.2.2　矩形预均化库内水泥原料堆场的工艺布置

(a)平行布置;(b)直线布置;(c)石灰石堆场及辅料堆场立体图

置。两个料堆平行排列的预均化堆场,在总平面布置上比较方便,但取料机需要设置转换台车,以便平行移动于两个料堆之间。堆料也要选用回转式(或双臂式)堆料机,以适用于两个平行料堆的堆料。

在两个料堆呈直线布置的预均化堆场中,堆料机和取料机的布置是比较简单的,无须设转换台车,堆料机通过活动的 S 形皮带卸料机在进料皮带上截取物料,沿纵向任何一个料堆堆料。取料机停在两个料堆之间,可向两个方向取料。

(2) 水泥原料圆形预均化库

在圆形预均化库内,水泥原料堆场的工艺布置,如图 4.2.3 所示。

在圆形预均化库内水泥原料堆场的布置,与矩形堆场内是完全不一样的。水泥原料经皮

4205-视频

4206-视频

带输送机送至堆料中心,由可以围绕中心做360°回转的悬臂式皮带堆料机堆料,俯视观察料堆为一不封闭的圆环形。在取料时用刮板取料机将物料耙下,再由底部的刮板送到底部中心卸料口处,由地沟内的出料皮带机运走。在环形堆场中,一般是环形料堆的1/3正在堆料、1/3堆好储存、1/3取料。

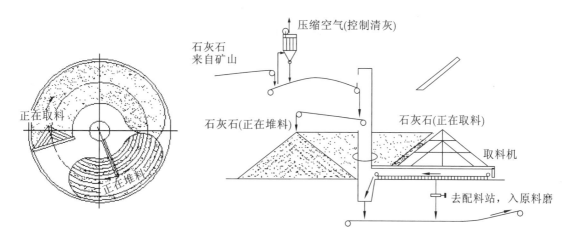

图4.2.3　圆形预均化库内水泥原料堆场的工艺布置

(3) 水泥原料矩形预均化库与圆形预均化库的比较

水泥原料矩形预均化库与圆形预均化库的比较,如表4.2.1所示。

表4.2.1　水泥原料矩形预均化库与圆形预均化库的比较

项目	矩形预均化库内的水泥原料堆场	圆形预均化库内的水泥原料堆场
占地面积	较大	较矩形堆场减少30%~40%
工艺平面布置	进料与出料的方向有所限制,不利于灵活布置	进出与出料的方向随意,布置灵活
投资费用	设备费用多,土建投资也较多	土建设备费用较低,投资比矩形预均化库堆场减少30%~40%
均化效果	由于每个料堆的堆端和料堆之间的化学成分差异而影响均化效果,化学成分的波动不连续	取料层数大于堆料层数,因此均化效果好,堆取料连续进行,物料化学成分的波动不会产生突变
设备利用率	只有在料堆的物料被取完(或堆完)后,换堆作业才能开始,因此,若堆料和取料的周期控制不好,则会影响设备的利用	堆料机与取料机能分别连续工作,设备利用率高
生产操作	由于堆料与取料分别分堆作业,操作有所不便	堆料机(或取料机)连续围绕中心立柱回转,操作方便,有利于自动化控制
可扩展性	可在长度方向扩展	无法扩展

4.2.2.2　水泥原料堆料方式的选择

水泥企业水泥原料预均化堆场的堆料方式,通常有以下6种。

（1）人字形堆料法

人字形堆料法示意，如图 4.2.4 所示。

人字形堆料法及所需的设备都比较简单。堆料点在矩形料堆纵向中心线上，堆料机只要沿着纵长方向在两端之间定速往返卸料即可完成两层物料的堆料。

对于人字形堆料法，其料层的第 1 层料堆的横截面为等腰三角形的条状料堆，以后各层则在这个料堆上覆盖一层层的物料，因此除第 1 层之外，每层物料的横截面都呈人字形，所以被称为人字形料堆。

人字形料堆的优点，是堆料的方法和设备简单、均化效果较好、使用普遍。

人字形堆料的缺点，是物料的颗粒离析比较显著，在料堆两侧及底部集中了大块物料而料堆上部分多为细粒且有端锥。

（2）波浪形堆料法

波浪形堆料法示意，如图 4.2.5 所示。

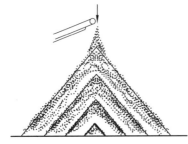 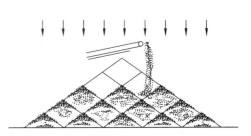

图 4.2.4　人字形堆料法示意　　　　图 4.2.5　波浪形堆料法示意

对于波浪形堆料法，物料在堆场底部整个宽度内堆成许多平行而紧靠的条状料带，每条料带的横截面为等腰三角形，然后第 2 层平行紧靠的条形料带又铺在第 1 层上。但是，堆料点落在原来平行的各料带之间，使新料带不仅填满原来料带之间的低谷而且使之成为新的波峰。这样，第 3 层又铺在第 2 层之上。从第 2 层起，每条物料带的横截面都呈菱形。这种料堆将料层变为细小的条状料带，其目的是使物料的离析作用减至最小。

波浪形堆料法的优点：均化效果好，特别是当物料颗粒的粒径相差较大（例如，0～200 mm），或者物料的化学成分在粒度大小不同的颗粒中差别很大的情况下，均化效果比较显著。

波浪形堆料法的缺点：堆料点要在整个堆场宽度范围内移动，堆料机必须能够横向伸缩（或回转），设备的价格比较贵，操作比较复杂。

波浪形堆料法，一般仅限应用于少数物料的堆场。

（3）水平层堆料法

水平层堆料法示意，如图 4.2.6 所示。

图 4.2.6　水平层堆料法示意

堆料机首先在堆场底部均匀地平铺一层物料,然后再一层层铺水平料层。从料堆横截面来看,由于物料有自然休止角,故每层物料铺上的宽度要适当缩短。

水平层堆料法的优点:可以完全消除颗粒的离析作用,每层内部也比较稳定。

水平层堆料法的缺点:堆料机的结构和操作比较复杂。

水平层堆料法,一般应用于多种原料混合配料的堆场。

(4) 横向倾斜层堆料法

横向倾斜层堆料法示意,如图 4.2.7 所示。

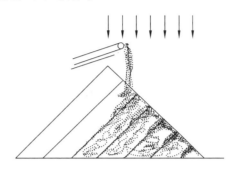

图 4.2.7 横向倾斜层堆料法示意

对于横向倾斜层堆料法,是将料堆按自然休止角铺成许多平行的倾斜料层。第 1 层是首先在堆场的一侧堆成一个三角形物料条带,然后将堆料机内移,在第 1 层三角形料带上铺料,依次铺至堆场中央,即可形成许多倾斜而平行的料层,直到堆料点达到料堆的中心为止。该方法要求堆料机在料堆宽度的一半范围内能伸缩或回转。

横向倾斜层堆料法的堆料机,可以采用耙式堆料与取料合一的设备,其优点是设备的价格特别便宜。但是,该方法的颗粒离析现象比人字形堆料法更严重,大颗粒几乎全落到料堆底部,均化效果不理想。该方法只能应用于对均化要求不高的原材料。

(5) 纵向倾斜层堆料法

纵向倾斜层堆料法示意,如图 4.2.8 所示。

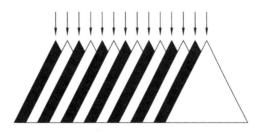

图 4.2.8 纵向倾斜层堆料法示意

对于纵向倾斜层堆料法,是从料堆的一端开始向另一端堆料。堆料机的卸料点都在料堆的纵向中心线上,但卸料并不是边移动边卸料,而是定点卸料。开始时在一端卸料,使料堆达到最终高度而形成一个圆锥形料堆,然后卸料点再向前移动一定距离,停下来堆第 2 层。第 2 层物料的形状是覆盖在第 1 层圆锥形料堆一侧的曲面,卸料点的移动距离就是料层的厚度。所以,这种堆料法又被称为圆锥形堆料法。

纵向倾斜层堆料法,对于堆料设备的要求不高,但料层较厚,物料颗粒的离析现象比较严重。因此,其应用范围与"横向倾斜层堆料法"相似。

4209-视频

（6）Chevcon 堆料法

Chevcon 堆料法，是德国 PHB 公司于 20 世纪 80 年代初期结合圆形预均化堆场的工作条件经优化改进而发明的连续式堆料方法，即"人字形堆料法"与"纵向倾斜层堆料法"的混合堆料方法，适用于圆形堆场。其堆料过程与"人字形堆料法"相似，但堆料机的卸料点的位置不是固定在料堆的中心线上，而是随每次循环而移动一定的距离。

4210-视频

这种堆料法不仅可以克服"端锥效应"，而且由于料堆的中、前、后原料的重叠，长期偏差和原料突然变化所产生的影响也可被消除，其均化效果较好。

除此之外，还有交替倾斜层、双圆锥形、人字形和圆锥形结合法等。

4.2.2.3　水泥原料取料方式的选择

（1）端面取料法

对于端面取料法，取料机从料堆的一端（包括圆形堆料的截面端）开始取料，向另一端或整个环形料堆推进。取料是在料堆整个横截面上进行的，最理想的取料方式就是同时切取料堆端面各部位的物料，循环前进。这种取料方法，最适用于人字形、波浪形和水平层的堆料。

（2）侧面取料法

对于侧面取料法，取料机从料堆的一侧至另一侧沿料堆纵向往返取料。这种取料方式不能同时切取料堆横截面上各部位的物料，只能在侧面沿纵长方向一层层刮取物料。因此，该方法最适用于横向倾斜层堆料，而且取料的一侧应该是卸料机可以在纵向中心线一侧移动的一侧。对于纵向倾斜层料堆，采用侧面取料方法也可以获得一定的均化效果。但总的来说，侧面取料的均化效果不及端面取料的效果好。这种取料方式一般都采用耙式取料机。

4211-微课

（3）底部取料法

对于底部取料法，适用于在堆料底部设有缝形仓的矩形均化库。这种取料方式要求堆料方式是纵向倾斜层或 Chevcon 堆料法，堆料只有沿底部纵向取料才能切取所有料层。这种取料方式的均化效果也显然不如端面取料法。底部取料法，一般都采用叶轮式取料机。

4.2.3　水泥原料预均化的设备选择

4.2.3.1　水泥原料堆料机的选择

4212-视频

水泥原料的堆料机与进料机连接，可以沿长方形料堆的纵向移动或沿圆环形料堆做 180° 回转，将物料从进料机上转运下来而按一定方式堆料。

水泥原料的堆料机，大致可分为 4 类：天桥（顶部）皮带堆料机、悬臂式皮带堆料机、桥式皮带堆料机和耙式堆料机。

（1）天桥（顶部）皮带堆料机

当预均化堆场设有厂房时，采用天桥（顶部）皮带堆料机比较经济。利用堆场的厂房屋架安装天桥（顶部）皮带堆料机，再安装上 S 形卸料小车（或移动式带机），往返移动就可以进行堆料作业。这种堆料机只能进行人字形或纵向倾斜层堆料。为了防止物料的落差过大，可以接上一条活动伸缩管，或者接上可升降卸料点的活动皮带机。

（2）悬臂式皮带堆料机

悬臂式皮带堆料机，目前在预均化堆场中应用得比较普遍。它最适用于矩形预均化堆场的侧面堆料和圆形堆场内围绕中心堆料。其卸料点可以由悬臂皮带机调整俯仰角而升降，使物料的落差保持最小。悬臂式皮带堆料机，可以被安装为固定式、回转式、直线轨道式等形式。由于圆形堆场是中心进料,其卸料点要随时升降,因此,较多采用悬臂式皮带堆料机。

悬臂式皮带堆料机,主要由旋臂部分、行走机构、液压系统、来料车、轨道部分、电缆坑、动力电缆卷盘、控制电缆卷盘、限位开关装置等部分所组成。这种堆料机设在堆场的一侧,利用由电机、制动器、减速机、驱动车轮所构成的行走机构沿定向轨道移动,由俯仰机构支撑臂架及胶带输送机的绝大部分的自重,并根据布料情况随时改变落料的高度,具备钢丝绳过载、断裂、传动机构失灵等故障预防的安全措施。其运行时的操作控制方式,可以是自动控制、机上人工控制和机房控制,在安装检修和维护时可以在需要局部动作的机旁做现场控制,也可以在机房控制。不管哪一种操作,都可以根据需要通过工况转换开关来实现。

侧式悬臂皮带堆料机示意,如图 4.2.9 所示。

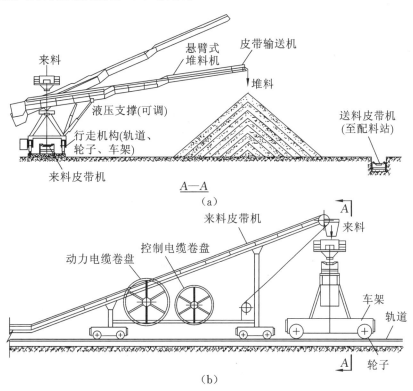

图 4.2.9　侧式悬臂皮带堆料机示意

4.2.3.2　取料机的选择

取料机,按取料方式可以分为 3 类:端面取料机、侧面取料机和底部取料机。

端面取料机,一般采用桥式结构,但取料设施有多种(例如,斗轮、刮板、圆盘、链斗、圆筒等),其中以刮板机最为普遍。对于侧面和底部取料,一般采用耙式和叶轮式取料机。这两种取料机在国内水泥企业中应用得不多,在国外水泥企业中应用得较多,多用于露天作业和对均化效果要求不高的堆场。

(1)桥式刮板取料机

桥式刮板取料机示意,图 4.2.10 所示。

桥式刮板取料机,适用于端面取料,能同时切取全部端面上的物料,有较好的均化效果,适合各种形式的堆场。当堆料机沿轨道往复运行,分别堆成料层达数百层的人字形料堆时,取料机则位于两个料堆之间交替取料。取料机有两种作业形式:倾斜式和水平式。前者主要适用于地下水位较高的地区,后者主要适用于地下水位较低、气候干燥的地区。

4213-视频

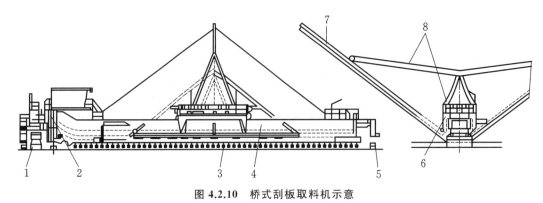

图 4.2.10 桥式刮板取料机示意

1—出料带；2—行走机构；3—刮板装置；4—主梁；5—纠偏装置；6—移动小车；7—耙架；8—手动绞车

桥式刮板取料机在工作时，首先是液压张紧装置使刮板链张紧以达到需要的张紧力。此时，刮板的电动机动作以驱动减速器和主动轴，带动刮板转动；桥架上的小车的电动机工作，带动小车沿主梁表面的轨道运动，当其一端碰到极限开关时电动机换向，如此往复运动。小车与耙架相连，耙架靠钢丝绳调整角度，使其符合物料自然休止角并紧贴料面。由于小车往复运动，被耙松的物料从端面斜坡上滚落到底部，由主梁下连续转动的刮板带到出料机而被运走。由于取料机从整个横截面切取物料，因此其所取物料的均齐性较好。

桥式刮板取料机的结构特点如下：

① 整体结构合理，基建投资少。主梁采用主体水平、尾部抬起的结构，出料机布置在水平面上，可节约基建投资。

② 行走机构的驱动装置，采用双动力输入的蜗轮蜗杆减速器、悬挂式安装，蜗轮蜗杆减速器的一端配置大功率电动机，另一端配置小功率电动机、斜齿减速器和牙嵌式离合器。当大功率电动机（调车电动机）工作时，离合器打开、小功率电动机（取料电动机）脱开，避免了取料电动机反转速度过高，解决了以两种速度行走和取料的问题。

③ 采用电动控制纠偏装置，可解决大车行走时左右电动机不同步而造成的扭转，保证左右车轮的同步。

④ 行走钢架，一个与主梁固定而另一个与主梁采用球铰连接，在受到较大的力时，钢架可适度偏转而不会受到较大的内力。

⑤ 刮板的驱动装置，采用液力耦合器连接，便于电动机启动，减轻了启动过程中的冲击和振动，延长了电动机使用寿命，使刮板运行平稳、安全。

⑥ 刮板链，采用液压张紧装置，可随刮板受力大小做相应调整，运行安全可靠。

⑦ 采用车轮锁紧装置，并与调车电动机联锁。当车轮锁紧时，不能开车；当锁紧装置放开时，驾驶室（或中央控制室）在收到电信号后方可使取料机行走。这样，既可防止在刮风等情况下取料机的自行滑动，又可避免调车电动机被烧掉。

⑧ 采用微机控制、PLC集散系统，自动化水平较高。设置有各种保护及记忆、查找功能，既可在驾驶室操作，也可在中央控制室控制。

（2）桥式圆盘取料机

桥式圆盘取料机与悬臂式皮带堆料机相配合的示意，如图 4.2.11 所示。

桥式圆盘取料机，由一个被安装在桥架上的可回转的圆盘所构成。圆盘的外径与料堆的宽度相近，料堆底部的地面构成凹形。圆盘与水平面的倾斜角为 ±50°，因此，圆盘能够毫不困难地与料堆端面保持平行，不论在矩形堆场纵向两个不同方向的料堆还是在圆形堆场料堆，都是如此。

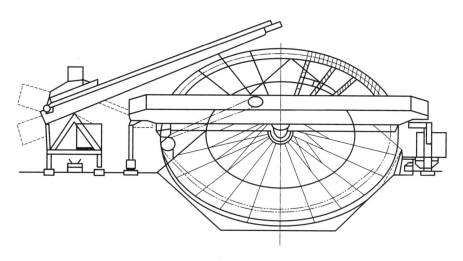

图 4.2.11　桥式圆盘取料机与悬臂式皮带堆料机相配合的示意

圆盘由钢管构成,一般有齿辐 24 根,其上安装有耙齿,圆周边缘安装有刮板。在取料时,桥架沿料堆纵向定时移运,圆盘则以定速回转,其回转方向不限,但在由上而下的一侧出料。

桥式圆盘取料机的优点如下:

① 一机多用,圆盘兼集料、混合和输送三项作业,节约动力。

② 在集料时,整个端面物料被同时截取,并在圆盘机内被混合后而输出,因而物料流稳定、化学成分均匀,比其他任何取料设备都优越。

③ 机械设备的构造简单,维修方便,操作容易。

④ 各种矩形堆场、圆形堆场、室内堆场和室外堆场都可使用,处理能力较大。

⑤ 取料机倾斜覆盖在料堆端面而形成椭圆面,料堆底部的地面可以按椭圆曲面构成凹形。

因此,当料堆的横截面面积相等时,采用桥式圆盘取料机的料堆所需要厂房的宽度可以减小。与采用其他取料机相比较,一般大约可节约 20%。

由于桥式圆盘取料机具有上述优点,因而其发展很快,现在不少厂商在圆形堆场中,特别是采用连续堆料法的圆形堆场中,采用桥式圆盘取料机,使原来就很紧凑的圆形堆场更加显得设备紧凑、功能强大。

桥式圆盘取料机虽然有很多优点,但是,毕竟是新发展起来的设备,还存在不少问题(例如,磨损、传动、圆盘结构的加强等),需要在使用中不断改进。

（3）桥式斗轮取料机

对于桥式斗轮取料机,在矩形堆场内按照"平铺直取"的方法,可使化学成分参差不齐的物料得到均化。该设备结构简单,投资少。桥式斗轮取料机所取得的物料的均齐性不太高,即由轮斗沿料堆端面横向依次掏取所得到的物料的均化效果(H)不太高。卸料车式堆料机需架在房梁上,厂房结构复杂、扬尘大,物料颗粒的离析作用显著,所以它也不适用于石灰石和黏土混合料的取料,主要应用于原煤的预均化。

（4）耙式取料机

耙式取料机,又称链式耙,在我国水泥企业中应用得还不多,但在国外水泥企业中应用得比较普遍。这种设备既可用来取料也可用于堆料,而且动力的消耗量较低,磨损也相对较小,设备价格和堆场建设费用较少,尽管均化效果不太高,但仍被广泛采用。

耙式取料机,大致上可分为两种:悬臂式和门架式。

① 悬臂耙式取料机

悬臂耙式取料机,其结构简单,取料能力较小。由刮板、链板和链轮所构成的耙链,被安装在一台能沿轨道行走的台车上,耙链的底端被铰接在台车上,其顶端(或中部)被用钢绳拴接在台车的桅杆上。由卷扬机调节链耙的斜度而使链耙紧贴在料堆的侧面上,链耙在转动时将物料耙落到料堆下部的出料带上。当台车沿料堆纵向走到端部后,卷扬机要松动一下以将链耙放下一定的距离,以便台车在返回时继续耙料。如此反复,基本上可以将堆场上物料取尽。

② 门架耙式取料机

门架耙式取料机,也是侧面取料设备,其构造与悬臂耙式取料机类似。其不同之处,仅是由门架(或半门架)代替了台车上的桅杆,由能够沿料堆纵向移动的门架吊接链耙,其余构造类似悬臂耙式取料机。

门架耙式取料机,又可分为两种:半门架式和全门架式。

4214-动画

a. 半门架耙式取料机

半门架耙式取料机,其门架的一边支撑在高于料堆顶部的构件梁上,一般只有一个链式耙,其长度不超过 30 m。

b. 全门架耙式取料机

全门架耙式取料机,其门架横跨料堆而支点全在地面轨道上,一般都有一个主耙和一个副耙,当主耙完成大部分工作量时,副耙开始运转而将物料推向主耙。在大型堆场,由于主耙与副耙的配合相宜,链式耙取料可节约电力约 25%,可以实现全自动操作。

4215-动画

全门架耙式取料机具有一定的均化作用,其堆料方式最好是采用横向(或纵向)倾斜式料堆,虽然其均化效果不是很理想,但是能满足一般要求。只要管理严格,其均化效果可以达到 $H = 3 \sim 4$,其建设费用和维护费用都比较低。

［知识测试题］

一、填空题

1. 预均化堆场的布置方式有 _____ 和 _____ 两种。

2. 水泥企业的预均化堆场的堆料方式,通常有以下 6 种: _____ 、 _____ 、 _____ 、 _____ 、 _____ 、 _____ 。

3. 露天堆场大多布置在厂区主导风向的 _____ 风向。

4. 皮带机一般的保护有: _____ 、 _____ 、 _____ 。

5. 水泥原料的预均化原理是 _____ ,预均化堆场的型式有 _____ 、 _____ 。

6. 斗提为了防止运动时由于偶然原因使链条料斗向运动方向的反方向坠落而造成事故,故在传动器装置上安装 _____ 。

7. 水泥生料的气力均化系统分为 _____ 和 _____ 两种。

二、选择题

1. 水泥原料圆形预均化堆场的整个料堆,一般可供工厂使用( )。
A. 4～7 d   B. 2～3 d   C. 6～8 d

2. ( )可普遍应用于老旧水泥企业的改造中,只要有两座以上的库群,通过改变卸料操作方法即可实现。
A. 截面切取式预均化库   B. 多库搭配预均化   C. 倒库预均化

3.目前采用新型干法水泥预分解窑生产水泥时,水泥生料的均化采用( )。

　　A.预均化堆场　　　　　　　　B.连续式气力均化库　　　　　　C.均化倒库

三、判断题

　　1.当采用人字形堆料法时,物料颗粒的离析作用比较显著,在料堆两侧及底部集中了大块物料而料堆中上部分则多为细粒且有端锥。　　　　　　　　　　　　　　　　　　　　( )

　　2.当物料颗粒的粒度相差较大时,采用波浪形堆料法的均化效果比较好。　　　　( )

四、简答题

　　1.水泥原料预均化堆场的堆料方式和取料方式有哪几种?

　　2.水泥原料圆形预均化堆场与矩形预均化堆场相比较有何特点?

4216-文本

[能力训练题]

　　1.某水泥企业生产工艺流程的局部示意如图4.2.12所示,请填写完整相关过程或环节。

　　2.某新型干法水泥生产线的水泥熟料生产规模 $M = 5000\ \text{t/d}$,请为其石灰石的预均化选择预均库、堆料机和取料机。

　　3.某水泥企业的水泥原料矩形预均化堆场生产工艺流程的局部示意如图4.2.13所示,请填写完整图中空缺并阐述两个料堆一字形布置的矩形预均化堆场的工艺流程。

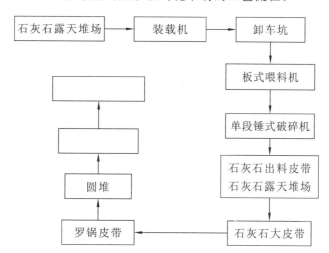

图 4.2.12　某水泥企业生产工艺流程的局部示意

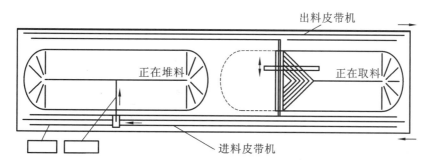

图 4.2.13　某水泥企业的矩形预均化堆场的生产工艺流程的局部示意

4.3　水泥原料预均化设备的操作

（1）任务描述

本任务的学习内容包括 2 个方面：

① 水泥原料堆料机的操作与维护；

② 水泥原料取料机的操作与维护。

4301-文本

4302-ppt

　　学习重点：水泥原料预均化过程的作业。

　　学习难点：水泥原料预均化设备的维护。

（2）知识目标

掌握水泥原料预均化堆料机、取料机的操作与维护要领。

（3）能力目标

① 能操作水泥原料堆料机、取料机进行预均化作业；

② 能读懂水泥原料预均化的作业指导书，执行预均化任务。

4.3.1　水泥原料堆料机的操作与维护

4.3.1.1　堆料机的试车运行操作

（1）堆料机试车前的准备

堆料机试车前准备的内容与要求，如表 4.3.1 所示。

表 4.3.1　堆料机试车前准备的内容与要求

内容	要求
安全措施、制动器、行程开关、保险丝、总开关等	处于正常状态，动作灵活、准确安全、稳定可靠、间隙合适
电缆卷盘及电缆	电缆卷绕正确，电缆不得有损坏、烧焦现象
金属结构的外观	不得有断裂、损坏、变形、油漆脱落现象，焊缝质量符合要求
传动机构及零部件	装配正确，不得有损坏、漏装现象；螺栓连接应紧固；铰接点转动灵活；链条张紧程度合适
润滑点及润滑系统	保证各点润滑供油正常，按要求加够润滑油或润滑脂
电气系统和各种保护装置、开关及仪表照明	不得有漏接线头，联锁应可靠，电动机转向正确，开关、仪表和灯光好用
质量配比调整	要有安全措施，分次增加

（2）堆料机的空负荷试车

　　① 首先开动液压系统，使活塞杆能正常升降，在悬臂与三角形门架的铰点处设有角度检测限位开关，正常运行时，悬臂在在－13°～16°运行；当换堆时，悬臂上升到最大角度 16°。液压系统工作时不允许有振动、噪声、泄漏现象。若发现故障，则应立即停机，查明原因，及时排除。

　　② 将堆料臂架置于水平位置，启动堆料悬臂胶带机。观察所有托辊的运转情况，注意观察胶带

是否跑偏,若出现托辊运转不灵活或胶带跑偏现象,则要查明原因,及时排除。待故障排除后,悬臂胶带机空负荷运行且时间不得少于 2 h,注意观察电动滚筒的温升不超过 40 ℃,其轴承温度不应大于 65 ℃。

③ 开动堆料机的行走驱动装置,运行时间不少于 2 h,注意观察减速器的温升不超过 40 ℃,其轴承温度不应大于 65 ℃。车轮与钢轨不得出现卡轨现象。在堆料机运行期间,确定各行走限位开关的位置,调整好后将其固定。

④ 待各部运行正常后,堆料机进行整机联动空负荷试车,运行时间不少于 48 h。

⑤ 堆料机与取料机联动试车运行,时间不少于 48 h。

(3)堆料机的负荷试车

待空负荷试车运行正常后,可进行负荷试车。负荷试车,可分为两种工况:部分负荷(约为满负荷的 25%～50%)试车、满负荷试车。应先进行不少于 6 h 的部分负荷试车,在部分负荷试车没有问题后才可进行满负荷试车。必须在悬臂胶带机达到正常运转速度后方可向其加料,不能在悬臂胶带机静止时加料。在负荷运转时,除按空车试运行时注意观察外,还要观察和调整悬臂胶带机的料流检测装置、清扫装置以及胶带和滚筒是否打滑。若出现打滑现象,则应调整胶带机的拉紧装置。在调整拉紧装置时,将悬臂架处于水平状态,观察悬臂胶带机两托辊的间距及堆料机行走的距离是否按规定的工艺程序进行。若满负荷运转一切正常,即可投入生产。

(4)堆料机试车的连续性

① 试车中检查各项目,若存在不符合要求的问题则必须停机处理。在重新运转后必须重新检查各项目,要求全部达到合格为止。

② 在试车中,若因故障停车而待事故处理完毕后重新开车时,其试车时间必须重新计算,不得前后累计计算。

4.3.1.2 堆料机的控制方式

(1)堆料机的自动控制操作

自动控制下的堆料作业,由中央控制室和机上控制室交互实施。当需要中央控制室对堆料机自动控制时,按下操作台上的操作按钮,堆料机上所有的用电设备将按照预定的程序启动,实现整机系统的启动与停车,操作进入正常自动作业状态。

4303-视频

(2)堆料机的机上人工控制操作

机上人工控制操作,主要用于调试过程中所需要的工况(或自动控制出现故障)时,允许按非预设的堆料方式要求堆料机继续工作。

(3)堆料机的机上控制室内操作

操作人员在机上控制室内控制操作盘上的相应按钮,进行人工堆料作业。当工况开关置于机上人工控制位置时,自动、机旁工况均不能切入。机上人工控制可对悬臂上卸料胶带机、液压系统、行走机构进行单独的启动操作,各系统之间失去相互联锁,但系统的各项保护仍起作用。

(4)堆料机的机旁现场控制

在安装检修和维护工况而需要有局部动作时,可以依靠机房设备的操作按钮来实现。在此控制方式下,堆料机各传动机构解除互锁,只能单独启动或停机。

4.3.1.3 堆料机的生产运行操作与维护

(1)堆料机的大车行走机构的检查与维护

① 目测或用工具检测运行轨道是否有下沉、变形、压板螺栓松动等现象。

② 目测减速机及液压给油箱的油位是否低于规定标准。

③ 用扳手检查电机、减速机的连接是否牢靠,螺栓有无松动。

④ 用手触摸电机、减速机,检查有无振动、各轴承温度是否过热,耳听有无异音,观察减速机有无漏油。

⑤ 检查制动器是否可靠,及时清除制动器的污物。

⑥ 观察开式齿轮齿面的磨损和接触情况。

(2) 堆料机的俯仰机构的检查与维护

① 检查传动装置是否平稳,电机、减速机有无振动和异常声响。

② 检查安全装置、传动系统的连接是否可靠。

③ 检查回转支撑机构工作时接触是否良好、各处连接是否有松动。

④ 检查各润滑部位是否良好,油量是否满足要求。

⑤ 堆料机悬臂与料堆的顶部不应过近,严禁料堆尖与悬臂接触而刮伤皮带。堆料机与取料机在换堆时的高度,要有一定的安全距离。

4.3.1.4　堆料机的常见故障分析与处理

4304-动画

堆料机在堆料过程中,可能会出现电动滚筒及各轴承发热、刮板磨损、漏油、制动不灵及机件振动等故障,要注意观察,发现问题要及时处理。

堆料机的常见故障分析与处理,如表 4.3.2 所示。

表 4.3.2　堆料机的常见故障分析与处理

故障现象	产生原因	排除方法
电动滚筒发热	油量过少或太多	加油或放油
刮板磨损	材质不好或寿命到期	补焊或更换刮板
漏油	密封不良或损坏	更换密封件
轴承发热	① 轴承密封不良或密封件与轴接触; ② 轴承缺油; ③ 轴承损坏	① 清洗、调整轴承及密封件; ② 按照润滑要求加油; ③ 更换轴承
机件振动	① 安装、找正时没有达到标准要求; ② 地脚螺栓和连接螺栓松动; ③ 轴承损坏; ④ 基础不实或下沉不均	① 检查安装质量,重新安装找正; ② 检查各部连接螺栓的紧固情况,确保紧固程度; ③ 更换损坏的轴承; ④ 夯实基础
制动不灵	制动器闸瓦与制动轮间隙过大或闸瓦磨损严重	调整闸瓦与制动轮间隙,更换闸瓦

4.3.2　水泥原料取料机的操作与维护

4.3.2.1　取料机的控制方式

取料机的控制方式有 3 种:机上人工控制、自动控制和机旁现场控制。每种操作是通过工况转换开关实现的。

（1）取料机的机上人工控制

机上人工控制，适用于调试过程所需要的工况（或自动控制出现故障）时，允许按非预设的取料方式要求取料机继续工作。操作人员在机上控制室内控制操作盘上相应按钮，进行人工堆料作业。当工况开关置于机上人工控制位置时，自动、机旁（维修）工况均不能切入。机上人工控制可对行走端梁、刮板输送系统、料耙系统进行单独的启停操作，各系统之间失去相互联锁，但各系统的各项保护仍起作用。

（2）取料机的自动控制

自动控制方式下的取料作业，由中央控制室或机上控制室均可实施。当需要中央控制室对取料机自动控制时，操作人员只要将操作台上的自动操作按钮按下，然后按下启动按钮，取料机上所有的用电设备将按照预定的程序启动，整机操作投入正常自动运行作业状态。在中央控制室的操作台上，通过按动按钮可以对取料机实现整机系统的启动或停车。在自动控制状态下开机前首先响铃。

正常启动顺序为：

① 启动取料胶带机（联锁信号）；

② 启动电缆卷盘；

③ 启动刮板输送系统；

④ 启动耙车；

⑤ 启动行走端梁；

正常停车顺序为：

① 停止行走端梁；

② 停止电缆卷盘；

③ 停止耙车；

④ 停止刮板输送系统；

⑤ 停止取料胶带机。

（3）取料机的机旁现场控制

机旁现场控制，适用于安装检修和维护工况而需要局部动作时，依靠机旁设置的操作按钮实现。在此控制方式下，取料机各传动机构解除互锁，只能单独启动或停止。当工况开关置于机旁（维修）位置时，自动工况及机上人工工况不能切入。机上人工工况的功能，机旁工况也具备。但是，操作按钮只安装在有利于维修操作的位置上。机旁工况不安装行走操作按钮。

4305-视频

4.3.2.2 取料机的试车运行操作与维护

（1）取料机开车前的注意事项

取料机在开机之前，必须对全机进行检查。当经检查各部情况均属良好时，方可按启动顺序开动取料机，进入作业状态。

（2）取料机的事故停车

凡在本系统内任何地方出现事故必须停机时，应按动紧急开关，使取料机马上停止工作。

（3）取料机的端梁行走不同步的调整

① 在调车工况时，若某一端行走超前时，摆动端梁的防偏装置上的撞块将碰撞限位开关，将超前侧停止，待滞后侧赶上时，两端再同步前进。

② 在自动工况发生行走不同步时，应调节变频器的频率以达到同步运行。

（4）取料机的换堆

为了实现物料的均化处理，堆料机需要与取料机配套使用。当一堆已堆满时，堆料机需要离开该堆区域,以便取料机进入该区域取料。这就是换堆。在换堆过程中,取料机与堆料机之间有一个联锁保护问题,即在正常工作或调车工况时,取料机与堆料机均不得进入换堆区,由限位开关来限制。当控制室发出换堆指令时,在现场操作人员认为满足换堆条件后,将工况开关置于手动工况,此时取料机与堆料机才可进入换堆区。堆料机与取料机必须同时进入换堆区。如果取料机没进入换堆区,则堆料机就不能走出换堆区,反之亦然。只有等另一机进入换堆区后,两机才能分别走出换堆区,进入各自的工作区。

(5) 取料机的试车

① 在取料机全部安装完之后,要认真检查各个部位,在确认各处均安装良好后才准许进行试运转。在试运转前要认真检查各减速机、液力耦合器、液压制动器、润滑油箱和各轴承的润滑点是否已按设计需要加好润滑油或润滑脂。

② 通电检测电动机的旋转方向是否一致或符合图纸旋转方向。若没有问题,则重新紧固锁紧盘上的螺栓并达到相应的拧紧力矩。

③ 按机旁(维修)工况试车。将操作台上的工况开关置于机旁(维修)工况位置(此时自动工况及机上手动工况已切断)。操作按钮设置在各驱动装置附近(大车行走无此工况),可单独操作各个驱动装置,若有不正常现象,则应及时查找原因,排除故障,再进行试车。

④ 在各个驱动装置单独试车正常后,再进行手动工况试车。机上手动工况操作,在本机操作台上进行。操作台上的工况开关置于机上手动位置(此时自动工况及机旁维修工况已被切断)。机上手动工况也是单独操作各个驱动装置动作(机上手动工况有大车行走)。在运转时,每间隔2 h检查各运转部件有无异常振动、温升、噪声,检查行走轮、挡轮和轨道接触情况,检查两端梁跑偏情况,检查刮板系统运转情况及料耙系统运转情况。

⑤ 空负荷试运转时,大车的行走速度按由低到高的方式逐步调整到最高速度运行。

⑥ 在手动工况试车完后,再进行自动工况试车。工况开关置于自动位置(此时维修工况及手动工况已被切断)。自动工况试车,可分为机上自动试车和中央控制室自动工况试车。应先进行机上自动试车。中央控制室自动工况试车在中央控制室进行,与出料机联网。试车时间及大车的运行速度等,均按手动情况进行。自动控制程序,是电气系统在安装与调试时已按事先规定编制好的程序,可参考电气系统"说明书"的有关章节进行。

4306-视频

⑦ 在空车试运转无问题后,方可进行负荷试车。反转时间不小于20 h。负荷试车按自动工况、逐步加载程序进行。即控制大车的运行速度,由最低速度开始,每运行4 h提高一级速度,直到达到正常产量。在负荷试运转期间,除按空负荷运转要求的有关内容检查外,还应检查电动机的电源是否正常、各连接螺栓是否松动、各密封件是否良好、轴承温度是否正常(温升不得超过40 ℃,最大温度不得超过65 ℃)。在负荷运转期间,一旦发现不正常情况时,应立即停止运转并进行处理。在负荷运转一切正常后,可投入试生产。

(6) 取料机的维护、保养与检修

① 取料机每运转2000 h,应检查各部件之间的连接是否松动。若有松动部位,则应及时处理。

② 对于端梁进行维护、保养与检修。

(a) 应保证电磁离合器中摩擦片之间的间隙,保证良好的结合与脱开状态,使其正常工作。

(b) 对于制动器应经常检查制动衬垫,当制动衬垫磨损严重时,应及时更换以保证制动效果。

(c) 经常检查减速器有无异常噪声,检查润滑情况。各润滑点应按时注油。减速器箱体内的油量要适量,检查润滑油是否外泄,若润滑油外泄则要查明原因。此外,应检查减速器的发热情况。

(d) 经常检查车轮及挡轮与轨道的接触情况。若有异常情况,则应及时调整。

③ 进行料耙系统的维护与保养。

（a）检查链条张紧情况、链条与链轮啮合情况；小车的车轮范围与轨道的接触情况；小车的运行是否平稳；减速器的噪声与温升是否在正常范围内。当链条伸长率大于 2% 时，必须更换，同时建议更换链轮。

（b）磨损的耙齿应及时更换。在更换耙齿时，应在将磨损的耙齿割掉后再将新的耙齿焊接到原位置上，焊角高不小于 6 mm。

④ 对于刮板系统进行维修与保养。

（a）检查各运动部件有无碰撞、松动现象，检查刮板上衬板紧固螺栓有无松动现象，检查链条的松紧程度、链轮的啮合情况；检查驱动装置有无异常振动、温升和噪声。

（b）刮板链条是高精度套筒滚子运输链，若其伸长磨损率过大，则必须更换。

（c）链条在运行过程中会被玷污，应根据被玷污程度定期清洗链条。

（d）刮板链轮在工作一定年限后会磨损，若磨损严重，则应在更换链条的同时更换链轮。

（e）当某一个链节发生损坏时，应及时更换。

（f）当耐磨板的磨损程度危及刮板结构时，应更换耐磨板。若只是其两侧有严重磨损，则可在其表面焊上一层硬质材料，以延长耐磨板的使用寿命。

（g）在检修时应检查链条导槽上的耐磨板的厚度，并及时更换耐磨板。

4.3.2.3　取料机的生产运行操作与维护

在正常生产中，当采用"中央控制室集中控制"（状态）而需要单机调试设备时，采用"机旁控制"（状态），现场有"开""停"按钮。

（1）取料机的松料装置的检查与维护

① 目测或用一定规格的扳手检查松料机构、俯仰机构各部位的连接是否正常。

② 观察往复移动的滑轨与滑块的接触和润滑是否良好。

③ 观察机架有无开裂、变形或破损。

④ 检查耙架的连接是否正常。

（2）取料机的刮板取料机构的检查与维护

① 目测各部位连接是否牢靠；中间导轮栓、前后链轮与链条的接触是否良好，有无磨损。

② 耳听驱动结构各部位有无异常振动和声响。

③ 手摸电动机、减速机的壳体，感觉温度的变化情况（不得超过 40 ℃）。

4307-视频

（3）取料机的大车的驱动机构的检查与维护

① 目测各部件的连接情况及中间导轮栓是否有松动现象。

② 耳听驱动电动机、减速器和减速装置有无异常振动和声响。

③ 手摸电动机、减速机的壳体，感觉温度的变化情况。

④ 观察刮板减速机、大车行走减速机，耙车行走减速机是否漏油、振动、异音和发热。

⑤ 检查各润滑点的润滑是否良好，油位是否符合要求。

4308-视频

（4）取料机的其他部位的检查与维护

① 检查取料量是否适宜；当其过大或过小时，可相应调整慢速行走速度。（左右变频器频率）

② 观察现场操作盘按钮、机旁按钮、运行指示灯是否正常；各部限位开关是否完好有效。

③ 检查动力电缆、控制电缆、耙车行走电缆的卷线盘传动有无异音、转动是否正常；耙车行走电缆在滑动导轨上行走是否灵活自如。

4309-视频

4.3.2.4 取料机的常见故障分析与处理

在取料过程中,会出现取料机的部件磨损、松料机构(或俯仰机构)松弛、轴承发热、皮带跑偏跑料、机架开裂(或变形)和机件振动等故障,要及早发现并会同专业维修人员及时处理。

取料机的常见故障分析与处理,如表 4.3.3。

表 4.3.3 取料机的常见故障分析与处理

故障现象	产生原因	排除方法
机架开裂、变形	长时间使用或受力不均	调整受力、焊接开裂部分、矫正变形
松料机构(或仰俯机构)松弛	使用中拉力不均衡,产生振动	调整受力、消除振动
刮板磨损	使用寿命到期或材质不好	补焊或更换
滑轨与滑块磨损较大	润滑不良或损坏	适时更换
导轮松动	磨损和振动引起	停机时紧固和更换
轴承发热	① 轴承密闭不良; ② 轴承缺油; ③ 轴承损坏	① 清洗,调整轴承和密封件; ② 按润滑制度加油; ③ 更换轴承
耙车行走轮、挡轮轴承磨损	受力不均和行走未在直线上	应定期调整
取料机下料漏斗处皮带跑偏、跑料	下料点不正	调整下料挡板
刮板固定螺丝、导向轮架固定螺丝和其他连接螺丝松动或脱落	设备长期运转所致	紧固或更换
机件振动	① 地脚螺栓和连接螺栓松动; ② 轴承损坏; ③ 基础不实或下沉量不均匀	① 检查各部分连接螺栓的紧固情况,保证紧固程度; ② 更换损坏的轴承; ③ 与工厂技术部门结合,设法解决基础问题

［知 识 测 试 题］

一、填空题

1. 堆料机的控制方式有_____、_____、_____、_____。

2. 取料机的控制方式有_____、_____、_____。

二、选择题

1. 设备运转期间,禁止( )。

A. 修理和清扫   B. 修理   C. 清扫

2. 按照操作规程规定,堆料时堆料间隔不超过( )。

A. 8 m   B. 5 m   C. 3 m   D. 无限制

3. 因操作失误或设备故障等原因而造成的影响生产、影响员工身体安全的重大事件,为( )。

A. 一般事故   B. 设备故障   C. 重大事故   D. 生产事故

4. 减速机的油位要求在液位标尺(　　　)以上。

A. 1/3 以下　　　　　　B. 1/3 以上　　　　　　C. 1/2 到 2/3　　　　　　D. 任何部位

5. 堆取料机正常工作条件的环境温度为(　　　)。

A. −20～40℃　　　　　　B. −40～20℃　　　　　　C. 0～40℃　　　　　　D. 任意温度

三、判断题

1. 水泥原料预均化可保证水泥原料化学成分均匀。　　　　　　　　　　　　　　　(　　)

2. 水泥原料预均化的目的是降低水泥原料化学成分的波动。　　　　　　　　　　(　　)

3. 取料机与其他设备会车时,应先操作后监护。　　　　　　　　　　　　　　　(　　)

4. 大机作业前需要检查并确保电源电压不超过±10%的额定电压。　　　　　　　(　　)

5. "一班三检"是指在班前、班中、班后进行安全检查。　　　　　　　　　　　　(　　)

6. 电动卸料小车在行走时,站在警戒线以外。　　　　　　　　　　　　　　　　(　　)

7. 利用堆取料机进行工作时,要与前面岗位联系好。　　　　　　　　　　　　　(　　)

8. 取料机不可与堆料机在一个料堆内工作。　　　　　　　　　　　　　　　　　(　　)

四、简答题

1. 试述影响水泥原料预均化效果的因素及解决措施。

2. 取料机在取料过程中有哪些故障?

4310-文本

[能力训练题]

1. 编写《悬臂式堆料机的操作与维护方案》;

2. 编写《刮板取料机的操作与维护方案》;

3. 参考相关资料,编写《石灰石预均化岗位作业指导书》。

【项目实训】

实训 1　预均化效果的评价

描述:根据某水泥企业的石灰石预均化堆场的化学成分数据,对其预均化效果作出评价,并编写出评价报告。

要求:

(1) 计算评价参数;

(2) 编写评价报告。

实训 2　堆料机与取料机的仿真操作

描述:在企业人员的指导下操作堆料机与取料机并实施预均化作业。

要求:

(1) 理解岗位职责、理解操作规程;

(2) 学会操作堆料机与取料机。

实训 3　制作预均化库模型

描述:制作矩形预均化库模型与圆形预均化库模型并进行比赛。

要求:

(1) 能描述水泥原料预均化库的工艺流程;

（2）能描述水泥原料预均化库的构造。

【项目评价】

评价项目	评价内容	评价分值
任务 4.1　水泥原料预均化原理的认知	能正确描述水泥原料预均化工艺，能评价预均化效果	20
任务 4.2　水泥原料预均化工艺的选择	能合理选择与布置水泥原料预均化库，会操作堆料机与取料机	30
任务 4.3　水泥原料预均化设备的操作	能阐述水泥原料预均化作业过程，能编写操作规程	20
实训 1　预均化效果的评价	能正确给出水泥原料生产情况的预均化效果评价	10
实训 2　堆料机与取料机的仿真操作	能仿真操作开、停、运转预均化的堆料机与取料机	10
实训 3　制作预均化库模型	能仿照新型干法水泥生产沙盘模型制作预均化库	10

5 水泥生料配方的设计与计算

【项目描述】

(1) 项目内容

本项目的学习包括 5 个任务：

① 水泥熟料组成的认知；

② 水泥熟料率值的认知；

③ 水泥生料配方的设计；

④ 水泥生料配方的计算；

⑤ 水泥生料配方的实施。

学习重点：掌握水泥熟料的组成、率值、换算、配方设计、配方计算。

学习难点：水泥熟料矿物的特性、水泥熟料率值的确定、水泥生料的配方计算。

(2) 知识目标

① 掌握硅酸盐水泥熟料的化学成分、矿物组成和矿物特性；

② 掌握水泥熟料率值的概念、计算与换算；

③ 掌握水泥熟料率值的确定、配料设计的依据和方法、配料计算的方法。

5001-文本

(3) 能力目标

能根据新型干法水泥生产的特点，结合生产实际设计配料方案，确定水泥熟料的率值，计算原料的配合比，实施原料配合。

(4) 素质目标

5002-文本

效益最高的企业意识：在配料方案设计时，选择原料与燃料应尽量做到就地取材、优劣搭配、大量使用工业固体废弃物，注重生产成本、环境保护、资源节约和企业效益。

【项目导学】

硅酸盐水泥熟料，由 4 种主要矿物(即 C_3S、C_2S、C_3A 和 C_4AF)所组成。各主要矿物的特性是不同的，水泥熟料的矿物组成比例决定了水泥熟料的性能。

水泥熟料的矿物组成，是由水泥熟料的配料方案和回转窑的煅烧过程所决定的。因此，水泥熟料的配料方案，是保证水泥质量的基础。

水泥生料，是由石灰质原料、黏土质原料和少量的校正原料，在水泥原料库底经各自的电子皮带秤按比例配合，通过粉磨、烘干和均化，从而得到一定细度的、化学成分均匀的干物料粉(其水分含量一般不超过 1%)。

水泥生料配料(简称配料)，是指水泥企业根据水泥的品种、水泥原料与燃料的品质、企业具体生产条件等，选择合理的水泥熟料组成(或率值)，并由此计算所用水泥原料与燃料的配合比。

配料计算，是指确定水泥原料与燃料的配合比的过程。

　　为了获得符合性能要求的水泥熟料,首先需要进行配料方案的设计——设计合理的水泥熟料矿物组成(即水泥熟料的3个率值),然后再根据水泥原料与燃料的化学成分、燃料的低位发热量等,确定所用水泥原料与燃料的配合比,以获得可煅烧水泥熟料矿物组成要求时所需的水泥生料。

　　水泥熟料的质量,常用水泥熟料的3个率值来表征。因此,水泥生料的配料计算,一般都是以获得所设定水泥熟料的3个率值为目标。

　　水泥生料配料计算的方法很多,现代新型干法水泥企业常用计算机快速进行配料计算。

　　现代新型干法水泥生产企业采用自动控制配料系统,使磨机所生产水泥生料的质量均齐,可以保证所配制水泥生料的化学成分和率值符合配料指标要求。

　　但是,在实际水泥生产中,按照配料计算结果所配制的水泥生料,却常常不能获得3个率值完全符合要求的水泥熟料,需要利用X-ray光谱分析仪对输出磨机的水泥生料、输出储库的水泥生料、输出回转窑的水泥熟料进行快速控制分析,并根据控制分析结果对水泥原料的配合比进行自动(或人工)调整,自动改变(或调整)水泥原料各自电子皮带秤的喂料量以达到自动控制水泥原料配合比的目的,以保证水泥生料的化学成分符合要求,进而保证水泥熟料的3个率值符合设计要求。

【项目实施】

5.1　水泥熟料组成的认知

（1）任务描述

本任务的学习内容包括3个方面内容:

① 水泥熟料的化学成分;

② 水泥熟料的矿物组成;

③ 水泥熟料的矿物特征。

学习重点:水泥熟料的化学成分、矿物组成和矿物特征。

学习难点:水泥熟料的矿物组成和矿物特征。

（2）知识目标

掌握水泥熟料的化学成分、矿物组成、矿物特征。

（3）能力目标

能解读水泥熟料的化学成分、矿物组成和矿物特征。

5101-文本

5102-ppt

5.1.1　水泥熟料的组成

　　在水泥生产过程中,水泥生料的质量决定水泥熟料的质量,水泥熟料的质量决定水泥的质量,环环相扣。优质的水泥熟料应该具有合适的矿物组成和微观结构,因此,控制水泥熟料的化学成分,是水泥生产的中心环节之一。

5.1.1.1　水泥熟料的化学成分

（1）水泥熟料的主要化学成分

在硅酸盐水泥熟料中,主要的化学成分为4种氧化物:CaO、SiO_2、Al_2O_3和Fe_2O_3,其含量(质量分数,%)通常为水泥熟料总质量的95%以上。此外,还含有少量的其他氧化物(例如,MgO、SO₃、Na₂O、K₂O、TiO₂、P₂O₅和Mn₂O₃等),其含量通常为水泥熟料总质量的5%以下。

一般硅酸盐水泥熟料的化学成分(质量分数,%),如表5.1.1所示。

部分新型干法水泥生产企业的硅酸盐水泥熟料的化学成分(质量分数,%),如表5.1.2所示。

表5.1.1 一般硅酸盐水泥熟料的化学成分(质量分数,%)

分析项目	SiO_2	Al_2O_3	Fe_2O_3	CaO	TiO_2	SO_3	P_2O_5	Mn_2O_3	MgO	Na_2O+K_2O	LOI
含量(%)	16~25	4~8	2~6	58~68	0~0.5	0.1~2.5	0~1.5	0~3	1~5	0~1.5	0.5~3

表5.1.2 国内部分新型干法水泥生产企业的硅酸盐水泥熟料的化学成分(质量分数,%)

生产企业	SiO_2	Al_2O_3	Fe_2O_3	CaO	MgO	Na_2O+K_2O	SO_3	Cl^-
冀东水泥厂	22.36	5.53	3.46	65.08	1.27	1.23		
宁国水泥厂	22.50	5.34	3.47	65.89	1.66	0.69	0.20	0.01
江西水泥厂	22.27	5.59	3.47	65.90	0.81	0.08	0.07	0.005
双阳水泥厂	22.57	5.29	4.41	65.88	0.97	1.89	0.82	0.0104
铜陵水泥厂	22.10	5.62	3.40	65.54	1.41	1.19	0.40	0.018
柳州水泥厂	21.22	5.89	3.70	65.90	1.00	0.76	0.30	0.007
鲁南水泥厂	21.47	5.55	3.52	63.74	3.19	1.22	0.15	0.026
云浮水泥厂	21.61	5.78	2.98	65.89	1.70	1.07	0.65	0.0047

由表5.1.1和表5.1.2可知,各生产企业的水泥熟料的化学成分虽略有不同,但在实际生产中,硅酸盐水泥熟料中主要氧化物含量的波动范围一般为:

5103-视频

$$w(CaO) \quad 62\% \sim 67\% \qquad w(SiO_2) \quad 20\% \sim 24\%$$

$$w(Al_2O_3) \quad 4\% \sim 7\% \qquad w(Fe_2O_3) \quad 2.5\% \sim 6\%$$

(2)水泥熟料化学成分的要求

在实际生产中,各类硅酸盐水泥熟料(通用水泥、中等抗硫酸盐水泥、中等水化热水泥、高抗硫酸盐水泥的水泥熟料等)中的化学成分,应控制在如下范围:

① $w(CaO)/w(SiO_2) \geq 2.0$;

② $w(MgO) \leq 5.0\%$;

[当制成P.Ⅰ型硅酸盐水泥试样的压蒸安定性合格时,允许$w(MgO)=6.0\%$]

③ $w(SO_3) \leq 1.0\%$;

④ 中等水化热水泥(或中等抗硫酸盐水泥)的水泥熟料:$w(Na_2O)+w(K_2O) \leq 0.60\%$;

⑤ 低碱度硅酸盐水泥的水泥熟料:$w(Na_2O)+w(K_2O) \leq 0.60\%$。

5.1.1.2 水泥熟料的矿物组成

在硅酸盐水泥熟料中,CaO、SiO_2、Al_2O_3和Fe_2O_3等并不是以单独的氧化物存在,而是以两种(或两种以上)氧化物经反应而组合成的各种不同的氧化物集合体,即以多种水泥熟料矿物的形态存在。这些水泥熟料矿物的结晶细小,其粒径通常为$30~\mu m \leq d \leq 60~\mu m$。因此,硅酸盐水泥熟料是一种多种矿物组成的结晶细小的人造岩石。

在硅酸盐水泥熟料中,主要有4种矿物:硅酸三钙(C_3S)、硅酸二钙(C_2S)、铝酸三钙(C_3A)、铁铝酸四钙(C_4AF)。另外,还有少量的游离氧化钙(f-CaO)、游离氧化镁(f-MgO,方镁石)、含碱矿物以及玻璃体等。通常,水泥熟料中 C_3S 和 C_2S 的含量约为 75%,被合称为"硅酸盐矿物";C_3A 和 C_4AF 的含量约为 22%。后两种矿物与 f-MgO、含碱矿物等,在 $1250 \sim 1280$ ℃时开始逐渐熔融而形成液相以促进硅酸三钙形成,所以被称为"熔剂性矿物"。

水泥熟料中的矿物相,如表 5.1.3 所示。

水泥熟料中 4 种主要矿物含量的一般范围以及国内外部分水泥生产企业的生产数据,如表 5.1.4 所示。

表 5.1.3 水泥熟料中的矿物相

矿物相	化学式	简式
硅酸三钙	$3CaO \cdot SiO_2$	C_3S
硅酸二钙	$2CaO \cdot SiO_2$	C_2S
铝酸三钙	$3CaO \cdot Al_2O_3$	C_3A
铁铝酸四钙	$4CaO \cdot Al_2O_3 \cdot Fe_2O_3$	C_4AF
铁酸钙(混合晶相)	$2CaO \cdot Fe_2O_3$	C_2F
游离氧化钙	f-CaO	
游离氧化镁(方镁石)	f-MgO	
含钾硅酸二钙	$K_2O \cdot 23CaO \cdot 12SiO_2$	$KC_{23}S_{12}$
含钠铝酸三钙	$Na_2O \cdot 8CaO \cdot 3Al_2O$	NaC_8A_3
硫酸碱	$(K, Na)_2SO_4$	
磷酸碱	$(K, Na)_3PO_4$	
硫酸钙	$CaSO_4$	

表 5.1.4 水泥熟料中 4 种主要矿物含量的一般范围以及国内外部分水泥生产企业的生产数据

水泥熟料的类别	$w(C_3S)$	$w(C_2S)$	$w(C_3A)$	$w(C_4AF)$
国内新型干法窑的水泥熟料(20 家的平均值)	53%	24%	8%	10%
国内重点水泥企业的水泥熟料(56 家的平均值)	54%	20%	7%	14%
国外水泥企业的水泥熟料(23 家的平均值)	57%	20%	8%	10%

5.1.1.3 水泥熟料的矿物特征

5104-视频

(1) 硅酸三钙(C_3S)

① C_3S 的形成条件及存在形式

C_3S 是硅酸水泥熟料中的主要矿物。通常,它是在高温液相作用下由先导形成的固相 C_2S 吸收 CaO 而形成的。

纯 C_3S 只有在 $2065 \sim 1250$ ℃时,才能稳定存在。

在 2065 ℃以上时,C_3S 不一致熔融为 CaO 与液相。

在 1250 ℃以下时,C_3S 分解为 C_2S 和 CaO。C_3S 的分解速度十分缓慢,只有在缓慢降温且伴随还原气氛条件下才明显进行。所以,C_3S 在室温条件下,可以介稳状态存在。

纯 C_3S 具有同质多晶现象。多晶现象,不仅与温度有关而且相当复杂。到目前为止,人们已发现了 7 种晶型。

纯 C_3S 的同质多晶现象,如图 5.1.1 所示。

现代材料研究及测试技术一致证明:水泥熟料中的 C_3S 并不是以纯 C_3S 的形式存在,而总是与少量的其他氧化物（例如，Al_2O_3、Fe_2O_3、MgO 和 R_2O 等）形成固溶体。

在反光显微镜下观察，这种固溶体的岩相照片为黑色多角形颗粒。人们将其定名为阿利特（Alite），简称 A 矿。

5105-视频

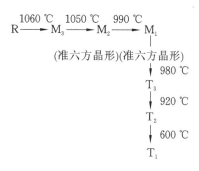

图 5.1.1　纯 C_3S 的同质多晶现象

R—三方晶系；M—单斜晶系；T—三斜晶系

5106-视频

② C_3S 的水化特性

C_3S 试样经加水调和后，在不断与水发生反应的过程中具有如下特性：

（a）C_3S 试样的水化反应较快且主要在 28 d 内进行，约经 1 年后其水化过程基本完成。

（b）C_3S 试样在水化早期的强度较高，其绝对值和增进率较大。试样的 28 d 强度可以达到其 1 年强度的 70%～80%。就试样的 28 d（或 1 年）的强度而言，在 4 种主要矿物（C_3S、C_2S、C_3A、C_4AF）中，C_3S 的强度最高，对水泥的性能起着主导作用。

5107-视频

（c）C_3S 试样的水化热较高，在水化过程中单位质量试样所释放的水化热约为 500 J/g。试样的抗水性较差。因此，若要求水泥的水化热较低、抗水性较好时，则应适当降低水泥熟料中 C_3S 含量。

（2）硅酸二钙（C_2S）

C_2S 由 CaO 与 SiO_2 经化合而形成，是硅酸盐水泥熟料中的主要矿物之一。

① C_2S 的多晶转变

5108-视频

纯 C_2S 在 1450 ℃ 以下时亦有同质多晶现象，通常有 4 种晶型：$\alpha\text{-}C_2S$、$\alpha'\text{-}C_2S$、$\beta\text{-}C_2S$、$\gamma\text{-}C_2S$。其中，α'、γ 型属于斜方晶系，β 型属于单斜晶系，α 型属于三方（或六方）晶系。

纯 C_2S 的多晶转变过程，如图 5.1.2 所示。

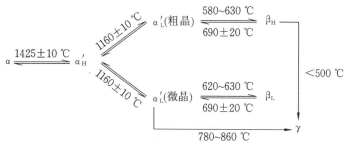

图 5.1.2　纯 C_2S 的多晶转变过程

在常温下，水硬性的 $\alpha\text{-}C_2S$、高温型 $\alpha_H'\text{-}C_2S$、低温型 $\alpha_L'\text{-}C_2S$ 和 $\beta\text{-}C_2S$，都是不稳定的晶型，具有转变为结构中 Ca^{2+} 的配位数相当规则的、几乎没有水硬性的 $\gamma\text{-}C_2S$ 的趋势。因为 $\gamma\text{-}C_2S$ 的密度 $\rho = 2.97$ g/cm^3、$\beta\text{-}C_2S$ 密度 $\rho = 3.28$ g/cm^3，所以，当发生 $\beta \rightarrow \gamma$ 转变时，将伴随有一定的体积膨胀（$\Delta V/V = 10\%$），其结果是水泥熟料崩溃，在水泥生产中被称为"粉化"现象。当水泥熟料的烧成温度较高、冷却较快且水泥熟料中固溶有少量的 Al_2O_3、Fe_2O_3、R_2O、MgO 等时，通常均可保留具有水硬性的 $\beta\text{-}C_2S$。

② C_2S 的矿物特征

C_2S 通常因溶有少量的 Al_2O_3、Fe_2O_3、MgO、R_2O 等而以固溶体的形式存在。这种固溶有少量氧化物的 C_2S，人们将其定名为贝利特(Belite)，简称 B 矿。

经电子探针分析，几种贝利特的化学成分(质量分数，%)为：

$$w(CaO)=63.0\%\sim63.7\%, \quad w(SiO_2)=31.5\%\sim33.7\%, \quad w(K_2O)=0.3\%\sim1.0\%;$$
$$w(TiO_2)=0.1\%\sim0.3\%, \quad w(P_2O_5)=0.1\%\sim0.3\%$$

5109-视频

在硅酸盐水泥熟料中，贝利特呈圆粒状，但也可见其他不规则形状。这是由于水泥熟料在煅烧过程中，先经固相反应形成的贝利特，其边棱再溶入液相中，在液相中吸收 CaO 后经反应而生成阿利特所致。

在反光显微镜下观察，在工艺条件正常时的水泥熟料中，贝利特的岩相照片中有黑白交叉的双晶条纹。在烧成温度低且冷却缓慢的水泥熟料中，贝利特的岩相照片中常发现有平行双晶。

5110-视频

③ C_2S 的水化特性

(a) C_2S 试样的水化反应比 C_3S 慢得多；至 28 d 仅水化约 20%，凝结硬化缓慢。

(b) C_2S 试样的早期强度较低，但 28 d 以后其强度仍能较快增长，1 年后可以赶上甚至超过阿利特的强度。

(c) C_2S 试样单位质量试样所释放的水化热为 250 J/g，为 4 种主要矿物中的最小者；试样的抗水性较好。因而，对于大体积工程(或环境侵蚀性较大的工程)用水泥，适当提高贝利特含量、降低阿利特含量，则是有利的。

5111-视频

(3) 铝酸三钙(C_3A)

C_3A 因在水泥熟料煅烧中起熔剂作用，所以又被称为熔剂性矿物。C_3A 与铁铝酸四钙(C_4AF)在 1250～1280 ℃时熔融而形成液相，从而促使 C_3S 顺利生成。

① C_3A 的矿物特征

C_3A 也可以固溶有少量的 SiO_2、Fe_2O_3、MgO、R_2O 等，从而形成固溶体。

C_3A 的晶型，随原材料性质、水泥熟料形成与冷却工艺的不同而有所差别，尤其是受水泥熟料冷却速率的影响最大。通常，在 Al_2O_3 含量较高且缓慢冷却的水泥熟料中，能够结晶出较为完整的 C_3A 晶体。

5112-视频

在反光镜下观察，C_3A 晶体呈现为矩形或粒形。当冷却速率较快时，C_3A 溶入玻璃相；或 C_3A 以不规则的微晶体析出，在反光显微镜下观察则呈现为点滴状。C_3A 在反光显微镜下观察时，其反光能力较弱，呈暗灰色且填充在 A 矿与 B 矿中间。因此，人们通常又将其称为"黑色中间相"。

② C_3A 的水化特性

(a) C_3A 试样的水化迅速，凝结很快。若不掺加石膏等缓凝剂，则易使水泥急凝。

5113-视频

(b) C_3A 试样的早期强度较高，但其绝对值不高。试样的强度 3 d 之内就大部分发挥出来，以后却几乎不再增长，甚至发生倒缩现象。

(c) C_3A 试样的水化热较高，干缩形变较大，脆性很大，耐磨性较差，抗硫酸盐性能较差。所以，在制造抗硫酸盐水泥或大体积混凝土工程用水泥时，应将 C_3A 含量控制在较低的范围之内。

(4) 铁铝酸四钙(C_4AF)

C_4AF 代表硅酸盐水泥熟料中一系列连续的铁相固溶体，也是一种熔剂性矿物。通常，C_4AF 中固溶有少量的 MgO、SiO_2 等氧化物，人们将其定名为才利特(Celite)，简称 C 矿。

5114-视频

① C_4AF 的矿物特征

C_4AF 晶体，常呈棱柱和圆粒状。在反光显微镜下观察，由于其反射能力较强，呈亮白色，填充在 A 矿和 B 矿间，人们通常又将其称为"白色中间相"。

② C_4AF 的水化特性

(a) C_4AF 试样的水化速率,在水化早期介于 C_3A 与 C_3S 之间,但其随后的发展则不如 C_3S。

(b) C_4AF 试样的早期强度类似于 C_3A,而其强度在后期还能不断增长,则类似于 C_2S。

(c) C_4AF 试样的水化热较 C_3A 低,其抗冲击性能和抗硫酸盐性能较好。因此,在制造抗硫酸盐水泥或大体积工程用水泥时,适当提高 C_4AF 含量则是有利的。

5115-视频

(5) 玻璃体

在实际水泥生产条件下,硅酸盐水泥熟料中的部分熔融液相,因被快速冷却而来不及结晶,从而形成过冷凝体。因此,人们将其定名为玻璃体。

在玻璃体中,质点的排列无序,其组成也不确定。其主要化学成分为 Al_2O_3、Fe_2O_3 和 CaO,还有少量的 MgO 和碱(Na_2O+K_2O)等。

玻璃体在水泥熟料中的含量,取决于水泥熟料煅烧时所形成的液相量和冷却条件。当液相量一定时,玻璃体含量则随着冷却速率而异。当快速冷却时,水泥熟料中玻璃体的含量较大。而当慢速冷却时,玻璃体的含量则较小,甚至几乎没有。在普通冷却的水泥熟料中,玻璃体的含量约为 $2\%\sim21\%$;在快速冷却的水泥熟料中,玻璃体含量约为 $8\%\sim22\%$;在慢速冷却的水泥熟料中,玻璃体的含量约为 $0\sim2\%$。

5116-视频

玻璃体的稳定性不如晶体,因而其水化热较大。在玻璃体中,β-C_2S 可被保留下来而不至于转化成几乎没有水硬性的 γ-C_2S。玻璃体中的矿物晶体细小,可以改善水泥熟料的性能与易磨性。

(6) 游离氧化钙(f-CaO)与游离氧化镁(f-MgO)

① f-CaO 及其对水泥安定性的影响

游离氧化钙(f-CaO),又称游离石灰,是指水泥熟料中以游离状态存在的 CaO 晶体。

在实际水泥生产中,当配料不当、水泥生料的颗粒过粗或煅烧不良时,水泥熟料中出现的尚没有与酸性氧化物(SiO_2、Al_2O_3、Fe_2O_3)完全发生化学反应而残留的 CaO 晶体,则以游离状态存在。

f-CaO 在烧成温度下经高温煅烧而呈"死烧"状态,其结构致密,晶体较大,一般其粒径达 $10\sim20\ \mu m$,往往聚集呈堆状分布,形成矿巢且包裹在水泥熟料矿物中,并受到杂质离子的影响。f-CaO 遇水而生成 $Ca(OH)_2$ 的反应很慢,通常需要在加水 3 d 以后才反应明显,至水泥混凝土硬化后较长的一段时间内,才完全水化。

f-CaO 在与水作用生成 $Ca(OH)_2$ 时,其固相的体积膨胀率为 $\Delta V/V=97.9\%$,因而在已硬化的水泥石内部将会形成成局部的膨胀应力。由于水泥熟料中 f-CaO 往往聚集呈堆状分布,随着 f-CaO 含量的增加,在水泥石内部产生不均匀体积膨胀,严重时甚至引起水泥的安定性不良,导致水泥制品产生形变,或开裂或崩溃。因此,应严格控制 f-CaO 的含量,以确保水泥的质量。

5117-视频

f-CaO 是影响水泥安定性最主要的因素。降低 f-CaO 的含量、提高 f-CaO 的水化活性、适当提高水泥的粉磨细度等,均有利于改善 f-CaO 对水泥安定性的影响。为了确保水泥的质量,一般采用回转窑生产的水泥熟料,其控制指标应为 w(f-CaO)$<1.5\%$。

② f-MgO 及其对水泥安定性的影响

游离氧化镁(f-MgO),又称方镁石,是指以游离状态存在的 MgO 晶体。

在水泥熟料煅烧时,一部分 MgO 可与水泥熟料结合而形成固溶体,多余的 MgO 结晶后则以游离状态存在。当水泥熟料快速冷却时,MgO 晶粒细小;当水泥熟料慢速冷却时,MgO 晶粒发育粗大且结构致密。

5118-视频

f-MgO 被半包裹在水泥熟料矿物中,与水反应的速率很慢,通常认为要经过几个月甚至几年才明显反映出来。当 f-MgO 水化生成 $Mg(OH)_2$ 时,其固相的体积膨胀率为 $\Delta V/V=148\%$,在已硬化的水泥石内部将形成很大的破坏应力,轻者会降低水泥制品的强度,严重时甚至引起水泥的安定性不良,导致水泥制品产生因形变,或开裂或崩溃等。f-MgO 引起体积膨胀的严重程度与其含量、晶体粒径等都有关系。当晶体粒径小于 1 μm 且含量为 5% 时,就会引起轻微的体积膨胀;当晶体粒径为 5~7 μm 且含量达到 3% 时,就会引起严重的体积膨胀。因此,在国家标准中限定了 MgO 的含量。在实际水泥生产中,还应采用快速冷却水泥熟料、掺加混合材料等措施,以缓和体积膨胀的影响。

5.1.2 水泥熟料的化学成分与矿物组成的关系

5119-视频

水泥熟料中的主要矿物,均由各主要氧化物经高温煅烧化合而成。水泥熟料的矿物组成,取决于其化学成分。因此,控制水泥熟料合适的化学成分,是获得优质水泥和水泥熟料的中心环节。根据水泥熟料的化学成分,也可以推测出水泥熟料中各矿物的相对含量。

(1) CaO

5120-微课

在水泥熟料中,CaO 是最重要的化学成分。它能与 SiO_2、Al_2O_3、Fe_2O_3 经过一系列复杂的反应过程而形成硅酸盐矿物(C_3S、C_2S)或铝酸盐(C_3A、C_4AF)等。适量增加水泥熟料中 CaO 含量,有助于提高 C_3S 含量。但并不是说 CaO 含量越高越好。因为 CaO 含量过高,易导致反应不完全而增加未化合的 f-CaO 的含量,从而影响水泥的安定性。如果水泥熟料中 CaO 含量过低,则生成的 C_3S 含量太小,C_2S 含量却相应增加,会降低水泥熟料的早期强度。所以,在实际生产中 CaO 含量必须适当。就硅酸盐水泥熟料而言,其含量一般为 $w(CaO) = 62\% \sim 67\%$。

(2) SiO_2

在水泥熟料中,SiO_2 主要是在高温作用下与 CaO 化合而形成硅酸盐矿物。因此,水泥熟料中的 SiO_2 含量必须适量。当水泥熟料中 CaO 含量一定时,若 SiO_2 含量较高,则易生成较多未饱和的 C_2S,而 C_3S 含量则相应减少。与此同时,由于 SiO_2 含量较高,必然相应地降低 Al_2O_3、Fe_2O_3 的含量,熔剂性矿物的含量减少,则不利于 C_3S 的形成;若 SiO_2 含量较低,硅酸盐矿物的含量相应减少,水泥熟料中的熔剂性矿物含量相应增多。则有利于 C_3S 的形成。

(3) Al_2O_3

在水泥熟料中,Al_2O_3 主要是与其他氧化物化合而形成铝酸盐矿物(C_3A、C_4AF)。当 Fe_2O_3 含量一定时,若增加 Al_2O_3 的含量,则主要会使水泥熟料中的 C_3A 含量提高;若减少 Al_2O_3 的含量,则会使水泥熟料中的 C_3A 含量降低。

(4) Fe_2O_3

在水泥熟料中,若增加 Fe_2O_3 的含量,则有助于铝酸盐矿物(C_4AF)含量的提高。但是,若 Fe_2O_3 的含量过高,则会使水泥熟料的液相量增大、黏度较低,易结大块,将会影响回转窑的操作。

(5) 其他少量氧化物和微量元素

5121-视频

① MgO

在水泥熟料煅烧时,MgO 含量中有一部分与水泥熟料矿物结合形成固溶体并溶解于玻璃相中。因此,水泥熟料中若含有少量的 MgO,则能降低水泥熟料的烧成温度、增加液相量、降低液相的黏度,有利于水泥熟料的烧成,还能改善水泥的色泽。

5122-视频

在硅酸盐水泥熟料中,MgO 的固溶量与溶解于玻璃相中的量之和约为 2%,多余的 MgO 则呈游离状态而以方镁石(f-MgO)的形式存在。因此,当 MgO 含量过高时,将会影响水泥的安定性。

② P_2O_5

在水泥熟料中,P_2O_5 的含量极少,一般为 $w(P_2O_5) \leqslant 0.2\%$。当水泥熟料中 $w(P_2O_5) = 0.1\% \sim 0.3\%$ 时,可提高水泥熟料的强度。这可能与 P_2O_5 能够增加 $\beta\text{-}C_2S$ 的稳定性有关。但是,随着 P_2O_5 含量的增加,含有 P_2O_5 的水泥熟料将会导致 C_3S 分解,从而形成固溶体。

[知识测试题]

一、填空题

1. 硅酸盐水泥熟料的化学成分,主要有_____、_____、_____、_____。

2. 硅酸盐水泥熟料的主要组成矿物中硅酸盐矿物有_____、_____,熔剂型矿物有_____、_____,一般新型干法水泥熟料中,硅酸盐矿物含量应为_____左右。

3. 为了确保水泥熟料的安定性,应控制_____的含量,一般预分解窑水泥熟料控制在_____以下。

4. 在反光显微镜下观察,A矿为:_____,B矿为:_____,白色中间相为:_____,反射能力弱的黑色中间相为:_____。

5. 硅酸盐水泥熟料矿物组成,通常含有_____、_____、_____、_____、_____等矿物。

6. 水泥矿物的水化速率由大到小的排序为:_____、_____、_____、_____。

二、选择题

1. 某水泥熟料中有C_2S,又有C_3S,则其KH值可能为(　　)。

A. 0.86　　　　　　　B. $<$0.667　　　　　　　C. $>$1　　　　　　　D. 0.667

2. 下列矿物中影响早期强度的矿物是(　　)。

A. C_2S　　　　　　B. C_3A　　　　　　C. C_4AF　　　　　　D. C_3S

3. 引起水泥快凝的矿物主要是(　　)。

A. C_2S　　　　　　B. C_3A　　　　　　C. C_4AF　　　　　　D. C_3S

4. 水泥熟料中的MgO以(　　)存在是有害的。

A.固溶体形式　　　　　B. 玻璃体　　　　　　C. 单独结晶

三、判断题

1. 硅酸盐水泥熟料中的CaO含量为62%～65%。　　　　　　　　　　　　　　(　　)

2. 生产低热水泥时,选择C_3S、C_4AF和C_3A应多一些。　　　　　　　　(　　)

3. 水泥熟料冷却速率缓慢,C_2S易粉化出f-CaO。　　　　　　　　　　　　(　　)

4. 当IM较高时,物料的烧结范围变窄。　　　　　　　　　　　　　　　　　(　　)

5. 若水泥熟料中C_2S含量较高,则水泥的后期强度较高。　　　　　　　　　(　　)

6. 硅酸盐水泥熟料中含有4种主要矿物:C_3S、C_2S、C_3A和C_4AF。　　(　　)

四、简答题

1. 水泥生产中,对水泥熟料的化学成分要求有哪些?

2. 简述硅酸三钙的形成条件及其存在形式。

5123-微课　　　　5124-文本

[能力训练题]

1. 已知某水泥企业的水泥熟料矿物组成(质量分数,%),如表5.1.5所示。

表 5.1.5　某水泥企业的水泥熟料矿物组成(质量分数,%)

矿物组成	C_3S	C_2S	C_3A	C_4AF	f-CaO
含量	53.30	21.15	9.10	13.69	1.20

试计算水泥熟料的化学成分($IM>0.64$)。

2. 根据第1题的计算结果进行比较和分析:水泥熟料的矿物组成与化学成分之间的关系。

5.2 水泥熟料率值的认知

（1）任务描述

本任务的学习内容包括3个方面内容：

5201-文本

  ① 水泥熟料率值的表示方法；

  ② 水泥熟料矿物组成的率值函数；

  ③ 水泥熟料矿物组成的计算与换算。

学习重点：水泥熟料率值的含义、公式与计算。

学习难点：水泥熟料率值的计算与换算。

（2）知识目标

掌握水泥熟料率值的含义、计算与换算。

5202-ppt

（3）能力目标

能根据水泥熟料的化学成分和矿物组成对率值进行互相换算。

5.2.1 水泥熟料率值的表示方法

  水泥熟料是一种多矿物的集合体，而这些矿物又是由4种主要氧化物化合而形成。因此，在水泥生产控制中，不仅要控制水泥熟料中各氧化物的含量，而且还应控制各氧化物之间的比例（即率值）。这样，可以比较方便地表示水泥熟料的化学成分与矿物组成之间的关系，比较明确地表示对水泥熟料的性能和煅烧过程的影响。目前，在水泥生产中，一般采用水泥熟料的率值作为水泥生产控制的一种指标。

5.2.1.1 水硬率

  水硬率，是指水泥熟料中CaO含量（质量分数，%）与酸性氧化物含量（质量分数，%）之和的比值，用符号 HM 来表示。其计算公式，如式(5.2.1)所示。

$$HM = \frac{w(\mathrm{CaO})}{w(\mathrm{SiO_2}) + w(\mathrm{Al_2O_3}) + w(\mathrm{Fe_2O_3})} \tag{5.2.1}$$

  通常，$HM=1.7\sim2.4$。在式(5.2.1)中，假定各酸性氧化物所结合的CaO含量是相同的。实际上，各酸性氧化物的比例变动时，虽其总和不变，但所需CaO的量却并不相同。因此，HM 值的计算虽简单，但只控制同样的 HM 值并不能保证水泥熟料中具有同样的矿物组成，对水泥熟料的质量和煅烧的指导意义不够确切。

  优质水泥一般要求 $HM\geqslant2.0$，随着 HM 值的增加，其热耗量增加、强度（特别是早期强度）升高、水化程度上升，而耐化学腐蚀的性能却下降。

5.2.1.2 硅率

  硅率（又称硅氧率，我国俗称硅酸率），是指水泥熟料中 $\mathrm{SiO_2}$ 含量（质量分数，%）与 $\mathrm{Al_2O_3}$、$\mathrm{Fe_2O_3}$ 含量（质量分数，%）之和的比值，用符号 SM 或 n（俄文字母，读音［pe］）来表示。其计算公式，如式(5.2.2)所示。

$$SM = \frac{w(SiO_2)}{w(Al_2O_3) + w(Fe_2O_3)} \qquad (5.2.2)$$

若 SM 值过高,则表示硅酸盐矿物含量多,熔剂矿物含量少,对水泥熟料的强度有利,但将给煅烧造成困难。随着 SM 值的降低,液相量增加,对熟料的易烧性和操作有利,但若 SM 值过低,则水泥熟料中熔剂性矿物含量过多,煅烧时易出现结大块、结圈等现象,且水泥熟料的强度低,操作困难。

通常,硅酸盐水泥熟料的 SM 值应控制为 $SM = 1.9 \sim 3.2$。当采用预分解窑生产水泥时,其 SM 值应控制为 $SM = 2.4 \sim 2.8$。

白水泥熟料,因其 Fe_2O_3 含量较低,其 SM 值可高达 4.0。硅率增加,将会减少液相量而降低水泥熟料的易烧性,并有在窑内不易形成窑皮的倾向。硅率增加,也会导致水泥凝结硬化缓慢。

5203-视频

5.2.1.3 铝率

铝率(又称铝氧率或铁率),是指水泥熟料中 Al_2O_3 含量(质量分数,%)与 Fe_2O_3 含量(质量分数,%)之比值,用符号 IM 或 p(俄文字母,读音[r])表示。其计算公式,如式(5.2.3)所示。

$$IM = \frac{w(Al_2O_3)}{w(Fe_2O_3)} \qquad (5.2.3)$$

通常硅酸盐水泥熟料的 IM 值一般控制为 $IM = 0.9 \sim 1.9$。若 IM 值过大,则 C_3A 含量大、液相的黏度大,不利于 C_3S 的形成,易引起水泥熟料快凝;若 IM 值过低,则 C_4AF 含量相对较大,液相的黏度小,对 C_3S 的形成有利,但窑内烧结范围窄,易使窑内结大块,对煅烧不利,不易掌握煅烧操作。预分解窑的 IM 值应控制为 $IM = 1.4 \sim 1.8$。抗硫酸盐硅酸盐水泥或低热水泥,IM 值可降低至 0.7。

当 $IM = 0.637$ 时,这两种氧化物含量的比值,正好以其相对分子质量(M_r)的比值出现。因此,水泥熟料中只形成 C_4AF,即非拉瑞水泥(Ferrari Cement)。其性能特征是水化热较低、凝结缓慢和收缩率较低。因为高 IM 值和低 SM 值会使水泥快凝,所以石膏的掺量要多。

5204-视频

5.2.1.4 石灰饱和系数

石灰饱和系数,是指水泥熟料中的 CaO 总含量在扣除与酸性氧化物(Al_2O_3、Fe_2O_3 等)饱和反应所需要的 CaO 含量后所剩下的与 SiO_2 化合的 CaO 含量,与理论上 CaO 全部化合形成 C_3S 所需要的 CaO 含量的比值。即,石灰饱和系数表示水泥熟料中 SiO_2 被 CaO 饱和反应而形成 C_3S 的程度。

石灰的最大限量,是指假定水泥熟料中主要酸性氧化物理论上反应生成水泥熟料矿物所需要的石灰最高含量。由于对所形成水泥熟料矿物的理解不同,对于石灰饱和系数则有两种计算方法。

在水泥熟料中,若要达到完全的石灰饱和反应,则 SiO_2 必须与 CaO 化合形成 C_3S,Fe_2O_3 与等量 Al_2O_3 化合形成 C_4AF,而剩下的 Al_2O_3 则与 CaO 化合形成 C_3A。

若以化合反应的质量份数表示,则可做如下计算:

① 在 C_3S 中 1 份 SiO_2 与 2.8 份 CaO 化合:

$$\frac{3 \times M_r(CaO)}{M_r(SiO_2)} = \frac{3 \times 56.08}{60.09} = 2.80$$

② 在 C_3A 中 1 份 Al_2O_3 与 1.65 份 CaO 化合:

$$\frac{3 \times M_r(CaO)}{M_r(Al_2O_3)} = \frac{3 \times 56.08}{101.96} = 1.65$$

③ 在 C_4AF 中 1 份 Al_2O_3 与 1.10 份 CaO 化合:

$$\frac{2 \times M_r(CaO)}{M_r(Al_2O_3)} = \frac{2 \times 56.08}{101.96} = 1.10$$

④ 在 C_4AF 中 1 份 Fe_2O_3 与 0.70 份 CaO 化合：

$$\frac{2\times M_r(CaO)}{M_r(Fe_2O_3)}=\frac{2\times56.08}{159.70}=0.70$$

⑤ 若将全部的 Al_2O_3 计算在一起，即假定 C_4AF 由"C_3A"和"CF"组成，则在 CF 中 1 份 Fe_2O_3 与 0.35 份 CaO 化合：

$$\frac{M_r(CaO)}{M_r(Fe_2O_3)}=\frac{56.08}{159.70}=0.35$$

于是，石灰的最高含量（当 $IM>0.64$ 时）的计算公式，如式（5.2.4）所示。

$$w_{max}(CaO)=2.8w(SiO_2)+1.65w(Al_2O_3)+0.35w(Fe_2O_3) \tag{5.2.4}$$

（1）石灰饱和系数（KH）

石灰饱和系数 KH（俄文字母，读音 [kn]）的计算公式，是建立在以水泥熟料中酸性氧化物形成碱性最高的矿物（C_3S、C_3A、C_4AF 等）为理论基础而推导出来的。当水泥生产处于理想状态下，酸性氧化物（SiO_2、Al_2O_3、Fe_2O_3 等）均被 CaO 完全饱和反应，则水泥熟料中的矿物为 C_3S、C_3A、C_4AF，而没有 C_2S。为了计算方便，可将 C_4AF 改写为"C_3A"与"CF"。

苏联学者金德和容克认为，石灰不完全饱和反应，是由于石灰与 SiO_2 之间的结合程度较低所引起的。石灰含量的计算公式，如式（5.2.5）所示。

$$w(CaO)=KH\times2.8w(SiO_2)+1.65w(Al_2O_3)+0.35w(Fe_2O_3) \tag{5.2.5}$$

由此可得，石灰饱和系数 KH 的计算公式，如式（5.2.6）所示。

理论值：

$$KH=\frac{w(CaO)-1.65w(Al_2O_3)-0.35w(Fe_2O_3)}{2.8w(SiO_2)} \tag{5.2.6}$$

由于考虑到实际水泥生产时水泥熟料中还含有 f-CaO、f-SiO_2 和石膏，所以可将式（5.2.6）改写为式（5.2.7）：

实际值：

$$KH^-=\frac{[w(CaO)-w(f\text{-}CaO)]-[1.65w(Al_2O_3)+035w(Fe_2O_3)]}{2.8[w(SiO_2)+w(f\text{-}SiO_2)]} \tag{5.2.7}$$

式（5.2.6）和式（5.2.7）的使用条件为：$IM\geqslant0.64$。

石灰饱和系数（KH）与水泥熟料矿物之间的关系，理论分析如下：

（a）当 $KH=1$ 时，水泥熟料中只有 C_3S，而无 C_2S；

（b）当 $KH>1$ 时，无论生产条件多好，水泥熟料中都存在 f-CaO。水泥熟料的矿物组成为：C_3S、C_3A、C_4AF 及 f-CaO。

（c）当 $KH\leqslant2/3\approx0.667$ 时，水泥熟料中无 C_3S，水泥熟料的矿物组成只有 C_2S、C_3A、C_4AF。

因此，水泥熟料的石灰饱和系数应控制为：$KH=0.667\sim1.00$。

在实际生产中，由于受到煅烧物料的性质、煅烧温度、液相量、液相黏度等因素的限制，理论计算和实际情况并不完全一致。为了使水泥熟料顺利形成而又不产生过多的 f-CaO，若 KH 值越大，则 C_3S 含量越高，水泥具有快硬高强的特性。但是，这将要求煅烧温度较高。当煅烧不充分时，水泥熟料中含有较多的 f-CaO，将影响水泥熟料的安定性。若 KH 值过低，则 C_3S 含量过低，水泥熟料的强度发展缓慢，早期强度较低。

5205-视频

通常，硅酸盐水泥熟料的石灰饱和系数应控制为 $KH=0.87\sim0.96$。当采用预分解窑生产水泥时，石灰饱和系数则应控制为 $KH=0.89\pm0.02$。

5206-视频

（2）石灰饱和系数（LSF）

在国外，尤其是欧美国家，大多采用石灰饱和系数 LSF 来控制生产。LSF 是英国标准规范的一部分,用于限定水泥中的最大石灰含量。

石灰饱和系数(LSF)的计算公式,如式(5.2.8)所示。

理论值:

$$LSF = \frac{w(\mathrm{CaO})}{2.8w(\mathrm{SiO_2}) + 1.18w(\mathrm{Al_2O_3}) + 0.35w(\mathrm{Fe_2O_3})} \quad (IM \geqslant 0.64) \tag{5.2.8}$$

更精确的研究表明,液相中每 1 个 $\mathrm{Al_2O_3}$ 分子与 2.15 个 CaO 分子化合,于是只剩下 1.85 个 CaO 分子与 $\mathrm{Fe_2O_3}$ 化合。

学者李和派克的石灰饱和系数 LSF 的计算公式,如式(5.2.9)所示。

$$LSF = \frac{w(\mathrm{CaO})}{2.8w(\mathrm{SiO_2}) + 1.18w(\mathrm{Al_2O_3}) + 0.65w(\mathrm{Fe_2O_3})} \tag{5.2.9}$$

LSF 值的含义,是指水泥熟料中 CaO 含量(质量分数,%)与全部酸性组分需要结合的 CaO 含量(质量分数,%)之比值。

一般,若 LSF 值高,则水泥强度也高。

LSF 的取值:一般硅酸盐水泥熟料,$LSF=0.90\sim0.95$;早强型的水泥熟料,$LSF=0.95\sim0.98$。

对于 $\mathrm{Fe_2O_3}$ 含量较高的水泥熟料($IM \leqslant 0.64$),$\mathrm{Al_2O_3}$ 只被结合在混合晶相($\mathrm{C_2A+C_2F}$)中。则有:

石灰最高含量,如式(5.2.10)所示。

$$w_{\max}(\mathrm{CaO}) = 2.8w(\mathrm{SiO_2}) + 1.10w(\mathrm{Al_2O_3}) + 0.70w(\mathrm{Fe_2O_3}) \quad (IM \leqslant 0.64) \tag{5.2.10}$$

石灰饱和系数,如式(5.2.11)所示。

$$LSF = \frac{w(\mathrm{CaO})}{2.8w(\mathrm{SiO_2}) + 1.10w(\mathrm{Al_2O_3}) + 0.70w(\mathrm{Fe_2O_3})} \quad (IM \leqslant 0.64) \tag{5.2.11}$$

此时,对于金德和容克的计算公式的系数也要做出相应改变,如式(5.2.12)所示。

$$KH = \frac{w(\mathrm{CaO}) - 1.10w(\mathrm{Al_2O_3}) - 0.70w(\mathrm{Fe_2O_3})}{2.8w(\mathrm{SiO_2})} \quad (IM \leqslant 0.64) \tag{5.2.12}$$

(3)石灰标准值

上述结论基于这样的假设,即水泥熟料从烧结温度冷却下来足够缓慢,以致在结晶过程中液相可与固相达到平衡状态(即 $\mathrm{C_2A}$ 可从容地吸收固相中的 CaO 而形成 $\mathrm{C_3A}$)。但是,实际上却不是这种情况。

5207-视频

在烧结温度大约为 1450 ℃时,硅酸盐矿物 $\mathrm{C_3S}$、$\mathrm{C_2S}$ 以及可能没有转变的 f-CaO 都处于固体状态,而 $\mathrm{C_3A}$ 和 $\mathrm{C_4AF}$ 则处于熔融状态。但是,液相中的石灰量少于它参与 $\mathrm{C_3A}$ 应有的量。若要使 $\mathrm{C_3A}$ 完全形成,则所缺少石灰的量必须在结晶过程中从固相中获得补充,即从最富于石灰的 f-CaO 和 $\mathrm{C_3S}$ 中吸收补充。但是,这一过程不能在工业生产时水泥熟料快速冷却过程中完成,特别是液相铝酸盐不能吸收比它在烧结温度时已吸收的石灰量更多的石灰。

试验研究表明,在大多数石灰饱和的液态铝酸盐中,实际上每 1 个 $\mathrm{Al_2O_3}$ 分子只结合 2 个 CaO 分子。因此,在水泥工业生产条件下,这是可以达到的石灰含量极限,即"标准石灰"。其计算公式,如式(5.2.13)所示。

$$w_{\mathrm{st}}(\mathrm{CaO}) = 2.8w(\mathrm{SiO_2}) + 1.10w(\mathrm{Al_2O_3}) + 0.70w(\mathrm{Fe_2O_3}) \quad (IM \leqslant 0.64) \tag{5.2.13}$$

式(5.2.13)与 $IM \leqslant 0.64$ 时石灰最高含量的计算公式相同。

由此可得,石灰含量与标准石灰之比的石灰标准值(Ⅰ),用符号 $K_{\mathrm{st,I}}$ 表示。其计算公式,如式(5.2.14)所示。

$$K_{\mathrm{st,I}} = \frac{w(\mathrm{CaO})}{2.8w(\mathrm{SiO_2}) + 1.10w(\mathrm{Al_2O_3}) + 0.70w(\mathrm{Fe_2O_3})} \tag{5.2.14}$$

更精确的研究表明,液相中每 1 个 Al_2O_3 分子与 2.15 个 CaO 分子化合,于是只剩下 1.85 个 CaO 分子与 Fe_2O_3 化合。于是,人们推出了石灰标准值(Ⅱ),用符号 $K_{st,Ⅱ}$ 表示。其计算公式,如式 (5.2.15)所示。

$$K_{st,Ⅱ} = \frac{w(CaO)}{2.8w(SiO_2) + 1.18w(Al_2O_3) + 0.65w(Fe_2O_3)} \tag{5.2.15}$$

由于考虑到 MgO 与水泥熟料矿物形成固溶体,更多的 MgO 以方镁石(f-MgO)的形态出现。

当 $w(MgO) \leqslant 2\%$ 时,人们推出了石灰标准值(Ⅲ),用符号 $K_{st,Ⅲ}$ 表示。其计算公式,如式 (5.2.16)所示。

$$K_{st,Ⅲ} = \frac{w(CaO) + 0.75w(MgO)}{2.8w(SiO_2) + 1.18w(Al_2O_3) + 0.65w(Fe_2O_3)} \tag{5.2.16}$$

当 $w(MgO) \geqslant 2\%$ 时,人们推出了石灰标准值(Ⅳ),用符号 $K_{st,Ⅳ}$ 表示。其计算公式,如式 (5.2.17)所示。

$$K_{st,Ⅳ} = \frac{w(CaO) + 1.50w(MgO)}{2.8w(SiO_2) + 1.18w(Al_2O_3) + 0.65w(Fe_2O_3)} \tag{5.2.17}$$

5208-视频

英国标准规范所采用的"石灰饱和系数",用于确定可以允许的石灰含量。其计算公式,如式(5.2.18)所示。

$$LSF = \frac{w(CaO) - 0.70w(SO_3)}{2.8w(SiO_2) + 1.20w(Al_2O_3) + 0.65w(Fe_2O_3)} \tag{5.2.18}$$

式(5.2.18)所指的是成品水泥。其中,$w(SO_3)$ 来自于石膏,即减去石膏中的 $w(CaO)$。

目前,我国采用较多的是石灰饱和系数(KH)、硅率(SM)和铝率(IM)。一般水泥熟料的率值控制如下:$KH = 0.87 \sim 0.97$;$SM = 2.0 \sim 3.4$;$IM = 0.8 \sim 2.0$。

5.2.2　水泥熟料矿物组成的率值函数

5.2.2.1　硅率

硅率(SM),除上述表示酸性氧化物之间的含量(质量分数,%)之比值外,还可表示水泥熟料中硅酸矿物与熔剂矿物的含量(质量分数,%)之比值。

当 $IM > 0.64$ 时,硅率与矿物组成之间的关系,如式(5.2.19)所示。

$$SM = \frac{w(C_3S) + 1.325w(C_2S)}{1.434w(C_3A) + 2.046w(C_4AF)} \tag{5.2.19}$$

由此可见,硅率随着硅酸盐矿物与熔剂矿物的含量(质量分数,%)之比值而增大或减小。若熟料中硅率过高,则煅烧时由于液相量过少而导致煅烧困难;特别当 CaO 含量低、C_2S 含量多时,熟料在慢冷过程中易于粉化。若硅率过低,则会因熟料中硅酸盐矿物的含量少而影响水泥的强度。在煅烧过程中,由于液相过多易出现结大块、结圈等而影响操作。

5.2.2.2　铝率

铝率(IM),除上述表示 Al_2O_3 与 Fe_2O_3 的含量(质量分数,%)之比值外,还可以表示水泥熟料矿物中 C_3A 与 C_4AF 的含量(质量分数,%)之比值。

当 $IM > 0.64$ 时,铝率与矿物组成之间的关系,如式(5.2.20)所示。

$$IM = \frac{1.15w(C_3A)}{w(C_4AF)} + 0.64 \tag{5.2.20}$$

由此可见,若铝率较高,则水泥熟料中 C_3A 含量较大、C_4AF 含量较小、液相的黏度较大,物料难以煅烧;若铝率过低,虽然液相的黏度小、液相中质点易于扩散、对 C_3S 的形成有利,但是,烧结范围变窄、窑内易结大块,不利于操作。

5.2.2.3 石灰饱和系数

石灰饱和系数(KH)与矿物组成之间的关系,如式(5.2.21)所示。

$$KH = \frac{w(C_3S) + 0.8838w(C_2S)}{w(C_3S) + 1.3256w(C_2S)} \tag{5.2.21}$$

由此可见,石灰饱和系数(KH)随着 $w(C_3S)/w(C_2S)$ 之比值而增大或减小。

5.2.3 水泥熟料矿物组成的计算与换算

水泥熟料的矿物组成,既可以用岩相分析、X-ray 衍射分析和红外光谱分析等方法测定,也可以根据化学成分经计算得出。

岩相分析,基于在显微镜下测出单位面积中各种矿物所占比例(%),再乘以相应矿物的密度,可得到各矿物的含量。

这种矿物含量测定方法,测定结果比较符合实际情况,但当矿物晶体较小时,可能因重叠而产生测量误差。

各种水泥熟料矿物的密度,如表 5.2.1 所示。

表 5.2.1 各种水泥熟料矿物的密度(g/cm³)

C₃S	C₂S	C₃A	C₄AF	玻璃体	MgO
3.28	3.13	3.00	3.77	3.00	3.58

X-ray 衍射分析,是基于水泥熟料中各矿物的特征峰强度与单矿体特征峰强度之比以求得其含量。这种分析方法的测量误差较小,但当含量太低时则不易测准。红外光谱分析的测量误差也较小。近年在试验研究时,已采用电子探针的分析方法测定水泥熟料的矿物组成。

在水泥企业中,多用化学成分计算方法。下述几种方法用得比较多。

5.2.3.1 石灰饱和系数法

我国大部分水泥企业采用石灰饱和系数法计算水泥熟料中的矿物组成。石灰饱和系数法,采用减去 $w(\text{f-CaO})$ 以后的 KH^-(实际值)。

为了推导方便,先列出有关化学式的相对分子质量之比值:

在 C₃S 中:$M_r(C_3S)/M_r(CaO) = 4.07$;

在 C₂S 中:$2 \times M_r(CaO)/M_r(SiO_2) = 1.87$;

在 C₄AF 中:$M_r(C_4AF)/M_r(Fe_2O_3) = 3.04$;

在 C₃F 中:$M_r(C_3A)/M_r(Al_2O_3) = 2.65$;

在 CaSO₄ 中:$M_r(CaSO_4)/M_r(SO_3) = 1.70$;

$M_r(Al_2O_3)/M_r(Fe_2O_3) = 0.64$。

假设与 SiO₂ 反应的 CaO 的量为 C_s,与 CaO 反应的 SiO₂ 的量为 S_c。由此可得式(5.2.22)和式(5.2.23)。

$$C_s = w(CaO) - [1.65w(Al_2O_3) + 0.35w(Fe_2O_3) + 0.70w(SO_3)] \tag{5.2.22}$$

$$S_c = w(SiO_2) \tag{5.2.23}$$

① C₃S 的含量

由于 CaO 与 SiO₂ 首先反应形成 C₂S,剩余的 CaO 再和部分 C₂S 反应生成 C₃S,则该剩余的 CaO 的含量为($C_s - 1.87 S_c$)。由此可计算出 C₃S 的含量,如式(5.2.24)所示。

$$w(C_3S) = 4.07(C_s - 1.87S_C) \tag{5.2.24}$$
$$= 4.07\,C_s - 7.60\,S_C$$

将式(5.2.22)代入式(5.2.24),再将 KH 的计算式代入,整理后可得式(5.2.25)。

$$w(C_3S) = 4.07 \times (2.8\,KH \cdot S_C) \tag{5.2.25}$$
$$= 3.8\,w(SiO_2) \cdot (3\,KH - 2)$$

② C_2S 的含量

由 $[C_s + S_C = w(C_3S) + w(C_2S)]$ 可计算出 C_2S 的含量,如式(5.2.26)所示。

$$w(C_2S) = 8.60\,w(SiO_2) \cdot (1 - KH) \tag{5.2.26}$$

③ C_4AF 的含量

可直接由 Fe_2O_3 的含量计算得出 C_4AF 的含量,如式(5.2.27)所示。

$$w(C_4AF) = 3.04\,w(Fe_2O_3) \tag{5.2.27}$$

④ C_3A 的含量

首先从 Al_2O_3 总含量中减去形成 C_4AF 所消耗的 Al_2O_3 含量 $[0.64w(Fe_2O_3)]$,再用剩余的 Al_2O_3 含量即可经计算得出 C_3A 的含量,如式(5.2.28)所示。

$$w(C_3A) = 2.65[w(Al_2O_3) - 0.64w(Fe_2O_3)] \tag{5.2.28}$$

因此,水泥熟料的矿物组成可汇总为:

$$w(C_3S) = 3.8\,w(SiO_2) \cdot (3\,KH - 2)$$
$$w(C_2S) = 8.60\,w(SiO_2) \cdot (1 - KH)$$
$$w(C_3A) = 2.65[w(Al_2O_3) - 0.64w(Fe_2O_3)]$$
$$w(C_4AF) = 3.04\,w(Fe_2O_3)$$

5209-视频

⑤ $CaSO_4$ 的含量

可直接由 SO_3 的含量计算得出 $CaSO_4$ 的含量,如式(5.2.29)所示。

$$w(CaSO_4) = 1.70w(SO_3) \tag{5.2.29}$$

5.2.3.2 鲍格法

鲍格法,又称代数法,是根据物料平衡列出熟料的化学成分、矿物组成或熟料率值之间的关系式,并组成联立方程组,然后解此方程组,即可得出熟料矿物组成的计算公式。

若以 $w(C_3S)$、$w(C_2S)$、$w(C_3A)$、$w(C_4AF)$、$w(CaSO_4)$ 以及 $w(CaO)$、$w(SiO_2)$、$w(Al_2O_3)$、$w(Fe_2O_3)$、$w(SO_3)$ 分别代表水泥熟料中相应的各种矿物和氧化物的含量(质量分数,%),则可将 4 种主要矿物和 $CaSO_4$ 的化学成分及其含量(质量分数,%)列成表格。

水泥熟料的矿物组成与氧化物含量的关系,如表 5.2.2 所示。

表 5.2.2　水泥熟料的矿物组成与氧化物含量的关系

氧化物的含量 (%)	矿物组成的含量(%)				
	$w(C_2S)$	$w(C_3S)$	$w(C_3A)$	$w(C_4AF)$	$w(CaSO_4)$
$w(CaO)$	73.69	65.12	62.27	46.16	41.19
$w(SiO_2)$	26.31	34.88			
$w(Al_2O_3)$			37.73	20.98	
$w(Fe_2O_3)$				32.86	
$w(SO_3)$					58.81

① 由矿物组成计算化学组成

按表 5.2.2 所示数值,可列出下列方程式:

$$w(CaO) = 0.7369w(C_3S) + 0.6512w(C_2S) + 0.6227w(C_3A) \tag{5.2.30}$$
$$+ 0.4161w(C_4AF) + 0.4119w(CaSO_4)$$

$$w(SiO_2) = 0.2631w(C_3S) + 0.3488w(C_2S) \tag{5.2.31}$$

$$w(Al_2O_3) = 0.3773w(C_3A) + 0.2098w(C_4AF) \tag{5.2.32}$$

$$w(Fe_2O_3) = 0.3286w(C_4AF) \tag{5.2.33}$$

② 由化学组成计算矿物组成

将式(5.2.30)至式(5.2.33)组成联立方程组并解此方程组,即可得出各种矿物组成含量(质量分数,%)的计算公式,如式(5.1.34)至式(5.1.39)所示。

$$w(C_3S) = 0.4071w(CaO) - 7.600\ w(SiO_2) - 6.718\ w(Al_2O_3) \tag{5.2.34}$$
$$- 1.430\ w(Fe_2O_3) - w(f\text{-}CaO)$$

$$w(C_2S) = 8.602w(SiO_2) + 5.086\ w(Al_2O_3) + 1.078\ w(Fe_2O_3) - 3.071w(CaO) \tag{5.2.35}$$
$$= 2.867w(SiO_2) - 0.7544w(C_3S)$$

$$w(C_3A) = 2.650\ w(Al_2O_3) - 1.692w(Fe_2O_3) \tag{5.2.36}$$

$$w(C_4AF) = 3.043w(Fe_2O_3) \quad (IM \geqslant 0.64) \tag{5.2.37}$$

$$w(C_4AF) = 4.766w(Al_2O_3) \quad (IM < 0.64) \tag{5.2.38}$$

$$w(CaSO_4) = 1.70w(SO_3) \tag{5.2.39}$$

5.2.3.3　水泥熟料化学组成的计算

假设:　$\Sigma = w(CaO) + w(SiO_2) + w(Al_2O_3) + w(Fe_2O_3)$

在一般情况下,$\Sigma = 95\% \sim 98\%$。实际上 Σ 值受到水泥原料化学成分与配料方案的影响。通常,可选取 $\Sigma = 97.5\%$。

5210-视频

若已知水泥熟料的率值,则可按式(5.2.40)至式(5.2.43)求解出水泥熟料的各化学成分。

$$w(Fe_2O_3) = \frac{\Sigma}{(2.8KH+1)(IM+1)SM + 2.65IM + 1.35} \tag{5.2.40}$$

$$w(Al_2O_3) = IM \cdot w(Fe_2O_3) \tag{5.2.41}$$

$$w(SiO_2) = SM[w(Al_2O_3) + w(Fe_2O_3)] \tag{5.2.42}$$

$$w(CaO) = \Sigma - [w(SiO_2) + w(Al_2O_3) + w(Fe_2O_3)] \tag{5.2.43}$$

5211-视频

［知识测试题］

一、填空题

1. 我国水泥熟料常用的 3 个率值是_____、_____、_____。反映硅酸盐水泥熟料熔剂矿物量大小的率值为_____。

2. 硅酸盐水泥熟料的 4 种主要矿物中,在水化时间 28 d 内,强度最高的是_____;水化速率最快的是_____;水化热最大的是_____。

3. C_3S 的水化产物有_____、_____。

4. 水泥熟料中全部 SiO_2 生成硅酸钙所需的 CaO 含量与全部 SiO_2 生成 C_3S 所需 CaO 最大含量的比值表示_____,也表示水泥熟料中 SiO_2 被 CaO 饱和形成 C_3S 的程度。

5. 硅酸盐水泥熟料中的主要矿物是_____,是 C_3S 中含有少量的其他氧化物的固溶体。

6. 水泥熟料中 SiO_2 含量与 Al_2O_3、Fe_2O_3 含量之和的质量比是_____,也表示水泥熟料中硅酸盐矿物与熔剂矿物的比例。通常用符号 SM(或 n)表示。

二、选择题

1. 水泥生料的石灰饱和系数较高、硅率也较高,会使水泥生料（　　）。

A. 水泥生料难烧　　　　　　　　　　　B. 水泥生料易烧

C. 水泥熟料中 f-CaO 含量较低　　　　　D. 窑内结圈

2. 当水泥熟料 $KH \leqslant 0.667$ 时,则水泥熟料的矿物组成为（　　）。

A. C_2S、C_3A、C_4AF　　　　　　　　B. C_3S、C_3A、C_4AF

C. C_3S、C_2S、C_3A、C_4AF　　　　　D. C_3A、C_4AF

3. 水泥生料的石灰饱和系数较高,会使（　　）。

A. 水泥生料难烧　　　　　　　　　　　B. 水泥生料易烧

C. 水泥熟料中 f-CaO 含量较低　　　　　D. 窑内结圈

4. 某水泥熟料中有 C_3S 而无 C_2S,则其 KH 值可能（　　）。

A. $=0.667$　　　　　B. <0.667　　　　　C. >0.667　　　　　D. $\geqslant 1$

5. 水泥生料的石灰饱和系数较高时（　　）。

A. 料子难烧,系统温度升高　　　　　　B. 料子难烧,系统温度降低

C. 料子易烧,系统温度升高　　　　　　D. 料子易烧,系统温度降低

6. 水泥熟料中（　　）含量较高时,其易磨性较好;（　　）含量较高时,其易磨性较差。

A. C_3S　　　　　　　　B. C_2S　　　　　　　　C. C_3A　　　　　　　　D. C_4FA

三、判断题

1. 水泥熟料的 KH 值越高,一般水泥熟料的强度较高,所以实际生产中 KH 越高越好。

（　　）

2. 水泥熟料的率值要稳定,尽量缩小其波动范围。石灰饱和系数的控制范围为（$KH=$目标值$\pm$ 0.015）,其合格率不得低于 80%。（　　）

3. 水泥熟料的石灰饱和系数与硅率、铝率的关系是互不影响的。（　　）

4. 硅酸盐水泥熟料中含有 C_3S、C_2S、C_3A、C_4AF 四种主要矿物。（　　）

四、简答题

1. 试述水泥熟料的化学成分与矿物组成之间的关系。

2. 试述水泥熟料率值的表示方法。

［能力训练题］

1. 已知某水泥企业的水泥熟料的化学成分（质量分数,%）,如表 5.2.3 所示。

表 5.2.3　某水泥企业的水泥熟料的化学成分（质量分数,%）

化学成分	SiO_2	Al_2O_3	Fe_2O_3	CaO	MgO
含量	21.98	6.12	4.31	65.80	1.02

（1）计算水泥熟料的矿物组成（$IM>0.64$）;

（2）计算水泥熟料的 3 个率值。

2. 已知某水泥企业的水泥熟料的矿物组成（质量分数,%）,如表 5.2.4 所示。

表 5.2.4　某水泥企业的水泥熟料的矿物组成(质量分数,%)

矿物组成	C_3S	C_2S	C_3A	C_4AF	f-CaO
含量	53.30	21.15	9.10	13.69	1.20

(1) 计算水泥熟料的化学成分($IM>0.64$)。

(2) 计算水泥熟料的 3 个率值。

3. 根据上述第 1 题、第 2 题的计算结果进行比较分析:

(1) 水泥熟料的率值与矿物组成之间的关系;

(2) 水泥熟料的率值与化学成分之间的关系;

(3) 水泥熟料的矿物组成与化学成分之间的关系。

5.3　水泥生料配方的设计

(1) 任务描述

本任务的学习内容包括 5 个方面:

① 水泥原料的选择;

② 水泥生料的易烧性;

③ 水泥生料的化学成分;

④ 水泥生料的矿物组成与颗粒组成;

⑤ 水泥生料配方设计的理念与水泥熟料率值的选择。

学习重点与难点:水泥生料配方设计的理念与水泥熟料率值的选择。

5301-文本

(2) 知识目标

掌握水泥生料配方设计方案的设计依据和相关理论。

(3) 能力目标

能根据新型干法水泥生产特点,选择水泥原料、设计水泥熟料率值与配料方案,确定水泥生料配方设计方案。

5302-ppt

水泥生料配方的设计方案,即确定水泥熟料的矿物组成(或水泥熟料的 3 个率值)。水泥生料配料设计方案的选择,实质上就是选择合理的水泥熟料的矿物组成,即确定水泥熟料的 3 个率值(KH、SM 和 IM)。

确定水泥生料的配料设计方案,应根据水泥品种、水泥原料与燃料的品质、水泥生料的质量及其易烧性、水泥熟料的煅烧工艺与设备等,进行综合考虑。

5.3.1　水泥原料的选择

水泥原料的性能,对水泥生产企业的经济效益有直接影响。诚然,进入"预分解"时代以来,水泥工业的加工能力有了长足的进步,其粉碎(包括破碎和粉磨)能力比起"湿法"时代提高了很多。这样,在水泥原料的选择上,就有了更充分的余地。但是,绝不能仅仅只关注水泥原料的化学成分,认为能配出料就能使用。水泥原料的选择,应根据现时水泥工业的特点和工程建设对水泥品质的要求,在对水泥原料性能进行详细研究和综合比较的基础上确定。

5303-视频

5.3.1.1 钙质原料

（1）品位要求

中华人民共和国地质矿产行业标准《石灰岩、水泥配料矿产地质勘查规范》,对水泥用灰岩规定了具体的质量标准。高品位的灰岩所含的有害组分较少,适合生产高质量的水泥。然而,我国的水泥产量已接近 10 亿 t/a,仅水泥工业消耗灰岩的量就超过 10 亿 t/a;其他工业(例如,钢铁、有色冶金、制碱、尼龙、电石、建筑集料、公路、铁路道基等)也在大量使用灰岩,因而,灰岩已成为我国采掘行业超过煤炭的第一大矿种。在经济发达和交通便利地区,已经很难寻觅到优质、量大的灰岩资源。这就迫使人们近年来对低钙灰岩的利用进行了大量的研发工作,并取得了实质性的进展。

以往,水泥生产需要使用高品位灰岩的一个主要原因,是所采用的干法中空窑、湿法窑的热耗量较大,煤灰的掺入量较大,水泥生料必须具有较大的石灰饱和系数(KH),而低品位的灰岩则无法满足水泥生料的配料要求。例如,从泓沅水泥厂与和静水泥厂所用水泥生料成分中 CaO 含量的对比,就可以看出这一点。

不同窑型的水泥生料的化学成分(质量分数,%),如表 5.3.1 所示。

表 5.3.1　不同窑型的水泥生料的化学成分(质量分数,%)

水泥企业	LOI	SiO_2	Al_2O_3	Fe_2O_3	CaO	MgO	KH	SM	IM	备注
和静水泥厂	34.36%	13.91%	3.15%	2.00%	43.10%	1.68%	0.955	2.70	1.58	预分解窑
泓沅水泥厂	28.91%	12.12%	3.34%	2.50%	47.76%	3.46%	1.220	2.10	1.50	干法中空窑,采用粒化高炉矿渣配料

在 20 世纪 70 年代以前,我国水泥工业由于检测水平所限,只能采用 CaO、Fe_2O_3 快速分析方法控制水泥生料制备,且需要滞后 1 h 才能进行配料调整。所以,在确定水泥原料品种时,甚至宁可牺牲对水泥熟料率值的要求也要千方百计地确定为"3 个组分配料",而在选择水泥原料时强调水泥原料化学成分的均匀性。当时,由于水泥工业规模较小、水泥原料的开发利用程度较低,水泥原料品种的选择余地较大,因此,相关"技术规范"要求灰岩中 CaO 的含量为 $w(CaO)\geqslant48.0\%$,而实际使用的灰岩大多却高于这个值。这样,也就限制了低钙灰岩的应用。

随着科学技术的发展,人们发明了工业用程序控制计算机,各种多元素快速检测仪器便相继问世,分析精确度不断提高。这就使得水泥工业不再拘泥于"3 个组分配料",水泥生料配料的原料品种大多为 4~5 种之多,即使多到 7~8 种也可以准确控制。

目前,我国的主导窑型——预分解窑,其单位质量水泥熟料的实际热耗量已降到 2956 kJ/kg(707 kcal/kg)(例如,安徽铜陵海螺水泥有限公司),煤耗量较低、煤灰掺入量较少,从而有力地拓展了低钙灰岩的使用空间。

地质研究表明,从成岩分析,浅海带是高能带和强氧化环境,受海浪冲击,在这一带的含钙珊瑚、贝壳类生物为求生存必须加强它们的骨骼和壳体,由于生物机能的作用(排斥异己、纯化自己),因而 $CaCO_3$ 含量高、成分纯、晶格结构力强、缺陷少。这种生物大量死亡、破碎、堆积、胶结,就形成了所谓"高品位石灰石",地质上则称为"生物沉积灰岩"。

低钙灰岩,是在不适合生物生长的深海还原环境(相对较为稳定)下经化学沉积而形成的,是 SiO_2、Al_2O_3、Fe_2O_3、$CaCO_3$、$MgCO_3$ 等混合型沉积,没有生物的分异作用,再在较高的地温和巨大的地压作用下,$CaCO_3$ 与 SiO_2、Al_2O_3、Fe_2O_3 成分可以相互压融化合在一起,造成 $CaCO_3$ 晶格成分不完整,甚至可以形成易烧的 $CaSiO_3$(硅灰石)、$CaSO_4$、$CaO \cdot Al_2O_3$、$CaO \cdot Fe_2O_3$ 等矿物;由于晶格中缺陷较多,这种松弛、渗透结构大大提高了化学反应速率。在水泥熟料煅烧过程中,各种氧化物之间开始是固相反应。

学者 Hedrall 曾用式(5.3.1)表示固态反应中的化学反应速率。

$$v = A\exp\left(\frac{q}{RT}\right) \tag{5.3.1}$$

式中 v——化学反应速率,mol/(L·s);

　　　A——取决于物质结构的常数(它与温度关系不大,通常表示粒子大小的变化、接触条件等因素的影响);

　　　q——用于解开固相晶格所需的能量(也即晶格中一个粒子脱离其临近的粒子并能使其达到反应状态时所需要的能量,对于高缺陷结构,q 值一般较小),J/mol;

　　　R——通用气体常数,8.314 J/(mol·K);

　　　T——绝对温度,K。

从式(5.3.1)可以看出,q 值极为重要。通常为降低 q 值而采用细粉磨,以加大化学反应的面积。因为表面一层晶格的粒子,有一面是与外界相邻,处于晶格不完全状态,往往是不稳定的,即 q 值较低,易于反应。低钙灰岩则不仅在表面而且在内部,其晶相也不完全,其 q 值势必比一般灰岩小。

除粉磨外,在煅烧过程中 $CaCO_3$ 的分解使 CO_2 烧失,可以大大增加 CaO 的表面积。但是,形成蜂巢状的 CaO 颗粒,尽管其表面积增大了,但却不易充分利用,因为参与反应的其他氧化物需要能量才能进入蜂巢内部去化合。泥灰岩中的其他氧化物,则是与 $CaCO_3$ 均匀地混合在一起的,当 $CaCO_3$ 分解而形成 CaO 后,蜂巢的内部也均匀地分布着 SiO_2、Al_2O_3 和 Fe_2O_3 等氧化物。

以上两个原因足以使低钙灰岩更易煅烧。

中国建筑材料科学研究院曾对不同品位的灰岩进行过分解温度的试验,低钙灰岩起始分解温度比高钙灰岩低 50～180 ℃。

石灰石的分解温度,如表 5.3.2 所示。

表 5.3.2　石灰石的分解温度

石灰石的品位 w(CaO),%	起始分解温度点 t/℃	沸腾分解温度点 t/℃	终止分解温度点 t/℃	说明
>52	830	950	1100	奥陶系灰岩
48～52	800	880	1000	石灰系灰岩
45～48	780	860	980	石灰系灰岩
40～45	720	840	950	寒武系灰岩
30～40	680	830	880	二叠系灰岩
15～30	650	750	800	硅卡岩中灰岩

低钙灰岩,包括泥灰岩、粉质灰岩、砂质灰岩等,虽然其 CaO 含量较低,但在使用它们配制水泥生料时,可少用硅铝质原料,而所配水泥生料的易烧性常常优于采用纯灰岩所配置的水泥生料。在这个意义上,它们是水泥工业用的真正的"优质灰岩",在各种场合应优先选用。

(2) 结晶程度与颗粒大小

石灰石的物理加工(破碎、粉磨和均化)性能和化学反应活性(水泥生料煅烧与水泥熟料形成)主要受到矿物的结晶完整程度、结晶颗粒的大小等矿物微观结构特征以及伴生矿物的种类和数量的影响。试验研究及是水泥生产实践均表明,硅质灰岩及方解石矿物结晶完整且颗粒较大的大理岩的抗压强度较高,而石灰石中方解石的晶粒大小与其分解速率和反应温度之间存在着明确的相关性。

各种石灰岩的抗压强度,如表 5.3.3 所示。

方解石的活性与结晶程度的关系,如表 5.3.4 所示

表 5.3.3　各种石灰岩的抗压强度

石灰石种类	构造和颗粒特征	单向抗压强度 R/MPa	举例
泥晶灰岩	带有黏土胶结物	~100 以下	北京怀北泥灰岩部分
细粒灰岩	细碎屑,带有松散胶结	~100	广东云浮大岩山石灰岩
有机灰岩	生物灰岩,含有化石	~130	四川峨眉石灰岩
粗晶灰岩	变质结晶石灰石	~150	新疆热乎大理岩
硅质灰岩	硅质胶结并有石英、燧石	~200	新疆和静砂质大理岩

表 5.3.4　方解石的活性与结晶程度的关系

结晶程度	颗粒尺寸 d/mm	分解速率	反应温度
特粗粒结晶	>1.00	最低	最高
粗粒结晶	1.00~0.50		
中粒结晶	0.50~0.25		
细粒结晶	0.25~0.10	最高	最低
特细粒结晶	0.10~0.01		
微晶结晶	<0.01		

石灰石的变质程度影响易烧性。大理岩(灰岩重结晶,晶粒大)的烧成热耗量高。但有的准大理岩受热变质无重结晶,却很好烧。故在选择原料时,应首选结晶颗粒小、结晶程度差的灰岩。

5.3.1.2　硅-铝质原料

(1) 工业尾矿与固体废弃物

水泥工业已大量使用煤炭、电力、钢铁等工业的尾矿和固体废弃物作为硅-铝质原料。例如,煤矸石、粉煤灰、增钙渣、熔渣等。煤矸石中通常已被废弃的发热量,在水泥生料煅烧工序却得到了充分利用;粉煤灰、熔渣因经过高温煅烧,不仅降低了其有害组分——碱含量,而且用其配制的水泥生料的易烧性也较好。在有条件的地区,应将它们作为首选原料。

(2) 黏土

黏土,是灰浆岩、沉积岩、变质岩等母岩风化结果的产物。原来在地壳深部经高温、高压所形成的结晶岩石(母岩),由于地壳运动结果,在进入富含 H_2O、O_2 和 CO_2 的生物活动剧烈、压力较低的地壳表生带后,处于现场的不平衡状态,需通过机械和化学的风化作用来完成新的平衡过程。化学风化,主要包括氧化、水解、酸化、离子交换和生物化学作用。其中,生物化学作用对岩石的分解不仅能产生大量的有机酸、CO_2、H_2S 等,还有氧化-还原的机能及浓集元素的机能。即,在从岩石风化形成黏土的地质进程中,矿物会变得越来越趋向于稳定,最终形成熔点高、极稳定的含水铁、铝、硅矿物。

水泥原料最忌讳碱。一般要选用母岩风化到 II、III、IV 阶段的岩石。此时,母岩已被破碎,并经风化形成了高岭土、蒙脱石、水云母、绿泥石等矿物,以云母、绿帘石、叶蜡石、长石形态存在;但是,有些母岩在风化到第 IV 阶段时,形成了更为稳定的单质矿物(例如,石英),因其价值高,又难于化合,已不宜大量使用,只可用作校正原料而少量使用。

对于预分解窑,低碱[$w(K_2O)+w(Na_2O) \leqslant 3\%$]中硅[$w(SiO_2)=65\%\sim70\%$]的硅-铝质原料的使用效果最好。

5.3.1.3　水泥原料之间的协调性

水泥生料的易烧性,除与水泥原料的性能、水泥生料的细度有关外,还与各组分颗粒之间混合的均化程度有关。这就引出水泥原料组分之间的协调性问题。若将结晶粗大或致密的硅质灰岩与软的高岭土质黏土进行配合,则水泥生料会因含有粗颗粒的石灰石而不均匀;同样,软的白垩与硅质粉砂岩进行配合,水泥生料会出现粗颗粒的铝质成分,f-SiO$_2$ 会大幅度降低水泥生料的易烧性,而粗颗粒的影响更甚。

例如,新疆天山水泥股份有限公司吐鲁番水泥熟料生产基地采用水泥熟料生产规模 $M=2000$ t/d 的预分解窑,使用细结晶灰岩、火烧岩、硅石、铜矿渣进行配料。其中,硅-铝质原料坚硬、难磨,水泥生料的筛余值 30% 以上是硅质成分,水泥熟料的质量因此受到严重影响。

在水泥企业的主要原料——石灰石确定以后,辅助原料和校正原料的选择,除了考虑其化学成分以外,还要研究它们的物理、矿物和热工等综合性能之间的协调性。这些特性将影响水泥生料的粉磨、均化、分解和水泥熟料的烧成等的作业面貌。

5.3.2　水泥生料的易烧性

水泥生料的易烧性,是指由水泥生料转变为所期望的水泥熟料矿物相(或化学成分)的难易程度。它既可由试验方法获得,也可经计算求得。易烧性计算公式的表达,因研究切入点的不同而异。

5.3.2.1　从水泥原料的角度评价水泥生料的易烧性

评价水泥生料易烧性的试验方法,是通过试验测定水泥熟料内未反应的游离石灰(f-CaO)含量。若 w(f-CaO)较低,则表示水泥生料容易煅烧。水泥原料的易烧性,是通过水泥原料的化学成分、矿物性能和细度来确定的。由于确定水泥生料易烧性的试验方法不同,水泥生料煅烧后确定 f-CaO 含量的计算公式也不尽相同。这些计算公式虽然不能提供水泥熟料中 w(f-CaO)的精确值,但是在相关基准下,仍然可以反映水泥生料性能对水泥熟料中 f-CaO 含量的影响。

现仅列出经多次优化的丹麦史密斯公司的水泥生料易烧性的计算公式,如式(5.3.2)所示。

$$w_{1400}(\text{f-CaO}) = [0.343(LSF-0.93)+2.74(SM-2.3)] \qquad (5.3.2)$$
$$+(0.83\,Q_{45}+0.10\,C_{125}+0.39\,R_{45})$$

式中　w_{1400}(f-CaO)——水泥生料经 1400 ℃煅烧 30 min 后 f-CaO 的含量,%;

LSF——石灰饱和系数,其计算公式如式(5.3.3)所示;

$$LSF = \frac{w(\text{CaO})}{2.8w(\text{SiO}_2)+1.18w(\text{Al}_2\text{O}_3)+0.65w(\text{Fe}_2\text{O}_3)} \qquad (5.3.3)$$

SM——硅率,其计算公式如式(5.3.4)所示;

$$SM = \frac{w(\text{SiO}_2)}{w(\text{Al}_2\text{O}_3)+w(\text{Fe}_2\text{O}_3)} \qquad (5.3.4)$$

Q_{45}——粒径 $d>45\ \mu\text{m}$ 的粗颗粒石英的含量,%;

C_{125}——粒径 $d>125\ \mu\text{m}$ 的粗颗粒石灰石的含量,%;

R_{45}——粒径 $d>45\ \mu\text{m}$ 的粗颗粒其他酸不溶物(例如,长石)的含量,%。

式(5.3.2)的前半部分,表示水泥生料的化学成分对水泥生料易烧性所起的作用。若 LSF 值较高,则表示水泥生料中 CaO 含量较大。若 SM 值较高,则表示 SiO$_2$ 含量较大,液相量[w(Al$_2$O$_3$)+w(Fe$_2$O$_3$)]较小。

式(5.3.2)的后半部分,表示水泥生料的矿物组成和细度对水泥生料易烧性所起的作用。C_{125}、Q_{45} 和 R_{45},一方面表示水泥生料中各组分粗颗粒的含量,另一方面也表示水泥生料的矿

5304-微课

物性能,其对水泥生料易烧性的影响一目了然。

5.3.2.2 从水泥熟料矿物相的角度评价水泥生料的易烧性

水泥生料的易烧性,是指水泥生料在窑内形成水泥熟料的相对难易程度。水泥生料的易烧性,可采用以水泥熟料的矿物组成为基础的易烧性指数($B.I$)进行计量。其计算公式如式(5.3.5)所示。

$$B.I = 0.273\,w_x(C_2S)/\,w_x(CaO) + 0.119\,L_{1398} + 0.1403w(Al_2O_3)/\,w(Fe_2O_3) \quad (5.3.5)$$

式中 $B.I$——水泥生料的易烧性指数;

$w_x(C_2S)/\,w_x(CaO)$——已经化合形成的 C_2S 含量与尚未化合的固体 CaO 含量之比值(即窑内的主要热能消耗项目),其计算公式如式(5.3.6)所示;

$$w_x(C_2S)/\,w_x(CaO) = \frac{2.8665w(SiO_2) - 0.7338w(Al_2O_3) - 0.176w(Fe_2O_3)}{w(CaO) - 1.8665w(SiO_2) - 1.2140w(Al_2O_3) - 1.0667w(Fe_2O_3)}$$

$$(5.3.6)$$

L_{1398}——水泥生料经 1398 ℃煅烧时形成液相的含量(质量分数,%),其计算公式如式(5.3.7)所示。

$$L_{1398} = 2.943w(Al_2O_3) + 2.25\,w(Fe_2O_3) \quad (5.3.7)$$

经过整理后,水泥生料的易烧性指数($B.I$)的计算公式,如式(5.3.8)所示。

$$B.I = \frac{0.7826w(SiO_2) - 0.2003w(Al_2O_3) - 0.0480w(Fe_2O_3)}{w(CaO) - 1.8665w(SiO_2) - 1.2140w(Al_2O_3) - 1.0667w(Fe_2O_3)}$$
$$+ 0.3513\,w(Al_2O_3) + 0.1403w(Al_2O_3)/\,w(Fe_2O_3) \quad (5.3.8)$$

水泥生料的易烧性指数的取值范围,一般为 $B.I = 3.2 \sim 5.0$;对于正常水泥熟料的取值范围为 $B.I = 4.0 \sim 4.7$。若该数值越大,则表明水泥生料的煅烧越容易;反之,则表明水泥生料的煅烧越困难。

5.3.2.3 从烧成温度的角度评价水泥生料的易烧性

水泥生料的最高煅烧温度 t_{max}(℃)与水泥熟料潜在矿物组成的关系,如式(5.3.9)所示。

$$t_{max} = 1300 + 4.51w(C_3S) - 3.74w(C_3A) - 12.64w(C_4AF) \quad (5.3.9)$$

若水泥生料的最高煅烧温度越高,则其易烧性越差。

5.3.2.4 从试验的角度判断水泥生料的易烧性

根据国家标准《水泥生料易烧性试验》(GB/T 26566—2011),水泥生料易烧性的试验,是采用水泥生料在一定温度 t(℃)下煅烧一定时间 τ(s)后,测量其游离氧化钙(f-CaO)含量来衡量的,即 $w(\text{f-CaO}) = f(\tau, t)$。采用 $w(\text{f-CaO})$ 表示该水泥生料煅烧的难易程度,若 $w(\text{f-CaO})$ 愈低,则其易烧性愈好。水泥生料的易烧性,主要受到其化学成分(或率值)、矿物性质及颗粒组成的影响,是水泥煅烧工艺中一个最重要的影响因素。

综上所述,影响水泥生料易烧性的主要因素,即影响水泥熟料实际烧成行为的因素,归纳如下:

① 水泥熟料的矿物组成:率值。

5305-视频

② 水泥原料的性质与颗粒组成:若石英、方解石含量较多,结晶质粗颗粒较多,则较难烧成。

③ 水泥生料的均匀程度:细度。

④ 液相的含量。

5306-视频

⑤ 燃煤性质:若低位发热量较高、灰分含量较小、细度较细、燃烧速率较快、燃烧温度较高,则有利于烧成。

⑥ 窑内气氛:氧化气氛有利于烧成。

5.3.3　水泥生料的化学成分

水泥生料是一种多矿物和多分散相的混合物,由于所用原料的性质不同,其组成可在很宽的范围内变化。但是,万变不离其宗。水泥生料的主要化学成分(约95%)是 CaO、SiO_2、Al_2O_3、Fe_2O_3,其余(约5%)由次要化学成分所构成。次要化学成分对水泥生料的易烧性和水泥熟料性能的影响不能忽视。

5.3.3.1　主要化学成分

由于热耗量等的差别,对于不同水泥企业,水泥生料中主要化学成分可比性的意义不大,不同煅烧工艺所用水泥生料中 CaO 含量的差异很大。但是,若综合比较其率值,则可识别水泥生料的易烧性。

(1) 石灰饱和系数

若石灰饱和系数(KH)增加,则会使 C_3S 含量增加、C_2S 含量减少、水泥熟料的强度(尤其早期强度)提高,但水泥生料的易烧性会降低,并有安定性不良的趋向。

(2) 硅率

若硅率(SM)增加,则会使水泥熟料中硅酸盐矿物含量增加、水泥熟料的强度增加,但水泥生料的易烧性会降低;由于燃料的消耗量较多,导致窑内热辐射强烈,会使窑皮的形成困难。

(3) 铝率

若降低 Fe_2O_3 的配比,则铝率(IM)会增加,提高了 C_3A 含量的比例;与此同时,硅率(SM)会增加,C_3S、C_2S 含量相应增加,有利于水泥熟料强度的提高;但是,由于降低了液相含量,液相的黏度增加,会使水泥熟料易结大块,导致水泥生料的煅烧困难,从而需要消耗更多的燃料。

5.3.3.2　次要化学成分

(1) MgO

次要化学成分中的 MgO,在水泥生料的煅烧过程中以液相形式存在,既增加了水泥熟料的液相含量,又降低了液相的黏度和表面张力,有利于 C_2S 和 f-CaO 在液相化合,使 C_3S 的形成速率加快、数量增加。但是,当 $w(MgO) \geqslant 6\%$ 时,所形成的方镁石(f-MgO)晶体将导致水泥熟料的体积不稳定、安定性不良。

水泥生料中的 MgO 含量,以控制 $w(MgO) \leqslant 2\%$ 为宜,其最大值为 $w_{max}(MgO) = 4\%$。此时,要求加强冷却措施,使方镁石的结晶细小。

(2) TiO_2

次要化学成分中的 TiO_2,可使水泥熟料的颜色呈暗黑色、C_3S 含量急剧减少、阿利特和贝利特的晶粒尺寸变小、凝结速率变慢、早期强度降低。TiO_2 还有降低液相的黏度和表面张力的作用。

水泥生料中的 TiO_2 含量,以控制 $w(TiO_2) \leqslant 2\%$ 为宜,其最大值为 $w_{max}(TiO_2) = 4\%$。

(3) Mn_2O_3

次要化学成分中的 Mn_2O_3,可降低水泥熟料液相的黏度,使阿利特的晶粒尺寸变小、水泥熟料的早期强度降低。

水泥生料中的 Mn_2O_3 含量,以控制 $w(Mn_2O_3) \leqslant 2\%$ 为宜,其最大值为 $w_{max}(Mn_2O_3) = 4\%$。

(4) SrO

次要化学成分中的 SrO,可加速 CaO 的固相化合反应,降低液相出现的温度,则会促使 C_3S 分解而释放出 f-CaO。

水泥生料中 SrO 含量,以控制 $w(SrO) \leqslant 1\%$ 为宜,其最大值为 $w_{max}(SrO) = 4\%$。

(5) Cr_2O_3

次要化学成分中的 Cr_2O_3,可降低水泥熟料液相的黏度和表面张力、加速阿利特的形成、增多共晶体,但是,在高温区会使 C_3S 分解为 f-CaO 和 C_2S,提高 Al_2O_3 的稳定性,降低 Fe_2O_3 的稳定性,增加初期水硬性活性。

水泥生料中 Cr_2O_3 含量,以控制 $w(Cr_2O_3) \leqslant 0.5\%$ 为宜,其最大值为 $w_{max}(Cr_2O_3)=2\%$。

(6) R_2O

次要化学成分中的 R_2O(K_2O 和 Na_2O),可改善在较低温度下水泥生料的易烧性,而恶化在较高温度下的易烧性,尤其是当 $[w(K_2O)+w(Na_2O)] \geqslant 1\%$ 时;可降低 CaO 在液相中的溶解度,破坏阿利特和贝利特,在水泥生产操作上易产生结圈、结皮。

水泥生料中的 R_2O 含量,以控制 $[w(K_2O)+w(Na_2O)] \leqslant 0.4\%$ 为宜,其最大值为 $[w(K_2O)+w(Na_2O)]_{max}=1\%$。

(7) 硫的化合物(SO_3)

次要化学成分中的硫的化合物(SO_3),可降低水泥熟料液相出现的温度约 100℃ 以上,并降低其液相的黏度和表面张力,促使氧化物离子游动,增加贝利特的生成数量,改善水泥生料在较低温度时的煅烧过程;但却恶化了高温时的煅烧过程,使阿利特在 1250℃ 分解。

水泥生料中硫的化合物(SO_3)的含量,以 $[w(K_2O)+w(Na_2O)]$ 进行计算,控制水泥熟料的硫碱比,以 $n(SO_3)/n(R_2O)=0.4 \sim 1.0$ 为宜。一般控制水泥生料中 $w(SO_3) \leqslant 1\%$。

(8) P_2O_5

次要化学成分中的 P_2O_5,可加快水泥熟料的形成反应,但是降低 C_3S 含量和早期强度。

水泥生料中的 P_2O_5 含量,以控制 $w(P_2O_5) \leqslant 0.5\%$ 为宜,其最大值为 $w_{max}(P_2O_5)=1\%$。

(9) 氟化物(F^-)

次要化学成分中的氟化物(F^-),可降低 C_3S 形成的温度约 $150 \sim 200$℃,对窑中的内部循环没有影响,但降低了水泥熟料的机械强度。

水泥生料中的氟化物(F^-)含量,以控制 $w(F^-) \leqslant 0.08\%$ 为宜,其最大值为 $w_{max}(F^-)=0.6\%$。

(10) 氯化物(Cl^-)

次要化学成分中的氯化物(Cl^-),可增加水泥熟料液相的生成量,同时剧烈地改变吸收相的熔点。由于氯化物(Cl^-)在烧成带完全挥发,并可促使生成碳-硅酸钙($2C_2S \cdot CaCO_3$)而形成结圈,从而导致窑煅烧系统操作困难。

水泥生料中的氯化物(Cl^-)含量,以控制其最大值 $w_{max}(Cl^-)=0.015\%$ 为宜。

5.3.4 水泥生料的矿物组成与颗粒组成

水泥生料的细度和颗粒级配,显著地影响其易烧性。若水泥生料的颗粒越细,则其表面积越大,烧结越容易,烧成温度也越低。但是,对于有些水泥生料而言,若进一步细磨对其易烧性则并无重大影响。

(1) 自然界中的 SiO_2 和 Al_2O_3 质原料的反应活性

自然界中 SiO_2 和 Al_2O_3 质原料,通常以高岭土、蒙脱石、水云母、绿泥石等矿物及云母、绿帘石、叶蜡石、长石形态存在;Al_2O_3、Fe_2O_3 经常存在于水矾石、赤铁矿、针铁矿、磁铁矿等矿物中。

它们与 $CaCO_3$ 反应的活性,按下列次序递减:

$$白云母 > 蒙脱石 > 绿泥石 > 伊利石 > 高岭土$$

非晶型 SiO_2 或与 Al_2O_3 和 CaO(或与 CaO)相结合的 SiO_2、与 Al_2O_3 和 Fe_2O_3(或与 Fe_2O_3)相

结合的 SiO_2，均比 f-SiO_2 表现出更好的活性。

（2）矿物组成与颗粒组成对水泥生料易烧性的影响

各种矿物之间相比较，若 Al_2O_3 和石灰石的粒度变粗，则对水泥生料易烧性的影响较小；但石英颗粒若有相同的变化，则其对水泥生料易烧性的影响十分显著。

学者 M.Regourd 经试验得出：

对水泥生料易烧性的影响，石英颗粒（$d>100\ \mu m$）含量为 1% 的影响，与同样粒度的方解石含量为 6% 的影响相同。

学者 K.Suzuki 经试验得出：

① 水泥生料中 CaO 颗粒的粒度从 $d=0.09\sim0.15$ mm 增大到 $d=0.3\sim0.46$ mm，在 1500 ℃ 条件下煅烧时，水泥熟料中 f-CaO 含量从 $w(\text{f-CaO})=0.5\%$ 增加到 $w(\text{f-CaO})=0.8\%$；

② 水泥生料中 SiO_2 颗粒的粒度从 $d=0.05$ mm 增加到 $d=0.20$ mm，在 1500 ℃ 条件下煅烧时，水泥熟料中 f-CaO 含量从 $w(\text{f-CaO})=0.7\%$ 增加到 $w(\text{f-CaO})=3.7\%$。

一般认为，水泥生料中颗粒粒度 $d>0.20$ mm 的 f-SiO_2 含量，应为 $w(\text{f-}SiO_2)\leqslant0.5\%$。然而，当采用 SiO_2 含量较高的石灰石时，粗颗粒的比例则可适当放宽。

5.3.5　水泥生料配方设计的理念与水泥熟料率值的选择

5.3.5.1　水泥生料配方设计的理念

5307-视频

水泥生料在窑内煅烧成水泥熟料，不仅涉及水泥生料的易烧性，而且还与水泥生料的均匀程度、燃料的性质、生产工艺装备条件及生产的水泥品种有关。

水泥生料配方设计的核心，是确定水泥熟料的矿物组成（或率值）。水泥生料配方设计的目的，是实现水泥企业的产品方案。

（1）水泥的品种

不同品种的水泥，其矿物组成是不同的。因此，生产不同品种的水泥，要确定不同的矿物组成。例如，若生产中热水泥，则必须降低水化热较高的矿物——C_3S、C_3A 的含量。即使生产同一品种的水泥，其矿物组成的含量也可能不同。例如，在生产硅酸盐水泥时，相关国家标准对矿物组成没有特殊要求，只要求其凝结时间正常，具有良好的安定性和符合相应的强度指标就可以了。因此，可以根据水泥企业的自身条件，采用多种配料设计方案来实现。

（2）水泥原料的品质

水泥原料的化学成分与工艺性能，极大地影响着水泥熟料矿物组成的设计。有时，由于水泥原料的某种化学成分（或性能）不能满足回转窑的工艺性能要求，而必须另外寻找其他水泥原料（或采取其他技术措施）。硅、铝、铁等校正原料的应用，其目的就是为了补充水泥原料中相应元素的短缺。若水泥原料中 K_2O、Na_2O、SO_3、Cl^- 含量过高，则必须另外寻找其他水泥原料，或采取旁路放风或冷凝放灰等措施。

以往，由于分析检验条件所限，水泥企业只能利用 CaO、Fe_2O_3 快速滴定方法，在强调黏土质原料稳定的前提下，水泥生料粉磨工艺皆采用"3 组分配料"控制。这样往往得不到理想的水泥熟料矿物组成。在多元素 X-Ray 光谱分析仪问世后，"4 组分配料"成为可能。目前，所设计的水泥生料磨机配料站，都有 4～5 个原料仓。人们能够随心所欲地调配 CaO、SiO_2、Al_2O_3 和 Fe_2O_3 的比例，使水泥熟料形成理想的矿物组成。

若所采用水泥原料的易烧性较好，则可在水泥生料配料时提高硅酸盐矿物的含量。

例如，北京怀北水泥厂，大量使用泥灰岩做原料。其工艺性能试验表明，在相同率值（$KH=0.90$，

$SM=2.5$，$IM=1.6$）条件下，在一般水泥企业的水泥熟料中 $w(\text{f-CaO})=2.0\%$，而该厂的水泥熟料中 $w(\text{f-CaO})=0.2$，水泥生料表现出良好的易烧性。该厂实际水泥生产控制指标为：$KH=0.92$，$SM\geqslant3.0$、$w(\text{f-CaO})\leqslant1.5\%$，一台水泥熟料生产规模 $M=700\ \text{t/d}$ 的预分解窑，水泥熟料的生产能力很快达到 $M>800\ \text{t/d}$。

由此可见，水泥原料的工艺性能，对确定合适的水泥熟料矿物组成的影响很大。

（3）燃料的品质

燃料品质，通过影响自身的燃烧过程从而影响水泥生料的煅烧过程。

气态和液态燃料，在燃烧时着火快、燃烧部分较短、热力集中，便于控制火焰的形状；由于几乎没有灰分掺入水泥生料中，故对水泥熟料化学成分的影响甚微。

固态燃料——煤，由挥发分（Volatile Component）、固定碳（Fixed Carbon）和灰分（Ash）组成，它对水泥生料的煅烧过程和水泥熟料的质量影响较大。

以往，在采用回转窑生产水泥时用烟煤作为燃料。烟煤的挥发分含量较高，易于燃烧。我国的烟煤多产于北方地区，而南方地区则多产无烟煤。这两种煤的高额差价，促使人们研究回转窑使用无烟煤的煅烧技术。近些年，在采用预分解窑生产水泥时用挥发分含量较低的煤作为燃料，已在南方地区获得广泛应用。

煤的灰分虽然掺入水泥生料中不多，但其对水泥熟料质量的影响很大。煤的灰分的掺入，会不同程度地降低水泥熟料的石灰饱和系数（KH）、降低硅率（SM）、提高铝率（IM）。虽然在水泥生料配料设计计算时是将煤的灰分作为一种水泥原料组分考虑的，但实际上煤的灰分的掺入是不均匀的。在煤的灰分沉落较多的部位，水泥熟料的石灰饱和系数（KH）降低的幅度大；在煤的灰分沉落较少的部位，水泥熟料的石灰饱和系数（KH）降低的幅度小。其结果导致水泥熟料矿物的形成不均、岩相结构不好。若煤的灰分含量越高，则煤粉越粗、影响越大。

若使用性能良好的煤粉燃烧器，则煤粉在窑内能够充分燃烧。这样，不但可以节省煤，而且在水泥生料配料时也可适当提高硅酸盐矿物的含量、减少熔剂矿物的含量，从而提高水泥熟料的质量。

例如，吉林圆山水泥厂使用烟煤作为燃料。其中，$w(\text{V}_{ad})=21\%$，$w(\text{A}_{ad})=29.5\%$，$Q_{net,\ ad}=20908\ \text{kJ/kg}$。在原来采用单通道煤粉燃烧器时，水泥熟料的率值为：$KH=0.92$，$SM=2.00$，$IM=1.20$；$w(\text{f-CaO})\leqslant1.5\%$，水泥熟料的 3 d 抗压强度为 $R_c=25\ \text{MPa}$，28 d 抗压强度为 $R_c=53\ \text{MPa}$。在更换为四通道煤粉燃烧器后，水泥熟料的率值为：$KH=0.94$，$SM=2.90$，$IM=1.80$；水泥熟料的 3 d 抗压强度为 $R_c=32\ \text{MPa}$，28 d 抗压强度为 $R_c=62\ \text{MPa}$。

（4）水泥生料化学成分的均匀性

为了稳定窑内的热工制度、加速水泥生料各组分之间的反应，以保证水泥熟料的质量，应提高水泥生料化学成分的均匀性。在确定水泥熟料的矿物组成时，应与水泥生料化学成分的均匀性相适应。对于水泥生料化学成分均匀性较好的水泥生产企业，可适当提高硅酸盐矿物的含量，以提高水泥熟料的质量；对于水泥生料化学成分均匀性较差的水泥生产企业，可降低水泥生料的石灰饱和系数（KH），以免 f-CaO 含量过高且分布不均匀。

（5）回转窑的规格

一般小型预分解窑，易结圈、结长厚窑皮、结大蛋。若适当提高硅酸盐矿物的含量、减少液相含量，则有利于提高回转窑的运转率。

总之，影响水泥熟料矿物组成设计的因素是多方面的，应该随着水泥原料和燃料、产品设计方案、生产设备、操作条件等的不同而变化。水泥熟料矿物组成的设计过程，亦是分析矛盾、解决矛盾的过程，既要认识矛盾的普遍性以探索其一般规律，又要分析矛盾的特殊性以便设计出具有针对性的解决方案。

例如,某水泥企业,黏土中硅率偏低,为了设计理想的水泥熟料率值,需要掺加硅质校正原料进行配料。当地只有石英岩,而石英岩既难以粉磨又难以煅烧,从而产生了水泥生料配料的率值与粉磨、煅烧的矛盾。如果石英岩过硬且晶粒粗大,而企业的粉磨能力又有限,那么,掺加石英岩将会造成水泥生料的粉磨程度不够而使其煅烧发生困难,对水泥熟料的质量和水泥生产的影响较大。如果不掺加石英岩,窑尚能适应,对于水泥熟料质量的影响相对较小,则可不掺加石英岩,而采取低硅配料并相应调整水泥生料的率值,提高石灰饱和系数(KH),使其与之相适应。相反,如果不掺加石英岩,水泥熟料的硅率(SM)过低,严重影响水泥熟料的质量。此时,水泥熟料的化学成分将成为主要矛盾。可以采取掺加一定量的石英岩、同时减少一些铁粉含量的方法,促使提高水泥熟料的硅率(SM),以避免单一掺加石英岩的不利影响。所以,具体问题要具体分析,不能只强调一个方面。

5.3.5.2 水泥熟料率值的选择

水泥熟料的率值,与水泥熟料的质量及水泥生料的易烧性有较好的相关性,通常采用 KH、SM、IM 作为控制指标。水泥企业合理的配料设计方案,必须根据水泥企业的实际情况,在多次水泥生产实践总结的基础上进行确定。水泥熟料率值选择的主要依据如下。

(1)按水泥企业所生产的水泥品种和等级要求选择水泥熟料率值及矿物组成

国内部分水泥企业所生产的硅酸盐水泥熟料的率值及矿物组成,如表5.3.5所示。

表5.3.5　国内部分水泥企业所生产的硅酸盐水泥熟料的率值及矿物组成

企业编号(简称)	LSF	KH	SM	IM
1(北京)	92.90	0.885	2.51	1.84
2(冀东)	91.10	0.875	2.50	1.60
3(华润)	91.77	0.88	2.50	1.60
4(山水)	91.40	0.887	2.45	1.61
5(海螺)	95.81	0.920	2.21	1.59
6(华新)	92.55	0.889	2.46	1.61
7(中联)	92.44	0.888	2.37	1.58
8(中材)	92.40	0.890	2.45	1.65
9(天瑞)	91.94	0.885	2.59	1.55
10(台泥)	91.40	0.879	2.50	1.60

当用户有要求或生产品种变化时,应调整水泥生料的配料设计方案。例如:

金隅公司某企业,应用户要求生产交通道路路面水泥。水泥生料的配料设计方案为:$KH=0.92\pm0.02$、$SM=2.25\pm0.10$、$IM=0.90\pm0.10$,以提高 C_3S 和 C_4AF 含量,满足高强、耐磨、干缩性小的性能要求。

中联公司某企业,应机场建设需要,提供耐磨性好、抗冲击力性能好、水化热低的水泥。水泥生料的配料设计方案为:降低 C_3A 含量、提高 C_4AF 含量、适当提高 C_2S 含量,确定水泥熟料的率值为:$KH=0.90\sim0.91$、$SM=1.95\sim2.00$、$IM=0.95\sim1.0$。该企业所生产的水泥,可用于机场建设、大体积混凝土工程等。

(2)水泥生料配料设计方案要适应预分解窑的热工特点和企业的生产工艺条件

对于预分解窑,由于设置了分解炉,入窑物料的分解率较高;采用了多通道燃烧器,窑内温度较高;使用了高效冷却机,出窑水泥熟料冷却较快;自动化控制程度较高,热工制度较稳定;因均化条件好,入窑水泥生料和燃料的化学成分均匀,有利于煅烧 KH 值较高、SM 值较高的水泥生料。若采用晶体态硅质原料,则水泥生料难以粉磨且易烧性较差。如果水泥生料粉磨系统的能力有富余,则可适当提高 SM 值,采用硅质配料也是可行的。

(3) 结合企业生料原料和材料性能以及资源供应的可能性选择水泥熟料率值

若硅质原料有来源保障,则可采用 SM 值较高的水泥生料配料设计方案,以提高硅酸盐矿物的含量。此外,应与所使用的耐火材料的性能相适应,由于水泥熟料的石灰饱和系数(KH)越高,碱性越强,因此,要求耐火材料具有更高的抗碱性;如果衬料的抗碱性能达不到要求,则窑衬的使用寿命较短,将会得不偿失。

(4) 通过水泥生料易烧性试验取得符合企业水泥原料和燃料配料设计方案的依据

对于新建水泥企业,在设计阶段需要进行水泥生料的易烧性试验,以拟定合适的水泥生料配料设计方案,以供设计阶段的物料平衡计算、设备选型和投产之需要。

(5) 通过水泥生产统计数据确定本企业优化的水泥生料配料设计方案

对已投产的水泥企业,在实际水泥生产中应积累大量的水泥熟料化学成分、率值与物理强度检验数据。选择窑煅烧系统正常运行时的相关数据,采用回归方法求解率值(或矿物组成)与 28 d 抗压强度 R_c(以本企业影响熟料抗压强度的各水化时间的抗压强度类别为准)的关系,建立数学模型(或绘制散点图),结合操作条件,选择水泥熟料的率值(或矿物组成)的控制范围。

值得注意的是,采用生产统计方法所确定的水泥企业率值(或矿物组成)的控制范围,只是阶段性的参数,当生产条件、水泥原料和燃料发生变化时,应重新进行统计并逆向求解。

总之,水泥生料配料设计方案中的 3 个率值之间,应互相匹配与吻合,不能只强调某 1 个率值而忽视其他 2 个率值。与此同时,还要与水泥企业的实际生产相结合,通过长期的生产积累以获得适合本企业的水泥生料配料设计方案指标。

例如,中联某企业采用水泥熟料生产规模 $M=5000$ t/d 的预分解窑生产线。为了获得较高的水泥熟料抗压强度、良好的水泥生料易烧性以及易于控制生产,统计了最近 3 年水泥熟料生产规模排序前 10 名的相同规格回转窑的水泥熟料的有关 KH 值、w(f-CaO)值、立升质量、水泥熟料的抗压强度、水泥生料的烧成特点、结粒情况等数据资料。

① 观察水泥熟料的 KH 值在何种范围时水泥熟料的抗压强度较好。通过统计发现,随着水泥熟料 KH 值的增加,$R_{c,3}$ 和 $R_{c,28}$ 值基本上呈递增趋势。但当 $KH \geqslant 0.91$ 时,虽然 $R_{c,3}$ 值较高,但 $R_{c,28}$ 值却已呈下降趋势。这就说明此时水泥生料的煅烧已经比较困难了。

② 由于 w(f-CaO)值不易控制且对水泥熟料的抗压强度有较大影响,因而选取 $KH=0.86\sim0.90$ 作为水泥熟料 KH 值的最佳控制范围。由于 f-CaO 含量的控制应以 w(f-CaO)$<1.0\%$ 为宜,所以,相应水泥熟料的石灰饱和系数的理论值为 $KH=0.88\sim0.92$。

③ 由于水泥熟料的 3 个率值是相互关联的,当 KH 值被确定后,要使水泥生料易于煅烧且使水泥熟料的强度较高,还需要选择适宜的 SM 值和 IM 值。当 $KH=0.88\sim0.92$ 时,经过生产统计 SM、IM 及 w(f-CaO)的数据分布,然后得出结论:当 $SM=2.3\pm0.1$、$IM=1.6\pm0.1$ 时,水泥熟料的合格率最高。

④ 最后选定:$KH=0.88\sim0.92$,$SM=2.3\pm0.1$,$IM=1.6\pm0.1$,将水泥熟料的 3 个率值作为该企业优化的水泥生料配料设计方案指标。

(6) 水泥生料配料设计可选择的 3 种方案

① 方案一:"两高"配料设计方案

(高 KH 值、高 SM 值、低碱含量、低液相含量)

水泥熟料的参数控制范围为:

$KH=0.89\sim0.95$,$SM=2.5\sim3.2$,$IM=0.89\sim1.65$;

$w(\mathrm{L})=20\%\sim24\%$（液相含量），$w(\mathrm{f\text{-}CaO})=0\sim0.5\%$，$w(\mathrm{f\text{-}SiO_2})=0\sim0.75\%$，$w(\mathrm{MgO})=2\%\sim3\%$，$[w(\mathrm{Na_2O})+w(\mathrm{K_2O})]=0\sim0.5\%$；

$w(\mathrm{SO_3})/w(\mathrm{R_2O})=0.6\sim0.8$，$w(\mathrm{LOI})=0\sim0.5\%$；

$w(\mathrm{C_3S})=50\%\sim60\%$，$[w(\mathrm{C_3S})+w(\mathrm{C_2S})]=6\%\sim80\%$。

此方案可用于生产较高抗压强度的水泥熟料。

② 方案二："两高一中"配料设计方案

（高 IM 值、高 SM 值、中 KH 值、低碱含量、低液相含量）

水泥熟料的参数控制范围为：

$KH=0.89\pm0.01$，$SM=2.5\pm0.1$，$IM=1.5\pm0.1$，$w(\mathrm{L})=20\%\sim24\%$。

从我国水泥企业的水泥熟料生产规模 $M=5000\ \mathrm{t/d}$、$5500\ \mathrm{t/d}$、$6000\ \mathrm{t/d}$ 的预分解窑生产线（例如，金隅、华新、中联）的水泥生产实践来看，"两高一中"的配料设计方案是适当的。

对于直径在 $4\ \mathrm{m}$ 以下的预分解窑生产线，水泥熟料的率值亦可采用"两高一中"的配料设计方案。例如，水泥熟料生产规模 $M=4000\ \mathrm{t/d}$、$3000\ \mathrm{t/d}$ 的预分解窑生产线（例如，威顿、金圆），大都采用此方案。

③ 方案三："三高"配料设计方案

（高 IM 值、高 SM 值、高 KH 值、低碱含量、低液相含量）

水泥熟料的参数控制范围为：

$KH=0.89\sim0.95$，$SM=2.5\sim3.2$，$IM=1.6\sim1.8$。

水泥熟料的参数具体控制为：

$KH=0.91\pm0.02$，$SM=2.6\pm0.1$，$IM=1.5\pm0.1$。

5308-视频

水泥熟料率值的确定，首先要满足产品设计方案的要求，并在生产中逐步摸索适应本企业生产设备和资源条件的指标。若水泥生料的易烧性较好，在水泥熟料的 $w(\mathrm{f\text{-}CaO})<1\%$ 时即可满足产品质量要求的前提下，则可适当降低水泥熟料的率值，以减少煤的消耗量。这就是水泥熟料的经济率值。

5309-微课

由于传统观念的影响，我国水泥熟料的率值控制范围较窄，但实际可操作范围则宽得多。这从表 5.3.5 所示的国内一些水泥企业的统计数据可以看出。随着经济社会的发展，工程建设项目会对水泥的品质提出新的要求，国内应该在水泥熟料率值的确定方面加强探索，以获得更高质量的水泥以及广泛的原料适应性。

［知 识 测 试 题］

一、填空题

1. 水泥生料配料设计方案是_____。

2. 确定水泥生料配料设计方案，应根据_____、_____、_____、_____等进行综合考虑。

3. 原料选择要根据_____和_____要求，在对水泥原料性能进行详细研究和综合比较的基础上确定。

4. 水泥生料的易烧性是指_____。

5. 水泥生料配料设计可选择的 3 种方案有：_____、_____和_____。

二、选择题

1. SM 高表示（　　）。

A. 硅酸盐矿物含量多　　　　　　B. 黏度大

C. 液相含量 $[w(\mathrm{Al_2O_3})+w(\mathrm{Fe_2O_3})]$ 大

2. 水泥熟料 KH 控制的范围在（　　　）。

A. 0.87～0.96　　　　　　　B. 0.82～0.94　　　　　　　C. 0.667～1

3. 生产水泥熟料，当黏土质原料的硅率 $SM<2.7$ 时，一般需要掺加（　　　）。

A. 铝质原料　　　　　　　　B. 含铁较高的黏土　　　　　　C. 硅质校正原料

4. 中热水泥，必须降低（　　　）的含量。

A. C_3S 和 C_3A　　　　　　B. C_2S　　　　　　　　　　C. C_4AF

5. 水泥生料中引起结皮、堵塞的有害成分包括（　　　）

A. Al_2O_3　　　　　　　　　B. SiO_2　　　　　　　　　　C. R_2O

三、判断题

1. LSF 高表示水泥生料中 CaO 含量少。　　　　　　　　　　　　　　　　（　　　）

2. 方解石含量高，结晶质粗颗粒多，物料难烧。　　　　　　　　　　　　　（　　　）

3. 水泥生料配料中的次要化学成分对水泥生料易烧性和水泥熟料性能的影响可以忽视。（　　　）

4. 水泥熟料的石灰饱和系数与硅率、铝率的关系是互不影响的。　　　　　　（　　　）

5. 水泥熟料的配料指标是动态的，在满足产品设计方案要求时，应在生产中逐步摸索适应本企业生产设备和资源条件的指标。　　　　　　　　　　　　　　　　　　　　　　（　　　）

四、简答题

1. 简述水泥生料的主要化学成分对煅烧工艺的影响。

2. 如何理解"水泥原料之间的协调性"，请举例说明。

3. 从水泥生料配方设计确定的角度，分析确定水泥熟料的 3 个率值与煅烧工艺的关系。

4. 分析石灰石变质程度如何影响水泥生料的易烧性。

5. 水泥生料配方设计的确定依据是什么？

5310-文本

［能力训练题］

1. 某水泥企业生产强度等级为 42.5 的水泥，经质检部检验，发现水泥的强度等级未达到 42.5。经调查发现，水泥生料均化、水泥熟料烧成均未出现问题，请从水泥生料配方设计的角度提出解决措施。

2. 已知某水泥企业的不同原料配合比及原料的化学成分（质量分数，%），如表 5.3.6 所示。

表 5.3.6　某水泥企业的不同原料配合比及原料的化学成分（质量分数，%）

	配合比	SiO_2	Al_2O_3	Fe_2O_3	CaO
1# 石灰石	94.47	11.54	2.40	1.03	45.09
2# 石灰石	94.47	12.42	2.62	1.26	44.45
3# 石灰石	94.47	11.82	2.43	1.20	44.89
4# 石灰石	94.47	12.33	2.41	1.24	45.14
5# 石灰石	94.47	11.10	2.18	1.04	45.48
页岩	3.25	59.75	20.04	9.06	0.42
砂岩	0.49	81.50	9.13	2.87	0.55
硫酸渣	1.79	37.06	7.78	41.87	2.99

假设水泥生料的配合比及辅料的化学成分不变，分别用 1#~5# 石灰石进行配料计算，则得到 5 种水泥生料。其化学成分（质量分数，%），如表 5.3.7 所示。

表 5.3.7 水泥生料的化学成分（质量分数，%）

	SiO_2	Al_2O_3	Fe_2O_3	CaO	KH	SM	IM
1# 水泥生料	13.91%	3.10%	2.03%	42.67%			
2# 水泥生料	14.74%	3.31%	2.25%	42.06%			
3# 水泥生料	14.17%	3.13%	2.19%	42.48%			
4# 水泥生料	14.65%	3.11%	2.23%	42.71%			
5# 水泥生料	13.49%	2.89%	2.04%	43.04%			

（1）计算水泥生料的 3 个率值。
（2）分析石灰石化学成分的变化对水泥生料 3 个率值的影响。
（3）根据上述数据，分析采用 1#~5# 石灰石的水泥生料配方设计对煅烧工艺的影响。

5.4 水泥生料配方的计算

（1）任务描述
本任务的学习内容包括 4 个方面：
① 水泥生料配方计算的目的和原则；
② 水泥生料配方计算的技术问题；
③ 水泥生料配方的计算方法；
④ 水泥生料中有害成分的控制。
学习重点与难点：新型干法水泥生产工艺流程。
（2）知识目标
① 理解水泥生料配方计算的目的和基本原则；
② 掌握与水泥生料配方计算相关的技术问题和计算方法。
（3）能力目标
能根据新型干法水泥生产特点、所选率值、水泥原料和燃料的性能，结合其他相关参数计算水泥生料的配合比。

5401-文本

5402-ppt

5.4.1 水泥生料配方计算的目的和原则

水泥生料配方计算的目的，是为了确定各种水泥原料、燃料的消耗量的比例，优质、高产、低消耗地生产水泥熟料。因此，在水泥工厂的设计和生产中，都必须进行水泥生料的配方计算。水泥生料的配方计算，是水泥工厂设计和水泥生产过程中一个十分重要的环节。

在水泥工厂设计过程中，水泥生料的配方计算是为了判断水泥原料的可用性，以及矿山的可用程度和经济合理性，以确定水泥原料的种类及配合比，选择合适的生产方法及工艺流程，计算全厂的物料平衡,可供全厂工艺设计及主机选型作为依据。

在工厂组织生产过程中,水泥生料的配方计算是为了经济合理地使用矿山资源,确定各种水泥原料的数量比例,获得化学成分合格的水泥生料和水泥熟料,为回转窑和磨机创造良好的操作条件。

水泥生料配方计算的基本原则如下:

5403-视频

(1) 所配制的水泥生料易磨、易烧;

(2) 所生产的水泥熟料具有较高的抗压强度和良好的物理化学性能;

(3) 经济合理地利用矿山资源,生产过程中易于操作、控制和管理,并尽可能简化工艺流程。

5.4.2 水泥生料配方计算的技术问题

5.4.2.1 水泥生料配方计算的物料平衡方程

水泥生料配方计算的依据是物料平衡。任何化学反应的物料平衡原理是:反应物的质量应等于生成物的质量。因此,在任何生产条件下,所输入"水泥熟料形成系统"的物质质量应等于所输出"水泥熟料形成系统"的物质质量。

水泥生料配方计算的物料平衡模型,如图5.4.1所示。

图 5.4.1 水泥生料配方计算的物料平衡模型

水泥生料配方计算的物料平衡方程,如式(5.4.1)所示。

$$m_1 + m_2 + m_3 = m_4 + m_5 + m_6 \tag{5.4.1}$$

式中 m_1——空气的质量,kg;

      m_2——燃料的质量,kg;

      m_3——水泥生料的质量,kg;

      m_4——烟气的质量,kg;

      m_5——飞灰的质量,kg;

      m_6——水泥熟料的质量,kg。

由分析可知,有式(5.4.2 a)至式(5.4.2 d)成立。

$$m_4 = m_1 + m_7 + m_8 \tag{5.4.2a}$$

$$m_2 = m_5 + m_8 \tag{5.4.2b}$$

$$m_5 = m_9 \tag{5.4.2c}$$

$$m_3 = m_7 + m_{10} \tag{5.4.2d}$$

式中 m_7——水泥生料煅烧所产生废气(例如,CO_2、CO、R_2O、N_2 等)的质量,kg;

      m_8——燃料燃烧所产生的废气的质量,kg;

      m_9——水泥生料煅烧所产生的粉尘和挥发物的质量,kg;

      m_{10}——水泥生料灼烧后的质量,kg。

若令 $m_5 = 0$,$m_7 = 0$,$m_8 = 0$,则有式(5.4.3):

$$m_{10} + m_{11} = m_6 \tag{5.4.3}$$

式中 m_{11}——煤灰掺入水泥熟料中的质量,kg。

由此可知,灼烧水泥生料质量与煤灰掺入水泥熟料中的质量之和,等于水泥熟料的质量。

在实际生产中,由于总有生产和运输过程中的物料损失,且飞灰的化学成分不等于水泥生料的化学成分,煤灰的掺入量亦有不同。因此,生产计划统计部门(或物质管理部门)所提出的水泥生料配合比(或水泥原料采购计划),与化验质量控制部门的水泥生料配方设计中的配合比有所不同。在水泥生产中,应以水泥生料与水泥熟料的化学成分的差别进行统计分析,对水泥生料配方设计进行校正。

5.4.2.2　水泥生料配方计算的物料基准及其换算关系

5404-视频

随着温度升高,水泥生料经煅烧形成水泥熟料的过程如下:

① 水泥生料因干燥过程而蒸发物理水;

② 黏土矿物因发生分解反应而释放结晶水;

③ 有机物质因发生分解反应而挥发;

④ 碳酸盐分解因发生分解反应而释放 CO_2;

⑤ 液相形成而促使水泥熟料烧成。

因为有水分(水蒸气)、CO_2 以及挥发物逸出,在进行水泥生料配方计算时,必须采用统一的物料基准。

5405-视频

(1) 干燥基准

干燥基准(简称干燥基),是指物料因蒸发失去物理水后处于干燥状态,以干燥状态质量表示的计量单位。干燥基准用于计算干燥物料的配合比以及水泥生料的化学成分。

若不考虑生产过程中的损失,则干燥水泥原料的质量等于水泥生料的质量,如式(5.4.4)所示。

$$m'_1+m'_2+m'_3=m'_4 \tag{5.4.4}$$

式中　m'_1——干燥石灰石的质量,kg;

　　　m'_2——干燥黏土的质量,kg;

　　　m'_3——干燥铁粉的质量,kg;

　　　m'_4——干燥水泥生料的质量,kg。

(2) 灼烧基准

灼烧基准(简称灼烧基),是指物料因失去灼烧减量(即,碳酸盐中的 CO_2、黏土矿物中的结晶水、煤炭中的可燃物等)后处于灼烧状态,以灼烧状态质量所表示的计算单位。灼烧基准用于计算灼烧水泥生料的配合比和水泥熟料的化学成分。

若不考虑生产过程中的损失,在采用有灰分掺入水泥熟料的煤作为燃料时,则灼烧水泥生料的质量与掺入水泥熟料中煤灰的质量之和,应等于水泥熟料的质量。如式(5.4.3)所示。

(3) 含湿基准

含湿基准(简称含湿基),是指物料因含有水分处于含湿状态,以含湿状态质量表示的计量单位。

(4) 各物料基准之间的换算关系

物料由含湿基准因失去物理水而变为干燥基准,再由干燥基准因失去灼烧减量(碳酸盐中的 CO_2、黏土矿物中的结晶水、煤炭中的可燃物等)而变为灼烧基准时,虽然其质量减少了,但是物料中 SiO_2、Al_2O_3、Fe_2O_3 和 CaO 等的含量(质量分数,%)却增加了。

5406-视频

物料的物理质量和化学成分的各物料基准之间的换算关系,如表5.4.1所示。

在由已知基准换算成所要求基准时,只需乘以表5.4.1中相应的分式即可。

表 5.4.1　物料的物理质量和化学组成的各物料基准之间的换算关系

已知 ＼ 要求	物理质量			化学组成		
	含湿基	干燥基	灼烧基	含湿基	干燥基	灼烧基
含湿基	1	$\dfrac{100-w}{100}$	$\dfrac{(100-w)\times(100-L)}{100\times100}$	1	$\dfrac{100}{100-w}$	$\dfrac{100\times100}{(100-w)\times(100-L)}$
干燥基	$\dfrac{100}{100-w}$	1	$\dfrac{100-L}{100}$	$\dfrac{100-w}{100}$	1	$\dfrac{100}{100-L}$
灼烧基	$\dfrac{100\times100}{(100-w)\times(100-L)}$	$\dfrac{100}{100-L}$	1	$\dfrac{(100-w)\times(100-L)}{100\times100}$	$\dfrac{100-L}{100}$	1

注：w——表示含湿量（%）；L——表示灼烧减量（%）。

5.4.2.3　水泥熟料的实际热耗量

水泥熟料的实际热耗量（简称熟料热耗量，或称熟料单位热耗），是指在煅烧过程中每形成 1 kg 水泥熟料时窑内实际消耗的热量，用符号 q 表示，单位为 kJ/kg。

在水泥生料经煅烧形成水泥熟料时，单位质量水泥熟料的理论热耗量约为 $q_0 = 1730.11$ kJ/kg。

在实际生产中，由于在水泥熟料形成过程中物料不可能没有质量损失，也不可能没有热量损失，而且废气和水泥熟料不可能被冷却到所计算的基准温度。因此，水泥熟料形成过程的实际热耗量比理论热耗量要大。

我国水泥工业发展的现状与目标如下：

① 对于水泥熟料生产规模 $M < 5000$ t/d 的生产线：$q = 3176.80 \sim 4698.32$ kJ/kg（760～1124 kcal/kg）；

5407-视频

② 对于水泥熟料生产规模 $M > 5000$ t/d 的生产线：$q = 3009.60 \sim 3176.80$ kJ/kg（720～760 kcal/kg）；

③ 对于水泥工业未来的发展目标：$q < 2717.00$ kJ/kg（650 kcal/kg）。

对于采用预分解窑的各种水泥熟料生产规模的生产线，水泥熟料的实际热耗量，如表 5.4.2 所示。

表 5.4.2　采用预分解窑的各种水泥熟料生产规模生产线的水泥熟料的实际热耗量

水泥熟料的生产规模 M /(t·d^{-1})	2000～4000	≥4000
水泥熟料的实际热耗量 q/(kJ·kg^{-1})	≤3178（≤760 kcal/kg）	≤3050（≤730 kcal/kg）

5.4.2.4　水泥熟料中煤灰的掺入量

计算基准为：100 kg 煤。

5408-视频

煤灰在水泥熟料中的掺入量，可按式（5.4.5）进行计算。

$$G_A = \frac{q \cdot w(A_{ar}) \cdot S}{Q_{net,ar} \times 100} = \frac{P \cdot w(A_{ar}) \cdot S}{100} \quad (\%) \tag{5.4.5}$$

式中　G_A——煤灰在水泥熟料中的掺入量，%；

q——水泥熟料的实际热耗量，kJ/kg；

$Q_{net,ar}$——煤的收到基（或应用基）低位发热量，kJ/kg；

$w(A_{ar})$——煤的收到基（或应用基）灰分含量，%；

S——煤灰的沉落率，%；

P——在水泥生料的煅烧过程中每形成 1 kg 水泥熟料时煤的消耗量,kg/kg。

煤灰的沉落率因窑型不同而异。对于现代新型干法水泥生产采用"窑—磨工艺一体化"的预分解窑的收尘器,煤灰的沉落率为 $S=100\%$。

煤灰在不同窑型时的沉落率,如表 5.4.3 所示。

表 5.4.3　煤灰在不同窑型时的沉落率

窑型	无电收尘器	有电收尘器
窑外分解窑	90%	100%
立波尔窑	80%	100%
干法短窑带立筒、旋风预热器	90%	100%

5.4.3　水泥生料配方的计算方法

水泥生料配方的计算方法很多,有代数法、图解法、尝试误差法、递减试凑法、矿物组成法、最小二乘法等。随着计算机技术的发展,计算机配料计算过程更快捷,计算结果更准确。

下面将介绍广泛应用的尝试误差法、递减试凑法、Excel 计算法及其计算机编程方法。

5.4.3.1　尝试误差法

尝试误差法,是指首先按照所假设的干燥水泥原料的配合比计算水泥熟料的组成(率值),若计算结果不符合要求则需要调整干燥水泥原料的配合比后再重新进行尝试计算,直至符合要求为止的计算方法。

计算基准:100 kg 干燥水泥原料。

(1) 计算步骤

① 列出水泥原料与煤灰的化学成分,煤的工业分析数据;

② 计算煤灰在水泥熟料中的掺入量;

③ 假设干燥水泥原料的配合比;

④ 计算干燥水泥生料的化学成分;

⑤ 计算灼烧水泥生料的化学成分;

⑥ 计算水泥熟料的化学成分;

⑦ 计算水泥熟料的组成(率值);

⑧ 调整干燥水泥原料的配合比后再重新进行计算;

⑨ 根据干燥水泥原料的配合比计算含湿水泥原料的配合比。

(2) 计算实例

试以尝试误差法计算水泥原料的配合比。

【例 5.4.1】　某预分解窑采用"4 组分配料"方案。水泥熟料率值的控制目标值: $KH=0.90\pm0.02$, $SM=2.6\pm0.1$, $IM=1.7\pm0.1$,水泥熟料的实际热耗量为 $q=3053$ kJ/kg。已知水泥原料与煤灰的化学成分以及煤的工业分析数据,如表 5.4.4 和表 5.4.5 所示。试以尝试误差法计算水泥原料的配合比。

5409-视频

表 5.4.4　水泥原料与煤灰的化学成分(质量分数,%)

序号	物料名称	LOI	SiO$_2$	Al$_2$O$_3$	Fe$_2$O$_3$	CaO	MgO	SO$_3$	K$_2$O	Na$_2$O	Cl$^-$	Σ
1	石灰石	42.86	1.68	0.60	0.39	51.62	2.21	0.05	0.25	0.03	0.019	99.71
2	砂页岩	2.72	89.59	2.82	1.67	1.77	0.74	0.07	0.36	0.06	0.015	99.82
3	粉煤灰	3.70	47.57	28.14	8.95	4.18	0.52	0.50	1.13	0.21		94.90
4	铁矿石	2.65	49.96	5.51	32.51	2.56	1.95			0.45		95.59
5	煤灰		52.55	28.78	6.30	6.49	1.45	2.20	1.00	0.44		99.21

表 5.4.5　煤的工业分析数据

$w(M_{ar})$,%	$w(V_{ar})$,%	$w(A_{ar})$,%	$w(FC_{ar})$,%	$Q_{net,ar}/(kJ \cdot kg^{-1})$
1.70	28.00	26.10	44.20	22998

【说明】　在表 5.4.4 中,水泥原料与煤灰的化学成分的分析数据的总和往往不等于 100%。这是由于对某些物质没有进行分析测量,因而其总和通常为 Σ<100%,但不必换算为 100%。此时,可以加上"其他"一项以补足为 100%。有时其总和为 Σ>100%,除了有的物质没有进行分析测量以外,大都是由于该种水泥原料和燃料等(特别是一些固体工业废弃物)含有一些低价氧化物(例如,FeO 甚至 Fe 等),在进行化学分析时经灼烧后被氧化为高价氧化物(例如,Fe$_2$O$_3$ 等),使其质量获得了增加所致。这与水泥生料的煅烧过程相一致,因此也可以不进行换算。

5410-视频

【解】　计算基准:100 kg 干燥水泥原料。

(1) 确定水泥熟料的组成(率值)

根据题意,已知水泥熟料的率值为:$KH=0.90,SM=2.6,IM=1.7$。

(2) 计算煤灰在水泥熟料中的掺入量

根据式(5.4.5)得:

$$G_A = \frac{q \cdot w(A_{ar}) \cdot S}{Q_{net,ar} \times 100} = \frac{3053 \times 26.10 \times 100}{22998 \times 100} = 3.46 \text{ (\%)}$$

(3) 计算干燥水泥原料的配合比

对于"4 组分配料"方案,通常干燥水泥原料的配合比大约为:

石灰石:砂页岩:铁矿石:粉煤灰=80%:10%:4%:10%

即　　　　　　　　$w_1 : w_2 : w_3 : w_4 = 80\% : 10\% : 4\% : 10\%$

① 假设干燥水泥原料的配合比

石灰石:砂页岩:铁矿石:粉煤灰=81%:9%:3.5%:6.5%

即　　　　　　　　$w_{r.1} : w_{r.2} : w_{r.3} : w_{r.4} = 81\% : 9\% : 3.5\% : 6.5\%$

② 计算干燥水泥生料的化学成分

干燥水泥生料的化学成分(质量分数,%),如表 5.4.6 所示。

表 5.4.6　干燥水泥生料的化学成分(质量分数,%)

序号	物料名称	LOI	SiO$_2$	Al$_2$O$_3$	Fe$_2$O$_3$	CaO	MgO	SO$_3$	K$_2$O	Na$_2$O	Cl$^-$
1	石灰石	34.72	1.36	0.49	0.32	41.81	1.79	0.04	0.20	0.02	0.0154
2	砂页岩	0.24	8.06	0.25	0.15	0.16	0.07	0.006	0.0324	0.0054	0.0014

序号	物料名称	LOI	SiO$_2$	Al$_2$O$_3$	Fe$_2$O$_3$	CaO	MgO	SO$_3$	K$_2$O	Na$_2$O	Cl$^-$
3	粉煤灰	0.24	3.09	1.83	0.58	0.27	0.038	0.0325	0.0735	0.0137	0.0000
4	铁矿石	0.09	1.75	0.19	1.138	0.09	0.07	0.0000	0.0000	0.0158	0.0000
5	干燥水泥生料	35.29	14.26	2.76	2.19	42.33	1.96	0.0793	0.3084	0.0591	0.0167
6	灼烧水泥生料		22.05	4.27	3.38	65.42	3.03	0.1226	0.4765	0.0913	0.0259

③ 计算水泥熟料的化学成分

煤灰在水泥熟料中的掺入量为 $G_A=3.46\%$，则灼烧水泥生料的配合比（质量分数，%）为：

$$w_i=100-G_A=100-3.46=96.54（\%）$$

水泥熟料的化学成分（质量分数，%），如表 5.4.7 所示。

表 5.4.7 水泥熟料的化学成分（质量分数，%）

序号	物料名称	配合比	SiO$_2$	Al$_2$O$_3$	Fe$_2$O$_3$	CaO	MgO	SO$_3$	K$_2$O	Na$_2$O	Cl$^-$
1	灼烧水泥生料	96.54	21.28	4.12	3.26	63.16	2.92	0.1183	0.4600	0.0882	0.0250
2	煤灰	3.46	1.82	1.00	0.22	0.22	0.05	0.0762	0.0346	0.0152	0.0000
3	水泥熟料	100	23.10	5.12	3.48	63.38	2.97	0.1945	0.4947	0.1034	0.0250

④ 计算水泥熟料的率值

$$KH=\frac{w(CaO)-1.65w(Al_2O_2)-0.35w(Fe_2O_3)-0.7w(SO_3)}{2.8w(SiO_2)}$$

$$=\frac{63.38-1.65\times5.12-0.35\times3.48-0.7\times0.1945}{2.8\times23.10}=0.83$$

$$SM=\frac{w(SiO_2)}{w(Al_2O_3)+w(Fe_2O_3)}=\frac{23.10}{5.12+3.48}=2.69$$

$$IM=\frac{w(Al_2O_3)}{w(Fe_2O_3)}=\frac{5.12}{3.48}=1.47$$

⑤ 将计算结果与控制目标值比较并调整（或确定）干燥水泥原料的配合比

将上述计算结果与控制目标值比较可知：KH 值过低，SM 值较接近，IM 值较低。因此，应对干燥水泥原料的配合比进行调整。即，增加石灰石的含量，减少铁矿石含量，增加粉煤灰含量。又因为粉煤灰中含有大量的 SiO$_2$，为保证 SM 值相对恒定应适当减少砂页岩的含量。

根据水泥生产经验统计资料，当每增加（或减少）1%的石灰石（相应减少或增加适量的砂页岩）时，KH 值则增加（或减少）约为 $\Delta KH=0.05$。

据此，可将干燥水泥原料的配合比做如下调整：

石灰石∶砂页岩∶铁矿石∶粉煤灰=82.3%∶8.1%∶2.6%∶7%

即　　　　$w'_{r,1}∶w'_{r,2}∶w'_{r,3}∶w'_{r,4}=82.3\%∶8.1\%∶2.6\%∶7\%$

⑥ 重新计算干燥水泥生料与水泥熟料的化学成分

根据调整后的干燥水泥原料的配合比，重新计算干燥水泥生料与水泥熟料的化学成分（质量分数，%），如表 5.4.8 所示。

表 5.4.8　干燥水泥生料和水泥熟料的化学成分的重新计算结果（质量分数，%）

物料名称	LOI	SiO_2	Al_2O_3	Fe_2O_3	CaO	MgO	SO_3	K_2O	Na_2O	Cl^-
石灰石	35.27	1.38	0.49	0.32	42.48	1.82	0.0412	0.2058	0.0247	0.0156
砂页岩	0.22	7.26	0.23	0.14	0.14	0.06	0.0057	0.0292	0.0049	0.0012
粉煤灰	0.26	3.33	1.97	0.63	0.29	0.036	0.0350	0.0791	0.0147	0.0000
铁矿石	0.069	1.30	0.14	0.85	0.07	0.05	0.0000	0.0000	0.0117	0.0000
干燥水泥生料	35.82	13.27	2.84	1.93	42.99	1.97	0.0818	0.3140	0.0560	0.0169
灼烧水泥生料		20.67	4.42	3.00	66.98	3.0632	0.1275	0.4893	0.0872	0.0263

物料名称	配合比	SiO_2	Al_2O_3	Fe_2O_3	CaO	MgO	SO_3	K_2O	Na_2O	Cl^-
灼烧水泥生料	96.54	19.96	4.26	2.90	64.66	2.96	0.1231	0.4723	0.0842	0.0253
煤灰	3.46	1.82	1.00	0.22	0.22	0.05	0.0762	0.0346	0.0152	0.0000
水泥熟料	100	21.78	5.26	3.12	64.88	3.01	0.1993	0.5070	0.0994	0.0253

⑦ 重新计算水泥熟料的率值

$$KH' = \frac{w(CaO) - 1.65w(Al_2O_3) - 0.35w(Fe_2O_3) - 0.7w(SO_3)}{2.8W(SiO_2)}$$

$$= \frac{64.88 - 1.65 \times 5.26 - 0.35 \times 3.12 - 0.7 \times 0.1993}{2.8 \times 21.78} = 0.90$$

$$SM' = \frac{w(SiO_2)}{w(Al_2O_3) + w(Fe_2O_3)} = \frac{21.78}{5.26 + 3.12} = 2.60$$

$$IM' = \frac{w(Al_2O_3)}{w(Fe_2O_3)} = \frac{5.26}{3.12} = 1.69$$

⑧ 将重新计算结果与控制目标值进行比较并调整（或确定）干燥水泥原料的配合比

将重新计算结果与水泥熟料率值的目标值比较后可知：KH 和 SM 值已达到预期要求，IM 值虽略低但已十分接近预期要求的值。因此，可按此干燥水泥原料的配合比进行配料生产。

由于考虑到水泥生产过程的波动性，可将水泥熟料率值的控制指标确定为：$KH = 0.90 \pm 0.02$，$SM = 2.6 \pm 0.1$，$IM = 1.7 \pm 0.1$。

按上述计算结果，干燥水泥原料的配合比为：

石灰石：砂页岩：铁矿石：粉煤灰 $= 82.3\% : 8.1\% : 2.6\% : 7\%$

即　　　　　$w'_{r,1} : w'_{r,2} : w'_{r,3} : w'_{r,4} = 82.3\% : 8.1\% : 2.6\% : 7\%$

（4）计算含湿水泥原料的配合比

假设水泥原料在进行配料操作时的水分含量为：

石灰石的水分含量：$w_1(H_2O) = 1\%$　　　砂页岩的水分含量：$w_2(H_2O) = 3\%$

铁矿石的水分含量：$w_3(H_2O) = 4\%$　　　粉煤灰的水分含量：$w_4(H_2O) = 0.5\%$

因此，可计算各含湿水泥水泥原料配合比的质量。即：

① 含湿石灰石的质量

$$m_1 = \frac{100 \times w_1}{100 - w_1(H_2O)} = \frac{100 \times 82.3}{100 - 1} = 83.13 \text{（kg）}$$

② 含湿砂页岩的质量

$$m_2 = \frac{100 \times w_2}{100 - w_2(H_2O)} = \frac{100 \times 8.1}{100 - 3} = 8.35 \text{（kg）}$$

③ 含湿铁矿石的质量

$$m_3 = \frac{100 \times w_3}{100 - w_3(H_2O)} = \frac{100 \times 2.6}{100 - 4} = 2.71 \text{（kg）}$$

④ 含湿粉煤灰的质量

$$m_4 = \frac{100 \times w_4}{100 - w_4(H_2O)} = \frac{100 \times 7}{100 - 0.5} = 7.04 \text{（kg）}$$

将上述各含湿水泥原料配合比的质量换算为质量分数（％）。即：

① 含湿石灰石的配合比

$$w''_{r,1} = \frac{m_1}{m_1 + m_2 + m_3 + m_4} \times 100\% = \frac{83.13}{83.13 + 8.35 + 2.71 + 7.04} \times 100\% = 82.12 \ \%$$

② 含湿砂页岩的配合比

$$w''_{r,2} = \frac{m_2}{m_1 + m_2 + m_3 + m_4} \times 100\% = \frac{8.35}{83.13 + 8.35 + 2.71 + 7.04} \times 100\% = 8.25 \ \%$$

③ 含湿铁矿石的配合比

$$w''_{r,3} = \frac{m_3}{m_1 + m_2 + m_3 + m_4} \times 100\% = \frac{2.71}{83.13 + 8.35 + 2.71 + 7.04} \times 100\% = 2.68 \ \%$$

④ 含湿粉煤灰的质量

$$w''_{r,4} = \frac{m_4}{m_1 + m_2 + m_3 + m_4} \times 100\% = \frac{7.04}{83.13 + 8.35 + 2.71 + 7.04} \times 100\% = 6.95 \ \%$$

所以，可将水泥原料的配合比确定为：

石灰石：砂页岩：铁矿石：粉煤灰＝82.12％：8.25％：2.68％：6.95％

即　$w''_{r,1} : w''_{r,2} : w''_{r,3} : w''_{r,4} = 82.12\% : 8.25\% : 2.68\% : 6.95\%$

5.4.3.2　递减试凑法

递减试凑法，是指从水泥熟料化学成分中依次递减所假定配合比的原料成分，试凑至符合要求为止的计算方法。

计算基准：100 kg 水泥熟料。

（1）计算步骤

① 列出水泥原料、煤灰的化学成分，煤的工业分析数据；

② 计算煤灰在水泥熟料中的掺入量；

③ 根据水泥熟料的率值计算所要求的水泥熟料的化学成分；

④ 应用递减试凑法求各水泥原料的配合比；

⑤ 计算水泥熟料的化学成分并校验率值；

⑥ 将干燥水泥原料的配合比换算成含湿水泥原料的配合比。

（2）计算实例

试以递减试凑法计算水泥原料的配合比。

【例 5.4.2】　已知水泥原料和燃料的有关分析数据，如表 5.4.9 和表 5.4.10 所示。假设采用窑外分解窑以"3 组分配料"方案进行生产，要求水泥熟料的 3 个率值为：$KH = 0.89 \pm 0.02$、$SM = 2.1 \pm 0.1$、

$IM=1.3\pm0.1$，水泥熟料的实际热耗量为 3350 kJ/kg。试计算水泥原料的配合比。

表 5.4.9　水泥原料与煤灰的化学成分（质量分数，%）

序号	物料名称	LOI	SiO$_2$	Al$_2$O$_3$	Fe$_2$O$_3$	CaO	MgO	合计
1	石灰石	42.66	2.42	0.31	0.19	53.13	0.57	99.28
2	黏土	5.27	70.25	14.72	5.48	1.41	0.92	98.05
3	铁粉	—	34.42	11.53	48.27	3.53	0.09	97.84
4	煤灰	—	53.52	35.34	4.46	4.79	1.19	99.30

表 5.4.10　煤的工业分析数据

$w(M_{ar})$,%	$w(V_{ar})$,%	$w(A_{ar})$,%	$w(FC_{ar})$,%	$Q_{net,ar}/(kJ \cdot kg^{-1})$
0.60	22.42	28.56	49.02	20930

5414-视频

【解】　计算基准：100 kg 水泥熟料。

① 计算煤灰在水泥熟料中的掺入量

根据式（5.4.5）得：

$$G_A = \frac{q \cdot w(A_{ar}) \cdot S}{Q_{net,ar} \times 100} = \frac{3350 \times 28.56 \times 100}{20930 \times 100} = 4.57(\%)$$

② 计算所要求水泥熟料的化学成分

由已知水泥熟料的率值计算水泥熟料的化学成分，可按式（5.2.40）至式（5.2.43）进行计算。

假设：$\Sigma = w(CaO) + w(SiO_2) + w(Al_2O_3) + w(Fe_2O_3) = 97.5\%$，则有：

$$w(Fe_2O_3) = \frac{\Sigma}{(2.8KH+1)(IM+1) \cdot SM + 2.65IM + 1.35}$$

$$= \frac{97.5}{(2.8 \times 0.89+1) \times (1.3+1) \times 2.1 + 2.65 \times 1.3 + 1.35} = 4.50(\%)$$

$$w(Al_2O_3) = IM \cdot w(Fe_2O_3) = 1.3 \times 4.50 = 5.85(\%)$$

$$w(SiO_2) = SM[w(Al_2O_3) + w(Fe_2O_3)] = 2.1 \times (5.85+4.50) = 21.74(\%)$$

$$w(CaO) = \Sigma - [w(SiO_2) + w(Al_2O_3) + w(Fe_2O_3)]$$

$$= 97.5 - (21.74+5.85+4.50) = 65.41(\%)$$

水泥熟料化学成分的列表递减计算（以 100 kg 水泥熟料为计算基准），如表 5.4.11 所示。

表 5.4.11　水泥熟料化学成分的递减计算

序号	计算步骤	SiO$_2$	Al$_2$O$_3$	Fe$_2$O$_3$	CaO	其他	备注
1	水泥熟料的化学成分 −4.57 kg 煤灰	21.74 2.45	5.85 1.62	4.50 0.20	65.41 0.22	2.50 0.09	
2	差值 −122 kg 石灰石	19.29 2.95	4.23 0.38	4.30 0.23	65.19 64.82	2.41 1.57	干燥石灰石： $\frac{65.19}{53.13} \times 100 \text{ kg} = 122.7 \text{ kg}$
3	差值 −23 kg 黏土	16.34 16.16	3.85 3.39	4.07 1.26	0.37 0.32	0.84 0.66	干燥黏土： $\frac{16.34}{70.25} \times 100 \text{ kg} = 23.3 \text{ kg}$

序号	计算步骤	SiO_2	Al_2O_3	Fe_2O_3	CaO	其他	备注
4	差值 -6 kg 铁粉	0.18 2.06	0.46 0.69	2.81 2.89	0.05 0.21	0.18 0.14	干燥铁粉： $\dfrac{2.81}{48.27}\times100$ kg$=5.8$ kg
5	差值 $+2.6$ kg 黏土	-1.88 1.82	-0.23 0.38	-0.08 0.14	-0.16 0.04	0.04 0.07	干燥黏土的配料量多了 干燥黏土： $\dfrac{1.88}{70.25}\times100$ kg$=2.6$ kg
6	和值	-0.06	0.15	0.06	-0.12	0.11	因偏差不大,不再重新计算

注："备注"项中数据 53.13、70.25 和 48.27,分别为石灰石中 CaO、黏土中 SiO_2 与铁粉中 Fe_2O_3 的含量(%)。

计算结果表明,水泥熟料中 Al_2O_3 和 Fe_2O_3 含量略偏低,但若增加黏土和铁粉含量,则 SiO_2 含量又过多,因此不再进行递减计算。"其他"项中数据差别不大,说明 Σ 的假设值合适。

将表 5.4.11 中干燥水泥原料配合比的质量换算为质量分数(%)。即：

① 干燥石灰石的配合比

$$w_{r,1}=\frac{m_1}{m_1+m_2+m_3}\times100\%=\frac{122}{122+20.4+6.0}\times100\%=82.2\ \%$$

② 干燥黏土的配合比

$$w_{r,2}=\frac{m_2}{m_1+m_2+m_3}\times100\%=\frac{20.4}{122+20.4+6.0}\times100\%=13.7\ \%$$

③ 干燥铁粉的配合比

$$w_{r,3}=\frac{m_3}{m_1+m_2+m_3}\times100\%=\frac{6.0}{122+20.4+6.0}\times100\%=4.1\ \%$$

因此,干燥水泥原料的配合比为：

干燥石灰石：干燥黏土：干燥铁粉$=82.2\%：13.7\%：4.1\%$

即 $\qquad w_{r,1}：w_{r,2}：w_{r,3}=82.2\%：13.7\%：4.1\%$

5415-视频

因采用递减法计算干燥水泥原料的配合比后,再计算水泥生料和水泥熟料化学成分的过程,与【例 5.4.1】完全相同,故从略。

5.4.3.3 Excel 计算法

应用 Excel 软件,可以快速、准确地实现预分解窑水泥生料多组分配料计算。

应用 Excel 软件及其规划求解工具进行配料计算的步骤如下：

(1) 建立 Excel 配料计算模板,包括模板设计、公式编写、函数调用和规划求解；

(2) 对配料模板进行应用调试,输入所选择的水泥原料和燃料的化学成分、煤的低位发热量和煤的灰分含量、窑系统的热耗量、已设计的水泥熟料率值；

(3) 利用配料模板计算出各水泥原料的配合比。

【例 5.4.3】 应用 Excel 软件编制"4 组分配料"方案的计算方法与操作步骤。

【解】 (1) 计算方法

① 先检查微软公司的 Excel 软件是否安装了"规划求解"宏,若没有则应加载该选项。

② 准备好各种水泥原料、煤灰的化学成分数据、煤的低位发热量和灰分含量,以及所确定的水泥熟料率值、窑系统的热耗量。

③ 在 Excel 表中输入上述数据。当水泥生产线采用"3 组分配料"方案时，只需要控制 2 个率值（例如，KH 和 SM）；当水泥生产线采用"4 组分配料"方案时，则需要控制 3 个率值（例如，KH、SM 和 IM）。

④ 首先假设水泥原料的配合比，然后利用各自的计算公式在 Excel 表所对应的单元格中采用计算机语言输入参数，依次计算以下几项内容：

a. 计算水泥生料的化学成分

计算公式：

$$水泥生料的化学成分＝各水泥原料化学成分与其配合比的乘积之和。$$

b. 计算灼烧基水泥生料的化学成分

计算公式：

$$灼烧基水泥生料的化学成分＝水泥生料的化学成分/[1-w(\text{LOI})]$$

c. 计算煤灰的掺入量（即，煤灰掺入水泥熟料中的质量分数，%）

计算公式：

$$煤灰的掺入量＝（水泥熟料的实际热耗量/煤的低位发热量）×煤的灰分含量$$

d. 计算水泥熟料的化学成分

计算公式：

$$水泥熟料的化学成分＝灼烧基水泥生料的化学成分＋煤灰的化学成分×煤灰的掺入量$$

e. 计算水泥熟料的各率值。

⑤ 求解原料的配合比

选择"规划求解"，在"可变单元格"及"添加（A）"栏目中输入约定条件（水泥熟料率值的目标值），按"求解"，计算机将按约定条件进行求解，最后显示出水泥原料的配合比、水泥生料的化学成分、水泥熟料的化学成分和水泥熟料的率值等数据，计算结束。

（2）操作步骤

应用 Excel 软件进行水泥生料配料计算的格式示例，如表 5.4.12 所示。

表 5.4.12　应用 Excel 软件进行水泥生料配料计算

序号	A	B	C	D	E	F	G	H	I	J	K	L	M
1		LOI	SiO_2	Al_2O_3	Fe_2O_3	CaO	MgO	K_2O	Na_2O	SO_3	Cl^-	合计	比例
2	石灰石	填入	填入	填入	填入	填入	填入	填入	填入	填入	填入		M2
3	黏土	填入	填入	填入	填入	填入	填入	填入	填入	填入	填入		M3
4	砂岩	填入	填入	填入	填入	填入	填入	填入	填入	填入	填入		M4
5	铁粉	填入	填入	填入	填入	填入	填入	填入	填入	填入	填入		M5
6	水泥生料	B6	C6	D6	E6	F6	G6	H6	I6	J6	K6		
7	灼烧基水泥生料	B7	C7	D7	E7	F7	G7	H7	I7	J7	K7		M7
8	煤灰分	填入	填入	填入	填入	填入	填入	填入	填入	填入	填入		M8
9	水泥熟料		C9	D9	E9	F9	G9	H9	I9	J9	K9		
10													
11													

序号	A	B	C	D	E	F	G	H	I	J	K	L	M
12	水泥熟料的实际热耗量(kJ/kg)	填入											
13	煤的低位发热量(kJ/kg)	填入											
14	煤的灰分含量(%)	填入											
15	水泥熟料率值	目标值	计算值										
16	KH	填入	C16										
17	SM	填入	C17										
18	IM	填入	C18										

① 计算水泥生料的化学成分

在水泥生料化学成分所对应的 LOI 单元格中(本例为 B6)输入"=sumprodut(B2:B5,\$M2:\$M5)/100"。其中,M5=100−M2−M3−M4,M2、M3、M4 均为假设的初始比例。此时 Excel 中的 sumproduct 函数可以将对应的数组相乘后求和,输入回车键可得到生料的 LOI 值。水泥生料的其他成分,可以通过对水泥生料的 LOI 单元格进行拖拉获得。即点击水泥生料的 LOI 单元格并将鼠标移到该水泥生料 LOI 单元格的右下角。当光标变为黑色"十"字时,按下鼠标左键向右拖拉至水泥生料对应的 Cl^- 单元格(本例为 K6),然后松开鼠标左键即完成。

② 计算灼烧基水泥生料的化学成分

在灼烧基水泥生料的 SiO_2 单元格中(本例为 B7)输入"=C6/(1−B6/100)",按回车键得到 SiO_2 含量的值。灼烧基其他成分,也是通过对 SiO_2 单元格的拖拉获得的。

③ 计算煤灰的掺入量(煤灰占水泥熟料的质量分数)及灼烧基水泥生料的比例

在对应的煤灰比例单元格中(本例为 M8)输入"=C12/C13*C14",再按回车键就得到煤灰在水泥熟料中的比例。灼烧基水泥生料的比例(本例为 M7)输入"=100−M8"。

④ 计算水泥熟料的化学成分和率值

在对应水泥熟料的 SiO_2 单元格中(本例为 C9)输入"=sumprodut(C7:C8,\$M7:\$M8)/100",按回车键得到水泥熟料的 SiO_2 含量的值,其他水泥熟料的化学成分,也是通过对 SiO_2 单元格的拖拉获得的。

5416-视频

水泥熟料率值的计算:当计算 KH 值时,在单元格(自选格,本例为 C16)中输入"=(F9−1.65*D9−0.35*E9−0.7*J9)/2.8/C9";当计算 SM 值时,输入"=C9/(D9+E9)";当计算 IM 值时,输入"=D9/E9"。

⑤ 求解水泥原料的配合比

点击菜单"工具",选择"规划求解",弹出窗口——规划求解参数,清空"设置单元格(E)",在"可变单元格(B)"中选择"水泥原料比例"单元格(注意不能选中最后的比例单元格,本例为 M5),本例为 \$M\$2:\$M\$M3:\$M\$4。按"添加(A)",弹出窗口——添加约束,在该窗口的"单元格引用位置"选择"水泥熟料实际 KH"单元格(本例为 \$C\$16),中间的约束符选择"=","约束值"选择"水泥熟料 KH 目标值"的单元格(本例为 \$B\$16),再按一次"添加(A)",加入另一约束条件 SM。当采用"4 组分配料"方案时,再按一次"添加(A)",加入约束条件

5417-视频

5418-视频

IM。下面采取相同的操作步骤,最后按"确定"。在"规划求解参数"中按"求解",即可在 Excel 表上显示最后求解结果——水泥原料的配合比、水泥生料的化学成分、灼烧基水泥生料的化学成分、水泥熟料的化学成分、水泥熟料实际各率值等。在保存时,在"规划求解结果"中按"确定"。

5419-视频

配料设计,对于水泥熟料的性能有直接的影响。若石灰石饱和系数(KH)越高,则水泥熟料中 $w(C_3S)/w(C_2S)$ 之比值越高。当硅率(SM)一定时,若 C_3S 含量越大,则 C_2S 含量越小。若硅率(SM)越高,则硅酸盐矿物含量越大,熔剂矿物含量越小。但是,硅率(SM)的高低尚不能确定各种矿物的含量,还应该看石灰饱和系数(KH)和铝率(IM)。若硅率(SM)较低,虽然石灰饱和系数(KH)较高,但是 C_3S 含量也不一定较高。同样,若铝率(IM)较高,水泥熟料中 $w(C_3A)/w(C_4AF)$ 之比值会较高一些;但若硅率(SM)较高,因总的熔剂矿物含量较小,则 C_3A 含量也不一定较高。

5420-视频

5.4.4 水泥生料中有害成分的控制

不同水泥品种及其生产方法,都有各自的特定要求,因此,除"率值"外,还要引入必要的工艺特定"约束条件"(例如,预分解窑的碱含量、硫含量和氯含量等)。

对于不同的水泥品种,有关国家标准要求水泥熟料中矿物组成和化学成分的技术要求,如表 5.4.13 所示。

表 5.4.13 水泥熟料中矿物组成与化学成分的技术要求(质量分数,%)

水泥熟料的品种	C_3S	C_2S	C_3A	C_4AF	f-CaO	MgO	Na_2O(eq)	LOI	C_3A+C_4AF
P.S,P.P,P.F,P.C					≤1.5	≤6.0			
中热硅酸盐水泥	≤55		≤6.0			≤1.0			
低热硅酸盐水泥		≥40	≤6.0			≤1.0	≤5.0		
低热矿渣水泥、粉煤灰水泥			≤8.0			≤1.2	≤5.0	≤1.0	
低热微膨胀水泥						≤3.0	≤5.0		
道路水泥			≤5.0	≥16.0					
快硬水泥							≤5.0		
白水泥							≤4.5		
高抗硫酸盐水泥	<50		<3.0				≤5.0	≤1.5	≤22
中抗硫酸盐水泥	<55		<5.0						

注:此表中所述技术要求,若与修改后的有关国家标准有出入,则应以最新标准为准。

若采用预分解窑生产水泥熟料,则对水泥原料和燃料中的有害成分敏感。因此,在完成配料计算后,还应对有害成分进行复核,以保证正常生产和水泥质量。

(1)氧化镁

水泥原料中 MgO 经高温煅烧时,部分 MgO 与水泥熟料矿物结合成为固溶体。当 MgO 含量超过极限含量时,以方镁石(f-MgO)的形态出现,在水泥水化时生成 $Mg(OH)_2$ 而体积增大,将会导致硬化水泥石膨胀开裂。因此,有关国家标准对生料中少量的 MgO 含量限制为 $w(MgO)<3\%$。粒化高炉矿渣中往往含有较多的 MgO,当用它代替黏土质原料时,应注意水泥熟料中的 MgO 含量。

(2)碱

若采用预热器窑生产水泥熟料,对水泥原料和燃料中的碱(K_2O,Na_2O)含量十分敏感。因此,碱含量应受到限制：

当以钠当量 $[w_{eq}(Na_2O)]$ 计时，水泥熟料中 $w_{eq}(Na_2O)<0.6\%$，水泥生料中 $w_{eq}(Na_2O)<0.4\%$；当以总碱量 $[w(K_2O)+w(Na_2O)]$ 计时，水泥熟料中 $w(R_2O)<1.5\%$，水泥生料中 $w(R_2O)<1.0\%$。

若水泥生料中碱含量过高，则在煅烧过程中易引起结皮堵塞；若水泥熟料中碱含量过高，则会使水泥的凝结时间缩短、水泥的标准稠度需水量增加，影响水泥的性能。当水泥中碱含量较高时，应考虑预防混凝土中的碱−集料反应。

（3）硫和氯

水泥生料和燃料中硫（S）的化合物，在燃烧后生成 SO_3。当 SO_3 含量与 R_2O 含量处于不平衡状态时，将会形成"硫−碱循环"，从而影响预热器的正常运行。常用硫碱比 $[n(SO_3)/n(R_2O)]$ 作为控制指标，一般取硫碱比为 $n(SO_3)/n(R_2O)=0.6\sim1.0$。

水泥生料和燃料中的氯（Cl^-），在窑煅烧系统中主要生成 $CaCl_2$ 和 RCl 等化合物。因其具有较高的挥发性，当形成循环、富集时容易引起结皮堵塞。因此，水泥生料中氯化物含量的最大值应限制为 $w_{max}(Cl^-)=0.015\%\sim0.020\%$。

［知 识 测 试 题］

一、填空题

1. 水泥生料配方计算的依据是_____。

2. 水泥生料配方计算的基准是_____、_____、_____、_____。

3. 水泥原料选择要根据_____和_____要求，在对水泥原料性能进行详细研究和综合比较的基础上确定。

4. 水泥熟料的实际热耗量是指_____。

5. 水泥生料配方的计算方法有：_____、_____和_____等。

二、选择题

1. KH 值过高，水泥熟料（　　　）。

A. 烧成困难　　　　　　　　B. C_2S 含量高　　　　　　C. 产量高

2. 控制水泥生料中的 Fe_2O_3 含量是用来控制（　　　）的相对含量。

A. Al_2O_3 与 Fe_2O_3 间　　B. CaO 与 Fe_2O_3 间　　C. C_3A 与 C_4AF 间

3. 在配料过程中，增大石灰石比例，水泥生料的 3 个率值中增大的是（　　　）。

A. KH　　　　　　　　　　B. SM　　　　　　　　　　C. IM

4. 水泥生料的 KH 控制指标为 1.02 ± 0.01，实际测得值为 0.96，应（　　　）。

A. 增加石灰质原料的比例　　　　　　　　B. 减少石灰质原料的比例

C. 增加硅质原料的比例　　　　　　　　　D. 增加铁质校正原料的比例

5. 煤灰进入水泥熟料中主要成分是（　　　）。

A. CaO　　　　　　　B. SiO_2　　　　　　　C. Fe_2O_3　　　　　　　D. Al_2O_3

三、判断题

1. 好的配料方案应满足：

① 得到所需矿物的水泥熟料；② 配成的水泥生料与煅烧制度相适应。　　　　　　　（　　　）

2. 水泥熟料的实际热耗量，表示生产 1 kg 水泥熟料所消耗的热量。　　　　　　　　（　　　）

3. 石灰饱和系数的控制范围为"目标值±0.02"，其合格率不得低于 80%。　　　　　（　　　）

4. 煤灰的掺入，会降低水泥熟料的石灰饱和系数、提高硅率、降低铝率。　　　　　（　　　）

5. 若水泥生料配方的铝率越高,则液相的黏度越大。 （　　）

四、简答题

1. 水泥生料配方的目的和基本原则是什么?

2. 简述尝试误差法配方计算的步骤。

3. 简述递减试凑法配方计算的步骤。

4. 如何建立 Excel 配料法的模板?

5421-微课

五、计算题

1. 某水泥企业的水泥生料与水泥熟料的配料结果,如表 5.4.14 所示。

表 5.4.14　某水泥企业的水泥生料与水泥熟料的配料结果(质量分数,%)

名称		配合比(%)	LOI	SiO_2	Al_2O_3	Fe_2O_3	CaO	MgO
石灰石		87.15	34.53	6.51	1.24	0.60	42.72	1.22
黏土		10.55	0.98	6.63	1.44	0.70	0.45	0.12
铁粉		1.40	−0.05	0.23	0.05	0.70	0.32	0.04
铝矾土		0.90	0.13	0.33	0.32	0.03	0.02	0.02
水泥生料		100.00	35.58	13.71		2.03	43.51	1.40
灼烧基水泥生料				21.28		3.15	67.54	2.17
水泥熟料计算	灼烧基水泥生料			20.75	4.62	3.07	65.87	2.12
	煤灰	2.47		1.32	0.87	0.11	0.12	0.03
	水泥熟料	100.00			5.50	3.18	65.98	2.15

5422-文本

(1) 在表中空格处填上相应数据,并写出计算过程。

(2) 根据表中水泥熟料的化学成分 CaO、SiO_2、Fe_2O_3、Al_2O_3,计算水泥熟料的 3 个率值。

(3) 根据表中水泥生料的化学成分 CaO、SiO_2、Fe_2O_3、Al_2O_3,计算水泥熟料的 3 个率值。

2. 有一种黏土含水量 25%,灼烧减量为 19%,采用 100 g 这种黏土可得到多少灼烧基水泥生料?

［能力训练题］

1. 已知某预分解窑采用"4组分配料"方案。水泥原料、煤灰的化学成分和原煤的工业分析数据,如表 5.4.15 和表 5.4.16 所示。水泥熟料率值的控制目标值为:$KH = 0.90 \pm 0.02$、$SM = 2.50 \pm 0.10$、$IM = 1.40 \pm 0.10$,水泥熟料的实际热耗量为 3136 kJ/kg。

表 5.4.15　水泥原料与煤灰的化学成分(质量分数,%)

序号	物料名称	LOI	SiO_2	Al_2O_3	Fe_2O_3	CaO	MgO	合计
1	石灰石	42.98	1.68	0.60	0.39	51.62	2.21	99.48
2	粉砂岩	8.19	60.46	10.82	5.75	3.75	2.00	90.97
3	铜矿渣		38.40	4.69	10.29	8.45	5.27	67.10
4	粉煤灰	3.70	47.57	28.14	8.95	4.18	0.52	93.06
5	煤灰		63.28	17.76	4.79	6.51	1.98	94.32

表 5.4.16　原煤的工业分析数据

名称	$w(M_{ar})(\%)$	$w(V_{ar})(\%)$	$w(A_{ar})(\%)$	$w(FC_{ar})(\%)$	$Q_{net,ar}(kJ/kg)$
烟煤	1.70	32.00	14.00	52.00	25507.00

（1）根据水泥原料的化学成分，试分析其种类及品质。

（2）试以尝试误差法计算水泥原料的配合比。

（3）尝试用 Excel 配料法计算水泥原料的配合比。

5.5　水泥生料配方的实施

（1）任务描述

本任务的学习内容包括 3 个方面：

① 水泥生料的配料控制；

② 水泥生料的 X-ray 光谱分析仪的分析与检测；

③ 水泥生料的调速定量电子皮带秤的计量与给料。

学习重点：理解水泥生料配料控制的原理，学会 X-ray 光谱分析仪的操作。

学习难点：设备的维修、调整和校准。

（2）知识目标

① 掌握水泥生料的配料自动控制方法和控制原理；

② 掌握 X-ray 光谱分析仪的工作原理和操作规程；

③ 掌握水泥生料配料站的计量设备的操作与维护要领。

5501-文本

（3）能力目标

① 能根据新型干法水泥生产特点选择水泥生料的配料自动控制系统；

② 会使用 X-ray 光谱分析仪分析水泥原料与水泥生料的化学成分；

③ 能操作与维护水泥生料配料站的计量设备。

5502-ppt

5.5.1　水泥生料的配料控制

现代大型干法水泥生产线，要求入窑水泥生料的化学成分具有很高的均质性和稳定性。连续式均化库，只是将出磨（或入库）水泥生料化学成分的波动范围缩小，而不能发挥再校正和调配的作用。所以，若要使输出储库的水泥生料的化学成分符合窑水泥生料的控制指标，则首先要重视入磨前的配料环节、控制好其配料系统。

5.5.1.1　水泥生料的配料控制方法

目前，在水泥生产中水泥生料配料控制方法主要有两种：钙铁控制法和率值控制法。

（1）钙铁控制法

钙铁控制法，是我国水泥企业普遍采用的水泥生料配料控制方法。即采用稳定一两种组分（例如，以 CaO 和 Fe_2O_3 的含量为目标值）来控制水泥生料的质量，以求达到稳定水泥熟料率值的目的。这种方法虽简单但并不科学，因为水泥熟料生产控制的指标是率值，要求入窑水泥生料的率值稳定。

（2）率值控制法

5503-视频

率值控制法，是新型干法生产线上采用的水泥生料配料控制方法。即通过测量出磨水泥生料的化学成分并获得其率值，与所下达的率值控制指标进行对比，由计算机自动进行水泥原料调整。率值控制法能全面反映水泥生料的化学成分。若入窑水泥生料的3个率值稳定，则水泥熟料的3个率值也基本稳定。若采用"水泥生料率值控制专家系统"，则入磨物料自动调整而使水泥生料的化学成分符合要求，可显著提高率值的合格率。

5.5.1.2 水泥生料质量控制系统的分类

水泥生产中的质量控制系统（Quality Control System，缩写 QCS），是指专门为提高水泥生料质量、优化工艺参数而设计的控制系统。

目前，水泥企业所采用技术成熟的质量控制系统有如下3种类型：

① 通用型水泥生料质量控制系统；

② 后置式水泥生料质量控制系统；

③ 前置式在线水泥生料质量控制系统。

我国的新型干法水泥生产企业，大多数采用后置式水泥生料质量控制系统；而前置式在线水泥生料质量控制系统，则在为数不多的水泥生产线上使用。

（1）通用型水泥生料质量控制系统

通用型水泥生料质量控制系统，因采用 X-ray 光谱分析仪而存在信息传递的"长滞后性"。即从给料机接到"调整指令"到执行"新配合比"，再加上"取样分析"的时间，将导致每次的"调整指令"都是根据30 min（或更长时间）以前出磨水泥生料化学成分的波动情况而下达的。配料的"调整周期"一般为30 min/次，而对于块粒状物料还需经过对试样进行破碎、粉磨与制作料饼等工序后再进行分析测试，其滞后时间将会更长。

（2）后置式水泥生料质量控制系统

后置式水泥生料质量控制系统，是在水泥生料出磨之后设置自动取样，采用在线控制、X-ray 光谱分析仪（或多元素分析仪）校正模式，进行水泥生料的化学成分分析和配合比调整，使配料的"调整周期"缩短为3～5 min/次。这种质量控制方式也是知道结果后再去调整，仍存在"滞后性"问题，还不能真正做到"在线"和"实时"质量控制。

（3）前置式在线水泥生料质量控制系统

前置式在线水泥生料质量控制系统，是将物料在线检测装置安装在入磨水泥原料的混合皮带上和安装到石灰石进料皮带上，以解决入磨前物料的"实时、在线和连续检测"的一种质量控制方式。

5504-视频

这种质量控制方式，是在物料未入磨前就已知物料的化学成分和率值，并将检测结果传递给集散控制系统（Distributed Control System，缩写 DCS），使之按照水泥生料的3个率值对入磨物料进行配料调整。以"实时和在线"解决"长滞后"问题，调整周期为1～2 min/次。此系统要求检测仪器的射线能穿透块状和粒状物料，以实现连续、实时、快速和自动控制地调节配合比。

5.5.1.3 水泥生料质量控制系统的软件与硬件环境及工作原理

水泥生料质量控制系统的构成，包括计算机控制系统、电子皮带秤、X-ray 光谱分析仪、制样设备和取样设备等。

水泥生料质量控制系统的流程示意，如图5.5.1所示。

5505-视频

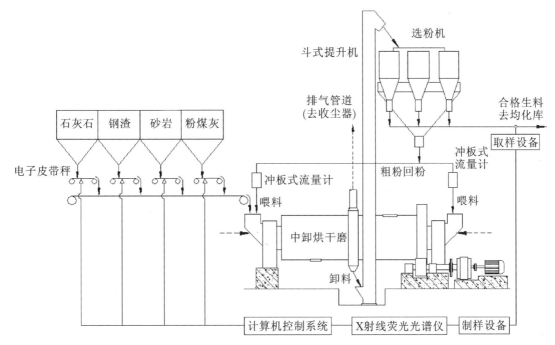

图 5.5.1　水泥生料质量控制系统的流程示意

(1) 水泥生料质量控制系统的软件与硬件环境

水泥生料质量控制系统（QCS），采用基于 Intel 处理器和 Microsoft Windows 2000 Server 的硬件平台。QCS 的数据中心采用 Microsoft SQL Server 2000 数据库。QCS 可以通过自己的数据库进行数据存储与查询，管理整个生产过程的所有相关的控制数据。

QCS 的功能，包括水泥原料数据管理、配方计算、配料实时控制、统计报表、事件记录、数据库管理与查询、工艺管理、用户管理、趋势曲线等多种功能。

(2) 水泥生料质量控制系统的工作原理

5506-视频

水泥生料质量控制系统（QCS），根据各水泥原料的化学成分、煤灰的化学成分、煤的工业分析数据以及水泥熟料要求的 3 个率值和水泥熟料的实际热耗量进行配料计算，求解出水泥生料的 3 个率值（KH、SM、IM）的控制目标值和石灰石、黏土、铁粉以及校正原料喂料的初始配合比。QCS 将各水泥原料初始配合比传递给集散控制系统（DCS）的定量给料机，从而进行喂料控制。

由于水泥原料化学成分的波动，出磨水泥生料的 3 个率值（KH、SM、IM）和出均化库水泥生料的 3 个率值（KH、SM、IM），都会与水泥生料 3 个率值（KH、SM、IM）的控制目标值之间产生一定的偏差，QCS 的配料系统每过一段时间（例如，1 h）将从水泥生料取样器中取出具有代表性的出磨的水泥生料样品和出均化库的水泥生料样品，通过 X-ray 光谱分析仪分析和检测其 CaO、SiO_2、Al_2O_3、Fe_2O_3 等的含量并自动将数据传递给配料控制的计算机。当计算机计算出一个周期内的 3 个率值（KH、SM、IM）的实测值以及与控制目标值之间的偏差后，QCS 将按一定的优化算法求解出新的物料配合比，从而重新进行喂料控制。

这样，在几个周期内可将出均化库水泥生料的 3 个率值控制在所要求的范围内，以确保入窑水泥生料的 3 个率值（KH、SM、IM）的合格率达到所规定的要求。

5.5.2 水泥生料 X-ray 光谱分析仪的分析与检测

X-ray 光谱分析仪(X-ray Fluorescence Spectrometer,缩写 XRF),具有分析速率较快、检测元素较广、精确度较高、操作简便等优点,是新型干法水泥生产中水泥生料的质量控制系统(QCS)进行质量检验的核心。它不仅能为 QCS 提供出磨水泥生料、入窑水泥生料的各化学成分的快速分析,而且还能对水泥原料(例如,石灰石、砂土、矾土、菱镁矿和其他矿物)、燃料、水泥生料、水泥熟料及水泥成品的化学成分进行分析,能较稳定分析各种物料中的 SiO_2、Al_2O_3、Fe_2O_3、CaO、MgO、K_2O、Na_2O、SO_3 的含量,为水泥生产控制及时提供分析数据并指导水泥生产。

5.5.2.1 X-ray 光谱分析仪的工作原理

X-ray 光谱分析仪的工作原理,是当采用 X-ray 照射试样时,试样可以被激发出各种波长的荧光(Fluorescence),不同元素发出的特征 X-ray 的能量(或波长)各不相同,因此通过对 X-ray 的能量(或波长)的测量,即可知道它是何种元素所发出的,从而进行元素的定性分析。同时,样品受激发后发射某一种元素的特征 X-ray 的相对强度(I/I_0)与这种元素在样品中的含量有关。因此,若测量出其相对强度(I/I_0),则就能进行元素的定量分析。

由于 X-ray 既具有一定波长,同时又具有一定能量,因此 X-ray 光谱分析仪有两种基本类型:波长色散型和能量色散型。

(1) 波长色散型 X-ray 光谱分析仪(Wavelength Dispersive X-ray Fluorescence Spectrometer,缩写 WDXRF);

(2) 能量色散型 X-ray 光谱分析仪(Energy Dispersive X-ray Fluorescence Spectrometer,缩写 EDXRF)。

能量色散型光谱分析仪(Energy Dispersive Spectrometer,缩写 EDS),简称能谱仪,是以个别主要元素分析为主(例如,钙铁分析仪、多元素分析仪),一般用于生产过程控制分析;波长色散型光谱分析仪(Wavelength Dispersive Spectrometer,缩写 WDS),简称波谱仪,则可实现全分析,在相当程度上可等同(或替代)化学分析。

对于小型水泥生产企业,因受自身财力影响,其主要使用的是能量色散型 X-ray 光谱分析仪(EDXRF),包括大量的钙铁分析仪。对于大中型水泥生产企业,其主要配置的是波长色散型 X-ray 光谱分析仪(WDXRF),其分析速率较快、准确度较高,有效满足了水泥生产的质量控制要求。

5.5.2.2 X-ray 光谱分析仪的结构组成

波长色散型 X-ray 光谱分析仪(WDXRF),由 X-ray 管、分光系统、检测系统、记录系统组成。

X-ray 光谱分析仪的结构组成示意,如图 5.5.2 所示。

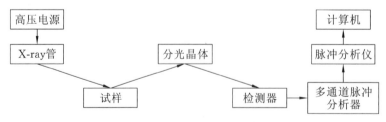

图 5.5.2 X-ray 光谱分析仪的结构组成示意

波长色散型 X-ray 光谱分析仪(WDXRF),通常分为扫描型和固定道型两种仪器。其软件系统主要包括:主控制面板、谱图显示与谱数据处理、通道配置、飘移校正、定量分析模型的新建与修改、仪器状态及报警信息、单步调试面板、长期稳定性实验、测量结果管理及通信等模块。

5.5.2.3　水泥生料 X-ray 光谱分析仪分析与检测的操作过程

当采用 X-ray 光谱分析仪对于不同的物料进行分析与检测时,其操作过程略有不同。现以某水泥企业对于出磨水泥生料进行分析与检测为例,对其操作过程做出相关说明。

(1) 准备工作

① 将电子天平清零(按 Tare 键)。

② 检查勺子、刷子是否备齐。

③ 用湿布子将磨盘、磨辊、磨环和盘盖等擦拭干净,晾干后待用。

④ 将钢环用湿布擦拭干净,放入压片机上的凹槽内。

(2) 操作步骤

① 称取搅拌均匀的水泥生料(9.000±0.002)g,取出后倒入磨辊与磨环、磨环与磨盘之间,用刷子轻轻将磨辊及磨环上的生料刷入磨盘内,盖好盘盖,放入振动磨内,压紧手柄,盖上箱盖,按下启动按钮,粉磨 3 min,自动停机。

② 打箱盖,将手柄拉起,取出磨盘,用刷子将磨辊、磨环、磨盘及盘盖上的水泥生料轻轻刷到一张干净的纸上。

③ 在电子天平上准确称取粉磨后的水泥生料(7.000±0.002)g,取出后倒入压片机上的钢环内,用勺子轻轻将钢环内的生料摊平,然后合上手柄,旋紧压头,使压头与钢环上表面紧密接触,按下启动按钮,活塞自动上升、加压,使水泥生料在 176580 Pa(18000 kgf/m²)的压强下保压 10 s 后,活塞自动下降,自动停机。

④ 推开手柄,取出钢环,用吸尘器吸走钢环内部的残余粉尘及压片机凹槽内的粉尘,钢环上表面的粉尘用吸尘器轻轻吸干净。

⑤ 在 X-ray 光谱分析仪的程序系统的 XpertEase-Main Menu 窗口下点击 Single 图标,在其弹出的 Single Sample Analysis 窗口中点击 F6 键,在 Select Meod 窗口中选择"水泥生料曲线 RAMWIX-2",再点击 OK 键予以确认,回到 Single Sample Analysis 窗口后,点击 Measure 键,在弹出的 Sample Lakel 窗口中,在 Enter Sample Label 横栏内输入样品名称,以月、日、时输入,输入完毕后点击 OK 键予以确认,荧化样品室的盖子自动打开。

⑥ 将压制好的钢环放入钢环夹内,将试样表面向下放入 X-ray 光谱分析仪的样品室内。

⑦ 在 Load Sample 窗口中,点击 Yes 键后,X-ray 光谱分析仪样品室的盖子自动关闭,在 Analysis Sample 窗口下自动分析。

⑧ 在 X 射线荧光光谱仪自动分析的同时,在其"计算机及 X-ray 质量控制系统"(Quality Control by Computer and X-ray System,缩写 QCX)中双击 QCX Active Sample 图标,在其弹出的 QCX/Laboratory-Active Sample 窗口中,若对出磨水泥生料进行分析,则应在 Sample points 标栏下双击 Kiln Feed 图标,然后再双击 XRF Analysis 图标,使其颜色变为绿色。

⑨ 待分析结束后,QCX 将自动弹出一个 Aclept/Reject Eqnipment Function Data 窗口,点击 Aclept 将分析数据接收,再在 NewFeeder Set-points 窗口中点击 OK 键予以确认,使 QCX 在接收数据后自动调整水泥原料的配合比。

(3) 注意事项

① 在称取试样前,应及时将天平清零。

② 水泥生料在称前应搅拌均匀,在称取后应及时保留样品。

③ 盘盖在盖上时应上紧,不能左右滑动。

④ 磨盘在振动磨中放置时,一定要放入振动磨内的凹槽中,手柄要压紧,防止振动时磨盘晃动。

⑤ 压片机的活塞应定期用酒精清洗。

⑥ 在 X-ray 光谱分析仪的程序系统中,日常分析时不得关闭 Control serrre-omcp 窗口和 Xpert Ease-Main Menu 窗口,在 QCX 中不得关闭 QCX-template-blende Xpert-Opstation 窗口和 QCX Blend Expert 窗口。

⑦ 在停电前要正确关机。关机顺序为:

5507-视频

在 X-ray 光谱分析仪上按下"关闭"按钮,然后慢慢将气体的阀门关闭。在 X-ray 光谱分析仪的程序系统中,在 Start 中点击 Shorr Down,点击 OK 键予以确认。在 QCX 中,在 Start 中点击 ECS NTech 下的 SDRAdmincstrationTools 中的 Nlaintenance,在其弹出的 Maintename 窗口中选择 Shut down the computer for run mode,点击 OK 键予以确认。

5.5.2.4　水泥生料 X-ray 光谱分析仪分析与检测的影响因素

(1)试样的制备

X-ray 光谱分析仪在水泥工业的应用中,可采用粉末压片法和熔片制样法。其中,粉末压片法是目前国内水泥企业首选的 XRF 制样方法,其试样制备要求如下:

① 所要分析的试样应尽可能干燥,以提高制样的精确度;

② 被测试样应被制成颗粒粒径 $d \leqslant 80\ \mu m$ 的粉末状;

③ 样片的直径应尽可能大,以 $d_{min} \geqslant 32\ mm$ 为宜;

④ 物料必须具有代表性,可通过连续(或多点)取样,在充分搅拌均匀后缩分成所需的质量,以备检验。

(2)试样的粉磨

① 粉磨时间的确定

待测试样必须采用专用粉磨机粉磨。研磨有手动磨和机械振动磨两类。当采用机械振动磨时,其效率较高,便于控制,试样的复演性较好。在进行粉磨和研磨时,选用一种合适的研磨器具很重要,特别是在分析痕量元素时尤为重要,可选用碳化钨(WC)磨具,这样可以把分析误差降到最小。经粉磨后的颗粒粒径要求为 $d \leqslant 80\ \mu m$。经过反复试验与对比,将水泥生料、水泥熟料和各种原料的粉磨时间确定在 150 s。若粉磨时间过长,则会产生"黏磨"现象;若粉磨时间过短,则经粉磨后的颗粒粒径达不到分析要求。

② 助磨剂和黏结剂的添加

在粉磨试样时,若加入适当的助磨剂,则有助于提高研磨效率且有利于料钵的清洗。若加入适当的黏结剂,则有助于试样更好地成型,经压制后形成表面光滑而又不容易破裂的样片。对于助磨剂和黏结剂,则必须是不含被测物化学成分的有机物。

经过分析试验,某水泥企业所采用的添加剂有:三乙醇胺、酒精和石蜡。

X-ray 光谱分析仪分析与检测的制样用添加剂,如表 5.5.1 所示。

表 5.5.1　X-ray 光谱分析仪分析与检测的制样用添加剂

	物料名称	石灰石	砂岩	黏土	干燥水泥生料	水泥熟料	硅石
	粉磨试样(g)	10	10	10	10.3	11	10
添加剂	石蜡(g)		0.3			0.3	0.3
	三乙醇胺(滴)	2	2	2	2	2	2
	酒精(滴)	1	1	1	1	1	1

(3)试样的压片

将制备好的试样粉末,小心放入模具中,用自动压强机在一定压强下压制成片状,特征 X-ray 的相对强度(I/I_0)与压制试样的压强和试样的颗粒粒径大小有很大关系。水泥企业应设置制样的压强、保压时间等参数。

（4）制样的误差验证

按上述步骤第（2）和第（3）所选定样片制备的条件后，对样片制备的再现性进行验证。以生料为例，采用同一个生料试样充分搅拌均匀后压制 10 个样片，采用 X-ray 光谱分析仪依次测量。

（5）仪器稳定性的校验和精确度的测试

若采用同一试样制备 10 个样片而 10 次测量的分析结果的全距（Range）或极差（$R = X_{max} - X_{min}$）不大于允许差值，则可认为制样方法可行。在仪器使用之前必须进行稳定性校验和精确度测试。

采用已有准确分析结果的试样 50 g，放入料钵内（不放两个钢圈）运行 3 min 后，分成 4 份制成压片而进行测量。同一试样混匀后分 4 份制片后采用 X-ray 光谱分析仪进行分析，若几组试样测量结果的误差特别小，则说明仪器的稳定性很好。

（6）应用程序（标准曲线）的建立

X-ray 光谱分析仪，是通过测量已准确得知化学分析结果的标样（Reference Material，缩写 RM）或实物标准而由计算机获得其特征 X-ray 相对强度（I/I_0），再进行一系列数据处理而获得工作曲线。它是一种相对测量仪器，建立应用程序（标准曲线）是 X-ray 光谱分析仪准确分析的基础。

应注意以下问题：

① 选取具有代表性的标准试样。每组曲线至少要有 8 个以上的试样，且要在实际生产所用的矿区采样，使其分析试样的物理性能相同。各元素含量范围，应覆盖实际生产所能达到的范围，尽可能在生产控制指标的中部，以保证分析的精确度。

② 准确分析标准试样。为了最大限度消除人为误差，标准试样一般要求用 3 位有 3 年以上分析工作经验的分析员做平行化学分析，最后取平均值，以保证分析结果的精确度，为 X-ray 光谱分析仪的标定提供准确的依据。

③ 在建立新的应用程序（标准曲线）时，操作规程、仪器选择的各种参数、压片的制样环节、环境条件等必须与分析应用时严格保持一致，以减少系统误差。

（7）工作曲线的校正

在建立好应用程序（标准曲线）后，为了能使工作曲线正常投入使用，要对曲线进行校正。在 X-ray 光谱分析仪使用后，为了保证仪器分析的精确度，也要定期用已知化学成分的试样（标准试样）与 X-ray 光谱分析仪的测量结果进行对比校正。若测量结果的线性回归不是太好，则要通过经验系数或增加（或删减）标准试样进行微幅调整。若工作曲线的差距太大，则必须重新建立新的工作曲线。

（8）试样分析的注意事项

① 在制备试样时，其粉磨时间、添加剂、设定压强和保压时间等，必须与对该工作曲线进行标定时的状态严格一致。否则，会造成粉磨颗粒的粒度分布不均匀，带来系统误差，影响分析结果。

② 在粉磨不同品种的物料时，如果使用同一料钵，则必须用待测试样洗磨或是用清水将料钵清洗干净。否则，由于其他物料的污染会使测量结果产生较大的误差。

③ 在试样压片前，必须将其均匀布入钢环内而不能出现堆积分布。否则，将会造成压片的密度形成局部差异，从而影响分析结果。

④ 对于已经制备好的样片，不能擦摸其光洁面，也不能放在空气中太久后再进行测量。否则，会影响测量结果的精确度。

⑤ 为了保证仪器的正常运行，必须保持环境干燥洁净。在试样压制好后，应在不影响被测表面光洁度的前提下尽量清除干净压片钢环周围的粉尘。可用吸尘器吸干净，以免带入机内而污染测量环境，影响分析结果，损伤仪器的寿命。

⑥ 分析测试操作人员,必须熟悉仪器操作规程。否则,若所选的分析程序错误、用错工作曲线,则结果将完全错误。制样压片时的操作,也会带来不同程度的误差,所以要求操作人员要规范操作,不定期进行抽查对比,以减少人为造成的误差。

5.5.3 水泥生料的调速定量电子皮带秤的计量与给料

5.5.3.1 调速定量电子皮带秤的结构组成与工作原理

调速定量电子皮带秤,是定量电子皮带秤的一种,但它的速率可调,且秤本身既是喂料机又是计量装置,是机电一体化的自动化计量给料设备。通过调节皮带的速率来实现定量喂料,而无须另配喂料机。

调速定量电子皮带秤,主要由称量机架(皮带机、称量装置、称量传感器、传动装置、测速传感器等)和电气控制仪表两部分构成。传动装置,为电磁调速异步电动机或变频调速异步电动机,皮带的速率一般控制为 $v < 0.5$ m/s,以保证皮带运行平稳、出料均匀稳定以及确保秤的计量精确度($\pm 0.5\% \sim \pm 1\%$)。

调速定量电子皮带秤的结构组成与工作原理示意,如图 5.5.3 所示。

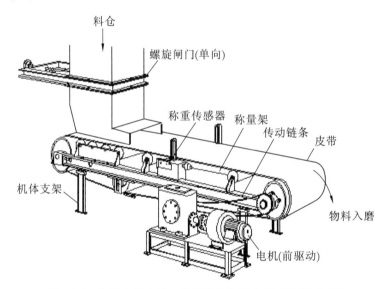

图 5.5.3　调速定量电子皮带秤的结构组成与工作原理示意

5508-视频

调速定量电子皮带秤,在无物料时,称量传感器所受的力为零(一般情况下,使称量传感器所受的力略大于零,即所受的力的起始压力大于零)。在来料时,物料的重力被传递到重力传感器的受力点,称量传感器测量出物料的重力并将其转换为与之成正比的电信号,经放大单元放大后与皮带的速率相乘,即为物料的流量。将实际流量信号与给定流量信号相比较,再通过调节器调节皮带的速率,实现定量喂料的目的。

5509-视频

调速定量电子皮带秤,用于石灰石、钢渣、砂岩、铝矾土等的连续输送、动态计量、控制给料。在使用时,常选配适宜的预给料装置。例如,料斗溜子、振动料斗溜子、带搅拌器的料斗溜子、叶轮喂料机溜槽、流量阀、溜槽下料器等。

5.5.3.2 调速定量电子皮带秤的操作要点

(1) 开机操作

按"启动"键,可以启动系统运行;按"停止"键,可以停止系统。

在启动系统之前,应确认以下几点:

① 检查调速器的电源开关是否已经打开。

② 检查调速器的内外给定插针是否插在正确的位置:系统闭环自动调节时,该插针插在"外给定"位置;手动运行时,插在"内给定"位置。

③ 检查零点、系数、给定值等数据是否正确。若不正确,则应在启动系统之前进行修正。

④ 检查将要输送的物料是否正确,相应料仓内是否有料,秤体上喂料口、卸料口的开度大小是否适当。

⑤ 检查磨机、输送机是否正常开动。

(2) 停机操作

停机与启动状态相反。当磨机、输送机停机时,应先停止秤的系统运行。其操作顺序为:

① 启动磨机→启动输送设备→启动电子秤。

② 停止电子秤→停止输送设备→停止磨机。

(3) 电源开关的使用

在接通电源时,将开关按钮打向"ON"位置,即接通仪器电源。当仪器长期不用时,应关闭此开关,将开关按钮置"OFF"位,即关闭仪器电源。在电源开关关闭后,经操作输入的数据即由机内后备电池保持,在数日或数月内打开电源开关时,一般不会丢失下列数据:零点、系数、满量程、给定值、累积量。

在短暂地停止系统运行(数小时或数日)时,可不关闭仪器电源。

(4) 正常操作的保持

因为仪器设计有断电数据保持功能,所以即使关闭电源开关或供电突然停止,基本数据也不会丢失。当再次通电后,只要直接启动系统,就可以正确运行。所以,在预选功能下输入的数据,不需要经常修改和输入,需要经常修改的仅仅是"给定量"而已。为此,可将运行参数的设置放在各个预选功能内,而"给定量"的操作则单独安排了"给定"键配合"增加""左移"键进行操作。在常规运行时,操作人员只要操作这几个键即可。在一些场合,通过软件封锁了预选功能的操作,这时在预选功能里只能看到应该观察的数据,而不能对这些数据做相应修改。

5.5.3.3　调速定量电子皮带秤的维护要点

(1) 秤架部分

① 经常清扫十字簧片、称量传感器、秤架上的灰尘、异物。

② 定期为减速机加油。

③ 检查引起转动部分异常噪声和发热的原因,排除隐患。

(2) 电气部分

① 经常检查各种连接电缆及其端子接头是否完好,保持各信号联通正常、防止电机缺相。

② 定期清扫仪表内的灰尘。

③ 保持标定用砝码、仪器仪表等完好,精确度合格,定期校准秤的系统精确度。

④ 检修时检查仪表电路各工作点是否正常,排除故障隐患。

［知 识 测 试 题］

一、填空题

1. 水泥生料的控制系统有_____、_____和_____。

2. 水泥生料的质量控制系统(QCS)包括_____、_____、_____、_____。

3. 水泥生产配料控制方法主要有_____和_____。

4. X-ray 光谱分析仪有两种基本类型：_____和_____。

5. 调速定量电子皮带秤工作原理是_____。

二、判断题

1. 新型干法生产线上使用率值控制法。 （　　）

2. 速率传感器的脉冲频率和皮带的速率成正比。 （　　）

3. 水泥熟料的率值就是水泥生料的率值。 （　　）

4. 水泥企业要对标准曲线进行定期校正，保证仪器分析的精确度。 （　　）

5. 在粉磨不同品种的物料时，如果用同一料钵，则不必须用待测试样洗磨。 （　　）

三、简答题

1. 简述水泥生料的质量控制系统（QCS）的工作原理。

5510-文本

2. 简述 X-ray 光谱分析仪的工作原理。

3. 在采用 X-ray 光谱分析仪进行试样分析时的注意事项有哪些？

4. 简述调速定量电子皮带秤的构造及配料控制过程。

5. 简述调速定量电子皮带秤的操作与维护要点。

［能力训练题］

1. 某水泥企业在安装水泥原料配料生产线中的砂岩秤时，起初由于现场限制，缓冲距离仅约有 100 mm，在实际运行中发现，当流量大时进料斗出口闸板开得高，时常出现物料冲到称量段的现象，给皮带秤计量带来了误差。后来将缓冲距离增大到约 180 mm 时（图 5.5.4），这一现象基本消失。试分析这一调整能说明什么问题？

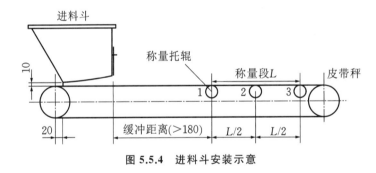

图 5.5.4　进料斗安装示意

2. 电子皮带秤的调整，如图 5.5.5 所示，试分析其与第 1 题的异同，说明调整的理由。

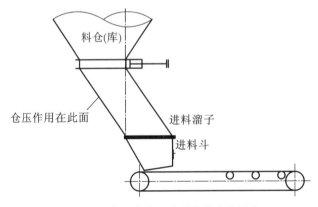

图 5.5.5　电子皮带秤进料溜子安装示意

3.结合水泥企业使用的 QCS 微机调速电子皮带秤配料控制系统,介绍一种方便实用的动态校秤方法。

【项目实训】

实训 1　水泥生料配方的计算

描述:通过本实训项目训练,学会利用已知化学成分的各种工业固体废弃物和各类原煤,设计配料方案,利用计算机进行水泥生料配合比的计算并进行调整,确定合理的水泥生料配方。

要求:

(1)分析实训室提供水泥原料和燃料的化学成分,选择水泥原料和燃料并确定水泥生料配方的组分;

(2)设计水泥生料配方;

(3)用计算机 Excel 软件进行水泥生料配方的计算并进行调整,确定合理的水泥生料配方。

实训 2　水泥生料配方的优化设计

描述:通过本实训项目训练,学会实验室粉磨设备的使用及操作,学会按标准进行易烧性试验,确定最佳配方。

要求:

(1)按照配料方案称量各水泥原料,粉磨至规定细度;

(2)按照水泥生料易烧性的国家标准测试粉磨水泥生料的易烧性,判定配料情况。

【项目评价】

评价项目	评价内容	评价分值
任务 5.1　水泥熟料组成及率值的认知	能根据水泥熟料的化学成分、矿物组成、3 个率值进行换算,能对水泥熟料的性能进行评价	20
任务 5.2　水泥生料配方的设计	能根据水泥品种、水泥原料与燃料的品质、水泥生料的质量及易烧性等,确定水泥生料配方	20
任务 5.3　水泥生料配方的计算	能利用不同的计算方法计算水泥原料的配合比	20
任务 5.4　水泥生料配方的实施	能使用仪器,分析水泥原料和燃料的化学成分,能对配料设备进行操作和维护	10
实训 1　水泥生料配方的计算	能选择水泥原料和燃料,并确定水泥生料的配方组分,设计配方并用计算机 Excel 软件计算和调整生料配方,优化设计配方	15
实训 2　水泥生料配方的优化设计	能按照"项目实训 1"的配方设计称量各水泥原料,粉磨至规定细度;能按照水泥生料易烧性的国家标准测试粉磨水泥生料的易烧性,判定配料情况	15

6 水泥生料粉磨系统的工艺选择

【项目描述】

（1）项目内容

本项目的学习内容包括3个任务：

① 水泥生料中卸磨机粉磨系统的工艺选择；

② 水泥生料立式磨机粉磨系统的工艺选择；

③ 水泥生料辊压机终粉磨系统的工艺选择。

学习重点：工艺流程、设备构造、工作原理和性能参数。

学习难点：设备的选型、操作、维护与故障排除。

6001-文本　　6002-文本

（2）知识目标

掌握水泥生料粉磨工艺的基本知识、生产流程、设备构造、工作原理和主要参数计算。

（3）能力目标

① 能绘制中卸磨机粉磨系统、立式磨机粉磨系统、辊压机终粉磨系统的工艺流程图；

② 能认识这3种粉磨系统的主要设备，能计算相关参数，为水泥生料粉磨选型做好准备。

6003-视频　　6004-ppt

（4）素质目标

① 具有敢于独立完成工作的勇气；

② 具有严谨的科学意识、团队合作精神和良好的职业习惯。

【项目导学】

水泥生料粉磨，是指将按照配料计算所配合的块状、颗粒状的石灰石、粉砂岩（铝矾土、砂岩）或铁选矿碎屑、转炉渣或钢渣（铁矿石）及粉煤灰等原料，由胶带输送机输入粉磨设备，通过机械力的作用将其变成细粉的过程。水泥生料粉磨也是几种原料细粉均匀混合的过程。从下一个流程（即水泥熟料煅烧，出磨水泥生料再进一步均化后被输送至窑内煅烧）来考虑，若水泥生料被粉磨得越细、化学成分混合得越均匀，则入窑煅烧成水泥熟料时各组分越能充分接触、化学反应速率越快，越有利于水泥熟料的形成且质量越高。但水泥生料的细度不能过细，应考虑电耗量和产量，力争节能、环保，确保质量。

细度（Fineness），是指水泥生料颗粒在出磨后、入库前的粗细程度，通常以筛析法采用 80 μm（0.08 mm）和 200 μm（0.20 mm）方孔筛的筛余值（质量分数，%）来表示，符号为 R_x（下标 x 为筛孔尺寸，单位为 mm）。水泥生料的细度，一般控制为 0.08 mm 方孔筛的筛余值约为 $R_{0.08}=8\%$，0.20 mm 方孔筛的筛余值为 $R_{0.20}<1.0\%$。

随着水泥工业生产工艺、过程控制技术的不断升级，水泥生料粉磨工艺和装备，由过去的以球磨机为主，发展为现在的高效率的立式磨机、辊压机等多种新型粉磨设备并用，而且在朝着粉磨设备大型化、提升工艺控制技术智能化方面发展，不断满足水泥生产现代化的要求。

水泥生料质量是水泥熟料质量的基础。水泥生料质量控制是水泥生产全过程中的一个十分重要的控制环节。水泥生料质量的好坏直接影响水泥熟料质量和煅烧操作。随着水泥工业的发展，生产工艺技术在不断提升，对出磨物料各种化学成分分析的精确度和速率的要求也越来越高，化学分析方法已满足不了快速测定要求，用于生产控制的 X-ray 光谱分析法正逐步取代传统的化学分析法。

X-ray 光谱分析仪由光源、衍射晶体、探测器等 3 个基本部件组成。它采用的是核物理技术，在测量出磨水泥生料时不需要对试样进行液化，只需将试样进行压片后就可以进行测量了。当被测物料受 X-ray 光源发出的 X-ray 照射时，试样中各元素被激发而产生各自特征的次级 X-ray，其相对强度（I/I_0）与各元素含量成正比。探测各元素 X-ray 相对强度（I/I_0），即可获得被测元素含量。

在水泥生料质量控制中，多元素分析仪、离线钙铁分析仪（或在线钙铁分析仪）等 X-ray 光谱分析仪与出磨物料的取样系统、配料控制计算机、配料电子皮带秤等，共同构成生料配料控制系统。

（1）水泥生料化学成分的离线钙铁分析仪配料控制系统

多元素分析仪、离线钙铁分析仪等，在被用于离线分析方式时，分析仪器与配料计算机联机，采用间断控制。在每个控制周期内，由人工取样、人工制样，送入仪器内进行分析。生料中的 CaO 和 Fe_2O_3 含量的分析结果将被自动输送到配料计算机。配料计算机将按预定的控制策略进行数据处理并运算出新的配合比，输出控制信号，调整各原料给料秤的流量设定值。

（2）水泥生料化学成分的在线钙铁分析仪配料控制系统

在线钙铁分析仪，与定时取样、间断式分析工作的离线钙铁分析仪不同，仪器直接被安装在水泥生产线上，连续自动取样、自动制样，连续分析出磨生料的 CaO 和 Fe_2O_3 含量，试样自动回到生产料流中去。分析结果通过联机传递给配料计算机，经数据处理后与控制目标值进行比较。采用定值、倾向、累计等控制策略，计算出新的配合比，约每 5 min 输出新的控制信号，自动调整定量给料秤的下料量，使出磨水泥生料的化学成分 CaO 和 Fe_2O_3 含量稳定在所要求的范围内。在生料粉磨配料控制系统中，采用荧光分析法测量出磨水泥生料的化学成分，速率较快，精确度较高。通过计算机反馈信息而调节水泥生料粉磨各种水泥原料的配合比，以提高出磨水泥生料的合格率［或减少水泥生料化学成分的标准偏差（Standard Deviation）］，大大提高了出磨水泥生料的质量。

（3）水泥生料质量控制的内容及要求

化验室会同有关部门制定半成品的质量管理和控制方案，经企业质量负责人批准后执行，化验室负责监督、检查方案的实施。

配合原料在入磨前已经过破碎、预均化等工序，其化学成分较为均匀稳定，粒度和水分含量也应符合入磨的质量要求。降低入磨物料的水分含量和粒度，不仅可以提高配料的精确度，而且还能充分发挥磨机的粉磨能力，提高磨机的产量，降低粉磨的电耗量。对于球磨机而言，若入磨物料的水分含量较高，由于磨机内的温度较高，当所形成的水蒸气又不能及时被排出时，则会造成"糊磨"、"包球"和堵塞隔仓板等现象。这样，不但降低了粉磨效率，而且破坏了磨机内的平衡状态，因而使生料的化学成分产生波动。若入磨物料的粒度过大或粒度严重不均匀，则也会影响磨机的产量和出磨生料的质量。当物料的粒度过大时，易使喂料量产生较大波动，各种物料的配合比不能按照所要求的数量较精确地喂料。另外，对于粒度不均齐的物料，因为在料仓中易产生离析，所以在进入生料磨机后将导致物料平衡遭到破坏，也会使生料的化学成分、细度等不易被控制而影响出磨水泥生料的质量。因此，各水泥企业应根据各自生产工艺要求制定输入水泥生料磨机、煤磨机物料质量控制指标。

配合原料入磨机的质量控制指标，如表 6.0.1 所示。

表 6.0.1 配合原料入磨机的质量控制指标

物料名称	控制项目	控制指标	合格率	检验频次	取样方式	备注
钙质原料	$w(CaO)$	自定	≥80%	自定	瞬时	每月统计1次
	粒度 d					
	$w(H_2O)$					
硅-铝质原料	$w(SiO_2)$					
	$w(Al_2O_3)$					
铁质原料	$w(Fe_2O_3)$					

为了保证生料的质量,应配备精确度符合配料需求的计量设备,并建立定期维护和校准制度。生料配料应按化验室下达的通知进行,配料过程应及时调控,确保配料稳定。

若测量出磨水泥生料中 $CaCO_3$ 的滴定值(T_C),则基本上可以判断生料中的石灰石与其他原料的配合比。石灰石,除了含有大量 $CaCO_3$ 以外,往往还含有少量 $MgCO_3$。因而所用水泥生料中 $CaCO_3$ 滴定值的测量结果是 $CaCO_3$ 和 $MgCO_3$ 的含量。当所使用的石灰石中 $MgCO_3$ 含量较少或 $MgCO_3$ 含量较稳定时,若控制水泥生料中 $CaCO_3$ 的滴定值(T_C),则基本上可以达到稳定生料中 CaO 含量的目的。但是,当所使用石灰石中 $MgCO_3$ 含量波动较大时,就不宜采用 $CaCO_3$ 的滴定值(T_C)来控制,而应该采用测量水泥生料中 CaO 含量的方法进行控制。此外,还要测量出磨水泥生料中 Fe_2O_3 的含量;最终,还要测量和计算水泥生料的 3 个率值(KH、SM、IM)是否达到配料要求。

出磨水泥生料的细度,以筛析法采用 80 μm(0.08 mm)方孔筛的筛余值 $R_{0.08}$(质量分数,%)和 200 μm(0.20 mm)方孔筛的筛余值 $R_{0.20}$(质量分数,%)来表示。水泥生料的细度,对于水泥熟料形成时的固相反应速率的影响极大,粒径 $d>0.2$ mm 的颗粒的影响尤为显著。在质量控制指标中还规定,回转窑生产工艺的出磨水泥生料的水分含量应为 $w(H_2O)<1\%$。若出磨水泥生料的水分含量过大,则会影响水泥生料均化工序的正常作业。

出磨水泥生料的质量控制要求,如表 6.0.2 所示。

表 6.0.2 出磨水泥生料的质量控制要求

控制项目	控制指标	合格率	检验频次	取样方式	备注
$w(CaO)$(或 T_C)	控制值±0.3%(±0.5%)	≥70%	1次/1 h	瞬时或连续	每月统计1次
$w(Fe_2O_3)$	控制值±0.2%	≥80%	1次/2 h		
KH 或 LSF	控制值±0.02(KH)	≥70%	1次/1 h~1次/24 h		
SM、IM	控制值±0.10	≥85%			
$R_{0.08}$	控制值±2.0%	≥90%	1次/1 h~1次/2 h		
$R_{0.20}$	≤2.0%		1次/24 h		
$w(H_2O)$	≤1.0%		1次/周		

入窑水泥生料中 $w(CaO)$ 合格率的提高,主要依靠水泥生料的调配和均化。出磨水泥生料不得直接入窑,而应按化验室所指定的储库编号进行入库和出库操作,还要采取必要的均化措施,并保持合理的库存量。

入窑水泥生料的质量控制要求,如表 6.0.3 所示。

表 6.0.3　入窑水泥生料的质量控制要求

控制项目	控制指标	合格率	检验频次	取样方式	备注
$w(CaO)$(或 T_c)	控制值±0.3%(±0.5%)	≥80%	分窑 1 次/h	瞬时或连续	每季度统计 1 次
表观分解率 e	控制值±3%	≥90%	分窑 1 次/周	瞬时	
KH 或 LSF	控制值±0.02(KH)	≥90%	分磨	瞬时	
SM、IM	控制值±0.10	≥95%	1 次/4 h～1 次/24 h		
全分析	根据设备、工艺要求决定		分窑 1 次/24 h	连续	

【项目实施】

6.1　水泥生料中卸磨机粉磨系统的工艺选择

(1)任务描述

本任务的学习内容包括 5 个方面:

① 水泥生料中卸磨机粉磨系统的工艺流程;

② 水泥生料中卸磨机粉磨系统的结构组成与工作原理;

③ 水泥生料中卸磨机粉磨系统的分级计算;

④ 水泥生料中卸磨机粉磨系统的工艺配置;

⑤ 水泥生料中卸磨机粉磨系统的操作控制等。

学习重点:水泥生料中卸磨机粉磨系统的工艺流程、中卸磨机的结构、工作原理和分级计算。

学习难点:水泥生料中卸磨机粉磨系统的工艺配置、分级计算和操作控制。

(2)知识目标

掌握水泥生料中卸磨机粉磨系统的工艺流程、工艺配置、设备构造、工作原理、参数计算。

(3)能力目标

① 能根据水泥生料粉磨要求选择水泥生料中卸磨机粉磨系统的主要设备配置;

② 能描述水泥生料中卸磨机粉磨系统主要设备的构造、工作过程;

③ 能计算水泥生料中卸磨机粉磨系统的工作参数。

6101-文本

6102-ppt

6.1.1　水泥生料中卸磨机粉磨系统的工艺流程

球磨机是我国目前广泛应用的一种粉磨设备,对粉磨物料的适应性较强,能连续生产,粉碎比较大($i=300～1000$),还可同时烘干兼粉磨。

由球磨机所组成的粉磨工艺流程,有开路粉磨系统和闭路粉磨系统。开路粉磨系统的特点:流程简单、设备少、投资少,一层厂房即可。其缺点是:因为要保证被粉磨物料全部达到细度合格要求后才能卸出,所以被粉磨物料从入磨到出磨的流速就要慢一些(流速受各仓研磨体填充高度的影响)、粉磨的时间长一些。因此,其台时产量较低、相对电耗量较高;部分已经被磨细的物料颗粒要等待较粗的物料颗粒磨细后一同卸出,大部分细粉因不能及时被排除而在磨机内继续受到研磨,就会出现"过粉磨"现象,对研磨体形成缓冲垫层,妨碍粗颗粒被进一步磨细。因此,开路粉磨系统正在逐渐被淘汰。水泥企业目前更多采用由球磨机、分机设备、输送系统所组成的闭路粉磨系统。

在闭路粉磨系统中,被粉磨后的物料通过提升机被输送到分级设备中。细粉被筛选出来作为合格生料而被输送到下一道工序;粗粉被再次输送入磨机内而重新粉磨。这样,物料在磨机内受到粉磨时,从磨机的进料端到出料端的流速可以控制得快一些,将部分已经磨细的物料颗粒及时输送到磨机外,基本消除了"过粉磨"现象和缓冲垫层,有利于提高磨机的产量、降低电耗量。

一般,闭路粉磨系统比开路粉磨系统(同规格磨机)的产量高15%~25%。这样,大部分还没有被磨细的粗颗粒也随之出磨而使得其细度不合格。这时需要增加1台分级设备。

对于现代水泥生产工艺中典型的球磨机系统生料烘干兼粉磨系统工艺流程,从中可以清楚地看到球磨机与选粉机和输送设备、收尘设备之间的工艺关系。

水泥生料闭路粉磨系统工艺流程(中心传动尾卸烘干球磨机),如图6.1.1所示。

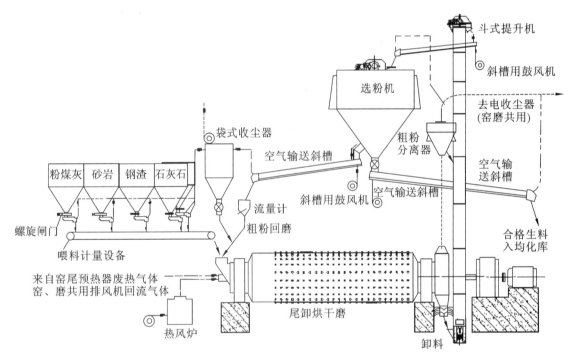

图6.1.1 水泥生料闭路粉磨系统工艺流程(中心传动尾卸烘干球磨机)

水泥生料闭路粉磨系统工艺流程(边缘传动中卸循环提升烘干球磨机),如图6.1.2所示。

中卸烘干球磨机粉磨系统的工艺流程立体图,如图6.1.3所示。

(1) 尾卸提升循环磨机粉磨系统

当球磨机的卸料方式不同时,其工艺流程也有所区别。对于尾卸提升循环烘干磨机,物料由磨头喂入、从磨尾排出。经提升机和选粉机所选出的符合细度要求的生料被输送到下一道工序(生料均化库)储存均化,粗粉则被输送到磨机内重新粉磨,从而形成闭路循环。来自窑尾预热器(或窑头冷却机)的废热气体,从磨头随被粉磨物料一同入磨机。若热风的温度不够,则可启用磨头专用热风炉补

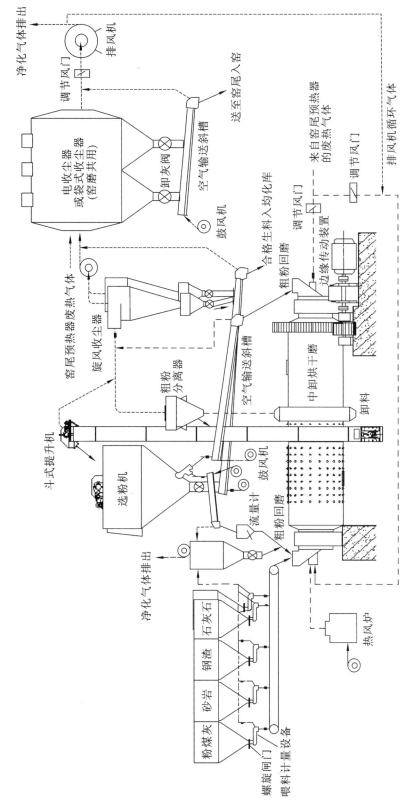

图 6.1.2 水泥生料闭路粉磨系统工艺流程（边缘传动中卸循环提升烘干球磨机）

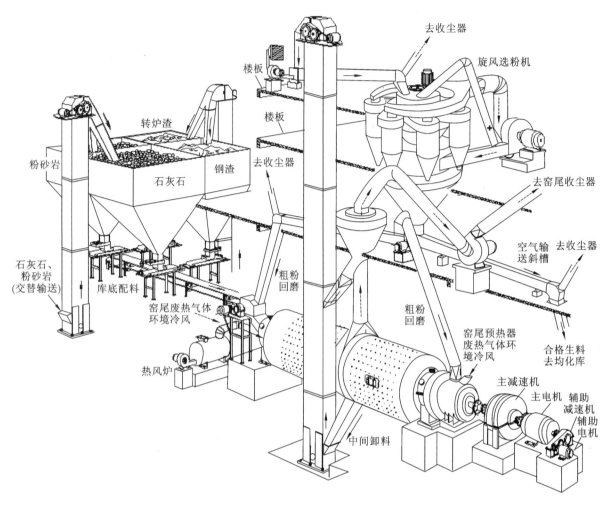

图 6.1.3　中卸烘干球磨机粉磨系统的工艺流程立体图

充热量以提升温度。若停窑,则由热风炉单独提供热气体。物料通过粉磨、提升、选粉的循环过程,从而形成符合要求的生料细度。

对于大型磨机,物料在入磨时的允许水分含量为:当以窑尾废气作为热源时,$w(H_2O) < 4\% \sim 5\%$;当同时加设热风炉时约为 $w(H_2O) = 8\%$。

若要提高烘干粉磨效率,则可将热风分别引入选粉机、提升机及磨前粉碎机等,使其各自在完成作业过程的同时进行物料烘干。

(2)中卸提升循环磨机粉磨系统

中卸提升循环磨机粉磨系统,与尾卸提升循环磨机粉磨系统不同,其原料由磨头喂入,经磨细后从中间仓卸出,选粉机选出的粗料再分别从磨头和磨尾喂入,选出的细粉(即细度合格的生料)被输送到生料均化库。烘干物料用的热气体来源与尾卸烘干磨机系统相同,只是大部分从磨头输入,少部分从磨尾输入,通风量较大,粗磨仓的风速高于细磨仓,烘干效果较好,物料在入磨时的允许水分含量为:$w(H_2O) < 8\%$;若同时加设热风炉,则可放宽到约为 $w(H_2O) = 14\%$。但是,其供热、送风系统比较复杂。

不论是由尾卸球磨机还是由中卸球磨机构成的闭路粉磨系统,球磨机与选粉机都是分别设置的,二者之间用提升机、螺旋输送机或空气输送斜槽等输送设备联络而构成循环粉磨工艺系统。与开路粉磨系统相比较,其工艺流程比较复杂,所占用的地面面积和空间体积都比较大。因此,其投资较大,操作、维护、管理等技术要求较高;但是,其产量和质量都提高了。对于大型现代化水泥企业的球磨机系统,都采用闭路粉磨工艺流程。

6103-视频

6.1.2 水泥生料中卸磨机粉磨系统的结构组成与工作原理

水泥生料中卸磨机粉磨系统的主体,是一个回转的筒体,其两端安装有带空心轴的端盖。空心轴由主轴承支撑,整个磨机靠传动装置驱动,以 16.5～27 r/min 的转速运转。因研磨体冲撞,其噪声很大,可将粒径约为 20 mm 的块状物料粉磨成细粉。

筒体的内部,被隔仓板分割成了若干个仓,不同的仓里装入适量的、用于粉磨物料的不同规格和种类的钢球、钢锻,作为研磨体(烘干仓和卸料仓不装研磨体),筒体的内壁还装有衬板,以保护筒体免受钢球的直接撞击和钢球及物料对它的滑动摩擦,同时又能改善钢球的运动状态、提高粉磨效率。下面将介绍几种典型的球磨机粉磨系统。

6104-微课

(1) 边缘传动的中卸烘干磨机粉磨系统

边缘传动的中卸烘干磨机粉磨系统的结构与工作原理,如图 6.1.4 所示。

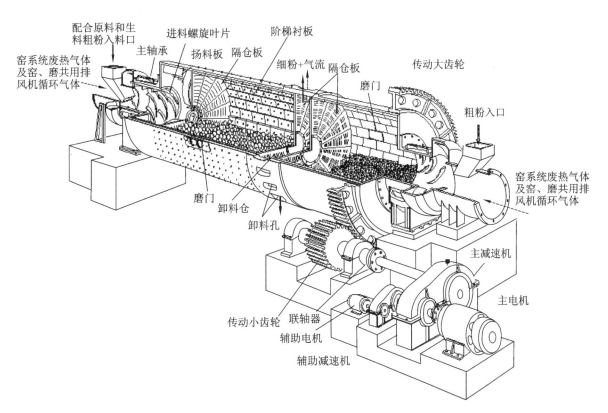

图 6.1.4 边缘传动的中卸烘干磨机粉磨系统的结构与工作原理

传动系统,由套在筒体上的大齿圈和传动齿轮轴、减速机、电机所组成。

磨机内设有 4 个仓,从左至右分别为:烘干仓(仓内不加衬板和研磨体,但装有扬料板,磨机回转时将物料扬起)、粗磨仓、卸料仓、细磨仓。

待粉磨的配合原料从烘干仓(远离传动的那一端,人们习惯称之为"磨头")喂入,物料经过

6105-微课

粗粉磨后,从磨机的中部卸料仓卸出,被提升到上部的选粉机去筛选。细度合格的物料就是生料;较粗的物料被再从磨机的两端喂入、中间卸料,形成闭路循环。

热风来自回转窑的窑尾或窑头冷却机,从磨机的两端输入,在烘干仓端并备有热风炉。卸料仓长约 1 m,在这一段的筒体上开设了一圈椭圆形(或圆角方形)的卸料孔。当然,这些孔的开设会降低筒体的强度。因此,需把这一段筒体加厚,以避免运转起来使筒体拧成"麻花"。

(2)主轴承-单滑履中心传动中卸烘干磨机粉磨系统

主轴承-单滑履中心传动中卸烘干磨机粉磨系统的结构与工作原理,如图 6.1.5 所示。

中心传动主轴承单滑履磨机,其一端(传动端)靠主轴承支撑,另一端由滚圈、托瓦支撑,烘干仓较长,两端的进料口、出料口的直径较大。这种结构对长径比较大的磨机来说,可以降低筒体的弯曲应力,从而可以降低筒体钢板的厚度。

除此之外,还有中心传动尾卸烘干磨机、中心传动中卸烘干磨机、中心传动双滑履中卸烘干磨机等,其筒体结构、传动、支撑部分等与之相似,在此不再复述。

6.1.3 水泥生料中卸磨机粉磨系统的分级计算

配合原料在磨机内经过研磨体的冲击和研磨后被卸出,其颗粒尺寸并不均齐,有部分细小颗粒可以成为合格生料,但还有相当一部分粗颗粒没有达到细度要求。这就需要将粗粉和细粉分开。其任务是由安装在球磨机上面的分级设备来完成,将出磨的粗粉和细粉分开,粗粉被送入磨机内再粉磨,细粉是合格的产品。

从粉磨工艺要求而言,分级的含义是指颗粒状物料按颗粒大小或种类进行分选的操作过程,而分离是将某种固体粒子从流体中排除出来的过程。不论分级还是分离,都是利用颗粒在流体中做重力沉降和离心沉降的原理进行工作。用于现代化水泥生产的生料闭路粉磨的分级设备,主要有离心式、旋风式、组合式选粉机及粗粉分离器等。

(1)离心式选粉机

离心式选粉机的结构,如图 6.1.6 所示。

离心式选粉机,也称内部循环式选粉机,其外壳与内壳均由上部筒体、下部锥体所组成。它们之间通过支架连接在一起而构成壳体,外壳下部是细粉出口,内壳下部是粗粉出口。外壳的上部安装有顶盖,传动装置(电机和减速机)固定在顶盖上,离顶盖中部较近的部位有一处开孔(即入料孔)。外壳有个铸铁底座,用螺栓与基础底座连接。

离心式选粉机,是基于颗粒在流体中做重力沉降和离心沉降的原理而将粗粉和细粉进行分离的。当离心式选粉机工作时,利用立轴上的主风叶以一定转速回转所产生的内部循环气流,使不同大小的物料颗粒因其沉降速率的差别而被分离。

离心式选粉机的工作原理,如图 6.1.7 所示。

从图 6.1.7 中可以看出,被选粉的物料由选粉机的上部喂入,落到旋转的撒料盘上,料层因受到惯性离心力的作用而被向周围抛撒出去。在气流中,大颗粒迅速撞到内壳筒体内壁,因失去速度而沿着内壁下滑。主风叶在回转中产生的螺旋形上升气流穿透被撒出的物料层而形成吹洗分离。被撒料盘抛出的较粗或较重的物料颗粒,因受重力作用而沉降在内壳锥底,并从出料管排出。较细或较轻的物料颗粒,随气流上升而进入辅助风叶回转的分离区内。此时,中等的颗粒在辅助风叶所产生的旋转气

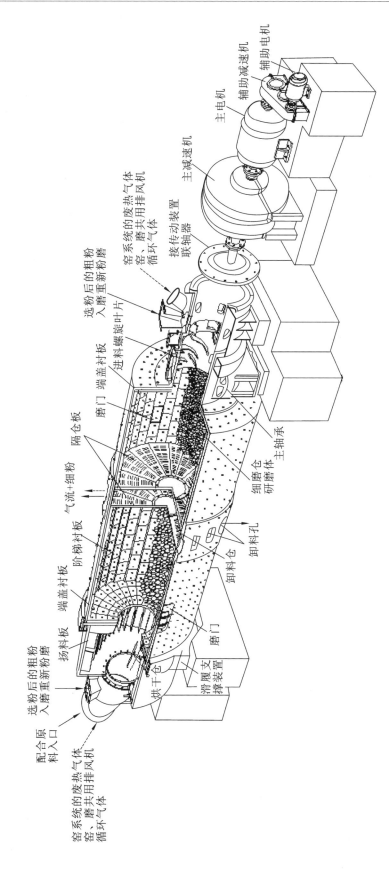

图 6.1.5　主轴承-单滑履中心传动中卸烘干磨机粉磨系统的结构与工作原理

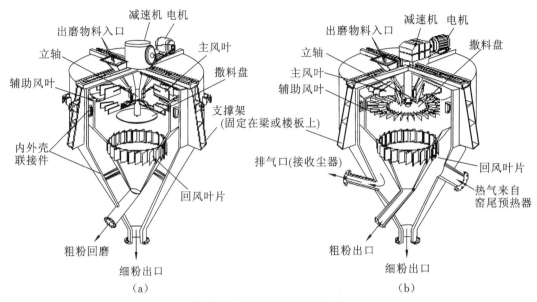

图 6.1.6 离心式选粉机的结构

(a)普通型离心式选粉机;(b)内部带有烘干结构的离心式选粉机

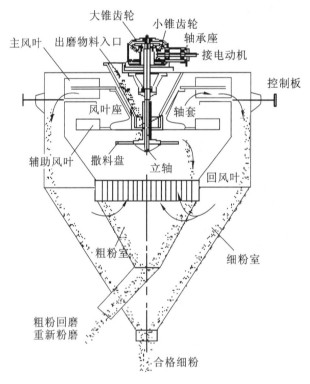

图 6.1.7 离心式选粉机的工作原理

流作用下,沉降在内壳下锥体内。更细小的颗粒,则被上升气流带走并穿过辅助风叶,进入内壳与外壳之间的细粉沉降区。由于通道面积的扩大,气流速率降低,以及外壳内壁的阻滞作用,使细粉下沉,并由细粉出口被排出。气流则通过回风叶进入内壳循环使用。

(2)旋风式选粉机

旋风式选粉机,主要由壳体(分级室)部分、回转部分(小风叶和撒料盘一起固定在垂直轴上)、传动部分和壳体周围的若干均匀分布的旋风筒所组成。选粉室的下部设有滴流装置，它既能让循环气流通过，又便于粗粉下落。在鼓风机与选粉室之间的连接管道上设有调节阀，用于调节循环风速率的大小以调节产品的细度和产量。在进风管切向入口的下面，设有内外两层锥体，分别收集粗粉和细粉。

旋风式选粉机的结构，如图 6.1.8 所示。

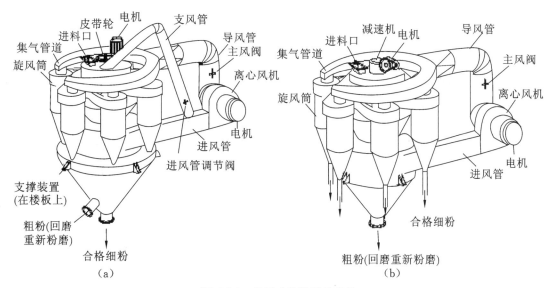

图 6.1.8 旋风式选粉机的结构

(a)普通型；(b)洪堡-韦达 ZUB 型

旋风式选粉机的工作原理，如图 6.1.9 所示。

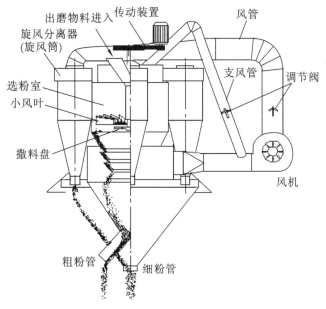

图 6.1.9 旋风式选粉机的工作原理

旋风式选粉机，与离心式选粉机不同，用外部专用风机和几个旋风筒分别替代离心选粉机内部的大风叶和内外筒之间的细粉分离空间，将抛粉分级、产品分离、流体推动三者分别进行。固定在立轴上的小风叶和撒料盘由电动机经过胶带传动装置带动旋转，在分级室中形成强大的离心力。进入分级室中的气-粉混合物,在离心力的作用下,较大颗粒因受离心作用力较大而被甩至分级室四周边缘,自然下落,被收集下来后作为粗粉被送回磨机重新粉磨;较小颗粒因受离心力作用较小,在被甩离运动过程中因受气流影响而被带至高处,顺管道运动至下一组件内被分级或收集,通过变频器调节转速,便可调整分级室中离心力的大小,达到分离出指定粒度物料的目的。

(3)组合式选粉机

组合式选粉机的结构与工作原理,如图6.1.10所示。

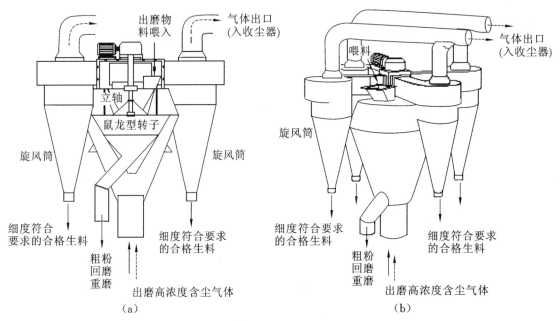

图6.1.10　组合式选粉机的结构与工作原理

(a)平面图;(b)立体图

　　组合式选粉机,是集粗粉分离、水平涡流选粉(上部为平面涡流选粉机、下部为粗粉分离器)和细粉分离为一体的高性能选粉机。该设备主要由4个旋风子和一个分级筒所组成。

　　组合式选粉机的分级过程:进入选粉机的物料由两部分组成,大部分物料从顶部喂料口喂入,另一部分来自磨机的高浓度含尘气体从下部进入。来自喂料口的物料通过转子旋转的撒料盘均匀撒向四周,物料在分散状态下撒落在导风叶和转子之间的选粉区。在选粉涡流中运动的粉尘颗粒将同时受重力、风力和旋转离心力的作用,所以,不同初速度和不同粒径的粉尘颗粒将有不同的运动轨迹。细小轻微的颗粒,随气流被吸入转子内部流经配风室而分四路进入旋风收尘器,大部分成品细粉被分离出来。收尘后的空气从旋风收尘器上的排风管被排出,进入下一级收尘设备。粗颗粒则下落,经内锥体汇集到粗粉收料筒,返回磨机再粉磨。

6108-视频

　　来自磨机的高浓度含尘气体,从下部进入,经内锥整流后沿外锥体与内锥体之间的环形通道减速上升,在分选气流和转子旋转的共同作用下,粗粉在重力作用下沿外锥体边壁沉降而滑入粗粉收集筒,被送回磨机内重新粉磨。合格的生料,随气流进入转子内,经由出风口进入旋风筒,由旋风筒将成品物料收集,经出口排出,被送往均化库。废气由旋风筒顶部出口进入下一级收尘器内而做进一步收尘处理。

(4)粗粉分离器

　　粗粉分离器,又称气流通过式选粉级,为空气一次通过的外部循环式分级设备,被安装在出磨机气体管道(垂直段)上。其作用是将气流所携带的粉料中的粗粉分离出来,经提升机喂入选粉机(闭路系统),或直接成为成品(开路系统),细粉随流体排出后进收尘器被收集下来,在进入下一道程序的收尘器之前做了预先处理,减轻了收尘器的负担。

粗粉分离器的结构与工作原理,如图 6.1.11 所示。

粗粉分离器的结构比较简单,由大小两个呈锥形的内外壳体、反射棱锥、导向叶片、粗粉出料管和进出风管等所组成。

粗粉分离器工作时,含尘气体(颗粒流体)以 15～20 m/s 的速率从进气管进入内外壳体之间的空间,大颗粒因受惯性作用碰撞到反射锥体而落到外壳体下部。气流在内外壳体之间继续上升,由于上升通道的截面面积扩大,气流速率降至 4～6 m/s,又有一部分较大颗粒在重力作用下陆续沉降,顺着外壳体内壁滑下,从粗粉管道排出。气流上升至顶部后经过导向叶片进入内壳中,运动方向突变,部分粗颗粒因撞到叶片而落下。与此同时,气流通过与径向成一定角度的导向叶片后,向下做旋转运动,较小的粗颗粒在惯性离心力的作用下被甩向内壳体的内壁而沿着内壁落下,最后也进入粗粉管。细小的颗粒随气流经排气管被送入收尘设备而收集下来。

粗粉分离器存在两个分离区:一是在内外壳体之间的分离区,颗粒主要是在重力作用下沉降;二是在内壳体里面的分离区,颗粒在惯性离心力的作用下沉降。所沉降下来的颗粒,均被作为粗粉,由粗粉管排出,被送回到磨机内重新粉磨。

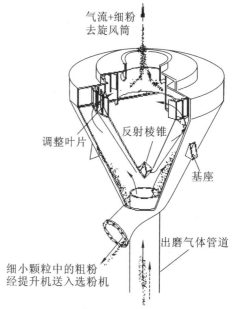

气流+细粉去旋风筒

反射棱锥

调整叶片

基座

出磨气体管道

细小颗粒中的粗粉经提升机送入选粉机

粉磨后的细小颗粒随出磨气体进入

图 6.1.11　粗粉分离器的结构与工作原理

6109-视频

(5)选粉机操作的计算参数

① 循环负荷量

循环负荷量,是指闭路粉磨系统的物料在粉磨-选粉过程中,单位时间内选粉机所分离出来的粗粉被再次送回磨机内重新粉磨的质量(又称粗粉的回料量),用符号 T 表示,单位为 kg/h。

② 循环负荷率

循环负荷率,是指闭路粉磨系统的物料在粉磨-选粉过程中,其循环负荷量(T)与单位时间内从粉磨系统中排出的计划物料的质量[即单位时间内从选粉机所排的细粉的质量(即成品量或磨机的产量)G]之比值,用符号 L 表示。其数学表达式,如式(6.1.1)所示。

$$L=\frac{T}{G}=\frac{(c-a)}{(a-b)} \tag{6.1.1}$$

式中　L——循环负荷率;

　　　T——循环负荷量,kg/h;

　　　G——单位时间内从粉磨系统中排出的计划物料的质量(即成品量,或磨机的产量),kg/h;

　　　a、b、c——分别为物料经粉磨后在选粉过程中喂料、回料及成品中通过某一筛孔尺寸的质量分数,%。

通过对观察点 a、b 和 c 处的物料进行取样、筛析和测量,可间接地计算出循环负荷率的值。

水泥生料闭路粉磨系统的物料平衡示意,如图 6.1.12 所示。

需要注意的是,粉磨系统中所排出的计划物料的质量(即磨机的产量),也可以看成是喂入磨机的配合原料的质量,尽管喂料量与产量在瞬时不相等,但整个磨机系统的进料量与出料量是平衡的。

选粉机是闭路粉磨系统中磨机的附属设备,其选粉效率(η)、循环负荷率(L)与磨机的产量(G)三者间有着密切关系。从选粉机本身而言,若循环负荷率(L)较小,物料的相互干扰作用也较小,则选粉

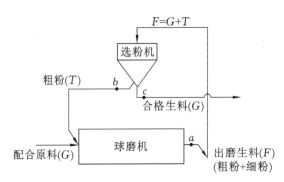

图 6.1.12　水泥生料闭路粉磨系统的物料平衡示意

效率(η)也就较高。从磨机角度而言,由于闭路粉磨系统可以加快物料在磨机内的流动速率,减少了"过粉磨"现象,提高了磨机的相对生产率(或称粒度系数,K_d)。从工艺角度而言,较高的循环负荷率(L),虽可提高磨机的产量(G),但产品的粒度则过于均匀,细粉量的减少对于水泥早期强度的增长不利。所以需要从总体来考虑,选粉效率(η)、循环负荷率(L)应控制在一定的合理范围。

那么,对于选粉效率(η)、循环负荷率(L)控制在什么范围内比较合适呢?一般而言,当产品的细度为 $R_{0.08}=5\%\sim10\%$ 时,以选粉效率为 $\eta=60\%\sim80\%$、循环负荷率为 $L=2.0\sim4.5$ 比较适宜。

循环负荷率(L)与磨机的规格、产品的细度要求还有密切关系。闭路球磨机粉磨系统与闭路长管磨机粉磨系统相比较,其循环负荷率(L)要大一些。这是因为球磨机比较短,需增加物料通过磨机的循环次数来增加粉磨时间,以达到所要求的粉磨细度。

③ 选粉效率

对于干法闭路粉磨系统,分级设备普遍采用的是离心式(或旋风式)选粉机。其作用是将出磨物料中细度达到要求的合格产品及时选出,以降低磨机的电耗量、提高磨机的产量并保证产品质量。

选粉效率,是指经选粉后成品中所含细粉的质量与喂入选粉机的细粉的质量之比值(参阅图 6.1.12),用符号 η 表示。其数学表达式,如式(6.1.2)所示。

$$\eta=\frac{Gc}{Fa}\times100\%=\frac{Gc}{(G+T)a}\times100\% \tag{6.1.2}$$

式中　　η——选粉效率,%;

G——单位时间内从粉磨系统中所排出的计划物料的质量(即成品量或磨机的产量),kg/h;

T——单位时间内选粉机所分离出来的粗粉被再次送回磨机内重新粉磨的质量(即粗粉的回料量),kg/h;

F——出磨物料(粗粉+细粉)的质量,kg/h;

a、c——分别为物料经粉磨后在选粉过程中喂料及成品中通过某一筛孔尺寸的质量分数,%。

由于参数 F、G、T 在生产中是不容易直接测量的,所以都是在图 6.1.12 中的各测量点取样后做筛析,测量各试样的筛余值(R_a、R_b、R_c),再求解选粉效率(η)就方便多了。它们之间的关系,可以用物料平衡原理来建立。如式(6.1.3)至式(6.1.6)所示。

$$F=(G+T) \tag{6.1.3}$$

$$Fa=(G+T)a=Ga+Ta \tag{6.1.4}$$

将式(6.1.2)至式(6.1.4)联立求解,可得:

$$\eta=\frac{c(a-b)}{a(c-b)}\times100\% \tag{6.1.5}$$

再将物料经粉磨后在选粉过程中喂料、回料及成品中通过某一筛孔尺寸的质量分数(%)与该粒级的筛余值的关系式($R_a=100-a$,$R_b=100-b$,$R_c=100-c$)代入式(6.1.5),最后可得:

$$\eta = \frac{(100-R_c)(R_b-R_a)}{(100-R_a)(R_b-R_c)} \times 100\% \tag{6.1.6}$$

式(6.1.6)就是直接从筛分析结果计算选粉效率(η)的计算公式。该式适用于离心式选粉机、旋风式选粉机和组合式选粉机。

④ 循环负荷率、选粉效率和磨机的相对生产率之间的关系

磨机的相对生产率(Relative Productivity of Mill),又称磨机的利用系数,或称粒度系数,是表征磨机的产量与物料入磨粒度粗细程度之间关系(或表征磨机的粉磨矿石的能力)的参数,用符号 K_d 表示。其数学表达式,如式(6.1.7)所示。

$$K_d = \frac{G_2}{G_1} = \left(\frac{d_1}{d_2}\right)^x \tag{6.1.7}$$

式中 K_d——磨机的相对生产率(或称粒度系数);

G_1——与物料入磨粒度 d_1 相对应的磨机产量,kg/h;

G_2——当物料入磨粒度 d_2 相对应的磨机产量,kg/h;

d_1——物料的入磨粒度,mm;

d_2——物料的入磨粒度,mm;

x——指数,与物料特性、成品粒度和粉磨条件有关。

循环负荷率、选粉效率和磨机的相对生产率之间的关系,如图 6.1.13 所示。

磨机的选粉效率(η)与循环负荷率(L)之间的关系,如图 6.1.13(a)所示。

磨机的相对生产率(K_d)与循环负荷率(L)之间的关系,如图 6.1.13(b)所示。

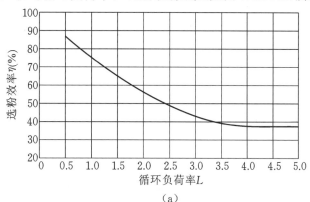

(a)

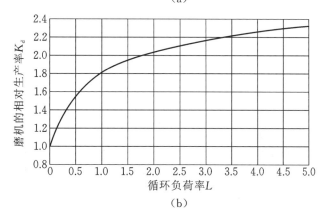

(b)

图 6.1.13 循环负荷率、选粉效率和磨机的相对生产率之间的关系

(a)磨机的选粉效率(η)与循环负荷率(L)之间的关系;

(b)磨机的相对生产率(K_d)与循环负荷率(L)之间的关系

就选粉机本身而言,若循环负荷率(L)较小,则选粉机的喂料量也就较小,选粉过程中物料的相互干扰作用减小,将使选粉效率提高。对于磨机而言,若循环负荷率(L)较小,则减少了"过粉磨"现象,磨机的相对生产率(K_d)与循环负荷率(L)之间呈对数曲线增长关系。

6110-视频

从工艺角度分析,适当提高循环负荷率(L)可使磨机内物料的流速加快,减少"过粉磨"现象,提高粉磨系统的产量。但若循环负荷率太高,会使产品的粒度过于均匀,细粉量的减少将对水泥的早期强度增长不利。与此同时,在较高的循环负荷率下,选粉效率很低、磨机的产量增长缓慢,用于选粉和物料输送的能量的消耗量相对增长。所以,应根据本企业的具体情况从总体考虑,将选粉效率(η)与循环负荷率(L)控制在合理范围内。一般,生料磨机的循环负荷率为$L=2.0\sim4.5$。

6.1.4 水泥生料中卸磨机粉磨系统的工艺配置

以水泥生料中卸磨机粉磨系统的工艺流程为例(图 6.1.2),磨机与选粉、输送、收尘设备共同构成了闭路粉磨系统。

现以某水泥企业水泥熟料生产规模 $M=2000\sim2500$ t/d 生产线为例,中卸提升循环磨机粉磨系统的主要配置,如表 6.1.1 所示。

表 6.1.1 某水泥企业生产线中卸提升循环磨机粉磨系统的主要配置

设备名称	旋风式选粉机配套系统	高效选粉机配套系统	
球磨机	中卸烘干磨机: ϕ4.6 m×7.5 m+3.5 m 产量:150 t/h 功率:2500 kW	中卸烘干磨机:ϕ4.6 m×13 m 产量:190 t/h 功率:3550 kW	中卸烘干磨机: ϕ4.6 m×13 m 产量:190 t/h 功率:3550 kW
选粉机	ϕ4.5 m 旋风式选粉机 风量:240000 m³/h 功率:220 kW 产量:140 t/h	DSM-4500 组合式高效选粉机 风量:270000 m³/h 功率:160 kW 产量:190 t/h	TLS3100 高效选粉机 风量:290000 m³/h 功率:180 kW 产量:190 t/h
提升机	斗式提升机: B1250 mm×3800 mm 调速电机:110 kW 输送能力:590 t/h	NSE700 电机功率:130 kW 输送能力:690 t/h	NSE700 电机功率:130 kW 输送能力:690 t/h
主排风机	9-28-01No.23F 风量:315000 m³/h 全压:6300 Pa 功率:800 kW	2400DI BBB50 风量:320000 m³/h 功率:1000 kW	2400DI BBB50 风量:320000 m³/h 功率:1000 kW
粗粉分离器	ϕ6.5 m 1台,处理风量:71000 m³/h		

从表 6.1.1 中可以看出,高效选粉机的应用可简化工艺流程,降低了设备投资。多家水泥企业的粉磨经验表明,对于匹配高效选粉机的粉磨系统,其生产能力可提高约10%。

6.1.5　水泥生料中卸磨机粉磨系统的操作控制

（1）调整和控制喂料量的依据

① 磨机的计划产量和细度要求。在确保生料细度的前提下，若要提高产量，则需加大符合配合比要求的几种物料总量的喂料量。

② CaCO$_3$ 滴定值波动范围的变化量（ΔT_C）。若 T_C 值增加，则表明入磨石灰石的含量较多，砂岩、钢渣、粉煤灰等辅助原料的含量相对要少一些。这时应减少石灰石的喂入量；反之就要增加石灰石的喂入量。一般，化验室对生料每隔 1 h 取样 1 次，用酸碱滴定法来测量 CaCO$_3$ 的含量，并及时将测量结果反馈给磨机操作系统，以便对入磨的各种物料的配合比及时做出调整。对于配置了 X-ray 光谱分析仪的水泥企业，也可利用该仪器快速分析，及时进行调整。

6111-视频

③ 入磨物料的物理参数。若入磨物料的粒度较大、硬度较高、水分较多，则应减少混合物料的喂入量；否则，磨机不容易将物料粉碎，容易产生"糊磨"现象。这些参数也是由化验室提供的。若进厂一批原料，则应测量 1 次。

④ 闭路粉磨系统磨机的循环负荷量（即粗粉的回料量）及循环负荷率、工艺管理规程和操作规程的控制指标，也是调整和控制喂料量的依据。

（2）入磨水泥原料配料的自动调节和控制

对于入磨水泥原料，采用电子皮带秤 X-ray 光谱分析仪-电子计算机喂料控制系统，根据水泥原料化学成分的波动情况及所设定的目标值来调节和控制喂料的配合比，以保证水泥生料达到所规定的化学成分。

6112-视频

控制系统可分为两个阶段：对待粉磨的各种水泥原料进行取样分析，由分析得到的化学成分计算出各种水泥原料所要求的配合比。

对于入磨水泥原料和配合比的控制和调整的主要方法如下：

① 控制水泥生料配料时间隔测量分析的时间

对于使用取样器所采集的试样，一般是采用间隔测量分析的方法，需要同时考虑到水泥原料在喂料机上的输送时间、在磨机内的粉磨时间、制样时间和分析时间。那么，一次配料的时间周期大致为 30～60 min。水泥生料配料的程序控制，就按照这个时间来定期启动。

② 设定水泥生料配料计算中所采用率值的目标值

在水泥生料配料计算中所采用率值的目标值，一般是水泥熟料的率值。这主要是考虑了煤灰掺入的影响。

③ 修正水泥原料的化学成分

由于所给定水泥原料的化学成分是某一段时间的平均值，入磨水泥原料的化学成分是时刻波动的，这就使给定值与实际值出现了偏差。若偏差是由于水泥原料中所含比例最大的氧化物含量波动而引起的（例如，石灰石中的 CaO、砂岩中的 SiO$_2$、页岩中的 Al$_2$O$_3$ 和铁粉中的 Fe$_2$O$_3$ 等），那么需要修正的要素则是这些水泥原料中含量最多的那种氧化物。若偏差是由于几种水泥原料中配合比最大的那种水泥原料的化学成分的波动引起的，或者是由于几种水泥原料中的某一种水泥原料化学成分波动最大而引起的，则必须根据两次取样间的水泥原料配合比及出磨水泥生料中几种氧化物的含量计算下一周期所需水泥原料的新的配合比，计算时要将煤灰考虑进去。

④ 消除水泥原料化学成分的累计偏差

对水泥原料化学成分进行修正计算后，若还不能消除水泥生料的每一次率值的瞬时值之间的微小偏差,则需要在每次新的配合比计算时考虑前几个周期进入均化库的生料的率值偏差并将其消除,使平均值与所设定的目标值趋于一致。

⑤ 校正出磨水泥生料的化学成分偏差

校正不宜过急,若过急(例如,1 个周期)则会造成新磨制的水泥生料的化学成分大幅度地波动;校正也不宜太迟,若太迟(例如,10 个周期)则可能会因满库而使偏差校正不过来。故在配料控制设计中应根据均化库的型式及容量,选用连续控制法,在 3~5 个周期内使水泥生料的化学成分的平均值达到所设定的目标值。

⑥ 计算各种水泥原料的新的配合比

根据计算所得的各种水泥原料的新的配合比,由计算机通过电子定量皮带秤自动调节,也可由操作员根据打印的配合比报告,用手动操作进行调节。

(3) 烘干磨机热风的调整与控制

热风的温度和风量影响着烘干的速率。若入磨热风的温度愈高,流量愈大,则烘干的速率愈快。但是,在生产过程中由于影响因素较多,情况复杂,所以在调节热风时应遵循如下原则:在保证设备安全的条件下,应达到较快的烘干速率,使磨机的烘干能力与粉磨能力相平衡,努力降低热耗量并使出磨的废气不产生水汽冷凝现象。为此,必须根据具体情况来选择热风的合理的温度和流量。

某水泥企业 $\phi 3.5\ m \times 10\ m$ 中卸烘干磨机的热工测量项目及控制范围,如表 6.1.2 所示。

表 6.1.2　某水泥企业 $\phi 3.5\ m \times 10\ m$ 中卸烘干磨机的热工测量项目及控制范围

测量点	测量项目及控制范围			
	热风的温度 t /℃		热风的压强 p /mmH$_2$O	
	范围	正常值	范围	正常值
热风入磨头	250~500	300~450	-100~0	-50
热风出磨尾	200~400	200~350	-100~0	-50
磨中	0~150	100	-300~0	-250
粗粉分离器出口	0~100	85	-700~0	-600
粗粉分离器进口			-600~0	-400
排风机出口		85	-100~0	-50
选粉机进口风机			-400~0	

注:1 mmH$_2$O=9.81 Pa。

① 入磨热风的温度不能过高

若热风的温度过高,则会使磨机主轴承的温度上升,磨机内部件易变形而损坏。因此,在操作中应根据主轴承温度的允许范围,尽量控制热风的温度偏高一些。

② 根据烘干物料的需要和防止水汽冷凝来确定出磨废气温度的控制范围

出磨废气温度的控制范围,是根据烘干物料的需要和防止水汽冷凝来确定的。在正常情况下,出磨废气温度的高低,反映了磨机内物料的烘干情况、入磨热风调节是否合适。若出磨废气的温度过低,则说明磨机内物料烘干得不够,热风量偏少;反之,则又造成热量浪费,会加快磨机内部件的损坏。若操作愈稳定,则出磨废气温度的变化就愈小;若废气温度的波动太大,则物料被烘干的程度相差就较大,对生料的产量和质量的影响就越大。所以,在操作中应特别注意稳定。

另外,若入磨物料的水分含量太大、黏性较大,则物料在磨机内有可能成团结块,从而影响热风与物料的热交换,热量不能被物料充分吸收。这时,废气的温度即使在控制范围内,物料的烘干情况也不会好。所以,在操作控制中,一般应控制入磨物料的水分含量为 $w(H_2O)<15\%$,同时结合监听磨机的声音和观察入磨物料的水分含量的变化来判断物料的烘干情况,应及时采取措施,合理、正确地调整热风的温度和流量。

③ 在调整入磨热风时其温度不能超过所规定的范围

若热风的温度过高,则要适当打开冷风阀板,以降低热风的温度。由于进入冷风,将使整个系统的负压强下降,因此,必须相应调整排风机的流量,以便使负压强维持在控制范围内。

（4）磨机负荷量的控制

"负荷量"是指磨机内瞬时的存料量。磨机在运行中必须根据磨机内存料量的变化随时调节喂料量,使粉磨过程经常处于最佳稳定状态。假如被粉磨物料的水分含量、硬度发生变化了,可能会出现"满磨"或"堵磨"等不正常情况,此时可以将"电耳"的信号、提升机的功率及选粉机回粉量的信号输入计算机,用数学模型进行分析控制或用极值控制方法进行调节。"电耳",实际上是一个放大器,可以取代人的耳朵来监听磨机的声音以判断磨机内的粉磨情况。它由一个声-电转换器和一个电子放大器以及控制执行部分组成,由声-电转换器接收磨机的声音而转换成电信号,由电子放大器将电信号放大后送到操作控制室的显示仪表,根据所显示参数的变化随产品的指标变动而调整喂料量。也可以将监听到的磨机的声音经放大器将电信号放大后送到控制部分而自动调节喂料机的喂料量。这就实现了喂料量的自动控制。

用以接收粗磨仓磨机声音的声-电转换器,被安装在磨机筒体附近(通常距离磨头约1 m)。若声音减弱则说明磨机内的存料量较多,应减少喂料量;反之,则需增加喂料量。由直流电动机拖动的电子定量皮带秤喂料兼计量,通过皮带的速率和传感器的信号求得喂料量。对于球磨机与选粉机同时烘干的磨机,在采用微机自动控制磨机负荷量时一般输入如下参数:

① 电子定量皮带秤对原料的输出量。

② 磨机电耳的音压电声数据。

③ 磨机出口提升机的功率负荷和用冲击流量计测量的选粉机粗粉的回料量。

微机以磨的声音、选粉机粗粉的回料量为主控参数,以提升机的负荷量为监控参数。

电耳控制系统示意,如图 6.1.14。

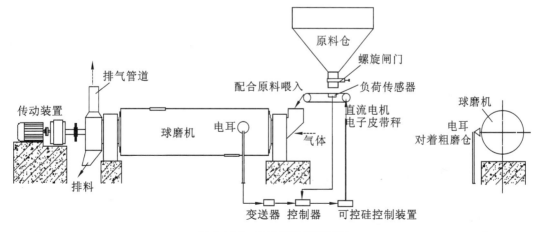

图 6.1.14　电耳控制系统示意

（5）磨机系统的压强控制

由于磨机系统各处的压强是不一样的,因而就形成了压强差(Δp)。磨机进口与出口处压强差的变化,是反映磨机内负荷量最有代表性的数据。在系统通风的流量没有改变的情况下,若粉磨或选粉状况发生了变化,则通风的压强会敏感地反映出来。例如,烘干磨机的部分隔仓板的算孔堵塞,立式磨机的料床增厚,仪表会显示压强差增大。通过磨机系统压强的控制,检测各部位的通风情况,来判断磨内的粉磨状况。一般情况下,在压强差变化不大时,可适当调节排风机的风门,以保持磨机系统的正常通风,满足烘干粉磨的需要。但是,若压强差变化过大,则要从可能出现的几种不正常情况来考虑,认真分析且找出原因,采取相应对策以尽快处理。

（6）选粉效率、循环负荷率的正常控制范围

前已述及,选粉效率(η)是指选粉后的成品中所含的通过规定孔径筛网的细粉量与入选粉机的物料中通过规定孔径筛网的细粉量之比值（质量分数,%）；循环负荷率(L)是指粗粉的回料量与磨机的产量之比值。选粉机本身不起粉磨作用,只能及时将粗粉与细粉分离出来,有助于粉磨效率的提高。所以并不是选粉效率越高,磨机的产量就越高。适当提高循环负荷率,反而能增加磨机的产量。因此,不论是选粉效率还是循环负荷率,只有与粉磨过程相结合才能提高磨机的粉磨效率。

经验表明：闭路磨机的循环负荷率以 $L=0.80\sim3.00$、选粉机的选粉效率以 $\eta=50\%\sim80\%$ 时比较合适。不过,这个范围也太大了。最理想的数值,则需要根据不同类型、不同规格的磨机和选粉机通过多次标定的数据来确定。

（7）离心式选粉机的细度调整方法

① 控制板的调整

在设备运转中,控制板是控制产品细度和回磨的粗粉细度的一种辅助手段,通过调整它的位置来达到这一目的。若将控制板向里推,则缩小了内筒气流出口处的截面面积,使流体的所受的阻力增加,特别是在控制板下产生涡流时所引起的阻力,使较粗颗粒在控制板处沉降下来,所得的成品就较细。当成品过细时,可把控制板往外拉,则成品将变粗。但是,这种调整方法只有在细度变动不大时才有效。若要求细度变动较大,则需要在停机后调整辅助风叶（甚至是主风叶）的片数。

控制板一般为 8 块,可用人工调整,有条件也可采用电动调整手段。根据细度要求,可先推进（或拉出）几块,一般调整时最好按相对位置成对地拉出（或推进）。

② 辅助风叶的调整

辅助风叶的主要作用是控制成品细度。由于它的旋转在内壳体中形成旋转气流而分散物料,将不合格的粗颗粒分离出来。因此,在辅助风叶的作用下,可以采用较高的风速。与此同时,辅助风叶还能将一部分细颗粒聚结成的大颗粒打碎,使合乎要求的颗粒及时被选择出来。这些都有助于选粉机效率的提高。若辅助风叶的片数越多,则成品越细。但是,若辅助风叶的片数太多,则会使合格的细粉落入粗粉中的数量增多,将导致选粉效率下降。选择适当的辅助风叶的片数,是保证成品细度和提高选粉效率的重要因素。

③ 主风叶的调整

在选粉机内,上升气流所能带走的物料颗粒的大小,主要受气流速率的影响。上升气流速率与循环风的流量成正比。若循环风的流量增大,则其流率加快。若气流的流速越快,则其动能越大,所带走的粗颗粒就越多,成品的细度将随之而变粗。影响气流速率的主要因素之一是主风叶的数量。若主风叶的片数越多,则循环风的流量与速率就越大；反之,则减小。合理选择主风叶的片数,能在较大范围内调整选粉机出口处颗粒的细度及选粉能力。由于主风叶的片数的变动对颗粒细度的影响较大,因此,生产中在细度要求变动不大的情况下不调整主风叶的片数。

④ 回风叶处风口的调整

回风叶处风口的作用,是确定气流进入内壳里的方向,控制气体的流量。若风口的尺寸过宽,则使进入的气流含有较多的细粉;若风口的尺寸过窄,则阻力将增大。风口的角度应适当,以便于气流循环与细粉沉降。所有风口叶片的方向必须一致,而且与中心轴转动方向相反。在风口叶片固定后,应很少调整。

⑤ 主轴转数的调整

主轴转数的变化,对循环风的流量的影响很大。若要用变速传动装置则不易掌握。因此,选粉机的主轴转数一般不变。

(8) 旋风式选粉机调节细度的方法

① 改变选粉室上升气流的速率

若提高选粉室上升气流的速率,则会使产品的细度变粗;反之,则产品的细度变细。

改变选粉室上升气流的速率,有两种方法:一是开大(或关小)风机进风管上的风门。通过调节通风总流量,从而改变选粉室上升气流的速率。二是开大(或关小)支风管上的调节阀门。当开大调节阀门时,选粉室内上升气流的速率降低;当关小调节阀门时,选粉室内上升气流的速率提高。

这是旋风式选粉机常用的一种调节产品细度的方法。

② 改变辅助风叶的片数

与离心式选粉机相似,改变旋风式选粉机辅助风叶的片数,也可以调节产品的细度。其规律是:若增加辅助风叶的片数,则产品的细度变细;若减少辅助风叶的片数,则产品的细度变粗。

③ 改变主轴的转速

改变主轴的转速,也就是改变辅助风叶和撒料盘的转速。若主轴的转速加快,辅助风叶所产生的气流的侧压强和撒料盘的离心力增大,则产品的细度变细;若主轴的转速减慢,辅助风叶所产生的气流的侧压强和撒料盘的离心力减小,则产品的细度变粗。

(9) 选粉机的锁风问题

离心式选粉机和旋风式选粉机,都是依靠循环气流将料粉分散后进行分级的。在气流循环过程中存在正压区和负压区,以保证气流正常循环而不断对物料进行分散和分级。因此,在操作中一定要防止循环气流发生短路和漏风现象。否则,将影响选粉机的正常工作。

离心式选粉机的内壳体,经物料不断摩擦后容易发生磨损以致形成破洞。若定期检修安排不当,检查又不细致,则往往在生产中发生内壳破裂。这不仅会影响循环气流的正常流通,而且还可能影响细粉的分离,导致粗粉直接从内壳破裂处漏入外壳的成品中而使成品的细度变粗。

对于旋风式选粉机,则更要注意锁风问题。因为选粉室周围的细粉分离器实际上是由单筒旋风收尘器所组成的,若其底部发生漏风则就直接影响细粉的收集,导致选粉效率大幅下降。此外,旋风式选粉机进风口附近的筒体易发生磨损且处在正压状态,从这里到粗粉出口部分如果发生向外漏风,则不但造成车间粉尘飞扬,而且也破坏了循环气流的平衡与稳定。

对于旋风式选粉机,若不注意锁风问题,则会使循环负荷率增大、选粉效率下降、选粉浓度增大。这不仅造成风机的磨损加快,而且破坏磨机与选粉机的平衡,从而影响生产。所以,在生产中要特别注意旋风式选粉机的锁风问题,在细粉下料管处可安装叶轮机、闪动阀、翻板阀,或直接用管式螺旋输送机进行密封锁风。

[知识测试题]

一、填空题

1. 球磨机主要是靠_____对物料产生_____和_____作用实现的,规格用_____表示,一台完整的球磨机由_____五部分组成。

2. 对于中卸磨机来说,原料从磨机的_____入磨,回磨粗粉从磨机的_____入磨。

3. 电机功率在 2500 kW 以上的球磨机的传动方式选择_____。

4. 若磨机的产量高、产品细,则说明研磨体的级配_____。

5. 磨机运转过程中,勤听_____,根据声音变化及时调节喂料量。

6. 球磨机研磨体的填充率直接影响冲击次数、研磨面积,其范围一般在_____,但以_____者居多,对于多仓长磨机或闭路磨机的填充率应是前仓_____后仓。

7. 磨机_____是稳产高产、确保质量的基础,操作中要防止_____、_____。

8. _____与磨机_____的百分数,称为填充率。

9. 球磨机使用的研磨体,按形状不同可分为_____、_____、_____。

10. 磨机转速不同时的运动状态有_____、_____、_____。

11. 衬板的主要作用是_____和_____。

二、选择题

1. 当球磨机转速过低时,磨机内研磨体的运动状态为(　　　)。

A. 周转状态　　　　　B. 抛落状态　　　　　C. 倾泻状态

2. 风扫磨机系统可广泛地用于粉磨(　　　)。

A. 水泥生料　　　B.煤　　　　C.粉煤灰　　　　D. 水泥

3. 如下衬板只对筒体起保护作用的是(　　　)

A. 阶梯衬板　　　B. 沟槽衬板　　　C. 平衬板　　　　D. 分级衬板

4. 如下分级设备选粉效率最高的是(　　　)。

A. 粗粉分离器　　B. 离心式选粉机　　C. 旋风式选粉机　　D. 高效选粉机

5. 对于中卸磨机来说,原料从磨机的(　　　)进入,中部卸出。

A. 磨头　　　　　B. 磨尾　　　　　C. 两端

6. 闭路粉磨系统启动时,首先应启动(　　　)。

A. 球磨机的润滑和冷却系统　　　　　B. 球磨机主电机

C. 出磨物料输送设备　　　　　　　　D. 喂料设备

7. 当磨机内出现饱磨时,磨机的电流是(　　　)。

A. 减小　　　　　B. 增加　　　　　C. 不变

三、判断题

1. 同仓内几种不同规格研磨体在级配时,采用"两头小,中间大"的原则。　　　　(　　　)

2. 闭路系统的循环负荷率,是指粗粉的回料量与产量的比值。　　　　　　　　(　　　)

3. 球磨机加强磨机内通风,可提高粉磨效率。　　　　　　　　　　　　　　(　　　)

4. 若选粉机的选粉效率越高,则磨机的产量越高。　　　　　　　　　　　　(　　　)

5. 因分级衬板可将研磨体自动分级,所以常用在前仓。　　　　　　　　　　(　　　)

6. 研磨体在补充时,应补加该仓最大规格的研磨体。　　　　　　　　　　　(　　　)

　　7. 平衬板的带球能力小于波形衬板。　　　　　　　　　　　　　　　　　（　　）

四、简答题

　　1. 简述球磨机的构造。

　　2. 在球磨机结构中,衬板起什么作用?

　　3. 分析研磨体的填充率对磨机粉磨过程的影响。

　　4. 隔仓板起什么作用?

6113-文本

［能力训练题］

　　1. 将实训室的球磨机打开,在将轴承加注润滑油保养后再安装好。

　　2. 用计算机绘制球磨机、组合式选粉机的三维立体结构图。

　　3. 改变物料种类和产品的细度要求,对实训室的球磨机进行钢球级配的调整。

6.2　水泥生料立式磨机粉磨系统的工艺选择

　　（1）任务描述

　　本任务的学习内容包括 6 个方面:

　　① 水泥生料立式磨机粉磨系统的工艺流程;

　　② 常见立式磨机的种类;

　　③ 立式磨机的工作原理、粉磨过程和粉磨特性;

　　④ 立式磨机的结构组成;

　　⑤ 立式磨机的工艺参数;

　　⑥ 立式磨机的操作控制。

　　学习重点:水泥生料立式磨机粉磨系统的工艺流程、立式磨机的结构组成、工作原理和工
艺参数。

　　学习难点:水泥生料立式磨机粉磨系统的操作控制。

6201-文本

　　（2）知识目标

　　掌握水泥生料立式磨机粉磨系统的工艺流程、工艺配置、设备构造、工作原理和参数计算。

　　（3）能力目标

　　① 能根据水泥生料粉磨要求选择立式磨机系统的主机设备配置;

　　② 能描述水泥生料立式磨机粉磨系统的主要设备的构造、工作过程,能计算相应的工作
参数。

6202-ppt

6.2.1　水泥生料立式磨机粉磨系统的工艺流程

6.2.1.1　水泥生料立式磨机粉磨系统的工艺流程

6203-动画

　　随着预热预分解技术的诞生和新型干法水泥生产线的大型化,出现了与球磨机的结构、粉
磨原理及粉磨过程完全不同的立式磨机(简称立磨或辊式磨)。近年以来,立式磨机以高效和综合地
完成物料的中碎、粉磨、烘干、选粉和气力输送过程等集多功能于一体的优势获得了广泛应用。

立式磨机具有如下特点：

① 烘干能力强（可烘干物料水分含量的 6%～8%；若采用热风炉配套，则可烘干物料水分含量的 15%～20%）。

② 单机产量大和粉磨效率高[生产能力可达 1000 t/h，比大型球磨机 ϕ4.8 m×10 m＋4 m 的烘干磨机的产量（230 t/h）高出了 4 倍多，粉磨电耗量仅为球磨机的 50%～60%]。

由于立式磨机集物料破碎、烘干、粉磨、选粉为一体，自身构成了粉磨-选粉闭路循环粉磨系统，因而工艺流程简单、占地面积小，噪声与球磨机相比也小得多，而且负压操作无扬尘，易实现智能化、自动化控制等优点，目前已成为现代化水泥生产线上对原料粉磨的首选，且正逐渐应用于煤粉制备和水泥粉磨工艺系统之中。

典型的立式磨机生料粉磨工艺流程，如图 6.2.1 和图 6.2.2 所示。

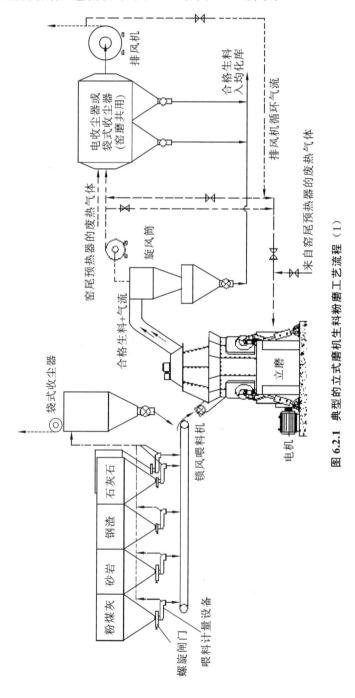

图 6.2.1 典型的立式磨机生料粉磨工艺流程（1）

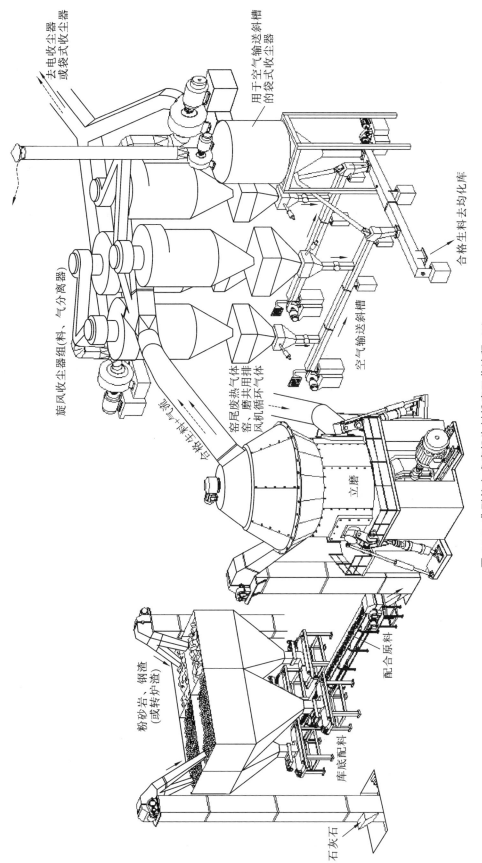

图 6.2.2　典型的立式磨机生料粉磨工艺流程（2）

含有一定水分的配合原料从立式磨机的腰部(或顶部)喂入,在磨辊和磨盘之间碾压粉磨。同时来自窑尾预热器或窑头冷却机的废热气体、环境空气从磨机的底部进入,对物料边烘干、边粉磨。气流靠排风机的抽力在机体内腔造成较大的负压强,将粉磨后的粉状物料吸到磨机的顶部,经安装在顶部的内置选粉机(分离器)的分选,粗粉又回落到磨盘而与喂入的物料一起再粉磨,细粉随气流出磨而进入收尘器,实现料-气分离。料即是细度合格的水泥生料,气体经收尘净化后被排出。

当然,立式磨机对辊套和磨盘的材质、液压系统的加压密封、岗位操作维护技术等要求较高。

6.2.1.2　水泥生料立式磨机的粉磨特点

6204-视频

与其他粉磨设备相比,立式磨机具有以下特点。

① 粉磨效率高。立式磨机采用料床挤压粉碎原理,物料在磨机内受碾压、剪切、冲击作用。磨机内气流可将磨细的物料及时带出而避免"过粉磨"现象;物料在磨机内的停留时间一般为 2～4 min。与球磨机相比较,立式磨机的粉磨效率为其 165%,电耗量则可降低约 30%。

② 烘干效率高。热风从立式磨机的环形缝喷入,风速较高、磨机内通风截面面积较大、阻力较小,利用窑尾预热器废气可烘干物料水分含量的 8%(热风炉可烘干物料水分含量 15%～20%)。

③ 入磨物料的粒度大。立式磨机的入磨物料的粒度一般可达磨辊直径的 5%,对于大型磨机粒度则可达 150～200 mm。设备工艺性能优越,单机产量大,设备运转率高,金属磨损比球磨机低。

④ 对粉磨物料的适应性强。立式磨机可用于粉磨各种水泥原料和燃料,例如,石灰石、砂岩[$w(SiO_2)>90\%$]、煤、水泥熟料、高炉矿渣等。无论其易磨性、磨蚀性有多大差异,通过对立式磨机内部结构调整和合理操作,均能生产出不同细度、不同比表面积的合格产品。

⑤ 工艺流程简单、布置紧凑,日常维护费用低,可露天设置,基建投资约为球磨机的 70%。

⑥ 整体密闭性能好、扬尘小、噪声低,环境优越。

⑦ 成品的质量控制快捷,调整产品灵活,便于实现操作智能化、自动化。

立式磨机的缺点:不适合于粉磨硬质和磨蚀性较大的物料;衬板使用寿命较短,维修较频繁。其磨损件比球磨机的价格贵,但与其所取代的球磨机、提升机、选粉机等设备的总维修量相比较,仍显得维修简单、容易和工作量小。

6.2.2　常见立式磨机的种类

立式磨机有多种类型,例如,LM 型(莱歇磨机)、ATOX 型、RM 型(伯力鸠斯磨机)、MPS 型、OK型、CK 型、TRM 型(天津院)、HRM 型(合肥院)等。各种立式磨机的粉磨原理和结构组成基本相同,其主要差异是在磨盘的结构和磨辊的形状及数目上有所不同,在选粉装置上也做了较大改进,提高了选粉效率,能更方便地调节成品细度。此外,对磨辊的加压方式也各有不同,在功能效果上各有千秋。

立式磨机的磨辊和磨盘的形状,如图 6.2.3 所示。

立式磨机的主要形式,如表 6.2.1 所示。

表 6.2.1　立式磨机的主要形式

序号	型号	装置性状	选粉机的形式	磨辊能否抬起翻出	磨辊数量(个)
1	LM(莱歇磨机)	锥形磨辊、平磨盘	回转笼式	启动时磨辊能自动从磨盘上抬起,减小启动力矩	2～6

序号	型号	装置性状	选粉机的形式	磨辊能否抬起翻出	磨辊数量(个)
2	ATOX	圆锥磨辊、平盘形盘	静态选粉机 回转笼式	否	3
3	RM(伯力鸠斯磨机)	轮胎分半辊、碗形平盘	回转笼式	否	2组4辊
4	MPS	轮胎斜辊、环沟形盘	回转笼式	否	3
5	OK/CK	轮胎斜辊、环沟形盘	回转笼式	能	2～4
6	HRM(合肥院)	轮胎辊、沟槽盘	回转笼式	能	3～4
7	TRM(天津院)	圆锥磨辊、平盘形盘	回转笼式	能	2～4

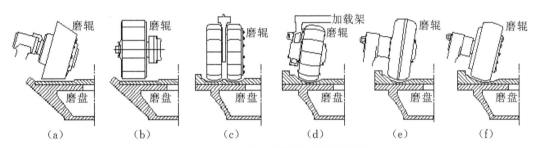

图 6.2.3　立式磨机的磨辊和磨盘的形状

(a)LM 型、TRM 型;(b)ATOX 型;(c)RM 型;(d)MPS 型;(e)OK 型/CK 型;(f)HRM 型

6.2.2.1　LM 型系列磨机

LM 型系列立式磨机(莱歇磨机),为德国莱歇(Loesche)公司技术并制造。

LM 型立式磨机的磨辊和摇臂结构示意,如图 6.2.4 所示。

LM 型立式磨机的磨辊、磨盘及加压装置示意,如图 6.2.5 所示。

LM 型立式磨机,采用圆锥形磨辊和水平磨盘,有 2～6 个磨辊,磨辊轴线与水平方向成 15°夹角,无辊架,磨辊与磨盘间的压强由相应辊数的液压拉伸装置提供。

在粉磨物料时,通过将摇臂作为杠杆把油缸对拉伸杆产生的拉力传递给磨辊而进行碾磨。其特点是液压拉伸杆可通过控制抬起磨辊,使拖动电机所需的起动转矩减至最小值。因而可使用具有 70%或 80%起动转矩的普通电动机,无辅助传动装置;此外,设有液压式磨辊翻出装置,以简化维修工作。在检修时,只要与液压装置相连,即可使磨辊翻出机壳外,可使磨辊皮的更换在 1 天内完成。液压控制杆在磨机外部,不需要空气密封。但是,当磨辊在粉磨位置时,辊子的气封必须保持抵住磨机内一定的负压强,以防止过量的含尘气体渗入轴承。

LM 型立式磨机规格的表示方法:以 LM 60.4 为例,其设计生产能力为 480 t/h,LM 表示莱歇磨机,磨盘直径为 ϕ6000 mm,磨辊为 4 个。

6.2.2.2　ATOX 型立式磨机

ATOX 型立式磨机,为丹麦史密斯(F.L.Smidth)公司设计并制造。

ATOX 型立式磨机的结构示意,如图 6.2.6 所示。

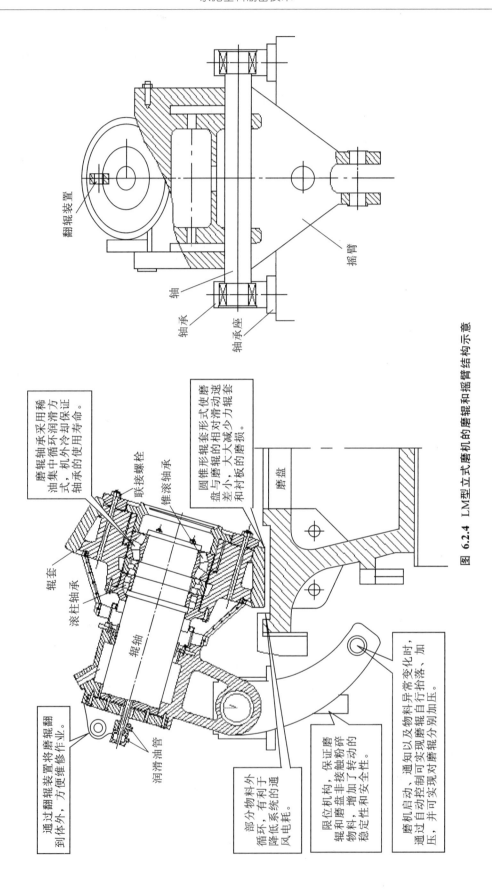

图 6.2.4　LM型立式磨机的磨辊和摇臂结构示意

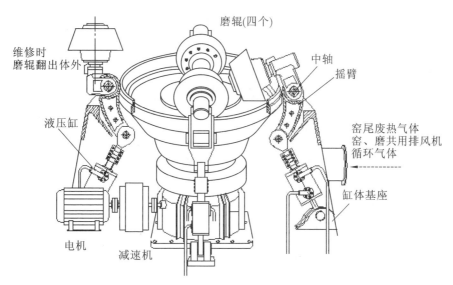

图 6.2.5　LM 型立式磨机(莱歇磨机)的磨辊、磨盘及加压装置示意

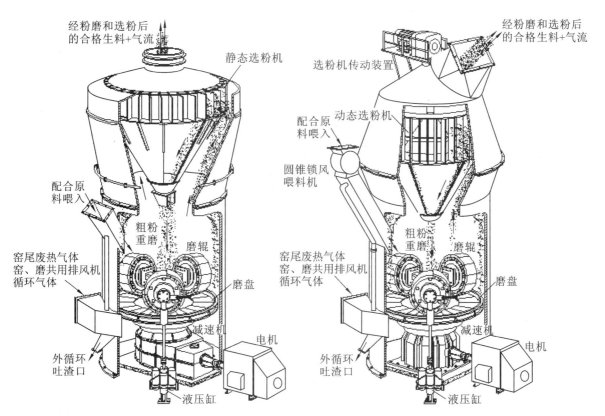

图 6.2.6　ATOX 型立式磨机的结构示意

(a)静态选粉;(b)静态叶片与内筒组合

　　ATOX 型立式磨机的磨盘、磨辊及中心架示意,如图 6.2.7 所示。

　　ATOX 型立式磨机的磨辊及液压拉力杆示意,如图 6.2.8 所示。

　　ATOX 型立式磨机采用圆柱形磨辊和平面轨道磨盘,磨辊辊套为拼装组合式以便于更换。

磨辊一般为 3 个,相互呈 120°分布,相对磨盘垂直安装。3 个磨辊由中心架上 3 个法兰与辊轴

6205-动画

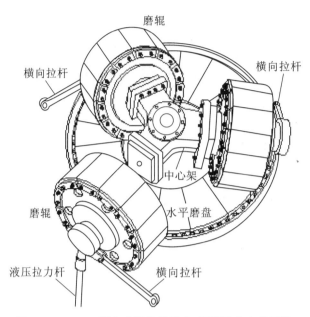

图 6.2.7　ATOX 型立式磨机的磨盘、磨辊及中心架示意

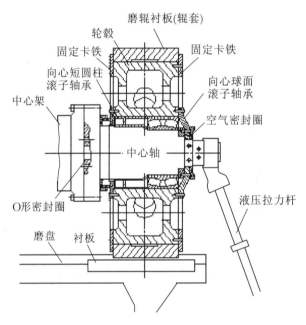

图 6.2.8　ATOX 型立式磨机的磨辊及液压拉力杆示意

法兰相联为一体。再由 3 根液力拉伸杆分别通过与 3 个辊轴另一端部相联,将液压压强向磨盘与料层传递。该液压张拉伸杆可将磨辊和中心架整体抬起。

　　ATOX 型立式磨机不设辅助传动装置,在启动时直接开动主传动系统。磨体内顶部的选粉装置,由原来的静态惯性分离器发展到现在的高效选粉机(SEPAX)。其结构分为一圈静态导向叶片和中间一个由窄叶片组成的动态笼形转子,在笼型转子上加了水平分隔环构件。该构件有利于旋转气流呈分层水平旋转,气流运动清晰,气流层与层间干扰小,使选粉分级功能更加高效。静态叶片可预先设定倾角,有辅助调整产品细度的作用。在运转中还可以用机顶外部调整螺栓来调整叶片角度。

　　ATOX 型立式磨机的喂料口锁风装置,采用机械传动的回转叶轮结构,既锁风又可控制喂料量。

进料溜管底部为通热风的夹层结构,有防堵作用。吐渣口,采用密闭的电磁振动给料机出料,具有料封功能。

ATOX 型立式磨机规格的表示方法:以 ATOX-50 为例,其设计生产能力 480 t/h,磨辊为 3 个,磨盘直径为 ϕ5000 mm。

6.2.2.3　RM 型立式磨机

RM 型立式磨机的结构示意,如图 6.2.9 所示。

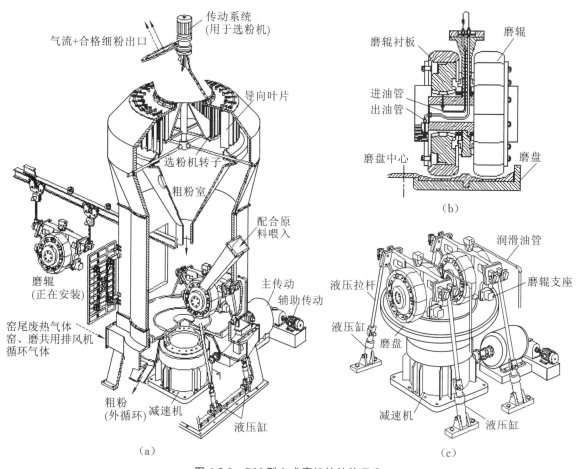

图 6.2.9　RM 型立式磨机的结构示意

(a)RM 型立式磨机的整体结构;(b)双磨辊(轮胎型);(c)磨辊、磨盘和加压装置

RM 型立式磨机为德国伯力鸠斯(Polysius)公司技术并制造。

RM 型立式磨机,经历了三代技术改造,目前其结构和功能与其他类型的立式磨机有较大区别,主要体现在以两组拼装的磨辊为特点。

RM 型立式磨机的每组辊子,由两个窄辊拼装在一起,两组共 4 个磨辊,各自调节它们对应于磨盘的速率,有利于减少磨盘内外轨道对辊子构成的速率差,从而减轻摩擦带来的磨损,可延长辊皮(辊套或衬板)的使用寿命,并削减了辊和盘间物料的滑移。每个磨辊为轮胎形,磨盘上相对应的是两圈凹槽形轨道,磨盘断面为碗形结构,磨盘上两个凹槽轨道增加了物料被碾磨的次数和时间,有利于提高粉磨效率。每组磨辊有一个辊架,每个磨辊架两端各挂一吊钩,各吊钩由一个液压拉杆相联,共 4 根。拉杆通过吊钩和辊架传递压力到磨辊与料床上,对物料碾压粉碎。碾压力连续可调,以适应操作要求。

RM 型立式磨机的液压拉紧系统,可让每组双辊在 3 个平面上自由移动。例如,垂直面上升下降和相对辊轴轴面偏摆以及少量沿辊子径向的水平移动。如果靠磨盘中间的内辊被粗料抬高,那么外辊对物料的压强就会加大,反之亦然。每组磨辊中的每个窄辊的这种交互作用的功能,也能做到高效研磨。

研磨轨道的形状和辊面,经磨损变形后能影响吊钩的偏移量。可通过测量其磨损量并相应调整吊钩吊挂方位来弥补。这样,有利于使提供给双辊的压强均衡,以维持粉磨效果。

双辊组的辊面,在被不均衡磨损后还可整体调转 180°安装使用。

喷口环出风口的面积,设计成可从机壳外部调整。其调整装置为 8 个定位销挡板,通过推进和拉出一定许可量并用插销定位即可改变喷口环出风口的面积,从而改变气流在磨机内的上升速率,以适应不同产量的需要。喷口环导向叶片呈垂直安装和设计,有利于减少通风的阻力。

选粉装置采用了 SEPOL 型高效选粉机,与史密斯 ATOX 型立式磨机采用的 SEPAX 型不同,其笼形转子上无水平隔环,但外围的静态叶片倾角可调,调整机构设在机壳顶部。在磨机运转时也可通过人工转动调整机构改变叶片倾角,有利于根据需要辅助动态叶片调整产品细度。在粗粉漏斗出口处设置分流板,使粗粉朝两个粉尘浓度较低区域下落。用于粉磨煤的 RMK 立式磨机的选粉装置,其粗粉锥斗还设计成剖分组合式,有利于在维修选粉装置时将两半锥斗绕销轴向两边分开,以方便维修操作。

每 1 台立式磨机由 2 台外部提升机共同负责提升由吐渣口排出的外部循环物料,然后分别送入机壳顶部两个回料进口,进入选粉装置的撒料盘或直接进入立式磨机,进行外部再循环粉磨。

进料口锁风喂料装置是由叶轮式机械传动喂料阀均匀喂入物料。喂料阀既可调节喂料量又可实现泄漏风量的最小化,并设计成用热风对粗料喂料阀中心加热和热风通入溜管夹层加热结构,有利于防止水分含量较大的物料在喂料阀中和溜管中发生粘结堵塞。在吐渣口安装有重力式锁风阀门。

在传动装置中设置辅助传动,是因为磨辊不能由液力拉杆抬起。

RM 型立式磨机规格的表示方法:

以 RM 46/23 为例,其设计生产能力为 340 t/h,磨辊为 2 对 4 个,磨盘直径为 φ4600 mm,磨辊直径为 2300 mm。

6.2.2.4 MPS 型立式磨机

MPS 型立式磨机,又称非凡磨,为德国普费佛(Pfeiffer)公司技术。

MPS 型立式磨机采用鼓形磨辊和带圆弧凹槽形的碗形磨盘,3 个磨辊,相对于磨盘倾斜安装,相互呈 120°排列。

MPS 型立式磨机的结构示意,如图 6.2.10 所示。

MPS 型立式磨机的磨辊、磨盘和加压装置示意,如图 6.2.11 所示。

MPS 型立式磨机的辊套,为拼装组合式,MPS 是德国的命名。其符号意义为:M——磨机;P——摆动支撑;S——碗形磨盘。

我国沈阳重型机械有限公司于 1985 年引进了该技术,经过消化吸收和再创新,制造出了命名为MLS(N)的立式磨机。其符号意义为:M——磨机;L——立式;S——水泥生料(水泥原料),N——水泥(水泥熟料)。

从图 6.2.11 中可知,3 根液压张紧杆传递的拉紧力,通过压力框架传递到 3 个磨辊上,再传递到磨辊与磨盘之间的料层中。该液压张紧杆不能将磨辊和压力框架在启动磨机时同时抬起,故设有辅助传动装置。在启动时先开辅助传动装置,间隔一定时间再开启主传动装置。

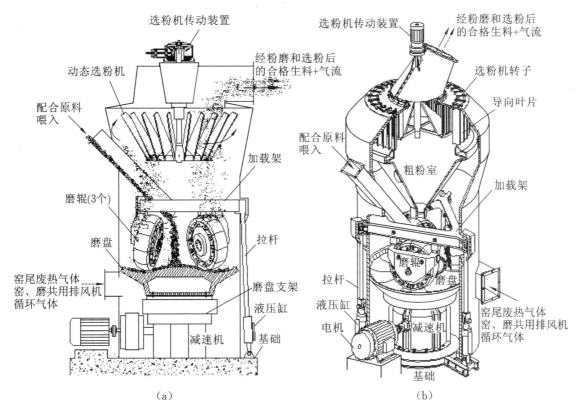

图 6.2.10　MPS 型立式磨机的结构示意

（a）MPS 型立式磨机（动态选粉机）；（b）MPS 型立式磨机（高效笼型转子选粉机）

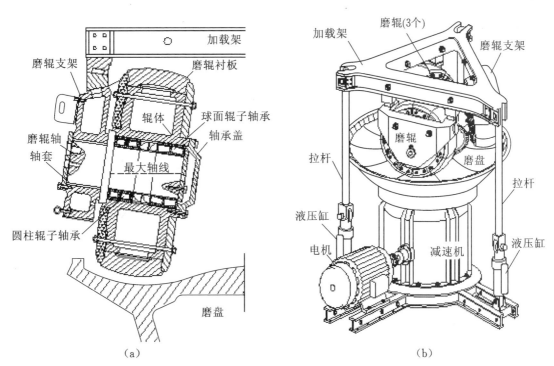

图 6.2.11　MPS 型立式磨机的磨辊、磨盘和加压装置示意

（a）MPS 型立式磨机的磨辊（轮胎型）；（b）MPS 型立式磨机的磨辊（3 个）、磨盘和加压装置

选粉装置,由静态叶片按设定倾角布置,起引导气流产生旋转以强化分离物料的作用。由机顶传动装置带动设在选粉装置中部的动态笼型转子转动,并且可方便地实现无级调速,有强化选粉装置中部旋转风速的作用,有助于增强选粉效率和方便地通过调整转速来调整成品细度。

喷口环导向叶片,为固定斜度安装,有利于引导进风呈螺旋上升趋势,可使粗粉在进入选粉装置前,促进部分粗粒分离出上升气流回到磨盘。可在运转前进入磨机内用遮挡喷口环的截面面积的方法来改变风环通风面积,从而改变风速以适应不同密度物料的风速需要。

在检修时,液压张紧杆只可将连在辊上的压力框架抬起,但应先拆除压力框架与磨辊支架间的连接板,并用装卸专用工具将磨辊固定。喂料口锁风装置采用液压控制的3道闸门,既有锁风功能,又有控制喂料量的作用。吐渣口锁风采用2道重力翻板阀控制。

MPS型立式磨机规格的表示方法:

以MPS 3150为例,其设计生产能力为150 t/h,磨辊为3个,磨盘直径为3150 mm。

6.2.2.5　OK型/CK型立式磨机

6206-动画

日本应用欧洲不同辊磨发展原理而组合成了自己的辊磨。例如,Onoda公司的OK磨机。OK型立式磨机的结构示意,如图6.2.12所示。

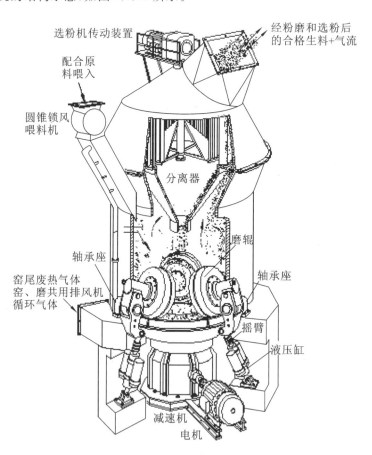

图6.2.12　OK型立式磨机的结构示意

OK型立式磨机的磨辊具有球面形状,其中央有一个槽,磨盘呈曲线状,在磨辊和磨盘之间形成一个楔形挤压和粉磨区(实际上OK型立式磨机的磨盘及磨辊的搭配形式是沟槽形盘和轮胎斜辊搭配形式与双凹槽磨盘和两套对辊搭配形式的融合与发展)。

物料通过低压区进行料床预先布置,磨辊中间的槽形结构排除物料中的气体,不至于使物料过分流化,最终由高压区进行挤压粉磨。通过选粉后,粗物料循环以上过程,细物料排出磨机外。

日本 Kawasaki 的 CK 型立式磨机与 OK 型立式磨机有很多相同的地方。

CK 型立式磨机的结构示意,如图 6.2.13 所示。

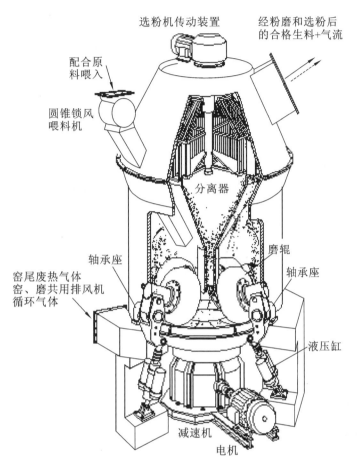

图 6.2.13　CK 型立式磨机的结构示意

这两种立式磨机,在开始时是为粉磨混合水泥或矿渣而研制的,易于控制颗粒的大小分布,目前也适应于粉磨原料。

OK 型/CK 型立式磨机规格的表示方法:

以 OK19-3 为例,其设计生产能力为 450 t/h,磨盘直径为 ϕ1900 mm,磨辊为 3 个。

以 KC450 为例,其设计生产能力 450 t/h,磨盘直径为 ϕ4500 mm,磨辊为 4 个。

6.2.2.6　HRM 型立式磨机

HRM 型立式磨机,为中国合肥水泥研究设计院研究设计的产品。

第 1 台 HRM 型立式磨机为 HRM 1250。其符号意义为:H——合肥水泥研究设计院,RM——立式磨机(Roller Mill),1250——磨盘研磨区域的中径(mm)。

目前,HRM 型立式磨机已经形成 4 个系列、30 多个规格的产品,不仅能够用于粉磨水泥原料,而且也适用于粉磨煤以及难粉磨的高炉矿渣、水泥熟料等。

HRM 型立式磨机的结构示意,如图 6.2.14 所示。

目前,HRM 4800 立式磨机是国产生产能力最大的水泥原料立式磨机,其研磨区域的中径为 4.8 m,研磨区域的外径为 5.6 m,磨盘的最大外径为 6.1 m,每 1 台立式磨机的产量可达 500 t/h,可与水泥熟

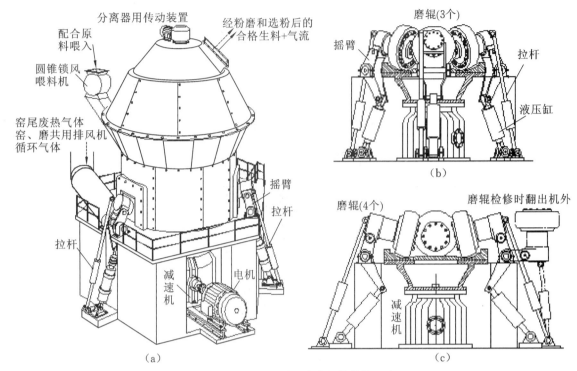

图 6.2.14　HRM 型立式磨机的结构示意

(a)HRM 型立式磨机的整体结构；(b)3 辊磨机(对称安装)；(c)4 辊磨机(两两对称安装)

料生产规模为 5000～7000 t/d 的生产线相配套。

HRM 立式磨机规格的表示方法：

以 HRM 4800 为例，HRM 表示合肥水泥设计研究院，4800 表示磨盘的中径为 4800 mm。

6207-动画

6.2.2.7　TRM 型立式磨机

TRM 型立式磨机，为中国天津水泥工业设计研究院设计的产品。

天津水泥工业设计研究院早在 20 世纪 70 年代末开始研究 TRM 系列立式磨机。

第 1 台 TRM 型立式磨机为 TRM 2500，随后相继设计开发 TRM 3240、TRM 4541 等多种规格立式磨机，按照生产要求可配置 2 个、3 个或者 4 个磨辊，可粉磨水泥原料、熟料、矿渣和煤。

TRM 型立式磨机的结构示意，如图 6.2.15 所示。

TRM 型立式磨机规格的表示的方法：

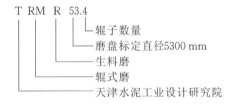

图 6.2.15 是用于粉磨水泥原料的 TRM 53.4 型立式磨机，配置 4 个磨辊(每一个磨辊相互间互为 90°等距布置，低位置时磨辊轴与磨盘水平面的夹角为 15°)，每个磨辊都由固定的摇臂、安装摇臂的支架、翻辊装置以及液压系统组成粉磨的单元。

被粉磨的配合原料通过三道锁风阀进入通过分离器侧面的下料管，在重力作用下落到磨盘中央。磨盘与减速机相连，以恒速旋转。通过磨盘的旋转，将物料均匀地分布在磨盘的衬板上，在液压系统的压强作用下，磨辊咬住物料并将其碾碎并粉磨。碾碎、粉磨后的物料，在离心力作用下被甩至磨盘

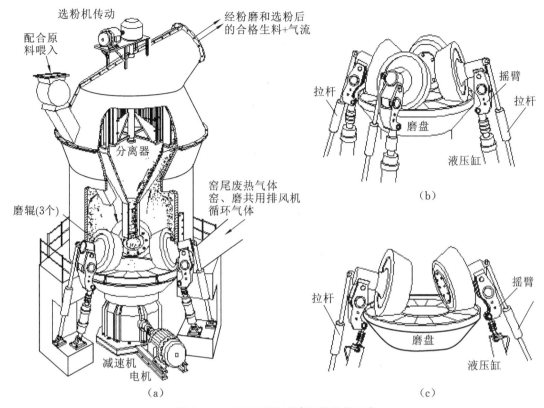

图 6.2.15 TRM 型立式磨机的结构示意

(a)3 辊磨机(对称安装);(b)4 辊磨机(两两对称安装);(c)2 辊磨机(对称安装)

的边缘。被甩至磨盘外面的物料,在风环高速气体的作用下大部被吹回磨盘而继续粉磨,粉状物料随高速气体经磨机中部壳体上升到分离器中。在此过程中,物料与热气体进行了充分的热交换,水分迅速被蒸发,使剩余的水分含量不到 1‰。尚未被粉磨到规定要求的物料,由分离器选出,并被送回至磨盘而再粉磨。通过分离器的细粉,随气流进入收尘器而被收集并送往生料均化库。

6.2.3　立式磨机的工作原理、粉磨过程和粉磨特性

6.2.3.1　立式磨机的工作原理

待磨物料从磨机的中部被喂入而落在靠近磨盘中心的磨床上。由于磨盘的转动,物料在离心力作用下被甩向靠近边缘的辊道(一圈凹槽),磨辊在自身重力和加压装置(液压系统)作用下被逼近辊道里的被磨物料而对其碾压、剪切和研磨。这样,待磨物料不断地被喂入,又不断地被粉磨,直至细小颗粒被挤出磨盘而溢出。

热风从磨机的底部进入,依靠排风机的抽力而在机体内腔造成较大的负压强,对粉磨后但仍含有一定水分的物料进行悬浮烘干并将它们吸到磨机的顶部。经选粉机的分选后,粗粉(较大颗粒)又回到磨盘与被喂入的物料一起再粉磨;细粉随气流(此时物料基本被烘干,热气体也降温了)出磨而进入收尘器,实现料-气分离。料就是合格的生料了,气体经收尘净化后排出。没有被送到磨机外的较大颗粒的表面被烘干而以较低的速率进入分级区,被转子叶片撞击甩开而跌落至磨盘上,形成循环粉磨。

6.2.3.2　立式磨机的粉磨过程

待磨物料从立式磨机的腰部被喂入而堆积在回转的磨盘的中间。机壳内磨盘由传动装置带动旋

6208-视频

转,磨辊在磨盘的摩擦作用下围绕磨辊轴自转。物料在通过锁风喂料装置和进料口后落入磨盘中央,因受到离心力的作用而向磨盘边移动。物料在经过碾磨轨道时被啮入磨辊与磨盘间而被碾压粉碎(参见图 6.2.17)。磨辊对物料及磨盘的粉碎压强由液压拉伸装置提供,物料在粉碎过程中同时受到磨辊的压强和磨盘与磨辊间相对运动所产生的剪切力的作用。物料被挤压后,在磨盘轨道上形成料床,而料床上物料颗粒之间的相互挤压和摩擦,又引起棱角和边缘的剥落而起到了进一步粉碎的作用。在磨盘周边设有喷口环,热气流由喷口环自下而上高速带起溢出的物料上升。其中,较大的颗粒最先降落到磨盘上,较小的颗粒在上升气流作用下被带入选粉装置进行粗细分级,粗粉重新返回到磨盘再粉磨,符合细度要求的细粉作为成品,随气流带向机壳上部出口而进入收尘器被收集下来。

由上述可知,立式磨机工作时对物料发挥综合性的作用。它包括在磨辊与磨盘间的粉磨作用,由气流携带上升到选粉装置的气力提升作用,以及在选粉装置中进行的粗细分级作用,还有与热气流进行热传递的烘干作用。对于大型立式磨机而言(入磨物料的粒度约为 $d=100$ mm),实际上还兼有中碎作用,所以大型立式磨机又多了一项功能。

在对块状物料进行碾压粉磨中,有相当一部分颗粒较大的物料从机壳下部的吐渣口排出,利用外部提升机械将物料重新喂入磨机内粉磨,以减轻磨机内气力提升物料所需要的风机负荷,有利于降低系统的阻力和电耗量,因为机械提升的电耗量显著地低于气力提升的电耗量。这种方法被称为物料的外循环。

6.2.3.3 立式磨机的粉磨特性

6209-视频

根据立式磨机的工作原理及不同类型立式磨机的结构特点,对其粉磨特性可做如下分析。

① 立式磨机必须保持磨辊与磨盘对物料层产生足够大的粉磨压强(即磨辊名义压强,简称辊压),使物料受到碾压而粉碎。粉磨压强与物料的易磨性、水分含量、产量指标、磨机内风的速率以及立式磨机的型式和规格等因素有关。当物料的易磨性较好、水分含量较小以及产量指标较低时,粉磨压强就可以小一些。粉磨压强依赖液压系统对加压装置(拉杆)施加的压力和磨辊的自重而产生,并可在操作中加以调整。

此外,磨盘上的物料层必须具有足够的稳定性和保持一定的料层高度。大块物料将首先受到磨辊的碾压,辊压力集中作用在大颗粒物料上。当辊压力增加到或超过物料的抗压强度时,物料即被压碎。其他较大颗粒的物料接着被连续不断地碾压而使粒度减小,直到细颗粒被挤出磨盘而溢出。

② 立式磨机的粉磨效率,不仅与辊压力有关而且与料层的厚度有关。必须保持磨辊与磨盘之间有足够多的物料面,并且要保持一定的物料层厚度而使物料所承受的辊压力不变。对于形成稳定料层较困难的物料,必须采取措施加以控制。例如,对于喂入干燥物料或细粉较多的物料,因其在磨盘上极易流动而导致料层不稳定,有时要采取喷水增湿的方法来稳定料层,也可通过自动调整辊压力来适应不稳定的料层变化。

③ 立式磨机是一种烘干兼粉磨的风扫型磨机,因机体的内腔较大而允许通过较大的气流,可使磨机内细颗粒物料处于悬浮状态。因此,当立式磨机用于粉磨生料或煤时,其烘干效率较高。

立式磨机与干法水泥窑配套使用,可以将预热器排出的热废气通入磨机内烘干物料。一般,立式磨机可以烘干水分含量高达 15% 的原料。

④ 立式磨机集粉磨与选粉于一体。当物料颗粒离开磨盘边部而被气环口的高速气流吹起而上升时,细颗粒物料被带至选粉机,较细颗粒被选出,较粗颗粒则从气流中沉降而返回到磨盘上,部分粗颗粒则以较低速率进入分级区,可能被转子叶片撞击甩开而跌落至磨盘上,从而形成循环粉磨。

6.2.4　立式磨机的结构组成

立式磨机由磨辊、磨盘、加压装置及选粉机(分离器)、底座、机壳、传动装置及润滑装置组成。

立式磨机(莱歇磨机)的构造及工作原理,如图 6.2.16 所示。

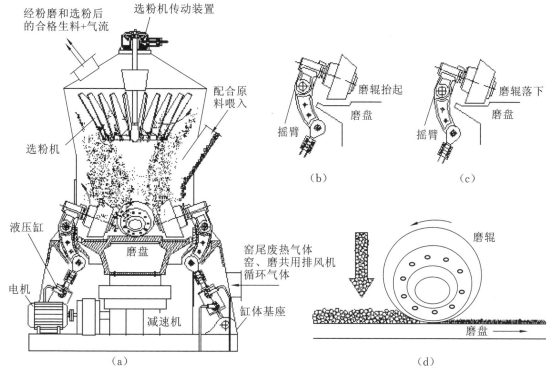

图 6.2.16　立式磨机(莱歇磨机)的构造及工作原理

(a)立式磨机(莱歇磨机)的粉磨过程;(b)启动前磨辊抬起;(c)粉磨时磨辊落下;(d)物料在辊下被压碎

6210-视频

6211-视频

(1) 磨辊和磨盘

立式磨机将石灰石、黏土(或砂岩)、铁粉(或钢渣)等原料碾碎并磨制成细粉,所依靠的是由 2～6 个磨辊和 1 个磨盘所构成的粉磨机构。设计者使它具备了两个必要条件:一是能够形成厚度均匀的料床;二是在其接触面上具有相等的粉磨压强,这是保证物料均匀研磨和部件均匀磨损的必要条件。磨辊衬套和磨盘衬板采用高强耐磨金属材料。

(2) 加压装置

与球磨机的粉磨作业原理不同,立式磨机不是依靠研磨体的抛落对物料的冲击、泄落以及物料与球之间的研磨,而是需要借助于磨辊加压机构施压来对块状物料进行碾碎、研磨,直至磨成细粉。现代化大型立式磨机是由液压装置(或由液压气动装置)通过摆杆对磨辊施加压力。磨辊置于压力架之下,拉杆的一端铰接在压力架上,另一端与液压缸的活塞杆连接,液压缸带动拉杆对磨辊施加压力,将物料碾碎、磨细。

(3) 分级机构

立式磨机自身已经构成了闭路粉磨系统,不像由球磨机所组成的闭路系统那样设备多而分散、庞大和复杂,只是摘取了选粉机的风叶而与转子组成了分级机构。它被安装在磨机内的顶部而构成了粉磨-选粉闭路循环,简化了粉磨工艺流程,减少了辅助设备,同时也节省了土建投资。

这种分级机构可分为 3 类型:静态式、动态式和高效组合式选粉机。

① 静态式选粉机

静态式选粉机的工作原理类似于旋风筒,其不同之处在于含尘气流经过内外锥壳之间的通道上升,并通过圆周均布的导风叶切向折入内选粉室,边回转边再次折进内筒。其结构简单,无可动部件,不易出故障。但是,其调整不灵活,分离效率不高。新型立式磨机已不再采用静态式选粉机。

② 动态式选粉机

动态式选粉机是一个高速旋转的笼子。当含尘气体穿过笼子时,细颗粒由空气摩擦带入,粗颗粒直接被叶片碰撞拦下,转子的速率可以根据要求来调节。若其转速越高,则出料的细度就越细。它与离心式选粉机的分级原理一样,具有较高的分级精度,细度控制也很方便。

③ 高效组合式选粉机

高效组合式选粉机,是将静态式选粉机(导风叶)与动态式选粉机(旋转笼子)相结合的选粉机。即以圆柱形的笼子作为转子,在其四周均布了导风叶片而使气流上下均匀地进入选粉区,粗粉与细粉分离清晰,选粉效率较高。不过,这种选粉机的阻力较大,叶片的磨损也较大。

6.2.5 立式磨机的工艺参数

6212-视频

立式磨机的主要工艺参数,有转速、粉磨压强、辊盘相对尺寸、通风量、风速、功率和能力等。

6.2.5.1 磨盘的转速

立式磨机磨盘的转速(n)决定了物料在磨盘上运动的速率和停留的时间,必须与物料的粉磨速率相平衡。物料的粉磨速率,取决于粉磨压强、辊子数量、规格、盘径、转速、料床厚度和风速等因素。对于不同形式的立式磨机,因其磨盘和磨辊的结构形式不同、其他工艺参数不同,物料在磨盘上的运行轨迹也不相同,所要求磨盘的转速(n)也就不尽相同。

但是,对于同一形式而不同规格的立式磨机而言,物料颗粒(质量为m)所受的离心力则应是相同的。

离心力的计算公式,如式(6.2.1)所示。

$$F = \frac{mv^2}{R} = mR\omega^2 = \frac{1}{2}mD\left(\frac{2\pi n}{60}\right)^2 \tag{6.2.1}$$

由此可得

$$n = K_1 \cdot D^{-0.5} \tag{6.2.2}$$

式中　F——物料在磨盘上所受的离心力,N;

v——立式磨机磨盘的圆周线速率,m/s;

ω——立式磨机磨盘的角速度,rad/s;

R——磨盘的半径,m;

m——物料颗粒的质量,kg;

D——磨盘的直径,m;

n——磨盘的转速,r/min;

K_1——系数。

根据统计资料,对于不同磨机而言,K_1的取值大约为:

LM 型(莱歇型)立式磨机,$K_1 = 58.5$;

MPS 型立式磨机,$K_1 = 45.8$;

ATOX 型立式磨机,$K_1 = 56$。

不同形式立式磨机磨盘的转速(n),如表 6.2.2 所示。

立式磨机的转速(n)与盘径(D)的关系,如表 6.2.3 所示。

表 6.2.2　不同形式立式磨机磨盘的转速　$[n/(\mathrm{r} \cdot \mathrm{min}^{-1})]$

LM 59.4	LM 50.4	MPS 3150	MPS 2450	MPS 2250	ATOX 50	ATOX 37.5	TRM 25
23.8	26	25	29.2	31	25.04	28.7	37
24.1	26.2	25.8	29.3	30.5	25	28.8	37

表 6.2.3　立式磨机的转速与盘径的关系

磨机类型	LM	ATOX	RM	MPS	球磨机
n 与 D 的关系式	$n=58.5\,D^{-0.5}$	$n=56.0\,D^{-0.5}$	$n=54.0\,D^{-0.5}$	$n=51.0\,D^{-0.5}$	$n=32.0\,D^{-0.5}$
相当于球磨机的比例	1.828	1.750	1.688	1.594	1.000

6.2.5.2　磨机的生产能力

6213-视频

由于生料的立式磨机因具有烘干兼粉磨功能,所以,其生产能力(Production Capacity,C_p)则由其粉磨能力(Grinding Capacity,C_g)与烘干能力(Drying Capacity,C_d)中较低者来确定。

立式磨机的粉磨能力(G_g),取决于物料的易磨性、辊压和磨机规格的大小。在物料相同、粉磨压强一定的情况下,磨机的产量和物料的受压面积与磨辊的尺寸有关。每 1 个磨辊所碾压的物料量,正比于磨辊的宽度(B_r)、料层厚度(h)和磨盘的线速度(v)。磨辊的宽度(B_r)和料层厚度(h),在一定的范围内均与磨盘的直径(D)成正比。磨盘的线速度(v)与 $D^{-0.5}$ 成正比。

由此可得,立式磨机的粉磨能力(C_g)的计算公式,如式(6.2.3)所示。

$$C_g = K_2 \cdot D^{2.5} \tag{6.2.3}$$

式中　C_g——立式磨机的粉磨能力,kg/h;

　　　D——立式磨机的磨盘的直径,m;

　　　K_2——系数,与立式磨机的形式、选用粉磨压强、被研磨物料的性能有关。

各种立式磨机因其工艺参数不同,而其 K_2 的取值也不同。

对于 LM 型立式磨机,一般 $K_2=9.6$,D 取磨盘碾磨区外径;

对于 MPS 型立式磨机,一般 $K_2=6.6$,D 取磨盘碾磨区中径。

立式磨机的烘干能力(C_d)的计算公式,如式(6.2.4)所示。

$$C_d = K_d \cdot D^{2.5} \tag{6.2.4}$$

式中　C_d——立式磨机的烘干能力,kg/h;

　　　D——磨盘的直径,m;

　　　K_d——系数,与物料的水分含量、热风的流量和温度有关。

一般,立式磨机生产企业是依据试验立式磨机的能力(粉磨能力 C_g、烘干能力 C_d)来推算选用立式磨机的生产能力(C_p),但其中存在一定的误差(一般为 ±7.5%)。若将新的立式磨机与已经磨损后的立式磨机相比较,则其产量相差 12.5%。

不同规格的立式磨机之间的粉磨能力(C_g),可由式(6.2.5)来确定。

$$f = \frac{C_{g,1}}{C_{g,2}} = \left(\frac{D_1}{D_2}\right)^{2.5} \tag{6.2.5}$$

式中　f——放大系数;

　　　$C_{g,1}$——选用立式磨机的粉磨能力,kg/h;

　　　$C_{g,2}$——试验立式磨机的粉磨能力,kg/h;

　　　D_1——选用立式磨机的磨盘的直径,m;

　　　D_2——试验立式磨机的磨盘的直径,m。

在选用立式磨机之前,一定要做好待磨物料的特性试验并测量各种参数,选定立式磨机的型号、内部结构设计和操作数据。

Polysius 试验室对 ATROL 型立式磨机进行测量试验,在每次试验时需原料 800 kg。其测量内容如下:

① 物料流的特性——物料在气体输送时的自由度。

② 物料的压缩性——物料形成稳定料床的性能。

③ 振动——物料造成振动的趋势。

④ 动力消耗量——易磨性。

⑤ 空气消耗量——输送物料需要的空气量。

⑥ 磨蚀性——磨机各种部件的磨损（磨辊、磨盘、磨体和喷嘴等）。

通过各种物料对 ATROL 型立式磨机进行试验，再与其实际工业生产数据进行比较，从而可以获得从 ATROL 型立式磨机试验结果换算而来的工业立式磨机的系数。例如，根据试验所测量的物料的易磨性系数（即粉磨功指数，W_i），可求得工业立式磨机的物料的易磨性系数；根据试验所测量的物料的摩擦因数（μ），可求出工业立式磨机的物料的摩擦因数，并计算其工业立式磨机的主动轴所需的功率。

立式磨机的主动轴所需功率（P_{aw}）的计算公式，如式（6.2.6）所示。

$$P_{aw} = \mu \cdot z \cdot p_{spec} \cdot D_r \cdot B_r \cdot D \cdot \frac{n}{60}\pi \tag{6.2.6}$$

式中　P_{aw}——立式磨机的主动轴所需的功率，kW；

μ——物料的摩擦因数；

z——磨辊的数量，个；

p_{spec}——粉磨压强（即磨辊名义压强），按式（6.2.7）计算，kPa；

D_r——磨辊的直径，m；

B_r——磨辊的宽度，m；

D——磨盘的直径，m；

n——磨盘的转速，r/min。

其中，粉磨压强（即磨辊名义压强，p_{spec}）由磨辊的液压力所决定，如式（6.2.7）所示。

$$p_{spec} = \sum F / S \tag{6.2.7}$$

式中　p_{spec}——粉磨压强（即磨辊名义压强），kPa；

$\sum F$——磨辊垂直施加于磨盘的压力与磨辊及磨辊支架所受重力之和，kN；

S——磨辊在磨盘上的投影面积，$S = B_r$（磨辊的宽度）$\times D_r$（磨辊的直径），m^2。

6.2.5.3　磨机的粉磨压强

6214-视频

若立式磨机磨辊的粉磨压强增加，则成品的粒度变小。但是，当粉磨压强达到某一临界值后，物料的粒度却不再变化。该临界值取决于物料的性质与所喂料的粒度。

立式磨机是经过多级粉碎、循环粉磨而逐步达到所要求的粒度的。因此，其实际使用的粉磨压强并未达到其临界值，一般为 10～35 MPa。理论上磨辊与磨盘之间是线接触，物料所受的真实的粉磨压强很难计算，所以可用相对粉磨压强来表示。因此，在比较不同形式磨机的粉磨压强时，应在同一基准条件下进行。

立式磨机的磨辊、磨盘与物料之间的关系示意，如图 6.2.17 所示。

相对粉磨压强的计算方法，一般有以下几种。

（1）磨辊的面积压强（p_1），如式（6.2.8）所示。

$$p_1 = \frac{F}{\pi} \cdot D_r \cdot B_r \tag{6.2.8}$$

式中　p_1——磨辊的面积压强，kPa；

F——每个磨辊所受的总压力，kN；

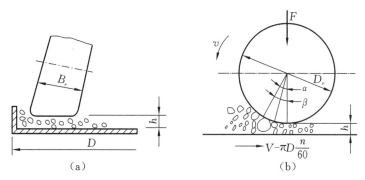

图 6.2.17 立式磨机的磨辊、磨盘与物料之间的关系示意

D_r——磨辊的直径，m；

B_r——磨辊的宽度，m。

（2）磨辊的投影面积压强（p_2），如式（6.2.9）所示。

$$p_2 = \frac{F}{D_r \cdot B_r} \tag{6.2.9}$$

（3）平均物料粉磨压强（p_3），如式（6.2.10）所示。

$$p_3 = \frac{2F}{D_r} \cdot B_r \cdot \sin \alpha \tag{6.2.10}$$

式中　α——滑动摩擦角（或啮入角），（°）。

滑动摩擦角（α）将随料床厚度的增加而达到临界值，同时也受磨辊表面的影响。为了比较方便，统一以 $\alpha = 6°$ 计算。这样，各种相对磨辊压强之间的关系，如式（6.2.11）所示。

$$p_1 : p_2 : p_3 = 0.318 : 1 : 19.12 \tag{6.2.11}$$

现以磨辊投影面积压强（p_2）为基准，可将主要立式磨机的相对粉磨压强表示于相应的图形中。

不同形式的立式磨机的相对粉磨压强（磨辊投影面积压强 p_2）示意，如图 6.2.18 所示。

在 4 种立式磨机的相对粉磨压强（磨辊投影面积压强 p_2）的 3 种情况中，1 表示立式磨机配用功率时的最大限压，2 表示实际操作时的压强，3 表示立式磨机设计强度时考虑的压强。

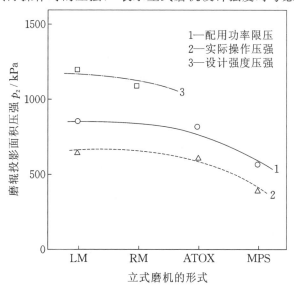

图 6.2.18 不同形式的立式磨机的相对粉磨压强示意

从图 6.2.18 中可以看出,立式磨机 LM 型的相对粉磨压强最高,MPS 型的相对粉磨压强最低,RM 型和 ATOX 型的相对粉磨压强介于其中。从配用功率时的限压来看,LM 型的为 MPS 型的 1.5 倍。若立式磨机的相对粉磨压强增加,则其产量增加,但功率也相应增加。在实际操作时,应尽可能调整到适宜的相对粉磨压强。该值既取决于物料性能和入磨物料的粒度,也取决于立式磨机的结构形式和其他工艺参数。当相对粉磨压强的取值适宜时,立式磨机的功率被称为立式磨机的需用功率。在立式磨机配用电动机时,则需要留有贮备,一般贮备系数为 1.15~1.20。在配用功率时的相对粉磨压强,就是最大操作限压。在实际生产操作时,相对粉磨压强有时可能比操作限压低 25% 以上。在机械强度设计时,往往还需考虑一些特殊原因(例如,进入铁件、强力振动等)所引起的超压。因此,设计压强的取值会更高。

6.2.5.4　磨辊和磨盘的相对尺寸

立式磨机是依靠磨盘和磨辊的碾磨装置来粉碎物料的。因此,其相对尺寸将直接影响到立式磨机的粉磨能力和功率消耗量。不同形式的立式磨机的磨辊的数量和相对尺寸也不相同,同一种立式磨机,随着技术的发展、规格的大型化和特殊要求,其相对尺寸略有差别。

主要立式磨机的磨辊和磨盘的相对尺寸,如表 6.2.4 所示。

表 6.2.4　主要立式磨机的磨辊和磨盘的相对尺寸

磨机类型	LM		ATOX	RM	MPS
磨辊的数量 i /个	2	4	3	2×2	3
D_r(辊径)∶D(盘径)	0.8	0.5	0.6	0.5	0.72
B_r(辊宽)∶D(盘径)	0.229	0.187	0.2	0.143	0.24
B_r(辊宽)∶D_r(辊径)	0.286	0.375	0.333	0.286	0.333

在表 6.2.4 中,辊径是指平均值。盘径,对于 LM 型、RM 型和 ATOX 型立式磨机是指外径;对于 MPS 型立式磨机是指辊道的直径,该值小于其外径,一般约为外径的 1/1.24。表中的比值,也是指平均值。实际上,不同大小的立式磨机,在设计时还要考虑尺寸的圆整,其比值略有变化。

6.2.5.5　磨机的通风量

按照立式磨机粉磨系统物料外循环量大小,可将立式磨机分为风扫式、半风扫式和机械提升式。

对于风扫式立式磨机,无外循环装置,即物料的外循环量等于零,物料靠通过立式磨机的气体被提升到立式磨机上部的选粉机进行选粉,其用风量较大,物料的内循环量也较大。

对于半风扫式立式磨机,有一定的粗料进行外循环,即通过外部的机械输送装置送回到磨机内,其用风量要小一些。

对于机械提升式立式磨机,主要指用作预粉磨的立式磨机,因其内部不带选粉机,出磨物料全靠机械装置送到外部选粉机(或下一级粉磨设备)中,仅有少量的机械密封用风和收尘用风。

对于前两种立式磨机,其通风量可通过出磨废气的含尘浓度来计算,如式(6.2.12)所示。

$$Q = cG \tag{6.2.12}$$

式中　Q——立式磨机的通风量,$\mathrm{m^3/h}$;

　　　c——出磨废气的含尘浓度,对于生料可取 $c = 500 \sim 700 \ \mathrm{g/m^3}$,对于水泥可取 $c = 400 \sim 500$ $\mathrm{g/m^3}$;

　　　G——立式磨机的产量,$\mathrm{kg/h}$。

立式磨机的通风量,也可以按照粉磨室的截面风速来计算,如式(6.2.13)所示。

$$Q = 3600vS \tag{6.2.13}$$

式中 S——粉磨腔的截面面积，m^2；

v——截面风速，对于生料取 $v = 3 \sim 6$ m/s。

当以磨盘面积来计算通风量时，其盘面风速约为截面风速的 2 倍。

另外，应该注意的是，因为立式磨机的产量（G）正比于 $D^{2.5}$，而通风的截面面积（S）正比于 D^2，所以通风量（Q）将随着立式磨机的规格的增大而按 $D^{0.5}$ 增大。

立式磨机的通风量，还可按单位装机功率所需标准状况下的通风量（Q_0）计算，对于 MPS 型和 ATOX 型立式磨机，Q_0 的波动范围为 $Q_0 = 135 \sim 165$ $m^3/(kW \cdot h)$。

立式磨机出磨废气的含尘浓度和截面风速，如表 6.2.5 所示。

表 6.2.5 立式磨机出磨废气的含尘浓度和截面风速

磨机规格	产量 $G/(\text{kg} \cdot \text{h}^{-1})$	通风量 $Q/(\text{m}^3 \cdot \text{h}^{-1})$	废气的含尘浓度 $c/(\text{g} \cdot \text{m}^{-3})$	截面风速 $v/(\text{m} \cdot \text{s}^{-1})$	备注
LM 35.4	190000	370000	514	10.7	水泥生料
LM 50.4		520000		7.4	水泥生料
LM 59.4				5.9	粉磨腔风速
ATOX 50	351000	593114	592	8.4	水泥生料
ATOX 37.5	174000	302965	575	7.6	水泥生料
MPS3450	152800		350~500		水泥生料
ZGM95	35000	63943	541	6.3	电厂用煤
TRM25	80000	127000	630	7.2	水泥生料

从表 6.2.5 中可以看出，MPS 型立式磨机比 LM 型和 ATOX 型立式磨机的风速要小。但是，在粉磨生料时，其出磨废气的含尘浓度比较接近。

上述通风量，是指立式磨机出口处的工况风流量。其中，包括烘干用热风、循环风、立式磨机漏风和密封用风。在进行热平衡计算时，建议考虑立式磨机的漏风系数为 15%～35%（以出立式磨机的通风量为基准）。对于国外产磨机，取其较低值；对于国内产磨机，取其较高值。

立式磨机 UBE-LM 32 的压强损失值（简称压损），如图 6.2.19 所示。

由图 6.2.19 可知，风环的压强损失值高达 665 mmH_2O，占整个系统总压强损失值的 57%。为了降低压强损失值，可采取如下措施：

① 大幅度降低风速，将部分掉料用提升机进行外循环，这样可大量降低压强损失值；

② 适当调整风环圆周方向各区段之间的风速。

在实际操作中，四周的料流是不均匀的。在磨辊后半区的料流较小，在磨辊前半区及两辊之间的料流较大。料流较小的区域，风环的风速可低一些；料流较大的区域，风环的风速可高一些。这可以通过风环的插板改变各区的风环面积来做到。通过调整，不仅可使磨机内循环物料均匀而提高粉磨效率，与此同时，还可使风环处的平均风速适当降低。因而，可以降低此处的阻力约 20%。

不同立式磨机的盘径与风速的关系，如图 6.2.20 所示。

从图 6.2.20 所示的不同立式磨机的盘径与风速的关系可以看出，随着盘径（D）的增大，磨机内的风速（v）增大。在相同盘径条件下，LM 型的风速最大，ATOX 型的风速次之，MPS 型的风速最小。需说明的是，MPS 型的计算基准为辊道的直径，其他则均为盘径（即外径）。因此，实际上，对于磨机

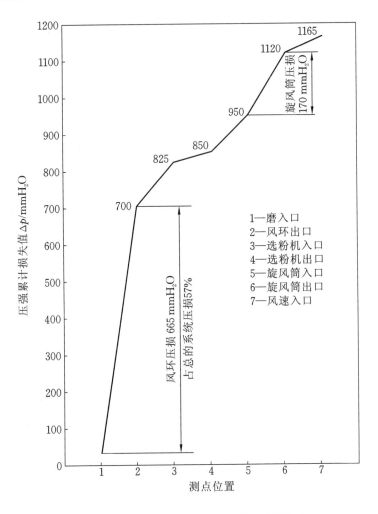

图 6.2.19 立式磨机 UBE-LM 32 的压强损失值

注:1 mmH₂O＝9.81 Pa。

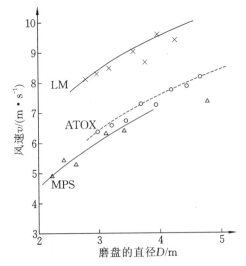

图 6.2.20 不同立式磨机的盘径与风速的关系

内的风速,MPS 型的风速将更小。在标准状态下所配备的单位物料质量的风量,LM 型的为 1.16 m³/kg,ATOX 型的为 1.30 m³/kg,MPS 型的为 1.25 m³/kg。若所配备的单位物料质量的风量相同,则表示可烘干的水分含量相同。因此,在相同烘干条件下,LM 型的通风阻力较高、电耗量略大,而 ATOX 型和 MPS 型的相对较小。在选择排风机时,风量应增加系数 1.15~1.20,以作备用。

6.2.5.6　磨机的功率

磨辊的受力分析,如图 6.6.21 所示。

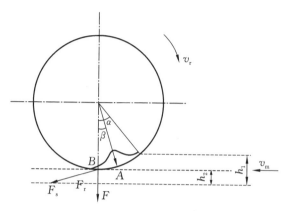

图 6.6.21　磨辊的受力分析

图中的符号及意义:

A、B——作用点;

F——磨辊所受的总压力(液压力与磨辊本身重力之和),kN;

F_r——磨辊与物料之间产生的滚动摩擦力,kN;

F_s——磨辊与物料之间产生的滑动摩擦力,kN;

v_r——磨辊的线速度,m/s;

v_m——磨盘轨道处的线速度,m/s;

h_1——磨盘上压前物料层的厚度,m;

h_2——磨盘上压后物料层的厚度,m;

α——滑动摩擦角(或啮入角);

β——滚动摩擦角(或作用角)。

计算立式磨机的总需用功率,可首先计算单个磨辊需用功率(N_i),即每一个磨辊的力矩(T)与角速度(ω)的乘积。

单个磨辊对磨盘中心的转矩(M),如式(6.2.14)所示。

$$M = F \cdot D_m/2 \cdot \sin\beta \tag{6.2.14}$$

式中　M——单个磨辊对磨盘中心的力矩,kN/m;

F——单个磨辊所受的总压力,kN;

β——滚动摩擦角(或作用角),(°);

D_m——磨辊的平均辊道直径,m。

由于磨辊的角速度 $\omega_r = v_r/(D_m/2) = 2\pi n$,因此,单个磨辊的需用功率($N_i$)的计算公式,如式(6.2.15)所示。

$$N_i = T \cdot \omega_r = (F \cdot D_m/2 \cdot \sin\beta) \cdot (2\pi n/60) \tag{6.2.15a}$$
$$= F \cdot \pi \cdot D_m \cdot n/60 \cdot \sin\beta$$

或
$$N_i = T \cdot \omega_r = (F \cdot D_m/2 \cdot \sin\beta) \cdot v_r/(D_m/2)$$ (6.2.15b)
$$= F \cdot v_r \cdot \sin\beta$$

立式磨机的总需用功率,为每一个磨辊需用功率(N_i)与磨辊的数量(i)的乘积。其计算公式,如式(6.2.16)所示。

$$N_0 = N_i \cdot i = i \cdot F \cdot \pi \cdot D_m \cdot n/60 \cdot \sin\beta$$ (6.2.16a)
$$N_0 = N_i \cdot i = i \cdot F \cdot v_r \cdot \sin\beta$$ (6.2.16b)

或

式中 i——磨辊的数量;

  n——磨机的转速,r/min。

若以磨辊的投影面积压强$[p_2 = F/(D_r \cdot B_r)]$代替总压力($F$),则有:
$$N_0 = i \cdot p_2 \cdot D_r \cdot B_r \cdot \pi \cdot D_m \cdot n/60 \cdot \sin\beta$$ (6.2.17a)
$$N_0 = i \cdot p_2 \cdot D_r \cdot B_r \cdot v_r \cdot \sin\beta$$ (6.2.17b)

或

由于D_r、B_r、D_m均与D有一定的比例关系,代入式(6.2.17)可得:
$$N_0 = K_1 i p_2 D^{2.5} \sin\beta$$ (6.2.18)

式中 N_0——磨机的需用功率,kW;

  i——磨辊的数量;

  p_2——单个磨辊的投影面积压强,kPa;

  β——滚动摩擦角(或作用角),(°);

  D——磨盘的直径,m;

  K_1——磨机的动力系数。

由式(6.2.18)可知,磨机的需用功率(N_0)与盘径(D)的2.5次方成正比,并与单个磨辊的投影面积压强(p_2)成正比。

在磨机配用电动机时,应有必要的备用系数,所以磨机的配用功率为:
$$N_0 = K_1 K_2 i p_2 D^{2.5} \sin\alpha$$ (6.2.19)

式中 K_2——功率备用系数,一般为1.15~1.20。

6215-视频

对同一形式磨机,其适宜的操作压强p_2值,对于一定的物料而言相差不大,因此每一种规格有其相当的需用功率以及适宜的配用功率。即配用功率是根据需用功率确定的,而配用功率确定后也规定了磨机的最大操作限压。所以式(6.2.19)亦可写成:
$$N = KD^{2.5}$$ (6.2.20)

式中 K——常数。

不同形式磨机的配用功率,如表6.2.6所示。

表 6.2.6 不同形式磨机的配用功率

型号规格	配用功率 N /kW	型号规格	配用功率 N /kW	型号规格	配用功率 N /kW	型号规格	配用功率 N /kW
LM 28:40	1180	ATOX 30	1000	RM 36	1120	MPS 2250	500
LM 30:40	1400	ATOX 32.5	1200	RM 41	1500	MPS 2450	630
LM 32:40	1600	ATOX 35	1450	RM 46	1865	MPS 2650	735
LM 34:40	1850	ATOX 37.5	1750	RM 51	2238	MPS 2900	900
LM 36:40	2120	ATOX 40	2050	RM 54	3270	MPS 3150	1100
LM 38:40	2450	ATOX 42.5	2400	RM 59	4200	MPS 3450	1250

型号规格	配用功率 N /kW	型号规格	配用功率 N /kW	型号规格	配用功率 N /kW	型号规格	配用功率 N /kW
LM 40:40	2800	ATOX 45	2750			MPS 3750	1500
LM 43:40	3200	ATOX 47.5	3150			MPS 4150	1850
LM 45:40	3750	ATOX 50	3550			MPS 4500	2120
LM 48:40	4400					MPS 4850	2700
LM 50:40	5000					MPS 5300	3250

表 6.2.6 中所列数据是正常系列,在特殊条件下,配用功率的出入较大。

不同形式立式磨机正常配备功率的计算式,如表 6.2.7 所示。

表 6.2.7　不同形式立式磨机正常配备功率的计算式

磨机形式	LM	ATOX	RM	MPS
配备功率计算式	$N=87.8D^{2.5}$	$N=63.9D^{2.5}$	$N=42.2D^{2.5}, D<51$	$N=64.5D_m^{2.5}, D<3150$
			$N=49.0D^{2.5}, D>54$	$N=52.7D_m^{2.5}, D>3450$

6.2.5.7　磨机的磨损

立式磨机的一个主要缺点是,当粉磨磨蚀性大的物料时,辊套、磨盘衬板的磨损较大,从而影响磨机的运转率和磨机产量,运行费用也相应提高。一般认为,当辊套使用寿命低于 6000 h 时,不宜采用立式磨机。因此,在进行工艺方案比较时,磨蚀性是一个重要方面。对于原料而言,磨蚀性较大的原料有石英(砂)岩、含燧石的石灰石等,其中影响磨蚀性的主要是物料中 f-SiO$_2$ 的含量(质量分数,%)。

非凡公司指出,尺寸超过 100 μm 的 f-SiO$_2$ 的含量不应超过 4%。

史密斯公司认为,尺寸超过 45 μm 的 f-SiO$_2$ 的含量超过 5% 时会显著减少磨盘衬板的寿命。

伯力鸠斯公司认为,尺寸超过 90 μm 的 f-SiO$_2$ 的含量不应超过 5%~6%。

易磨损件的寿命(τ),可按式(6.2.21)进行计算。

$$\tau = k\frac{G}{Q \cdot g} \times 10^6 \tag{6.2.21}$$

式中　τ——易磨损件的寿命,h;

　　　G——易磨损件的质量,t;

　　　Q——磨机的产量,t/h;

　　　k——磨损系数,指允许的磨损程度,可取 0.4~0.6;

　　　g——磨耗量,g/t。

对于磨蚀性较大的物料,在选用立式磨机时应注意采用较好的耐磨材料,同时适当加大辊套和磨盘衬板的厚度,还应尽量选用磨盘、辊套磨损后对产量影响不大的立式磨机。以前立式磨机未能在水泥粉磨方面推广应用的一个重要原因是磨损问题。但是,越来越多的试验和生产实践表明,只要材质选用得当、设计合理,磨损问题并不像人们想像得那么严重。

6.2.6　立式磨机的操作控制

6.2.6.1　立式磨机粉磨系统的主要配置

由于立式磨机的诸多优点,在新建的现代化水泥企业中其已成为水泥生料粉磨的首选设备。

在某水泥熟料生产规模 $M=5000$ t/d 的生产线中,水泥生料立式磨机粉磨系统的主要配置,如表6.2.8 所示。

表 6.2.8　在某水泥熟料生产线中水泥生料立式磨机粉磨系统的主要配置

工艺设备	TRM 型立式磨机粉磨系统	HRM 型立式磨机粉磨系统	ATOX-50 立式磨机粉磨系统
生产能力 G /(t·h^{-1})	400～450	420～460	400～410
入料粒度 d/mm	<80	<100	>100mm(2%)
产品细度 $R_{0.08}$,%	≤12	≤16	≤12
处理风量 Q/(m³·h^{-1})	640000～714441	820000～900000	850000～950000
入磨水分含量 $w(H_2O)$,%	≤7	≤6	≤8
出磨水分含量 $w(H_2O)$,%	≤1	≤1	≤0.5
入磨风温 t/℃	253	250	250
出磨风温 t/℃	90	90	80～95
立式磨机规格	TRM 53.4 磨辊直径:2450(mm) 磨辊数:4个 磨盘直径:ϕ5300(mm) 磨盘转速:25.57(r/min)	HRM 4800 磨辊直径:2600(mm) 磨辊数:4个 磨盘直径:ϕ4800(mm) 磨盘转速:25.6(r/min)	ATOX-50 磨辊规格:ϕ3000(mm) 磨辊数:3个 磨盘直径:ϕ5000(mm) 磨盘转速:25(r/min)
电机	型号:YRKK900-6 电压:6 kV 功率:4200 kW	型号:YRKK900-6 电压:6 kV 功率:3800 kW	型号:YKK900-6 电压:10 kV 功率:3800 kW
减速机	型号:JLP400-WX3 速率比:39.368:1	型号:MLX400 速率比:38.9:1	型号规格:KMP710 速率比:39.42:1

6216-视频

表 6.2.8 所列的几种立式磨机的主要技术参数是设计参数。在生产操作中,对于不同型号的立式磨机、不同的生产工艺线,其操作控制参数需要根据出磨生料的目标值来进行调整和确定,而使系统的温度和压强合理分布,保持立式磨机的压强差、料层的厚度、主电机的电流及磨体振动等参数的波动范围处于正常范围,风量、料量和压强之间始终处于平衡状态,操作制度稳定,使之达到优质、高产、降耗和环保。

下面以 ATOX-50 为例,分析其主要经济技术指标及影响因素及其操作控制。

(1)料床的稳定

维持料床的稳定,是立式磨机料床粉磨的基础和正常运转的关键。料层的厚度可通过调节挡料圈的高度来调整,合适的厚度以及它们与磨机产量之间的对应关系,应在调试阶段首先确定。若料层太厚,则粉磨效率降低;若料层太薄,则将引起振动。若粉磨压强加大,则产生的细粉较多,料层将变薄;若粉磨压强减少,则磨盘上的物料变粗,相应返回的物料较多,料层变厚。若磨机内的风速提高,则增加内部循环,料层增厚;若磨机内的风速降低,则减少内部循环,料层减薄。在正常运转下,立式磨机经磨辊压实后,其料床厚度的下限值以 40～50 mm 为宜。

(2)粉磨压强的控制

粉磨压强是影响磨机产量、粉磨效率和磨机功率的主要因素。立式磨机是借助于对料床施以高压而粉碎物料的,若压强增加则产量增加,但达到一定的临界值后则不再变化。若压强继续增加,随之而来的则是功率的增加,导致单位质量物料的能耗的增加,因此,适宜的粉磨压强,则要产量和能耗二者兼顾。该值取决于物料性质、粒度以及喂料量。在试生产时要确定合适的粉磨压强以及合理的风速,可以形成良好的内部循环,使磨盘上的物料层适当、稳定,粉磨效率高。在生产工艺中,当风环面积一定时,风速由风量决定与生产工艺能力之间的对应关系,以保证粉磨效果。

（3）入磨及出磨风温的控制

立式磨机是烘干兼粉磨的系统,出磨气体的温度是衡量烘干作业是否正常的重要指标。为了保证原料烘干良好,出磨物料的水分含量应小于 0.5%,一般控制磨机出口温度为 80~95 ℃。若温度太低,则成品的水分含量较大,将使粉磨效率和选粉效率降低,有可能造成收尘系统发生冷凝现象;若温度太高,则表示烟气降温增湿不够,也会影响到收尘效果。

（4）合理风速的控制

入磨热风,主要来源于回转窑系统的废气(也有工艺系统采用热风炉提供热风,为了调节风温和节约能源,在入磨前还可兑入冷风和循环风)。采用预分解窑废气作热风源的系统,希望废气能全部入磨利用。若有余量,则可通过管道将废气直接排入收尘器。若废气全部入磨仍不够,则可根据入磨废气的温度来确定兑入部分冷风或循环风。风量由风速决定,而风量与喂料量相联系。若喂料量大,则风量应大;反之,则减小。风机的风量受系统阻力的影响,可通过调节风机的阀门来调整。磨机的压强降、进磨负压强、出磨负压强,均能反映风量的大小。若压强降较大、负压强较大,则表示风速较大、风量较大;反之,则相应的风速、风量较小。若这些参数稳定,则就表示风量稳定,从而保证了料床的稳定。

（5）立式磨机的拉紧杆压力的控制

ATOX 型立式磨机的研磨力,主要来源于液压拉紧装置。通常状况下,确定拉紧压力的大小,主要考虑物料特性及磨盘料层厚度。若挤压力越大,则破碎程度越高。因此,越坚硬的物料,所需的拉紧力越高。同理,料层越厚,所需的拉紧力也越大。否则,粉磨效果不好。

对于易碎性较好的被磨物料,拉紧力过大是一种浪费,在料层薄的情况下,还往往造成振动。而易碎性较差的物料,所需的拉紧力较大,若料层偏薄则会取得更好的粉碎效果。拉紧力选择的另一个重要依据是磨机主电机的电流,在正常工况下不允许超过额定电流,否则应调低拉紧力。

（6）生料细度的控制

影响产品细度的主要因素,是分离器的转速和该处的风速。在分离器转速不变时,若风速越大,则产品细度越粗。而风速不变时,若分离器的转速越快,则产品颗粒在该处获得的离心力越大,能通过的颗粒直径越小,产品细度越细。通常状况下,出磨风量是稳定的,该处的风速的变化也不大。因此,控制分离器的转速是控制产品细度的主要手段。一般 0.08 mm 方孔筛的筛余值控制为约 $R_{0.08} = 12\%$,即可满足回转窑对生料细度的要求。若生料细度过细,则不仅会降低产量、浪费能源,而且会提高磨机内的循环负荷量,导致压强差不好控制。

分离效果是影响循环负荷量的主要因素之一。分离效果取决于由分离器的转速和磨机内的风速所构成的流体流场。通常状况下,若分离器的转速提高,则出磨产品变细。在风量和负荷量不变的情况下,细度可以通过手动改变转速来调节,调节时每次最多增大(或减小)2 r/min。若调节量过大,则会导致磨机振动加大甚至跳闸。

（7）立式磨机吐渣量的控制

正常情况下,ATOX-50 立式磨机喷口环的风速约为 50 m/s。这个风速既可将物料吹起,又允许夹杂在物料中的金属和大密度的杂石从喷口环处跌落而经刮板清出磨机外,所以有少量的杂物排出是正常的。这个过程称为吐渣。但是,若吐渣量明显增大,则需要及时加以调节,稳定工况。造成大量吐渣的原因,主要是喷口环处风速过低。

造成喷口环处风速低的主要原因如下:

① 系统通风量失调

由于气体流量计失准或其他原因，将导致系统的通风量大幅度下降。喷口环处风速降低，将造成大量吐渣。

② 系统漏风严重

虽然风机和气体流量计处的风量没有减少，但由于磨机和出磨管道、旋风筒、收尘器等大量漏风，将造成喷口环处的风速降低，使吐渣严重。

③ 喷口环通风面积过大

喷口环通风面积过大的现象，通常发生在物料易磨性较差的磨机上。由于物料的易磨性较差，在保持同样的"台时能力"时所选立式磨机的规格较大，在产量没有增加时，通风量不需按规格增大而同步增大，但喷口环的截面面积增大了。如果没有及时降低通风面积，则会造成喷口环的风速较低而吐渣较多。

④ 磨盘与喷口环处的间隙增大

该处间隙一般为 5～8 mm，若用以调整间隙的铁件磨损或脱落，则会使这个间隙增大，热风从这个间隙通过，从而降低了喷口环处的风速而造成吐渣量增加。

⑤ 磨机内密封装置被损坏

磨机的磨盘座与下架体之间(或在 3 个拉架杆上)有上、下两道密封装置，如果这些地方密封被损坏，漏风严重，将会影响喷口环的风速，造成吐渣加重。

(8) 立式磨机压强差的控制

立式磨机的压强差，是指运行过程中分离器下部磨腔与热烟气入口处的静压强之差。这个压强差主要由两部分组成：一是热风入磨的喷口环造成的局部通风阻力，在正常工况下，大约有 2000～3000 Pa；另一部分是从喷口环上方到取压点之间充满悬浮物料的流体阻力。这两个阻力之和构成了磨床的压强差。在正常运行的工况下，出磨风量保持在一个合理的范围内，喷口环的出口风速一般约为 50 m/s。因此，喷口环的局部阻力的变化不大，磨床的压强差的变化就取决于磨腔内流体阻力的变化。这个变化的由来，主要是流体内悬浮物料量的变化。悬浮物料量的大小，一是取决于喂料量的大小，二是取决于磨腔内循环物料量的大小。喂料量是受控参数，在正常状况下是较稳定的。因此，压强差的变化就直接反映了磨腔内循环物料量的大小。

在正常工况下，磨床的压强差应是稳定的。这标志着入磨物料量和出磨物料量达到了动态平衡，循环负荷量稳定。一旦这个平衡被破坏，循环负荷量发生变化，压强差将随之变化。若压强差的变化不能被及时有效地控制，必然会给运行过程带来不良后果。

压强差的变化，主要有以下几种情况：

① 若压强差降低，则表明入磨物料量少于出磨物料量，循环负荷量降低，料床厚度逐渐变薄，当薄到极限时会发生振动而停磨。

② 若压强差不断增高，则表明入磨物料量大于出磨物料量，循环负荷量不断增加，最终会导致料床不稳定或吐渣严重，造成饱磨而振动停车。

6217-视频

③ 压强差增高的原因，是入磨物料量大于出磨物料量。一般不是因为无节制的加料而造成的，而是因为各个工艺环节不合理，造成出磨物料量减少。出磨物料应是细度合格的产品。若料床粉碎效果较差，则必然会造成出磨物料量减少，循环负荷量增多；若粉碎效果很好，但选粉效率低，则也同样会造成出磨物料减少。

6.2.6.2　立式磨机运行操作中的注意事项

① 密切监控磨机进出口处压强差的变化和原料的稳定供给，尽可能避免原料配料仓内结拱堵料或塌料而造成原料磨机供料不足或喂料过量。

② 密切监控磨机进出风的温度变化,防止当烧成系统生产异常时出预热器废气的温度骤变而使进磨机的热风温度与风量发生过大变化,进而可能引起磨机工况波动剧烈和综合链锁反应,导致事故而紧急停车。

③ 当发生正常运行中可能出现的磨机主减速机的轴承温度过高、磨振过大等重大故障之一时,都必须停磨机,平时必须密切监控磨机的主轴承,主减速机轴承,主电机轴承和三大风机(预热器风机,磨机排风机,电收尘排风机)的轴承温度。

④ 无论发生哪一种故障,首先要对故障原因、对工艺生产与设备安全保护的影响程度以及排除故障预计所需时间及时做出准确的判断,然后根据轻重主次,以"先单机停车,其次分组停车,最终迫不得已才系统停车"的原则来实施故障处理,尽可能快地恢复正常生产。

⑤ 建立车间日常的维护保养制度,每班必须对磨机等进行检查,通过勤监视、勤检查、勤联系,以便及时发现问题,尽快采取正确的应变措施,使系统工作状态能稳定在最佳操作控制范围内。

⑥ 磨机负荷控制回路,只允许在系统工作基本稳定的情况下才能投入使用。

⑦ 出口风温通常控制约为 $80 \sim 95\,^{\circ}\mathrm{C}$(若温度太低、成品水分含量太大,则可能造成收尘系统发生冷凝现象,影响收尘效果。但最高不允许超过 $120\,^{\circ}\mathrm{C}$,否则,软连接将会受损失)。控制措施:通过调整增湿塔的喷水量而调整一定的入磨风温。

⑧ 在一定喂料量下,若成品细度粗,则磨机内进料与出料的平衡将被破坏,虽然产量高但磨机料层变薄,磨机的负荷量减小,易使磨机振动,成品细度不合格。这在监控参数上表现为立式磨机的料层薄、主电机的电流低于规定值,应减少系统风量或增加分离器转速。反之,应增大系统风量或减少分离器转速。

6.2.6.3　立式磨机的主要经济技术指标及影响因素

立式磨机的主要经济技术指标,有产量、电耗量、化学成分合格率、出磨水泥生料细度及水分含量等。

立式磨机的主要经济技术指标的影响因素如下:

(1) 影响出磨水泥生料细度的主要因素

分离器的转速和该处的风速,是影响出磨生料细度的主要因素。在操作中,一般风速不能任意调整,因此,调整分离器转速为产品细度控制的主要手段。分离器是变频无级调速,若转速越高,则产品的细度越细。立式磨机的产品细度是很均齐的,但不能过细,应控制在要求范围内,理想的细度应为 $R_{0.08}=9\% \sim 12\%$。若产品太细,则既不易操作而又造成浪费。

(2) 影响出磨水泥生料水分含量的因素

入磨风温和风量,影响出磨水泥生料的水分含量。在操作中要尽量做到风量基本恒定而不应随意变化,因此,入磨风温就决定了物料出磨水分含量。在北方地区,为了防均化库在冬季出现问题,一般出磨物料水分含量应在 0.5% 以下,不应超过 0.7%。

(3) 影响磨机产量的因素

物料本身的性能和磨辊的拉紧压力、料层厚度的合理配合等,影响着磨机产量。若拉紧压力越高,则研磨能力越大、料层越薄,粉磨效果越好。但是,必须要在平稳运行的前提下追求产量,否则,事与愿违。当然,磨机内的通风量应满足要求。

(4) 产品的电耗量

产品的电耗量与磨机产量紧密相关。若产量越高,则单位电耗量越低。另外,与合理用风有关,若产量较低,用风量很大,则势必增加风机的电耗量。因此,通风量要合理调节,在满足喷口环风速、出磨风量和含尘浓度的前提下,不应使用过大的风量。

[知识测试题]

一、填空题

1. 立式磨机的构造,包括_____机构、_____机构、_____机构和_____机构。

2. LM 型磨机指的是_____。

3. 立式磨机加压系统的加压方式有_____和_____。

4. 立式磨机粉磨系统的产品需要通过_____才能收集。

5. 物料的易磨性是表示物料本身被粉碎的难易程度的一种物理性质。物料_____越大,物料越容易被粉磨,磨机产量越高。

6. 物料中的水分按其与物料结合的方式,可分为_____、_____、_____三类。

二、选择题

1. 立式磨机系统可广泛地用于粉磨( )。

A. 煤　　　　　　B. 水泥生料　　　　　C. 水泥　　　　　　D. 混合材料

2. ( )的立式磨机粉磨系统适用于现代化水泥厂水泥生料的粉磨。

A. 设有旋风筒和循环风　B. 不设旋风筒、循环风

3. 风量( ),气体携带能力较弱,"过粉磨"现象严重,粉磨效率下降。

A. 过大　　　　　　B. 过小

4. 旋风式选粉机支风管阀门开大产品( )。

A. 变粗　　　　　B. 变细　　　　　　C. 细度不变　　　　D. 温度下降

5. 主机启动前不能自动抬起磨辊的立式磨机是( )。

A. LM 型　　　　　B. MPS 型　　　　　C. CK 型

6. 可以空载启动的立式磨机是( )。

A. LM 型　　　　　B. MPS 型　　　　　C. CK 型

三、判断题

1. 各类立式磨机的主要差别在于磨辊、磨盘形状的不同。　　　　　　　　( )

2. 立式磨机开车和停车时,磨盘上无料。　　　　　　　　　　　　　　( )

四、简答题

6219-文本

1. 与球磨机相比较,立式磨机的优越性体现在哪些方面?

2. 简述立式磨机的结构组成。

3. 简述立式磨机的工作原理。

[能力训练题]

1. 试为水泥熟料生产规模 $M=5000$ t/d 的生产线选择立式磨机粉磨系统的工艺和设备配置,绘制工艺图,列出设备表。

6.3 水泥生料辊压机终粉磨系统的工艺选择

（1）任务描述

本任务的学习内容包括 4 个方面：

① 水泥生料辊压机终粉磨系统的工艺流程；

② 辊压机的结构组成、工作原理、工艺参数和产品规格；

③ 打散分级机；

④ V 形选粉机。

学习重点：水泥生料辊压机终粉磨系统的工艺流程，辊压机的结构组成、工作原理和工艺参数。

学习难点：水泥生料辊压机终粉磨系统的操作控制。

（2）知识目标

掌握水泥生料辊压机终粉磨系统的工艺流程、工艺配置、设备构造、工作原理和参数计算。

6301-文本

（3）能力目标

① 能根据水泥生料粉磨要求选择辊压机终粉磨系统的主机设备配置；

② 能描述水泥生料辊压机终粉磨系统的主要设备的构造、工作过程，能计算相应的工艺参数。

6302-ppt

6.3.1 水泥生料辊压机终粉磨系统的工艺流程

6.3.1.1 工艺流程

随着新型干法水泥生产技术的不断创新及新设备、新工艺的不断应用，现阶段推出的生料辊压机终粉磨工艺，比立式磨机粉磨系统更节电（辊压机终粉磨的耗电量为 11～13 kW·h/t、立式磨机粉磨电耗量一般为 18 kW·h/t）。

6303-视频

水泥生料辊压机终粉磨系统的工艺流程示意，如图 6.3.1 所示。

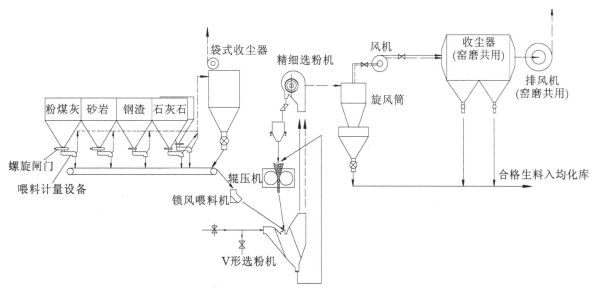

图 6.3.1 水泥生料辊压机终粉磨的工艺流程示意

水泥生料辊压机终粉磨系统的工艺布置立面图,如图6.3.2所示。

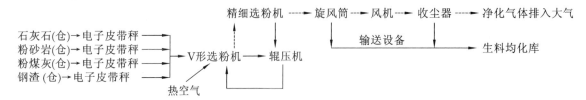

图6.3.2 水泥生料辊压机终粉磨系统的工艺布置立面图

6.3.1.2 工艺及设备配置

水泥熟料生产规模 M＝2500 t/d 的水泥生料辊压机终粉磨系统工艺及设备配置,如表6.3.1所示。

不同水泥熟料生产规模(M)的水泥生料辊压机终粉磨系统工艺及设备配置,如表6.3.2所示。

表6.3.1 水泥熟料生产规模 M＝2500 t/d 的水泥生料辊压机终粉磨系统工艺及设备配置

设备名称	设备描述	备注
辊压机	型号:CLF180-100 轧辊直径:1800 mm 轧辊宽度:1000 mm 通过量:553～844 t/h 料片厚度:45～50 mm 电机功率:2×900 kW	
选粉机	型号:XR3200 处理风量:300000～340000 m³/h 电机功率:75 kW	粗粉及水泥生料成品分选
板链斗式提升机	型号:NSE700 料斗速度:1.1 m/s 电机功率:110 kW	提升料饼入 V 形选粉机
板链斗式提升机	型号:NSE700 料斗速度:1.1 m/s 电机功率:90 kW	V 形选粉机物料入恒量仓
旋风收尘器	规格:2-φ4500 mm 处理风量:310000～400000 m³/h 设备阻力:1～1.5 kPa	料-气分离,收下合格水泥生料粉
系统风机	型号:3222DIBB24 双吸入单出风量:400000 m³/h 风压:6200 Pa 转速:700 r/min 功率:1000 kW 调速方式:液力耦合器调速	用于 V 形选粉机及选粉机通风
稳流恒量仓	规格:φ3000 mm	储存循环料,稳定物料过饱和喂入辊压机

表 6.3.2　不同水泥熟料生产规模(M)的水泥生料辊压机终粉磨系统工艺及设备配置

水泥熟料生产规模	2500 t/d	3200 t/d	4000 t/d	5000 t/d
产量要求(t/h)	200～220	260～280	320～350	400～440
细度 $R_{0.08}$(%)	14($R_{0.20}<2\%$)			
原始条件	水分含量为 6%,中等易磨性			
系统电耗量(kW/h)	12～14			
辊压机	RP180/120	RP180/140	RP180/170	RP220/160
	2×1120 kW	2×1250 kW	2×1600 kW	2×2000 kW
	780 t/h	900 t/h	1300 t/h	1500 t/h
组合式选粉机	TVSu340	TVSu360	TVSu430	TVSu520
	350000 m³/h	380000 m³/h	500000 m³/h	700000 m³/h
	90 kW	110 kW	132 kW	200 kW
风机	420000 m³/h	450000 m³/h	600000 m³/h	850000 m³/h
	7000 Pa	7000 Pa	7000 Pa	7000 Pa
	1120 kW	1250 kW	1600 kW	2000 kW

6.3.2　辊压机

辊压机,又名挤压磨机或辊压磨机,是国际上 20 世纪 80 年代中期发展起来的新型水泥节能粉磨设备,替代(或者协同)能耗高、效率低的球磨机而配置成终粉磨系统,并且具有降低钢材消耗量及噪声的功能,适用于粉磨水泥熟料、粒状高炉矿渣、水泥原料(石灰石、砂岩、页岩等)、石膏、煤、石英砂、铁矿石等。目前,新建的新型干法水泥企业,大多采用辊压终粉磨系统完成生料的粉磨过程。

6.3.2.1　辊压机的结构组成与工作原理

辊压机与立式磨机的粉磨原理类似,都有料床挤压粉碎特征,但二者又有明显差别。立式磨机是借助于磨辊和磨盘的相对运动碾碎物料,属非完全限制性料床挤压物料;辊压机是利用两个磨辊(两者速率相同、相向转动)对物料实施压力,被粉碎的物料因受挤压而形成密实的料床,颗粒内部产生强大的应力,使之产生裂纹而粉碎。出辊压机后的物料形成了强度很低的料饼,经打散机打碎后,产品中粒度 $d<2$ mm 的颗粒约为 80%～90%。辊压机在与球磨机共同组成的联合粉磨系统中,起到预粉碎的作用。另外,辊压机还可以独立组成终粉磨系统,完成生料(或水泥)的最终粉磨任务。

辊压机的结构组成及粉碎过程示意,如图 6.3.3 所示。

6304-视频

6305-微课

6.3.2.2　辊压机的主要部件

(1) 挤压辊

磨辊是辊压机的关键部件。它主要由装有耐磨材料辊面的挤压辊、双列向心球面轴承、可以水平移动的轴承座等组成。挤压辊有两种结构形式:镶套压辊和整体压辊。辊面有光滑和沟槽两种。

光滑辊面,在制造或维修方面的成本都比较低,辊面一旦腐蚀也容易修复。光滑辊面的主要问题在于:当喂料不稳定时,出料流量也随之波动,容易引起压辊负荷波动超限,产生振动和冲击,进而影响辊压机的安全稳定运转;光滑辊面咬合角较小,挤压后的料饼较薄,与相同规格的沟槽辊压机相比,

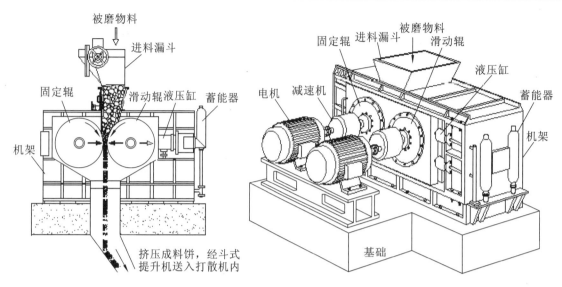

图 6.3.3 辊压机的结构组成及粉碎过程示意

其产量较低。

为克服上述缺点,辊面采用了多种形式的带有一定沟槽的纹棱辊面,既提高了对物料的挤压效率,同时也延长了使用寿命。

挤压辊的辊面花纹示意,如图 6.3.4 所示。

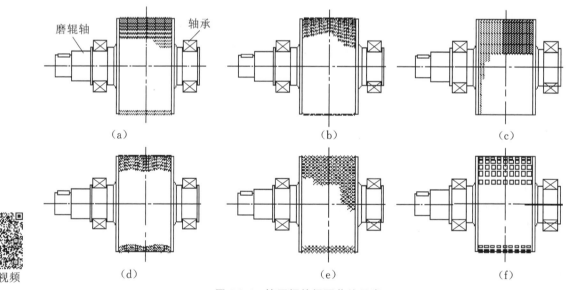

6306-视频

图 6.3.4 挤压辊的辊面花纹示意

(a)"一"字形纹棱护层;(b)"人"字形纹棱护层;(c)环形纹棱护层;(d)双锯齿形纹棱护层;(e)方格网状护层;(f)方钢形护层

(2)挤压辊的支承

磨辊轴支承在重型双列自动调心滚子轴承上(也有辊压机的挤压辊轴采用多列圆柱滚子轴承与推力轴承相结合的支承结构),一个挤压辊的两个轴承分别装入用优质合金钢铸成的轴承箱内,作为固定轴承(即轴承在其轴承箱内不可轴向移动)。由于温度变化引起的挤压辊轴长度变化,是通过轴承箱在框架内的移动得以补偿。为了减小滑动摩擦,在机架导轨面上固结有聚四氟乙烯面层。在轴承设计时,辊子轴向力按总压力的 4% 考虑,并允许一侧的轴承箱留有轴向移动量。通过这些措施确保了轴承箱的精确导向。

（3）传动装置

为了满足活动辊子水平移动而又保持两辊平行,辊压机常用的传动系统有双传动和单传动两种。

6307-视频

在双传动系统中,两挤压辊分别由电动机经多级行星齿轮减速机带动,两端采用端面键（扁销键）连接起来。有的电动机与减速机间的转矩是经万向轴来传递的,在这种情况下,为了防止传动系统过载而装有安全联轴器。在驱动功率较小的装置中,也成功地采用三角带传动。只要没有特殊要求,辊压机就可采用鼠笼式电动机,做恒转速驱动。

在单传动系统中,将两个挤压辊由一台电动机经一双路圆柱齿轮减速机及中间轴和圆弧齿轮联轴器驱动。单传动目前采用得很少。

（4）液压系统

辊压机所需压力,由液压系统提供并在两辊之间保持有一定的间隙,保证物料在高压下通过。当辊缝中进入铁件类异物时,在 PLC(Programmable Logic Controller,可编程逻辑控制器)控制下的辊子能自动后退,当异物掉下去后两个辊子重新保持原来的间隙,辊压机可继续工作,从而保护辊面且延长其使用寿命。

液压系统,由油泵装置、电磁球阀、安全球阀、单向阀、油缸、蓄能器、压力传感器、耐震压力表及回油单向节流阀等液压元件所组成。

6308-视频

液压系统采用 4 个液压缸(小型辊压机采用 2 个液压缸),操作压强为 17～25 MPa,试验压强为 32 MPa。活动辊的两端各设 2 个液压缸,上下毗邻。虽然由一个液压站供油,但分两个系统驱动。这样,当所喂物料的物理性能不均齐而使活动辊发生偏移时,它能使其尽快恢复到与固定辊保持平行的状态。液压系统的显著特点,是采用 2 个大的及 2 个小的充氮蓄能器。小的蓄能器承受活动辊因物料硬度不同而产生的压强变化;若在磨辊间有异物,工作压强骤增至很大值时,则大的蓄能器工作,避免了频繁开启,也克服了单一蓄能器突然关闭时产生巨大的压强峰值。

（5）喂料装置

6309-视频

喂料装置的内衬,采用耐磨材料。喂料装置是弹性浮动的料斗结构,料斗围板(即辊子 2 个端面的挡板)用碟形弹簧机构使其随辊子滑动面浮动。用一丝杆机构随料斗围板上下滑动,可使辊压机产品的料饼厚度发生变化,适应不同物料的挤压。

（6）辊压机的主机架

6310-视频

辊压机的主机架,采用焊接结构,由上下横梁及立柱所组成,相互之间用螺栓连接。固定辊的轴承座与底架端部间有橡皮起缓冲作用,活动辊的轴承底部衬以聚四氟乙烯,支撑活动辊轴承座处铆有光滑镍板。

6.3.2.3　辊压机的主要参数

（1）辊子的直径和宽度

辊压机辊子的直径(D)与所喂料的最大粒度(d_{max})的关系,如式(6.3.1)所示。

$$D = K_d d_{max} \tag{6.3.1}$$

式中　D——辊子的直径,mm;

　　　d_{max}——所喂料的最大粒度,mm;

　　　K_d——系数,由统计所得,$K_d = 10\sim24$。

辊压机辊子的直径(D)与长度(L)之比值为:$D/L = 1\sim2.5$。

6311-视频

当 D/L 较大时,辊子容易咬住大块物料,其向上弹的可能性不大。压力区的高度较大,物料的受压过程较长,辊子运转平稳。不过,辊子在运转时会出现边缘效应。

但是,当 D/L 较小时,情况与上述相反。

(2) 辊压机的辊缝隙

辊缝隙,即辊压机两个辊子之间的空隙。在两个辊子的中心线连线上的最小辊缝隙(S_{min})的计算公式,如式(6.3.2)所示。

6312-视频

$$S_{min} = K_s D \tag{6.3.2}$$

式中　S_{min}——两个辊子的中心线连线上的最小辊缝隙;

　　　　K_s——最小辊缝隙系数,对于水泥原料取 $K_s=0.020\sim0.030$,对于水泥熟料取 $K_s=0.016\sim0.024$;

　　　　D——辊子的外直径,mm。

(3) 辊压机的压强

6313-视频

对于石灰石和水泥熟料而言,辊压机的工作压强控制着辊子的间隙和物料的压实度,其控制值一般为 $p=140\sim180$ MPa,设计最大压强为 $p_{max}=200$ MPa。辊压机出料中的细粉含量,随着辊压强的增加而增加。但是,增加速率在不同的压强范围内是不同的。在临界压强时,细粉含量急剧增加;若超过临界压强,则细粉含量无明显增加。

(4) 辊压机的辊转速

6314-视频

辊压机的辊速,采用圆周速度(v)或转速(n)表示。辊压机的转速与其生产能力、功率消耗量、运行稳定性有关。若辊压机的转速较高,则其生产能力较大。不过,辊子与物料之间的相对滑动也增加,咬合不良,辊面磨损加剧,对产量和细度也会产生不利影响。

辊压机的转速的计算公式,如式(6.3.3)所示。

$$n = \sqrt{\frac{K}{D}} \tag{6.3.3}$$

式中　n——辊子的转速,r/min;

　　　　K——因物料不同的系数,由实验得出(例如,对于回转窑水泥熟料,$K=660$);

　　　　D——辊子的外直径,m。

生产实践表明,辊子的圆周速率以 $v=1.0\sim1.75$ m/s 为宜。

(5) 辊压机的生产能力

辊压机的生产能力的计算公式,如式(6.3.4)所示。

$$Q = 3600 L s v \rho \tag{6.3.4}$$

式中　Q——辊压机的生产能力(即物料的通过量),t/h;

　　　　L——辊子的长度(即辊宽),m;

　　　　s——料饼厚度(即两个辊子之间的间隙),m;

　　　　v——辊子的圆周速率,m/s;

　　　　ρ——产品(料饼)的堆积密度,t/m³,由实验得出,对于水泥生料取 $\rho=2.3$ t/m³,对于水泥熟料取 $\rho=2.5$ t/m³。

(6) 辊压机的功率

辊压机的功率的计算公式,如式(6.3.5)所示。

$$N = \mu F v \tag{6.3.5}$$

式中　N——辊压机的功率,kW;

　　　　F——辊子的压力,kN;

　　　　μ——辊子的动摩擦因数,实验得出,对于回转窑水泥熟料取 $\mu=0.05\sim0.1$。

辊压机的功率,可由实测单位质量物料的电耗量来确定。一般,对于辊压熟料为 $N=3.5\sim4.0$ kW·h/t;对于辊压石灰石为 $N=3.0\sim3.5$ kW·h/t。

6.3.2.4　辊压机的规格表示及性能指标

辊压机的规格,一般以磨辊的直径和宽度表示。

例如:HFC1000/300辊压机,"HFC"代表合肥水泥研究设计院,辊压机磨辊的直径为1000 mm,磨辊的宽度为300 mm;RPV辊压机:RP是Roller Press(辊压机)的缩写。

我国引进了德国KHD公司制造技术研制的第3代HFC系列辊压机及RPV辊压机,分别与水泥熟料生产规模为500 t/d、700 t/d、1000 t/d、2000 t/d、4000 t/d的生产线相配套。

部分辊压机的技术性能,如表6.3.3所示。

表6.3.3　部分辊压机的技术性能

项目		型号(国内开发)			型号(国外引进)		
		HFCK 800/200	HFC 1000/300	HFCK 1000/300	RPV 100-40	RPV 100-63	RPV 115-100
配套水泥熟料的生产规模/(t/d)		500	700	900	1000	2000	4000
辊压机规格/mm		$\phi 800 \times 200$	$\phi 1000 \times 300$		$\phi 1000 \times 400$	$\phi 1000 \times 630$	$\phi 1150 \times 1000$
压辊直径/mm		800	1000		1000	1000	1150
压辊宽度/mm		200	300		400	630	1000
压辊长径比 R/D		0.25	0.30		0.40	0.63	0.87
压辊圆周速率/(m/s)		1.25	1.24	1.40	1.20	1.30	1.30
最小辊隙/mm		16～21	16～23		18～23	18～23	20～26
粉磨力/kN		1600	3000		4000	6300	10000
单位辊宽的粉磨力/(kN/cm)		80	100		100	100	100
压辊压强/MPa		140	150		150	150	150
辊压系统压强	bar	90	160		185	165	160
	MPa	9.0	16.0		18.5	16.5	16.0
喂料粒度/mm		≤40	≤60		≤60	≤60	≤60
生产能力的保证值/(t/h)		25～32	40～60	45～70	60	120	240
电机功率/kW		2×90=180	2×132=264	2×160=320	2×200=400	2×300=600	2×500=1000
单位质量产品装机的功率消耗量/(kW·h/t)		5.00～6.00	5.00～6.00		6.67	5.00	4.17
外形尺寸/m (长×宽×高)		3.94×3.46×1.46	4.6×3.84×1.8		4.1×4.6×2.4	4.6×5.2×3.1	5.6×6.7×3.6

6.3.2.5　辊压机的操作控制

6315-视频

对于水泥粉磨系统的产能能否得到有效发挥、能耗能否得到有效控制,辊压机系统的调整控制起到决定性的作用。辊压机的作用,是要求物料在辊压机两辊间实现层压粉碎后形成高粉碎和内部布满微裂纹的料饼。而能否形成料饼、料饼的比例及其质量,是辊压机控制的关键。辊压机在运行时,可通过以下几方面的调整来达到稳定控制的目的。

(1) 稳定小仓料位

稳定小仓料位,能确保在辊压机两辊间形成稳定的料层,为辊压机工作过程的物料密实、层压粉碎提供连续料流,充分发挥物料间应力的传递作用,以保证物料的高粉碎率。

(2) 磨辊间隙控制

磨辊间隙是影响料饼外形、数目以及辊压机功率能否得到发挥的主要参数。若磨辊间隙过小,则物料呈粉状,无法形成料饼,辊压机的功率低,物料间未产生微裂纹,只是简单的预破碎,没有真正发挥辊压机的节能功效;若磨辊间隙过大,则料饼的密实性较差,其内部微裂纹较少而且轻易造成冲料,辊压机的运行效果得不到保证;各水泥企业可根据实际情况反复摸索调整,使其功效得到充分发挥。

(3) 料饼厚度的调节控制

料饼厚度,所反映的是物料的处理量(调节时必须使用辊压机进料装置的调节插板,若采用其他方式调节,都将破坏辊压机的料层粉碎机理)。辊压机具有选择性粉碎的特征,即在同一横截面面积上的料饼中,强度较低的物料将首先被破碎,强度较高的物料则不易被破碎。这种现象随着料饼厚度的增加会表现得愈加明显,因而在追求料饼中成品含量时,料饼厚度又不易过厚。但是,由于物料在被挤压成料饼的过程中,是处于两辊挤压之间的缓冲物体,增大料饼厚度,就增厚了缓冲层,可以减小辊压机传动系统的冲击负荷而使其运行平稳。考虑到这些相互关系,对于料饼厚度的调节原则是:在满足工艺要求的前提下,适当加大料饼厚度,特别是当所喂入物料的粒度较大时,不但要加大进料插板的开度,而且还要增加料饼回料或选粉粗料的回料量,以提高入辊压机的密实度。这样,可以降低设备的负荷波动,有利于设备的安全运转。

(4) 料饼回料量的控制

在辊压机与球磨机所构成的水泥粉磨系统中,辊压机的能量利用率较高,其物料喂入量大于球磨机的产量。因而既要保持球磨机处于良好的运行状态,又要使辊压机能连续运转,辊压机就必须有加料量可调节的料饼回料回路。一般,当新入料颗粒分布一定时,辊压机在没有回料时的最佳运行状态所输出的物料量并非为系统所需的料量。为使系统料流平衡,同时又能使辊压机处于良好的运行状态,可以通过调整料饼回料来调整辊压机入料的粒度分布,改变辊压机的运行状态,达到与整个系统相适应的程度。若入料的粒度偏大、冲击负荷较大、辊压机活动辊水平移动的幅度大时,则应增加料饼的回料量,同时加大料饼厚度。若主电机的电流偏高,则可适当降低液压压力,就可使辊压机运行平稳。物料适当的循环挤压次数,有助于降低单位产量的系统电耗量。但是,循环的次数受到未挤压物料颗粒组成、辊压机液压系统反传动系统弹性特性的限制,不可能循环过多。料饼循环,必须根据不同工艺和具体情况加以控制。

(5) 磨辊压力的控制

辊压机液压系统向磨辊提供的高压,用于挤压物料。

正确的力传递过程应该是:

$$液压缸 \rightarrow 活动辊 \rightarrow 料饼 \rightarrow 固定辊 \rightarrow 固定辊轴承座$$

最后,液压缸的作用力在机架上得到平衡。

对于某些现场使用的辊压机,其液压缸的压力,仅仅是由活动辊承座传递到固定辊轴承座,并未完全通过物料,此时虽然两磨辊在转动,液压系统压力也不低,但物料未受到充分挤压,整个粉磨系统未产生增产节能的效果。

因此,辊压机的运行状态,不仅取决于液压系统的压力,更重要的是作用于物料上的压力大小。

在操作时,可从以下两方面进行观察和确认:

① 辊压机活动辊脱离中间架挡块做规则的水平往复移动,这标志液压压力完全通过物料传递。

② 两台主电动机的电流大于空载电流,在额定电流范围内做小幅度的摆动,这标志辊压机对物料输入了粉碎所需的能量。

6.3.3 打散分级机

打散分级机,又称打散机,是与辊压机配套使用的新型料饼打散分选设备。

打散分级机的结构组成与工作原理示意,如图6.3.5所示。

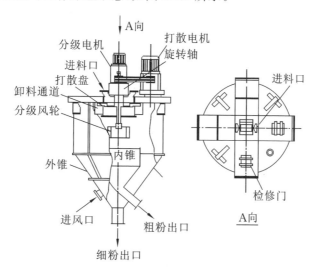

图6.3.5 打散分级机的结构组成与工作原理示意

辊压机与打散分级机所构成的系统示意,如图6.3.6所示。

从辊压机卸出的物料,已经被挤压成了料饼。打散机集料饼打散与颗粒分级于一体,与辊压机闭路而构成独立的挤压-打散回路。

由于辊压机在挤压物料时具有选择性粉碎的倾向,所以在经挤压后所产生的料饼中仍有少量未挤压好的物料,加之辊压机固有的磨辊边缘漏料的弊端和因开机(或停机)产生的未被充分挤压的大颗粒物料,将对承担下一阶段粉磨工艺的球磨系统产生不利影响,制约系统产量的进一步提高。

打散分级机介入挤压粉磨工艺系统后,与辊压机构成的挤压-打散配置可以消除上述不利因素,将未经有效挤压、粒度和易磨性未得到明显改善的物料返回辊压机重新挤压。

这样,可以将更多的粗粉移至磨机外由高效率的挤压-打散回路承担,使入磨物料的粒度和易磨性均获得显著改善。

6.3.3.1 打散分级机的结构组成及工作原理

打散分级机,主要由回转部件、顶部盖板及机架、内外筒体、传动系统、润滑系统、冷却及检测系统等所组成。

主轴通过轴套固定在外筒体的顶部盖板上并有外加驱动力驱动旋转。主轴吊挂起分级风轮,中空轴吊挂打散盘。在打散盘和风轮之间通过外筒体固定挡料板,打散盘的反击板固定在筒体上。

粗粉通过内筒体从粗粉卸料口排出,细粉通过外筒体从细粉卸料口排出,来自辊压机的料饼从进料口喂入。

打散分级机的打散方式,采用离心冲击粉碎的原理,经辊压机挤压后的物料呈较密实的饼状,连续均匀地被喂入打散机内,落在带有锤形凸棱衬板的打散盘上。主轴带动打散盘高速旋转而使得落在打散盘上的料饼在衬板锤形凸棱部分的作用下得以加速并脱离打散盘,料饼沿打散盘切线方向高速甩出后撞击到反击衬板上后被粉碎。经过打散粉碎后的物料,在挡料锥的导向作用下通过挡料锥外围的环形通道进入在风轮周向分布的风力分选区内。物料的分级,应用的是惯性原理和空气动力学原理,粗颗粒物料由于其运动惯性较大,在通过风力分选区的沉降过程中运动状态改变较小而落入内锥筒体被收集,由粗

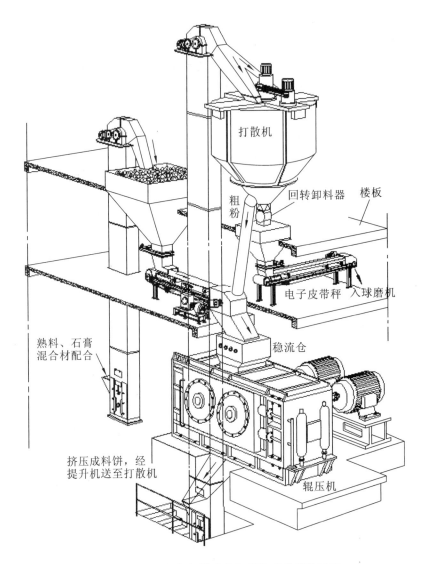

图 6.3.6　辊压机与打散分级机所构成的系统示意

粉卸料口卸出而返回,同配料系统的新鲜物料一起进入辊压机上方的称量仓。细粉由于其运动惯性小,在通过风力分选区的沉降过程中运动状态改变较大而产生较大的偏移,落入内锥筒体与外锥筒体之间被收集,由细粉卸料口卸出,被送入球磨机继续粉磨或入选粉机直接分选出成品。

6.3.3.2　打散分级机的操作要点

打散分级机在运行中,通过调节调速电机的转速,可以改变打散机的细粉产量。若增加转速,则细粉产量增加,细度相对变粗;若减小转速,则细粉产量减少,细度相对变细。通过调节内筒挡板高度,也可调节细粉产量。若降低内筒挡板高度,则细粉产量增加;若升高内筒挡板高度,则细粉产量减少。

采用打散分级机时,物料的打散与分级在一台设备内完成,既简化工艺,也节省投资。

6.3.4　V 形选粉机

V 形选粉机,是根据新型干法水泥粉磨工艺要求和适应国际发展趋势而研制的新一代节能型、无动力的(完全靠重力打散、靠风力分选)的静态选粉机。

V 形选粉机主要用于打散机和辊压机所压制的料饼,具有打散、分级、烘干等功能,与打散分级机的功能相类似。但是,V形选粉机的结构简单,无回转部件,无动力、易操作、维修量小、维修费用低,使用可靠性高,出粉细度可以通过调节风速来控制,同时消除了辊压机"入料偏析"的问题,若通入适当的热风,则还可起到烘干的作用(例如,用于矿渣粉磨系统)。

6.3.4.1 V形选粉机的结构组成与工作原理

V形选粉机的结构组成与工作原理示意,如图6.3.7所示。

辊压机与V形选粉机所构成的系统示意,如图6.3.8所示。

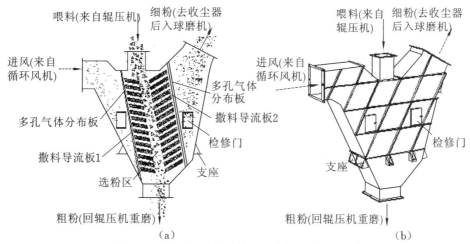

图 6.3.7 V形选粉机的结构组成与工作原理示意

(a)构造原理图;(b)立体图

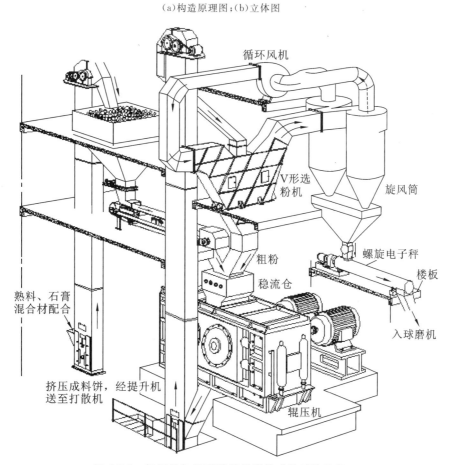

图 6.3.8 辊压机与V形选粉机所构成的系统示意

V形选粉机,主要由撒料导流板、进风管、出风管、调节阀、检修门、支座等组成。

来自辊压机粉碎后的物料,由上部进料口喂入机内形成料幕,均匀地分散并通过进风导流板进入分选区域,被机内入口侧和出口侧所设置的阶梯式倾斜折流板冲散,物料在两侧折流板(起导流和导料的功能)的端部来回碰撞,达到打散料块、充分暴露细粉和延长料幕在选粉区的停留时间的效果。

来自循环风机的气流,从进风口穿过均匀撒下的物料,再通过出风导流板,携带细颗粒从上部出风管排出,送入收尘器进行料-气分离。气体经收尘器风机送回V形选粉机内,细颗粒被喂入球磨机内继续粉磨。粗料沿导流板下落后排出,再回到辊压机重新粉碎。

6316-视频

V形选粉机对物料的分选完全依靠风力,可以通过调节选粉风量来控制选粉机的选粉细度和产量。另外,在选粉风量固定时,也可以通过调节选粉机内部风速来控制选粉机的选粉细度及产量,调风装置的调节可以有效、方便地对风速进行调节。为了保证其使用寿命,要求进入选粉机的物料温度不要超过200 ℃,气流温度也不要超过200 ℃,大多数情况下,物料和气流的温度应该控制,以50～100 ℃为宜。

6.3.4.2 V形选粉机的操作要点

① 调节选粉机的进风量,可调节半成品细度。若进风量越小,则半成品细度越细;若进风量越大,则半成品细度越粗。但需要注意,在风量改变的同时,也会影响选粉效率及半成品的产量。

② 改变选粉机出风管一侧的导流板数量,可调节半成品的细度。若每层导流板数量越多,则半成品的细度越细;若每层导流板数量越少,则半成品的细度越粗。但在调节时,应保证每层导流板的数量相同。

③ 选粉机在喂料时,要注意在选粉区的宽度方向形成均匀料幕,避免料流集中在选粉区的中间区域内,从而导致选粉区两侧的气流短路,影响选粉效率及半成品的产量。

④ 定期检查导流板的磨损情况,因其磨损会导致打散及分选效果下降。

⑤ 选粉机内部应定期清理,以防止粉尘堆积而影响通风。

⑥ 选粉机各接口必须保证有效锁风,严格防止漏风及窜风。

⑦ 采用V形选粉机的挤压粉磨工艺,其工艺流程较复杂,对操作人员的技术素质要求较高。

［知 识 测 试 题］

一、填空题

1. 辊压机又称_____或_____,是20世纪80年代发展起来的一种新型节能增产的粉磨设备。

2. 辊压机工作时,物料在磨机内经历_____、_____、_____三个阶段被粉碎。

3. 打散机既能将来自辊压机的料饼_____,又能起到_____的作用。

4. 辊压机与立式磨机的粉磨原理类似,都有_____特征。

二、选择题

1. 大型辊压机的滑动辊一般需要采用(　　)个液压缸来提供足够的挤压力。

A. 4　　　　　　　　　　　B. 2　　　　　　　　　　　C. 3

2. 辊压机的粉碎方式以(　　)为主。

A. 剪切　　　　　　　　　　B. 摩擦　　　　　　　　　　C. 挤压

3. 减速器输出轴与主轴以(　　)连接。

A. 联轴器　　　　　　　　　　B. 万向联轴节　　　　　　　　C. 缩套联轴器

4. 粉磨水泥生料时,应选择带有辊压机的(　　)。

A. 预粉磨系统　　　　　　　　B. 终粉磨系统　　　　　　　　C. 联合挤压粉磨系统

5. 与辊压机配套的打散设备有(　　)。

A. 打散机　　　　　　　　　　B. V 形选粉机　　　　　　　　C. 破碎机

三、判断题

1. 辊压机液压系统的显著特点是采用两个大的及两个小的充氮气的蓄能器。　　　　　　(　　)

2. 辊压机出料中的细粉含量随着辊压强的增加而增加,增加速率在不同的压强范围内是相同的。
　　　　　　　　　　　　　　　　　　　　　　　　　　　　　　　　　　　　　(　　)

3. 辊压机辊子转速高,生产能力大,得到的产品越细。　　　　　　　　　　　　　　(　　)

4. 辊间隙过大,料饼密实性差,内部微裂纹少,而且轻易造成冲料,辊压机的运行效果得不
到保证。　　　　　　　　　　　　　　　　　　　　　　　　　　　　　　　　　(　　)

5. 正确的液压力的传递过程:液压缸→活动辊→料饼→固定辊→固定辊轴承座,最后,液
压缸的作用力在机架上得到平衡。　　　　　　　　　　　　　　　　　　　　　　(　　)

6317-微课

6. 物料出磨后经分级设备分选,合格的细粉为成品,偏粗的物料返回磨机内重新粉磨的流程为闭
路流程。　　　　　　　　　　　　　　　　　　　　　　　　　　　　　　　　　(　　)

四、简答题

1. 辊压机由哪几个主要部分组成?

2. 简述辊压机进料装置的组成及作用。

3. 分析打散机的工作原理。

4. 辊压机的粉碎原理是什么? 是否辊压强越大粉碎效果越好?

6318-文本

［能力训练题］

1. 查阅资料,撰写目前水泥生料辊压机终粉磨系统应用的综述报告。

2. 试为某水泥熟料生产规模 $M = 5000$ t/d 的生产线选择水泥生料辊压机终粉磨系统的工艺和设备配置,绘制工艺流程图,编制设备配置表。

【项目实训】

实训 1　选择水泥生料粉磨工艺系统

描述:试为某水泥熟料生产规模 $M = 5000$ t/d 的新型干法生产线选择水泥生料粉磨系统,可以选择中卸磨机、立式磨机、辊压机终粉磨。

要求:

(1) 绘制工艺流程图;

(2) 选择主要设备,列出设备配置表。

实训 2　制作水泥生料粉磨设备模型

描述:在小组之间、班级之间制定规则,举办两种水泥生料粉磨流程的模型制作比赛。

要求：

（1）完整和正确，没有知识性错误；

（2）展示、讲解和评分。

【项目评价】

评价项目	评价内容	评价分值
任务6.1 水泥生料中卸磨机粉磨系统的工艺选择	能读懂工艺流程图，能绘制流程图，能合理配置中卸磨机系统的主要设备，能描述设备构造、工作过程，能计算主要参数	20
任务6.2 水泥生料立式磨机粉磨系统的工艺选择	能读懂工艺流程图，能绘制流程图，能合理配置立式磨机系统的主要设备，能描述设备构造、工作过程，能计算主要参数	20
任务6.3 水泥生料辊压机终粉磨系统的工艺选择	能读懂工艺流程图，能绘制流程图，能合理配置辊压机终粉磨系统的主要设备，能描述设备构造、工作过程，能计算主要参数	20
实训1 选择水泥生料粉磨工艺系统	能配置主要设备，能绘制流程图	20
实训2 制作水泥生料粉磨设备模型	（1）完整和正确，没有知识性错误； （2）展示、讲解和评分	20

7 水泥生料均化系统的操作与控制

【项目描述】

(1) 项目内容

本项目的学习内容包括 3 个任务:

① 水泥生料均化参数的确定;

② 水泥生料均化工艺的选择;

③ 水泥生料均化系统的操作与控制。

学习重点:水泥生料均化的工作原理、工艺选择。

学习难点:水泥生料均化系统的操作与控制。

(2) 知识目标

掌握新型干法水泥生产生料均化的工艺原理、工艺参数、均化效果、均化设施构成和工作过程。

7001-文本

(3) 能力目标

① 能描述水泥生料均化的过程;

② 能评价水泥生料均化的效果;

③ 能操作水泥生料均化系统进行均化作业。

(4) 素质目标

具有水泥生料均化的责任意识,精益求精的工作态度。

7002-文本

【项目导学】

均化是新型干法水泥生产中很重要的工艺环节,也是水泥生料制备过程中的最后一个环节。水泥生料均化得好,不仅可以提高水泥熟料的质量,而且对稳定回转窑的热工制度、提高回转窑的运转率、提高产量、降低能耗大有好处。

水泥生料的均齐性(即颗粒的大小和级配)和稳定性(CaO、SiO_2、Al_2O_3 和 Fe_2O_3 等化学成分的波动范围),会对下一道工序(即水泥熟料煅烧)的质量产生重大影响,所以,必须在水泥生料制备这道工序中把好入窑水泥生料的质量关。

7003-视频

尽管原料在破碎后、粉磨前已经做过预均化处理了,使化学成分的波动缩小了许多,预均化十分到位,但是,在入磨前的配料过程中,可能由于设备误差、操作因素及物料在输送过程中某些离析因素的影响,仍然会使得出磨水泥生料的化学成分有较大的波动,其均齐性和稳定性还是远远满足不了入窑水泥生料控制指标的要求,因此,对于出磨水泥生料必须进行均化处理。

目前,均化技术在水泥生产中得到了迅速发展和广泛应用,已形成了与水泥生料粉磨并存的水泥生料均化系统。

7004-视频

【项目实施】

7.1 水泥生料均化参数的确定

7101-文本

（1）任务描述

本任务的学习内容包括2个方面：

① 水泥生料均化的基本原理；

② 水泥生料均化的基本参数。

学习重点：理解水泥生料均化的基本原理。

学习难点：水泥生料均化基本参数的确定。

（2）知识目标

7102-ppt

掌握水泥生料均化的基本原理、均化程度对煅烧的影响、均化参数。

（3）能力目标

能根据水泥生料均化的具体情况确定水泥生料均化参数。

7.1.1 水泥生料均化的基本原理

7.1.1.1 水泥生料均化的基本原理及发展历程

7103-视频

水泥生料均化的基本原理，主要是采用空气搅拌及重力作用下所产生的"漏斗效应"，使水泥生料粉向下降落时切割尽量多层料面而予以混合。与此同时，在不同流化空气的作用下，使沿库内平行料面发生大小不同的流化膨胀作用，有的区域卸料而有的区域流化，从而使库内料面产生径向倾斜，进行径向混合均化。

20世纪50年代以前，水泥工业中水泥生料的均化方法主要依靠机械倒库，不仅动力的消耗量大，而且均化效果不好；50年代初期，国外随着悬浮预热器的出现，建立在水泥生料粉流态化技术基础之上的间歇式空气搅拌库开始迅速发展；60年代，双层库出现；70年代德国缪勒（Möller）、伊堡（IBAU）、克拉得斯·彼特斯（Claudius Peters）等公司研制了多种连续式均化库，随后伊堡、伯力鸠斯、史密斯公司又研制了多料流式均化库。

水泥生料粉气力搅拌法的基本部件，是设在搅拌库底的各种型式充气装置。这些装置导致了现有的各种均化法的发展。

充气装置的主要部件为多孔透气陶瓷板。空气通过多孔板进入生料粉中，这些空气细流使水泥生料粉流态化。充气板是半可透性的，空气只能穿过多孔板向上流动，当停止充气时水泥生料粉不能通过多孔板向下落。充气板的尺寸一般为 250 mm×（250～400）mm，厚度为 20～30 mm，气孔直径为 0.07～0.09 mm，透气率约为 0.5 m³/(m²·min)。目前，以由纤维材料制成的柔性透气层作为充气装置的方法使用得较多。

所有均化方法的共同特点，是向装在库底的充气装置送入压缩空气，首先使水泥生料粉松动，然后只在库底的一部分加强充气，使之形成剧烈的涡流。根据均化方法的不同，搅拌库底部的充气面积占整个库底面积的 55%～75%。

7.1.1.2 水泥生料的均化程度对易烧性的影响

水泥生料的易烧性,是指水泥生料在窑内煅烧成水泥熟料过程的相对难易程度。生产实践证明,水泥生料的易烧性不仅直接影响水泥熟料的质量和回转窑的运转率,而且还关系到燃料的消耗量。在生产工艺一定、主要设备相同的条件下,影响水泥生料易烧性的因素,有水泥生料的化学组成、物理性能及其均化程度。在配合比恒定和物理性能稳定的情况下,水泥生料的均化程度是影响其易烧性的重要原因。因为入窑水泥生料的化学成分(主要指 $CaCO_3$ 含量)的较大波动,实际上就是生料各部分化学组成发生了较大变化。

一般采用易烧性指数(Burnability Index,缩写 BI)或易烧性系数来表示水泥生料的易烧程度。若 BI 值越大,则水泥生料越难以煅烧。

$$BI = \frac{w(C_3S)}{w(C_3A) + w(C_4AF)} \tag{7.1.1}$$

式(7.1.1)表明,$w(C_3S)$ 较高或 $w(C_3A)$、$w(C_4AF)$ 较低,会使水泥生料的易烧性变差。

$$BI = \frac{100w(CaO)}{2.8w(SiO_2) + 1.1w(Al_2O_3) + 0.7w(Fe_2O_3)} + \frac{10w(SiO_2)}{1.1w(Al_2O_3) + w(Fe_2O_3)}$$
$$- [3w(MgO) - w(R_2O)] \tag{7.1.2}$$

若水泥生料中 $[w(R_2O) + w(MgO)] < 1\%$,可不考虑其对生料易烧性的影响,则式(7.1.2)中 $[3w(MgO) - w(R_2O)]$ 项可以略去。

若水泥生料中某组分(特别是 $CaCO_3$)含量波动较大,则不仅会使其易烧性不稳定,而且影响回转窑的正常运转和水泥熟料的质量。操作实践证实,当易烧性系数的变化量为 $\Delta BI = 1.0$ 时,不会造成易烧性的重大变化;当易烧性系数的变化量为 $\Delta BI > 2.0$ 时,可以清楚地看到烧成带的相应变化;当易烧性系数的变化量为 $\Delta BI > 3.0$ 时,看火人员必须调整燃料用量来稳定烧成带,以做好易烧性发生较大变化的准备。因此,为确保水泥生料具有稳定的、良好的易烧性,提高水泥熟料的质量,除选择制定合理的配料方案和烧成制度外,还应尽量提高水泥生料的均化程度。

7.1.1.3 水泥生料的均化程度对水泥熟料的产量和质量的影响

水泥生料在回转窑内煅烧成水泥熟料的过程,是典型的物理化学反应过程。

一般,水泥熟料的形成过程,可分为如下 3 个阶段:

第 1 阶段,反应在温度升高时发生;

第 2 阶段,反应在恒温时发生;

第 3 阶段,反应在温度降低时发生。

其中,很重要的是第 1 阶段的反应。即水泥生料中各化学组分(特别是 CaO)之间的反应取决于水泥生料颗粒之间的接触机会和细度,而"颗粒接触机会"是由水泥生料的均化程度决定的。当均化好的水泥生料在合理的热工制度下进行煅烧时,由于各化学组分之间的接触机会几乎相等,故水泥熟料的质量较好。反之,若水泥生料的均化效果不好,则会影响水泥熟料的质量,减少产量,给烧成带来困难,使回转窑的运转不稳定,并引起回转窑皮脱落等内部扰动,缩短回转窑的运转周期和增加窑衬材料的消耗量。若水泥生料的均化效果不好,则水泥熟料的质量通常会比湿法生产的水泥熟料低半个标号,其产量平均下降约 7%。所以,水泥生料的均化程度是影响水泥生料易烧性的稳定和水泥熟料的产量和质量的关键。在新型干法水泥生产中,水泥生料的均化是不可缺少的重要工艺环节。

7.1.1.4 水泥生料均化在水泥生料制备过程中的重要地位

在水泥工业中,水泥生料的制备过程包括如下 4 个环节:

① 水泥矿山的开采;

② 水泥原料的预均化;

③ 水泥生料的粉磨;

④ 水泥生料的均化。

这4个环节,也是水泥生料制备过程的"均化链",特别是自悬浮预热和预分解技术诞生以来,该"均化链"不断完善,支撑着新型干法水泥生产的发展和大型化,在保证生产均衡和稳定进行方面,其功不可没。因此,在新型干法水泥生产的水泥生料制备过程中,水泥生料均化占有最重要的地位。

水泥生料制备系统中各环节的功能和工作量,如表7.1.1所示。

表7.1.1 水泥生料制备系统中各环节的功能和工作量

水泥生料 制备系统	平均均化周期 (h)	CaCO₃ 含量的样本标准差(S)		均化效率 H_t (%)	水泥生料均化 的工作量(%)
		进料 S_1(%)	出料 S_2(%)		
水泥矿山的开采	8～168		±2～±10		<10
水泥原料的预均化	2～8	±10	±1～±2	7～10	35～40
水泥生料的粉磨	1～10	±1～±2	±1～±2	1～2	0～15
水泥生料的均化	0.5～4	±1～±2	±0.01～±0.2	7～15	～40

注:平均均化周期,是指各环节的水泥生料均化的累计平均值达到允许的目标值时所需的运行时间。

7.1.2 水泥生料均化过程的基本参数

粉状物料均化过程的基本参数,包括均化度、均化效率和均化过程的操作与控制参数。

7.1.2.1 均化度

7104-视频

均化度,是指两种或多种单质物料相互混合后混合物的均匀程度,用符号 M 表示。均化度是衡量物料均化质量的一个重要参数。

在水泥工业生产中,常用极差法、样本标准差法和频谱法表示水泥生料的均化度及其波动情况。

(1)水泥生料均化度的极差表示法及其计算

极差(Range),又称全距或范围误差,是指总体各单位的标志值中最大标志值(X_{max})与最小标志值(X_{min})之差。极差用以表示统计资料中的变异系数(Measures of Variation),适用于样本容量较小($n<10$)的情况。

极差以符号 R 表示,其数学表达式,如式(7.1.3)所示。

$$R = \max\{x_1, x_2, \cdots, x_n\} - \min\{x_1, x_2, \cdots, x_n\} \tag{7.1.3}$$

式中 R——一组测量数据的极差;

$\max\{x_1, x_2, \cdots, x_n\}$——一组测量数据中的最大值;

$\min\{x_1, x_2, \cdots, x_n\}$——一组测量数据中的最小值。

式(7.1.3)表明,若极差(R)较大,则表示一组测量数据的波动范围或变化量较大。

但是,这种表示方法不仅没有充分利用该组测量数据所提供的全部数据,而且没有与其平均值联系起来,因而其所反映实际情况的精确度较差。然而,由于极差(R)计算方便和表达直观,所以仍然被许多水泥企业所采用,即通常所说的"水泥生料化学成分的最大波动范围"。

水泥生料化学成分的最大变化量,常用以下3种方法表示:

a. 水泥生料中 $CaCO_3$ 滴定值(T_c)的最大变化量,记作 $\Delta T_{C,max}$,%;

b. 水泥生料中 CaO 含量$[w(\mathrm{CaO})]$的最大变化量,记作 $\Delta w_{\max}(\mathrm{CaO})$,%;

c. 水泥生料中石灰饱和系数(KH)的最大变化量,记作 $\Delta KH_{\max}$。

① 水泥生料中 $CaCO_3$ 滴定值最大变化量的计算

第 1 步:分别对均化前与均化后水泥生料试样的 $CaCO_3$ 滴定值做出 n 次测量。

均化前的数据:$\qquad\qquad\qquad T'_{C,1}, T'_{C,2}, \cdots, T'_{C,n}$

均化后的数据:$\qquad\qquad\qquad T_{C,1}, T_{C,2}, \cdots, T_{C,n}$

第 2 步:分别计算测量结果中均化前与均化后水泥生料试样的 $CaCO_3$ 滴定值的平均值。

将水泥生料均化前 T'_C 的平均值记作 $\overline{T'_C}$,则有

$$\overline{T'_C} = \frac{T'_{C,1} + T'_{C,2} + \cdots + T'_{C,n}}{n} \quad (\%) \tag{7.1.4}$$

将水泥生料均化后 T_C 的平均值记作 $\overline{T_C}$,则有

$$\overline{T_C} = \frac{T_{C,1} + T_{C,2} + \cdots + T_{C,n}}{n} \quad (\%) \tag{7.1.5}$$

在水泥生料均化前,由于库内各测量点水泥生料的化学成分极不均匀,因而 T_C 值的波动性较大,所以不能以 $\overline{T'_C}$ 值作为全库的真实平均值(记作:$\overline{T'_{C,t}}$)。

在均化后,由于库内各测量点水泥生料的化学成分基本趋于均匀,因而当取样点位置发生改变时,水泥生料中 T_C 值的变化很小。即使取样点有限,也可以将其平均值近似地作为全库的真实平均值(即,$\overline{T_C} \approx \overline{T_{C,t}}$)。

第 3 步:计算水泥生料中 $CaCO_3$ 滴定值的最大变化量$(\Delta T'_{C,\max}, \Delta T_{C,\max})$。

若令未经均化的入库水泥生料各试样 $CaCO_3$ 滴定值的最大值为 $T'_{C,\max}$、最小值为 $T'_{C,\min}$,则入库水泥生料中 $CaCO_3$ 滴定值的最大变化量$(\Delta T'_{C,\max})$为:

$$\Delta T'_{C,\max} = \begin{Bmatrix} +(\overline{T'_{C,\max}} - \overline{T_C}) \\ -(\overline{T_C} - \overline{T'_{C,\min}}) \end{Bmatrix} \tag{7.1.6}$$

同理,均化后水泥生料中 $CaCO_3$ 滴定值的最大变化量$(\Delta T_{C,\max})$为:

$$\Delta T_{C,\max} = \begin{Bmatrix} +(T_{C,\max} - \overline{T_C}) \\ -(\overline{T_C} - \overline{T_{C,\min}}) \end{Bmatrix} \tag{7.1.7}$$

若均化后水泥生料试样 $CaCO_3$ 滴定值的平均值$(\overline{T_C})$和最大变化量$(\Delta T_{C,\max})$都合格,则此水泥生料可供入窑煅烧。

【例 7.1.1】 某水泥企业的水泥生料一次均化结果的测量数据,如表 7.1.2 所示。试计算均化前与均化后水泥生料中 $CaCO_3$ 滴定值的最大变化量$(\Delta T'_{C,\max}, \Delta T_{C,\max})$。

表 7.1.2 水泥生料均化前与均化后的测量结果

均化前 T'_C(%)									
74.25	77.00	76.25	71.88	76.38	70.88	71.25	71.25	70.75	72.50
71.75	74.50	74.00	76.75	73.38	70.75	83.13	87.50		

均化后 T_C(%)									
74.75	74.75	74.88	75.13	74.63	75.00	75.00	75.00	75.00	75.00
74.75	74.88	75.00	75.00	75.00	75.00				

【解】 计算分两步进行。

A.计算均化后水泥生料中 $CaCO_3$ 滴定值的平均值,即:

$$\overline{T}_C = \frac{T_{C,1} + T_{C,2} + T_{C,n}}{n} = \frac{74.75 + 74.75 + \cdots + 75.00}{16} = 74.92 \ (\%)$$

B.计算均化前后水泥生料中 $CaCO_3$ 滴定值的最大变化量,即:

均化前后水泥生料中 $CaCO_3$ 滴定值的最大值与最小值为:

均化前: $T'_{C,max} = 87.50 \ \%$, $T'_{C,min} = 70.75 \ \%$

均化后: $T_{C,max} = 75.13 \ \%$, $T_{C,min} = 74.63 \ \%$

由此可计算出均化前后水泥生料中 $CaCO_3$ 滴定值的最大变化量,即:

均化前:水泥生料中 $CaCO_3$ 滴定值的最大变化量为:

$$\Delta T'_{C,max} = \begin{Bmatrix} + (T'_{C,max} - \overline{T}_C) \\ - (\overline{T}_C - T'_{C,min}) \end{Bmatrix} = \begin{Bmatrix} + (87.50 - 74.92) \\ - (74.92 - 70.75) \end{Bmatrix} = \begin{Bmatrix} +12.58 \\ -4.17 \end{Bmatrix} \ (\%)$$

均化后:水泥生料中 $CaCO_3$ 滴定值的最大变化量为:

$$\Delta T_{C,max} = \begin{Bmatrix} + (T_{C,max} - \overline{T}_C) \\ - (\overline{T}_C - T_{C,min}) \end{Bmatrix} = \begin{Bmatrix} + (75.13 - 74.92) \\ - (74.92 - 74.63) \end{Bmatrix} = \begin{Bmatrix} +0.21 \\ -0.29 \end{Bmatrix} \ (\%)$$

C.结论:

经过 60 min 空气均化后,水泥生料中 $CaCO_3$ 滴定值最大变化量($\Delta T_{C,max}$)的变化趋势如下:

$$(+12.58\%, -4.17\%) \rightarrow (+0.21\%, -0.29\%) \quad (缩小)$$

② 水泥生料中 CaO 含量最大变化量的计算及其与 $CaCO_3$ 滴定值最大变化量之间的关系

假设:水泥生料的化学成分含量(质量分数,%)为 $w(CaO)$、$w(SiO_2)$、$w(Al_2O_3)$、$w(Fe_2O_3)$、$w(SO_3)$,其灼烧减量(假设全部为 CO_2)为 $w(LOI)$(质量分数,%)。

均化后水泥生料中 CaO 含量最大变化量的计算公式,如式(7.1.8)所示。

$$\Delta w_{max}(CaO) = \begin{Bmatrix} + \left[\dfrac{w_{max}(CaO)}{100 - w_{max}(LOI)} - \dfrac{\overline{w}_{max}(CaO)}{100 - \overline{w}(LOI)} \right] \\ - \left[\dfrac{\overline{w}_{max}(CaO)}{100 - \overline{w}(LOI)} - \dfrac{w_{min}(CaO)}{100 - w_{min}(LOI)} \right] \end{Bmatrix} \tag{7.1.8}$$

由于均化后水泥生料的化学成分基本均匀,因此,在较小波动范围内各组水泥生料试样的灼烧减量几乎相等,即 $L_{max} \approx L_{min} \approx \overline{w}(LOI)$,所以可对式(7.1.8)进行简化,如式(7.1.9)所示。

$$\Delta w_{max}(CaO) = \begin{Bmatrix} + \dfrac{w_{max}(CaO) - \overline{w}_{max}(CaO)}{100 - w_{max}(LOI)} \\ - \dfrac{\overline{w}_{max}(CaO) - w_{min}(CaO)}{100 - \overline{w}(LOI)} \end{Bmatrix} \tag{7.1.9}$$

$CaCO_3$ 分解反应的化学方程式,如式(7.1.10)所示。

$$CaCO_3 = CaO + CO_2 \uparrow \tag{7.1.10}$$

由式(7.1.10)可知,水泥生料中 CaO 含量与水泥生料中 $CaCO_3$ 滴定值的关系,如式(7.1.11)所示。

$$w(CaO) = 56 T_C \quad (\%) \tag{7.1.11}$$

将式(7.1.11)代入式(7.1.9),可得:

$$\Delta w_{max}(CaO) = \begin{cases} +\dfrac{56T_{C,max} - 56\overline{T}_C}{100 - w_{max}(LOI)} \\ -\dfrac{56\overline{T}_C - 56T_{C,min}}{100 - w(LOI)} \end{cases} = \pm\dfrac{56\Delta T_{C,max}}{100 - \overline{w}(LOI)} \quad (\%) \tag{7.1.12}$$

由于硅酸盐水泥生料的灼烧减量一般为 $w(LOI) = 34\% \sim 37\%$，所以可对式(7.1.12)做进一步简化，如式(7.1.13)所示。

$$\Delta w_{max}(CaO) = \pm(0.84 \sim 0.89)\Delta T_{C,max} \quad (\%) \tag{7.1.13}$$

由于均化水泥生料的灼烧减量 $w(LOI)$ 在通常范围内的变化对于 $\Delta w_{max}(CaO)$ 的影响不大，所以，对式(7.1.13)还可进一步简化，如式(7.1.14)所示。

$$\Delta w_{max}(CaO) = \pm 0.87\,\Delta T_{C,max} \quad (\%) \tag{7.1.14}$$

【例 7.1.2】 在【例 7.1.1】中，经过 60 min 空气均化后，水泥生料中 $CaCO_3$ 滴定值的最大变化量为 $\Delta T_{C,max} = \pm 0.29\%$。试求水泥生料中 CaO 含量的最大变化量。

【解】 水泥生料中 CaO 含量的最大变化量为：

$$\Delta w_{max}(CaO) = \pm 0.87\,\Delta T_{C,max} = \pm 0.87 \times 0.29 = \pm 0.25 \quad (\%)$$

③ 水泥生料中石灰饱和系数最大变化量的计算及其与 $CaCO_3$ 滴定值最大变化量之间的关系

根据均化后水泥生料主要氧化物含量的测量数据的平均值、一组水泥生料试样中 CaO 含量变化最大的某个试样的主要氧化物含量的测量值，可求得均化前后水泥生料中石灰饱和系数的最大变化量 (ΔKH_{max}) 及其与 $CaCO_3$ 滴定值最大变化量 $(\Delta T_{C,max})$ 之间的关系，如式(7.1.15)和式(7.1.16)所示。

$$\Delta KH_{max} = \pm\dfrac{\Delta w_{max}(CaO)}{2.8\overline{w}_{max}(SiO_2)} \tag{7.1.15}$$

$$\Delta KH_{max} = \pm\dfrac{0.87\Delta T_{C,max}}{2.8\overline{w}_{max}(SiO_2)} = \pm 0.31 \times \dfrac{\Delta T_{C,max}}{\overline{w}_{max}(SiO_2)} \tag{7.1.16}$$

式中　$\overline{w}_{max}(CaO)$——均化后水泥生料中 CaO 含量的最大变化量，%；

$\overline{w}_{max}(SiO_2)$——均化后合格的水泥生料中 SiO_2 含量的测量数据的平均值(%)，若该水泥生料符合入窑要求，则此值可用配料计算中 SiO_2 含量的理论值代替；

$\Delta T_{C,max}$——均化后合格的水泥生料中 $CaCO_3$ 滴定值的最大变化量，%；

ΔKH_{max}——均化前后水泥生料中石灰饱和系数的最大变化量。

【例 7.1.3】 某水泥生料的化学成分，如表 7.1.3 所示。经过 60 min 空气均化后，水泥生料中 $CaCO_3$ 滴定值的最大变化量为 $\Delta T_{C,max} = \pm 0.3\%$。试求水泥生料中石灰饱和系数的最大变化量 (ΔKH_{max})。

表 7.1.3　水泥生料的化学组成（质量分数，%）

CaO(包含 MgO)	SiO₂	Al₂O₃	Fe₂O₃	灼烧减量(LOI)	其他(包含微量 SO₃)	ΔT_{C,max}
42.67	12.50	5.50	0.86	36.91	0.56	±0.3
67.64	19.81	8.71	0.94		0.90	KH=0.9

【解】

$$\Delta w_{max}(CaO) = \pm\dfrac{56\Delta T_{C,max}}{100 - \overline{w}(LOI)} = \pm\dfrac{56 \times 0.3}{100 - 36.91} = \pm 0.27 \quad (\%)$$

$$\Delta KH_{max} = \pm \frac{\Delta w_{max}(CaO)}{2.8 \overline{w}_{max}(SiO_2)} = \pm \frac{0.27}{2.8 \times 19.81} = \pm 0.005$$

（2）水泥生料均化度的样本标准差表示法及其计算

通过从水泥生料库中多次取等量试样做某组分（例如，$CaCO_3$）含量分析而获得一组样本数据，可以计算 $CaCO_3$ 滴定值（T_C）偏离其平均值的平均偏差，常用样本标准差（S_T）表示。其数学表达式，如式（7.1.17）所示。

$$S_T = \sqrt{\frac{1}{n-1} \sum_{i=1}^{n} (T_{C,i} - \overline{T}_C)^2} = \sqrt{\frac{1}{n-1} \sum_{i=1}^{n} \Delta T_{C,i}^2} \tag{7.1.17}$$

式中　S_T——一组试样中 $CaCO_3$ 滴定值（T_C）的样本标准差；

$\Delta T_{C,i}$——一组试样中 $CaCO_3$ 滴定值（T_C）偏离其平均值的偏差（$i = 1, 2, \cdots, n$）；

$T_{C,i}$——一组试样中的任意一个试样的 $CaCO_3$ 滴定值（$i = 1, 2, \cdots, n$）；

$\overline{T}_C$——一组试样均化后 $CaCO_3$ 滴定值的实测平均值；

n——一组试样中的样本数量。

样本标准差（S_T）不仅反映了测量数据围绕其平均值的波动情况，而且便于比较多个测量数据的不同分散程度。若样本标准差（S_T）越大，则测量数据的分散程度越大；若样本标准差（S_T）越小，则测量数据的分散程度越小。样本标准差（S_T）比极差（R）所反映的问题更精确，但其计算比极差要相对复杂一些。

样本标准差与频率关系的特性曲线示意，如图 7.1.1 所示。

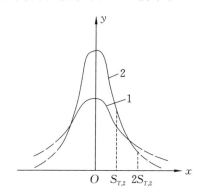

图 7.1.1　样本标准差与频率关系的特性曲线示意

在图 7.1.1 中，曲线的横坐标 x 为样本标准差，纵坐标 y 为某一样本标准差出现的频率。

从图上可以看出，样本标准差为零（即 $x = 0$）时频率最大，而随着样本标准差的增大，频率逐渐降低。图上有两条正态分布曲线 1 和曲线 2。两条曲线的算术平均值可以相等，但样本标准差（S_T）不相等。曲线 1 的样本标准差（$S_{T,1}$）较大，故曲线较"胖"。曲线 2 的样本标准差（$S_{T,2}$）较小，故曲线较"瘦"。若测量值偏离其平均值的变化较小，则水泥生料的化学成分比较均匀。如果用这两条曲线分别表示均化前后的情况，则曲线 1 可代表均化前水泥生料化学成分的变化，曲线 2 可代表均化后水泥生料化学成分的变化。

根据测量经验，类似水泥生料化学成分的测量值，其样本标准差具有以下特征：

① 若样本标准差愈小，则其出现的机会愈多，故样本标准差出现的频率与其大小有关。

② 大小相等、符号相反的正负样本标准差的数目近乎相等，故频率曲线对称于 y 轴。

③ 极大的正样本标准差和负样本标准差出现的次数非常少，因此，大样本标准差的频率也最小。

【例 7.1.4】 某水泥企业的水泥生料均化库,均化前后两组试样的测量值及其数据分析,如表 7.1.4 所示。

表 7.1.4 某水泥企业的水泥生料均化库均化前后两组试样的测量值及其数据分析

均化前 $T_C'(\%)$	均化后 $T_C(\%)$
71.25,77.00,76.25,71.88,76.38,70.88, 71.25,71.25,70.75,72.50,71.75,74.50, 74.00,76.25,73.38,70.75,83.13,87.50	74.75,74.75,74.88,75.13,74.63, 75.00,75.00,75.00,75.00,75.00, 74.75,74.88,75.00,75.00,75.00
$\overline{T_C'}=74.68$, $T_{C,max}'=87.50$, $T_{C,min}'=70.75$, $n=18$, $S_T'=4.493$, $R'=16.75$	$\overline{T_C}=74.92$, $T_{C,max}=75.13$, $T_{C,min}=74.63$, $n=15$, $S_T=0.1387$, $R=0.5000$
$2S_T'=8.986$, $3S_T'=13.479$	$2S_T=0.2774$, $3S_T=0.4161$
该组测量值在 $S_T'=\pm4.5$ 范围内的频率为 68.3% 该组测量值在 $2S_T'=\pm9.0$ 范围内的频率为 95.4% 该组测量值在 $3S_T'=\pm13.5$ 范围内的频率为 99.7%	该组测量值在 $S_T=\pm0.14$ 范围内的频率为 68.3% 该组测量值在 $2S_T=\pm0.28$ 范围内的频率为 95.4% 该组测量值在 $3S_T=\pm0.42$ 范围内的频率为 99.7%

由【例 7.1.4】可知,如果控制均化后水泥生料的化学成分在 $2S_T=\pm0.28\%$ 范围内,则合格率为 95.4%。如果要求合格率接近 100%,则控制范围需放宽到 $3S_T=\pm0.42\%$。因此,只要测量值的样本标准差分布符合正态分布,就可根据测量值计算出样本标准差,按合格率确定允许样本标准差范围。

应当指出,采用"样本标准差"的先决条件,是测量值(即样本)必须是大量而又互相独立的随机数值(服从正态分布或其他特性分布)。入库水泥生料化学成分的变化,实际上是一个动态的过程,是时间(t)的函数而不具有随机性。因此,采用"样本标准差"表示入库水泥生料的化学成分的变化情况并不完全正确。但是,对于均化后出库水泥生料,是可以用"样本标准差"来表示其化学成分的变化情况的。

(3) 水泥生料均化度的频谱表示法

在上述极差表示法中,若以各取样点(即所代表的水泥生料质量)为横坐标,以各相应点所测量的水泥生料中 $CaCO_3$ 滴定值(T_C)为纵坐标,则可以绘制各取样点 T_C 值变化的频谱曲线(即线性振幅谱图)。

水泥生料均化度的频谱表示法,如图 7.1.2 所示(每个取样点所代表的水泥生料质量为 15 t)。

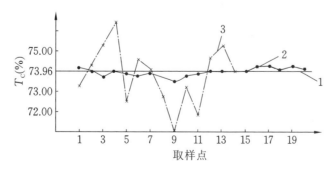

图 7.1.2 水泥生料均化度的频谱表示法

1—水泥生料试样 T_C 值测量数据的平均值($\overline{T_C}=73.96\%$);2—均化后水泥生料试样 T_C 值变化的频谱曲线;
3—均化前水泥生料试样 T_C 值变化的频谱曲线

如图 7.1.2 所示的频谱表示法,既可表示测量数据的实际平均偏差,又能观察水泥生料化学成分变化的全过程,利于了解水泥生料化学成分变化周期的规律性,找出不符合工艺指标的时间间隔或区段。因此,频谱表示法常用于表示水泥生料库内水泥生料均化度的分布情况和对连续式均化系统均化质量的评价。

7.1.2.2 均化效率

均化效率是衡量各类型均化库性能的重要依据之一。

均化效率,是指均化库在某段时间(t)内均化前后被均化物料中某组分含量(例如,水泥生料中 $CaCO_3$ 滴定值 T_C)的样本标准差之比值。

均化效率,用符号 H_t(%)表示,其计算公式如式(7.1.18)所示。

$$H_t = \frac{S_0}{S_t} \times 100\%$$ (7.1.18)

均化时间(t)与均化效率(H_t)的关系,式(7.1.19)所示。

$$\frac{1}{H_t} = \frac{S_t}{S_0} = \exp(-kt)$$ (7.1.19)

式中　H_t——物料在均化时间为 t 时的均化效率,%;

　　　t——物料的均化时间,min;

　　　S_t——在均化时间为 t 时被均化物料中某组分含量的样本标准差;

　　　S_0——在均化初始状态时($t=0$)被均化物料中某组分含量的样本标准差;

　　　k——均化系数。

7105-视频

生产实践证明,在水泥生料粉磨的均化初期,均化效率很高;随着均化时间的延长,均化效率逐渐降低;在一定时间后,均化效率不再提高。因此,在对不同均化库在进行均化效率对比时,有如下要求:

① 有相同的均化时间;

② 被均化物料有相似的物理化学性能(例如,水分含量、颗粒细度、被均化化学成分含量等);

③ 经足够多的入库粉料试样分析,各对比均化库有相近似的变化曲线和样本标准差。

例如,某水泥生料均化库在均化时间(t)为 20 min、40 min 和 60 min 时,其均化效率(H_t)分别为 5.26%、7.34% 和 8.60%。当均化时间由 20 min 增加到 40 min 时,时间增加 1 倍而均化效率仅增加 0.4 倍;当均化时间由 20 min 增加到 60 min 时,时间增加 2 倍而均化效率仅增加 0.63 倍。

若将测量数据绘制成曲线,则更加一目了然。

水泥生料的均化效率(H_t)与均化时间(t)的关系,如表 7.1.5 所示。

表 7.1.5　水泥生料的均化效率与均化时间的关系

项目参数	均化时间 t /min		
	20	40	60
均化效率 H_t,%	5.26	7.31	8.60
$1/H_t$	0.19	1.14	0.12
均化效率的增长率 $\Delta H_t / H_t$,%	100	200	300
	100	140	163

水泥生料的均化效率增长率($\Delta H_t / H_t$)与均化时间(t)的关系,如图 7.1.3 所示。

在水泥生料均化初期,随着均化时间的延长,均化效率明显提高;在均化后期,随着均化时间的延

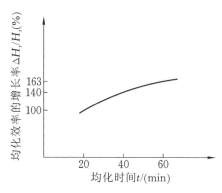

图 7.1.3　水泥生料的均化时间与均化效率的增长率的关系

长,均化效率的提高极其缓慢。按曲线增加趋势估计,均化时间延长到 80～100 min 时,均化效率将不再提高。

7.1.2.3　水泥生料均化操作过程的基本参数

在水泥生料均化操作过程中,均化空气的消耗量、均化空气压强和均化时间是 3 个主要参数。

7106-微课

（1）均化空气的消耗量

水泥生料均化所需压缩空气量（Q）与库底的充气面积（S）成正比。另外,水泥生料的性质、透气性材料性能、操作方法、库底结构和充气箱安装质量等,都是影响压缩空气消耗量的因素。因此,欲从理论上得到准确的计算结果,则较为困难。

水泥生料均化所需压缩空气量,通常根据试验和生产实践总结出的经验公式进行计算,如式（7.1.20）所示。

$$Q = v \cdot S \qquad (7.1.20)$$

式中　Q——在标准状态下单位时间水泥生料均化所需压缩空气的消耗量,m^3/min;

　　　v——在标准状态下单位时间、单位充气面积所需压缩空气的体积,$m^3/(min \cdot m^2)$,一般取 $v = 1.2～1.5\ m^3/(min \cdot m^2)$;

　　　S——均化库库底的有效充气面积,m^2。

（2）均化空气压强

均化库正常工作时所需的最小压缩空气压强（p_{min}）,应能克服系统管路阻力（包括透气层阻力）与气体通过流态化料层时的阻力所产生的压强。

由于流态化水泥生料的性质类似液体,因此,料层中任一点的正压强与其料层的深度成正比。当水泥生料均化所需压强在贯穿料层而等于料柱所受重力所产生的压强时,整个料层开始处于流态化状态。

对于流态化水泥生料均化所需的最小压缩空气压强,等于均化库库底单位面积所承受生料的重力与管路系统的总阻力（包括透气层阻力）所产生的压强之和。其计算公式,如式（7.1.21）所示。

$$p_{min} = \rho g H + \Delta p' \qquad (7.1.21)$$

式中　p_{min}——水泥生料均化所需的最小压缩空气压强,Pa;

　　　ρ——流态化水泥生料的体积质量,kg/m^3,一般取 $\rho = 1.1 \times 10^3\ kg/m^3$;

　　　H——流态化料层的高度,m;

　　　$\Delta p'$——管路系统的总阻力（包括透气层阻力）所产生的压强,Pa。

水泥生料均化所需的最小压缩空气压强,也可采用如式（7.1.22）所示的经验公式进行计算。

$$p_{\min}=k \cdot H \tag{7.1.22}$$

式中　　$p_{\min}$——水泥生料均化所需的最小压缩空气压强，Pa；

　　　　k——均化库内每米流态化料柱处于动平衡时所需克服的系统总阻力（均化库内外管道和充气箱透气层阻力以及料层所受重力等）所产生的压强，Pa/m，一般取 $k=1500\sim2000$ Pa/m；

　　　　H——均化库内流态化料柱的高度，m。

（3）均化时间

实践证明，在正常情况下，对水泥生料粉进行空气均化 $1\sim2$ h，水泥生料中 $CaCO_3$ 滴定值的最大变化量可达 $\Delta T_{\text{C.max}}<\pm0.5\%$（甚至 $\pm0.25\%$）的水平。若遇到暂时性特殊情况（充气箱损坏、生料的水分含量较大、水泥生料的化学成分变化特别大），则可适当延长均化时间。

［知识测试题］

一、填空题

1.均化效果衡量的标准有_____、_____、_____。

2.均化过程的基本参数_____、_____、_____。

3.合格水泥生料包括_____、_____、_____。

4.在水泥生产中常用_____、_____、_____三种方法来表示水泥生料均化度及其变化情况。

5._____称为混合物的均化度。

6._____是衡量各类型均化库性能的重要依据。

7.水泥生料均化的目的是_____。

8.水泥生料均化操作过程的 3 个主要参数_____、_____、_____。

9.水泥生料的均化原理主要是采用_____、_____、_____。

10._____是衡量物料均化质量的一个重要参数。

二、判断题

1.合格的水泥生料要求化学成分合格、细度合格和均齐性。（　　　）

2.水泥生料的平均细度常用 0.2 mm 方孔筛的筛余值表示。（　　　）

3.充气装置的主要部件为多孔陶瓷透气板。（　　　）

4.为了安装方便，水泥生料库底部的充气装置的充气材料可以多块搭接。（　　　）

5.入库水泥生料的水分含量影响均化效果，一般在 0.5％以下，最大不超过 1％。（　　　）

三、简答题

7107-文本

1.简述水泥生料均化的基本原理。

2.简述水泥生料均化方法的特点。

3.简述影响水泥生料均化效果的因素。

4.简述不同水泥生料均化库在对比均化效率时的要求。

［能力训练题］

1.某水泥企业的水泥生料均化取样，均化前后的测量数据如表 7.1.6 所示。试分析均化前后水泥生料中 $CaCO_3$ 滴定值（T_c）的最大变化范围、样本标准差和均化效果。

表 7.1.6　某水泥企业水泥生料均化前后的测量数据

均化前 T_c'（%）									
74.35	76.80	76.85	72.88	75.38	72.88	73.45	71.50	70.95	74.50
71.45	75.50	74.85	76.95	74.68	70.75	82.35	85.65		

均化后 T_c（%）									
74.25	75.15	74.68	75.32	74.83	75.21	74.60	75.10	75.00	75.10
74.85	74.88	75.00	75.00	75.02	75.23				

7.2　水泥生料均化工艺的选择

（1）任务描述

本任务的学习内容包括 5 个方面：

① 水泥生料均化库的类型；

② 水泥生料均化库的结构组成；

③ 水泥生料的均化工艺过程；

④ 水泥生料均化系统的工艺及设备配置；

⑤ 水泥生料均化库的应用实例。

学习重点：掌握水泥生料均化库的结构组成、均化工艺过程。

学习难点：水泥生料均化系统的工艺及设备配置。

（2）知识目标

掌握水泥生料均化库的类型、结构组成、工作原理、均化工艺过程、均化库的配置等。

（3）能力目标

能根据新型干法水泥生产规模和具体情况选择水泥生料均化库和均化工艺、水泥生料均化系统的工艺及设备配置。

7201-文本

7202-ppt

随着新型干法水泥生产技术的发展，均化技术在生产中得到了迅速发展和广泛应用，已形成了一个与水泥生料粉磨并存的水泥生料制备系统。目前，国内外水泥行业在水泥生料（水泥也是如此）均化系统中，普遍采用的是连续式水泥生料均化库。它既是水泥生料均化装置，又是水泥生料磨机与回转窑之间的缓冲与储存装置。

7.2.1　水泥生料均化库的类型

（1）CP 型均化室（混合室）均化库

CP 型均化室（或混合室）均化库（简称 CP 库），是由德国克拉得斯·彼得斯（Claudius Peters）公司制造的连续式水泥生料均化库。该公司是最早采用连续式水泥生料均化库的公司之一。

CP 型均化室均化库的结构组成和工作原理示意，如图 7.2.1 所示。

在均化库内设有圆柱形均化室（或圆锥形混合室）、8～12 个环形库底充气区等（向库中心倾斜，斜度约为 13%）。出磨水泥生料经库顶生料分配器和放射状布置的小斜槽送入库内，受到库底分配阀的轮流充气，使水泥生料膨松活化，向中央的均化室（或混合室）流动。当每个活化水泥生料区向下卸料

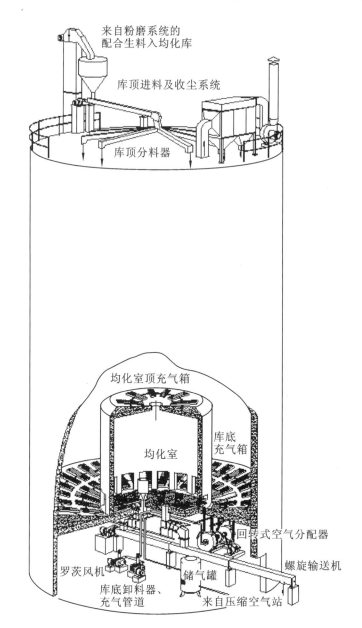

来自粉磨系统的
配合生料入均化库

库顶进料及收尘系统

库顶分料器

均化室顶充气箱

均化室

库底
充气箱

回转式空气分配器

螺旋输送机

罗茨风机

库底卸料器、
充气管道

储气罐

来自压缩空气站

图 7.2.1 CP 型均化室均化库的结构组成和工作原理示意

时,都产生"漏斗效应",使向下流出的水泥生料能够切割库内已平铺的所有料层,依靠重力进行均化;进入均化室(或混合室)的水泥生料,则由空气进行搅拌均化。

（2）IBAU 型中心室均化库

IBAU 型中心室均化库,是采用德国汉堡公司(Ibau Hamburg)的连续均化技术制造的。

IBAU 型中心室均化库的构造和工作原理示意,如图 7.2.2 所示。

水泥生料入库装置类似 CP 型均化库,由分料器和辐射型空气输送斜槽基本平行地铺入库内。库底中心有一个大的圆锥体,通过它将库内水泥生料所受的重力传到库壁上。圆锥体周围的环形空间被分成向库中心倾斜的 6～8 个区。每个区都装有充气箱,水泥生料在充气时首先被送至一条径向布置的充气箱上,再通过圆锥体下部的出料口,经斜槽进入库底部中央的搅拌仓中。

该库的均化机理与 CP 型均化库相似。当某一区充气时,其上部物料下落形成漏斗状料流,漏斗下部横截面包含好几层不同时间形成的料层。因此,当水泥生料从库顶达到库底时,依靠重力发生混

7203-视频

合作用,在水泥生料进入搅拌仓后又依靠连续空气搅拌得到气力均化,最后从搅拌仓下部卸出。

（3）CF 型控制流式均化库

CF 型控制流式均化库（Controlled Flow Silo,简称 CF 库）,是由丹麦 F.L.Smindth 公司制造的。

CF 库与其他均化库不同,其料入库方式为单点进料。库底分为 7 个六边形卸料区域,每个卸料区域中心设置一个卸料口,上边由减压锥覆盖。卸料孔下部与卸料阀及空气斜槽相连而将水泥生料送到库底中央的小混合室中,库底的多个三角形充气箱充气卸料。由于依靠充气和重力卸料,物料在库内实现轴向及径向混合均化。各个卸料区可控制不同流速及小混合室的空气搅拌,因此,均化效果较高、生料卸空率较高。但其结构比较复杂、充气管路多、自动化水平高,维修比较困难。

（4）MF 型多料流式均化库

MF 型多料流式均化库,又称伯力鸠斯流式均化库（Polysius Mulliflow Silo,简称 MF 库）,在库顶设有生料分配器及输送斜槽,使入库生料水平铺料,库底为锥形,略向中心倾斜。在库底设有一个容积较小的中心室,其上部与库底的连接处四周开有许多入料孔。中心室与均化库壁之间的库底分为10～16 个充气区,每个充气区装设 2～3 条装有充气箱的卸料通道。通道上沿径向铺有若干块盖板,形成 4～5 个卸料孔。在卸料时,充气装置向两个相对区轮流充气,以使上方出现多个漏斗凹陷,漏斗沿直径排成一列,随着充气变换而使漏斗物料旋转,从而使物料在库内产生重力式混合,同时也产生径向混合,以增加均化效果。库下中心室连续充气而再进行搅拌均化,因此,均化效果较高、生料卸空率较高。20 世纪 80 年代以后,MF 库又吸取 IBAU 库和 CF 库的经验,在库底设置一个大型圆锥体,每个卸料口上部也设置减压锥体。这样可使土建结构更加合理,又可减轻卸料口的料压强,改善物料的流动状况。

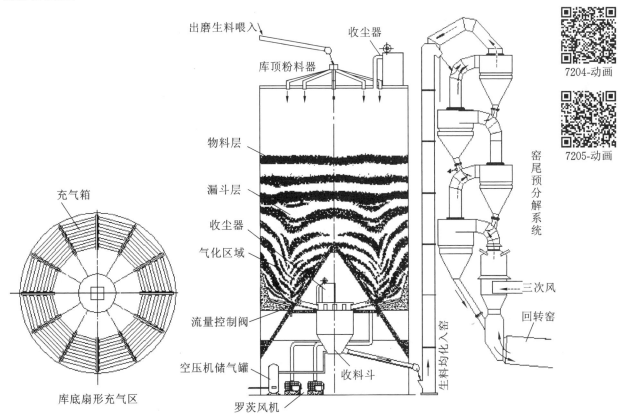

图 7.2.2 IBAU 型中心室均化库的构造和工作原理示意

(5) TP 型多料流式均化库

TP 型多料流式均化库,是由中国天津水泥工业设计研究院在总结引进的混合室、IBAU 型均化库的实践经验基础上研发的一种库型。在库内底部设置大型圆锥结构,使土建结构更加合理,同时将原设在库内的混合搅拌室移到库外以减少库内充气面积。生料在入均化库时由分料器和辐射形空气斜槽将其基本平行地铺入库内,通过大型圆锥体将库内水泥生料所受重力传到库壁上,圆壁与圆锥体周围的环形空间分 6 个卸料大区、12 个充气小区,每个充气小区向卸料口倾斜,斜面上装设充气箱,各区轮流充气。当某区充气时,上部形成漏斗流,使生料粉向下降落时切割尽量多层料面予以混合。同时,在不同流化空气的作用下,使沿库内平行料面发生大小不同的流化膨胀作用,有的区域卸料,有的区域流化,从而使库内料面产生径向倾斜。根据二次搅拌的原理,在库底设有大容量水泥生料计量均化仓,水泥生料由库内卸出进入均化仓再靠连续充气搅拌而得到气力均化,均化仓中的水泥生料经流量控制阀、流量计计量后经充气斜槽、提升机送入窑尾的旋风预热器中。中央料仓上面的收尘器,可防止设备运行时产生任何粉尘污染。库底充气可用压缩空气,也可用罗茨鼓风机供气。

(6) NC 型多料流式均化库

NC 型多料流式均化库,是由中国南京水泥工业设计研究院在吸收引进的 MF 型均化库基础上研发的一种库型。该库顶多点下料,平铺生料。根据各个半径卸料点数量多少确定半径大小,以保证流量平衡。各个下料点的最远作用点与该下料点距离相同,保证水泥生料层在平面上对称分布。库内设有锥形中心室,库底共分 18 个区,中心室内为 1~10 区,中心室与库壁的环表区为 11~18 区。生料从外环区进入中心室再从中心室卸入库下称量小仓。在向中心室进料时,外环区充气箱仅对 11~18 区中的一个区充气,对更多料层起强烈的切割作用。物料进入中心仓后,在减压锥体的减压作用下,中心区 1~8 区轮流充气并同外环区充气相对应,使进入中心区的水泥生料能够迅速膨胀、活化及混合均化。9~10 区一直充气,进行活化卸料。卸料主要通过一根溢流管进行,保证物料不会在中心仓短路。

7.2.2 水泥生料均化库的结构组成

7206-视频

均化库是一个圆柱形水泥构筑物,库顶设有分料器和辐射形空气斜槽(便于入库生料水平铺料)、稳流仓、袋式收尘器;库内底部设有均化库(或混合室)、充气箱及充气管道、卸料口;库外库底布满了充气管道、卸料器、回转式空气分配阀、螺旋输送机、罗茨风机、储气罐等,它们在均化生料的过程中发挥着各自的功能。

下面以 CP 型均化室均化库为例进行说明(参见图 7.2.1)。

7207-微课

(1) 均化室

现代化水泥企业的水泥生料均化库,其容量都很大(存料量约为 10000 t),若使库内的全部物料剧烈翻腾起来而均化是很困难的,而且耗电量巨大,太不经济了。因此,可以在均化库内设置一个小的搅拌室,专门给物料提供一个充分搅拌的"单间",由于粉状物料是有一定的流动性,可让库内下部的水泥生料在产生充气料层后沿着库底斜坡流进库底中心处的搅拌室,在这里受到强烈的交替充气,使料层流态化,充分搅拌趋于均匀。

混合室内安装有高位出料管(一般高出充气箱 3~4 m)和低位出料管(比充气箱约高 40 mm)。高位出料管用于经空气搅拌均化后的水泥生料的溢流而由库底卸料器卸出。低位出料管则用于库底检修时卸空物料。

（2）充气箱

充气箱的结构组成和工作原理示意，如图 7.2.3 所示。

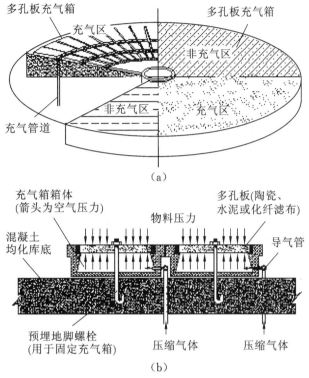

图 7.2.3　充气箱的结构组成和工作原理示意
(a)俯视图；(b)立面图

充气箱，由箱体和透气性材料所组成，被铺设在均化库的库底和混合室的顶部。充气箱的形状有条形、矩形、方形、环形或阶梯形等，采用最多的是矩形。矩形箱体用钢板、铸铁或混凝土浇制而成，透气层采用陶瓷多孔板、水泥多孔板或化学纤维过滤布。由罗茨风机产生的低压空气的一部分，沿库内周边进入充气箱，透过透气层，对已进入库内的水泥生料在库的下部充气形成充气料层，可以具备良好的流动性。不过库的容量很大，我们不要认为整个大库都能使全部的物料在这里剧烈"翻腾"起来，也就是说在此是不能完全均化的。

（3）充气装置

连续式空气均化库的工作特点，是局部充气、连续操作，所需压缩空气的压强一般不超过 5000 mm H_2O(1 mm H_2O=9.81 Pa)，压缩空气的消耗量较大，可达 45 m^3/min 以上。均化库的气源来自罗茨风机，通过库底若干条充气管路分别送给库底卸料器和各个充气箱，在库底环形充气区和混合室底部平面充气区对应分区充气，经回转式空气分配阀分配，通过库底若干条充气管路分别送给搅拌室和环形充气箱，进入隧道区充气箱及混合室充气箱。在库底环形充气区(倾斜度为 13%)和混合室底部平面充气区是对应分区充气的，回转式空气分配阀与均化库相匹配，有 4 嘴和 8 嘴两种，由一组传动装置驱动，转动时向库底充气区轮流供气。

回转式空气分配阀的结构组成和工作原理示意，如图 7.2.4 所示。

（4）卸料装置

经过均化合格的水泥生料从库底卸出，采用气动控制卸料装置控制卸料，出口接输送设备送入窑内煅烧。

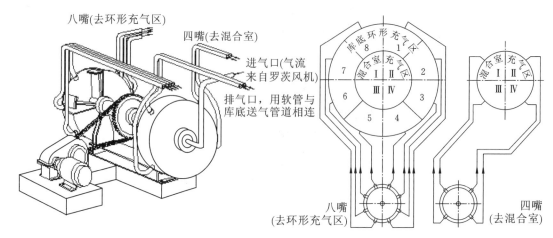

图 7.2.4　回转式空气分配阀的结构组成和工作原理示意

气动控制卸料器的结构组成和工作原理示意,如图 7.2.5 所示。

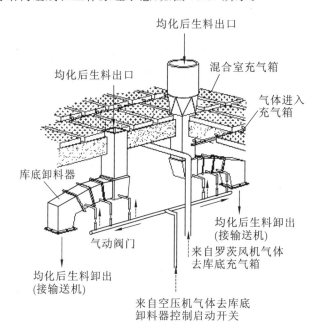

图 7.2.5　气动控制卸料器的结构组成和工作原理示意

（5）罗茨风机

罗茨风机属于容积式风机,与常见的离心式风机在性能上有很大差别。它所输送的风量取决于转子的转数,与风机的压力关系甚小,压力选择范围广,可承担各种高压强状态下的送风任务,在水泥生产国中,多用于气力提升泵、气力输送、气力清灰、生料均化库内的均化搅拌等。

罗茨风机有卧式(两根转子在同一水平面内)和立式(两根转子在同一垂直平面内)两种形式。其主要部件基本相同,由转子、传动系统、密封系统、润滑系统和机壳等部件组成,其中用于输送气流的主要工作部件是两只渐开线腰形的转子(叶轮和轴组成),依靠主轴上的齿轮,带动从动轴上的齿轮使两平行的转子做等速相对转动,完成吸气过程。两转子机之间及转子与壳体之间均有一极小间隙(0.25～0.4 mm),否则气体是不能吸进来的,也就没有气体可送出去了。部件中只有叶轮为运动部件,而叶轮与轴承为整体结构,叶轮本身在转动中磨损极小,所以可长时间连续运转,性能稳定、安全性高。

罗茨风机的类型,如图 7.2.6 所示。

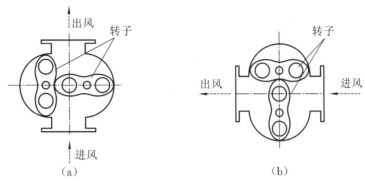

图 7.2.6　罗茨风机的类型

(a)卧式;(b)立式

　　罗茨风机的卧式立体图,如图 7.2.7 所示。

　　罗茨风机的轴承,一般采用滚动轴承(较大型的罗茨风机采用滑动轴承)。定位段轴承和联轴器端轴承,采用调心滚子轴承(以解决轴向定位)。自由端轴承、齿轮端轴承,选用圆柱滚子轴承(解决热膨胀问题)。密封方式,有机械密封式(效果较好,但结构复杂,成本高)、骨架油封(密封圈容易老化,需定期更换)、填料式密封(效果不是太好,需经常更换,新更换的填料不宜压得过紧,运转一段时间后再逐渐压紧)、涨圈式和迷宫式密封(这两种属于非接触式密封,寿命长,但泄漏量较大),各企业根据情况选用密封装置。

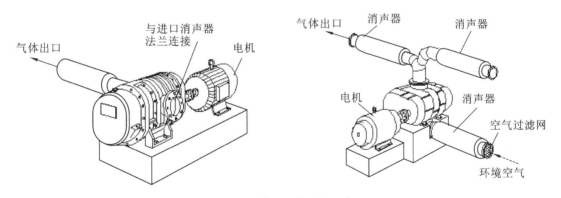

图 7.2.7　罗茨风机的卧式立体图

7.2.3　水泥生料的均化工艺过程

　　水泥生料均化库的位置设在生料磨机系统与窑煅烧系统之间,均化过程在封闭的圆库里完成。现代化干法水泥生产企业采用连续式空气搅拌均化库,水泥生料从均化库的库顶进料、库内均化、库底(或库侧)卸料,进料、出料及均化动作在同一时间内进行。也就是说,将进料储存、搅拌和出料进行了更加合理的贯通。

　　水泥生料的均化工艺过程示意,如图 7.2.8 所示。

7.2.4　水泥生料均化系统的工艺及设备配置

　　水泥生料均化库的库顶、库底配有很多附属设备,它们各自有自己的任务,共同构成水泥生料均化系统。

　　水泥生料均化库(MF库)及其入喂料窑系统的主要设备配置,如表 7.2.1 所示。

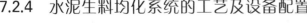
7209-视频

7210-视频

7211-视频

7212-视频

7213-动画

7214-动画

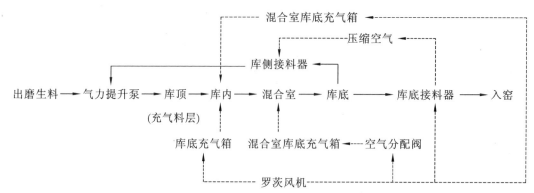

图 7.2.8　水泥生料的均化工艺过程示意

表 7.2.1　水泥生料均化库(MF 库)及其入喂料窑系统的主要设备配置

序号	设备名称	设备规格及技术参数
01	斗式提升机	型号:N-TGD630-55.150-左　　能力:310 t/h
01-1	电机	型号:Y280S-4　　功率:75 kW
01-2	减速机	型号:B3DH9-50
01-3	输传电机	型号:KF100-A100-L4　　功率:4 kW
02	空气输送斜槽	规格:B500 mm×9100 mm　　能力:330 m³/h　　角度:8°
03	风机	型号:XQⅡ№4.7A 逆 90　　风量:908 m³/h　　风压:5416 Pa
03-1	电机	功率:3 kW
04	水泥生料分配器	型号:φ1600 mm　　能力:330 m³/h
04-1	空气输送斜槽	规格:B200 mm×5360 mm　　角度:8°
04-2	空气输送斜槽	规格:B200 mm×3340 mm　　角度:8°
05	风机	型号:XQⅡ№5.4A 逆 0　　风量:1125 m³/h　　风压:6432 Pa
05-1	电机	功率:4 kW
06	均化库环行区充气系统	每套含:a.充气系统;b.中心室充气管路系统;c.气力搅拌电控系统
07	罗茨风机(备用 1 台)	风量:23.68 m³/min　　风压:58.8 kPa　　转速:1730 r/min　　用水量:10 L/min
07-1	电动机	型号:Y225S-4　　功率:30 kW
08	罗茨风机	风量:14.76 m³/min　　风压:58.8 kPa　　转速:1450 r/min　　用水量:8～10 L/min
08-1	电动机	型号:Y200L-4　　功率:30 kW
09	均化库中心室充气系统	每套含:a.中心室充气槽系统　b.中心室充气管路系统　　c.卸料充气装置
10	充气螺旋闸门	规格:B500 mm　　能力:50～320 m³/h
11	气动开关	规格:B500 mm　　能力:50～320 m³/h　　气缸型号:QGB-E100×160-L1
12	流量控制阀	规格:B500 mm　　能力:50～320 m³/h　　型号:DKJ-3100
12-1	电动执行器	信号电流:4～20 mA　　功率:0.1 kW
13	空气输送斜槽	规格:B500 mm×8500 mm　　能力:330 m³/h　　角度:8°
14	风机	型号:XQⅡ№4.7A 顺 90　　风量:1392 m³/h　　风压:535 Pa
14-1	电机	功率:5.5 kW

序号	设备名称	设备规格及技术参数
15	斗式提升机	型号:N-TGD630-67.6150-左　能力:260 t/h
15-1	电机	型号:Y280M-4　功率:90 kW
15-2	减速机	型号:B3DH9-50
15-3	输传电机	型号:KF100-A100-L4　功率:3 kW
16	喂料仓	规格:ϕ5000×7000　有效仓体积 120 m³
16-1	荷重传感器	称重范围:0～70 t
17	充气螺旋闸门	规格:B500 mm　能力:50～320 m³/h
18	气动开关	规格:B500 mm　能力:50～320 m³/h　气缸型号:QGB-E100×160-L1
19	流量控制阀	规格:B500 mm　能力:50～320 m³/h　型号:DKJ-3100
19-1	电动执行器	信号电流:4～20 mA　功率:0.1 kW
20	罗茨风机	风量:11.8 m³/min　风压:58.8 kPa　转速:980 r/min　用水量:8～10 L/min
20-1	电动机	型号:Y200L2-6　功率:22 kW
21	冲板式流量计	能力:30～280 t/h　精度:±(0.5%～1.0%)
22	空气输送斜槽	规格:B500 mm×20000 mm　能力:320 m³/h　角度:8°
23	风机	型号:9-19№57A 逆 90　风量:1986 m³/h　风压:5980 Pa
	电机	功率:7.5 kW
24	袋式收尘器 脉冲阀 提升阀	型号:PPCS64-4　处理风量:11160 m³/h　压损:1470～1770 Pa 过滤风速:1.0 m/min　净过滤面积:186 m²　气耗量:1.2 m³/min 气压:(5～7)×10⁵ MPa　入口含尘浓度:<60 g/m³ 出口含尘浓度:<100 mg/m³　规格:ϕ65 mm
24-1	回转锁风阀 电机	提升阀阀板直径规格:ϕ595 mm　气缸直径规格:ϕ100 mm 功率:1.1 kW
25	风机	型号:9-19№11.2D　风量:115973 m³/h　风压:2800 Pa　转速:960 r/min 型号:Y225M-6
25-1	电机	功率:30 kW
26	袋式收尘器	处理风量:8500 m³/h　压损:<1200 Pa　过滤风速:1.4 m/min 净过滤面积:816 m²　气耗量:0.35 m³/min　气压:(4～5)×10⁵ MPa 入口含尘浓度:<200 g/m³　出口含尘浓度:<50 mg/m³　规格:ϕ65 mm
27	风机电机	型号:Y132S2-2　功率:7.5 kW
28	压力平衡阀	规格:ϕ450 mm×450 mm
29	量仓孔盖	规格:ϕ250 mm
30	库顶人孔门	规格:700 mm×800 mm
31	库侧人孔门	规格:600 mm×800 mm
32	斗式提升机	根据预热气提升高度确定

注:表中各设备的配置数量均为1台。

伯力鸠斯多点流水泥生料均化库(MF 库)的工艺流程示意,如图 7.2.9 所示。

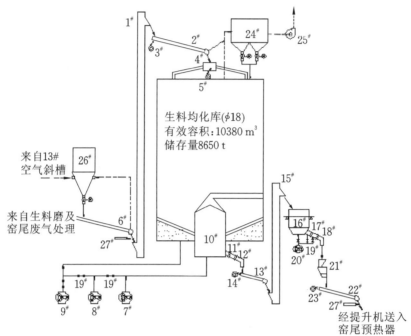

图 7.2.9　水泥生料均化库(MF 库)的工艺流程示意

1#、15#—提升机;2#、6#、13#、22#—空气斜槽;3#、5#、14#、23#、25#—风机;4#—生料分配器,均化库环形区充气系统;
7#、8#、9#、20#—罗茨风机;10#—均化库中心室充气系统;11#—充气螺旋闸门;12#、18#—气动开关阀;
16#—喂料仓;17#—充气螺旋阀;19#—流量控制阀;21#—冲板式流量计;24#、26#—袋式收尘器;27#—取样器

7.2.5　水泥生料均化库的应用实例

现以冀东发展集团有限责任公司某分公司水泥生料均化工艺为例,介绍水泥生料均化库的应用。

该公司(一期)是引进日本的水泥熟料生产规模 $M=4000$ t/d 的大型干法水泥生产线。混合室连续式水泥生料均化库,采用德国彼得斯公司设计制造,是我国从国外引进的第一套连续式水泥生料均化库。

该公司混合室均化库的工艺流程示意,如图 7.2.10 所示。

水泥生料有石灰石、砂土、煤矸石和铁粉 4 种原料配料。各种水泥原料和水泥熟料烧成用煤,都分别设有预均化堆场。入磨水泥原料的化学成分比较稳定,磨头配料采用在线 X-ray 光谱分析仪和电子计算机自动控制,可以使出库水泥生料中 $CaCO_3$ 滴定值的样本标准差达到($T_c\pm0.3\%$)。出磨水泥生料和电收尘器收下的窑灰经混合后用斗式提升机送至库顶,经水泥生料分配器和呈放射状布置的小斜槽送入两个库中(也可以用电动闸板控制生料只进入一个库)。库底部为向中心倾斜的圆锥体,上面均匀地铺满充气箱。在库底中心处有一圆锥形混合室,其底部分为 4 个充气区。混合室外面的环形区分为 12 个小充气区。在混合室和库壁之间由一隧道连通。

在每个库底空间装有 3 台空气分配阀。每个库底安装约 220 个条形充气箱,都向库中心倾斜,采用涤纶布透气层。混合室内经过搅拌后的水泥生料进入隧道,并在隧道空间中进一步被均化。在隧道末端库壁处有高位和低位两个出料口。低位出料口紧贴充气箱,可用来卸空混合室和隧道内的生料。高位卸料口离隧道底部约 3.5 m,一般情况下使用高位卸料口出料。在每个出料口外面顺序装有手动闸板、电动流量控制阀和气动流量控制阀。手动闸板供检修流量控制阀时使用;电动流量控制阀

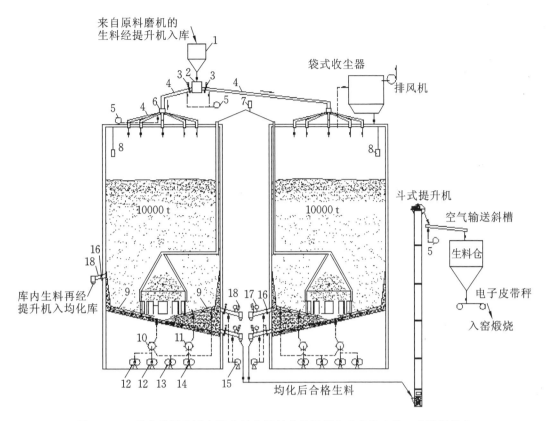

图 7.2.10 冀东发展集团有限责任公司某分公司混合室均化库的工艺流程示意

1—膨胀仓；2—二嘴水泥生料分配器；3—电动闸板；4—空气输送斜槽；5—斜槽用鼓风机；6—八嘴空气分配阀；7—负压安全阀；
8—重锤式连续料位计；9—充气箱；10—四嘴空气分配阀；11—八嘴空气分配器；12—罗茨鼓风机(强气，一台备用)；
13—罗茨鼓风机(环形区给气)；14—罗茨鼓风机(弱气)；15—卸料用鼓风机；16—卸料闸板；17—电动流量控制阀；18—气动流量控制阀

用于调节生料流量；气动流量控制阀可快速打开或关闭，控制水泥生料流出。另外有一个库设有一个单独的库侧高位卸料口，当生料磨停车而窑继续生产时，可通过这一卸料口直接从库内卸出水泥生料，并与电收尘器收的窑灰混合后再用提升泵送入库中。这样，可避免因只向库内送窑灰而造成出库水泥生料化学成分的波动超过规定值。

该公司均化系统的突出优点，是结构简单、基建投资和水泥生料均化的电耗量较低、操作使用可靠，而且均化效果也较好。

［知识测试题］

一、填空题

1. 水泥生料均化库的 3 种均化方式是_____、_____、_____，为降低能耗，设计中要重视_____。

2. 水泥生料粉气力搅拌的基本部件是_____。

3. 衡量水泥生料均化库的主要指标为_____、_____。

4. 水泥生料均化的方式_____、_____。

5. 充气箱由_____和_____材料组成。

6. 罗茨风机有_____和_____两种形式。

7. 均化库的_____构成水泥生料均化系统。

8. 充气箱的形状有条形_____等。

9. 连续式空气均化库的工作特点是_____充气、_____操作。

10. 水泥生料气力均化系统分为_____、_____。

二、选择题

1. 连续式均化库进料—搅拌—卸料(　　)完成。

A. 连续　　　　　　　　　　　　　　B. 间歇

2. 连续式空气均化库的工作特点是(　　)充气、(　　)操作。

A. 局部,连续　　　　B. 总体,连续　　　　C. 总体,间歇

3. 目前用预分解窑生产水泥时,水泥生料的均化采用(　　)。

A. 预均化堆场　　　　　　　　　　　B. 连续式气力均化库

4. 多料流式气力均化库均化原理是(　　)。

A. 纵向重力混合及混合室气力均化　　　B. 混合室气力均化

C. 纵径向重力混合及混合室气力均化　　　D. 库底充气均化

三、判断题

1. 当充气时,空气通过多孔板进入水泥生料粉中;但当停止充气时,水泥生料粉可能通过多孔板下落。 (　　)

2. 在新型干法生产中,料粉的均化方式通常用气力均化。 (　　)

四、简答题

7215-文本

1. 简述水泥生料均化库的设备。

2. 简述连续式均化库的工作特点。

3. 简述混合室的作用。

4. 简述罗茨风机的部件组成。

[能力训练题]

1. 将水泥生料均化过程的方框图转化为流程图(采用计算机绘制)。

2. 试为某水泥熟料生产规模 $M = 5000 \ t/d$ 的新型干法水泥生产线选择水泥生料均化工艺和系统主要设备,绘制均化工艺流程图、列出设备配置表。

7.3　水泥生料均化设备的操作与控制

(1) 任务描述

本学习任务包括以下 3 方面内容:

① 水泥生料均化库的操作与控制;

② 水泥生料均化过程的故障分析与处理;

③ 水泥生料均化系统的设备维护。

7301-文本

学习重点:水泥生料均化库的操作与控制。

学习难点:水泥生料均化过程的故障分析与处理。

(2) 知识目标

掌握水泥生料均化库的开车准备、开车与停车操作、充气操作及正常操作与控制的理论

知识。

（3）能力目标

能够利用仿真系统进行水泥生料均化库的开车与停车操作、正常操作与控制、相关故障分析判断与排除,在工作岗位上通过师傅指导能够操作与控制均化库而进行水泥生料的均化作业。

7302-ppt

7.3.1　水泥生料均化库的操作与控制

7.3.1.1　水泥生料均化库的充气制度

对于水泥生料均化库而言,应有稳定的充气制度以保证水泥生料的均化质量。不同的水泥企业或不同类型的均化库,都有自己严格的充气制度。

例如,某一交叉调配的水泥生料均化工艺系统,设有 4 个 $\phi6.5\ m\times15\ m$ 的均化库、4 个 $\phi10\ m\times15\ m$ 的储存库和 1 个回灰库。其压缩空气的消耗量为 $30\ m^3/min$;生料流态化区充气压强和弱气区充气压强为 $0.1\sim0.12\ MPa$;流态化时间、强气区与弱气区的轮换时间分别为 20 min 和 10 min(总均化时间为 60 min)。其供气采用强气流与弱气流中的"二二对吹"法(手动操作或自动操作),充气区进气轮换采用继电器程序控制电路控制。来自压缩空气站的压缩空气,经净化后分成以下几条支路:

① 均化用气支路(压强分别为 0.12 MPa 和 0.20 MPa);

② 卸料用气支路(压强为 0.12 MPa);

③ 仓式输送泵用气支路(压强为 0.7 MPa);

④ 仪表用气支路(此气源经二次干燥净化)。

若水泥生料均化库设有专用的压缩空气站,一般供气量或供气压强是很稳定的。但是,若全厂多个供气点共用一个压缩空气站,则往往会出现均化空气量不足或均化压强较低的现象,这将会影响均化效果。

例如,水泥生料均化库在正常工作时的用气量为 $30\ m^3/min$,因受其他供气点的影响,有时压缩空气供气量只有 $20\ m^3/min$。经过 1 h 的均化后,水泥生料中 $CaCO_3$ 滴定值(T_C)的最大变化量为 $(+0.49\%,-0.53\%)$,Fe_2O_3 含量的最大变化量为 $(+0.15\%,-0.12\%)$,均超出了规定范围。

因此,对于多个供气点共用一个压缩空气站的水泥生料均化库,必须全厂统一协调,按设计程序进行计划供气,并经常检查各阀门的开启是否灵活、严密,以保证供气量稳定和充足。

7.3.1.2　水泥生料均化库开机前的准备

水泥生料均化系统的主要设备有:螺旋输送机(或输送斜槽)、斗式提升机或气力提升泵、卸料机、收尘器及各种仪表。对于气力搅拌库,还要有回转鼓风机、回转式空气分配阀。

在水泥生料均化库开机前,要做好下列准备工作:

① 现场检查所有阀门的开启和关闭是否灵活,电动阀门要确认中央控制与现场的开闭方向是否一致、开度和指示是否准确。对于有上下限位开关的阀门,要与中央控制核对限位信号是否返回。

② 检查各润滑部位、轴承、联轴器的油位是否满足要求。

③ 检查库顶、库侧人孔门、检修门是否关闭、密封。

④ 对设备的传动连杆、地脚螺栓等易松动部件要严格检查和紧固。

⑤ 罗茨风机的冷却水管的连接部分不得有渗漏,能合理控制水量。

⑥ 检查核对系统内压强及料位仪表的联系信号是否准确。

⑦ 检查库顶、喂料仓送料斜槽的透气层是否完好,杂物是否被清除。

⑧ 检查压缩空气系统的管路是否畅通,气管的连接部分是否漏气,各用气点的压缩空气是否能正常供气,压强是否达到供气要求,管路内是否有铁锈或其他杂物。

7.3.1.3 水泥生料均化库的开车与停车操作

(1)开车与停车顺序

库顶收尘器系统→水泥生料分配器→水泥生料斗式提升机(或气力提升泵)→回转式空气分配阀→回转鼓风机→库底螺旋输送机或输送斜槽→叶轮卸料器。

水泥生料均化库的停车顺序,与开车顺序相反。

(2)停车前后的注意事项

7303-视频

在系统停机后,要定期开动库底充气机组,松动物料,每次运行时间以 1 h 为宜,以防止生料在均化库内结块。

7.3.1.4 水泥生料均化库的库底充气操作

① 检查罗茨风机转子的转向是否与转向牌标示一致。

② 操作时必须戴橡胶绝缘手套,首先开动油泵润滑系统,然后站在绝缘垫上合上空气开关,再启动电动机按钮而使鼓风机开始工作。

③ 在罗茨风机启动时,禁止将进风与出风调节阀门全部关闭,启动后应逐步关闭放风阀门至规定的静压强值,不允许超负荷运转。

7304-微课

④ 在罗茨风机的运行过程中,若发现不正常的撞击声或摩擦声,则要立即停机、检查。

⑤ 当罗茨风机在额定工况下运行时,各滚动轴承的温度不得超过 55 ℃,表面温度不超过 95 ℃,油箱内润滑油的温度不超过 65 ℃。

7.3.1.5 水泥生料均化库的操作与控制

(1)控制适宜的装料量

搅拌库内的生料粉,由于经充气后其体积发生膨胀,因此在装料时要注意留下一定的膨胀空间。若水泥生料装得太满,则既会影响均化效果又会恶化库顶的操作环境。在搅拌时物料的膨胀系数约为 15%,所以其装料高度一般为水泥生料均化库净高的 70%~80%。

(2)控制适宜的入库水泥生料的水分含量

当环形区充气时,水泥生料均化库内上部的水泥生料能均匀下落,积极活动区的范围较大,不积极活动区(当料面下降到这一区域时,该区的水泥生料才向下移动)的范围较小。

当水泥生料的水分含量较高时,水泥生料颗粒的黏附力增强,流动性变差。因此,当向环形区充气时,积极活动区的范围缩小,不积极活动区和死料区的范围扩大,其结果是水泥生料的重力混合作用降低。另外,水分含量较高的生料易团聚在一起,从而使搅拌室内的气力均化效果也明显变差。为了确保水泥生料的水分含量为 $w(H_2O) < 0.5\%$〔其最大值以 $w_{max}(H_2O) \leqslant 1\%$ 为宜〕,生产中要严格控制烘干原料和出磨水泥生料的水分含量。

(3)控制适宜的库内最低料面高度

当混合室库内料位太低时,大部分生料进库后又很快出库,其结果是重力混合作用明显减弱,均化效果降低。当库内料面低于搅拌室料面时,由于部分空气经环形区短路而被排出,故室内气力均化作用又将受到干扰。为了保证混合室库有良好的均化效果,一般要求库内最低料位不低于均化库有效直径的 0.7 倍(或库内最少存料量约为窑 1 d 的生产需要量)。

虽然较高的料面对均化效果有利,但是为了使库壁处生料有更多的活动机会,可以限定库内料面在一定高度范围内波动。

（4）稳定搅拌室内料面高度

搅拌室内料面愈高,均化效果愈好。但这就要求供气设备有较高的出口静压强,否则,风机的传动电机将因超负荷而跳闸。若搅拌室内的料面太低,则气力均化作用将减弱,均化效果不理想。当搅拌时的实际料面低于溢流管高度时,溢流管将会停止出料。

若室内的料位过高,则应减少（或短时间内停止）环形区的供风量;若室内的料位太低,则应增加环形区的供风量。

（5）控制适宜的混合室的下料量

均化效率与混合室的下料量成反比。库设计均化效率,是指在给定下料量时应能达到的最低均化效率。因此,在操作时应保持在不大于设计下料量的条件下,连续稳定地向窑供料,而不宜采用向窑尾小仓间歇式供料的方法,因为这种供料方式往往使卸料能力增加 $1 \sim 2$ 倍。

对于设有两座混合室库的水泥企业,若欲提高均化效率,则可以采用两库同时进料与出料的工艺流程,并最好使两库的库内的料面保持一定的高度差。

7.3.2 水泥生料均化过程的故障分析与处理

7305-视频

7.3.2.1 水泥生料均化过程中不正常情况的分析及处理

（1）库顶加料装置发生堵塞

在水泥生料均化库的顶上,可设置水泥生料分配器（例如,冀东发展集团有限责任公司某分公司的水泥生料均化库）,如果入库水泥生料的水分含量较大或夹杂有石渣、铁器等较大颗粒的物料,或小斜槽风机进口处的过滤网被纸屑等环境中的杂物糊住,致使出口处的风压强太低,都可能导致加料装置被堵塞。另外,斜槽及分配器密封不严、透气层损坏、所配风机的风流量或风压强太小等,也会导致它们被堵塞。发生堵塞的症状,是入库水泥生料提升机大量回料、冒灰,电机跳闸。所以,要经常检查斜槽内物料的流动情况,还要经常检查透气层及密封情况,发现问题并及时解决。除此之外,更重要的是从水泥原料的烘干粉磨着手,磨机操作工要严格控制出磨水泥生料的水分含量,其最大值以 w_{max}（H_2O）$\leqslant 1\%$ 为宜。

（2）库内物料下落不均（或塌方）

若入库水泥生料的水分含量较大,则还会造成物料下落不匀（或塌方）。此时位于库顶部的水泥生料层没有按环形区充气顺序均匀地分区塌落,而是个别小区向搅拌室集中供料,并在库内环形区上部出现几个"大漏斗",入库生料通过"漏斗"很快到达库底。这样,均化库只起了一个通道的作用,物料并没有真正搅拌起来,因而均化效率明显下降。若此时只出料而不进料,"漏斗"会越来越大,将会导致库壁处大片生料塌落而最终填满漏斗。

物料下落不匀（或塌方）的处理办法,是控制入库水泥生料的水分含量并将这种情况告知前一道工序（烘干粉磨系统）。如有可能,则可将库内原有的水泥生料放空,再喂入较干的水泥生料。

导致物料下落不均（或塌方）的另一个原因,是均化库停运数天后再重新使用（例如,窑检修期间,均化库就得停用）。若要避免物料下落不均（或塌方）,则可以让均化库自身循环倒料。

水泥生料均化库自身循环倒料工艺流程示意,如图 7.3.1 所示。

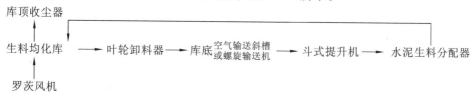

图 7.3.1　水泥生料均化库自身循环倒料工艺流程示意

（3）入库水泥生料物理性能发生变化

若入库水泥生料的水分含量过大，则颗粒之间黏附力增强，流动性变差。此时，当从库底向库内充气时，积极活动区范围变小，惰性活动区（或死料区）范围变大，将使重力混合作用降低。

均化库内生料活动区域示意，如图 7.3.2 所示。

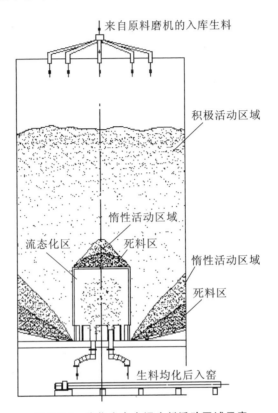

图 7.3.2　均化库内水泥生料活动区域示意

（4）均化库底卸料装置发生堵料（或漏料）

在库底水泥生料出料口下端，安装有刚性叶轮卸料器或气动控制卸料器。

在刚性叶轮卸料器运行中，若卸料阀叶片被堵塞了，则会导致堵料。若卸料阀叶片损坏了，则会出现卸料不均（或漏料）。若气动控制卸料器的开关失灵（或供气管路漏气），也会出现堵料、卸料不均（或漏料）。若卸料器工作正常，但连接卸料器的螺旋输送机（或空气输送斜槽）被堵塞了，均化后的水泥生料同样卸不出去。所以，要做好巡检工作，早发现问题、早做出处理。

（5）均化库搅拌室内水泥生料流态化不完全

有时表面操作正常但均化效果较差，这说明搅拌室内水泥生料流态化不完全。其原因如下：

① 搅拌室充气箱的进气量不足。

② 由于水泥生料的水分含量较大（或停库时间较长），致使搅拌时产生严重的沟流现象。

③ 搅拌室充气箱的透气层受损（或管道严重漏气），致使空气集中穿孔逸出。

若经检查、测量和分析而确认搅拌室发生故障，则需要等待停窑检修时再清库检查清理。

（6）回转空气分配阀振动（或窜气）

均化库的底部是受到轮流供气的。回转空气分配阀就是将来自罗茨风机的气体向库底充气箱轮流供气，分别送至混合室和它周边的环形充气箱中。若回转空气分配阀在供气中出现

7306-视频

了比较严重的振动,则应将阀芯卸下并检查其磨损情况。若其磨损程度不大,则可用煤油清洗后再安装上,或涂上一层黏度较小的黄油。若其磨损程度严重且不均匀,不但振动而且在阀芯和阀体之间还会窜气(即某一环形小区充气时,前后两个小区也会有少量的进气),则应更换阀芯。

7.3.2.2 罗茨风机转子出现问题及其解决办法

罗茨风机的主要任务,是向均化库底部的环形室和中心室提供强空气,以使水泥生料"沸腾"而完成气力均化。

罗茨风机的常见故障分析及处理方法,如表7.3.1所示。

7307-动画　　7308-动画　　7309-动画

表7.3.1　罗茨风机的常见故障分析及处理方法

故障现象	原因分析	处理方法
两转子之间的局部撞击	传动齿轮键松动	更换齿轮键
	转子键松动	更换轮子键
	齿轮轮毂和主轴的配合不良	检查配合面是否有碰伤、键槽是否有损伤、轴端螺母销松紧情况和放松垫圈的可靠性
	两转子间的间隙配合不良	调整两转子间的空隙
	滚动轴承超过使用期限	更换滚动轴承
	主轴和从动轴弯曲	调直或更换轴
	齿轮使用过久	更换磨损的齿轮
两转子与前后墙板发生摩擦	两转子与两端墙板轴向间隙不当	调整转子与前后墙板的间隙,可以加纸垫调整

7.3.3　水泥生料均化系统的设备维护

(1) 设备运行中的维护

均化库启动运行后,操作人员要随时检查均化库的进料与出料是否正常,各种阀门活动部件的动作灵活程度,各润滑部位的油质和油位,各检修门的密闭情况,冷却水系统的水压和水量及有无渗漏,各仪表的信号、供气是否畅通,气压是否符合要求等。若发现问题,则要及时处理。

(2) 回转式空气分配阀的维护

① 设备运转前,要在阀体上的黄油杯内充满钙基润滑脂,每班注油1~2次,以便加强密封效果。

② 半轴的滑动轴承的油杯应经常充满机械油,每班注油1~2次。

③ 检查半轴的2个油浸石棉密封圈是否漏风,必要时要拧紧螺钉,但太紧了又会增大功率的消耗量,所以要掌握好这个"紧"度。

④ 对于轴挡圈与铜滑动轴承端面,要求有0.3~0.5 mm的间隙,当超出这个范围时要进行调整。

⑤ 链条运转时上面应为紧边,并在运转中加注稀机油润滑。

⑥ 减速箱内的机械油要经常保持在要求的油位高度。在设备运行期间,若发现有不正常声音时,则要立即停止运行。

⑦ 要对设备定期进行保养调整,3~6个月换洗1次减速机内的机油,保持稀机油杯的油路畅通。

(3) 均化库底叶轮下料器的维护

① 设备运转前,所有黄油杯内要添充满钙基润滑脂。

② 设备运行中每班注油 1～2 次,使减速箱内的机械油保持在要求的油面高度,两端轴承要经常注满油脂。

③ 对于采用橡胶密闭的叶轮,每季度更换橡胶板 1 次,所有封闭件的螺栓不得松动。

④ 停机检查各回转件之间的间隙是否达到了密封要求。若末达到则要进行调整,要求回转灵活。

(4) 罗茨风机的维护

① 经常检查各通油管路是否畅通,油箱油位是否正常。

② 保持机组清洁,避免油路系统有漏油现象。

③ 每月检查 1 次储油箱内润滑油的清洁度,要及时更换污油。

④ 若被排除的气体中含有大量的机油,则应立即更换密封。

⑤ 在停止运转时,还要用电动油泵供油 20 min,直到机器完全停止。

7310-视频

[知识测试题]

一、填空题

1. 均化库应有稳定的_____来保证水泥生料的均化质量。

2. 一般均化库都设有_____保证供气量或供气压强。

3. 在水泥生料均化时有均化空气不足或均化压强偏低的现象,这将影响_____。

4. 水泥生料均化系统的主要设备有:_____、_____、_____、_____。

5. 气力搅拌库有_____、_____。

6. 均化库中水泥生料的水分含量_____、_____。

7. 搅拌室内料面愈_____均化效果越好,但要求供气设备具有较高的出口静压强,否则风机的传动电机将因超负荷而跳闸。

8. 搅拌时物料的膨胀系数约为_____。

9. 在水泥生产中要严格控制_____和_____的水分含量。

10. 一般要求库内最低料位不得低于库有效直径的_____。

11. 在操作均化库时应_____向窑供料。

12. 设计均化效率,是指_____。

13. 均化库的装料高度,一般为均化库净高的_____。

二、简答题

1. 简述水泥生料均化库的充气制度。

2. 简述水泥生料均化库在开车前需要做哪些准备。

3. 简述水泥均化库的操作要点。

4. 简述如何处理水泥生料均化库内物料下落不均(或塌方)的措施。

5. 简述罗茨风机的主要任务。

6. 简述导致水泥生料均化库内物料下落不均(或塌方)的原因。

7. 简述水泥生料均化库的开车与停车顺序。

7311-文本

［能力训练题］

1. 查阅相关资料，总结不同类型水泥生料均化库的特点及其设备组成。

2. 试为某水泥熟料生产规模 $M = 5000$ t/d 的生产线编写"水泥生料均化库操作指导书"。

【项目实训】

实训 1　水泥生料均化系统开车与停车操作

（1）任务描述

本实训项目是以新型干法水泥生产仿真系统为主要载体，通过操作练习掌握水泥生料均化系统工艺流程，模拟按顺序启动和停车的操作。

（2）实训内容

① 熟悉仿真系统，正常开车进入水泥生料均化系统，所有设备处于未开车状态；

② 掌握水泥生料均化系统按顺序启动的操作，在设备开车时注意各设备之间的启动联锁、安全联锁及运行联锁；

③ 掌握水泥生料均化系统按顺序停车的操作，在设备停车时注意停车联锁关系及注意事项。

实训 2　水泥生料均化系统正常运行操作实训

（1）任务描述

本实训项目是以新型干法水泥生产仿真系统为主要载体，通过操作练习学会水泥生料均化系统的正常操作。

（2）实训内容

① 控制水泥生料均化库内的料面高度和喂料量；

② 控制水泥生料的均化时间；

③ 控制水泥生料均化效果。

实训 3　水泥生料均化系统常见故障分析与处理实训

（1）任务描述

本实训项目是以新型干法水泥生产仿真系统为主要载体，通过操作练习学会水泥生料均化系统故障的分析方法，并能对出现的故障进行处理。

（2）实训内容

① 水泥生料均化库的故障处理；

② 水泥生料均化系统其他设备故障的原因分析及处理方法。

实训 4　水泥生料均化库中央控制操作比赛

各小组内、小组之间、班级之间，在仿真系统中进行水泥生料均化库中央控制操作比赛。

实训 5　水泥生料均化库模型制作比赛

各小组内、小组之间、班级之间，进行水泥生料均化库模型制作比赛。

【项目评价】

评价项目	评价内容	评价分值
任务1　水泥生料均化参数的确定	能理解均化原理,确定均化工艺参数	20
任务2　水泥生料均化工艺的选择	能根据水泥生产规模选择均化工艺、配置均化设备	20
任务3　水泥生料均化设备的操作与控制	能理解均化过程,会阐述故障原因及方法	20
实训1　水泥生料均化开车与停车操作实训	能在仿真系统进行均化库的开车与停车	10
实训2　水泥生料均化系统正常运行操作实训	能在仿真系统正常操作均化库	10
实训3　水泥生料均化系统常见故障分析与处理实训	能在仿真系统处理均化过程的故障	10
实训4　水泥生料均化库中央控制操作比赛	能在仿真系统中进行水泥生料均化库中央控制操作	5
实训5　水泥生料均化库模型制作比赛	能进行水泥生料均化库的模型制作	5

8　水泥生料粉磨系统的中央控制操作

【项目描述】

（1）项目内容

本项目的学习内容包括 10 个任务：

① 测量仪表及控制系统的认知；

② 水泥生料中卸磨机粉磨系统的正常操作；

③ 水泥生料中卸磨机粉磨系统的常见故障与处理；

④ 水泥生料中卸磨机粉磨系统的实践训练；

⑤ 水泥生料立式磨机粉磨系统的正常操作；

⑥ 水泥生料立式磨机粉磨系统的故障与处理；

⑦ 水泥生料立式磨机粉磨系统的实践训练；

⑧ 水泥生料辊压机终粉磨系统的正常操作；

⑨ 水泥生料辊压机终粉磨系统的故障与处理；

⑩ 水泥生料辊压机终粉磨系统的实践训练。

学习重点：掌握水泥生料立式磨机粉磨系统、辊压机终粉磨系统的正常操作与故障处理；

学习难点：掌握水泥生料立式磨机粉磨系统、辊压机终粉磨系统的故障处理与实践操作。

（2）知识目标

① 掌握新型干法水泥生产水泥生料粉磨系统的控制原理、岗位职责和工作任务；

② 掌握水泥生料粉磨系统的中央控制操作理论和故障处理方法。

8001-文本

（3）能力目标

① 能利用中央控制仿真软件模拟水泥生料粉磨系统冷态启动、正常运行操作以及基本参数的优化与调节；

② 能根据中央控制界面的参数变化判断水泥生料粉磨过程中出现的故障，对常见故障及时判断、准确分析和排除处理。

8002-文本

（4）素质目标

① 具有遵守水泥生料粉磨的操作规程、作业指导书和各项规章制度从而保护自我、他人和设备的素质；

② 基本达到水泥生料磨机中央控制操作员的任职要求，达到水泥生料粉磨中央控制操作员技能等级"高级工"考核要求的水平。

【项目导学】

8.0.1　集散控制系统概述

集散控制系统（Distributed Control System，缩写 DCS），又称分布式控制系统，是指利用计算机技术对生产过程进行集中监测、操作、管理和分散控制的一种新型控制技术。

DCS是由过程控制级和过程监控级所组成的以通信网络为纽带的多级计算机系统,综合了计算机(Computer)、通信(Communication)、显示(CRT)和控制(Control)等技术(简称:4C技术),其基本思想是分散控制、集中操作、分级管理、配置灵活、组态方便。可以实现对分散控制对象的调节、监视管理的控制技术,能提供窗口友好的人-机界面和强大的通信功能,是完成过程控制、过程管理的现代化设备。DCS是随着现代大型工业生产自动化的不断兴起和过程控制要求的日益复杂应运而生的综合控制系统。它是相对于集中式控制系统而言的一种新型计算机控制系统,是在集中式控制系统的基础上发展、演变而来的。

8.0.1.1　集散控制系统的分层结构及硬件结构

(1) 集散控制系统的分层结构

集散控制系统(DCS),从功能上可分为4级:经营管理、生产管理、过程管理和直接管理。

DCS的分层结构示意,如图8.0.1所示。

图 8.0.1　DCS 的分层结构示意

DCS的功能分级如下4层:

第1层:直接管理层。

它主要完成过程的数据采集、数据检查,数字开环和闭环的输出控制、设备监测和诊断,安全上的冗余措施等。设备包括现场的变送器、执行器和有关指示和记录仪表等。

第2层:过程管理层。

它主要完成过程控制操作、监视、测试、协调、数据存档等功能。其设备配置,主要有监控计算机、操作站和工程师站等。

第3层:生产管理层。

它主要完成规划产品的结构和规模、产品及全厂生产监视、各种生产数据打印等。

第4层:经营管理层。

它是企业级经济管理层,也是企业的信息管理层,主要完成市场与用户分析、订货、销售计划及统计、产品制造协调等。

(2) 集散控制系统的硬件结构

DCS采用标准化、规模化和系列化设计,实现集中监视、操作和管理,分散控制。

DCS的体系结构,从垂直方向可分为如下3级:

第1级:分散过程控制级;

第2级:集中操作监控级;

第3级:综合信息管理级。

各级之间既相互独立又相互联系。从水平方向,每一级功能可分为若干子级(相当于在水平方向分成若干级)。各级之间由通信网络相互连接,各级与各装置之间由本级通信网络进行通信联系。

① 分散过程控制级

分散过程控制级,直接面向生产过程,是集散控制系统的基础。它具有数据采集、数据处理、回路调节控制和顺序控制等功能,能独立完成对生产过程的直接数字控制。其过程输入信息是面向传感器的信号[例如,热电偶、热电阻、变送器(温度、压强、液位、电压、电流功率等)及开关量的信号],其输出是作用于驱动执行机构。与此同时,通信网络可实现与同级之间的其他控制单元、上层操作管理站相连和通信,实现更大规模的控制与管理。它可传送操作管理级所需的数据,也能接受操作管理级发来的各种操作指令,并根据操作指令进行相对应的调整或控制。

分散过程控制级的结构组成如下:

a. 现场控制站(工业控制机);

b. 可编程逻辑控制器(Programmable Logic Controller,缩写 PLC);

c. 智能调节器;

d. 其他装置。

② 集中操作监控级

集中操作监控级,以操作监视为主要任务,兼有部分管理功能,面向操作员和系统工程师。这一级配备有技术手段齐备、功能强大的计算机系统及各类外部装置,特别是 CRT 显示器和键盘,还需要较大存储容量的存储设备及功能强大的软件支持,以确保工程师和操作员对系统进行组态、监测和操作,对生产过程实现高级控制策略、故障诊断和质量评估等。它由监控计算机、操作员操作站和工程师操作站等组成。其硬件设备主要由操作台、监控计算机、键盘、图形显示设备、打印机等所组成。

a. 监控计算机(即上位机):综合监视全系统的各工作站,具有多输入、多输出控制功能,以实现系统的最优控制或最优管理。

b. 工程师操作站:主要用于系统的组态、维护和操作。

c. 操作员操作站:主要用于对生产过程进行监视和操作。

③ 综合信息管理级

综合信息管理级,主要执行生产管理和经营管理功能。它主要由管理计算机、办公自动化服务系统、企业自动化服务系统所组成。

④ 通信网络系统

DCS 各级的通信设备,是通过通信网络相互连接并进行相互通信的,完成各种数据、指令及其他信息的传递,既能自治又相互协调。其结构组成主要为通信介质。

(3) 集散控制系统的软件技术

DCS 的软件可分 3 类:控制软件、操作软件和组态软件。

① 控制软件

控制软件,实现分散控制管理级的过程控制,具有数据采集、控制输出、自动控制和网络通信等功能。

② 操作软件

操作软件,完成实时数据管理、历史数据存储和管理、控制回路调节和显示、生产工艺流程画面显示、系统状态、趋势显示以及产生记录的打印和管理等功能。

③ 组态软件

组态软件,包括画面组态、数据组态、报表组态、控制回路组态等功能。

8.0.1.2　集散控制系统的发展历程及特点

(1) 集散控制系统的发展历程

自美国 Honeywell 公司于 1975 年成功地推出了第 1 个集散控制系统(TDC2000 型)以来,DCS 已经走向成熟并获得广泛应用。

DCS 的发展过程经历了如下 4 个阶段：

第 1 阶段：在 20 世纪 70 年代初期，第 1 代 DCS 大多具有微处理器的分级控制系统，主要由过程空盒子装置、数据采集装置、CRT 操作站、监控计算机和数据高速公路 5 个部分所组成。

第 2 阶段：在 20 世纪 80 年代中前期，第 2 代 DCS 在原来产品的基础上进一步向高精度、高可靠性、标准化、小型化、模块化、单元结构化、智能方向发展，使之具有更强适应性和扩展性。

第 3 阶段：在 20 世纪 80 年代中后期，第 3 代 DCS 开发了高一层次的信息管理系统和符合国际标准组织 ISO 的 OSI 开放式互联模型的局域网络。

第 4 阶段：在 20 世纪 90 年代初期，第 4 代 DCS 随着控制和管理要求的不断提高而以管理一体化的形式出现。它在硬件上采用了开放式工作站，应用精简指令集计算机（Reduced Instruction Set Computer，缩写 RISC）替代复杂指令集计算机（Complex Reduced Instruction Set Computer，缩写 CISC），采用了客户机/服务器（Client/Server）的结构形式。

（2）水泥生产自动控制系统的发展历程

① 气动仪表式控制系统；

② 电动组合式模拟仪表控制系统；

③ 集中数字控制系统；

④ 分布控制系统；

⑤ 集散控制系统（DCS）；

⑥ 现场总线控制系统（Fieldbus Control System，缩写 FCS）。

由于现场总线适应了工业控制系统向网络化、分散化、智能化的发展方向，它的出现导致了传统控系统的变革，形成了新型的网络化继承制全分布控制系统——现场总线控制系统。

FCS 既是一个开放通信网络，又是一个全分布式控制系统。它作为智能设备的联系纽带，挂接在总线上作为网络节点的智能设备而连接为网络系统，并进一步构成自动化系统；实现基本控制、补偿计算、参数修改、报警、显示、监控、优化及控制一体化的综合自动化系统。这是一项以智能传感器、控制计算机、数字通信网络为主要内容的综合技术。

目前，新型干法水泥企业绝大部分采用分布式计算机控制系统进行控制。

（3）集散控制系统的特点

DCS 与常规模拟仪表及集中型计算机控制系统相比较，具有很显著的特点。

① 高可靠性

由于 DCS 将系统控制功能分散在各台计算机上实现，系统结构采用容错设计，因此某一台计算机出现的故障不会导致系统其他功能的丧失，还可以在不影响整个系统运行的情况下在线更换，迅速排除故障。

② 开放性

DCS 采用开放式、标准化、模块化和系列化设计，系统中各台计算机采用局域网方式通信，实现信息传输。当需要改变或扩充系统功能时，可将新增计算机方便地连入系统通信网络或从网络中卸下，几乎不影响系统其他计算机的工作。

③ 灵活性

通过组态软件根据不同的流程应用对象进行软硬件组态，即确定测量与控制信号及相互间连接关系、从控制算法库选择适用的控制规律以及从图形库调用基本图形组成所需的各种监控和报警画面，从而方便地构成所需的控制系统。

④ 协调性

各工作站之间通过通信网络传送各种数据，整个系统信息共享，协调工作，以完成控制系统的总体功能和优化处理。

⑤ 控制功能齐全

控制算法丰富,集连续控制、顺序控制和批处理控制于一体,可实现串级、前馈、解耦、自适应和预测控制等先进控制,并可方便地加入所需的特殊控制算法。DCS 的构成方式十分灵活,可由专用的管理计算机站、操作员站、工程师站、记录站、现场控制站和数据采集站等所组成,也可由通用的服务器、工业控制计算机和可编程控制器所构成。处于底层的过程控制级一般由分散的现场控制站、数据采集站等,就地实现数据采集和控制,并通过数据通信网络传送到生产监控级计算机。生产监控级对来自过程控制级的数据进行集中操作管理。例如,各种优化计算、统计报表、故障诊断、显示报警等。随着计算机技术的发展,DCS 可以按照需要与更高性能的计算机设备通过网络连接,以实现更高级的集中管理功能。例如,计划调度、仓储管理、能源管理等。

8.0.2　水泥生产过程的自动控制系统

8.0.2.1　水泥生产过程的自动控制方案

水泥生产设备的单机容量大,生产连续性强,对快速性和协调性要求高。为了提高企业的生产效率与竞争力,自动控制的实施至关重要,能够很好地满足水泥行业以开关量为主、模拟量为辅,且伴有少量调节回路的控制要求。

水泥生产线,按生产工艺可分为水泥生料制备、水泥熟料烧成和水泥制成等三大系统。每个系统,按照生产工艺又可分成多个工艺子组。组内设备一般是上下游的关系,按照生产工艺控制要求,先启动下游设备,再启动上游设备;停止为逆序。组内分联锁、解锁、组启动、组停止等控制。在联锁条件下,满足组设备条件,可实现组启动、组停止控制。在解锁条件下,设备操作通过单机启停命令控制。工艺相连的子组,也可能存在上下游关系,即组间联锁关系。

(1) 水泥原料处理的自动控制

① 石灰石破碎及输送、石灰石预均化、辅助原料破碎及输送等。

② 工艺子组,即:石灰破碎输送组、石灰输送入库组、辅助原料破碎输送组。

③ 板喂机自动调速控制,根据破碎机负荷自动调节板喂机的喂料量。

8003-视频

(2) 水泥原料粉磨的自动控制

① 水泥原料配料、水泥原料粉磨。

② 工艺子组,即:原料配料输送组、立式磨机系统组、立式磨机回料组、水泥生料入库输送组。

③ DCS 通过过程控制的对象链接和嵌入(Object Linking and Embedding for Process Control,缩写 OPC)协议与计算机及 X-ray 质量控制系统(Quality Control by Computer and X-ray System,缩写 QCX)通信,DCS 接收来自水泥生料 X-ray 光谱分析仪的原料配方,实现自动配料。

(3) 水泥生料均化的自动控制

① 水泥生料均化,是保证新型水泥干法生产的水泥生料化学成分均匀的一种有效方法。一般采用水泥生料均化库对水泥生料进行均化和储存,使入窑水泥生料的化学成分均齐,以提高水泥熟料的产量和质量。水泥生料均化库,是依靠具有一定压强的压缩空气对水泥生料进行均化的。即在库底板上安装充气装置,充气后使水泥生料流态化进而进行搅拌,使水泥生料的化学成分均匀。

② 工艺子组,即:库底收尘组、水泥生料入窑组。

③ 水泥生料入窑与倒库电动三通阀联锁控制,与高温风机联锁。该三通阀在正常情况下指向入窑方向,在高温风机出现故障而停机时,三通阀自动指向均化库,无须停止水泥生料入窑组的设备,减少了故障联锁停车。

④ 库底均化控制。根据库底区域对各区域电磁阀循环控制,可以在线设定各区域循环工作时间。

⑤ 稳流仓质量自动调节。根据所设定稳流仓的质量自动调节均化库底下料流量阀,使得稳流仓的质量平稳,形成稳定的料压强,从而稳定生料的入窑量。

⑥ 水泥生料的入窑量自动控制。根据所设定水泥生料的入窑量,自动调节稳流仓的下料阀。

(4)煤粉制备的自动控制

① 工艺子组,即:原煤输送组、煤磨机选粉组、煤磨机润滑组。

② 磨机负荷控制。

③ 煤磨机出口处风温自动调节。

(5)废气处理的自动控制

① 窑尾收尘器、增湿塔。

② 工艺子组,即:窑灰输送组、点收尘高压组、增湿塔排灰组。

③ 尾排风机联锁控制,尾排风机与高温风机、循环风机联锁,尾排风机故障停机时要联锁停止高温风机、循环风机。保证窑头不出现正压强,这对于窑操作的安全至关重要。

④ 增湿塔出口处的温度自动调节。通过调节喷水量来控制增湿塔出口处的温度,以增湿降温提高电收尘器的收尘效率,电收尘器入口处的温度一般控制在150 ℃以下。

⑤ 电收尘器与C_1筒出口处CO含量的联锁保护。当CO含量$w(CO)>1.5\%$时,要停止窑尾收尘高压电场的运行。否则,将会引起爆炸。

(6)窑尾窑中的自动控制

① 包括烧成窑尾、烧成窑中。

② 分解炉出口处温度自动调节。

③ 窑尾空气炮自动控制,自动定时吹堵、预热器堵料报警及联锁控制。

④ 窑直流传动控制。

⑤ 窑液压挡轮油站控制。

(7)烧成窑头的自动控制

① 工艺子组,即:窑头水泥熟料输送组、收尘输灰组、收尘高压组。

② 弧形阀自动控制。对于箅式冷却机下的细料,通过弧形阀自动循环控制进行卸料,根据生产工艺要求,可以设定弧形阀工作时间及循环时间。

③ 窑头罩压强与窑头排风机转速(或排风阀开度)的闭环自动控制。

④ 箅式冷却机一室箅下压强与箅速的闭环自动控制。

(8)水泥调配的自动控制

① 工艺子组,即:水泥熟料输送组、石膏破碎输送组、炉灰输送组、水泥配料输送组。

② 水泥自动配料系统。

(9)水泥粉磨及存储的自动控制

① 工艺子组,即:辊压系统组、磨机润滑组、水泥粉磨组、水泥输送入库组、库底卸料组。

② 磨机负荷与产量闭环自动控制。

8.0.2.2 水泥生产过程的自动控制要点

水泥生产工艺过程,主要包括水泥生料制备、水泥熟料烧成和水泥制成等主要环节。这些环节直接影响到水泥生产的质量和生产企业的经济效益。

(1)水泥生料制备系统的自动控制

本系统的主要自动控制环节:水泥生料质量自动控制、水泥生料粉磨负荷自动控制、水泥原料粉磨入磨机负压强自动调节。

① 水泥生料质量的自动控制

水泥生料质量自动控制系统,是通过入库水泥生料取样系统取出生料的平均试样,将试样送到样品制备间而制成标准试样;在 X-ray 光谱分析仪上分析水泥生料试样的化学成分并将各种参数输入计算机,由计算机计算出水泥生料的率值,根据已设定的水泥生料率值进行分析处理而得到新的喂料比例;与此同时,采用该信号控制原料配料库下的定量给料机的皮带机速率以改变各种物料的配合比,使得水泥生料的率值符合要求的设定率值。

② 水泥生料粉磨负荷的自动控制

水泥生料粉磨负荷自动控制系统,是通过检测立式磨机的进口与出口处的压强差参数并输入计算机,由计算机进行分析处理,再控制配料库底定量给料机的给料量以控制原料粉磨的喂料量,保证磨机运行在最佳的工况状态下。

③ 水泥生料粉磨入磨机负压强的自动调节

水泥生料粉磨入磨机负压强自动调节,保持立式磨机内适当的风速以及热风量与喂料量的适当比例,对原料系统的热工参数的稳定及获得合格的产品起着至关重要的作用。其控制方法,是利用立式磨机入口处压强调节原料粉磨系统循环阀门的开度来实现的。

(2) 煤粉制备系统的自动控制

本系统的主要自动控制环节:煤磨机负荷自动控制、煤磨机出口处温度自动调节。

① 煤磨机负荷自动控制

煤磨机负荷自动控制系统,是通过检测立式磨机的进口与出口处的压强差参数并送入计算机,由计算机进行分析处理,控制原煤仓圆盘喂料机的变频装置,通过改变其圆盘喂料机的转速而改变其喂料量,实现对煤磨机负荷的有效控制,以保证磨机安全运行在最佳的工况状态下。

② 煤磨机出口处温度自动调节

为确保煤磨机的安全操作,保持磨机内温度稳定于安全限值以内是十分重要的。其控制方法是利用磨机出口处温度调节入磨机冷风阀阀门的开度,以确保磨机内温度稳定在所要求的限值内。

(3) 水泥熟料煅烧系统的自动控制

本系统的主要自动控制环节:水泥熟料煅烧、分解炉内燃烧等环节。

① 第 5 级旋风筒出口处温度的自动调节

对于水泥熟料煅烧系统的最佳运行操作,窑炉稳定的热工制度是一个重要因素。出第 5 级旋风筒(C_5)的气体,是窑尾废气和分解炉气体充分混合后的热气流。其温度或高或低,一则反映了出第 5 级旋风筒入窑物料的分解率,二则反映了分解炉内的燃烧状况。随着窑尾气体的变化及物料量的波动,增加或减少喂煤量便可保持所要求的稳定温度。减少入窑物料分解率的波动性,便为窑内热工制度的稳定创造了条件。

第 5 级旋风筒(C_5)出口处温度实现自动调节的手段:调节煤粉制备车间喂煤秤的转速。

② 入窑喂料量的自动控制

通过计量秤计量出喂料量与给定的喂料量进行比较,用其差值来控制称量仓下喂料电动流量阀阀门的开度,从而来实现生料喂料量的稳定。入窑喂料量的给定值,由计算机控制系统给出。

③ 窑尾第 5 级生料称量仓质量的自动控制

确保称量仓下喂料电动流量阀具有稳定的料压强,是保证冲击流量计精确度的关键。其控制方法:利用窑尾生料称量仓的质量调节生料库库下卸料阀的开度,保证窑尾生料称量仓的质量维持在一恒定的水平。

④ 增湿塔出口处温度的自动调节

为了保证电收尘器的收尘效率,并保护电收尘器的极板不变形,同时兼顾本身所沉积粉尘的水分含量,自动调节增湿塔的喷水量是理想的方法。而增湿塔的喷水量是根据增湿塔出口处气体的温度来调节喷水系统回水管道阀门开度而实现的。

⑤ 窑头罩负压强的自动调节

燃料充分燃烧,需要提供足够的空气量。然而,过多的空气量,只是加大了窑内的通风量,增加了粉尘的飞扬,降低了窑内的温度,从而相应地增加了热耗量。因此,控制入窑的空气量保持稳定,是非常必要的。

通过算式冷却机的电收尘器排风机进口阀门的开度来调整窑头罩的负压强,既可实现上述要求,又保证了窑炉用热风与冷却机余风之间的风量、风压的平衡和合理分布。

窑头罩负压强实现自动调节的手段:由窑头罩负压强调节排风机进口阀门的开度来调整。

⑥ 算式冷却机的风机风量的自动调节

为使算式冷却机的工作状况少受外部干扰,保持各室的恒定风量是非常必要的。因此,需要对各室冷风机风量进行自动调节控制。其控制方法为:通过测量冷风机入口处的流量来调节冷风机入口阀门的开度。

⑦ 算式冷却机的算下气体压强的自动调节

在算式冷却机的算板上,若形成均匀、稳定的熟料的料层厚度,则可以获得更好的冷却效果。但是,直接测量其料层厚度是比较困难的。根据流体力学理论,熟料的料层阻力与料层厚度成正比,所以,可以通过测量各冷却室的气体压强而间接地表示熟料的料层厚度。若保持稳定的气体压强,则可获得均匀、稳定的熟料的料层厚度。

算式冷却机的算下气体压强实现自动调节的手段:通过调节算板的速率(即算板冲程次数)来维持算下气体压强的恒定,从而达到维持算式冷却机的算板上均匀、稳定的熟料的料层厚度的效果,使算式冷却机工作在最佳工况。

⑧ 窑头电收尘器入口处气体温度的自动调节

为了保证窑头电收尘器的收尘效率并保护电收尘器的极板不变形,同时兼顾其本身所沉积粉尘的水分含量,自动调节算式冷却机的喷水量是理想的方法。而算式冷却机的喷水量是根据窑头电收尘器入口处气体的温度来调节喷水系统回水管道阀门开度来实现的。

(4) 水泥粉磨与输送系统的自动控制

本系统的主要控制环节:磨机、选粉机的调节与控制。

① 喂料量的控制

喂料量要求均匀、稳定,以磨音信号和出磨提升机的功率来调节入磨的喂料量。

② 出磨气体温度的自动控制

通过对磨机通风量的调节来控制出磨气体的温度。

③ 选粉机的调节与控制

通过调节选粉机的转速与循环风机的开度,控制成品的质量与细度。

8.0.3 中央控制仿真操作系统软件的安装与运行

8.0.3.1 中央控制仿真操作系统软件的安装

将"软件安装包"压缩包拷贝到 D 盘的根目录下解压,可见到一系列文件夹。如图 8.0.2 所示。中央控制仿真操作系统软件为绿色软件,但有路径要求,必须将文件夹放在 D 盘的根目录下。

打开驱动程序文件夹,根据操作系统选择性安装对应的驱动程序。

3D_商混站
3D_水泥
3DAPP
CEMENT5000
SHZ
VG
教练员台
驱动程序
软件运行快捷方式

图 8.0.2　"软件安装包"在 D 盘根目录下的文件夹

目前,仿真操作系统软件已停止对 XP 操作系统的更新,请将仿真操作系统软件安装于 Win7 或 Win10 的操作系统中。

8.0.3.2　中央控制仿真操作系统软件的运行

首先在电脑上插入仿真操作系统软件的加密狗。

在 D 盘的 cement5000 文件夹(或桌面快捷方式文件夹)内找到软件运行的快捷方式。

对于教师机,首先运行"1-在线服务器"。如图 8.0.3 所示。

在界面右下角菜单栏内可看到程序运行的图标,将鼠标放置在图示位置,若图标不消失则证明服务器程序已启动。如图 8.0.4 所示。

图 8.0.3　"1-在线服务器"的图标　　　　**图 8.0.4　服务器程序运行的图标**

教师机和学生机,均可运行"3-客户端启动",可打开仿真操作系统软件。如图 8.0.5 所示。

在客户端启动后,界面会弹出"登录"窗口,可将"用户名"设置为"user001"~"user097",将"密码"设置为 6 个 1。如图 8.0.6 所示。

图 8.0.5　"3-客户端启动"的图标　　　　**图 8.0.6　界面的"登录"窗口**

在点击"登录"后界面会弹出对应的"登录信息"窗口,如图8.0.7所示。

图8.0.7　界面的"登录信息"窗口

在主界面上及每一个系统界面内,都有4个操作按钮,如图8.0.8所示。

图8.0.8　主界面及系统界面的操作按钮

点击"登录"后,界面会弹出登录对话框,并显示所有学员的登录状态。如图8.0.9所示。学员可以随时选择分组状态。如图8.0.10所示。

图8.0.9　界面登录对话框显示的学员登录状态

图8.0.10　学员可选择的分组状态

界面所显示的"单机模式"是指学生可以单机操作;而"协同模式"则是指学生可以加入一个仿真操作小组,而小组内的学员则可以协同操作。如图8.0.11所示。

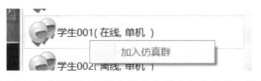

图8.0.11　界面所显示的在线单机模式与离线单机模式

"仿真操作控制"按钮,如图8.0.12所示。学员可以通过点击"仿真操作控制"按钮而调出操作窗口,实现仿真操作系统的运行和停止的控制。

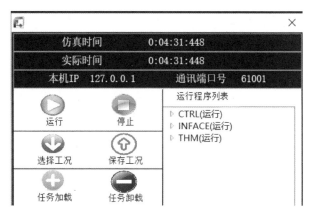

图 8.0.12 "仿真操作控制"按钮

　　学员可以选择工况和保存工况。对于工况的保存路径,仿真操作系统软件已经设置好了,无须指定路径。仿真操作系统软件将工况分为 4 类:标准工况、用户工况、练习工况和故障工况。学员可以根据不同需求去保存和调取。如图 8.0.13 所示。

标准工况	
标准工况	保存时间
练习工况	2018/11/23 9:33:28
故障工况	2018/11/23 9:33:28
用户工况	2018/11/23 9:33:28
004-煤粉磨已运行	2018/11/23 9:33:28
005-水泥磨1已运行	2018/11/23 9:33:28
007-烧成系统已运行	2018/11/23 9:33:28
008-分解炉喂煤多	2018/11/23 9:33:28
009-分解炉喂煤少	2018/11/23 9:33:28
010-窑头喂煤多	2018/11/23 9:33:29
011-窑头喂煤少	2018/11/23 9:33:29
012-窑速低	2018/11/23 9:33:29
013-箅速低	2018/11/23 9:33:29
014-箅速高	2018/11/23 9:33:29

图 8.0.13 仿真操作系统软件中的工况分类

　　在工况库内,有全厂冷态、各系统已运行的标准工况,还包括各系统的故障工况。学员可以直接调取工况,进行操作练习。

　　"操作指导"按钮,如图 8.0.14 所示。

　　点击"操作指导"按钮后,界面可以弹出"操作指导书"对话框。学员可以查看到每个系统的试题的答题方法。如图 8.0.15 所示。

　　"故障模拟"按钮,如图 8.0.16 所示。

图 8.0.14 "操作指导"按钮　　**图 8.0.15 "操作指导书"对话框**　　**图 8.0.16 "故障模拟"按钮**

点击"故障模拟"按钮后，可以弹出故障模拟界面。如图 8.0.17 所示。

图 8.0.17　故障模拟界面

选择其中一个故障，点击"编辑故障"按钮，可以对故障进行手动设定。其中，"1"代表触发，"0"代表不触发。在其下面可以设置故障延迟发生的时间。如图 8.0.18 所示。

图 8.0.18　"编辑故障"按钮

手动设置故障后，学生可以进入对应的故障系统界面，参照"操作指导书"进行故障模拟操作。

当教师需要对学员进行考核时，请教师机运行"2-教练员台"，如图 8.0.19 所示。

可将"用户名"设置为"teacher001"，将"密码"设置为 6 个 1（系统已输入好，直接点击登录即可）。如图 8.0.20 所示。

图 8.0.19　教师机的"2-教练员台"图标

图 8.0.20　教师机的"用户名"与"密码"的设置

首先，当将界面加载到如图 8.0.21 所示的对话框时，然后先点击"取消"再按"F9"，界面将会弹出如图 8.0.22 所示对话框。

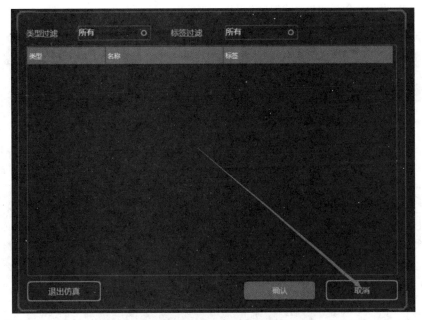

图 8.0.21　教师机的界面加载操作的对话框

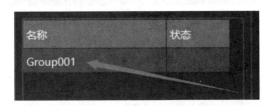

图 8.0.22　教师机的界面加载后的对话框

当点击"Group001"时,即可看到学生的登录状态,如图 8.0.23 所示。

图 8.0.23　教师机的学生的登录状态

当点击每个学生的姓名时,姓名则由白色变成黄色,如图 8.0.24 所示。

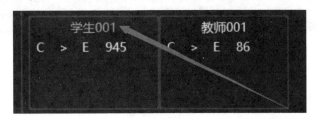

图 8.0.24　教师机在点击学生姓名时的界面

然后,点击"考评",将会弹出"考试编辑"界面,如图 8.0.25 所示。

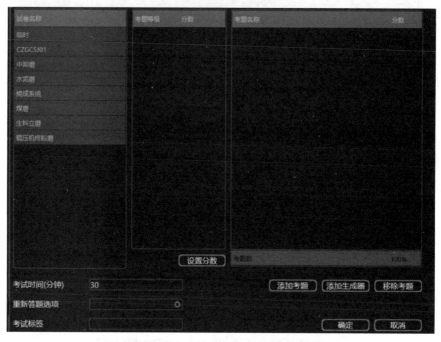

图 8.0.25　教师机的"考试编辑"界面

请选择一套试卷,如图 8.0.26 所示。

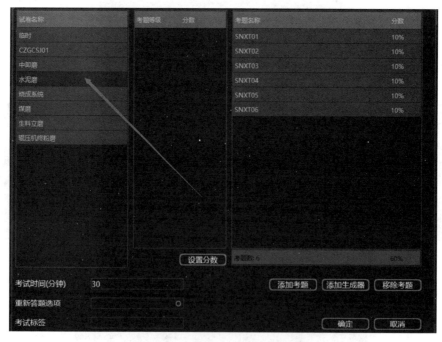

图 8.0.26　教师机的"选择试卷"界面

可以自由添加(或移除)考题,如图 8.0.27 所示。

可以自由设定考试时间,如图 8.0.28 所示。

可以设定是否允许重新答题,如图 8.0.29 所示。

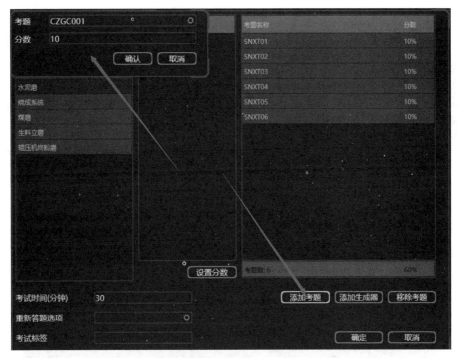

图 8.0.27 教师机的"自由添加（或移除）考题"界面

图 8.0.28 教师机的"自由设定考试时间"界面

图 8.0.29 教师机的"设定是否允许重新答题"界面

然后，点击"确定"，教练员台的"考试编辑"界面自动消失；与此同时，学生机的界面将自动跳转到"实操考评系统"界面。如图 8.0.30 所示。

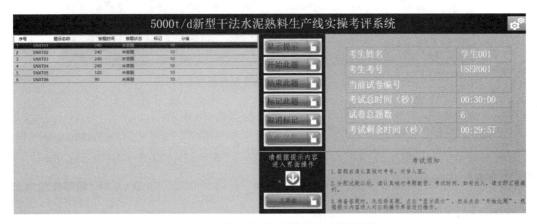

图 8.0.30 学生机的"实操考评系统"界面

当学生选择答题时，可在观看题目的提示后点击"开始"，进入对应的系统界面进行操作。

教师在学生交卷后可在教练员台查看成绩：点击 F8 将会弹出"成绩查询"界面。如图 8.0.31 所示。

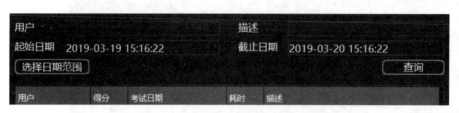

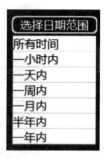

用户
描述
起始日期 2019-03-19 15:16:22
截止日期 2019-03-20 15:16:22
选择日期范围
查询
用户 得分 考试日期 耗时 描述

图 8.0.31　教师机的“成绩查询”界面

选择日期范围
所有时间
一小时内
一天内
一周内
一月内
半年内
一年内

图 8.0.32　教师机的“选择日期范围”界面

可以选择日期范围，缩短查询范围。如图 8.0.32 和图 8.0.33 所示。

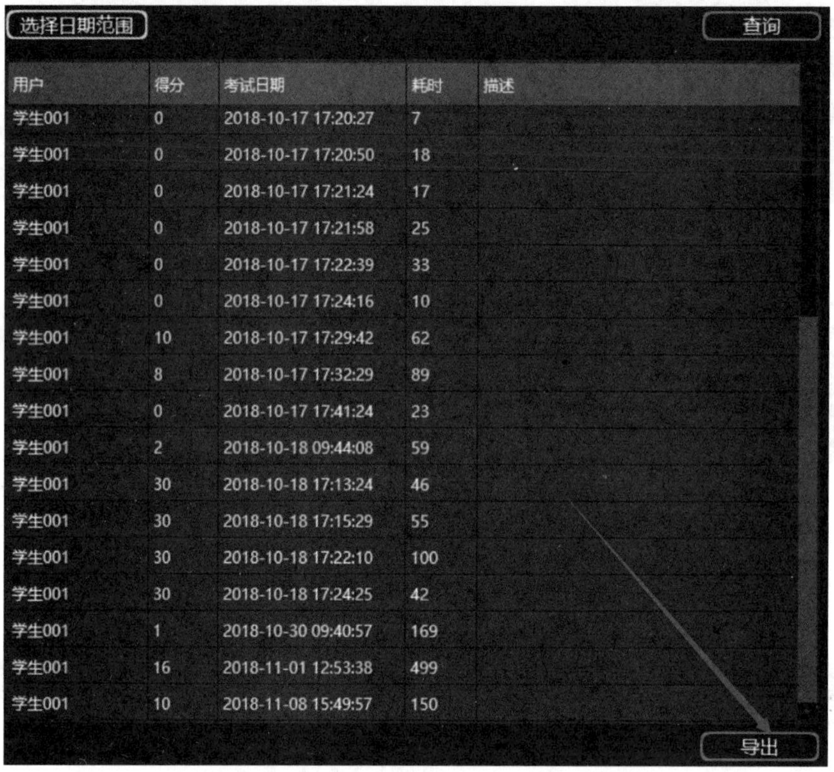

选择日期范围
查询
用户 得分 考试日期 耗时 描述
学生001 0 2018-10-17 17:20:27 7
学生001 0 2018-10-17 17:20:50 18
学生001 0 2018-10-17 17:21:24 17
学生001 0 2018-10-17 17:21:58 25
学生001 0 2018-10-17 17:22:39 33
学生001 0 2018-10-17 17:24:16 10
学生001 10 2018-10-17 17:29:42 62
学生001 8 2018-10-17 17:32:29 89
学生001 0 2018-10-17 17:41:24 23
学生001 2 2018-10-18 09:44:08 59
学生001 30 2018-10-18 17:13:24 46
学生001 30 2018-10-18 17:15:29 55
学生001 30 2018-10-18 17:22:10 100
学生001 30 2018-10-18 17:24:25 42
学生001 1 2018-10-30 09:40:57 169
学生001 16 2018-11-01 12:53:38 499
学生001 10 2018-11-08 15:49:57 150
导出

图 8.0.33　教师机的“选择日期成绩查询”界面

选择要查询的成绩，点击“导出”即可看到一个总的报告单(所有学生成绩的汇总)。如图 8.0.34 和图 8.0.35 所示。

若要查询每个学生详细的成绩报告，则按以下“路径”查询：D:\教练员台\考评报告\Report。

Index.csv
Index.html

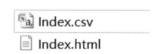

图 8.0.34　教师机的“导出”界面

8.0.4　中央控制操作员的岗位职责

(1) 遵守厂规厂纪，工作积极主动，听从领导调动和指挥，保质保量完成生料制备任务；

(2) 认真交接班，将本班的运行和操作情况以及所存在问题以文字形式交给下一个班，做到交班详细、接班明确；

	J12	▼	f_x			
A	B	C	D	E	F	G
用户昵称	得分	开始时间	考试用时	考试标签	详细报告	
学生001	0	2018/1/3 9:25	300		1.html	
学生001	0	2018/9/16 17:31	77		2.html	
学生001	0	2018/9/16 17:41	327		3.html	
学生001	15	2018/10/8 11:04	421		4.html	
学生001	0	2018/10/14 13:48	2000		5.html	
学生001	0	2018/10/15 22:33	2000		6.html	
学生001	2	2018/10/17 16:48	40		7.html	
学生001	10	2018/10/17 16:54	75		8.html	
学生001	10	2018/10/17 17:06	78		9.html	
学生001	8	2018/10/17 17:14	291		10.html	
学生001	0	2018/10/17 17:20	7		11.html	
学生001	0	2018/10/17 17:20	18		12.html	
学生001	0	2018/10/17 17:21	17		13.html	
学生001	0	2018/10/17 17:21	25		14.html	
学生001	0	2018/10/17 17:22	33		15.html	
学生001	0	2018/10/17 17:24	10		16.html	
学生001	10	2018/10/17 17:29	62		17.html	
学生001	8	2018/10/17 17:32	89		18.html	
学生001	0	2018/10/17 17:41	23		19.html	
学生001	2	2018/10/18 9:44	59		20.html	
学生001	30	2018/10/18 17:13	46		21.html	
学生001	30	2018/10/18 17:15	55		22.html	
学生001	30	2018/10/18 17:22	100		23.html	
学生001	30	2018/10/18 17:24	42		24.html	
学生001	1	2018/10/30 9:40	169		25.html	
学生001	16	2018/11/1 12:53	499		26.html	
学生001	10	2018/11/8 15:49	150		27.html	

图 8.0.35　教师机显示的"所有学生成绩报告单"界面

（3）及时准确地填写运行和操作记录，按时填写工艺参数记录表，填写开机或停机时间及原因；

（4）坚持合理操作，注意各参数的变化并及时调整，在保证安全运行的前提下力争优质高产；

（5）严格执行"操作规程"与"作业指导书"，保证与现场的联系畅通，减少无负荷运行，保持负压强操作，以降低物料的消耗量，保持环境卫生；

（6）负责"记录表""记录纸""质量通知单"的保管，避免丢失。

8004-视频

8.0.5　中控室操作员的操作依据

操作员之所以能够在中央控制室对窑炉系统和磨机系统进行正确操作，是因为有三大依据作为充分条件。即：显示仪表数据、现场设备状态、取样检验数据。

中央控制的操作依据示意，如图 8.0.36 所示。

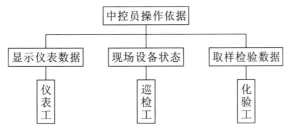

图 8.0.36　中央控制的操作依据示意

【项目实施】

8.1　测量仪表及控制系统的认知

（1）任务描述

本任务的学习内容包括5个方面：

① 水泥生产过程的测量仪表；

② 水泥生料制备过程的自动控制系统；

③ 水泥生料制备过程的集散控制系统（DCS）；

④ 新型干法水泥生产过程的控制流程；

⑤ 新型干法水泥生产过程的控制流程图。

学习重点：测量仪表、水泥生料制备过程的自动控制系统。

学习难点：集散控制系统（DCS）。

8101-文本

8102-ppt

（2）知识目标

① 掌握水泥生产自动控制系统仪表的结构与工作原理；

② 了解中央控制室水泥生料磨机操作岗位职责；

③ 认识水泥生产的自动控制系统；

④ 熟悉水泥生产工艺流程。

（3）能力目标

① 能表述水泥生产中央控制室水泥生料制备操作站主要操作员的工作职责；

② 能认识水泥生产自动控制系统的设备；

③ 会识读仪表参数。

8.1.1　水泥生产过程的测量仪表

8.1.1.1　温度测量仪表

温度是表征物体冷热程度的物理量。在水泥生产过程中的粉磨、煅烧等环节,温度必须控制在一定范围内才能有效进行。因此,温度是水泥生产过程中的主要工艺参数之一。

（1）热电阻

热电阻,是指由导体（或半导体）制成的感温器件。热电阻测温,是基于导体（或半导体）的电阻值随着温度而变化的特性。其优点是信号能远距离传递、灵敏度较高、无需参比温度;其缺点是需要电源激励,有自热现象。

工业用热电阻的分类主要有如下2种：

① 铂热电阻

铂热电阻的精确度较高、体积较小、测温范围较宽（-200~850 ℃）、稳定性较好、再现性较好,但其价格较贵。铂热电阻的分度号,分别为Pt10和Pt100。

② 铜热电阻

铜热电阻的线性性能较好、价格较低,但其体积较大、测温范围较窄（-50~150 ℃）、热响应较慢。铜热电阻的分度号,分别为Cu50和Cu100。

工业用热电阻的结构有如下 2 种:

① 普通型热电阻;

② 铠装型热电阻。

热电阻的引线方式有如下 3 种:

① 二线制;

② 三线制;

③ 四线制。

普通型热电阻的结构示意,如图 8.1.1 所示。

铠装型热电阻的结构示意,如图 8.1.2 所示。

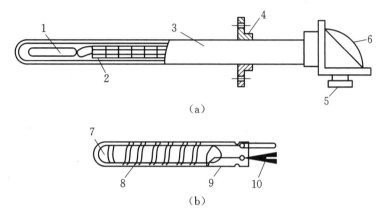

（a）

（b）

图 8.1.1　普通型热电阻的结构示意

（a）外观结构;（b）内部结构

1—电阻体;2—陶瓷绝缘套管;3—不锈钢套管;4—安装固定件;5—引线口;

6—接线盒;7—芯柱;8—电阻丝;9—保护膜;10—引线端

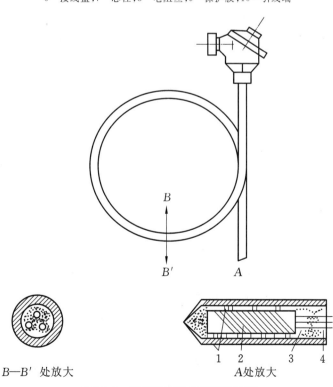

图 8.1.2　铠装型热电阻的结构示意

1—金属套管;2—感温元件;3—绝缘材料;4—引出线

（2）热电偶

热电偶,是指根据热-电效应原理设计而成的由两种不同的金属导体(或半导体)所组成的一种测温器件。

热电偶是温度测量时应用最普遍的测温器件之一。它具有测温范围宽、性能稳定、测量精确度较高、结构简单、动态响应好、信号可以远距离传递及便于集中检测和自动控制等特点,能满足水泥生产过程中温度测量的需要。

在实际测量温度时,热电偶的测温端(或热端)置于被测温处,参比端(或冷端)要求保持恒定温度。在参比端的温度为零时,用实验方法测量不同热电偶在不同测温端的温度下所产生的热电动势,可得到所对应的分度表。热电偶的分度表,是热电偶测温的依据。

工业用热电偶的分类及其性能,如表 8.1.1 所示。

表 8.1.1　工业用热电偶的分类及其性能

名称	分度号	测量范围 t /℃	适用气氛	稳定性
铂铑 30-铂铑 6	B	−1800～200	N、O	$t<1500$ ℃　优 $t>1500$ ℃　良
铂铑 13-铂	R	−40～1600	O、N	$t<1400$ ℃　优 $t>1400$ ℃　良
铂铑 10-铂	S			
镍铬-镍硅(镍铝)	K	−270～1300	O、N	中等
镍铬硅-镍硅	N	−270～1260	O、N、R	良
镍铬-康铜	E	−270～1000	O、N	中等
铁-康铜	J	−40～760	O、N、R、V	$t<500$ ℃　优 $t>500$ ℃　良
铜-康铜	T	−270～350	O、N、R、V	$t=-170～200$ ℃　优

注:在"适用气氛"中,O—氧化气氛,N—中性气氛,R—还原气氛,V—真空。

8103-视频

工业用热电偶的结构组成有如下 2 种:

① 普通型;

② 铠装型。

热电偶的参比端的温度补偿方法有如下 4 种:

8104-视频

① 补偿导线法;

② 参比端温度测量计算法;

③ 参比端恒温法;

④ 补偿电桥法。

8.1.1.2　流量测量仪表

（1）流量的概念及表示方法

8105-视频

流量,是指流体在单位时间内流过某一流通截面的数量。当流体的数量用体积表示时,称之为体积流量,单位为 m^3/s;当流体的数量用质量表示时,称之为质量流量,单位为 kg/s。在某段时间内流体通过的体积(或质量)总量,称之为累积流量(或流过总量)。测量流量的仪表,称之为流量计;测量总量的仪表,称之为计量表。

（2）常用流量测量仪表

① 压差式流量计

压差式流量计，是利用流体流经节流装置时所产生压强差的原理进行压强测量的。此压强差与流体流量之间有确定的数值关系，通过测量压强差值可以求得流体的流量。

压差式流量计，由产生压强差的装置和压差计组成。产生压强差的装置，有节流装置、动压管、均速管等。节流装置的取压方式，有角接取压、法兰取压、理论取压和径距取压等。

压差式流量计的构造与工作原理示意，如图 8.1.3 所示。

② 转子式流量计

转子式流量计，是一种比较常用的流量测量仪表，适用于 150 mm 以下的中小管径、中小流量、低雷诺数的流量测量。它具有结构简单、直观、压强损失小、测量范围大、维修方便等优点。

转子式流量计，主要由一根自下向上扩大的垂直移动的转子（浮子）所组成。

转子式流量计可分为如下 2 种：

a.直读式转子流量计（采用玻璃锥形管）；

b.远传式转子流量计（采用金属锥形管）。

转子式流量计的构造与工作原理示意，如图 8.1.4 所示。

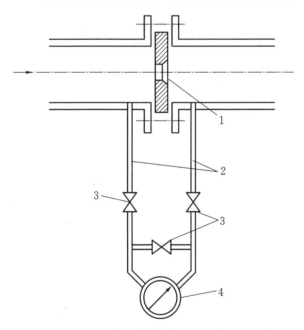

图 8.1.3　压差式流量计的构造与工作原理示意

1—节流元件；2—引压管；3—三阀组；4—压差计

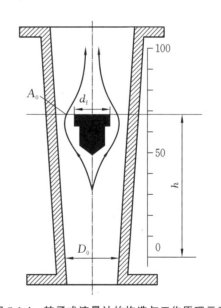

图 8.1.4　转子式流量计的构造与工作原理示意

h—转子高度；D_0—锥线管下口直径；d_f—转子直径

8106-视频

8107-视频

8108-视频

③ 椭圆齿轮流量计

椭圆齿轮流量计，是一种容积式流量计，主要用来测量不含固体杂质的流体的流量，适宜于测量黏度较高的介质，其测量精确度较高（可达 0.5%）。

椭圆齿轮流量计的构造与工作原理示意，如图 8.1.5 所示。

④ 电磁流量计

电磁流量计，是利用电磁感应定律工作的一种流量计。电磁流量计用于测量导电液体的流量，其压强损失较小。

8109-视频

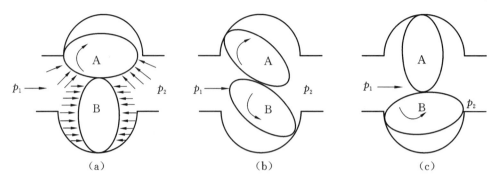

图 8.1.5 椭圆齿轮流量计的构造与工作原理示意

A,B—椭圆齿轮

电磁流量计可以测量脉动流量和双向流量,其读数不受介质的密度、黏度、压强等的影响,抗干扰能力较强。

8.1.1.3 压强测量仪表

压强是水泥生产过程的重要参数之一,正确测量和控制压强是保证过程运行的重要环节。

压强测量仪表,还广泛应用于流量和物位的间接测量。

(1)压强的概念及表示方法

① 压强的概念

压强是指垂直且均匀地作用于单位面积上的力,用符号 p 表示,单位为 Pa。

② 压强的表示方法

a. 绝对压强:被测介质作用在容器表面上的全部压强;

b. 大气压强:由地球表面空气柱的自重所形成的压强;

c. 表压强:绝对压强与大气压强之差;

d. 真空度:当绝对压强小于大气压强时,绝对压强与大气压强差值的绝对值;

e. 压强差:两个不同处的压强之差。

8110-视频

(2)常用压强测量仪表

① 弹性压强计

弹性压强计,是利用弹性元件受压后产生形变的原理进行压强测量的。弹性元件在弹性限度内受压后产生形变,其形变的大小与外力成比例;当外作用力取消后,元件将恢复原有形状。利用形变与外力的关系,对弹性元件的形变大小进行测量,可以求得被测压强的大小。弹性压强计,主要有弹簧管压强计和波纹管压差计。

弹簧管压强计的构造示意,如图 8.1.6 所示。

② 活塞式压强计

活塞式压强计,是基于静力平衡原理进行压强测量的。活塞式压强计是一种负荷式压强计,是校验、标定压强表和压强传感器的标准仪器,也是一种标准压强发生器。

活塞式压强计的构造示意,如图 8.1.7 所示。

8111-视频

③ 应变片式压强传感器

压强传感器,是指能够检测压强并提供远传信号的装置。应变元件与弹性元件组成应变片式压强传感器。应变元件的工作原理,是基于导体(或半导体)的应变效应,即当导体(或半导体)材料发生机械形变时,其电阻值将发生变化。应变片(或应变丝)粘贴在弹性元件上,在弹性元件受压后产生形变的同时应变元件亦发生应变,其电阻值将有相应的改变。

应变片式压强传感器的构造示意,如图8.1.8所示。

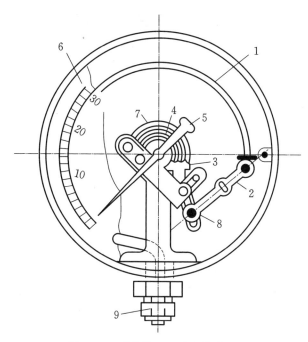

图 8.1.6　弹簧管压强计的构造示意

1—弹簧管;2—拉杆;3—扇形齿轮;4—中心齿轮;5—指针;

6—面板;7—游丝;8—调整螺钉;9—接头

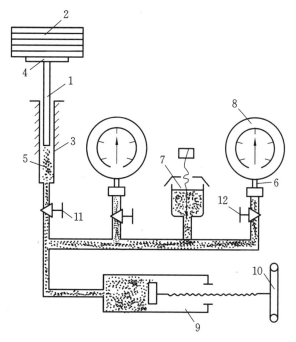

图 8.1.7　活塞式压强计的构造示意

1—活塞;2—砝码;3—活塞缸;4—承重盘;5—工作液;6—表接头号;

7—油杯;8—被校压力表;9—加压泵;10—手轮;11、12—阀

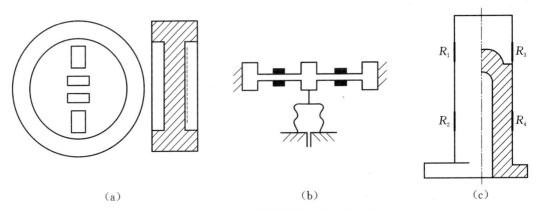

（a）　　　　　　　　　　　　　　（b）　　　　　　　　　　　　（c）

图 8.1.8　应变片式压强传感器的构造示意

（a）困膜片；（b）弹性梁；（c）应变筒

8.1.1.4　物位测量仪表

（1）物位的概念

物位，是指设备（或容器）中液体（或固体）物料的表面位置。

对应于不同性质的物料，具体可以分为液位、料位、界位。液位，是指仓、槽等容器里存在的液体的表面位置；料位，是指堆场、仓库等所储的固体块、颗粒、粉料等的堆积高度和表面位置；界位，是指两种互不相溶的物质之间的界面位置。

（2）常用物位测量仪表

① 压差（或压强）式液位计

压强差式液位计，能将液位的检测转换为静压强（或压差）的测量。

压强差式液位计的测量原理，如图 8.1.9 所示。

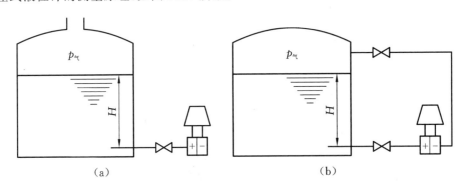

（a）　　　　　　　　　　　　　　　（b）

图 8.1.9　压强差式液位计的测量原理

（a）敞开容器；（b）密闭容器

H—液位高度

② 浮标式液位计

在浮标式液位计中，浮子漂浮于液面上，其位置随着液位的升降而发生变化，并经过钢丝直接由标尺及指针读出。

重锤式直读浮标液位计的测量原理示意，如图 8.1.10 所示。

③ 浮筒式液位计

在浮筒式液位计中，作为检测元件的浮筒为圆柱形，部分沉浸在液体中，利用浮筒被浸没高度不

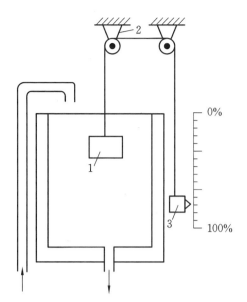

图 8.1.10 重锤式直读浮标液位计的测量原理示意

1—浮子;2—滑轮;3—平衡重锤

同所引起的浮力变化来测量液位。

浮筒式液位计的测量原理示意,如图 8.1.11 所示。

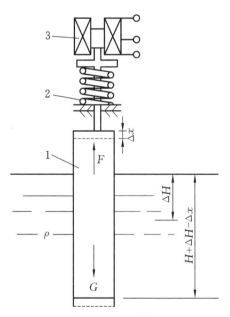

图 8.1.11 浮筒式液位计的测量原理示意

1—浮筒;2—弹簧;3—差动变压器;F—浮力;G—重力;H—手筒浸入深度;

Δx—浮筒位置的变化量(或弹簧的位移量);ρ—液体密度;ΔH—液位的变化量

④ 电容式液位计

由任何两个相互绝缘的导电材料所做成的平行板、平行圆柱面甚至不规则面,中间隔以不导电介质,就能组成电容器。当中间隔以不同的不导电介质时,电容量也随之变化。因此,可以通过测量电容量的变化来测量液位、料位、界位。

电容式液位计的测量原理示意，如图 8.1.12 所示。

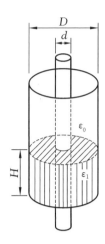

图 8.1.12　电容式液位计的测量原理示意

D—外电极的内径；d—内电极的外径；H—液位的高度；ε_0—气体的介电常数；ε_1—液体的介电常数

⑤ 核辐射式物位计

当射线射入一定厚度的介质时，其强度会随所通过介质厚度的增加而呈指数规律衰减。由测量射线的强度，可以确定穿过物料的厚度。核辐射式物位计就是利用这一原理设计的。

核辐射式物位计的测量原理示意，如图 8.1.13 所示。

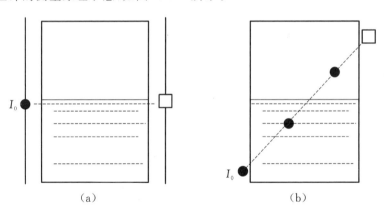

（a）　　　　　　　　　　　　（b）

图 8.1.13　核辐射式物位计的测量原理示意

（a）线线结构；（b）点点结构

I_0—通过物料前射线的强度

8.1.1.5　常用气体温度和物料水分含量的测量仪表

（1）干湿球湿度计

干湿球湿度计的应用十分广泛，常用于测量空气的相对湿度。

（2）光电露点湿度计

在一定的压强下，气体中水蒸气达到饱和和结露时的温度，称之为露点温度（简称露点）。露点温度与空气中的饱和水蒸气含量有固定关系，所以可以用露点来表示绝对湿度。光电露点湿度计正是利用这种函数关系制成的。

8112-视频

（3）湿敏传感器

湿敏传感器是利用材料的吸湿特性制成的湿敏元件所构成的传感器。

8113-微课

8.1.2　水泥生料制备过程的自动控制系统

（1）原料配料控制

原料配料系统，一般采用定量给料机对各种水泥原料进行计量与给料控制，中央控制室通过对不同水泥原料的定量给料机的流量按比例进行设定，以实现原料配料控制。

（2）水泥生料的质量控制系统

水泥生料的质量控制系统（QCS）在水泥生产中被广泛应用。QCS由智能在线钙铁光谱分析仪、计算机、调速电子皮带秤等组成。智能在线钙铁光谱分析仪可进行自动取样、制样并连续测量，由QCS进行配料计算，并通过集散控制系统（DCS）对电子调速皮带秤的下料量进行比例调节和化学成分控制，使水泥生料的3个率值保持在目标值附近波动，从而大幅度提高水泥生料化学成分的合格率和质量稳定性。中央控制的DCS可实现与QCS互联，对生料质量进行有效的控制。

（3）水泥生料的粉磨负荷控制系统

水泥生料粉磨控制的控制难点在于磨机的负荷控制。当入料水分含量、硬度发生变化时，磨机会产生振动，同时主电机的电流也会产生波动，从而影响磨机系统的稳定运行。但是，水泥生料粉磨负荷控制系统能通过调节入磨物料量及进口处热风、冷风的阀门（或采用喷水等措施）控制磨机的压强差及出口处温度，来保证磨机处于负荷稳定的最佳粉磨状态，从而防止磨机振动过大。

中央控制调节磨机负荷的方法，有如下两种：

① 设置入磨量常数，通过QCS自动设定喂料配合比、建立数学模型以实现喂料自动控制。

② 以提升机的功率作为主控（或监控）信号而适时调节喂料量。现在还有部分管磨机系统主要通过电耳信号来自动调节磨机的喂料量，防止出现"饱磨"或"空磨"现象。

（4）水泥生料的均化系统

水泥生料均化系统利用具有一定压强的空气对水泥生料进行吹射，形成流态并进行下料。通常在库底划分不同区域并安装电磁充气阀，采用时间顺序控制策略依据时序开（或停）库底充气电磁阀，使物料流态化并翻腾搅拌，达到对水泥生料库内不同区域内的水泥生料进行均化的目的。

（5）计量仓料量的自动控制系统

计量仓料量的自动控制系统，利用计量仓质量的信号自动调节水泥生料库侧电动流量阀的开度，使称量仓的料量保持稳定，从而保证计量仓下料量的稳定。

（6）水泥生料均化库的下料控制

在水泥生产过程中，烧成带的温度一般要求控制在一个合适的范围内，因为它对水泥熟料的生产质量至关重要。将水泥生料量、风机的风量与烧成带的温度结合起来而设定水泥生料的下料量后，该系统能通过自动调节，利用固体流量计的反馈值自动调节计量仓下电动流量阀的开度，使水泥生料量稳定在设定值上，从而使得入窑的水泥生料量保持稳定，最终保障窑煅烧系统稳定运行。

8.1.3　水泥生料制备过程的集散控制系统

8.1.3.1　集散控制系统概述

集散控制系统（Distributed Control System，缩写DCS），是指综合了计算机（Computer）、控制

（Control）、通信（Communication）、显示（CRT）技术（即4C技术），实现了对水泥生产过程进行集中监测、操作和管理以及分散控制的新型控制系统。

DCS既不同于分散的仪表控制又不同于集中控制系统，而是克服了二者的缺陷且集中了二者的优势。与模拟仪表控制相比，DCS具有连接方便、采用软连接的方法连接、容易更改、显示方式灵活、显示内容多样、数据存储量大、占用空间少等优点；与集中控制系统相比，DCS具有操作监督方便、危险分散、功能分散等优点。另外，集散控制系统，不仅实现了分散控制、分而自治，而且实现了集中管理、整体优化，提高了生产自动化水平和管理水平，成为过程自动化和信息管理自动化相结合的管理与控制一体化的综合集成系统。这种系统通用性强，规模可大可小，既适用于中小型企业的控制系统，也适用于大型企业的控制系统。

8.1.3.2　DCS 的体系结构特点

DCS采用标准化、规模化和系列化的设计，实现集中监视、操作和管理，以及分散控制。

DCS的体系结构从垂直方向可分为3级：第1级，分散过程控制级；第2级，集中操作监控级；第3级，综合信息管理级。

各级相互独立又相互联系。从水平方向每一级功能分为若干子级（相当于在水平方向分成若干级），各级之间由通信网络连接，每一级与各装置之间使用本级的通信网络进行通信联系。

DCS的体系结构组成示意，如图8.1.14所示。

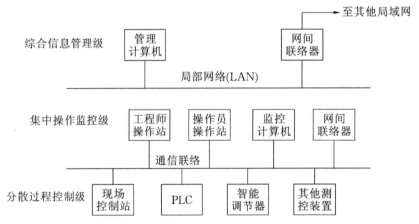

图 8.1.14　DCS 的体系结构组成示意

DCS的控制系统示意，如图8.1.15所示。

（1）分散过程控制级

构成这一级的主要装置，有现场控制站（或工业控制机）、可编程逻辑控制器（PLC）、智能调节器、测量装置等。各控制器的核心部件是微处理器，既可以是单回路的，也可以是多回路的。

（2）集中操作监控级

集中操作监控级的主要设备包括：

① 监控计算机（即上位机），综合监视全系统的各工作站，具有多输入、多输出控制功能，用以实现系统的最优控制（或最优管理）。

② 工程师操作站，主要用于系统的组态、维护和操作。

③ 操作员操作站，主要用于对生产过程进行监视和操作。

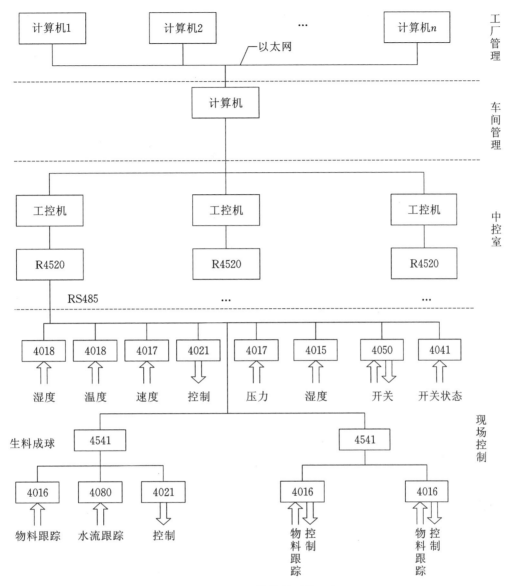

图 8.1.15　DCS 的控制系统示意

（3）综合信息管理级

这一级由管理计算机、办公自动化软件、企业自动化服务系统所构成,实现整个企业的综合信息管理。综合信息管理,主要包括生产管理和经营管理。

（4）通信网络系统

通信网络系统,将集散控制系统的各部分连接一起,完成各种数据、指令及其他信息的传递。

8.1.3.3　集散控制系统软件

DCS 软件可分 3 类:控制软件、操作软件和组态软件。

8.1.3.4　集散控制系统的特点

（1）实现真正的分散控制

DCS 的每个基本控制器(在系统中起基本控制的部件)只控制少量回路,故在本质上是"危险分散"的,从而提高了系统的安全性。与此同时,可以将基本控制器移出中央控制室而安装在距现场变送器和执行机构比较近的地方,再用数据通道将其与中央控制室及其他基本控制器相连。这样,每一个控制回路的长度就被大大缩短,不仅节约了导线,而且减少了噪声和干扰,提高了系统的可靠性。

(2) 利用数据通道实现综合控制

DCS的数据通道,将各个基本控制器、监督计算机和CRT操作站有机地联系在一起,以实现复杂控制和集中控制。由于其他一些装置(例如,输入/输出装置、数据采集设备、模拟调节仪表等),都能通过通信接回而挂在数据通道上,从而实现真正的综合控制。

(3) 利用CRT操作台实现集中监视和操作

在DCS中生产过程的全部信息都能集中到操作站并在CRT的屏幕上显示出来。CRT显示器可以显示多种画面,取代大量的显示仪表,缩短操作台的长度,实现对整个生产过程的集中显示和控制。与此同时,为了保证安全操作以及与高度集中的显示设备相适应,它应具有微处理器的"智能化"操作台,操作人员通过键盘进行简单的操作,就可以实现复杂的高级功能。

(4) 利用监督控制计算机实现最优控制和管理

利用监督控制计算机(即上位机),可以实现生产过程的管理功能,包括存取有关生产过程的所有数据和控制参数,按照预定要求打印综合报表,进行运行状态的趋势分析和记录,及时实行最优化监控等。

8.1.3.5 水泥企业控制站的设置

水泥企业,除了设置工程师站、中控室以外,还需要设置若干个现场控制站。但是,设置多了会增加成本,设置少了又达不到控制效果,如何才能做到既合理又经济呢? 以一条水泥熟料生产规模为5000 t/d的生产线为例来说明这个问题。

根据水泥生产工艺流程,可以设置7个现场控制站(LCS00~LCS06)、2个远程控制站(RCS3.1、RCS6.1)。其各自的控制和检测范围分别为:

① 现场控制站LCS00,设置在水泥原料处理电气室。其控制和检测范围包括:石灰石破碎、石灰石预均化、辅助原料预均化、原料处理配电站。

② 现场控制站LCS01,设置在水泥原料粉磨电气室。其控制和检测范围包括:原料配料站、原料粉磨及废气处理、均化库顶、原料磨配电站。

③ 现场控制站LCS02,设置在窑尾电气室。其控制和检测范围包括:水泥生料均化库、水泥生料入窑、烧成窑尾及窑中、空压机房。

④ 现场控制站LCS03,设置在窑头电气室。其控制和检测范围包括:烧成窑头、水泥熟料输送及储存、窑头配电站。

⑤ 远程控制站RCS3.1,设置在水泥熟料输送控制室。其控制和检测范围包括:水泥熟料库底、水泥熟料输送至水泥配料站。

⑥ 现场控制站LCS04,设置在水泥粉磨电气室。其控制和检测范围包括:水泥配料站、水泥粉磨及输送、水泥储存、石膏破碎及混合材料输送、粉煤灰储存、空压机房、水泵房水塔、水泥磨配电站。

⑦ 现场控制站LCS05,设置在煤粉制备电气室。其控制和检测范围包括:原煤输送、煤粉制备及煤粉计量输送。

⑧ 现场控制站LCS06,设置在水泥包装控制室。其控制和检测范围包括:水泥输送及散装、水泥

包装。

⑨ 远程控制站 RCS6.1,设置在水泥储存控制室。其控制和检测范围包括:水泥库底水泥输送。

8.1.4　新型干法水泥生产过程的控制流程

8.1.4.1　水泥原料的破碎及预均化

（1）水泥原料的破碎

水泥生产过程中,大部分水泥原料需要进行破碎（例如,石灰石、黏土、铁矿石及煤等）。石灰石是水泥生产过程中用量最大的水泥原料,由于其开采后的粒度较大、硬度较高,因此,石灰石的破碎在水泥企业的物料破碎中占有比较重要的地位。

（2）水泥原料的预均化

预均化技术,是指在水泥原料的存储和取用过程中运用科学的堆料和取料技术实现水泥原料的初步均化,使水泥原料堆场同时具备储存与均化的功能。

8.1.4.2　水泥生料的制备

在水泥生产过程中,每生产 1 t 硅酸盐水泥至少需要粉磨 3 t 物料（包括各种水泥原料、燃料、水泥熟料、混合材料、石膏等）。据统计,新型干法水泥生产线的粉磨作业,所需的动力消耗量占企业全部动力消耗量的 60% 以上。其中,水泥生料粉磨占 30% 以上,煤粉磨约占 3%,水泥粉磨约占 40%。因此,合理选择粉磨设备和工艺流程、优化工艺参数、正确操作、控制作业制度,对保证产品质量、降低能耗具有重大意义。

8.1.4.3　水泥生料的均化

新型干法水泥生产过程中,稳定入窑水泥生料的化学成分,是稳定水泥熟料烧成热工制度的前提。水泥生料均化系统,起着稳定入窑水泥生料化学成分的最后一道关口作用。

8.1.4.4　水泥生料的预热分解

将水泥生料的预热和部分分解过程转移到由预热器来完成,从而代替回转窑的部分功能。这样就缩短了回转窑的长度。与此同时,使窑内以堆积状态进行气-料换热的过程转移到预热器内在悬浮状态下进行,使水泥生料能够与由窑内排出的炽热气体充分混合。这样就增大了气-料接触面积,传热速率较快,热交换效率较高,能达到提高窑系统生产效率、降低水泥熟料烧成热耗量的目的。

（1）物料分散

换热过程的 80% 是在入口管道内进行的。喂入预热器管道中的水泥生料在高速上升气流的冲击下,物料折转向上随气流运动的同时将被分散。

（2）气-固分离

当气流携带料粉进入旋风筒后,被迫在旋风筒的筒体与内筒（或排气管）之间的环状空间内做旋转流动,且一边旋转一边向下运动,由筒体到锥体,一直可以延伸到锥体的端部,然后转而向上旋转上升,由排气管排出。

（3）预分解

预分解技术的出现,是水泥煅烧工艺的一次技术飞跃。它是在预热器与回转窑之间增设分解炉,利用窑尾上升烟道设燃料喷入装置,使燃料燃烧的放热过程与水泥生料中碳酸盐分解的吸热过程在分解炉内以悬浮态(或流化态)迅速进行,从而使入窑水泥生料的分解率提高到 90% 以上。

预分解技术具有如下特点:

① 将原来在回转窑内进行的碳酸盐分解过程转移到分解炉内进行;

② 大部分燃料从分解炉内加入而少部分燃料由窑头加入,减轻了窑内烧成带的热负荷,延长了衬料的寿命,有利于水泥生产规模的大型化;

③ 由于燃料与水泥生料混合均匀,燃料的燃烧热及时传递给物料,使燃烧、换热及碳酸盐分解的过程得到了优化。

因此,预分解技术具有优质、高效和低耗等一系列优良性能及特点。

8.1.4.5　水泥熟料的烧成

水泥生料在旋风预热器和分解炉中完成预热和预分解后,其下一道工序就是进入回转窑中进行水泥熟料的烧成。其过程如下:

(1) 水泥生料在回转窑中会发生一系列固相反应,从而形成水泥熟料中的 C_2S、C_3A 和 C_4AF 等矿物。

(2) 随着物料的温度升高到大约 1300 ℃, C_3A 和 C_4AF 等矿物会变成液相。溶解于液相中的 C_2S 与 CaO 进行化学反应而生成大量的 C_3S。在水泥熟料烧成后,物料的温度开始降低。

(3) 水泥熟料冷却机,将从回转窑中卸出的高温水泥熟料进行冷却,直至达到下游的输送带、贮存库和水泥磨机所能承受的温度为止,同时将高温水泥熟料所释放的热量进行回收,以提高窑系统的热效率和水泥熟料的质量。

8.1.4.6　水泥的粉磨

水泥的粉磨,是水泥制造的最后一道工序,也是电耗量最多的工序。其主要功能是将水泥熟料及胶凝剂、性能调节材料等粉磨至适宜的粒度(以细度或比表面积等表示),从而形成一定的颗粒级配,以增大其水化面积、加速其水化速率,满足水泥浆体凝结和硬化的要求。

8.1.4.7　水泥的包装

水泥出厂有 2 种包装方式:袋装和散装。

8.1.5　新型干法水泥生产过程的控制流程图

8.1.5.1　常用的字母代号及仪表位号

(1) 常用的字母代号

在表示被测参数和仪表功能时,常用的字母代号及含义,如表 8.1.2 所示。

表 8.1.2　常用的表示被测参数和仪表功能字母代号及含义

字母	第 1 位字母		后续字母	字母	第 1 位字母		后续字母
	被测变量或初始变量	修饰词	功能		被测变量或初始变量	修饰词	功能
A	分析		报警	N	供选用		供选用
B	喷嘴火焰		供选用	O	供选用		节流孔

字母	第1位字母		后续字母	字母	第1位字母		后续字母
	被测变量或初始变量	修饰词	功能		被测变量或初始变量	修饰词	功能
C	电导率		控制	P	压强或真空度		试验点或接头
D	密度	差		Q	数量或件数	积分、积算	积分、积算
E	电压(电动势)		检测元件	R	放射性		记录、打印
F	流量	比(分数)		S	速度或频率	安全	开关或联锁
G	尺度(尺寸)		玻璃	T	温度		传送
H	手动(人工触发)			U	多变量		多功能
I	电流		指示	V	黏度		阀、挡板、百叶窗
J,j	功率	扫描		W	重力或力		套管
K	时间或时间程序		自动或手动操作器	X	未分类		未分类
L	物位		指示灯	Y	供选用		继电器或计数器
M	水分或湿度			Z	位置		驱动、执行或未分配的执行器

（2）仪表位号

在检测、控制系统中,每个仪表(或元件)都有仪表位号,由字母代号组合和阿拉伯数字编号组成。第1位字母表示被测变量,后续字母表示仪表的功能,数字编号表示工序和位置。

例如：

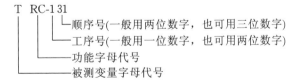

8.1.5.2 控制流程图

新型干法水泥生产过程的控制,主要包括水泥生料制备、煤粉制备、水泥熟料烧成和水泥制成的控制。

水泥生料制备的控制流程示意,如图8.1.16所示。

水泥生料均化的控制流程示意,如图8.1.17所示。

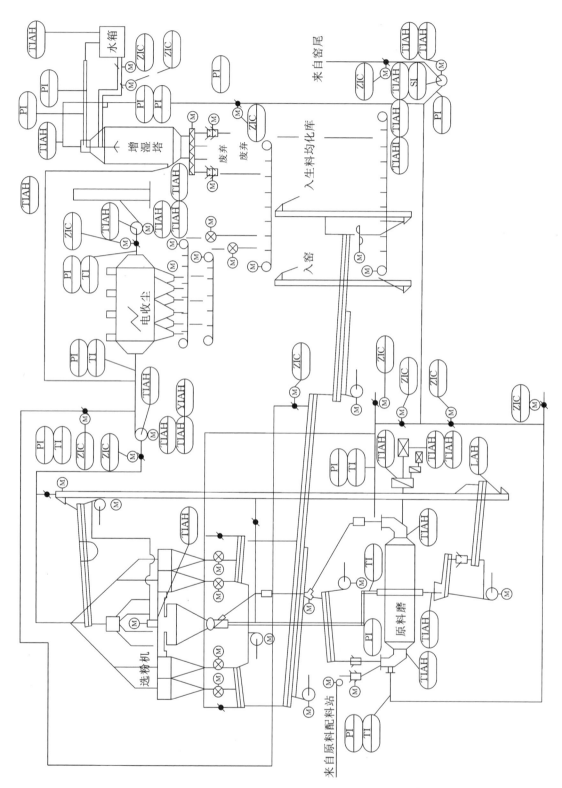

图 8.1.16 水泥生料制备的控制流程示意

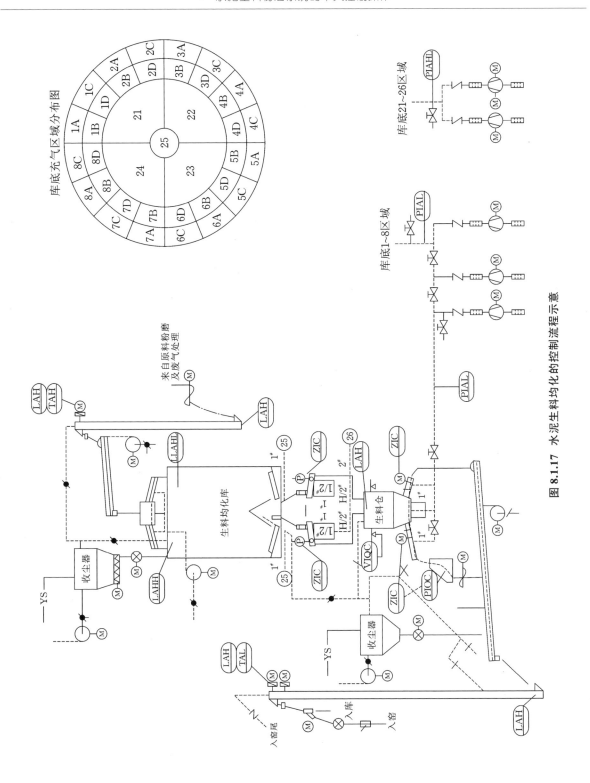

图 8.1.17 水泥生料均化的控制流程示意

［知 识 测 试 题］

一、填空题

1. DCS 的中文全称是_____。
2. 自动调节系统中的 PID 含义表述为：P 指_____，I 指_____，D 指_____。
3. DCS 主要由_____、_____、_____、_____组成。
4. _____是表征物体冷热程度的一个物理量。
5. 热电阻是由_____和_____制成的感温器件。
6. 热电阻的优点：_____、_____、_____。
7. 工业热电阻主要有_____、_____。
8. 热电偶参比端的温度补偿方法有_____、_____、_____、_____。
9. _____是指单位时间内流过某一流通截面的流体数量。
10. 常用流量测量仪表_____、_____、_____。
11. 压强的表示方法_____、_____、_____、_____。
12. 常用的压强测定仪表_____、_____、_____。
13. 工业热电偶的结构组成有_____和_____两种。
14. 常用的物位测量仪表有_____、_____、_____、_____。

二、多选题

1. 水泥生料制备过程自动控制系统有（　　　）。
   A. 水泥原料配料控制系统　　　　　　　　B. 水泥生料质量控制系统
   C. 水泥生料均化系统
2. 计算机集散控制系统的软件可分为（　　　）。
   A. 控制软件　　　　　B. 操作软件　　　　　C. 组态软件　　　　　D. 安卓软件
3. 常用的气体温度和物料水分测量仪器为（　　　）。
   A. 干湿球湿度计　　　　B. 光电露点湿度计　　　　C. 温度计

三、判断题

1. 热电偶是应用最普遍的测温器件之一。　　　　　　　　　　　　　　　　　　　（　　）
2. 集散控制系统的优点是风险分散、资源共享。　　　　　　　　　　　　　　　　（　　）
3. 计算机集散控制系统简称 DSC。　　　　　　　　　　　　　　　　　　　　　（　　）
4. 干湿球湿度计用来测量空气的相对湿度。　　　　　　　　　　　　　　　　　　（　　）
5. 压强差式液位计能将液位的检测转换为动压能的测量。　　　　　　　　　　　　（　　）
6. 电磁流量计是利用电磁感应定律工作的一种流量计。　　　　　　　　　　　　　（　　）

8115-文本

四、简答题

1. 什么是集散控制系统？
2. 简述计算机集散控制系统的特点。
3. 简述新型干法水泥生产的过程控制流程。

［能 力 训 练 题］

1. 应用测量仪表测试相关参数并做记录。
2. 编写水泥熟料生产规模 $M = 5000\ \text{t/d}$ 生产线的 DCS。
3. 绘制水泥熟料生产规模 $M = 5000\ \text{t/d}$ 生产线的水泥生料制备流程图。

8.2 水泥生料中卸磨机粉磨系统的正常操作

（1）任务描述

本任务的学习内容包括2个方面：

① 水泥生料中卸磨机粉磨系统的开车与停车操作；

② 水泥生料中卸磨机粉磨系统的正常操作。

学习重点与难点：水泥生料中卸磨机粉磨系统的开车与停车操作、正常运行操作。

（2）知识目标

掌握水泥生料中卸磨机粉磨系统的开车与停车操作及正常操作控制等方面的理论知识。

（3）能力目标

① 能认读中央控制操作界面参数，绘制工艺流程；

② 能利用中央控制仿真软件进行水泥生料中卸磨机粉磨系统开车与停车操作及正常操作控制。

8201-文本

8202-ppt

8.2.1 水泥生料中卸磨机粉磨系统的开车与停车操作

8.2.1.1 水泥生料中卸磨机粉磨系统的开车准备

① 掌握入磨物料的物理性质。了解水泥生料产品的各项指标要求以保证满足要求。

② 观察磨头仓的备料情况，石灰石、砂岩等物料必须有一定的储存量，一般满足4 h及以上的生产需要量，其他辅助物料也应根据配料和生产情况适量准备，避免磨机运转过程中发生断料现象。

③ 检查磨机内各仓研磨体的装载量是否符合要求，检查磨机内衬板是否有破损现象，检查隔仓板和出口算板是否有堵塞现象，检查磨机内喷水装置是否完好。

④ 检查喂料装置是否正常。

⑤ 检查磨机各传动部分的螺栓有无松动。

⑥ 检查选粉机、收尘器、提升机和其他输送设备是否正常，并完成主机的单机试机，以确保正常运行。

⑦ 检查入磨机水管的水压是否正常，冷水管及下水道是否畅通。如遇到小修或短时磨机停车，不宜关闭冷却水，以便在夏天时增加降温效果，在冬天时防止结冰造成水管冻裂。

⑧ 检查磨机及其他辅机传动部分的润滑油是否适量，油质是否符合要求。

8203-视频

⑨ 检查磨机及其他辅机的安全信号装置是否良好，开车时避免附近有人。

⑩ 做好其他开车前的准备工作，保证磨机顺利启动。

8.2.1.2 水泥中卸磨机粉磨系统的开车操作

采用中央控制方式集中控制，备有PLC程序控制系统，开车与停车操作均由中央控制操作员控制。水泥中卸磨机粉磨系统的开车与停车采用组控制形式，开车组控制分为库顶收尘器组、气力提升泵、油泵组、排风机系统组、水泥生料输送组、选粉机组、提升机组、磨机组及喂料组等，除油泵组单独与磨机组联锁外，其他各组均进入系统联锁。

正常的开车顺序是与工艺流程相反的，即从水泥生料均化库的最后的提升机输送设备起，按顺序向前开车，直至开动磨机后再开喂料机。

其具体流程是：

启动前准备→磨润滑系统启动→水泥生料入库组（若窑灰入均化库，改组在启动窑灰处理前启动）→水泥生料输送组→排风机系统组→烘磨→选粉机组→出磨输出组→设定喂料量→进入自动调节回路

应该注意，在开动每一台设备时，必须等前一台设备运转正常后，再开动下台设备；开车前的准备工作完成并确保正常无误，磨机启动时应先启动减速机和主轴承的润滑油泵及其他润滑系统。

采用静压轴承的磨机，待主轴承油泵压强由零增加到最大值而又回到稳定压强（一般为1.5～2.0 MPa）时，表明静压润滑的最小油膜已形成，可启动磨机主电机（若设有辅助传动装置，应先开动辅助传动装置，10 s后方可开传动装置）。磨体采用淋水的磨机，需要人工开启供水装置，注意控制水量由小到大逐步增加至正常水平。

8204-视频

在所有设备运转正常后便可进行喂料操作。若磨机采用自动控制喂料，则启动后计算机按一定数学模型运算处理，检测出磨机的负荷值，向喂料调节器送出喂料量的目标值，使之逐步增加喂料量直至达到目标值，磨机进入正常负荷状态。

8.2.1.3 水泥生料中卸磨机粉磨系统的停车操作

水泥生料中卸磨机粉磨系统的停车，分为正常停车和紧急停车两种形式。

（1）正常停车

正常停车的顺序与开车相反。每组设备之间应间隔一段时间，以便使系统各设备排空物料。

其具体流程是：

喂料系统→球磨机→出磨提升设备→选粉机系统→成品输送系统→收尘系统→润滑冷却系统

应该注意，当磨机停车后，磨机后面的输送设备还要继续运转一段时间，直至把其中的物料输送完为止。若是因为更换衬板、隔仓板、研磨体等故障停磨机，应先停喂料机，使磨机继续运转大约15 min，待磨机内物料基本排空后才停磨机。

（2）紧急停车

只有发生危及人身和设备安全时才允许采用紧急停车。其操作方法是：在紧急停磨机的同时磨机喂料输送系统设备自动停止，磨机支撑装置及润滑装置的高压泵立即启动。如果故障在短时间内可以排除，可以不停系统其他设备，排除故障后再启动磨机主电机和喂料系统；如果故障在短时间无法排除，系统其他设备应按顺序停车。设备超负荷或出现严重的设备缺陷，造成磨机不能继续运转的情况。

紧急停车，通常有以下几种：

① 磨机的电动机运转负荷超过额定电流值；选粉机和提升机等辅助设备的电动机运转负荷超过额定电流值。

② 磨机和主减速机轴承温度超过停车设定温度（例如，磨机轴承温度超过65 ℃时）；各电动机的温度超过规定值。

③ 润滑装置出现故障，不能正常供油；冷却水因故陡然下降而不通。

④ 磨机衬板、挡环、隔仓板等的螺栓因折断而脱落。

⑤ 磨音异常。

⑥ 主电动机、主减速机出现异常振动及噪声，地脚螺栓松动；轴承盖螺栓严重松动。磨机大、小齿轮啮合声音不正常，特别是出现较大振动。

⑦ 各喂料仓的配合原料出现一种或一种以上断料而不能及时供应；磨机出磨物料输送系统设备及后面的系统设备出现故障，不能正常生产。

（3）停车操作注意事项

① 关闭主轴承内的水冷却系统。

② 静压轴承停车后，高压油泵还应运行 4 h，使主轴承在磨体冷却过程中处于良好的"悬浮"状态，以防擦伤轴承表面。

③ 设有辅助传动装置的磨机，在停车初期每隔一定时间应启动辅助电机一次，使磨机在较低的转速下运转一定时间，以防筒体变形。

④ 若因磨机内检修需要停车，应启动辅助传动装置，慢速转动磨体，当辅助电机的电流基本达最低值，即球载中心基本处于最低位置时，立即把磨机的磨门停在要求的位置，以免频繁启动磨机。

⑤ 对于有计划的长期停车，停车后应按启动前的检查项目检查设备各部分是否完好。冬季停磨时间较长时，待磨机筒体完全冷却至环境温度时，可停掉冷却水，用压缩空气将所有通过冷却水的机件内的剩余水吹净。循环水可以不停，但需注意防冻。对于长期停磨，必须将磨机内的研磨体倒出，防止磨机筒体变形，并定期用辅助传动装置翻磨。

8205-视频

8.2.1.4　水泥中卸磨机粉磨系统的试运转与正式生产

（1）磨机的试运转

新安装（或大修后）的磨机，必须进行空车试运转（磨机内无研磨体或物料），其运转时间不得小于 12 h。若在运转过程中发现传动部分产生较大的振动、有杂音或运转不稳定，转轴的润滑系统供油情况不良，轴承温度超过 80 ℃，衬板螺栓和设备地脚紧固螺栓松动等情况，则必须及时修理。经空载试车良好并无其他异常现象时，即可向磨机内加入规定数量的 30% 研磨体，运转 16 h 后再加入 30% 的研磨体，继续运转 48 h 后将余下 40% 的研磨体全部加入，直至试运转正常为止。每次加入研磨体，都应加入相应数量的物料。在试运转时，必须经常注意磨机电流是否超过规定值，设备是否运行正常，若发生异常应及时处理。

（2）磨机正式投入生产

磨机成功完成试运转，生产工艺及设备符合下列条件后即可正式投入生产。

磨机正式投入生产的条件：

① 磨机的零部件完好；

② 研磨体装载量达到规定值；

③ 所有紧固螺栓均完好，选粉机和收尘等辅助设备完好；

④ 电动机和减速机设备完好；

⑤ 设备轴承、大小齿轮和各部件的润滑油符合要求；

⑥ 整个粉磨系统的安全设备、密封设备、照明系统及各岗位间的联系信号完好。

8.2.2　水泥生料中卸磨机粉磨系统的正常操作

8.2.2.1　水泥生料中卸磨机粉磨系统的操作特点

（1）热风的利用与调整

如何利用与调整热风是中卸磨机操作的重要环节，它将直接影响磨机的产质量及消耗指标。

根据水泥生产实践经验，中卸磨机的用风原则是：小风养料，大风拉粉。即磨尾排风机的风门应小些，进行磨机内养料；循环风门开度应大些，拉走选风机内粉料，有利于提高选粉机的选粉效率。当喂料量一定时，磨尾排风机风门开度小一点，磨机系统的总抽风量小，物料在磨机内的流速减慢。物料在磨机内停留时间长，会增加物料的研磨概率，粉磨得细一些，更容易获得合格细度的成品。相反，磨尾排风门开度大，磨机系统的总抽风量大，物料在磨机内的流速变快，停留时间短，大颗粒物料未被充分研磨就被带出磨机,进入空气斜槽,长时间后磨仓内细粉被拉空,斜槽内无细粉的冲刷与抖动,只剩下小颗粒物料,则物料的流动性降低,可能会堵塞斜槽而造成停磨事故。中卸磨机的粗磨仓的热风量的分配比例是70%～80%,细磨仓的热风量分配比例是20%～30%。因为粗磨仓物料粒度较大,物料流动性差,需用大风拉动带出磨机外,而细磨仓物料颗粒较小,物料的流动性好,用风量要小些。当喂料量增大时,操作上应该主要增加循环风的风量。在操作过程中,通过观察磨尾负压强、主电机电流、提升机电流、磨音等参数的变化,防止由于喂料量、物料性质、用风量以及选粉效率的变化而发生"饱磨"现象。

(2) 分料阀的调整

根据入磨物料粒度的变化合理调整分料阀的位置,以平衡粗磨仓与细磨仓的能力。

对于破碎粒径范围较宽的物料,经过料仓时就会有严重离析现象,导致仓满至仓空的过程会有小粒径向大粒径转变的过程,此时如不能及时调整分料阀,让回磨粗粉进入细磨仓的比例变大,就会加重粗磨仓负荷,直到粗磨仓发生"涨磨"现象,使提升机电流下降,甚至接近空载电流。反之,当喂料变细时,分料阀就应反向调整,否则出磨提升机电流就会越升越高,最后细粉仓发生"涨磨"现象,磨机卸料处发生大量漏料现象。

(3) 北方冬季的热风调整

北方冬季开停车时,都应提前一小时通热风(或管热风)而使系统温度有一个渐进的过程,对设备中空轴和筒体都有好处。

(4) 高铬球的慎重使用

应慎重使用高铬球,因为温度的急剧变化会使高铬球炸裂,尤其是直径偏大的钢球。

8.2.2.2　水泥生料中卸磨机粉磨系统的操作原则

(1) 风量与喂料量的匹配

风量的调整直接影响物料的烘干及磨机内物料的流速,因此,风量与喂料量两者必须相匹配。增加磨机的喂料量,磨机的通风量首先必须充足,在风机性能允许和成品细度合格的情况下,可以采用增大循环风量、提高选粉机转速的操作方法。

(2) 尽可能提高循环负荷率

循环负荷率与成品细度、选粉效率、喂料量有着密切关系。正常情况下,循环负荷率的大小取决于喂料量。增加喂料量,磨机循环负荷率会相应增加。控制较高的循环负荷率是提高产量的必要条件。当水泥生料的易烧性较好时,可适当放宽细度指标;当水泥生料的易磨性较好、研磨体级配合理时,可以增加喂料量,或者稳定喂料量,降低循环负荷率。循环负荷率的稳定,可以提高选粉料率。循环负荷率提高的前提,是出磨提升机和选粉机的额定功率要足够。根据水泥生产实践经验,水泥生料中卸磨机的循环负荷率控制为400%～500%时比较合适。较高的粗磨仓回料量,是体现中卸磨机能力的重要标志,也是细磨仓粉磨效率高的前提。

(3) 寻找选粉机回粉量的最佳分配比例

回粉量的最佳分配比例,可根据生产时间进行摸索,没有固定的统一比例。中卸磨机的粗磨仓与细磨仓设计的分料比例为3:7,但在使用粉煤灰配料时,若粉煤灰的掺加量达到8%及以上,则会有明显"助磨"作用,这时可将回粉量全部打入细磨仓,能够获得更好的生产效果。

(4) 循环风量与磨尾排风量的匹配

中卸磨机产量低的主要原因,往往是因为通风量不足,致使粗磨仓出料困难。在生产上虽然有时增加磨尾排风量,但会因为循环风阀门开得过大(例如,30%)而抵消了所增加的通风量;如果循环风阀门最大只开至10%,同时加强系统锁风堵漏,确保粗磨仓的压强差,磨尾排风机风阀开至100%,就能够发挥中卸磨机的更大潜力。

由于中卸磨机开始时的喂料量较小,若粗磨仓的负压强开始过大,则会造成出粗磨仓的物料粒度过大,可能造成回料斜槽被堵塞。因此,刚开机时磨尾排风机风阀开度应限制约为20%,随着喂料量的增加,再逐渐增大其开度。

8.2.2.3　水泥生料中卸磨机粉磨系统的控制参数

8206-视频

在水泥生产上控制中卸磨机的参数很多,包括检测参数和调节参数。其中,检测参数反映磨机的运行状态,调节参数则是控制与调整磨机的运行状态。

以 $\phi 4.6$ m$\times(9.5+3.5)$ m 水泥生料中卸磨机粉磨系统为例,其主要控制参数如表 8.2.1 所示,其中第 1～12 项为检测参数,第 13～22 项为调节参数。

表 8.2.1　水泥生料中卸磨机粉磨系统的主要控制参数

序号	参数	最小值	最大值	正常值
1	磨机的电耳(%)	0	100	65～70
2	出磨提升机的电流(A)	0	210	170～180
3	进磨头热风的温度(℃)	0	300	240～260
4	进磨头热风的负压强(Pa)	0	800	350～500
5	进磨尾热风的温度(℃)	0	300	200～210
6	进磨尾热风的负压强(Pa)	0	2000	1000～1300
7	出磨气体的温度(℃)	0	100	75～80
8	出磨气体的负压强(Pa)	0	3500	2000～2300
9	出选粉机气体的温度(℃)	0	100	70～80
10	出选粉机气体的压强(Pa)	0	7000	4500～5000
11	选粉机的功率(kW)	0	100	50～65
12	0.08 mm 方孔筛的筛余值(%)	0	100	12～16
13	水泥生料的喂料量(t/h)	0	210	180～200
14	粗粉分料阀的开度(%)	0	100	15～20
15	进磨头热风阀的开度(%)	0	100	70～80
16	进磨头冷风阀的开度(%)	0	100	30～40
17	进磨尾热风阀的开度(%)	0	100	20～30
18	进磨尾冷风阀的开度(%)	0	100	40～60
19	选粉机的转速(r/min)	0	210	170～210
20	循环风阀的开度(%)	0	100	30～45
21	主排风机进口阀的开度(%)	0	100	80～100
22	系统排风阀的开度(%)	0	100	50

8.2.2.4　水泥生料中卸磨粉磨系统的正常操作控制

(1) 喂料量的控制

采用电耳所测得的磨音的强弱,反映了磨机内存料量的多少和磨机内粉磨能力的大小。当磨机正常运转时,磨音的相对强度可达 60%~70%,若磨音强度较小,则反映磨机内物料较多;若磨音强度较大,则反映磨机内物料较少。当磨音的相对强度达到最大值(即 100%)时将会报警,则说明磨机内无料或存料量很少。

出磨提升机电流的大小,反映通过磨机内物料量的大小。若提升机的电流较大,则说明通过磨机内的物料量较大;若提升机的电流较大,则说明则通过磨机内的物料量较小。磨机内通过的物料量,由喂料量和粗粉回料量两部分组成。所以,常以提升机电流的大小作为调节磨机喂料量的重要调节变量。

(2)风量的控制

系统中热风阀、冷风阀以及排风机的阀门,是用来调节系统各控制点处的温度及压强的。例如,磨头、磨尾两端所设热风阀,是用来调节入磨热风的温度及使两端的负压强相等的。当负压强增大时,则将热风阀门开大;当负压强降低时,则将热风阀门关小。当磨机出口处压强差减小时,则需将排风机阀门开大,或将选粉机的循环阀门关小。

通过调节分料阀的开度,控制选粉机粗粉回粗磨仓的量占 30%,细磨仓的量占 70%。在正常情况下,这一比例调节好后一般不常变动。

系统的总风量直接关系到粉磨系统的质量品质。风量的调节,除了磨机进口与出口处压强差以外,还应视选粉机的出口处压强来调节。

8207-视频

循环风阀门主要用来调节选粉机的工作风量。当出磨风温下降、负压强增大时,则可将循环风阀门开大,以提高出磨上升管道中气体的速率。

出磨生料成品的水分含量一般控制为 $w(H_2O) \leqslant 0.5\%$,主要是通过调节入磨热风量及热风温度来实现控制。

(3)水泥生料的细度控制

8208-视频

水泥生料成品的细度,主要是通过调节选粉机的转速来实现控制。一般情况下,若选粉机的转速加快,则水泥生料成品的细度就变细;若选粉机的转速减慢,则水泥生料成品的细度就变粗。若水泥生料成品的细度控制得太细,则会降低磨机的产量、增加水泥生料粉磨的电耗量;若水泥生料成品的细度控制得太粗,虽然可以提高磨机的产量,但会影响水泥熟料的煅烧质量。

8.2.2.5 水泥生料中卸磨机粉磨系统的安全操作

为保证系统安全运行,操作员应密切监视系统下列参数变化,必要时应停磨机。

① 当前后轴瓦的温度超过规定值、磨机的主电流超过额定值时,若无法调节恢复则应停机;
② 当磨机出口处负压强出现异常时,应迅速查找原因并予以排除,否则应停磨机后处理;
③ 当磨音异常而无法采取措施改善时,应果断停磨机,甚至打开磨门检查;
④ 当长时间断料或来料不稳时应停磨机,在确定来料保证后再开磨机。

[知识测试题]

一、填空题

1. 按照_____流程进行中卸磨机的开机,按照_____流程进行中卸磨机的停机。
2. 中卸磨机的回磨粗粉经_____、_____。
3. 新安装或大修后的磨机必须进行_____。
4. 水泥生料成品的细度主要通过调节_____进行控制。
5. 中卸磨机的用风原则是_____。

6. 中卸磨机的开停机操作由_____集中控制。

7. 磨机正常运行时磨音的强度为_____。

8. 水泥生料中卸提升循环磨机系统中有两个分离器:_____、_____。

9. 中卸磨机的控制参数很多,包括_____和_____。

二、选择题

1. 磨机研磨体的填充率在( )范围最好。

A. 15%～25%　　　　　　　　B. 25%～35%　　　　　　　　C. >35%

2. 磨机电耳的安装方向一般在( )。

A. 钢球带起一侧　　　　　　　B. 钢球下降一侧

3. 入磨的物料粒度为( )。

A. 3～100 mm　　　　　　　　B. 0.1～5 μm

4. 中卸烘干磨机系统,2/3 的粗粉回( )。

A. 粗磨仓　　　　　　　　　　B. 烘干仓　　　　　　　　　　C. 细磨仓

5. 控制烘干磨出磨风温的主要目的( )保证磨内烘干能力。

A. 防冷凝　　　　　　　　　　B. 防石膏脱水　　　　　　　　C. 保证粉磨效率

6. 水泥生料中卸提升循环磨机系统中有( )两个粉磨仓。

A. 两次烘干　　　　　　　　　B. 两个分离设备　　　　　　　C. 两个分级设备

三、判断题

1. 选粉机提高磨机粉磨效率的原因是选粉机粉磨了物料。　　　　　　　　　　( )

2. 物料的易磨性系数越大,物料越难粉磨。　　　　　　　　　　　　　　　　( )

3. 磨机是水平放置,在工作过程中物料靠磨机尾部不断抽风才能被排出磨机外。　( )

4. 出磨提升机电流的大小反映通过磨机内物料量的大小。　　　　　　　　　　( )

5. 在接到停磨指令时应减料运行,按操作规程的顺序停车,并根据停车后是否有检修工作,合理控制磨机内积料,若长时间停磨则应启动慢转电机进行转磨。　　　　　　　　　　　( )

6. 水泥生料粉磨时,若磨机转得越快,则研磨体对物料的冲击研磨力越强,粉磨效率越高。

　　　　　　　　　　　　　　　　　　　　　　　　　　　　　　　　　( )

7. 均匀喂料是磨机操作最重要的一步。　　　　　　　　　　　　　　　　　　( )

四、简答题

8209-文本

1. 简述中卸磨机的开机操作。

2. 简述中卸磨机开车前的准备。

3. 简述水泥生料中卸磨机系统的操作原则。

4. 简述水泥生料中卸磨机的操作控制要点。

[能力训练题]

1. 绘制仿真系统水泥生料中卸磨机粉磨系统的流程图,并能解读。

2. 在仿真系统对水泥生料中卸磨机粉磨系进行开车与停车操作。

3. 在仿真系统对水泥生料中卸磨机粉磨系进行正常操作和运行。

8.3　水泥生料中卸磨机粉磨系统的常见故障与处理

（1）任务描述

本任务的学习内容包括 4 个方面：

① 水泥生料中卸磨机粉磨系统的常见故障与处理；

② 选粉机的常见故障处理；

③ 提升机的常见故障处理；

④ 中央控制显示与现场反馈不一致的常见故障与处理。

学习重点难点：中卸磨机系统的常见故障与处理。

（2）知识目标

掌握水泥生料中卸磨机粉磨系统发生的常见故障原因和处理方法。

8301-文本

（3）能力目标

① 能根据中央控制操作界面反馈参数及现场工况，判断故障、分析原因、妥善处理并恢复生产；

② 能够利用仿真软件判断、分析和排出故障。

8302-ppt

8.3.1　水泥生料中卸磨机粉磨系统的常见故障与处理

8.3.1.1　饱磨故障与处理

（1）饱磨现象

当入磨物料量大于出磨物料量较长时间时，磨机内的物料会越来越多，当磨头喂料端不能再加料而出现吐料时，称之为"满磨"或"饱磨"现象。

中卸磨机的粗磨仓及细磨仓，都可能发生饱磨现象。磨机在产生饱磨现象时会伴随产生很多症状及现象。例如，磨机的压强差变大、磨机的主电流变小、出料提升机的电流变小、出磨的物料细度变粗。当粗磨仓发生饱磨现象时，磨音相当沉闷。当细磨仓正常时，能听见小钢球研磨的沙沙声；当细磨仓发生饱磨现象时，则听不到声音。

（2）产生饱磨现象的原因

① 由于钢球磨损后不能及时补足，造成磨机的研磨能力不足。

② 由于磨机内各仓研磨能力不均衡，粗磨仓的研磨能力过高，细磨仓就容易发生饱磨现象；粗料仓与细分仓内物料的流速不匹配，或粗粉回料入粗料仓与细分仓的比例不当。

③ 由于水泥生料中卸磨机粉磨系统有意想不到的设备故障，会导致发生饱磨现象。例如，选粉机回粉下料管上的双层重锤翻板阀控制失灵，阀片与阀杆连接螺栓脱落，使次阀片成为常开状态，造成风道短路，细粉成品在主排风机的强大负压强作用下不可能拉走而返回磨机内，实际降低了选粉效率，细粉逐渐积累而堵塞了隔仓板，磨机内难以通风，最后导致发生饱磨现象；另外，若选粉机旋风筒下分格轮被堵死，则会引发旋风筒内积满细粉成品，造成粗粉和细粉全部返回磨机内而发生饱磨现象；又如，若隔仓板被堵塞，则会造成仓内的物料越积越多而发生饱磨现象。

④ 由于入磨物料的粒度较大、易磨性较差、水分含量较大，降低了磨机的研磨能力；磨机的通风量不足，磨机内的细粉不容易被带到磨机外；循环风量不足，造成选粉机的选粉效率下降，回粉量异常增多。

（3）饱磨故障的处理

① 在保证成品细度合格的前提下，最大限度地降低选粉机的转速。

② 增大循环风门的开度，以增加选粉机的选粉效率；但循环风量不能增加过大，因为当系统总抽风量一定时，若循环风量过大，则磨机内的通风量减小，造成磨内物料的流速降低。

③ 当粗磨仓发生饱磨现象时，粗粉的回料量 90% 及以上进入细磨仓；当细磨仓发生饱磨现象时，粗粉的回料量 70% 及以上进入粗磨仓。

④ 当粗磨仓发生饱磨现象时，为增加粗磨仓的通风量，粗磨仓的冷风门及热风门的开度都应增大，细磨仓的风门开度不变；同理，当细磨仓发生饱磨现象时，细磨仓的冷风门及热风门的开度都应增大，粗磨仓的风门开度不变。

8303-视频

⑤ 处理饱磨现象最简单且有效的办法是减料，但减料量的多少应根据磨机状况而定。当发生轻微的饱磨现象时应少减，一次的减料量大约为 10 t/h；当发生严重的饱磨现象时应多减，一次的减料量为 30～50 t/h；当发生更严重的饱磨现象时应采取止料办法。需要注意的是，在减料时应根据出磨物料的流量及物料粒度而决定是否减小磨机内的通风量。当出磨提升机的电流比较高时，则不需要减小磨机内的通风量，即使出磨斜槽内有小石子也无妨。在经过一段时间后，若出磨斗式提升机的电流变低、出磨物料流量减小、出磨斜槽内有 25%～30% 蚕豆般大小的粗颗粒时，则说明磨机内的通风量大了，应减小磨机内的通风量而进行养料。根据成品细度调整选粉机的转速。若细度合格，则不要降低选粉机的转速；若成品细度不合格，则要降低选粉机的转速。

8.3.1.2　糊球及包球故障与处理

（1）糊球及包球现象

当入磨物料的水分含量较高、热风的温度又较低时，磨机容易发生"糊球"现象。当磨机内成品不能及时出磨时，这些成品在磨机内容易产生"过粉磨"现象，过细的产品产生静电效应，吸附在研磨体表面，则产生"包球"现象。

当磨机发生糊球及包球现象时，会伴随产生很多症状及现象。例如，磨机的电流变小，磨音变小、发闷，出磨物料量大幅下降，磨机出口处废气的温度过高，出磨物料的细度变细等。

（2）糊球及包球故障的处理

① 加大磨机的排风量，增加磨机内的通风量，及时抽走磨机内的合格成品生料粉。

② 在入磨物料量里适当掺加煤矸石、煤粉，以消除细粉产生的静电效应。

③ 使用助磨剂，不仅能够消除细粉产生的静电效应，而且可以增加磨机内物料的流动性。

8304-视频

8.3.1.3　磨头吐料故障与处理

（1）磨头吐料的原因

① 当入磨的石灰石、砂岩和矿渣等物料的水分含量过大，尤其是矿渣的水分含量达到 5% 及以上时，容易造成隔仓板、箅板缝隙被堵塞。此时，磨机内的细粉从隔仓板的箅缝中穿过时受阻，在粗磨仓内越积越多而发生满磨现象，物料只能被从磨头吐出。

② 当收尘布袋表面挂灰严重时，收尘系统的阻力增大而影响磨机内通风；当粉料输送管壁黏结较厚物料时，增加磨机的通风阻力。此时，若长时间保持高限喂料量，则容易产生吐料现象。

③ 当磨机的喂料量异常过大而无法完成全部粉磨任务时，部分物料被从磨头排出。

④ 入磨物料粒度较大、易磨性很差。

⑤ 研磨机被磨损后没有及时补足、级配严重不合理。

（2）磨头吐料故障的处理

① 控制入磨的石灰石、砂岩和矿渣等物料的水分含量,应符合相关标准的要求。

8305-视频

② 利用停磨机时的机会,及时清理收尘布袋表面的挂灰、粉料输送管内壁黏结的积料,以减小系统的通风阻力。

③ 合理控制磨机的台时产量,不能盲目追求喂料量。

④ 定期清仓计算,按研磨体的最佳级配方案补足已经磨损的钢球,以适应入磨物料的粒度和易磨性的频繁波动。

8.3.1.4 磨音异常与故障处理

（1）异常现象 A:磨音发闷,磨尾下料少,磨头可能出现返料,产生了饱磨现象

原因分析:

磨机进料量与出料量不平衡,磨机内的存料量过多,喂料量过多或入磨物料的粒度及硬度过大,未能及时调整喂料量;入磨物料的水分含量较大、磨机内通风不良,造成隔仓板被堵塞,物料的流速降低;研磨体的级配不适合,粗磨仓与细磨仓的研磨能力不平衡;选粉机的选粉效率低,粗粉的回料量过多,磨机的循环负荷率增加。

处理方法:

一般应先减少喂料量。若效果不明显,则需停止喂料,待磨机正常后,再逐渐加料至正常。

（2）异常现象 B:磨音小且低沉,出磨气体的水分含量增大,出磨物料潮湿,磨机粉磨效率降低,研磨体的表面可能因黏附一层细粉而发生了包球现象

原因分析:

入磨物料的水分含量较大,磨机内通风不良。

处理方法:

增加入磨的热风量和热风温度,加强物料的烘干作用;增加磨机内的通风量;及时而快速地排出磨机内的水蒸气;增设磨机外淋水装置,增加磨机内的研磨效率。

（3）异常现象 C:粗磨仓的磨音降低,出磨提升机功率下降,磨机出口处负压强上升,细磨仓的磨音增大

原因分析:

粗磨仓发生堵塞现象。

处理方法:

停止粗磨仓的回粉喂料量,增大粗磨仓的通风量。若处理效果不好,则需停止磨机喂料。

（4）异常现象 D:磨音低,出磨提升机的功率下降,磨机出口处负压强上升,细磨仓的磨音低沉或听不到声音

原因分析:

细磨仓发生堵塞现象。

处理方法:

停止细磨仓的回粉喂料,增大细磨仓的通风量。若处理效果不好,则停止磨机喂料。

（5）异常现象 E:磨音低,出磨提升机的功率大

原因分析:

喂料量大,磨机内的存料量大,研磨体少。

处理方法:

减少喂料总量,增加磨机内的通风量,按研磨体的级配适当增加钢球的数量。

（6）异常现象 F：磨音高，出磨提升机的功率小

原因分析：

磨头的喂料量小，磨机内的存料量小，研磨体多。

处理方法：

增加喂料总量，减少磨机内的通风量，按研磨体的级配适当减少钢球的数量。

8306-视频

8.3.1.5　研磨体窜仓故障与处理

故障现象：磨机的电流逐渐变小，产量越来越低，出磨物料的细度越来越粗，现场可以听到异常的磨音，磨音既不闷也不脆；有时钢球由粗磨仓窜进烘干仓，将筒体砸得咔咔作响，扬料板可能被砸变形。

原因分析：

① 隔仓板固定不良。

② 隔仓箅板脱落或箅孔过大。

③ 研磨体严重磨损。

处理方法：

当出现研磨体窜仓现象时，应立即停磨机而进行检查。

① 若隔仓板脱落、固定不良，则需要重新补焊固定。

② 若隔仓箅板的箅孔过大，则需要更换隔仓板或临时焊补，以维持到检修时间。

③ 若研磨体的直径太小，则需要停磨机而清理直径过小的研磨体。

8307-视频

8.3.1.6　磨机跳停故障与处理

（1）故障现象 A：磨机跳停

原因分析：

磨机上方设备跳停。

处理方法：

检查磨机上方设备跳停的原因，同时减小入磨冷风量和热风量、循环风量和磨尾排风量。

（2）故障现象 B：磨机跳停

原因分析：

磨机下方设备跳停。

处理方法：

磨机下方设备跳停后，因联锁关系，磨机很快会跳停。这时必须立即止料，启动磨头、磨尾的稀油站高压泵，以减小停磨机时对减速机的磨损。待磨机停止运行后，关闭磨机的进口热风门，冷风阀门全开，循环风门关闭，磨尾排风机风门适当打开。

8308-视频

8.3.1.7　磨机的压强异常与故障处理

（1）异常现象 A：磨机入口处的压强增大报警

原因分析：

磨机的进风量减小。

处理方法：

减小磨机的喂料量；增加主排风机的风量；减小循环风量。

（2）异常现象 B：磨机进出口处的压强差大

原因分析：

循环风量减小。

处理方法：

增加循环风阀门开度,即增加循环风量。

8.3.1.8 磨机的温度异常与故障处理

(1)异常现象 A:入磨气体的温度正常,出磨气体的温度很低

原因分析:

磨机的密封部分损坏,漏气严重;入磨物料的水分含量变大。

处理方法:

检查磨机的密封部位,加强密封堵漏工作;降低入磨物料的水分含量。

(2)异常现象 B:入磨气体的温度正常,出磨气体的温度过高

原因分析:

8309-视频

入磨风温过高;入磨物料量过少;入磨物料的水分含量过低。

处理方法:

适当开大入磨冷风阀;适当增加入磨物料量;减少入磨热风量;降低入磨热风的温度。

8.3.2 选粉机的常见故障与处理

(1)故障现象 A:生料的细度过细

原因分析:

选粉机的转速过高。

处理方法:

降低选粉机的转速。

(2)故障现象 B:生料的细度过粗

原因分析:

选粉机的转速过低。

处理方法:

增加选粉机的转速。

(3)故障现象 C:选粉机的电流突然增大

原因分析:

选粉机的传动轴承磨损严重,轴承铜套间隙过小;出磨物料中混入杂物,撒料盘下部出口处发生堵塞现象;立轴下端的紧固螺栓松动,撒料盘壳下降等。

处理方法:

停止检查更换选粉机传动轴承;调动铜套间隙;重新调整至合适间隙后再装配;清除杂物;拧紧立轴下端的紧固螺栓。

(4)故障现象 D:选粉机的齿轮箱发热或冒烟

原因分析:

润滑油少;润滑油变质;超负荷运行。

处理方法:

补加润滑油量到合适位置;更换润滑油;控制磨机的产量。

(5)故障现象 E:选粉机的风叶损坏或脱落

原因分析:

风叶的材质不良;叶片紧固螺栓松动;安装不正,产生偏斜误差。

处理方法:

称量并对称安装叶片;调整安装位置,紧固松动螺栓;防止铁质等混入出磨物料中。

(6) 故障现象 F:选粉机产生振动

原因分析:

叶片破损或掉落;主轴变形或轴承磨损过大或损坏;地脚紧固螺栓松动。

处理方法:

更换或调整破损的叶片;更换主轴或轴承;拧紧地脚紧固螺栓。

(7) 故障现象 G:入选粉机的斜槽发生堵塞

原因分析:

物料中的粗颗粒多,流动性降低;斜槽帆布层有磨损漏洞;斜槽风机的风量不够。

处理方法:

停止磨机喂料,磨机继续运转;关闭粗磨仓及细磨仓的冷热风门;将选粉机的转速降至最低;增大循环风机的风量,风门开到 90%;增大磨机内的通风量,磨尾排风机的风门开到 90% 及以上。

8310-视频

8.3.3　提升机的常见故障与处理

(1) 故障现象 A:出磨提升机的电流逐渐升高,磨机的喂料量一定时磨机主电动机的电流缓慢降低,而磨机出口与进口处的负压强都无明显变化

原因分析:

磨机的循环负荷率增大。

处理方法:

磨系统的循环负荷率在加大,处理时需要减小循环负荷率。根据磨机上一个小时出磨生料成品的细度来决定操作方法。若生料成品的细度较细,则可以增加磨尾排风量,降低选粉机的转速,加大循环风机的风门开度;若生料成品的细度较粗,则最有效的方法是降低磨机的喂料量。

(2) 故障现象 B:出磨提升机的电流突然增高

原因分析:

出磨输送斜槽内透气帆布层出现磨损漏洞,引起斜槽内堵料。

处理方法:

迅速止斜,紧急停止磨机运行,停止磨机斜槽运行,关小磨尾排风机的风门开度,关闭磨机粗磨仓及细磨仓的热风门而冷风门全开,循环风机风门适当打开,等斗式提升机内没有生料时再停止斗式提升机运行,停止选粉机运行,现场检查并更换斜槽帆布层。

(3) 故障现象 C:入均化库的提升机的电流突然上升

原因分析:

输送斜槽发生堵塞(其原因是斜槽透气帆布层出现磨损漏洞);增湿塔湿底,引起物料结球。

处理方法:

若增湿塔湿底,则无须停止磨机运行,只需让现场岗位人员处理即可;若帆布层出现磨损漏洞,则必须紧急停止磨机运行,更换帆布层,将增湿塔回灰入窑处理。

8311-视频

8.3.4　中央控制显示与现场反馈不一致的常见故障与处理

(1) 故障现象 A:中央控制显示饱磨而现场反馈正常

原因分析:

仪表故障或现场反馈的滞后性。

处理方法：

现场反馈只能定性反映磨机状况而不能量化参数,中央控制显示应检查风机的风门开度是否与喂料量相匹配,检查粗磨仓及细磨仓的进口与出口处的负压强是否异常,检查主电动机的电流变化趋势。若磨机的运行状态平稳,则说明磨机没有发生饱磨现象,不必进行操作参数调整。

(2) 故障现象 B:现场反馈饱磨而中央控制显示正常

原因分析：

此故障,除仪表的故障因素外,还与窑系统的运行状况有关。例如,窑尾排风机的风门开度过大,窑的喂料量减少等。

处理方法：

此种情况下,生料磨机系统的负荷偏大,首先要减小窑尾排风机的风门开度,再按饱磨故障进行处理。

［知 识 测 试 题］

一、填空题

1. 中卸磨机的常见故障有_____、_____、_____、_____、_____、_____等。

2. 选粉机的常见故障有_____、_____、_____、_____、_____等。

3. 提升机的常见故障有_____、_____、_____等。

二、简答题

8312-文本

1. 中卸磨机的常见故障有哪些？产生的原因分别是什么？如何处理？
2. 选粉机的常见故障有哪些？产生的原因分别是什么？如何处理？
3. 提升机的常见故障有哪些？产生的原因分别是什么？如何处理？

［能 力 训 练 题］

1. 在中央控制仿真系统上处理中卸磨机的常见故障。
2. 在中央控制仿真系统上处理选粉机的常见故障。
3. 在中央控制仿真系统上处理提升机的常见故障。

8.4　水泥生料中卸磨机粉磨系统的实践训练

8401-文本

(1) 任务描述

本任务的学习内容包括 3 个方面：

① 水泥生料的质量控制指标；

② 操作员岗位职责；

③ 实践训练操作。

学习重点与难点:实践训练操作。

(2) 知识目标

掌握水泥生料的质量控制指标、操作员岗位职责、中卸磨机粉磨系统实践操作相关理论

8402-ppt

知识。

（3）能力目标

能够在真实的水泥生料中卸磨机粉磨系统中实现开启、停止、运转和故障排除，实现"优质、高产、低耗"的技术措施。

现以 $\phi 4.6\ m \times (10.0\ m + 3.5\ m)$ 水泥生料中卸磨机粉磨系统为例，详细说明水泥生料中卸磨机粉磨系统的中央控制操作技能。

8.4.1 水泥生料的质量控制指标

（1）入磨石灰石的粒度

$d \leqslant 25\ mm$，合格率$\geqslant 85\%$。

（2）入磨石灰石的水分含量

$w(H_2O) \leqslant 1.0\%$，合格率$\geqslant 80\%$。

（3）入磨黏土的水分含量

$w(H_2O) \leqslant 5.0\%$，合格率$\geqslant 80\%$。

（4）出磨成品水泥生料的石灰饱和系数

$KH \approx$ 目标值 ± 0.02，合格率$\geqslant 75\%$。

（5）出磨成品水泥生料的硅率

$SM =$ 目标值 ± 0.10，合格率$\geqslant 75\%$。

（6）出磨成品水泥生料细度的样本标准差

$S \leqslant 16\%$，合格率$\geqslant 85\%$。

8.4.2 操作员岗位职责

（1）遵守公司的劳动纪律、厂规厂纪，工作积极主动，听从领导调动和指挥，保质保量完成生料制备任务。

（2）认真交接班，将本班的运行、操作情况及存在问题以文字形式全部交给下一班，做到交班详细、接班明确。

（3）及时准确地填写运转和操作记录，要按时填写"工艺参数记录表"，对开车、停车时间和原因要填写清楚。

（4）坚持合理操作，在运行中注意各参数的变化并及时调整，在保证安全运行的前提下做到优质高产。

（5）严格执行"操作规程"及"作业指导书"，保证与现场的联系畅通，减少无负荷运行，保持负压强操作，以降低物料消耗，保持环境卫生。

（6）负责"记录表"、"记录纸"和"质量通知单"的保管，避免丢失。

8.4.3 实践训练操作

8.4.3.1 开车准备

（1）确认岗位巡检工已经完成对设备各润滑点的检查，确保润滑油的油量、牌号、油压和油温等正确无误。

（2）确认岗位巡检工已经完成对设备冷却水的检查，确保冷却水畅通、流量合适、无渗漏现象。

（3）确认岗位巡检工已经确保设备内部清洁且无杂物，已经关好检查孔、清扫孔，做好了各人孔门及外保温的密封。

（4）确认岗位巡检工已经完成所有阀门及开关的检查，确保其位置及方向与中央控制的显示完全一致。

（5）确认现场仪表指示值正确，与中央控制的显示一致。

（6）确认岗位巡检工已经完成对磨机的衬板螺栓、磨门螺栓、电机地脚螺栓、传动连杆等易松部位的检查。

（7）已经与窑操作员取得联系，确认窑煅烧系统运行状况正常。

（8）确认巡检工已经调节选粉机导板的开度和防风阀的开度到适当角度。

（9）确认粉料阀的开度已经调节到合适位置。

（10）确认岗位巡检工将系统全部设备的机旁按钮盒的选择开关置于"集中"位置并锁定。

8.4.3.2　开车操作

（1）确认生料磨机运行前的准备工作已经完成。

（2）确认窑煅烧系统正常运行。

（3）确认原料调配站已经进料。

（4）启动磨机稀油站组（冬季时通知巡检工提前 2 h 加热稀油站，提前 30 min 开启稀油站）。

（5）启动调配站的库顶收尘组。

（6）启动均化库的库顶组。

（7）启动生料输送及入库组。

（8）启动循环风机组。

（9）进行暖磨操作：

在逐步提高进入磨机热风量的同时，逐步提高出磨机内气体的温度、磨尾进口处气体的温度。

各阀门的操作如下：逐步加大磨机排风机进口阀门的开度，逐步加大热风管总阀的开度，逐步加大磨尾热风阀门的开度；将磨头、磨尾冷风阀关到适当位置，使出磨气体的温度不高于 100 ℃。

磨头热风的温度不高于 250 ℃，磨尾热风的温度不高于 250 ℃，磨头的负压强为 200～400 Pa；磨尾的负压强为 1000～1200 Pa；当磨头热风的温度达 100 ℃时，操作磨机缓慢运转；当磨机的粗磨仓筒体的温度达到 40 ℃及以上时，暖磨操作结束。

（10）启动磨机回料组。

（11）启动选粉机组。

（12）启动磨机组。

（13）启动入磨输送组。

8.4.3.3　主要操作控制参数

当磨机达到额定产量时，其主要操作控制参数如下：

（1）磨尾热风的温度：200～300 ℃；

（2）磨头热风的温度：250～350 ℃；

（3）出磨气体的温度：70～80 ℃；

（4）磨头气体的负压强：−300～−700 Pa；

（5）磨尾气体的负压强：−900～−2000 Pa；

（6）出磨气体的负压强：−1600～−2500 Pa；

（7）窑尾排风机出口处气体的负压强：−1000～−1500 Pa；

（8）磨机的台时产量：180～220 t/h。

8.4.3.4 正常生产的操作控制

（1）对于"喂料量过多"的操作控制

生产现象：

磨头气体的负压强降低，磨中气体的负压强上升，选粉机出口处气体的负压强上升，电耳的信号减弱，磨机的电流降低，出磨提升机的功率先升后降，现场磨音低沉发闷。

调整方法：

先降低喂料量，逐步消除磨机内的积料，待磨头与磨尾气体的压强差恢复正常后，再逐步调整喂料量至正常。

（2）对于"喂料量不足"的操作控制

生产现象：

磨头气体的负压强上升，磨中气体的负压强下降，选粉机出口处气体的负压强下降，电耳的信号增强，磨机的电流增大，出磨斗式提升的机功率下降，现场磨音脆响。

调整方法：

逐步增加喂料量，待参数恢复正常为止。

（3）对于"烘干仓被堵塞"的操作控制

生产现象：

出磨斗式提升机的功率下降，磨头气体的负压强下降，磨中气体的负压强上升，选粉机出口处气体的负压强上升，电耳的信号增强，现场磨音脆响。

调整方法：

降低喂料量，增大磨机的通风量，适当提高磨头热风的温度。若效果不明显，则停止喂料；若还没有明显效果，则停止磨机运行而进行检查处理。

（4）对于"细磨仓被堵塞"的操作控制

生产现象：

电耳的信号减弱，出磨斗式提升机的功率下降，磨尾气体的负压强下降。

调整方法：

调节分料阀，增加粗粉仓的回料粗粉的分配比例，适当提高磨尾热风的温度。

（5）对于"生料水分含量偏高"的操作控制

生产现象：

出磨生料成品的细度变粗，水分含量增大。

调整方法：

减小喂料量，或提高入磨气体的温度。

（6）对于"出磨水泥生料成品的细度不合格"的操作控制

生产现象：

出磨水泥生料成品的细度不合格。

调整方法：

① 调节选粉机转子的转速。在正常生产条件下，当转子的转速加大时，出磨水泥生料成品的细度变细；当转子的转速减小时，出磨水泥生料成品的细度变粗。

② 当调节选粉机转子的转速仍达不到要求时，再考虑调节选粉机导板的开度。当导板关紧时，出磨水泥生料成品的细度变细；当导板开大时，出磨水泥生料成品的细度变粗。

③ 调节循环风机入口处阀门的开度。在正常生产条件下，当阀门的开度开大时，出磨水泥生料

成品的细度变粗;当阀门的开度关小时,出磨水泥生料成品的细度变细。

④ 调整喂料量。

⑤ 调整磨机内钢球的级配。

(7) 对于"磨机轴瓦温度偏高"的操作控制

生产现象:

磨机轴瓦温度偏高。

调整方法:

① 检查供油系统是否发生堵塞;

② 检查供油压强是否过小;

③ 检查润滑油中是否有水分或含有杂质;

④ 检查入磨气体的温度是否过高。

根据检查结果,采取相应的技术措施。

(8) 对于"磨机减速机油温度偏高"的操作控制

生产现象:

磨机减速机油温度偏高。

调整方法:

① 检查供油系统是否发生堵塞;

② 检查供油压强是否过小;

③ 检查润滑油中是否有水分或含有杂质;

④ 检查冷却水是否发生堵塞。

根据检查结果,采取相应的技术措施。

8.4.3.5 停车操作

(1) 将喂料量的设定值降到 0;与此同时,逐步降低入磨气体的温度及流量。

各阀门的操作如下:

逐步加大磨头冷风阀的开度,逐步加大磨尾冷风阀的开度,逐步减小磨头热风阀的开度,逐步减小磨尾热风阀的开度,逐步减小磨机系统排风机进口阀的开度。

(2) 确认磨机处于低负荷运行。例如,出磨提升机的功率下降,磨音信号增强,选粉机的电流下降等。

(3) 停止入磨输送组。

(4) 原料调配站停止选料并通知化验室。

(5) 停止调配站库顶组。

(6) 停止磨机的主电机,现场间隔缓慢转动磨机。

(7) 减小磨机循环风机进口阀的开度,打开磨头、磨尾的冷风阀门,关闭磨头热风的阀门。

(8) 停止入选粉机输送组。

(9) 停止选粉机组。

(10) 停止回料组。

(11) 停止循环风机组。

(12) 停止生料输送及入库组。

(13) 停止均化库库顶组。

(14) 当磨机筒体的温度接近环境温度时,缓慢转动至停止。若短时间停止磨机,则不停止磨机的润滑系统;若长时间停止磨机,则停止磨机的润滑系统,磨机滑履轴承稀油站停车、磨机主轴承稀油站停车、磨机减速机稀油站停车、磨机主电机稀油站停车。

8.4.3.6　设备紧急停车操作

当某台设备因负荷过大、温度超高、压强超高时均可能调停，这是设备自我保护的一种方法。在发生设备调停前，操作屏幕上有报警显示并指示发生故障的设备。磨机操作员可根据生产实际状况迅速判断发生故障的原因，采取正确的处理措施，完全可以避免发生设备调停事故。但是，如果设备不停车很可能发展成更大的设备事故，造成更大的经济损失。这时，磨机操作员就要采取紧急停车操作，使所有设备立即同时停车。

（1）故障现象 A：水泥生料输送及入库设备跳闸或现场停车，水泥生料磨机粉磨系统除磨机排风机组、库顶收尘器组和稀油站组外都联锁停车

处理方法：
① 关闭入磨的热风阀；
② 打开磨头、磨尾的冷风阀；
③ 将磨机排风机进口阀的开度关小；
④ 将循环风阀的开度开大；
⑤ 将增湿塔出口阀的开度开大；
⑥ 将喂料量设定为 0；
⑦ 将废气处理系统进行调整；
⑧ 将选粉机的转速设定为 0；
⑨ 将磨机缓慢运转；
⑩ 通知电气、仪表等相关人员进行检查处理。

（2）故障现象 B：磨机或减速机因润滑油的压强过高或过低而导致润滑油的油泵跳闸或现场停车，磨机与入磨输送组联锁停车

处理方法：
① 关闭入磨的热风阀；
② 打开磨头、磨尾的冷风阀；
③ 将磨机排风机进口阀的开度关小；
④ 将循环风阀的开度开大；
⑤ 将增湿塔出口阀的开度开大；
⑥ 将喂料量设定为 0；
⑦ 将废气处理系统进行调整；
⑧ 对油泵和管路进行检查处理。

（3）故障现象 C：磨机排风机因润滑油的压强过高或过低而导致跳闸或现场停车，磨机与入磨输送组联锁停车

处理方法：
① 关闭入磨的热风阀；
② 打开磨头、磨尾的冷风阀；
③ 将磨机排风机进口阀的开度关小；
④ 将循环风阀的开度开大；
⑤ 将增湿塔出口阀的开度开大；
⑥ 将喂料量设定为 0；
⑦ 将废气处理系统进行调整；

⑧ 关闭磨机排风机进口阀；

⑨ 将磨机缓慢运转；

⑩ 通知电气及仪表等相关人员进行检查处理。

（4）故障现象 D：选粉机输送组任意一台设备跳闸或现场停车

处理方法：

① 打开磨头、磨尾的冷风阀；

② 将磨机排风机进口阀的开度关小；

③ 将循环风阀的开度开大；

④ 将增湿塔出口阀的开度开大；

⑤ 将喂料量设定为 0；

⑥ 将废气处理系统进行调整；

⑦ 关闭磨机排风机进口阀；

⑧ 通知电气及仪表等相关人员进行检查处理。

（5）故障现象 E：选粉机因速率失控而导致跳闸或现场停车，磨机的排风机、入选粉机输送组、磨机及入磨输送组联锁停车

处理方法：

① 关闭入磨的热风阀；

② 打开磨头、磨尾的冷风阀；

③ 将磨机排风机进口阀的开度关小；

④ 将循环风阀的开度开大；

⑤ 将增湿塔出口阀的开度开大；

⑥ 将喂料量设定为 0；

⑦ 将废气处理系统进行调整；

⑧ 通知电气及仪表等相关人员进行检查处理。

（6）故障现象 F：压力螺栓输送机跳闸或现场停车，磨机的排风机、选粉机及出磨输送组、磨机及入磨输送组联锁停车

处理方法：

通知电气及仪表灯相关人员进行检查处理。

① 关闭入磨的热风阀；

② 打开磨头、磨尾的冷风阀；

③ 将磨机排风机进口阀的开度关小；

④ 将循环风阀的开度开大；

⑤ 将增湿塔出口阀的开度开大；

⑥ 将喂料量设定为 0；

⑦ 将废气处理系统进行调整；

⑧ 将选粉机的转速设定为 0；

⑨ 关闭磨机排风机进口阀；

⑩ 将磨机缓慢运转；

⑪ 通知电气及仪表等相关人员进行检查处理。

（7）故障现象 G：入磨输送组中的入磨胶带机跳闸或现场停车

处理方法：

① 将喂料量设定为 0；

②　关闭磨头、磨尾的热风阀；

③　打开磨头、磨尾的冷风阀；

④　将磨机排风机进口阀的开度关小；

⑤　将循环风阀的开度开大；

⑥　将增湿塔出口阀的开度开大；

⑦　将废气处理系统进行调整；

⑧　通知电气及仪表等相关人员进行检查处理。

必须在 10 min 内恢复入磨胶带机运行，否则只能停止磨机运行而进行检查处理。

8.4.3.7　生产注意事项

（1）磨机不允许长时间空转，以免钢球砸坏衬板和损坏钢球。在非饱和状况下，一般应在 10 min 内喂入原料。

（2）当磨机的主电机停车后，为避免磨机的筒体因冷却收缩、液圈与托瓦之间因相对滑动而擦伤轴承合金面，应继续运行磨机轴承润滑装置和高压泵直至磨机的筒体完全冷却，并通知磨机岗位巡检工慢转翻磨，防止磨机筒体变形，翻磨的时间间隔一般为 20～30 min，每次转半圈。当磨机长时间停车时，还需倒出钢球。

（3）当磨机在冬季停车时，在冷却水被关闭后，使用水冷却的设备需要排空其腔体内的滞留水，在必要时可使用压缩空气吹干滞留水，以防止发生管道冻裂。

（4）生料中卸磨机在运行过程中，要保持原料供应的连续性，定时观察原料调配站各储库的料位变化，及时补足进料，以防止发生断料现象。

（5）烘干中卸磨机原料的热风，由于来自窑尾预热器的高温废气，若废气温度过高，则容易使设备因受高温作用变形或损坏。在生产上，通过调节磨头、磨尾冷风阀的开度来控制其温度不超过规定值，以保证设备运行安全。

［知识测试题］

1．水泥生料中卸磨机操作员的岗位职责是什么？

2．水泥生料中卸磨机开车前的准备工作有哪些？

3．水泥生料中卸磨机的操作中主要控制参数有哪些？

4．在水泥生料中卸磨机的操作过程中遇到哪些情况时需要紧急停车？

5．在水泥生料中卸磨机的操作中需要注意哪些事项？

8403-文本

［能力训练题］

1．试编写水泥生料中卸磨机粉磨系统的"作业指导书"。

2．在仿真系统中操作水泥生料中卸磨机粉磨系统而使之能正常运行。

8.5　水泥生料立式磨机粉磨系统的正常操作

（1）任务描述

本任务的学习内容包括 3 个方面：

①　水泥生料立式磨机粉磨系统的开车与停车操作；

8501-文本

② 水泥生料立式磨机粉磨系统的正常操作；

③ 水泥生料立式磨机粉磨系统的优化操作。

学习重点难点：水泥生料立式磨机粉磨系统的开车与停车操作、正常运行操作。

（2）知识目标

掌握水泥生料立式磨机粉磨系统的开车与停车操作及正常操作等方面的理论知识。

（3）能力目标

① 能够认读中央控制操作界面的工艺参数；

8502-ppt

② 能够绘制工艺流程图；

③ 能够利用中央控制仿真软件进行水泥生料立式磨机粉磨系统的开车与停车操作及正常操作。

8.5.1 水泥生料立式磨机粉磨系统的开车与停车操作

8.5.1.1 水泥生料立式磨机粉磨系统的开车准备

（1）检查系统联锁情况。

（2）开车前1 h通知巡检人员做好开车前检查工作。若停车时间少于1 d,则可提前15 min通知巡检人员。

（3）通知变电站和化验室等相关人员准备开启磨机,并向化验室索取"生料质量通知单"。

8503-视频

（4）检查配料站各仓库（仓）内的物料面位置,根据"生料质量通知单"确定物料的配合比。

（5）检查系统测量仪表是否显示正常。

（6）检查各风机的风门、阀门是否处于集中控制位置。

（7）将所有控制仪表由输出值调整到初始位置。

8.5.1.2 水泥生料立式磨机粉磨系统的开车操作

（1）立式磨机在通风前必须先启动密封风机组,然后再开启废气处理及水泥生料输出部分。

（2）在不影响窑煅烧系统操作的前提下,启动立式磨机的循环风机。在启动前,先关闭入磨的热风阀的风门、出口风阀的风门,全开旁路风阀的风门。

（3）启动生料均化库顶的袋式收尘器;启动生料入库设备。

（4）启动预热器后的收尘设备的粉尘输送设备;启动增湿塔的粉尘控制设备。

（5）在窑煅烧系统运行时,可将电收尘器后的排风机风门的开度适当开大一些,以保持窑用风的稳定。根据增湿塔出口处废气的温度,适时调节增湿用水量,并通知巡检人员检查增湿设施有无"湿底"迹象。

（6）如果利用窑废气开启磨机,应打开热风阀的风门、磨机出口风阀的风门,进行升温操作以完成生料烘干。此时,可调节冷风阀的风门、循环风阀的风门、旁路风阀的风门以及热风阀的风门等,达到控制磨机出口废气的温度的目的。如果利用热风炉开启磨机,应确认高温风机出口风阀的风门关闭、磨机出口风阀的风门全开,通知巡检人员做好热风炉点火准备;通知调节热风炉燃料（煤粉）量、循环风阀的风门及冷风阀的风门,控制磨机出口废气的温度。

8504-视频

（7）启动立式磨机的润滑系统、选粉分级设备。

（8）在主电机所有联锁条件满足时,在确认无其他主机设备启动后启动立式磨机的主电机。

（9）在磨机充分预热后,启动磨机的喂料设备。

（10）为稳定操作，可适时开启立式磨机的喷水泵。根据石灰石配料库的料位，适时启动收尘及石灰石输送系统，稳定原料的供料。

8.5.1.3　水泥生料立式磨机粉磨系统的停车操作

（1）计划停车操作

水泥生料立式磨机粉磨系统的停车顺序，与正常开车顺序相反。

（2）故障停车操作

故障停车，是指在操作系统运行过程中因设备突然发生故障（例如，电机过载跳闸、设备保护跳闸、现场停车按钮误操作等）因素引发的部分或全部设备的联锁停车。

故障停车的操作顺序如下：

① 将喂料设备停车。

② 若停车时间较长，则应通知现场而停止向配料站及各仓进料。

③ 将向磨机内喷水的水泵停车。

④ 将立式磨机的主电机组停车。

⑤ 若利用窑尾废气开启磨机，则应打开旁路风阀的风门及冷风阀的风门，逐渐减小热风的流量；若需进入磨机内检查，则应关闭热风阀的风门及磨机出口风阀的风门；若利用热风炉作为烘干热源，则应将热风炉停车。

8.5.1.4　水泥生料立式磨机粉磨系统的开车与停车安全

（1）不同类型立式磨机的启动

立式磨机的启动方式主要分两类：一类是配有防止磨辊与磨盘直接接触的限位装置（例如，HRM 型立式磨机）；另一类是无此装置但要求启动准备工作较多（例如，MPS 型立式磨机）。

① HRM 立式磨机的开车操作要点

HRM 立式磨机，属于无压力框架结构的立式磨机，拥有磨辊限位装置，使启动操作简单化，只要启动润滑站、抬起磨辊，就可启动主电机；投料 30～60 s 后就可落辊。其中关键在于掌握落辊时机。若落辊过早，则物料少不足以形成料层；若落辊过迟，则会使磨机内的物料外排太多，从而损坏刮料板，或发生大块料堵塞喷嘴及下料溜子。

立式磨机的启动时间，应该越短越好，尤其是一旦磨机的主电机转动，就应该投入满负荷产量。为此，需要做好如下准备工作：

辅机组的启动时间应该控制在 60 s 以内。该组设备较多，包括相关的生料均化库的生料入库设备、生料输送设备、立式磨机自身设备等。在开启磨机辅助传动时，启动喷嘴泵喷入足够的水量，将事先存于磨机内的物料碾成料垫，但时间不能过长。此时需进行风门调整，进入与出离循环风机的风门开度开到 95%，关闭窑尾短路风门，而让窑尾废气全部通过立式磨机。一般，在风门调整任务完成后料层已经形成，所需时间大约为 90 s。此时，启动主电机，同时按理想产量开启从配料站至立式磨机的所有喂料设备。两项合计时间为 150 s。该启动方法，不仅可靠而且节电。

磨机内下料锥斗的溜子出口离磨盘距离若过大，则会造成返回磨盘的粗料与上升的细粉物料碰撞，不利于磨机高产及节能；但是，如果出口距离磨盘过近，则返料或喂料不易散入辊磨下方，也容易造成磨机停车。

② MPS 型立式磨机的开车操作要点

MPS 型立式磨机，在启动前需要进行布料、烘磨和抬辊等工作。

布料，是指在磨盘上铺一定厚度料层的过程。现场检查布料的厚度与均匀程度时，应防止有过多细粉。若发现料层过薄或有断料，则需要重新布料。在布料以后，若系统的温度较低，则可以同时进

8505-视频

8506-视频

8507-视频

行烘磨和抬辊。

在烘磨时，热风阀的开度不能开得过大，要防止升温过快、过热而引发损坏磨机轴承、软连接、润滑油变质等，必要时用冷风阀调节控制升温速率。

在启动液压站后，采用中央控制操作抬辊时，若发现3个反馈压强始终比设定值小（或者反馈电磁阀一直处于轮番动作），则表明不具备中央控制操作抬辊条件，而需要现场操作抬辊。

在确认抬辊到位后，迅速检查各个设备的"备妥"状态、各组设备的联锁、进相机"退相"、辅助传动脱开、三通阀开至"入磨"等细节。

8508-视频

待磨辊压力油站在油缸调整平衡后保持系统正常，并将其他条件全部准备完毕，待发出"允许启动"的信号后，方可进行启动操作。

若因物料过干、过细而不易形成料层，主减速机启动后易跳停，则此时应采用辅助电机启动，并用喷水的方法将料层"压死"，再用主传动启动。

（2）止料及停磨的操作要点

在处理各种异常磨机状况时，都会遇到要求及时"止料"及"停磨"的操作。为了避免不应有的损失，磨机操作员应熟练掌握如下要求与技巧。

① 对于磨辊无限位装置的立式磨机，当自配料站开始的喂料设备没有停止给料前，不能停止立式磨机运行。在逐渐减料后，当电流明显下降时，才可以立即停车。为了节省人工现场的操作工作量，中央控制磨机操作员可将喂料量调至最低点。此时，配料站的调速给料机基本处于只有运行信号而不下料的状态。否则，要求现场人工将配料库下的棒条闸阀打至"断料"，待开车时再人工打开棒条闸阀。

② 对于设计有循环提升机外排翻板的立式磨机，在磨机停车前会有数吨待处理外排物料。为了再启动的方便与安全，应当减少此物料量。为此，在磨机停车前几分钟减少喂料量5%～8%，并降低研磨压强，将外排翻板设置在"返回"位置而取消外排。当入磨机皮带上只剩吐料渣时，选择恰当时间提辊，并尽量在磨机停车前多粉磨一段时间，以粉磨空物料而少排吐渣。

③ 对于磨辊可以抬起的立式磨机，当逐渐减料时要掌握抬辊时机而不可过晚，否则会引起振动。

④ 对于磨机长时间停车或检修前磨机停车，首先要关闭热风阀，打开冷风阀，最后关停循环风机，并对磨机液压站进行卸压。

8509-视频

⑤ 磨机因故障停车时，若窑尾废气未被利用其余热发电，则就要考虑窑废气对窑尾收尘的安全影响及粉尘排放超标的可能性，应尽早调整增湿条件。若窑尾废气被利用其余热发电，在立式磨机停车时所掺入窑灰的温度就会直接威胁到生料入库胶带提升机的胶带寿命，则应设置窑灰仓储存。这样，所掺入的窑灰既可用作水泥混合材料，也可在立式磨机开车时与生料同时均匀入库。

（3）立式磨机开车与停车的联锁设计

在设计立式磨机的开车与停车程序时，应注意修正一般电气自动化原则，即开机顺序与停车顺序并非完全可逆，联锁关系应根据需要进行调整。

以HRM型立式磨机为例：

① 立式磨机的开车顺序

立式磨机减速机润滑站→液压站抬辊→磨机内选粉机→风机→喂料阀→三通阀→金属探测器→除铁器→入磨喂料皮带→外循环提升机→立式磨机主电机→配料皮带秤→液压站落辊

② 立式磨机的正常停车顺序

配料皮带秤→立式磨机主电机→磨机内选粉机→液压站抬辊→减速机润滑站

③ 立式磨机的紧急停车顺序

立式磨机主电机→配料皮带秤→液压站抬辊→磨机内选粉机→减速机润滑站

8.5.2 水泥生料立式磨机粉磨系统的正常操作

8.5.2.1 水泥生料立式磨机粉磨系统正常运行时的操作

（1）形成稳定的料床

立式磨机稳定运行的一个重要因素，是料床稳定。只有在料层稳定时，风量、风压和喂料量才能稳定。否则，就要通过调节风量和喂料量来维持料层厚度。若调节不及时，则会引起磨机振动加剧、电机负荷上升或系统跳停等问题。从理论上讲，料层厚度应为磨辊直径的（20%±2%）。在实际生产控制中，经磨辊压实后，料层厚度为 40～50 mm。最佳的料层厚度，主要取决于入磨物料的质量（例如，水分含量、粒度、颗粒分布和易磨性等）。为了找到最佳的料层厚度，可调试挡料圈的高度。而在挡料圈高度一定的条件下，稳定料层的重要条件之一，是喂料的粒度及粒度的级配。若喂料的平均粒径太小（或细粉太多），则料层将变薄；若喂料的平均粒径太大（或大块物料太多），则料层将变厚，磨机的负荷率上升。可通过调整喷水量、研磨压强、循环风量和选粉机的转速等参数来稳定料层。喷水是形成坚实料床的前提，适当的研磨压强是保持料床稳定的条件，磨机内通风是保证生料细度和水分含量的手段。例如，若磨辊的压强增大，则所产生的细粉增多，料层将变薄；若磨辊的压强减小，则所产生的细粉减少，相应返回的粗料增多，料层将变厚。

（2）控制适宜的磨辊压强

立式磨机是借助于对料床高压粉碎来进行粉磨的，若磨辊压强增加则产量增加。但是，当磨辊压强达到某一临界值后产量的变化不大。磨辊压强应与产量、能耗相适应。磨辊压强的大小，取决于物料的性质、粒度以及喂料量。在正常生产操作时，磨辊的压强一般是最大压强限值的 70%～90%。

（3）控制合理的风速

立式磨机系统主要靠气流带动物料循环。合理的风速，可以形成较好的内部循环，使盘上料层适当、稳定，有利于提高粉磨效率。在生产过程中，当风环面积确定时，风速由风量决定，合理的风量应与喂料量相联系。例如，若喂料量增加，则风量应该增加；若喂料量减小，则风量也应该减小。立式磨机系统风环处的风速，一般控制为 60～90 m/s；磨机内的风量可在最大风量限值的 70%～100%范围内调整。但是，对于窑-磨串联系统，则应不影响窑煅烧系统的操作。

（4）控制适宜的出磨气体温度

立式磨机是烘干兼粉磨设备。出磨气体的温度，是衡量烘干是否正常的综合指标。出磨气体的温度是可以变化的，主要看出磨产品的水分含量能否保证 $w(H_2O) \leqslant 0.5\%$。出磨气体的温度，由入口气体的温度和喷水量来调节控制。若喷水量过大，则会形成料饼而导致磨机内工况恶化；若喷水量过小，则料层不稳定，振动加剧。当喂料量和风量一定时，喷水量可稳定在最低值。在正常生产时，出磨气体的温度一般为 80～90 ℃。

（5）控制适宜的振动值

振动，是立式磨机运行中普遍存在的问题。合理的振动是允许的，但是若振动过大，则会造成磨盘和磨辊的机械损伤，以及附属设备和测量仪器的毁坏。料层厚薄不均或不稳定，是产生振动的主要原因。其他原因，还有磨机内有大块金属物体、研磨压强太大、耐磨件损坏、储能器充气压强不足、磨机的通风量不足等。在正常生产时，立式磨机的振动值以 2～4 mm/s 为比较适宜。

8510-视频

8.5.2.2 水泥生料立式磨机粉磨系统的操作原则

① 各专业人员与现场巡检人员密切配合，根据入磨物料的粒度及水分含量、磨机的压强差、磨机出口与入口处气体的温度、系统排风量等参数的变化情况，及时调整磨机的喂料量和相关风机的风门

开度,努力提高粉磨效率,使立式磨机平稳运行。

② 树立"安全、优质、高产、低耗"的生产观念,充分利用计量检测仪表、计算机等先进科技手段,以实现最优化操作。

8.5.2.3　水泥生料立式磨机粉磨系统的主要控制参数

以台时产量为 400 t/h 的 MPS 型水泥生料立式磨机为例,其主要的控制操作参数如表 8.5.1 所示。其中,第 1～7 项为调节参数,第 8～15 项为检测参数。

表 8.5.1　水泥生料立式磨机粉磨系统的主要控制参数

序号	参数性质	操作参数	正常生产控制值	备注
1	调节参数	喂料量	410～450 t/h	控制料层厚度
2	调节参数	磨辊压强	10～15 MPa	控制粉磨效率
3	调节参数	冷风阀开度	10%～50%	调节入磨气体的温度、风量
4	调节参数	选粉机风叶的转速	800～1400 rpm	控制细度
5	调节参数	热风阀开度	50%～90%	调节入磨风温、风量
6	调节参数	循环风阀开度	50%～90%	调节入磨风温、风量
7	调节参数	喷水阀开度	30%～70%	控制喷水量
8	检测参数	出磨气体的温度	80～95 ℃	反映通风量、物料水分含量
9	检测参数	细度	$R_{80} \leqslant 15\%$	
10	检测参数	水分含量	$\leqslant 0.5\% \sim 1.0\%$	
11	检测参数	入磨气体的温度	180～210 ℃	
12	检测参数	振动值	$\leqslant 1 \sim 3$ mm/s	反映料层情况
13	检测参数	磨机内压强差	5500～6500 Pa	反映磨机内的通风阻力
14	检测参数	料层厚度	$D \times 2\% \pm 20$ mm（D 为磨辊直径）	控制料层厚度的理论依据
15	检测参数	喷水量	10～15 t/h	控制料层厚度、出磨气体的温度

检测参数,反映立式磨机的运行状态。调节参数,控制立式磨机的运行状态。

水泥生料立式磨机粉磨系统的调节参数与检测参数的对应变化,如表 8.5.2 所示。

表 8.5.2　水泥生料立式磨机粉磨系统的调节参数与检测参数的对应变化

检测参数	调节参数						
	喂料量（↑）	入磨气体的流量（↑）	入磨气体的温度（↑）	选粉机的转速（↑）	喷水阀的开度（↑）	磨辊的压强（↑）	挡料环的高度（↑）
气体的流量,m^3/h	↓	↑	↓	→	→	→	→
磨机的台时产量,t/h	↑	↑	→	↓	↑	↑	↑

检测参数	调节参数						
	喂料量（↑）	入磨气体的流量（↑）	入磨气体的温度（↑）	选粉机的转速（↑）	喷水阀的开度（↑）	磨辊的压强（↑）	挡料环的高度（↑）
磨机的压强差,MPa	↑	↑	↓	↑	↑	↓	↑
成品的细度,%	↓	↓	→	↑	→	↑	↓
循环负荷率,%	↑	↓	→	↑	↓	↓	↓
排渣能力,t/h	↑	↓	→	↑	↓	↓	↑
选粉机的电流,A	↑	↓	↓	↑	↓	↓	↑
出口气体的温度,℃	↓	↑	↑	→	↑	→	→
进口气体的压强,MPa	↓	↑	→	↑	↑	↓	↑
出口气体的压强,MPa	↑	↑	→	↑	↑	↓	↑
磨机的电流,A	↑	↓	→	↑	↑	↑	↑
磨机风机的电流,A	↑	↑	↓	→	↑	↑	↑

注：↑ 表示增加；↓ 表示下降；→表示不变。

8.5.2.4　立式磨机系统的正常操作与控制

8511-视频

（1）控制喂料量与系统用风量的平衡

根据水泥原料水分含量及易磨性，可正确地调整喂料量及热风阀的开度，以控制喂料量与系统用风量的平衡。喂料量的调整幅度，可根据磨机的振动值、磨机出口处气体的温度、磨机的压强差及吐渣能力等决定。在增加喂料量的同时，可调节各风阀的开度，以保证磨机出口处气体的温度。

（2）控制磨机的振动值以力求磨机运行平衡

在进行生产操作控制时，应注意喂料平衡，喂料量每次增加（或减小）的幅度要小，以防止磨机断料或来料不均匀。若已经发生断料，则应立即按故障停车。应注意用风平稳，风机风门每次调整的幅度要小。

（3）控制磨机出口处与入口处气体的温度

磨机出口处气体的温度一般控制为 80～90 ℃，可通过调整喂料量、热风阀与冷风阀的开度进行控制；升温要求平稳，冷态升温的烘烤时间大约为 60 min，热态升温的烘烤时间大约为 30 min。

（4）控制磨机的压强差

磨机的压强差，主要是由磨机的喂料量、通风量、磨机出口处气体的温度等因素决定的，在压强差变化时，应首先观察喂料量是否稳定，然后再观察磨机入口处气体的温度变化。

若入磨负压强过低，则磨机内的通风阻力较大、通风量较小，磨机内存料较多；若入磨负压强过大，则磨机内的通风阻力较小、通风量较大，磨机内存料较少。在调节入磨负压强时，若入磨物料量、各测量点的压强、选粉机的转速正常，则入磨负压强在正常范围内变化，通常调节磨机内的存料量，或根据磨机内的存料量调节系统排风机入口阀的开度，使入磨负压强控制在正常范围。若压强差过大，则说明磨机内的阻力较大、内循环量较大，此时应采取减料措施、加大通风量、加大喷水量、稳定料层，也可暂时减小选粉机的转速而使积于磨机内的细粉排出磨机外，待压强差恢复正常时，再适当恢复各参数。若压强差过小，则说明磨机内的物料太少，研磨层会很快削薄，将会引起振动增大。因此，应立即加料、增加喷水量，使之形成稳定的料层。

（5）质量控制指标

水泥生料的化学成分由 X-ray 光谱分析仪完成检测。若水泥生料化学成分的测量值与目标值有偏差，DCS 将通过自动调整相应组分的皮带秤而调节其化学组分值；通过调节热风阀、冷风阀的开度及喷水量而控制入磨物料的水分含量；通过调节选粉机的转速和磨机的通风量而控制水泥生料成品的细度。若提高选粉机的转速，则生料成品的细度变细；若增加磨机的通风量，则水泥生料成品的细度变粗。

应注意观察系统的漏风状况。在系统总风量一定的情况下，若系统漏风，则会使喷嘴风环处的风速降低，将导致吐渣能力增大。

8.5.2.5 水泥生料立式磨机粉磨系统的安全操作

在水泥生料立式磨机粉磨系统的各项操作方法中，所涉及设备安全的主要内容如下：

① 减速机各轴承测量点的温度，应在规定范围内。

② 对于配有密封风机的立式磨机，风机的电流应保持正常值，风压不得低于规定值。磨辊回油管真空度、油温均为正常合理范围，应定期检查回油管油质中是否含有金属粉末。

③ 支架中心由于振动和磨损将会发生偏移。与此同时，扭力杆和拉力杆会发生错位。此时，对拉力杆会产生扭矩，磨机振动将会加剧，从而严重损害液压缸及底盘基础，拉力杆及拉力杆螺栓易发生断裂。此时，应尽快将磨机停车，测量辊磨两侧空气密封的间隙是否相同，并进行找正。

④ 若发现 N_2 气囊破损（或气体压强）不足时，则应立即检查原因，将磨机停车并更换气囊（或补充气体）。

⑤ 当高压油泵频繁动作、液压油的温度升高时，应检查液压缸是否漏油（或储能器单向阀的阀柄是否断裂），将磨机停车并进行修复。若发现液压缸有内漏现象，则应及时更换密封（或修复相关部位）。

⑥ 当立式磨机的主电机的电流、排风机与选粉机的电流、磨辊压强、外排提升机的电流等负荷超过额定值时，均应检查原因。若采取措施后仍然不能改变，则应迅速将磨机停车并进行处理。

⑦ 应防止（或清除）金属异物入磨，尤其粉磨矿渣等粒径细小的原料时，需要设置数道关口进行"严防死守"。

8.5.3 水泥立式磨机粉磨系统的优化操作

（1）调整喂料量

① 调整入磨物料的水分含量

生产实践证明，当物料的平均水分含量超过磨机的烘干能力时，物料将会黏结在辊道上结皮，形成牢固的缓冲层，从而降低粉磨效率。所以，入磨物料的水分含量应严格控制为 $w(H_2O) < 12\%$。

② 控制入磨物料的粒度

若入磨物料的粒度过大，为了生产细度合格的生料，则必然会加大其循环负荷率，从而减少磨机的产量。只有粒度适中的物料，才能提高磨机的生产质量。

③ 根据磨机负荷率调整喂料量

为充分发挥磨机的生产效率，可根据磨机的功率（或电流）的变化，及时调整磨机的喂料量，使磨机达到较高产量。若磨机的功率过大，则说明磨机内的物料过多。此时，在磨辊和磨道之间会形成缓冲垫层从而减弱碾磨能力(或者因物料粒度过大、物料水分含量过大而未及时调整喂料量)。所以,磨机操作员可根据磨机的功率(或电流)的变化情况,适当增加(或减少)喂料量,使磨机处于最佳工作状态。

(2) 调整循环量

磨机生产稳定后,一般不宜随意改动循环量,以免影响系统稳定。只有重新配料(或物料粒度发生变化)时,才进行调整循环量。

由于回料与喂料同时入磨粉磨,所以要保证磨机操作稳定,必须稳定循环量。在生产中一般用循环提升机电流的大小来判断回料量的大小。当提升机的电流升高(或下降)时,应分析其变化的原因,相应对循环量做调整,使提升机的电流稳定在适当的范围以内。

根据生料中 $CaCO_3$ 滴定值(T_C)的变化情况调整喂料量,生料中 T_C 值的大小,主要取决于混合原料中的石灰石的数量和质量。生料中石灰石的数量越多,其 T_C 值越大;生料中石灰石的数量越少,其 T_C 值越小。

通过观察磨头的闭路监控电视,随时注意来料的水分含量、粒度等的骤然变化,及时调整喂料量,保持喂料的均匀性。

为了防止喂料发生堵塞现象,要定时和定期检查和清理各储仓的喂料口,启动安装于各储仓锥部的空气炮,随时振打黏附的物料。

(3) 调整热风的平衡

立式磨机是风扫磨机中一个特殊的范例,只有在烘干能力与粉磨能力达到动态平衡时,才能实现系统的稳定,所以必须根据生产的实际状况,正确、及时调整热风量,以满足粉磨对烘干的要求。

调整热风包括两个方面:一是热风温度,二是热风量。若入磨热风的温度越高,则其风量越大、烘干越快。但是,若温度过高,则会使磨辊的轴承及其他设备的温度上升过高,从而使其部件变形(或损坏)。与此同时,风速过快也会加速设备的磨损。

调整热风的原则:在保证设备安全的前提下,应达到较快的烘干速率,使磨机的粉磨能力与烘干能力相平衡,努力降低热耗量。

保持磨机良好的密封,是提高其烘干能力的重要因素。由于整个粉磨系统处于较高的负压强状态,若密封较差,则会漏入大量的冷空气,从而降低系统的风速并相应增加系统的电耗量,所以要经常检查喂料和排渣溜管的锁风装置是否有效。

做好通风管道的保温工作,可以有效防止收尘设备发生"结露",防止因粉料黏附在管道内壁而导致系统阻力增加。

(4) 调整磨辊压强

立式磨机是靠磨辊对物料的碾压作用而将物料粉磨成细粉。磨辊压强的大小,直接影响磨机的产量和设备性能。若磨辊压强太小,则不能碾碎物料,粉磨效率低,产量小,吐渣量也大。若磨辊压强大,则磨机产量高,主电机的功率消耗量也增大。因此,在确定磨辊压强的大小时,既要考虑所粉磨物料的性能,又要考虑单位产品的电耗量、磨耗量等诸多因素。

根据入磨物料特性,选定最终合适的液压磨辊压强。在一定范围内,磨辊压强与磨机的产量成正比。当磨机的电流增加、循环量增加、压强差过大、料层过厚时,可适当增加磨辊压强;反之亦然。立式磨机的液压系统,允许大范围地调整磨辊压强,以适应实际生产条件下所需的粉磨能力。

(5) 控制产品的细度

若生料的细度越细,则越有利于熟料的煅烧,但同时会使生料磨机的产量降低,增加生料的电耗量和生产成本。所以,生料的细度一般大约控制为 $R_{0.08}=16\%$。控制生料的细度,应考虑碾磨压强、选粉机、喂料量和入磨热风等 4 个方面的影响因素。

8514-视频

立式磨机的粉磨,需要适当的碾磨压强。若碾磨压强过大,则会引起磨机振动;若碾磨压强过小,则会造成料层过厚,从而降低粉磨效率,导致生料的细度变粗。在生产上,可以根据成品细度的大小适当调整碾磨压强。

在粉磨条件不变的情况下,成品细度的大小主要取决于选粉机转子的转速。若转子的转速较高,则成品细度较细;若转子的速度较低,则成品细度较粗。若通过对转子转速的调节仍然不能达到细度的要求,则要调整热风量。若减小入磨热风量、降低物料的流速,则成品细度变细;反之则变粗。

(6) 调整挡料环的高度

调整挡料环的高度,可以控制料层厚度。在相同的通风量及相同的研磨压强条件下,若挡料环的高度越大,则料层越厚;反之亦然。当磨盘衬板严重磨损后,就要及时调低挡料环高度,以维持原来所要求的料层厚度。

(7) 调整喷口环的通风面积

喷口环的通风面积,是指沿气流正交方向的有效通风截面面积。喷口环的通风面积与物料的吐渣量、风速、通风设备的功耗量有直接关系。若喷口环的通风面积越小,则物料的吐渣量越小、风速越大、风机的功耗量越大;反之亦然。对于 ATOX 型立式磨机,其喷口环的风速通常控制在 $35\sim50\ m/s$;对于 MLS 型立式磨机,其喷口环的风速通常控制为 $50\sim80\ m/s$。在正常生产条件下,若喷口环的风速越高,则物料落入喷口环的越少,循环量将会降低。

(8) 调整选粉机导向叶片的倾角

若导向叶片的倾角越大、风速越大、气流进入选粉置内产生的旋流越强烈,则越有利于物料粗颗粒与细颗粒的有效分离、产品的细度越细,但其通风阻力也越大。所以,调整选粉机导向叶片的倾角,是产品细度调整的辅助措施。对于 MLS 型和 MPS 型立式磨机,需要在磨机停车检修时由设备维修人员配合工艺人员入磨进行调整;对于 ATOX 型和 HRM 型立式磨机,则可在立式磨机运行时,由工艺人员、巡检人员从立式磨机的顶部完成调整。在调整时应特别注意,叶片的倾斜方向应与气流进入选粉装置的旋向保持一致。

(9) 调整喂料溜槽在磨机内段节的斜度

对于 HRM 型立式磨机,喂料溜槽在磨机内有一悬臂段节,该段节的斜度可以调整。当入磨物料的粒度、湿度、自然堆积角等发生变化时,可在磨机停车检修时进入磨内调整段节的斜度。若段节的斜度越大,则物料的流动越顺畅,有利于喂料的连续性。但时,若段节的斜度过大,则溜槽易磨损。在调整时应特别注意,段节的斜度以略大于物料的自然堆积角为宜。

(10) 控制稳定的压强差

在喂料量、研磨压强及系统风量不变的前提下,若磨机内的压强差增大,则主电机负荷增大、内循环量增大、外循环量减小、提升机的负荷率减小,将导致系统风量极不稳定,塌料振停的可能性增大。此时,应适当降低喂料量,在生料成品细度合格的前提下降低选粉机的转速,并加大系统风机的抽力;若磨机内的压强差降低,则说明磨机的料层变薄,容易产生振动。此时,应检查系统风量及配料站下料是否有故障。若有故障,则需要迅速排除。

磨机压强差的大小,不仅取决于排风能力,而且还取决于喷口环的开度及气流方向。若喷口环的开度增大,则喷口的风速减小、立式磨机外循环量增加。此时,磨机内的压强差将会明显下降,磨机的主电机的负荷将变小。与此同时,喷口环的气流方向将会直接影响粉碎后的成品在立式磨机上方选粉区的数量。因此,必须调整喷口环的方向,以求细粉在该选粉区数量的最大化。

除此之外,还要防止系统漏风。喂料锁风阀及外旋风筒锁风阀的密封,是提高磨机产量不可缺少的条件,特别是回转锁风阀容易卡料、堵料,或由于摩擦联轴器的打滑而使磨机频繁跳停。于是,有的水泥企业干脆将锁风阀取消(或增设了旁路溜子),但其结果是磨机的总排风能力大大减弱。若不减产,则需要将风机的风门开启更大的开度,以增加粉磨的电耗量。

(11) 控制合理的料层厚度

① 适宜的料层厚度是实现立式磨机高产的必要前提

影响料层厚度的因素有很多,例如,磨辊的压强、排风的压强、挡料环的高度等。当料层过薄时,磨机会产生振动;但料层过厚时,磨盘上存有一层硬料饼,磨辊与磨盘的碾压面也不光亮,磨机的主电机的电流增大,研磨效率明显降低。

在正常生产时,对于不同性质的物料应该有不同的料层厚度。对于干而细、流动性好的物料,不易形成稳定的料层,将会影响粉磨效率。所以,控制合理的料层厚度的操作原则如下:

a. 喂料量不能过于偏离额定产量,尤其在开始时喂料量不要偏低;

b. 在喂料过程中,"过粉碎"的细粉不应太多,以使排风量与选粉效率能够满足产量与细度要求,使回到磨盘上的粗粉中很少有细粉;

c. 严格控制漏风量;

d. 磨辊压强应适中,保持立式磨机的溢出料量不应过大;

e. 应注意液压系统的刚性大小,当储能器不起作用时,要适当降低储能器的充气压强;

f. 挡料环的高度不宜过低,一般为磨盘直径的 3%,在生产中还要不断摸索与磨辊磨损量适宜的合理高度;

g. 因为物料过干(或过湿)会破坏稳定的料层,所以要控制好喷水量及进入磨机的热风的温度。

② 适宜的料层厚度是保证立式磨机稳定运行的前提条件

磨盘上的料层是否稳定,与喂料角度及位置有关。因为随着喂料量的提高和物料的配合比、水分含量等因素的变化,物料在磨盘上的落点就不一定会在磨盘的中心。为此,要求调整好入磨的下料溜子的角度,以确保物料落在磨盘的中心位置,使物料在离心力作用下能均匀进入辊道下而被粉碎;调整磨盘上方两侧的刮板,使其起到刮平料层的作用;磨盘上的料层稳定还受喷水量及喷水方式的影响,磨机内喷水一定要有电动阀门控制,甚至在每个支管上也要装电动阀门,以保证喷水位置合适、流量均匀,而且是雾化水。

(12) 控制合理的吐渣量

对于正常运行的立式磨机,吐渣量可以反映其运行参数的平衡状态。在磨辊与磨盘间隙、磨盘与通风环间隙合理的条件下,若吐渣量过大,则说明磨机已有不正常的隐患因素存在(或系统排风量不足,或磨辊液压的压强不足,或喂料量过大,或喂料的粒度过大,或原料含铁等杂质多,或辊盘磨损严重等)。若吐渣量越来越大,则说明吐渣本身已经严重影响磨机的通风量,造成进风口水平处的风速过低而使积料增多,导致立式磨机的通风更加不畅,进一步加剧了吐渣量,形成了恶性循环。若吐渣量过小,则说明喂料量不足(或喂料的粒度偏细),设备提产还有潜力可挖。

为了控制立式磨机合理的吐渣量,应该采取以下技术措施:

① 为了保证吐渣量不能过大,在开启磨机前应该检查并调整磨辊与磨盘之间、磨盘与通风环之间的间隙。磨辊与磨盘之间的间隙应保持为 5~10 mm。大于该尺寸的石块和金属,将从磨盘被打落到强制鼓入的热风系统中,并被回转刮板通过能锁住漏风的溜子刮出。若吐渣量大于磨机喂料量的 2%,则可能是由于磨辊与磨盘之间的间隙已大于 15 mm。磨盘与通风环之间的间隙不应超过 10 mm,否则穿过通风环所需要的气流速度就要大于 25 m/s。

② 正确控制磨机总排风量与功率、磨辊压强及磨盘挡料环的高度。若排风量大、挡料环的高度较高,则磨盘上的料层偏薄,其中大部分因受负压强作用而在磨机内循环,不会成为溢出料而使溢出的物料量变小。此时,可降低磨盘挡料环的高度(或暂时减少排风量,或对磨辊压强进行调整)。反之,对于小排风、低挡料环,磨机内的循环负荷会很低。此时,若喂料量不变,则吐渣量将增大,导致磨

机的粉磨效率大幅度降低。若磨损或挤坏了部分挡料环,则溢出料量会周期性变大。此时,只有利用停车的机会抓紧修理或更换。

③ 正确掌握磨辊与磨盘的磨耗量的规律,一般情况下,磨辊的磨损比磨盘快,两者磨损量的比例约为3:2。对于磨损后的旧磨辊,其产量比新磨辊要减少大约10%。

④ 磨机内喷水能够改善较干较细物料的料层厚度,减小所产生的吐渣量。

⑤ 使用自动化专家控制系统,不仅能优化磨机操作和避免误操作,而且可以稳定料层厚度,减小磨机振动,提高产量。当没有使用专家控制系统时,磨机加料会引起剧烈的振动,难以继续运行。当使用专家控制系统后,开始时减少喂料量以减小磨盘上的料层厚度、增加粉磨液压的压强而使振动降低,然后产量便很快提高上去并保持稳定。

8515-视频

[知识测试题]

一、填空题

1.立式磨机磨盘上料层厚度的变化,会引起上下气流_____的波动,此时应调节_____来保证料层厚度的稳定,减少磨机的振动。

2.立式磨机物料粉磨速率的快慢,主要取决于_____的大小,_____会引起磨盘的振动。

3.立式磨机的通风量是根据_____来确定的,加料量变化时一般是通过控制循环风门的_____来调节磨机内的通风量,使磨机内通风保持_____。

4.立式磨机的粉磨效率不但与_____有关,也与_____有关。

5.在总风量确定的情况下,系统漏风会使喷嘴环处的风速_____,导致吐渣严重,甚至还会使产量_____,造成结露。

6.立式磨机粉磨机构的核心部件是_____和_____。

7.当有金属进入立式磨机的磨盘时会引起振动,为了防金属进入,可安装_____。

二、选择题

1.立式磨机出磨风温过低时应先(　　　)。

A. 增加热风量　　　　　　　　　　　　B. 减少冷风量

C. 据各测点参数查原因　　　　　　　　D. 减少喂料量

2.在立式磨机系统中,料床粉磨的基础、正常生产的关键是(　　　)。

A. 风温　　　　　B. 辊压　　　　　C. 稳定的料床　　　　　D. 辊速

3.引发立式磨机周期性振动的原因可能是(　　　)。

A. 料多　　　　　B. 料-气比大　　　　　C. 喂料点不当,热风量大

三、判断题

1.立式磨机的开车顺序是:先开热风阀,后开启磨机,再开喂料机。　　　　　　　　(　　)

2.旋风筒出口处负压强减小,可能是系统漏风严重所致。　　　　　　　　　　　　(　　)

3.调整循环风机阀门时,要慢慢地调而不可幅度过大,否则会影响磨机运转的控制状态。(　　)

4.物料的易磨性好,其易碎性一定也好。　　　　　　　　　　　　　　　　　　　(　　)

5.立式磨机更适于粉磨水泥生料,因为水泥熟料矿物的易磨性较差。　　　　　　　(　　)

8516-文本

四、简答题

1.立式磨机的开机准备有哪些工作?

2.立式磨机通风量的变化对粉磨效果有什么影响?

［能力训练题］

1. 绘制仿真系统中水泥生料立式磨机粉磨系统的流程图,并能解读。
2. 在仿真系统中对水泥生料立式磨机粉磨系统进行开车与停车操作。
3. 在仿真系统中对水泥生料立式磨机粉磨系统进行正常操作和运行。

8.6　水泥生料立式磨机粉磨系统的故障与处理

（1）任务描述

本任务的学习内容包括 2 个方面:

① 水泥生料立式磨机粉磨系统的常见故障与处理;

③ 水泥生料立式磨机粉磨系统运行时的故障与处理。

学习重点难点:磨机的常见故障与处理、系统运行时的故障与处理。

（2）知识目标

掌握水泥生料立式磨机粉磨系统常见故障的发生原因和处理方法。

（3）能力目标

① 能根据中央控制操作界面反馈参数及现场工况,判断故障、分析原因、妥善处理并恢复生产;

② 能够利用仿真软件判断、分析和排出故障。

8601-文本

8602-ppt

8.6.1　水泥生料立式磨机粉磨系统的常见故障与处理

8.6.1.1　立式磨机的振动故障

（1）现象 A:测振元件失灵

原因分析:

测振仪的紧固螺栓经常发生松动现象。这时中控操作画面所显示的参数均无异常,现场也没有振感。

处理方法:

这时需要只需要重新拧紧紧固螺栓即可。预防发生此类故障,要求平时巡检多注意紧固螺栓,并保持测振仪清洁。

（2）现象 B:辊皮松动及衬板松动

原因分析:

辊皮松动时的振动一般很有规律,因磨辊直径比磨盘直径小,所以表现出磨盘转动不到 1 周,振动便出现 1 次,再加上现场声音辨别,便可判断某一磨辊出现辊皮松动。衬板松动时的振动,一般表现出振动连续不断,现场感觉到磨盘每转动 1 周便出现 3 次振动。

处理方法:

这时必须立即将磨机停车,入磨详细检查和处理。否则,当其脱落时,将造成严重事故。

（3）现象 C:液压站 N_2 气囊的预加压强不平衡

原因分析:

当 N_2 气囊的预加压强不平衡时,因各拉杆的缓冲力不同而使磨机产生振动。预加压强过高(或过低)而使缓冲能力减弱,也易使磨机的振动偏大。

处理方法:

这时需要对每个 N_2 气囊的预加压强严格按设定值给定并定期检查,防止因漏油、漏气而造成压强不平衡。

(4) 现象 D:喂料量不稳定

原因分析:

由于磨机喂料量过多,造成磨机内物料过多,磨机工况发生恶变,很容易瞬间产生振动跳停。喂料量过小,则磨内物料量过少,形成的料层薄,磨盘与磨辊之间物料缓冲能力不足,易产生振动。

处理方法:

这时需要采用均匀喂料方法,以保持磨机的喂料量稳定。

(5) 现象 E:系统的风量不足(或不稳)

原因分析:

对于使用窑尾废气作为烘干热源的立式磨机,窑煅烧系统与磨机系统的操作要求一体化,磨机系统的操作会影响窑,与此同时,窑煅烧系统的操作也会影响磨机系统。有时窑煅烧系统的热工制度不稳定,高温风机过来的风量波动很大,与此同时也伴随着风温变化,使磨机的工况不稳定,容易产生振动。

处理方法:

这时需要通过调整冷风阀和循环风阀的开度以保证磨机入口处负压强的稳定,尽力保持磨机出口处废气温度的稳定以避免磨机产生振动,从而使磨机正常运行。

(6) 现象 F:磨辊压强过高(或过低)

原因分析:

当喂料量一定时,若磨辊压强过高,则会产生研磨能力大于所需要物料变成成品的能力,从而形成"空磨"而产生振动。相反,若磨辊压强过低,则会造成磨机内的物料过多,从而产生较大的振动。

处理方法:

8603-视频

这时需要根据生产实践经验探索适当的磨辊压强并保持稳定,使磨辊压强处于最佳的控制范围,以避免产生振动现象。

(7) 现象 G:选粉机的转速过高

原因分析:

若选粉机的转速过高,则粗粉的回料量会增大,磨机内的细粉量也会增大,因而容易产生"过粉磨"现象。因过多的细粉不能形成结实的料床,将导致磨辊"吃"料较深而易产生振动。

处理方法:

这时需要降低选粉机的转速,增大入磨颗粒的粒度。

(8) 现象 H:入磨气体的温度过高(或过低)

原因分析:

若入磨气体的温度骤然发生变化,则会使磨机的工况发生变化。若入磨气体的温度过高,则会使磨盘上不易形成料床;若入磨气体的温度过低,则将不能烘干物料,易造成喷口环发生堵塞,且使料床变厚,磨机易产生异常振动。

处理方法:

这时需要通过调整磨机内的喷水量、增湿塔的喷水量(或掺冷风、循环风),稳定磨机入口与出口处的废气温度。

（9）现象 I：出磨气体的温度骤然变化

原因分析（a）：

由于立式磨机一般都是露天安装的，因而环境对其影响非常大。当下暴雨时，磨机本体和管道的温度会骤然下降、磨机出口处废气的温度将瞬间降低，这时极易造成磨机跳停。

处理方法（a）：

这时需要减小喂料量、减小冷风阀的开度，提高出磨气体的温度。

原因分析（b）：

当磨机出口处废气的温度过高时，易出现"空磨"，物料在磨盘上形成不了结实的料床，也容易产生振动现象。

处理方法（b）：

这时需要采取降低入磨热风的温度、增大冷风阀的开度、向磨机内喷水、增大喂料量等措施。

（10）现象 J：喷口环发生严重堵塞

原因分析：

入磨物料十分潮湿且掺有很大数量的大块；磨机系统风量不足，喂料量过多、风速不稳定等因素，都会产生喷口环堵塞现象。当堵塞严重时，磨盘四周的风速、风量不均匀，磨盘上不能形成稳定的料床，容易产生较大的振动。

处理方法：

这时需要将磨机停车，清理堵塞的物料。当再次开启磨机时，要注意减少大块物料入磨，在操作时适当增加系统风量、减少喂料量，同时保持磨机的工况稳定，以防止再次发生喷口环堵塞现象。

（11）现象 K：入磨锁风阀发生环堵现象或漏风

原因分析（a）：

当入磨锁风阀发生环堵现象而无物料入磨时，则形成"空磨"，因而会产生较大的振动。

处理方法（a）：

这时需要清理锁风阀环堵的物料。

原因分析（b）：

当入磨锁风阀漏风时，磨盘上所形成的料床非常不平整，因而会产生较大的振动。

处理方法（b）：

这时需要修理漏风的锁风阀。平时应注意巡检、保养锁风阀，保证其锁风的效果。

（12）现象 L：异物或大块物料进入磨机

原因分析：

平时应注意磨机内各螺栓是否松动，各螺栓处是否脱掉，包括锁风阀。在生产中曾出现三道锁风阀壁板脱落而引起磨机振动的故障。若大铁块在磨机内，即使不引起振动跳停，则也会对磨机造成伤害（例如，对挡板的损坏）。因为磨机的产能大，一般的铁块不容易被发现，只有最后挡板被破坏了才被知道。大块物料入磨，除了可能堵喷口环外，还有可能打到磨辊而产生振动。

8604-视频

处理方法：

当发现在磨机内的大铁块时，应及时将磨机停车而去除；需要杜绝大块物料入磨。

8.6.1.2　立式磨机的堵料故障

当发现磨机的主电流逐渐升高（或明显变化）、吐渣量明显增加、振动加剧时，应警惕发生"饱磨"现象。为了确定导致"饱磨"的原因，可以从以下几个方面逐项排查。

（1）观察现象 A：立式磨机的外循环量变化

原因分析：

① 当外循环提升机的电流突然上升时，有可能是由于挡料环局部脱落而导致在磨盘上挤出一部分料；或由于喷口环上的某些盖板脱落而导致通风横截面面积突然增大、风速降低；或由于选粉机叶片脱落、联轴器故障而降低选粉效率并伴有磨机振动加大；或由于液压系统使磨辊加压困难（或难以保持）。这些突然的机械故障，都可以导致外循环量突然增加。

② 如果外循环量是数日、数周逐渐增加时，就要考虑磨机内的喂料溜子在逐渐磨漏，使越来越多的入磨物料直接落入喷口环内而增加外循环量。这时外循环物料的粒径分布较广。

③ 如果外循环提升机的出料溜子有部分发生堵塞时，提升机的电流会增加，而循环量却减少。

（2）观察现象 B：立式磨机的振动特性

原因分析：

① 若磨机的振动幅度比正常时略高 1~2 mm/s，但仍在持续运行，同时伴有磨机内压强差降低、选粉机的负荷率降低、磨机出口处气体的温度升高，则此时可能是由于喂料溜子下料不畅所致。

② 若物料发黏（或水分含量偏大），则物料容易黏附在入磨管道的前后。

③ 若锁风阀的叶片与壳体磨损间隙变大，则可能是由于大颗粒物料卡住了阀板。

（3）观察现象 C：立式磨机的主电动机的功率（电流）变化

原因分析：

① 若磨盘电动机的功率升高较多时，则说明磨盘上料层厚度增加，很可能是磨机的排渣溜子发生堵塞（或刮板下腔内存在积料）。

8605-视频

② 若物料较湿，则喷口环也有可能发生堵料。

处理方法：

① 若发现有"饱磨"迹象，在检查原因的同时，磨机操作员则可以采取立即加大磨机内的通风量、减少喂料量的方法。

② 若仍然不见症状缓解，则一定要尽快将磨机停车，查明原因并进行处理。

8.6.1.3 立式磨机的压强故障

（1）现象 A：立式磨机的压强差急剧上升、选粉机的转速过高、立式磨机出口处气体的温度突然急剧上升

原因分析：

① 振动高报；

② 密封风机跳闸或压强低报；

③ 液压站的油温度高报或低报；

④ 主排风机跳停，选粉机跳闸，液压泵、润滑泵或主电机润滑油泵跳闸；

⑤ 磨机出口处气体温度高报；

⑥ 磨机主电机绕组温度高报；

⑦ 减速机轴承温度高报；

⑧ 主电机轴承温度高报；

⑨ 磨辊压强低报或高报，粗渣料外循环跳闸；

⑩ 磨机润滑油的温度高报等。

处理方法：

① 现场检查密封风机及管道并清洗过滤网；

② 加大冷却水量，更换加热器，现场检查，对症排除，调节热风阀的开度、循环风机风门及磨机喷

水量；

③ 检查绕组及稀油站运行情况，更换密封，消除漏油；

④ 清理堵塞；

⑤ 减少喂料量；

⑥ 加强润滑油的冷却等。

（2）现象 B：立式磨机的进口与出口处的压强差偏高、现场有过量的排渣溢出

原因分析：

喂料量过多、磨辊压强过低、选粉机的转速过高、物料的水分含量偏大等。

处理方法：

这时需要减小喂料量、增大磨辊压强、降低选粉机的转速、控制入磨物料的水分含量。

（3）现象 C：立式磨机进口与出口处的压强差较低

原因分析：

喂料量小、磨辊压强过高、选粉机转速过低、物料的水分含量偏小等。

处理方法：

这时需要增大喂料量、减小磨辊压强、提高选粉机的转速、适当降低出磨气体的温度等。

8606-视频

8.6.1.4　立式磨机的粉磨故障

（1）现象 A：跑料

原因分析：

料干、料细、物料流速快、磨盘上留不住物料等。

处理方法：

这时需要向磨机内喷水以增加物料的黏性、降低其流动性。喷水量一般控制为 $2\%\sim3\%$。

（2）现象 B：抛料

原因分析：

料干、料粗、磨辊压强低等。

处理方法：

这时需要适当增大磨辊压强。

（3）现象 C：掉料

原因分析：

磨机内风速小、风量小。

处理方法：

这时需要增大磨机的通风量。

（4）现象 D：粗渣料偏多

原因分析：

① 喂料量过大。

② 系统通风不足；

③ 磨辊压强过低；

④ 入磨物料的易磨性差且粒度大；

⑤ 选粉机的转速过高；

⑥ 喷口环的磨损大；

⑦ 挡料环已磨损；

⑧ 辊套、衬板的磨损严重。

处理方法：

① 设定合适的喂料量。

② 加强系统通风。

③ 重新设定磨辊压强。

④ 降低入磨物料的粒度。

⑤ 调整选粉机的转速。

⑥ 更换已磨损的喷口环。

⑦ 重新调整挡料环的高度。

⑧ 更换或调整辊套、衬板。

8607-视频

8.6.1.5 立式磨机的磨辊张紧压强下降故障

原因分析：

液压油的管路渗漏、压强安全溢流阀失灵、油泵工作中断、压强开关失常。

处理方法：

① 检查液压油的管路是否发生渗漏，排除故障。

② 检查压强安全溢流阀及压强开关是否失灵或失常，排除故障。

③ 重新启动工作中断的油泵，恢复磨辊张紧压强。

8.6.1.6 立式磨机的密封风机压强下降故障

原因分析：

管道漏风、密封风机产生故障、阀门的开度调节不当。

处理方法：

① 检查风管路、修复渗风管路。

② 检查密封风机，适当增大其阀门的开度。

③ 若密封风机的气体压强略有降低后仍能保持恒定，则可不将磨机停车；但若气体压强的恒定值已超过最低要求，磨机则将自动联锁停机。

8608-视频

8.6.1.7 立式磨机的磨辊漏油和轴承损坏故障

立式磨机的磨辊轴承，一般多采用稀油循环润滑。磨辊轴承的脆弱性，主要表现在磨辊漏油和轴承损坏。

判断方法：

① 现场观察磨辊回油的质量或监测油样中金属颗粒的含量。若油样中金属颗粒含量较大，则表明轴承损伤严重。

② 观察磨辊回油的温度。若某磨辊回油的温度升高而其他磨辊正常，则说明该磨辊轴承有损伤现象发生。

原因分析：

① 对以气体压强密封轴承的多数立式磨机而言，密封风机的气体压强低、滤网的滤布发生堵塞或磨机内密封管道上的关节轴承及法兰连接点漏风，都会使磨腔内的密封气体流量及气体压强降低。

② 若投料或停车的操作不合理，则将使磨辊腔内产生负压强而吸入粉尘。

③ 磨辊回油管的真空度的调整，直接关系到磨辊轴承的润滑。若润滑油的压强过高，则磨辊内的油位上升，易造成磨辊漏油甚至损坏油封；若润滑油的压强过低，则磨辊内的油量欠缺，易造成因润滑不足而损伤磨辊轴承。

处理方法：

① 保证密封风机正常运行,气体压强不得低于规定值。应定期检查密封风管、磨机内密封管道上的关节轴承法兰是否漏风。与此同时,为了保证风源清洁,需要在风机入口处安装滤网和滤布。

② 慎重调整真空度。

③ 定期检查磨辊的润滑系统。在正常生产时,润滑油的温度应为 $50\sim55$ ℃、磨辊与油箱之间接头和软管间连接的平衡管无堵塞、真空开关常开、油管接头盒软管无破损漏气、回油泵正常。当发现油箱的油位不正常波动时,应仔细分析原因,及时处理。

④ 定期向磨辊两侧的密封圈添加润滑脂。

⑤ 定期检查回油的质量及金属颗粒的含量。根据回油的质量及滤油器的更换周期,及时更换润滑油。

⑥ 重视磨机的升温和降温操作。合理的升温速率可以使辊套、衬板、轴承均匀受热,从而延长其使用寿命。

8609-视频

⑦ 在磨机内焊接施工时,必须防止焊接电弧伤害轴承或交接点。

8.6.1.8　立式磨机的液压张紧系统故障

立式磨机的液压张紧系统的故障,主要有 3 类:储能器 N_2 气囊破损、液压站高压油泵频繁启动、液压缸缸体损伤(或漏油)。

（1）储能器 N_2 气囊破损故障

当磨辊压强不平衡时,各拉杆的缓冲力就会不同,而压力过大或过小时,均会导致 N_2 气囊的缓冲力减小,引起磨机振动。

判断方法:

① 用手感触储能器壳体的温度。若其接近于润滑油的温度,则说明储能器工作正常。若其明显偏高或者偏低,则表明储能器已损坏。

② 当立式磨机停车时,将液压站卸压后在储能器的阀嘴上装压强表进行检测判断。若压强值接近 N_2 气囊的正常压强值,则表明储能器完好;否则,储能器已损坏。

③ 现场观察磨辊抬起时间或加压时间。若其明显延长,则表明储能器 N_2 气囊有破损现象;否则,储能器 N_2 气囊是完好的。

④ 若拉伸杆及拉伸杆螺栓频繁断裂,则表明储能器已损坏。

处理方法:

① 解决储能器 N_2 气囊破损的根本措施,在于稳定磨机的运行工况,避免磨机发生剧烈振动。

② 每个 N_2 气囊的预加压强应严格按设定值给定,定时检查,及时补充 N_2。应掌握正确充氮方法,防止漏油、漏气所造成的不正常的压强值。

③ 当发现 N_2 气囊破损时,储能器已无法起到缓冲减震的作用,不能吸收料层厚度变化,会对液压系统产生冲击,导致持续不断的冲击性振动,同时也加速了液压缸密封件和高压胶管的损坏。此时,要尽快更换气囊。

（2）液压站高压油泵频繁启动故障

原因分析:

在立式磨机运行中,当液压系统的压强无法保持、高压油泵频繁启动、液压油的温度升高时,磨机的研磨效率将会降低。此时应查找以下原因:

① 检查液压油缸的拉杆密封是否已损坏而导致油缸内漏;

② 检查油阀是否发生内漏或已损坏。

③ 检查液压缸是否发生内漏。可在磨机停车后将张紧液压站的油泵断电,观察液压站的油压变化。若油压逐渐下降,则说明液压缸已发生内漏。

处理方法：

① 若发现液压缸已发生内漏，则应及时更换密封件。

② 为防止发生这类现象，应合理设定液压站的压强值范围。若其压强值的范围过窄，不仅减弱 N_2 气囊的缓冲能力，而且会导致高压油泵短时间内频繁启动或停车，严重时还会导致高压电机烧毁。

③ 应定期检查和清洗压阀，以防止杂物挡在阀口而造成泄压。

（3）液压缸缸体损伤或漏油故障

原因分析：

① 当液压油中存在杂质、细颗粒夹在液压缸与活塞杆之间（或储能器单向阀阀柄断裂、螺栓和垫圈进入液压缸内）时，将会拉伤缸体和活塞环、损坏密封，从而导致外漏油。

② 当液压缸密封圈老化时，或由于磨辊压强的设定值偏高、液压缸的油压持续偏高，使密封长期承受较高的压强而损坏时，都会产生漏油。

处理方法：

8610-视频

① 保持液压油的高清洁度。在缸体检查、更换 N_2 气囊和液压油时，周围环境一定要高度清洁，应每半年监测和检查液压油的质量，若发现油液变质则应及时更换。

② 合理设定磨辊压强值，实际操作的磨辊压强一般应为最大限值的 70%～90%。在拉杆与液压缸连接部位外部做一个软连接护套，以防止细颗粒物料落入。

8.6.2 水泥生料立式磨机粉磨系统运行时的故障与处理

8.6.2.1 立式磨机的排渣量过多故障

原因分析：

① 喂料量过多、磨机过载。

② 磨机的通风量偏小。

③ 选粉机的转速过快，生料成品的细度过细。

④ 喷口风环面积过大或磨损严重。

处理方法：

① 减小喂料量。

② 增大磨机的通风量。

③ 适当降低选粉机的转速。

④ 若采取以上技术措施后效果仍不理想，则应停车检修，修复磨损严重的喷口风环。

8.6.2.2 水泥生料的细度"跑粗"故障

（1）因素 A：选粉机的转速调整不当

原因分析：

调整选粉机转子的转速，是调整、控制生料的细度最简单的方法。若增大转子的转速，则生料的细度变细；若降低转子的转速，则生料的细度变粗。

处理方法：

这时需要适当调整选粉机转子的转速。

（2）因素 B：系统的通风量过大

原因分析：

在正常生产时，选粉机转子的转速设定为其最大值的 70%～80%，生料的细度基本就可以达到控制指标。但随着窑煅烧系统投料量的不断增大（有时甚至增大到满负荷及以上），窑尾产生的废气量也大幅度增大,甚至出现 EP 风机的开度达到 100%、磨机入口处还出现正压强的现象。这时生料的细度很容易变粗,即使选粉机转子的转速增大至最大值,也不能使生料的细度合格。其原因就是系统的通风量过大。

处理方法:

这时需要减小系统的通风量,即减小窑尾废气入生料立式磨机的热风量。

(3) 因素 C:磨辊压强较小

原因分析:

立式磨机的磨辊压强,可由中央控制磨机操作员设定。一般情况下,在开启磨机时将磨辊压强设定为最小值,随着喂料量的逐渐增大而必须逐渐增加磨辊压强。否则,因为破碎和研磨能力不足,而使生料成品的细度变粗。

处理方法:

这时需要增大磨辊压强。

(4) 因素 D:立式磨机出口处废气的温度较高

原因分析:

若磨机出口处废气的温度较高或升温速率很快,则容易使生料成品的细度变粗。因为在磨机出口处废气温度的上升过程中,改变了磨机内流体的速率和磨机内物料的内能,增大了细料做布朗运动的概率,颗粒偏大的料粉被拉出磨机外。这可能是由于窑尾风温、风量发生变化或入磨物料的水分含量发生变化而造成的。

处理方法:

这时需要调整磨机内的喷水量。如果磨机与增湿塔采用串联的生产工艺线,也可调整增湿塔的喷水量、多掺循环风或冷风。

(5) 因素 E:喂料量不稳定

原因分析:

若磨机的喂料量不稳定,则易使磨机内的工况发生紊乱,磨机内的风量及风速产生波动现象,造成生料成品间断"跑粗"。

处理方法:

这时需要稳定入磨喂料量,保证适量的磨辊压强,适量降低喂料量。

(6) 因素 F:物料的易磨性较差

原因分析:

若入磨物料的强度和硬度过大、物料颗粒的直径较大,则相当于物料的易磨性较差,物料难以破碎和粉磨,最终表现为磨机内的残存物料量过大。

处理方法:

这时需要改善入磨物料的易磨性,降低物料颗粒的直径,适量增加磨辊压强,适当降低产量。

(7) 因素 G:设备的磨损严重

原因分析:

当磨机长时间运转后,选粉装置叶片、磨辊辊皮、磨盘衬板、喷口环等部位,都会受到不同程度的磨损,造成磨机破碎和研磨能力下降、出磨成品的细度变粗。

处理方法:

这时需要更换辊皮或衬板,改善入磨物料的易磨性。其预防措施,是平时应加强对选粉机叶片、喷口环等部件的巡检工作,当损坏严重时应及时修补、更换。

（8）因素 H：选粉机的故障

原因分析：

若选粉机的轴承严重磨损、运转振动值偏大、转子的转速不能高速运转、旋转叶片严重磨损、内部密封硅膏严重脱落、漏风相当严重，则这些严重故障缺陷将使得生料成品的细度变粗（$R_{0.08}=25\%$），而从操作上根本没法降低。

8611-视频

处理方法：

这时需要修复这些故障缺陷，更换选粉机的轴承，更换旋转叶片，在漏风处重新涂刷密封硅膏。应特别注意，旋转叶片的安装方向和固定角度必须符合技术要求；否则，肯定会影响生料的细度。

8.6.2.3 锁风阀的堵塞故障

不管是三道锁风阀还是回转阀，在发生堵塞后的清理都非常危险、十分费力，严重制约生产。

（1）因素 A：物料潮湿、黏度大和易积料

原因分析：

制备生料的原料，一般有 3 种及以上。每种物料的化学成分不同、水分含量不同，表现出来的黏性也不同。例如，当黏土的水分含量较大时，其黏性很强；当铁粉和粉煤灰的水分含量较大时，其黏性比较大且容易产生积料现象。在矿山早期开采石灰石的地表层中，非石灰石物质的含量偏高，颗粒的粒径较小、黏性较强，当水分含量较大时容易积料。这些黏附性很强的物料会在锁风阀翻板上（或回转下料器的旋转叶片上）和溜槽上逐渐积结，越结越多，最终造成堵塞事故。这种现象在雨季更容易发生，在严重时磨机运转 3～4 h 时锁封翻板阀便发生堵塞现象。其清理难度很大，需要长达 8～10 h，给生产造成相当严重的损失。

处理方法：

① 应从源头抓起，控制采购入厂辅助材料的水分含量。

② 控制矿山石灰石的开采。初采时期，注意将含黏土较多的低品位石灰石进行"转场"或"排废"，尽量采用高品位的石灰石。

③ 防止入磨的物料受潮。对各堆场加盖简易大棚，对入仓和入磨皮带加设防雨罩。

④ 在质量允许的情况下，改用不易堵塞的辅助材料。例如，雨季尽量采用干燥的砂岩代替黏土；采用铁尾砂和煤矸石代替铁粉、粉煤灰，其防堵效果均很好。

（2）因素 B：锁风阀自身结构存在的弊端

原因分析：

回转锁风阀，需要入磨物料在回转腔内滞留片刻。回转叶片上容易黏结物料，在其下部出料的翻槽壁处容易堆积物料，造成溜壁上黏结物料。翻板式锁风阀，主要是利用杠杆原理依靠物料形成一定的高度而实现锁风目的。物料在翻板上会停留很长一段时间，其发生黏结堵塞的概率比回转锁风阀要大。

处理方法：

① 改变翻板式锁风阀的整体安装倾斜角，使其变得更陡峭，让入磨物料更流畅地下滑。

② 在最容易发生黏结堵塞的部位安装空气炮。

③ 向回转锁风阀的回转腔内通入热风，使叶轮在接触物料之前和接触物料过程中，被通入腔内的热风预热、烘干，使湿物料不容易黏结积料。

④ 改造锁风阀自身结构的宗旨，是在不影响锁风阀的前提下尽量减少物料的滞留时间，使物料更加流畅地入磨。与此同时，窑煅烧系统保持入磨斜槽下部热空气室的流畅，具有良好的预热效果。

（3）因素 C：锁风阀被石块卡死

原因分析：

当翻板式锁风阀长时间运行时，翻板因被物料严重冲刷而磨损，溜壁上方的溜板也被磨平。尽管所输送的物料并不潮湿而不会发生黏结堵塞，但容易在凸起部位卡石子，造成翻板式锁风阀因被卡死而不动作。

回转式锁风阀的内腔，有时也容易被大石块卡死而造成阀体不动作，因滑动联轴节的特殊功能，电机并不立即跳停，将造成入磨皮带继续输送物料而堵塞。

处理方法：

① 减少入磨物料中的大块石子，以减少锁风阀被石子卡死的现象。

② 平时加强对锁风阀的巡检和维护工作，更换被严重冲刷磨损的翻板和溜板，减少锁风阀被石子卡死的现象。

8612-视频

8.6.2.4　选粉机的塌料故障

原因分析：

① 若磨机的喂料量较高、其研磨能力明显不足、喂料的细粉量过多、磨机内的压强差过大、系统漏风严重，则都会出现来自选粉机的塌料。其表现为磨机的压强差突然升高。

② 若排风管道走向不当，则也可能引起塌料，甚至使磨机严重振动而跳停。

在立式磨机的出口去旋风筒的管道布置中，为使管道支撑方便，经常出现不合理走向。

若在设计中没有考虑此排风管道中带有大量成品而在管道弯头处随着气流变向而出现少量沉降，则在积少成多后顺着管壁流回立式磨机，轻者降低磨机的产量，重者使磨机发生振动跳停事故。

处理方法：

① 适当调整和控制磨机的喂料量、研磨能力、喂料的细粉量、磨机内的压强差、系统的漏风量。

② 适当调整立式磨机出口去旋风筒的排风管道布置，尽量减少管道弯头布置等不合理设计。

［知 识 测 试 题］

一、填空题

1．风速_____，风量_____，_____带不起料，易引起吐渣。

2．在立式磨机操作过程中，应当严格将振动值一般控制在_____ mm/s 以下。

3．当入磨的混合料多为块料状物料时，造成磨辊的压强差_____，产生_____。

4．若减速机泵站不能正常工作，则可能是冷却水管道_____，也许是_____损坏。这时应清理管道或更换过滤器，更换加热器或加热泵。

5．在日常运行中要经常检查_____泵站。若油位明显降低，则要及时补充_____。若油过滤器的指示器显示过滤器堵塞，则要及时_____。

二、选择题

1．在辊式磨机中向磨机内喷水时，喷水量为喂料量的（　　　）。

A．2%～3%　　　　　　　B．5%～6%　　　　　　　C．7%～8%

2．料（　　）、料（　　）、物料流速（　　），磨盘上留不住料，易引起大量吐渣。

A．干、细、快　　　　　　　　　　　　　B．湿、粗、快

3．如果喂料量过大；研磨能力不足；挡料环的高度太低；内部循环负荷高（即粗粉回料多、产品太

细),会导致磨机的压强降( )。

    A. 降低   B. 升高

三、简答题

8613-文本

    1. 分析立式磨机大量吐渣的原因,并指出相应的处理方法。

    2. 分析立式磨机振动的原因,并指出相应的处理方法。

    3. 简述立式磨机水泥生料细度"跑粗"的故障原因与处理方法。

[能力训练题]

    1. 在中央控制仿真系统上处理立式磨机的常见故障。

    2. 在中央控制仿真系统上处理水泥生料立式磨机粉磨系统的常见故障。

8.7 水泥生料立式磨机粉磨系统的实践训练

(1)任务描述

本任务的学习内容包括7个方面:

① 实践操作原则;

② 实践开车准备;

③ 使用热风炉开启磨机的操作;

④ 使用窑尾废气开启磨机的操作;

⑤ 在因故障停窑后磨机维持运行的操作;

8701-文本

    ⑥ 磨机操作的注意事项;

    ⑦ 在开启磨机过程中的注意事项。

学习重点与难点:实践训练操作。

(2)知识目标

掌握实践操作原则、使用窑尾废气开启磨机的操作、磨机操作的注意事项等实践操作相关理论知识。

8702-ppt

(3)能力目标

能够在真实的水泥生料立式磨机系统中实现开车、停车、运行和故障排除,实现"优质、高产、低耗"的技术措施。

现以与水泥熟料生产规模 $M=5000\ t/d$ 的生产线相配套的水泥生料 MPS 型立式磨机为例,详细说明水泥生料立式磨机的中央控制操作技能。

8.7.1 实践操作原则

(1)在各专业人员及现场巡检人员的密切配合下,根据入磨物料的粒度及水分含量、磨机的压强差、磨机出口及入口处气体的温度、系统的排风量等参数的变化情况,及时调整磨机的喂料量和相关风机风门的开度,努力提高粉磨效率,使立式磨机平稳运行。

(2)树立"安全、优质、高产、低耗"的生产观念,充分利用计量与检测仪表、计算机等先进科技手段,实现最优化操作。

8.7.2 实践开车准备

(1) 通知 PLC(可编程逻辑控制器)岗位工作人员投入运行 DCS(集散控制系统)。

(2) 通知总降岗位工作人员做好开启磨机和增加负荷的准备。

(3) 通知电气岗位工作人员给备妥设备送电。

(4) 通知质量控制岗位工作人员及生产调度准备开启磨机。

(5) 通知现场巡检岗位工作人员做好开机前的检查及准备工作,并与其保持密切联系。

(6) 进行联锁检查,对不符合运转条件的设备,联系电气、仪表灯相关技术人员检查处理。

(7) 检查各风机的风门、闸阀等的动作是否灵活可靠以及是否处于中央控制位置,中央控制显示与现场显示的数值是否一致;否则,要联系电气、仪表灯相关技术人员进行校正。

(8) 查看启停组有无报警或不符合启动条件,逐一找出原因进行处理,直到启停组备妥为止。

8.7.3 使用热风炉开启磨机时的操作

(1) 烘磨

联系现场工作人员以确认柴油罐内有足量的油位。若是新磨机首次开机,则烘磨时间一般控制为大约 2 h,且升温速率要缓慢和平稳,磨机出口处气体的温度控制为 80~90 ℃。升温前先启动窑尾的塑料防腐风机(Europ Plast,缩写 EP),将旁路风的阀门关闭,调节 EP 风机的风门开度、磨机出口和入口的风门开度,点火后可稍加大磨机内的抽风量。经现场工作人员确认热风炉点着后,通过调节给油量、冷风挡板的开度来控制合适的风量和风温。鉴于生料粉是通过窑尾的电收尘器进行收集的,在热风炉点火时,窑尾的电收尘器不能荷电。在火点着后一定要保证柴油能充分燃烧而不产生 CO。这时,窑尾的电收尘器才可荷电。

(2) 布料

当使用热风炉首次开启磨机时,应在磨盘上进行人工均匀布料。

人工均匀布料的具体操作如下:

① 可以从入磨皮带上的三道翻板锁风阀向磨机内进料,然后人工进入磨机内将物料铺平。

② 直接由人工从磨门向磨机内均匀铺料。在铺完料后,用辅助传动电机带动磨盘缓慢运转,再进行铺料。如此反复操作 3~5 次,从而确保料床上的物料被压实和料层平稳,最终将料层厚度控制为 80~100 mm。与此同时,也要对入磨皮带进行布料,即首先选择"取消与磨机主电机的联锁"选择项,然后启动磨机喂料。因考虑到利用热风炉开启磨机时的风量小、热量低,可将布料量控制为 120~140 t/h,入磨皮带以 25% 的速率运行,待整条皮带上布满物料后将磨机停车。

(3) 开启磨机

当磨机充分预热后,可准备开启磨机。在启动磨机及喂料前,应确认粉尘输送及磨机辅助设备已正常运行、辅助传动的离合器已合上。在给磨机的主电机、喂料和吐渣料组发出启动命令后,辅助电机会首先带动磨盘运转一圈(时间为 2 min)。在此期间,应加大窑尾 EP 风机阀门的开度大约至其最大值的 60%~70%,保证磨机出口的负压强控制为 5500~6500 Pa,磨机出口阀的开度全开,入口第一道热风阀的开度全关,逐渐开大热风阀和冷风阀的开度。若系统有循环风阀,则其阀门的开度应全开,待磨机的主电机启动且入磨皮带已运转时,可将皮带的速率设定为其最大值的 65%~75%。因考虑到热风炉的热风量较小,磨机的台时喂料量可控制为 250~300 t/h。在开启磨机后,热风炉的供油量及供风量也同步加大,通过热风炉的一次风与二次风的调节,使热风炉的火焰燃烧稳定、充分。

由于入磨皮带的速率从 0 到正常运转速率所需要的时间将近 10 s,导致磨机内短时间的物料很少。其具体表现为磨机主电机的电流下降至很低、料层厚度下降、振动较大。若处理不及时,则将会导致磨机振动跳停故障。

这时,可采取以下几种措施排除故障:

① 在磨机的电机启动前 10～20 s,首先启动磨机的喂料系统,但入磨皮带的速率应较低。

② 可首先提高入磨皮带的速率至其最大值的 85%,待磨机稳定后,再将入磨皮带的速率逐渐降下来。

③ 在开启磨机的初期,减小磨机的通风量,待磨机的料层厚度稳定后,再将磨机的通风量逐渐加大。

(4) 磨机粉磨系统的正常控制

在磨机运转后,应特别注意磨机的主电机的电流、料层厚度、磨机的压强差、磨机出口处气体的温度、振动值、磨机入口处的负压强等参数。

一般,磨机的控制参数如下:

① 磨机的主电机的电流:270～320 A;

② 磨机的料层厚度:80～100 mm;

③ 磨机的压强差:5000～6000 Pa;

④ 磨机出口处气体的温度:60～80 ℃;

⑤ 磨机的振动值:5.5～7.5 mm/s;

⑥ 张紧站的压强:8.0～9.5 MPa。

(5) 磨机停车

① 停止配料站各仓的进料程序。若长时间停机,则应提前做好准备,以便将配料站各仓物料尽量用完。

② 停止磨机的主电机、喂料组。

③ 减小热风炉的供油量及供风量。若长时间停机,则应将热风炉的火焰熄灭,减小窑尾的 EP 风机冷风阀与磨机进口阀的开度,保证磨机内有一定的通风量即可。

8.7.4　使用窑尾废气开启磨机时的操作

当使用窑尾废气开启磨机时,应控制窑煅烧系统的喂料量不小于 200 t/h。

(1) 烘磨

当利用窑尾废气烘磨时,应控制旁路风阀的开度,保证磨机内通过一定热风量。烘磨时间控制为 30～60 min,磨机出口处废气的温度控制为 80～90 ℃。若磨机属于因故障停车且停车时间较短,则可直接开启磨机。

(2) 开启磨机

在开启磨机前,需要掌握磨机的工况:

① 检查磨机内是否有合适的料层厚度。

② 检查入磨皮带上是否有充足的物料。若入磨皮带上的物料较少,则可提前布料。

启动磨机的主电机、磨机的喂料和吐渣料循环组。在组启动命令发出后,将窑尾的 EP 风机的入口阀的开度增大至其最大值的 85%～95%,保证磨机出口处的负压强控制为 6500～7500 Pa,逐渐减小旁路风阀的开度至关闭,逐渐打开磨机出口阀和热风阀的开度直至其最大值,冷风阀的开度可调至其最大值的 29% 以补充风量。

在磨机的主电机启动前,上述几个阀门应完成动作,但不宜动作太早,从而导致磨机出口处气体的温度过高。

在立式磨机的主电机、喂料和吐渣循环组启动后,即可将入磨皮带的速率控制为其最大值的

65%～75%,喂料量控制为340～380 t/h,并可根据刚开启磨机时磨机内物料的多少调节入磨皮带的速率、喂料量、选粉机的转速、磨机出口阀的开度等控制参数,使磨机的运行状况逐渐接近于正常。根据磨机进口与出口处气体温度的高低来决定是否需要开启磨机喷水系统。针对增湿塔工艺布置的位置不同,在启动磨机时控制磨机出口处气体温度的方法也有所不同。当增湿塔的位置在窑尾的高温处之前时,由于入磨的热风已经过增湿塔喷水的冷却,故入磨气体的温度较低,一般大约为250 ℃,相应磨机出口处气体的温度也低。若增湿塔的位置在高温风机之后,则将导致入磨的热风没有经过冷却,其温度为310～340 ℃。这时,需要启动磨机的喷水系统来控制磨机出口处气体的温度。

(3) 水泥生料立式磨机粉磨系统的正常控制

在磨机正常生产时,其主要参数的控制范围如下:

① 磨机主电机的电流:300～380 A;

② 磨机的料层厚度:100～120 mm;

③ 磨机的压强差:6500～7500 Pa;

④ 磨机出口处气体的温度:80～95 ℃;

⑤ 磨机的喂料量:380～450 t/h;

⑥ 磨机的振动值:5.5～7.5 mm/s;

⑦ 张紧站的压强:8.0～9.5 MPa。

关于磨机的正常操作,主要从以下几个方面来加以控制。

① 磨机喂料量的控制

立式磨机在正常操作中,在保证出磨的生料质量的前提下,尽可能提高磨机的产量。喂料量的调整幅度,可根据磨机的振动值、磨机出口处气体的温度、磨机粉磨系统的通风量、磨机的压强差等因素来决定。在增加喂料量的同时,一定要调节磨机内的通风量。

② 磨机振动值的控制

磨机的振动值,是磨机操作控制的重要参数,是影响磨机的台时产量和运转效率的主要因素,在操作中应力求磨机运转平稳。磨机产生振动虽与诸多因素有关,但从中央控制操作的角度而言,需要特别注意以下几点:

a.磨机的喂料要平稳。每次加料(或减料)的幅度要小,加料(或减料)的速率要适中。

b.防止磨机断料或来料不均。若来料量突然减小,则可提高入磨皮带的速率,减小磨机出口阀的开度。

c.若磨机内的物料过多(特别是粉料过多),则要及时降低入磨皮带的速率和喂料量,或降低选粉机的转速。

③ 磨机压强差的控制

在立式磨机的操作中,压强差反映了磨机的负荷的稳定,它对磨机的正常运行至关重要。压强差的变化,主要取决于磨机的喂料量、通风量、磨机出口处气体的温度。在压强差发生变化时,应首先查看配料站的下料是否稳定。若配料站的下料出现波动,则应查出原因并通知相关人员迅速处理,做出适当的调整。若配料站的下料正常,则可通过调整磨机的喂料量、通风量、选粉机的转速、喷水量等参数来稳定磨机的压强差。

④ 磨机出口处气体温度的控制

磨机出口处气体的温度,对于保证生料水分含量的合格和磨机的稳定具有重要作用。若磨机出口处气体的温度过高(例如,$t>95$ ℃),则料层不稳定,磨机的振动加大,同时不利于设备安全运行。磨机出口处气体的温度,主要通过调整喂料量、热风阀的开度、冷风阀的开度和增湿塔的喷水量等方法进行控制。

⑤ 出磨水泥生料的水分含量与细度的控制

水泥生料水分含量的控制指标,一般是要求 $w(H_2O)<0.5\%$。为了保证出磨水泥生料的水分含量合格,可根据喂料量、磨机进口与出口处气体的温度、入磨水泥生料的水分含量等,通过调节热风量和磨机的喷水量等方法来实现控制。对于水泥生料成品的细度,可通过调节选粉机的转速、磨机的通风量和喂料量等参数来实现控制。若水泥生料的细度或水分含量超标,则要在"交接班记录本"上注明原因及纠正措施。

(4) 磨机停机

在正常停机时,可先停止磨机的主电机、喂料及吐渣组,同时打开旁路风阀,调小窑尾的 EP 风机入口阀的开度、磨机出口阀与进口阀的开度,全部打开冷风阀,开启增湿塔或增大增湿塔的喷水量,停止配料站相关料仓的供料。

8.7.5 窑煅烧系统因故障停车后磨机维持运行的操作

鉴于大部分水泥生产企业窑煅烧系统的产量受生料供应的影响较大,为延长磨机的运行时间,在窑煅烧系统因故障停车后可维持磨机运行。当窑煅烧系统因故障停车时,由于热风量骤然减小,这时应及时打开冷风阀,适当减小窑尾 EP 风机的开度,停止喷水系统,关闭旁路风阀,大幅度减小磨机喂的料量(为 $250\sim300$ t/h),从而保证磨机状况稳定。为防止进入窑尾高温风机气流的温度过高,可适当打开高温风机入口冷风阀的开度。高温风机入口冷风阀的开度,可根据风机出口气体的温度和出磨气体的温度由小到大进行调节,以保证高温风机入口气体的温度为 $t<450$ ℃,出磨气体的温度为 $t>40$ ℃。当粉磨系统恢复投料时,应做好准备工作并及时调整操作参数,以避免投料时操作参数突然增大而对磨机产生冲击。即在投料前,可稍增大磨机的喂料量,控制较高的料层厚度,要系统投料改变通风量时,迅速增大磨机的喂料量和入磨皮带的速率,以保证磨机内的物料量稳定,并且根据热风量逐渐开启喷水系统、减小冷风阀的开度。

8.7.6 水泥生料立式磨机粉磨系统操作注意事项

(1) 当磨机运转中因不明原因振动跳停时,应入磨检查和确认。应密切关注磨机密封压强、减速机 12 个阀块的径向压强、料层和主电机的电流。若出现大范围波动的异常和报警,则应立即将磨机停车,检查有关设备和磨机内部状况,确保设备安全运行。

(2) 加强水泥生料立式磨机粉磨系统的密封堵漏。若水泥生料立式磨机粉磨系统漏风,则不仅影响磨机的稳定运行,而且对磨机产量的影响非常大。

8.7.7 启动磨机过程中注意事项

对于 MPS 型立式磨机,由于没有升辊机构和在线调压手段,主要依靠辅助传动进行布料,借助主传动与辅助传动的扭力差进行启动。因此,在启动磨机的过程中,应特别注意如下事项:

(1) 在启动磨机前,应对磨机内的料床厚度做详细了解,以便决定在辅助传动启动后、主传动启动前多长时间启动磨机的喂料系统进行喂料。即,在主传动启动时料床要有均匀的缓冲层,以减小主传动启动时产生的振动。主传动启动时的料层厚度,一般以控制在 $130\sim190$ mm 为合适。

(2) 在启动磨机辅助传动前,应对磨机进行烘烤。冷磨烘磨应分为两个阶段升温:第一阶段,磨机出口处气体的温度应控制在 60 ℃ 以下,应注意升温的速率要尽量缓慢;第二阶段,磨机出口处气体的温度应控制在 60 ℃ 以上,升温速率可以快一点,但应注意磨机出口处气体的温度不要超过 130 ℃。

(3) 启动磨机辅助传动进行布料时,可提前拉风至正常操作用风量的 85%。待主传动启动后,随时根据主传动电机的功率(或电流)进行调整。

（4）调整料床厚度。一般采用如下办法：应急提高（或降低）入磨皮带的速率（例如，当料床短时间波动时）；提高（或降低）选粉机的转速，此手段主要是调整料床上细料的比例；增大（或减小）料床厚度；降低（或提高）磨机主排风机的风量，此手段即可调整吐渣量、减小风量、增大料床厚度，反之亦然。

（5）若磨机 3 次启动失败，则一定要检查料床厚度。若料床厚度超过 230 mm，则应进行现场排料，同时补充新鲜物料填充料床，待主电机准许启动时再次开机。

（6）在处理磨机因异常振动引起的跳停时，首先应检查机械原因。操作员应入磨检查，判断磨辊是否在正常轨道运行，即磨辊是否产生上偏或下偏现象。若辊不在正常轨道运行，则应现场进行辅助传动的调偏工作。

（7）当入磨物料异常干燥时，应加大磨机内的喷水量并合理调整增湿塔的喷水量，以便进一步稳定料床厚度。

（8）当磨机工况稳定后，一般先加大风量、随机加料，再观察主电机的电流和料层厚度。

（9）在磨机停车时，应先将选粉机的转速降低至正常值的 60% 后保持 3 min，再减小抽风量。

总之，对于 MPS 型立式磨机，在操作时应注意配置合适的料-气比，既不要因为料床的细料太多而出现"饱磨"现象，也不要因为料床太薄而出现"空磨"现象，随时注意主电机的电流变化，随时修正磨机的抽风量及选粉机的转速。

［知识测试题］

1. 立式磨机的操作控制原则有哪些？
2. 立式磨机开车前的准备工作有哪些？
3. 使用热风炉开启磨机的操作顺序是什么？
4. 使用窑尾废气开启磨机的操作顺序是什么？

8703-文本

［能力训练题］

1. 编写水泥生料立式磨机粉磨系统的作业指导书。
2. 在仿真系统中操作立式磨机正常运行。

8.8 水泥生料辊压机终粉磨系统的正常操作

（1）任务描述

本任务的学习内容包括 2 个方面：

① 水泥生料辊压机终粉磨系统的开车与停车操作；

② 水泥生料辊压机终粉磨系统的正常操作。

学习重点与难点：水泥生料辊压机终粉磨系统的开车与停车操作、正常运行操作。

（2）知识目标

掌握水泥生料辊压机终粉磨系统的开车与停车操作及正常操作控制等方面的理论知识。

8801-文本

（3）能力目标

① 能够认读中央控制操作界面的工艺参数；

② 能绘制工艺流程图；

③ 能够利用中央控制仿真软件进行水泥生料辊压机终粉磨系统的开车与停车操作及正常操作控制。

8802-ppt

8.8.1 水泥生料辊压机终粉磨系统的开车与停车操作

8.8.1.1 水泥生料辊压机终粉磨系统的开车准备

（1）确认所有设备内部和周围无人作业，人员处于安全状态。

（2）将所有设备机旁转换开关置于"中央控制"位置。中央控制操作员检查各设备备妥信号是否完备。若有问题，则要及时通知相关人员处理。

（3）检查各润滑点是否按规定加油。

（4）检查液压油箱的油位是否在中上限，油温应大于 20 ℃。

（5）检查并确认各设备、电器仪表和开关的状况是否正常。

（6）检查辊子间隙是否正常（10～15 mm），确认辊间没有任何物料和杂物。

（7）检查各安全护罩是否牢固或规范，所有检查门和人孔门是否关闭。

（8）检查各紧固螺栓是否紧固、各部件是否完好。

8803-视频

（9）检查各仪表、传感器是否正常，其指示值是否正常。

（10）检查储能器 N_2 的压强（$p=6$ MPa）是否正常。

（11）确认恒量稳流仓下的棒形闸阀处于全开状态、气动闸阀处于关闭状态。

8.8.1.2 水泥生料辊压机终粉磨系统的开车操作

（1）启动顺序

① 启动主机控制柜；

② 启动集中润滑系统；

③ 启动液压泵电机；

④ 启动主电动机。

现以某水泥熟料生产规模 $M=5000$ t/d 的生产线为例。

水泥生料辊压机终粉磨系统的开机流程如下：

8804-视频

水泥生料均化库顶部的收尘设备→水泥生料均化库顶部的斜槽风机→入库提升机→取样器→成品斜槽风机→循环风机→XR 型选粉机→管道除铁器→上料提升机→辊压机的润滑站和液压站→辊压机的主电机→金属探测仪→电磁除铁器→入磨皮带收尘器→入磨皮带→仓下皮带收尘器→仓下皮带→各皮带秤→气动插板

（2）操作步骤

水泥生料辊压机终粉磨系统的启动操作步骤，如表 8.8.1 所示。

表 8.8.1　水泥生料辊压机终粉磨系统的启动操作步骤

序号	操作步骤	检查与调整
1	启动水泥生料辊压机终粉磨系统前的工作确认： ① 确认烧成系统正常运行 ② 确认与化验室联系入库事宜 ③ 确认磨机系统运转前的准备工作已完成	① 检查出窑尾余热炉废气的温度是否约为 200 ℃ ② 中央控制操作员按照化验室指令通知岗位人员将物料输送到指定的储库内 ③ 通知有关系统注意相互配合操作
2	启动原料调配站进料	① 检查各配料库的料位 ② 配料仓下棒条阀的开度全开 ③ 确认原料输送系统能正常运行 ④ 确认除铁装置能正常运行

序号	操作步骤	检查与调整
3	确认各阀的开度	① 关闭磨头热风阀 ② 关闭循环风的主阀 ③ 关闭循环风的放风阀 ④ 将入库提升机出口处三通阀的开度调整到正确位置 ⑤ 将入磨皮带和 V 形选粉机的气动三通阀的开度调整到正确位置 ⑥ 稳流仓下棒条阀的开度调整到全开
4	启动袋收尘机组： ① 确认水泥生料搅拌库顶部的收尘器正常运行 ② 启动石灰石库顶收尘器组 ③ 启动入磨皮带机尾收尘器组	
5	启动水泥生料入库输送机组： ① 启动搅拌库顶部的斜槽风机 ② 启动入库提升机 ③ 启动取样器 ④ 启动成品斜槽风机	① 注意提升机电机的启动电流 ② 与生料质量控制系统联系协调
6	启动循环风机： ① 调整阀的开度 ② 启动风机	① 注意风机的启动电流,待电流稳定后慢慢调速 ② 通知废气处理系统注意调整阀的开度和温度
7	启动选粉机	① 注意选粉机电机的启动电流
8	启动提升机电机： ① 启动循环提升机 ② 启动管道除铁器 ③ 启动出磨提升机	① 注意提升机电机的启动电流
9	调整系统的风温和风压： ① 增大排风阀的开度 ② 增大循环风阀的开度 ③ 减小废气总阀的开度 ④ 增大磨头热风阀的开度	① 调整 V 形选粉机进口处的负压强 （$p = -300 \sim -500$ Pa） ② 调整 V 形选粉机出口处的温度 （$t \leqslant 100$ ℃）
10	启动润滑系统： ① 启动定辊稀油站 ② 启动动辊稀油站 ③ 若油温低则稀油站油箱需要加热 ④ 启动干油润滑站	① 检查油泵管路阀是否打开 ② 检查油箱的温度,适时打开冷却水阀
11	启动辊压机的主电机： ① 启动定辊的主电机 ② 动辊的主电机	① 注意主电机的启动电流 ② 若主电机第 1 次未能启动,则经检查后进行第 2 次启动,两次启动要有一定时间间隔

序号	操作步骤	检查与调整
12	启动液压系统	① 注意监测辊缝是否在要求范围内 ② 检查液压站的油位和油温
13	启动入磨输送组： ① 皮带输送机 ② 金属探测器 ③ 电磁除铁器 ④ 定量给料机	① 若长时间不喂料、辊压机长时间空负荷运行，则电耗量将增加 ② 为了减少磨机的断料时间，必须做好原料调配站的进料工作
14	调整定量给料机的供料比例	根据化验室的要求设定原料的配合比
15	设定喂料量	根据辊压机主电机的功率、系统压强等随时调整喂料量
16	打开稳流仓下的气动阀，调整辊压机的进料阀的开度	① 待稳流仓内物料量为其最大值的 60%～70% 时打开气动阀 ② 保证辊压机饱和喂料 ③ 防止稳流仓满冒仓

（3）辊压机开车的注意事项

① 在辊压机开车前，与化验室人员联系，确认由化验室配料并给定配合比。

② 在辊压机启动前，必须确认辊压机内没有物料，严禁带料启动。

③ 在高压设备启动前，必须与总降人员联系，在得到开车允许后方可启动设备。

④ 在正常生产中，要保证各配料站的仓位、石灰石储库的仓位的中央控制仪表有显示，与矿山二破人员联系上料，在储库满后将物料输送到吊车库内。

⑤ 在投料前确保金属探测仪、电磁除铁器和管道式除铁器开启并正常使用。

⑥ 在投料前检查三通旁路阀的开关位置，确保入 V 形选粉机的回路畅通。

⑦ 在气动阀开启前先进行补仓，确保恒量仓的质量为其最大值的 70% 以上时再开启气动阀。在运行中严禁空仓运行，稳定恒量仓的质量为其最大值的 60%～70%，在一定的喂料量下通过循环风机阀门开度的调节来稳定恒量仓的质量。

（4）辊压机的开机运行

① 辊压机的正常开机运行

在辊压机终粉磨系统的其他设备运行正常、辊压机满足加载运行各项条件时，即可开机运行。

② 辊压机跳停后的开机运行

在辊压机跳停后，辊间可能残留有物料，辊间残留物料会导致辊压机的主电机不能正常启动。在跳停后重新开机前，应手动磨盘减速机的高速轴端，直至辊间残留物料全部被排出时方可重新开机运行。

③ 辊压机经过较长时间停车后的开机运行

经过较长时间停车后，应对辊压机进行各项检查，在满足加载运行条件后方可运行。若辊压机的稳流仓中没有物料，则可直接进料后开启辊压机运行。当辊压机的稳流仓中有物料时，由于长期的存放可能会引起物料的板结而导致下料不畅，因此应在开机前敲打稳流仓及下料溜子以使物料松散而利于下料。若开机过程中辊压机由于下料不畅而导致辊间隙变化异常，则应在辊压机跳停后将稳流仓中的物料排空后重新送入物料，方可开启辊压机运行。

④ 辊压机短暂停车后的开机运行

在辊压机短暂停车后,可按正常开车方式启动辊压机运行。

(5) 辊压机运行的注意事项

① 恒量仓下棒条阀的开度必须为 100%。

② 放风阀的开度建议为 100%,以加强放风效果。

③ 循环负荷率控制为大约 1.50。

④ 必须保证辊压机饱和喂料。

⑤ 必须保证除铁器和金属探测仪的正常使用,严禁硬质金属进入辊压机内部。

⑥ 必须保证每周一次将恒量仓进行清理和外排,其目的是将富集在循环系统里面的铁渣、游离二氧化硅等进行外排,不让其加快对辊面的磨损。

⑦ 辊面产生剥落后,不论面积大小一定要及时补焊,否则会对基体造成损害。

⑧ 严格控制进入辊压机的物料大小,即 95% 的物料的粒径为 $d \leqslant 45$ mm,最大粒径为 $d_{max} < 75$ mm。

⑨ 进入辊压机的物料温度为 $t \leqslant 100$ ℃。可参照 V 形选粉机出口处气体的温度。

8.8.1.3　水泥生料辊压机终粉磨系统的停车操作

(1) 停车操作顺序

① 降低物料的喂料量,直到停止新料供应;

② 当恒量仓中物料的料位降至约 5 t 时,关闭气动闸阀;

③ 将辊压机主电机停车;

④ 将出料输送设备停车;

⑤ 将润滑油站停车。

现以某水泥熟料生产规模 $M = 5000$ t/d 的生产线为例。

水泥生料辊压机终粉磨系统的停车流程如下:

各皮带秤→仓下皮带→仓下皮带收尘器→入磨皮带→入磨皮带收尘器→电磁除铁器→金属探测仪→(恒量仓的料位降低至约 5 t 时)关闭辊压机的气动插板→辊压机的主电机→入 V 形选粉机的提升机→出 V 形选粉机的提升机→管道除铁器→XR 型选粉机→循环风机→成品斜槽风机→入库提升机→库顶斜槽风机→辊压机润滑油站

(2) 停车注意事项

在水泥生料辊压机终粉磨系统停车时,应注意待辊压机内的物料走完、液压油站的压强回到预加压强值、磨辊间隙回到原始状态时,才能将主电机停车。在主电机停车 40 min 后再将减速机、稀油站停车。

8805-视频

8.8.2　水泥生料辊压机终粉磨系统的正常操作

8.8.2.1　水泥生料辊压机终粉磨系统的操作控制

对于水泥生料辊压机终粉磨系统,其产能能否得到有效发挥、能耗能否得到有效控制,水泥生料辊压机终粉磨系统的调整控制起到决定性的作用。辊压机的作用是要求物料在辊压机两辊间实现层压粉碎后形成高粉碎比和内部布满微裂纹的料饼,而能否形成料饼、料饼比例及质量,则是辊压机控制的关键。

在辊压机运行时,可通过以下几方面的调整来达到稳定控制的目的:

（1）稳定小仓料位

稳定小仓料位，能确保在辊压机两辊间形成稳定的料层，为辊压机工作过程的物料密实、层压粉碎提供连续料流，充分发挥物料间应力的传递作用以保证物料的高粉碎比。

（2）辊间隙控制

辊间隙是影响料饼外形、数目以及辊压机功率能否得到发挥的主要参数。当辊间隙过小时，物料呈粉末状，无法形成料饼，辊压机的功率低，物料间未产生微裂纹而只是简单的预破碎，没有真正发挥辊压机的节能功效；当辊间隙过大时，料饼的密实性较差，内部微裂纹较少，而且容易造成冲料，辊压机的运行效果得不到保证。各水泥企业可根据实际情况反复摸索调整，使辊压机的功效得到充分发挥。

（3）料饼厚度的调节控制

料饼厚度所反映的是物料的处理量。在调节时必须使用辊压机进料装置的调节插板，其他方式的调节都将破坏辊压机的料层粉碎机理。辊压机具有选择性粉碎的特征，即在同一横截面面积上的料饼中，强度低的物料将首先被破碎，强度高的物料则不易被破碎。这种现象将会随着料饼厚度的增加而表现得愈加明显。因而在追求料饼中成品含量时，料饼厚度又不易过厚。但是，由于物料在被挤压成料饼的过程中是处于两辊压之间的缓冲物体，若增大料饼厚度，则就增厚了缓冲层，可以减小辊压机传动系统的冲击负荷而使其运行平稳。考虑到这些相互关系，对于料饼厚度的调节原则是：在满足工艺要求的前提下，适当加大料饼厚度，特别是当喂入物料的粒度较大时，不但要加大进料插板的开度，而且还要增加料饼回料或选粉粗料的回料量，以提高入辊压机的密实度，这样可以降低设备的负荷波动，有利于设备的安全运行。

（4）料饼回料量的控制

在辊压机终粉磨系统中，辊压机的能量利用率较高。一般，当新入料的粒度分布一定时，辊压机在没有回料时的最佳运行状态所输出的物料量并非为辊压机终粉磨系统所需要的料量。为使辊压机终粉磨系统的料流平衡，同时又能使辊压机处于良好的运行状态，可以通过调整料饼的回料量来调整辊压机入料的粒度分布以改变辊压机运行状态，达到与整个系统相适应的程度。例如，当入料的粒度偏大、冲击负荷大、辊压机活动辊的水平移动幅度大时，可增加料饼的回料量，同时加大料饼厚度。当主电机的电流偏高时，可适当降低液压的压强，使辊压机运行平稳。物料适当的循环挤压次数，有助于降低单位产量的系统电耗量。但是，物料的循环次数受到未挤压物料颗粒组成、辊压机液压系统反传动系统弹性特性的限制，不可能循环过多，料饼循环必须根据不同工艺和具体情况加以控制。

（5）磨辊压强的控制

辊压机液压系统向磨辊提供的较高压强，用于挤压物料。

力的正确传递过程如下：

液压缸→活动辊→料饼→固定辊→固定辊的轴承座

最后，液压缸的作用力在机架上得到平衡。

但是，某些现场使用的辊压机，其液压缸的压强，仅仅是由活动辊的轴承座传递到固定辊的轴承座，并未完全通过物料。此时，虽然两磨辊在转动、液压系统的压强也不低，但物料未受到充分挤压，整个粉磨系统未产生增产节能的效果。因此，辊压机的运行状态，不仅取决于液压系统的压强，更重要的是作用于物料上的压强大小。

在操作时可从以下两方面进行观察和确认：

① 当辊压机的活动辊脱离中间架挡块做规则的水平往复移动时，这就标志着液压压强完全通过物料传递。

8806-视频

② 当两台主电动机的电流大于空载电流且电流表的指针在额定电流范围内做小幅度的摆动时，这就标志着辊压机对物料输入了粉碎所需的能量。

8.8.2.2 水泥生料辊压机终粉磨系统运行中的调整

为使挤压粉磨系统安全、稳定地运行，必须经常观察各测量值、指示值和纪录值的变化情况，及时判断辊压机、磨机的运行情况，同时采取适当的措施进行操作调整。

在辊压机投入正常生产后，主要检查调整项目如下：

（1）辊缝隙过大

操作与调整：

适当减小辊压机进料装置的开度，从而使辊缝隙减小至设定值。

（2）辊缝隙过小

操作与调整：

适当加大辊压机进料装置的开度，若辊缝隙无变化，则将水泥生料辊压机终粉磨系统停车，进行以下两项检查：

① 检查侧挡板是否磨损，若已磨损则更换侧挡板；

② 检查辊面的磨损情况。

（3）辊缝隙变化频繁

操作与调整：

① 检查辊面是否局部出现损伤，若已损伤则应修复；检查除铁器及金属探测器是否工作正常。

② 观察辊压机进料是否出现时断时续，若进料不顺畅，则检查进料溜子及稳流仓是否下料不畅。

（4）辊缝隙偏斜

操作与调整：

① 观察辊压机进料是否偏斜，进料沿辊面是否粗细不均，及时对进料溜子进行整改。

② 检查侧挡板是否磨损，若已磨损则更换侧挡板。

③ 观察左右侧压强是否补压频繁，检查液压阀件。

（5）轴承温度高

操作与调整：

① 倾听轴承运转是否正常，若声响较大，则检查轴承是否加入足够量的干油以保证轴承润滑。

② 检查冷却水系统的管路阀是否打开。

③ 若不是 4 个轴承温度都高，则应检查润滑管路是否堵塞。

（6）储能器的气体压强显著下降

操作与调整：

将水泥生料辊压机终粉磨系统停车，对储能器进行检查和补充氮气。

（7）主电机的电流过小

操作与调整：

① 检查辊压机工作压强是否较小，若压强偏低，可适当提高工作压强。

② 检查侧挡板是否磨损，若已磨损则更换侧挡板。

（8）主电机的电流过大

① 检查辊压机工作压强是否较高，若压强偏高则应降低工作压强。

② 检查辊面是否出现损伤。若辊面已局部损伤，则应检查是否因金属探测器工作不正常导致金属铁件进入辊间而损坏辊面；若辊面无损伤，则检查辊压机喂料的粒度是否过大。

8807-视频

8.8.2.3 水泥生料辊压机终粉磨系统的操作要点

（1）稀油站的操作要点

先开启活动辊的稀油站，再开启固定辊的稀油站，最后开启液压油站。应每隔 5 s 开启一个稀油站，不可同时开启。液压油站的油温不低于 20 ℃。

（2）辊压机的操作要点

① 辊压机入料温度不可超过 100 ℃（以 V 形选粉机出口处气体的温度来判断物料的温度）。若辊压机入料温度超过 120 ℃，则要停止喂料。

② 辊压机的处理量，通过调节进料装置上的电动插板来控制入辊压机的进料量，严禁通过棒条闸板调节喂料量，在生产时必须保证棒条阀门全开。

③ 辊压机的工作辊缝隙由辊压机的处理量来确定，料饼厚度过厚或过薄对挤压效果和设备本身都会产生不良影响。

④ 重点检查以下部位并做好记录：液压系统的压强是否在规定范围内、冷却水是否畅通、润滑泵贮油筒内的油位是否正常、除铁器及金属探测仪是否正常工作、润滑油站是否正常工作。

（3）恒量仓的操作要点

① 恒量仓必须保证其质量为最大值的 70% 时方可开启气动阀投料；若仓位不够时，需先补仓。

② 恒量仓的仓位是很重要的参数，结合循环提升机的电流、辊缝隙的大小、选粉机的进口与出口处气体的压强等参数，可以明确地判断系统存在的问题和系统运行的状态。

③ 恒量仓必须定期进行清理，保证每周不少于 1 次。

（4）XR 型选粉机的操作要点

一般通过调整 XR 型选粉机转子的转速以及调节 3 个补风口的补风量来调节产品的细度和产量。选粉机轴承的温度不能高于 85 ℃，选粉机下部锁风阀应密封良好。

（5）V 形选粉机的操作要点

① V 形选粉机是完全依靠物料所受的重力打散、依靠风力分选的静态选粉机，用于分离无黏性、低水分的物料。

② V 形选粉机要求被分选物料的最高温度不超过 200 ℃，通入热风的最高温度不超过 200 ℃，出口处风温绝大部分时间应控制在 80 ℃ 以下。

③ V 形选粉机要求进入选粉机的物料的最大粒度不超过 35 mm。

④ V 形选粉机分选的颗粒粒径一般小于 0.2 mm，通过调整风量和叶片角度来调整物料的细度。

⑤ V 形选粉机要严格控制循环系统的风力，减少进料口和回料口的漏风，并保证喂料装置均匀进料。

（6）皮带机的操作要点

① 对于皮带跑偏，必须及时调整。

② 皮带机上的物料必须全部卸净后才能停车。

③ 清理黏结在后托辊和滚筒表面上的物料（必须停车时处理）。

④ 清理皮带机走廊上的洒落物。

⑤ 观察皮带表面的磨损情况，及时修补。

⑥ 若无特殊情况则严禁开空车。

⑦ 在紧急情况下可使用拉绳开关停车，在排除故障后必须将拉绳开关复位才能重新开车。

（7）收尘器的操作要点

① 经常巡检储气包的压强表，确保压强为 0.4～0.6 MPa。

② 每班必须打开 1 次储气包的排污阀并排净污水。

③ 经常巡检收尘器的提升阀是否正常工作。

④ 经常巡检收尘器的排风机出口处烟气的含尘浓度,判断收尘袋是否破损。

（8）阀门和循环风机的操作要点

生料磨机系统管道上的阀门共有 5 个,应根据选粉机进出口处气体的温度和系统对风量的需要,对各个阀门进行联动开关。操作员要有整体意识,在调节循环风机和各个阀门的开度时,要密切注意高温风机出口处和增湿塔入口处的负压强,及时调整废气风机。在满足系统用风需要的前提下,尽可能多用循环风、少引入环境风,以达到经济效益最大化。

① 阀门命名

阀门命名有:热风主阀、冷风阀、循环风主阀、循环风放风阀。

② 阀门的操作原则

循环风机开启之前,将循环风主阀、循环风放风阀全部打开。在循环风机转数调到合适值后,根据选粉机进口与出口处气体的温度和选粉机进口处的负压强来调节冷风阀和热风阀的开度。随着投料量的增加和循环风机做功的加大,系统需要的热风量逐渐增多。当冷风阀全部关闭、热风主阀全部打开,也不能满足温度要求时,要逐渐减小循环风主阀的开度,以加强放风效果。

8808-视频

8.8.2.4　水泥生料辊压机终粉磨系统在正常生产时的参数控制

水泥生料辊压机终粉磨系统在正常生产时的参数控制,如表 8.8.2 所示。

表 8.8.2　生料辊压机终粉磨系统在正常生产时的参数控制

序号	部位	控制范围	备注
1	辊压机进料的温度	≤100 ℃	根据 V 形选粉机出口处气体的温度判断进入辊压机物料的温度
2	物料的湿度	≤5%	
3	入辊压机的物料粒度	95%≤45 mm(max)≤75 mm	
4	辊压机的通过能力	553～844 t/h	
5	液压系统的预加压强	7.3 MPa	
6	液压系统的工作压强	8.5～11 MPa	
7	辊缝的工作间隙	25～50 mm	
8	初始辊缝隙	25 mm	
9	V 形选粉机进口处温度	大约 200 ℃	根据出口处温度做适当调整
10	稳流仓的质量	约为最大值的 60%～70%	
11	循环风机进口处负压强	大约 −6000 Pa	
12	动态选粉机进口处负压强	大约 −2000 Pa	
13	循环风阀的开度	约为最大值的 80%	根据生产情况做适当调整

8.8.2.5　水泥生料辊压机终粉磨系统的安全操作

（1）当发现除铁器及金属探测仪失灵时,应立即止料停机。有的系统有多道除铁设备,如果有一道失灵,都应及时修复。

(2) 当磨辊的压强值、磨辊的电流值、磨辊的宽度(绝对值)过高或过低或波动过大时,均表明辊压机出现异常状态,应及时查找原因并予以排除。否则,需要停车检查。

(3) 当进料启动阀、斜插板推杆打不开或不能关闭时,侧挡板松动或磨损时,物料中有较大颗粒或较多细粉时,稳流仓的料面偏低时,会表现出辊压机频繁纠偏或剧烈振动,应及时采取措施补救。否则,需要停车检查。

(4) 液压系统的阀件泄漏。当中央控制屏幕显示某侧压强值低于预加压强值而加压阀不断频繁加压时,若检查发现回油管中有少量油回流,则表明液压系统中有某阀件泄漏,需要查找泄漏阀件。若回油管中并无回油,此时的加压是为磨辊纠偏,则应在停车时更换磨损的衬板,或重新调整复位。

若发现以下情况,则应立刻停车,进行修理、更换或补气:

① 液压管路系统发生堵塞或泄漏;

② 液压油泵、压强保护阀件损坏;

③ 辊压机的储能器的气体压强显著下降,辊压机的压强变化剧烈等。

(5) 当辊压机的磨辊轴承及减速机轴承的温度高过允许极限值时,必须立即停车并查找原因。

8809-视频

(6) 当发现紧固套联轴器螺栓松动及扭矩支撑铰链螺栓松动时,应停车紧固。

[知识测试题]

一、填空题

1. 恒量仓的主要作用是________,要求仓中必须留一定料位。
2. 液压油箱油温应大于________。
3. 为了保证辊压系统的正常运行,必须经常观察________、________、________的变化。
4. 辊压机入料温度不可超过________,超过________时需停止喂料。
5. V 形选粉机主要是依靠________和________的静态选粉机。
6. 循环风机开启之前应将________和________全开。

二、选择题

1. 辊压机最适应的物料是(　　)。

A. 硬质料　　B. 韧性物料　　C. 脆性物料

2. 当入料粒度偏大、冲击负荷大、辊压机活动辊水平移动幅度大时,(　　)料饼回料量,同时(　　)料饼厚度。

A. 增加,加大　　B. 减少,减小　　C. 增加,减小

3.在辊压机运转过程中,必须保证(　　)喂料。

A. 均匀　　B. 饱和　　C. 连续

4.辊压机正常运转过程中,压强由(　　)保持。

A. 储能器　　B. 液压缸

三、判断题

1. 对称量仓的容量设计没有要求。(　　)

2. 调节插板向上提起过多时,进入两辊之间的料床较厚、辊缝较大,易使辊压机产生振动而损坏扭矩支撑地脚螺栓。(　　)

3. 当辊压机辊压较小时,所形成的料饼表面粗糙、质地松散、密度较小,辊压粉磨效果差,达不到

预粉磨的作用,所以辊压越大越好。　　　　　　　　　　　　　　　　　　　　　　　　（　　）

　　4. 正确的液压力传递过程:液压缸→活动辊→料饼→固定辊→固定辊轴承座,最后液压缸的作用力在机架上得到平衡。　　　　　　　　　　　　　　　　　　　　　　　　　　　　　　　（　　）

　　5. 辊压机必须为空载启动,即保证两辊间无任何物料及杂物。　　　　　　　　　　　　（　　）

四、简答题

　　1. 简述辊压机系统的停车顺序。

　　2. 简述辊压机停车时注意事项。

　　3. 简述水泥生料辊压机终粉磨系统开车前的准备工作。

　　4. 简述辊压机开机前的注意事项。

8810-文本

［能力训练题］

　　1. 绘制仿真系统中水泥生料辊压机终粉磨系统的流程图,并能解读。

　　2. 在仿真系统中操作水泥生料辊压机终粉磨系统的开车与停车。

　　3. 在仿真系统中操作水泥生料辊压机终粉磨系统正常运行。

8.9　水泥生料辊压机终粉磨系统的故障与处理

（1）任务描述

本任务的学习内容包括 3 个方面:

① 水泥生料辊压机终粉磨系统的常见故障现象与处理方法;

② 选粉机的故障与处理;

③水泥生料辊压机终粉磨系统的常见故障的检测判断与调整处理。

学习重点与难点:水泥生料辊压机终粉磨系统的常见故障与处理。

（2）知识目标

掌握水泥生料辊压机终粉磨系统常见故障的原因分析及处理方法。

（3）能力目标

① 能根据中央控制操作界面反馈参数及现场工况,判断故障、分析原因、妥善处理并恢复生产;

② 能够利用仿真软件判断、分析和排出故障。

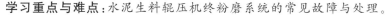
8901-文本

8902-ppt

8.9.1　水泥生料辊压机终粉磨系统的常见故障现象与处理方法

8.9.1.1　辊压机辊缝隙故障

（1）故障 A:辊压机的辊缝隙过大

故障现象:

① 仪表显示辊缝隙过大。

② 在喂料量不变的情况下,恒量仓的料位逐渐下降。

③ 循环提升机的电流增大。

④ 料饼中的细粉含量减少。

处理方法：

① 适当减小辊压机的辊缝隙，调整辊压机的辊缝隙为 20～30 mm。

② 减小辊压机恒量仓的下料闸门的开度，减小下料量。

（2）故障 B：辊压机的辊缝隙过小

故障现象：

① 仪表显示辊缝隙过小。

② 在喂料量不变的情况下，恒量仓的料位逐渐升高。

③ 循环提升机的电流减小。

④ 料饼中的细粉含量增多。

处理方法：

① 检查侧挡板是否磨损，若磨损严重则更换挡板。

② 检查辊面磨损情况，若磨损严重则需要修补。

③ 适当增加辊压机的辊缝隙，调整辊缝隙为 20～30 mm。

（3）故障 C：辊压机的辊缝隙变化频繁

故障现象：

位移传感器显示辊压机的辊缝隙变化频繁。

处理方法：

① 检查辊面是否局部出现损伤，若已损伤则应及时修复。

② 检查除铁器及金属探测器是否正常工作，若其工作不正常则应及时修复。

③ 观察辊压机进料是否出现时断时续，若进料不顺畅则应检查进料溜子及稳流仓是否下料不畅，并及时进行调整。

（4）故障 D：辊压机的辊缝隙偏斜

故障现象：

① 位移传感器显示辊压机的辊缝隙偏斜。

② 辊压机频繁纠偏。

处理方法：

8903-视频

① 观察辊压机的进料是否出现偏斜、进料沿辊面是否粗细不均，并及时对进料溜子进行调整。

② 检查侧挡板是否磨损，若已严重磨损则更换侧挡板。

③ 若左、右侧压强频繁补压，则检查液压阀件，更换液压控制元件。

8.9.1.2 辊压机的轴承温度异常

故障现象：

辊压机的轴承温度显示报警。

处理方法：

① 检查轴承运行是否正常，若声响较大则检查轴承是否加入了足够的润滑油，以保证轴承的润滑质量。

② 检查冷却水系统的冷却水量是否充足、水管阀门的开度是否合适。

8.9.1.3 辊压机的电流异常

（1）故障 A：辊压机的电流过高

故障现象：

① 辊压机的传动主电机的电流指示过高。

② 供油压强偏高。

处理方法:

① 降低供油压强。

② 降低喂料量。

(2) 故障 B:辊压机的电流过低

故障现象:

① 辊压机的传动主电机的电流指示偏低。

② 供油压强偏低。

处理方法:

① 增加供油压强。

② 增加喂料量。

8.9.1.4 辊压机的进料与出料异常

(1) 故障 A:辊压机的通过量偏高

故障现象:

① 在喂料量不变的情况下,喂料计量仓的料位逐渐下降。

② 辊压机的辊缝隙偏大。

处理方法:

① 减小辊压机的喂料调节板的开度,以减小喂料量。

② 适当减小辊缝隙。

(2) 故障 B:辊压机的通过量偏低

故障现象:

① 在喂料量不变的情况下,喂料计量仓的料位逐渐升高。

② 辊压机的辊缝隙偏小。

处理方法:

① 增大辊压机的喂料调节板的开度,以增大喂料量。

② 适当增大辊缝隙。

(3) 故障 C:料饼的循环量偏大

故障现象:

① 水泥磨机的喂料量相对减小。

② 循环提升机的电流增大。

处理方法:

调节分料阀的开度,以适当减小边料的循环量。

(4) 故障 D:料饼的循环量偏小

故障现象:

① 水泥磨机的喂料量相对增大。

② 循环提升机的电流减小。

处理方法:

调节分料阀的开度,以适当增大边料的循环量。

8904-视频

8.9.1.5 辊压机的振动值偏大故障

（1）故障 A：辊压机的振动值时常偏大

故障现象：

① 辊压机的振动指示值偏大。

② 现场确认振动值偏大。

处理方法：

① 检查喂入辊压机的物料是否有大块，若确实有大块则应将大块挑出，以避免其进入辊压机。

② 检查辊压机的挤压压强，若挤压压强偏高则应适当降低挤压压强。

（2）故障 B：辊压机的振动值瞬间偏大

故障现象：

辊压机的振动指示值瞬间偏大，之后又恢复正常。

处理方法：

① 若振动指示值瞬间变大，则应检查是否有金属硬块通过。

② 检查除铁器和金属探测器的工作是否正常。

8.9.1.6 辊压机的跳停故障

故障现象：

① 磨辊主电机的电流超高，高限急停。

② 两台磨辊主电机的电流差超高，高限急停。

处理方法：

① 检查辊压机的料仓的下料闸板的开度是否过大，若其开度过大则要适当减小开度。

② 打开辊压机的辊罩的检修门，检查是否有物料堵塞情况，若有物料堵塞则要疏通干净。

③ 检查侧挡板是否与电流高的辊轴有擦碰现象。

④ 检查进料调节板是否与电流高的辊轴有擦碰现象。

⑤ 测量动辊和定辊的直径以检查辊面花纹是否已严重磨损，若辊面已经严重磨损则要进行堆焊修复。

8.9.1.7 辊压机及磨机的润滑系统故障

8905-视频

故障现象：

① 油泵跳闸或现场停车。

② 油压过高或过低。

③ 辊压机系统、磨机系统的联锁停车。

处理方法：

① 将喂料量设定为"0"。

② 减小磨机的排风机进口阀的开度。

③ 检查油泵和油管路系统，清理润滑油中过多的粉尘杂质。

8.9.1.8 辊压机的挤压效果较差

故障现象：

① 被挤压物料中的细粉过多。

② 辊压机运行时辊缝隙较小。

③ 辊压机运行时工作压强较低。

原因分析：

物料经过辊压机双辊高压挤压后，其内部结构产生大量的晶格裂纹及微观缺陷，粒径 $d<2.0$ mm 的颗粒与粒径 $d<80$ μm 的细粉的含量增多，分级后入磨物料的粉磨功指数显著下降 $15\sim25$，易磨性明显改善，从而大幅度提高磨机的产量，降低了粉磨系统的系统的电耗量。但是，辊压机对物料的粒度及均匀性非常敏感，粒状料的挤压效果较好，粉状料的挤压效果较差，即有"挤粗不挤细"的料床粉磨特性。当物料中细粉料含量多时，会造成辊压机实际运行时的辊缝隙较小、工作压强较低。若不及时进行调整，则挤压效果会变差、系统的电耗量增加。

处理方法：

① 控制物料粒径为 $d<0.03D$（D 为辊压机的磨辊直径）的比例占总量的 95% 及以上。生产实践证明，对于粒径为 $d=25\sim30$ mm 且均齐性较好的物料，其挤压效果最好。

② 做好不同粒度物料的搭配，避免过多较细物料进入辊压机而影响其正常做功。

③ 可根据物料特性对工作辊缝隙及插板的开度及时进行调整。

辊压机的工作辊缝隙及入料控制斜插板的设置原则，如表 8.9.1 所示。

表 8.9.1　辊压机的工作辊缝隙及入料控制斜插板的设置原则

项目	工作辊缝隙的设置	入料控制斜插板的设置
入机物料的水分含量较大，颗粒较粗	放宽	上调
入机物料的水分含量较小，颗粒较细	放窄	下调
辊压机的振动值较大	放宽	上调
辊压机的主电机的电流过高	放宽	下调
生产低等级水泥（熟料含量较低）	放宽	微调
生产高等级水泥（熟料含量较高）	放窄	微调

8.9.1.9　辊压机的侧挡板磨损严重

故障现象：

工作间隙值变大，边缘漏料。

8906-视频

原因分析：

辊压机的磨辊中间部位的物料的挤压效果较好且细粉含量较多，而边缘的挤压效果较差且细粉的含量较少甚至漏料，这就是辊压机的"边缘效应"。当两端侧挡板磨损严重、工作间隙值变大时，边缘漏料会更加严重，将显著减小挤压后物料的细粉含量。与此同时，部分粗颗粒物料还将进入后续动态（或静态）分级设备，对分级设备内部造成较大磨损。

处理方法：

① 辊压机侧挡板与磨辊两端正常的工作间隙值一般为 $2\sim3$ mm，在实际生产中可以控制为 $1.8\sim2.0$ mm。

② 采用耐磨钢板（或耐磨合金铸造件）制作侧挡板，在生产上要备用 $1\sim2$ 套侧挡板以应对临时性更换。在采用耐磨合金铸造件之前，应将其表面的毛刺打磨干净以便于安装使用。在更换安装过程中，用塞尺和钢板直尺测量控制工作间隙值。

③ 实施设备故障预防机制，在正常生产时一般 $7\sim10$ d 利用停车的机会检查侧挡板与磨辊之间的间隙，若超出允许范围则要及时调整修复，并做好专项备查记录。

8907-视频

8.9.1.10 辊压机的动辊及静辊的辊面磨损严重

故障现象：

当辊压机的动辊及静辊的辊面磨损（或剥落）严重而出现凹槽时，物料的挤压效果将会变差。

原因分析：

当辊压机的辊面磨损（或剥落）严重而出现凹槽（主要是辊面中间部分）以后，运行辊缝隙将出现变化；辊面的花纹磨损而呈现光滑状态以后，对物料的牵制、啮合能力明显削弱，挤压粉碎效果将大打折扣。严重磨损或剥落后的辊面，对物料施加的挤压力不均匀、局部漏料、出机料饼中粗颗粒含量增多甚至有未经挤压的物料，将会影响球磨机的粉磨功能，也会加剧分级设备的磨损。

处理方法：

① 应急性维修。当辊面磨损不严重时，可请专业维修技术人员实施在线堆焊处理，恢复磨辊的原始尺寸及表面花纹。对于磨损较严重的辊面，若企业有备用磨辊则应及时更换，并将辊面磨损严重的辊子送至专业堆焊厂家进行维修处理。

② 物料进入辊压机的稳流恒量仓之前，应设置多道电磁除铁装置及金属探测报警器，以防止铁块等其他金属异物进入辊压机而损坏辊面。

③ 利用停车时间检查辊面的磨损情况，检查频次为每周 1～3 次，并做好专项检查记录。

8.9.1.11 辊压机工作压强与运行电流较低

故障现象：

中央控制模拟画面所显示辊压机的工作压强较低、运行电流较低。

原因分析：

辊压机在不同运行工作压强下，被挤压的物料所产生的粒径 $d<80~\mu m$ 的细粉含量是不同的。这个参数直接影响磨机的产量、水泥的质量及粉磨的电耗量指标。在其设计允许范围内，合理提高辊压机的工作压强，可增加物料中粒径为 $d=80~\mu m$ 的细粉的含量。

造成辊压机工作压强较低、运行电流较低的主要原因如下：

① 稳流恒量仓底部下料锥斗与水平面的夹角较小，影响下料的速率。

② 稳流恒量仓的体积较小、运行料位较低、存料量过小、下料不连续。

③ 稳流恒量仓（或下料管壁）因物料的水分含量较大而造成黏附挂料，料流呈断续状态。

④ 稳流恒量仓至辊压机之间的垂直距离偏短，下料管内物料的流量较小、物料的压强偏低。

⑤ 稳流恒量仓至辊压机之间的下料管的直径过大，下料管内物料的压强较低。

⑥ 辊压机的料流控制斜插板的开度较小。

处理方法：

① 改造稳流恒量仓下料锥斗的部位，将其与水平面夹角以放大至约为 70°为宜，以便排料通畅。

② 稳流恒量仓内的有效存料量，一般不低于 30 t；否则，就要进行改造以适当增大其体积，因为若其体积增大，则储料量较多，对于稳定入辊压机的料流有利。

③ 在稳流恒量仓的体积未增大前，应保证操作料位不低于其最大值的 70%。

④ 稳流称量仓至辊压机之间的垂直下料管的高度，一般应不低于 3.0 m。

⑤ 在设计辊压机下料管的直径时，应该使下料管内充满物料以实现过饱和喂料。这样能够提高物料的压强，稳定辊压机的工作压强及挤压做功状态。

⑥ 辊压机在正常做功时，动辊液压件呈平稳的规律性水平往复移动；两个磨辊的主电机的运行电流达到其额定电流值的 60%～80%，运行辊缝隙控制为 0.02D（D 为辊压机的磨辊直径），入料插板的开度为其最大值的 50%～80%。

⑦ 控制入辊压机物料的综合水分含量小于 0.5%；对稳流恒量仓的内壁、锥斗及下料管等部位，采用聚乙烯抗磨塑料板、高强度耐磨钢板等进行抗磨、防黏处理，以保持料流顺畅。

8.9.2　选粉机的故障与处理

8909-视频

故障现象：

① 入磨机物料的粗颗粒含量增大。

② 入辊压机物料的粗颗粒含量增大。

8910-视频

原因分析：

① 入 V 形选粉机的物料呈立柱状且过于集中，不能形成松散、均匀的料幕。

② 打散隔板严重磨损，影响物料的打散效果。

③ 系统拉风量过大、导流板间风速过高、分选的物料中粗颗粒过多。

④ 旋风筒入口处严重积灰、系统的通风阻力增大，影响细粉的收集。

8911-视频

⑤ 漏风管道磨损破裂，造成系统漏风。

⑥ 循环风机的叶轮磨损严重。

处理方法：

① 在 V 形选粉机的内部使用高硬度耐磨材料（或普通 50 mm×50 mm 规格的角钢），增设 2～3 排交错布置的打散棒，增强对料饼的打散及分级效果，使其内部形成均匀、分散的料幕。

② 根据打散隔板的磨损程度确定修复或更换。

8912-视频

③ 若 V 形选粉机出风部位的阻力越大，则旋风筒的风道越易积灰，气体流场越不均匀，对细粉收集的影响越大。所以，可将出风部位的弧度放缓，以减小系统的通风阻力、消除旋风筒风道的积灰、提高细粉的收集效果。

④ 利用每周的停车时间对 V 形选粉机内部及系统的通风管道、循环风机的叶轮等进行详细检查，对通风管道的磨损漏风部位实施密封，消除漏风对系统的影响。叶轮可用高强度耐磨钢板制作，或敷贴耐磨陶瓷进行防磨处理。

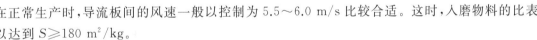
8913-视频

⑤ 若 V 形选粉机的导流板间的风速越高，则分选的入磨物料的粒度越粗、比表面积越低。在正常生产时，导流板间的风速一般以控制为 5.5～6.0 m/s 比较合适。这时，入磨物料的比表面积可以达到 S≥180 m²/kg。

8.9.3　水泥生料辊压机终粉磨系统的常见故障的检测判断与调整处理

水泥生料辊压机终粉磨系统的常见故障的检测判断与调整处理，如表 8.9.2 所示。

表 8.9.2　水泥生料辊压机终粉磨系统的常见故障的检测判断与调整处理

序号	故障现象	检测判断方法	调整处理方法
1	磨机的喂料量过大	① 稳流仓的料位上升 ② 提升机的电流上升 ③ V 形选粉机进口处负压强下降 ④ V 形选粉机出口处负压强上升 ⑤ 选粉机出口处负压强上升	① 降低喂料量并在低喂料量的状态下运行一段时间 ② 调整循环风放风阀的开度，控制稳流仓的料位稳定 ③ 在各参数显示基本正常后，慢慢增大喂料量 ④ 在各参数正常后，稳定喂料量

续表 8.9.2

序号	故障现象	检测判断方法	调整处理方法
2	磨机的喂料量不足	① 稳流仓的料位下降 ② 提升机的电流下降 ③ V形选粉机进口处负压强上升 ④ V形选粉机出口处负压强下降 ⑤ 选粉机出口处负压强下降	① 调整循环风放风阀,稳定稳流仓料位 ② 慢慢增大磨机的喂料量,直到各参数正常为止
3	辊压机的辊缝隙过小	位移检测装置的显示值过小	① 检查进料装置的开度是否过小。可能因物料的通过量过小而造成故障,应将进料装置的开度调整到适当位置 ② 检查侧挡板是否磨损。因磨损严重时还可能造成辊压机跳停,应时常查看 ③ 检查辊面是否磨损。因辊面磨损将严重影响辊压机两辊间物料料饼的成型,严重时还会引起减速机和扭力盘的振动,应尽快修复
4	辊压机的磨辊轴承的温度过高	温度指示或现场检查温度上升	① 检查所用油脂的牌号、基本参数、性能和使用范围是否适用于辊压机的工况。若不适应,则应更换适用的油脂 ② 检查加入轴承的油脂量。若轴承用油脂量过小,则润滑不足,将造成干摩擦而引起轴承损伤和高温;若轴承用油脂量过大,则轴承不能散热,将造成热量富集而引起轴承温度升高和轴承损伤。应按照设备使用说明书中所规定的用油脂量加注 ③ 检查轴承是否已经磨损。可能因轴承在运行过程中受到物料不均或者进入了大块硬质物体引起轴承振动损伤,甚至是违规操作而造成轴承受损所引起故障。应观察设备运行状况,采用观察声音、振动值、电流和液压波动情况以及打开端盖检查等方式及时妥善处理 ④ 检查冷却水系统是否正常。可通过进水和回水的温度、流量等检查供水量是否足够
5	辊压机的振动值过大、扭力盘的振动值过大	现场观察有明显的振动现象	① 检查喂料的粒度是否过大 ② 检查辊面是否有凹坑。若辊面受损形成凹坑,则不仅会引起辊压机振动,而且还会引起减速机、电机的连带损坏,产量也将受到影响。应及时补焊 ③ 检查辊压机的主轴承是否损坏 ④ 检查减速机轴承、齿面是否损坏
6	辊压机运行中左、右侧的压强波动较大	压强指示波动较大	① 检查循环负荷是否过大、物料中细粉含量是否过多等,因而造成喂料不均匀、辊子压强波动较大、辊缝隙的偏差较大等。应及时对工艺进行调整 ② 停车并检查储能器内的压强是否正常,是否有液压阀件泄漏

序号	故障现象	检测判断方法	调整处理方法
7	辊压机跳停	① 辊缝隙极限开关动作急停 ② 左侧与右侧的辊缝隙超高,高限急停 ③ 左侧与右侧的压强差超高,高限急停 ④ 压强超高,高限急停 ⑤ 辊缝隙差超高,高限急停 ⑥ 磨辊的主电机的电流超高,高限急停 ⑦ 两个磨辊的主电机的电流差超高,高限急停	① 检查物料中是否有大块或耐火砖,是否超过辊压机的允许进料粒度 ② 检查金属探测仪是否漂移。因入辊压机的物料中含有金属铁件将导致辊面损伤 ③ 检查辊压机的进口溜子处所安装的气动阀是否开关灵活 ④ 检查进料装置的开度是否过大 ⑤ 若进料装置的开度合适,则可适当减小进料溜子上棒条阀的开度 ⑥ 打开辊压机的辊罩检修门,检查是否发生物料堵塞 ⑦ 检查侧挡板是否与电流高的辊轴有擦碰现象 ⑧ 检查进料调节板是否与电流高的辊轴有擦碰现象 ⑨ 检查辊面花纹是否磨损,测量动辊与定辊的直径,若已磨损则应进行辊面堆焊
8	减速机的温度过高	温度指示上升	① 检查油站的供油量是否符合要求 ② 检查过滤器是否含有杂质 ③ 检查供油与回油的温度差、冷却器的冷却效果 ④ 检查冷却水的压强和水管的管径,以保证冷却水用量符合要求 ⑤ 检查减速机的高速轴承是否损坏、是否发生轴窜
9	减速机的振动值过大、声音异常		① 检查入辊压机的物料的粒度是否偏大 ② 检查扭力支撑的关节轴承是否发生损坏 ③ 检查辊面是否有凹坑 ④ 检查减速机油站的回油过滤器中是否有片状金属物
10	减速机油站系统的常见故障	① 减速机冬季运行声音增大,油的黏度高 ② 运行声音大、过滤器堵塞、流量指示器无指示 ③ 因冷却换热器漏水而造成油水混合 ④ 油管的接头出现漏油	① 定期清洗过滤器 ② 检查换热器的密封件
11	选粉机的异常振动	① 电机的电流上升且波动剧烈 ② 现场有振动感、刮擦噪声	停机处理,检查选粉机内部、现场观察转子的运转是否跑偏,并做相应处理

续表 8.9.2

序号	故障现象	检测判断方法	调整处理方法
12	选粉机发生堵塞	① V形选粉机进出口处的负压强下降 ② 旋转给料机、斜槽无料或料少 ③ 选粉机出口处负压强上升	① 检查粗粉出口处帘式锁风阀是否不灵或卡死 ② 开机检查选粉机的粗粉出料通道是否不畅,有无异物或发生堵料 ③ 检查脱落衬板(或紧固件)是否卡死
13	斗式提升机故障	① 跳闸或现场停车 ② 辊压机及配料输送设备联锁停车	① 关闭热风阀 ② 降低循环风机的转速 ③ 增大循环风阀的开度 ④ 将喂料量设定为"0" ⑤ 通知废气处理系统人员调整排风机阀的开度及风温 ⑥ 将选粉机的转速设定为"0"
14	减速机的润滑装置故障	① 油泵跳闸或现场停车 ② 油压过高或过低 ③ 辊压机、入磨输送设备联锁停车	① 关闭热风阀 ② 增大循环风阀的开度 ③ 降低循环风机的转速 ④ 将喂料量设定为"0" ⑤ 通知废气处理系统人员调整排风机阀的开度及风温 ⑥ 对油泵和管路进行检查处理
15	循环风机故障	① 跳闸或现场停车 ② 温度过高 ③ 磨机、入磨输送组联锁停车	① 关闭入磨热风阀 ② 将喂料量设定为"0" ③ 通知废气处理系统人员调整排风机阀的开度及风温 ④ 关闭循环风机的出口阀
16	选粉机故障	① 油泵跳闸或现场停车 ② 速率失控 ③ 提升机、辊压机、入磨输送组联锁停车	① 关闭入磨热风阀 ② 增大循环风阀的开度 ③ 降低循环风机的转速 ④ 将喂料量设定为"0" ⑤ 通知废气处理系统人员调整排风机阀的开度及风温
17	入磨输送组中入磨皮带或喂料皮带秤故障	跳闸或现场停车	① 将喂料量设定为"0" ② 关闭入磨热风阀 ③ 增大循环风阀的开度 ④ 降低循环风机的转速 ⑤ 必须在恒量仓的料位高于底限时恢复喂料 ⑥ 若长时间不能恢复正常,则要避免辊压机长时间空负荷运行

序号	故障现象	检测判断方法	调整处理方法
18	液压系统故障	① 液压系统不能加压 ② 液压系统不能保持规定的压强值或压强不稳 ③ 液压站的油温升高较快、温度较高 ④ 氮气瓶与集成块的连接处发生漏油 ⑤ 液压油站出现压强差报警	① 检查各阀件是否通电或正常工作 ② 检查油站的油位是否符合要求 ③ 检查集成块加压节流阀是否打开 ④ 检查液压油站的齿轮泵是否完好 ⑤ 检查油站的电机是否工作正常 ⑥ 检查组合控制阀块故障 ⑦ 检查减压阀与快泄阀是否带电、是否按照设定要求动作 ⑧ 检查溢流阀是否漏油 ⑨ 检查储能器的 N_2 压强是否符合要求 ⑩ 检查喂料是否不均匀、进料溜子上的棒阀是否全部打开 ⑪ 检查辊面是否有凹坑、辊面受损后是否引起周期性压强波动 ⑫ 检查辊侧挡板是否调节到合适的距离 ⑬ 检查是否因阀件泄漏而造成液压一直频繁波动 ⑭ 检查冷却水是否畅通 ⑮ 检查加热器是否一直打开 ⑯ 检查油站的热电阻是否损坏、电线的接触是否良好、显示是否有误、油箱内的液压油量是否过少 ⑰ 检查油站上的电磁换向阀是否正常工作 ⑱ 检查储能器的连接螺丝是否松动 ⑲ 检查接触位置的密封是否损坏 ⑳ 更换液压站过滤器、更换液压油

［知 识 测 试 题］

一、填空题

1. 活动辊的水平振动值达_____mm 时报警,达_____mm 时自动跳停。

2. 入辊压机物料的平均粒度超过_____要求时,会造成辊压机_____增大,系统跳停。解决的措施是缩小_____的平均粒度;其次,改变 N_2 气囊_____,以增强辊压机适应大块物料的能力。

3. 为保证电机的安全运行和防止辊面发生损坏,一般在电机和减速机之间安装一种_____。

4. 保证每周清理和外排 1 次,将富集在循环系统里面的_____进行外排,为了不让其加快对辊面的磨损。

二、选择题

1. 由于进料粒度过细而引起的辊压机的机体振动,应( )回料量以增大入料的平均粒径;反之( )回料量以填充大颗粒间的空隙。

　A. 增加,加大　　　　　　　　B. 减少,增大　　　　　　　　C. 增加,减小

2. 生产中在稳流仓中保持 70% 以上的料位较为合理,若料位不够则需要( )。

A. 先补仓　　　　　　　　　　B. 减小喂料量

3. 恒量仓必须定期进行清理,(　　)。

A. 每周保证不少于 1 次　　　　B. 每月保证不少于 1 次

三、判断题

1. 若活动辊发生水平振动,则加剧液压缸密封圈的磨损、造成液压系统压强和传动系统扭矩的波动加大,对辊压机运行的可靠性带来不利的影响。(　　)

2. 若动辊两边液压系统压强不平衡,则会发生顶偏而导致两辊的缝隙的偏差增大。　　　　(　　)

3. 若辊压机工作压强偏低,则主电机的电流偏小。(　　)

4. 控制液压系统压强的依据,是喂入辊压机物料的物理性能以及辊压机后序设备的配套情况和生产能力。(　　)

8914-文本

四、简答题

1. 简述辊压机终粉磨系统的常见故障。

2. 简述选粉机的常见故障现象、产生原因与处理方法。

[能力训练题]

1. 在中央控制仿真系统上处理辊压机的常见故障。

2. 在中央控制仿真系统上处理水泥生料辊压机终粉磨系统的常见故障。

8.10　水泥生料辊压机终粉磨系统的实践训练

(1) 任务描述

本任务的学习内容包括 6 个方面:

① 出磨水泥生料的质量标准;

② 粉磨工艺参数要求;

③ 水泥生料辊压机终粉磨系统的开车与停车顺序;

④ 水泥生料辊压机终粉磨系统的操作要求;

⑤ 水泥生料辊压机终粉磨系统运行时的故障与处理;

81001-文本

⑥ 水泥生料辊压机终粉磨系统的检查及注意事项。

学习重点难点:实践操作训练。

(2) 知识目标

掌握水泥生料辊压机终粉磨系统实践操作的相关理论。

(3) 能力目标

81002-ppt

能够在真实的水泥生料辊压机终粉磨系统中实现开车、停车、运行和故障排除,实现"优质、高产、低耗"的技术措施,实现水泥生料制备系统中央控制操作理论与生产实践的有机结合及辩证统一。

本节将以某水泥企业水泥熟料生产规模为 2500 t/d 的生产线为例,对生料辊压机粉磨系统的操作进行阐述。

8.10.1　出磨水泥生料的质量标准

（1）出辊压机物料的细度控制

一次细度控制:通过 0.08 mm 方孔筛的筛余值,$R_{0.08} \leqslant 14\%$;

二次细度控制:通过 0.20 mm 方孔筛的筛余值,$R_{0.20} \leqslant 3.5\%$。

（2）水泥生料的水分含量控制

出辊压机物料的水分含量:$w(H_2O) \leqslant 1\%$。

8.10.2　粉磨工艺参数要求

（1）入辊压机物料的温度:$t \leqslant 120$ ℃。

（2）入辊压机物料的湿度:$\varphi \leqslant 5\%$。

（3）入辊压机物料的粒径:$d \leqslant 45$ mm$(w=95\%)$,$d_{max} \leqslant 75$ mm。

（4）交接班时配料站的料位为其最大值的 50% 以上。

（5）各种物料按 X 射线荧光光谱仪分析系统的指令均衡下料,皮带秤运行平稳、计量准确。

（6）V 形选粉机进口处的负压强 $p = -2500 \sim -3000$ Pa,进口处的风温 $t = 190 \sim 230$ ℃。

（7）XR3200 型选粉机进口处的负压强 $p = 0 \sim -800$ Pa,进口处的风温 $t = 70 \sim 120$ ℃。

（8）XR3200 型选粉机的转速 $n = 750 \sim 1500$ r/min。

（9）循环风机进口处的负压强 $p = -5000 \sim -7000$ Pa,进口处的温度 $t = 100 \sim 120$ ℃。

（10）循环风机的转速:$n = 600 \sim 750$ r/min。

（11）稳流恒量仓的料位:$m = 10 \sim 17$ t。

8.10.3　水泥生料辊压机终粉磨系统的开车与停车顺序

8.10.3.1　开车准备

（1）整个系统正常运行:

① 配料站系统、收尘系统、水泥生料系统和均化库系统备妥完好。

② 水泥生料入库输送系统,备妥良好。

③ 辊压机终粉磨系统的主机和辅机,备妥完好。

④ 中央控制室各部分的温度、压强和流量的显示,齐全完好。

⑤ 计算机系统运行正常。

⑥ 各润滑系统开启正常。

（2）原料配料站各储库的料位,应控制为其最大值的 50% 以上。

（3）适当调节热风温度,使入辊压机物料的水分含量在规定范围之内。

（4）确认各阀的开度位置,特别注意冷风阀与热风阀的配合。

（5）确认辊压机的润滑系统完好且油温达到启动温度,现场检查润滑系统运转完好。

（6）调整定量给料机合适的供料配比,设定喂料量。

（7）确认所有参数齐全正确,设备必须备妥完好。

（8）现场检查各部螺栓是否松动,辅机有无异常。

（9）确认空压机站的供风压强正常。

（10）确认辊压机的取样器工作正常。

（11）确认 X 射线荧光光谱仪分析系统工作正常。

（12）确认后排风机、辊压机的主电机、水电阻工作正常。

（13）当各部位正常后，现场与中央控制室密切配合，由中央控制室发出开车指令，按程序开车。

8.10.3.2　开车顺序

开车前首先开启润滑系统和冷却水系统。开车顺序如下：

库顶斜槽风机→入库的斗式提升机→成品输送斜槽风机→选粉机→水泥生料循环风机→入恒量仓的斗式提升机→入选粉机的斗式提升机→预警铃→辊压机→取铁器→金属探测仪→带式输送机→石灰石定量给料机→砂岩皮带秤→硫酸渣皮带秤→粉煤灰皮带秤→粉煤灰螺旋给料机→气动阀

8.10.3.3　停车顺序

（1）窑尾袋式收尘器组

开车顺序：

电动推杆→链式输送机（1）→袋式收尘器下的链式输送机（1）→刚性叶轮给料机（1）→刚性叶轮给料机（2）→袋式收尘器下的链式输送机（2）→袋式收尘器下的链式输送机（3）→袋式收尘器→链式输送机（2）→增湿塔的振动电机→增湿塔的可逆绞刀

停车顺序：与开车顺序相反。

（2）紧急停车

对于辊压机终粉磨系统，当出现紧急情况时应首先将辊压机及喂料系统紧急停车，然后配合有关系统调整风量，使生料粉磨与窑和磨机的废气处理系统处于"辊压机停车而窑开车"的状态，努力不影响烧成系统的操作。若废气处理系统也出现紧急故障，则应首先对窑系统采取措施，以防止发生事故。待窑车停后，再将系统的全部设备停车。

（注：当窑-磨联动时，需事先开启窑尾袋式收尘器和增湿塔组）

停车顺序：

喂料输送组→辊压机（延时 15 min 以上）→选粉机组→其余设备与开车顺序逆向停车（但应注意是否影响窑系统运行）

在每开启一台设备时，必须等待前一台设备运行正常以后，方可开启下一台设备。

8.10.4　水泥生料辊压机终粉磨系统的操作要求

（1）调节冷风阀与热风阀、控制入 V 形选粉机的风温、调节循环风阀的开度而使整个系统的负压强达到正常的工况要求

① 启动辊压机；

② 确认辊压机处于预加压状态；

③ 确认辊缝间无料、辊轴的盘车灵活，处于初始辊缝隙状态；

④ 启动后确认主电机的空载电流运行正常。

（2）启动喂料设备

① 稳流恒量仓的料位处于 $m = 25$ t 时，开启气动阀；

② 根据辊缝隙和恒量仓的料位，调节进料装置的开度、调节总喂料量，保证恒量仓的料位。

（注：在开气动阀时，确认棒条阀的开度为其最大值的 60%，进料装置的开度保持为其最小值的 20%，防止物料瞬时进入辊压机。）

（3）停车顺序

停止喂料→调节冷风阀与热风阀→降低系统风温→逐渐减小进料装置的开度→减小循环风阀的开度→降低系统的负压强→降低选粉机的转速→待恒量仓的料位大约处于 $m = 5$ t 时关闭气动阀→

当辊缝隙和压强处于原始状态时将辊压机停车→其他设备按开车顺序逆向停车。

8.10.5　水泥生料辊压机终粉磨系统运行时的故障与处理

8.10.5.1　辊压机的常见故障与处理

（1）故障 A：辊压机的机体振动较大

原因分析：

① 入料的粒度过粗或过细；

② 料压不稳或连续性较差；

③ 挤压压强偏高。

处理方法：

① 若进料的粒度过细，则应减小回料量，以增大入料的平均粒度；反之，则应增大回料量，以填充大颗粒间的空隙；

② 为保持料压稳定，应设置稳流恒量仓，利用压强传感器、变送器将压强引起的信号转化为电信号而送入控制仪表进行稳压控制，使其运行平稳、减小振动；

③ 辊压机的挤压效果并不是压强越大越好。当挤压压强超过 8 MPa 时，被挤压的细粉有重新凝成团的趋势，在实际生产中则会使辊压机产生振动。合适的挤压压强，应以料饼中基本不含难以搓碎的完整颗粒为设定依据。

（2）故障 B：辊压机的液压系统工作不正常

故障现象：

密封圈破损，油缸漏油。

处理方法：

① 辊压机各连接部位及溢流阀、换向阀都设有密封圈，若发现破损则应立即更换。

② 油缸漏油，可分为内泄漏和外泄漏。若是内泄漏，则应立即对缸壁进行补镀，再进行机械加工处理；若是外泄漏，则应在活塞杆外壁补镀一层后，再进行外圆磨加工；

③ 油缸上表面及活塞杆的下表面部位都是易磨损处，对它们的处理均采用镀层后再加工。应注意在辊压机安装调试时，就要考虑足够的空间来适应轴承中心的下沉，使各运动部件达到同心状态。

（3）故障 C：辊压机的辊面磨损

故障现象：

辊压机的辊面产生裂纹，辊面出现凹坑，辊面的硬质耐磨层脱落。

处理方法：

① 在辊压机的喂料胶带输送机上加设金属探测器和磁性金属分离器，除掉物料中的铁块等硬质物料。

② 采用镶套式磨辊结构保护辊面。

③ 在辊面磨损后进行整体补焊，这样可延长使用寿命 0.5～1 年。

（4）故障 D：辊压机的轴承损坏

故障现象：

辊压机的轴承出现裂纹，或发生爆裂。

处理方法：

当辊压机的轴承有裂纹或爆裂时，须立即更换。为了尽量避免辊压机的轴承损坏，在操作时应做到如下几点：

① 严格控制喂料量,不让辊压机过载;

② 防止或及时处理辊压机的机体振动;

③ 选择好适合辊压机轴承使用的润滑油脂,保护好轴承。

(5) 故障 E:辊压机的主轴瓦的温度较高

故障现象:

辊压机的主轴瓦的温度指示偏高。

处理方法:

① 检查润滑油系统供油压强和温度是否正常,若不正常则应进行调整。

② 检查润滑油中是否含有水分或其他杂质。

③ 检查冷却水系统是否正常运行。

(6) 故障 F:辊压机的主电机的电流过大

故障现象:

① 仪表显示主电机的电流过大。

② 因主电机的电流过大而导致跳停。

处理方法:

① 检查辊压机的工作压强是否较高。

② 检查辊面是否出现损伤。若出现局部损伤,则应检查金属探测器是否工作正常;若辊面无损伤,则应检查辊压机喂料的粒度是否过大。

(7) 故障 G:辊压机的辊缝隙过大

故障现象:

① 仪表显示辊压机的辊缝隙过大。

② 在喂料量不变的情况下,恒量仓的荷重逐渐下降,循环提升机的电流增大。

处理方法:

适当减小辊压机的进料装置的开度,使辊缝隙减小至约为 40 mm。

(8) 故障 H:辊压机的辊缝隙过小

故障现象:

① 仪表显示辊缝隙过小。

② 辊压机频繁纠偏。

③ 在循环风机风阀的开度维持不变的情况下,恒量仓的压强逐渐上升,循环提升机的电流减小。

处理方法:

适当增大辊压机的进料装置的开度。若辊缝隙无变化,则在停车时进行如下两项检查:

① 检查侧挡板是否磨损;

② 检查辊面的磨损情况。

(9) 故障 I:辊压机的辊缝隙偏斜

故障现象:

① 位移传感器显示辊缝隙偏斜。

② 辊压机频繁纠偏。

处理方法:

① 观察辊压机的进料是否偏斜、进料沿辊面是否粗细不均。若是,则应对进料溜子进行整改。

② 检查侧挡板是否磨损;

③ 观察左侧压强与右侧压强是否补压频繁,检查液压阀件是否工作正常。

（10）故障 J：辊压机的储能器的气体压强显著下降

故障现象：

辊压机的压强变化剧烈。

处理方法：

停车，对储能器进行检查和补充氮气。

（11）故障 K：辊压机跳停

原因分析：

① 辊缝间隙极限开关动作急停。

② 左侧与右侧的辊缝隙超高，高限急停。

③ 左侧与右侧的压强差超高，高限急停。

④ 辊缝隙差超高，高限急停。

处理方法：

① 检查物料中是否含有大块物料或耐火砖、是否超过辊压机的容许进料粒度。

② 检查是否因金属探测器漂移而引起入辊压机物料中含有金属铁件以致辊面磨损。

③ 检查辊压机的进料溜子处所安装的气动阀是否开关灵活。

（12）故障 L：辊压机的减速机轴承的温度较高

故障现象：

仪表显示温度上升。

处理方法：

① 检查供油系统的供油压强和温度是否正常。

② 检查润滑油中是否含有水分或其他杂质。

③ 检查冷却水系统是否正常运行。

（13）故障 M：辊压机的风机停车

故障现象：

① 叶轮变形、出现磨损、振动过大、轴承的温度超限。

② 风机的润滑不良。

③ 选粉机发生故障。

处理方法：

① 停机检修，其操作过程参见制造公司的说明书，然后查明原因并尽快处理。

② 疏通管路，修堵漏油，补加润滑油。

（14）故障 N：辊压机的供油压强较低

故障现象：

① 油箱缺油。

② 油泵出现故障。

③ 过滤网发生堵塞。

处理方法：

① 添加新的润滑油。

② 检查油泵是否工作正常。

③ 清洗过滤网。

8.10.5.2 水泥生料辊压机终粉磨系统的常见故障与处理

(1) 故障 A:斗式提升机掉斗子或斗子损坏

故障现象:

① 入提升机的斜槽发生堵料。

② 声音异常。

处理方法:

① 停料后将磨机停车。

② 将提升机采用慢转运行。

③ 打开提升机下部的检查门,观察斗子的运行情况。

(2) 故障 B:空气输送斜槽的一般检修

故障判断:

① 检查下槽体是否有灰;

② 检查风机的阀门开度和转向;

③ 通过窥视窗观测上槽体内物料的流动情况。

处理方法:

① 若透气层破损,则应进行更换或修补。

② 若阀门的开度不够,则应增大阀门的开度并紧固。

(3) 故障 C:成品的细度变化

故障判断:

根据对选粉的成品、回磨粗粉的细度分析结果做出判断。

处理方法:

① 调整选粉机转子的转速。若转子的转速增大,则细度变细。

② 减小循环风机的进口阀的开度。若进口阀的开度增大,则细度变细。

③ 调整喂料量。

(4) 故障 D:计量秤计量显示物料流量的变化较大

故障现象:

① 计量元件或显示仪表出现故障,计量皮带跑偏。

② 原料仓内发生堵料或塌料。

③ 原料仓内的物料储量不足,料位过低。

④ 皮带秤的设定参数可能不合适。

⑤ 皮带的料面不均。

处理方法:

① 密切监控磨机的工作情况,加强仓底现场巡视,并视影响程度决定是否将磨机停车。

② 必须马上到现场进行捅料清堵。

③ 必须马上向原料仓输送物料。

④ 改变给定参数。

(5) 故障 E:选粉机发生振动

故障现象:

现场有振感、刮擦噪声。

处理方法：

将磨机停车，检查选粉机内部各处的间隙、立轴的垂度，现场观察转子的运行是否偏摆，并做相应处理。

（6）故障 F：选粉机发生堵塞

故障现象：

① 入库斜槽内无料或少料。

② 循环风机的电流下降。

③ 选粉机出口处负压强上升。

处理方法：

① 检查粗粉出口的翻板阀是否灵活。

② 开机检查选粉机粗粉出料通道是否畅通，有无异物或堵料。

③ 检查陶瓷衬板是否脱落或紧固件卡死输送设备。

（7）故障 G：生料的质量波动

故障判断：

根据化验室的分析结果做出判断。

处理方法：

① 调整喂料比例。

② 对原料取料样分析。

8.10.6 水泥生料辊压机终粉磨系统的检查及注意事项

8.10.6.1 常规检查

（1）检查辊压机的主轴承的温度（$t=40\sim55$ ℃）。

（2）检查辊子和其他冷却点的水冷却系统的水流是否正常，以及管道的密闭性。

（3）检查缸体的密闭性、排尘管的完整性，储能器和阀体及与之相连通液压站管路的密闭性。

（4）对辊压机的液压系统的液压站进行以下检查：

① 油箱的油位；

② 各阀和管路的密闭性；

③ 手动操作阀是否是关闭；

④ 压强表与压强显示器的压强读数是否一致。

（5）检查对主轴承的油脂供给是否合适，在密封圈处是否有足够的油脂用来防尘。

（6）检查干油润滑系统。

（7）检查磨辊的驱动系统。

（8）检查所有防护装置是否已被正确保护起来。

（9）检查电机的维护和润滑。

8.10.6.2 每日例行检查

需检查的部件和维护注意事项如下：

（1）检查磨辊的温度和表面磨损情况；

（2）检查冷却水的连接管道；

（3）检查喂料装置；

（4）检查侧挡板；

（5）检查液压系统是否漏油、保护罩是否受损；

（6）检查磨辊的驱动系统是否漏油、油箱中的油位、冷却系统的完好性、过滤器有无杂物。

（7）检查所有的保护性防护装置是否已按要求安装和闭合。

（8）检查油脂润滑系统：查看油箱的油位，管道是否有发生堵塞。

8.10.6.3 每周例行检修

（1）对每日检修条款中的所有项目进行检查。

（2）磨辊表面：检查磨损情况，记录中心和横向的磨损。

（3）侧板：检查磨损情况，在辊缝隙区域应较为显著。

（4）液压系统：检查储能器的充气压强是否正常，若不正常则需要进行调整。

（5）轴承系统：从机架中的油盒里清除废油脂，清理机架和轴承座。

8.10.6.4 每月例行检修

（1）对每日、每周检修条款中的所有项目进行检查。

（2）磨辊表面：检查磨损情况，记录中心和横向的磨损。

（3）侧板：检查磨损情况，在辊缝隙区域应较为显著。

（4）液压系统：检查储能器的充气压强是否正常，若不正常则需要进行调整。

（5）轴承系统：从机架中的油盒里清除废油脂，清理机架和轴承座。

应特别注意，在进行维修工作之前，确保辊压机停车，并用安全栏围起，以防意外事故发生。

［知识测试题］

81003-文本

1. 水泥生料的质量标准有哪些？

2. 水泥生料辊压机终粉磨的工艺参数有哪些？

3. 简述水泥生料辊压机终粉磨系统的开车与停车顺序。

4. 简述水泥生料辊压机终粉磨系统的常见故障与处理方法。

［能力训练题］

1. 编写水泥生料辊压机终粉磨系统的作业指导书。

2. 在仿真系统下操作水泥生料辊压机终粉磨系统正常运行。

【项目实训】

实训1 水泥生料粉磨系统的开车与停车操作

描述：本实训项目是以新型干法水泥生产仿真系统为主要载体，通过操作练习，学会水泥生料粉磨系统的粉磨工艺流程，模拟按顺序启动与停车的操作。

要求：

（1）熟悉仿真系统，正常开车进入水泥生料粉磨系统，所有设备处于未开车状态；

（2）掌握粉磨工序按顺序进行组启动的操作，在开车时注意设备之间的启动联锁及运行联锁；

（3）掌握粉磨工序按顺序进行组停车的操作，设备停车时注意停车联锁关系及注意事项。

实训 2　水泥生料粉磨系统的正常运行操作

描述:本实训项目是以新型干法水泥生产仿真系统为主要载体,通过操作练习,学会水泥生料系统粉磨的正常操作。

要求:

(1) 控制喂料量;

(2) 控制风量;

(3) 控制产品细度。

实训 3　水泥生料粉磨系统的常见故障与处理

描述:本实训项目是以新型干法水泥生产仿真系统为主要载体,通过操作练习,学会水泥生料制备系统粉磨系统故障的分析方法,并能对出现的故障进行处理。

要求:

(1) 磨机故障处理;

(2) 系统操作不正常的原因及处理方法。

实训 4　水泥生料粉磨系统的中央控制操作比赛

描述:各小组内、小组之间、班级之间,在仿真系统进行水泥生料粉磨系统中央控制操作比赛。

【项目评价】

评价项目	评价内容	评价分值
任务 8.1　测量仪表及控制系统的认知	能理解岗位职责、DCS、过程控制流程	5
任务 8.2　水泥生料中卸磨机粉磨系统的正常操作	能操作水泥生料中卸磨机粉磨系统开车与停车及正常运行	5
任务 8.3　水泥生料中卸磨机粉磨系统的常见故障与处理	能分析水泥生料中卸磨机粉磨系统的常见故障并进行处理	5
任务 8.4　水泥生料中卸磨机粉磨系统的实践训练	能读懂水泥生料中卸磨机粉磨系统的作业指导书	5
任务 8.5　水泥生料立式磨机粉磨系统的正常操作	能操作水泥生料立式磨机粉磨系统的开车与停车及正常运行	5
任务 8.6　水泥生料立式磨机粉磨系统的故障与处理	能分析水泥生料立式磨机粉磨系统的常见故障并进行处理	5
任务 8.7　水泥生料立式磨机粉磨系统的实践训练	能读懂水泥生料立式磨机粉磨系统的作业指导书	5
任务 8.8　水泥生料辊压机终粉磨系统的正常操作	能操作辊压机终粉磨系统的开车与停车及正常运行	5

评价项目	评价内容	评价分值
任务 8.9　水泥生料辊压机终粉磨系统的故障与处理	能分析辊压机终粉磨系统的常见故障并进行处理	5
任务 8.10　水泥生料辊压机终粉磨系统的实践训练	能读懂水泥生料辊压机终粉磨系统的作业指导书	5
实训 1　水泥生料粉磨系统的开车与停车操作	能操作水泥生料粉磨系统的开车与停车	10
实训 2　水泥生料粉磨系统的正常运行操作	能操作水泥生料粉磨系统的正常运行操作	10
实训 3　水泥生料粉磨系统的常见故障与处理	能分析水泥生料粉磨系统的常见故障并进行处理	20
实训 4　水泥生料粉磨系统的中央控制操作比赛	在仿真系统进行水泥生料粉磨系统中央控制操作比赛	10

参考文献

［1］ 贾华平.水泥生产技术与实践［M］.北京：中国建材工业出版社，2018.

［2］ 彭宝利.新型干法水泥生产工艺及设备［M］.武汉：武汉理工大学出版社，2018.

［3］ 任继明，李昌革.水泥生产工艺与装备［M］.武汉：武汉理工大学出版社，2018.

［4］ 杨忠娅，谢嘉霖，田文艳.水泥装备安装与维修技术［M］.武汉：武汉理工大学出版社，2018.

［5］ Friedrich W.Locher.水泥的制造与使用［M］.汪澜，崔源声，杨久俊，等译.北京：中国建材工业出版社，2017.

［6］ 王君伟.新型干法水泥生产工艺读本［M］.3 版.北京：化学工业出版社，2017.

［7］ 纪明香.水泥生料制备与水泥制成中控操作［M］.北京：中国建材工业出版社，2017.

［8］ 刘辉敏.水泥生产技术基础［M］.2 版.北京：化学工业出版社，2016.

［9］ 彭宝利.现代水泥制造技术［M］.北京：中国建材工业出版社，2015.

［10］ 赵晓东，乌洪杰.水泥中控操作员［M］.北京：中国建材工业出版社，2014.

［11］ 谢克平.水泥新型干法中控室操作手册［M］.北京：化学工业出版社，2012.

［12］ 韩长菊，张育才.生料制备与水泥制成操作［M］.武汉：武汉理工大学出版社，2010.

［13］ 谢克平.新型干法水泥生产精细操作与管理［M］.成都：西南交通大学出版社，2010.

［14］ 于兴敏.新型干法水泥实用技术全书［M］.北京，中国建材工业出版社，2006.

［15］ 王华业.水泥粉磨新工艺新技术及节能装备［M］.中国建材工业出版社，2020.